U0419418

内容简介

本书是高等院校高等代数课程的学习用书，内容包括两大部分：一是线性代数，包括向量空间和矩阵，行列式，抽象线性空间和线性变换，双线性函数和二次型，带度量的线性空间，若尔当标准形理论；二是一元和多元多项式。书中对课程学习和教学中的难点作了详细的剖析和讲解，同时精选了许多典型例题以增进读者对所学知识的理解，提高分析、处理问题的能力。本书讲述的内容涵盖了国内通常使用的一般高等代数教材，特别是作者编写的普通高等教育"十一五"国家级规划教材《高等代数简明教程(第二版)(上、下册)》(北京大学出版社，上册：ISBN 978-7-301-05370-6/O·0254，定价：20.00元；下册：ISBN 978-7-301-05579-3/O·0542，定价：15.00元)的教学要求，因而也适合作为这些教材的学习指导书。

本书可作为大学本科学生学习高等代数的辅导书及教师教学参考书，对青年教师及准备报考研究生或已进入硕士研究生阶段学习的学生复习、提高代数课程知识也是基本参考用书。

高等代数学习指南

北京大学数学科学学院

蓝以中　编著

图书在版编目(CIP)数据

高等代数学习指南/蓝以中编著.—北京:北京大学出版社.2008.7
ISBN 978-7-301-12905-0

Ⅰ.高… Ⅱ.蓝… Ⅲ.高等代数-高等学校-教学参考资料
Ⅳ.O15

中国版本图书馆 CIP 数据核字(2007)第 166741 号

书　　　名:高等代数学习指南
著作责任者:蓝以中　编著
责 任 编 辑:刘　勇
封 面 设 计:常燕生
标 准 书 号:ISBN 978-7-301-12905-0/O·0740
出 版 发 行:北京大学出版社
地　　　址:北京市海淀区成府路 205 号　100871
网　　　址:http://www.pup.cn　　电子邮箱:zpup@pup.pku.edu.cn
电　　　话:邮购部 62752015　发行部 62750672　理科编辑部 62752021
　　　　　　出版部 62754962
印　刷　者:三河市博文印刷有限公司
经　销　者:新华书店
　　　　　　890×1240　A5　14.75 印张　410 千字
　　　　　　2008 年 7 月第 1 版　2023 年 12 月第 8 次印刷
定　　　价:40.00 元

序　　言

代数学作为大学教育的一门基础课程已有数百年的历史。在现代，它不但是理工科学生的必修基础课，经济类专业和一些文科专业也逐步把它列为学生的必修课或选修课。这一事实表明，对青年一代进行代数学思想和方法的训练，对提高他们的综合素质和处理问题的能力有重要意义，这已成为中、外教育界的共识。数学的发展史是人类文明史的重要组成部分。人类研究数的运算，按有据可考的年代算起，至今也有五千多年的历史了。这样漫长的时间内沉积下来的科学知识，无疑是全人类智慧的结晶。大学教育的目的是让青年一代继承先辈留下的精神财富，以便他们站在更高的起点上去开辟未来。代数学课程的教学，当然应当在这个总的指导思想的统率下去展开。而编写一本高等代数课程的学习辅导及教学参考用书，也应当以此作为根本的出发点。

现代大学代数学的教学内容和中学代数已有根本性的变化。这给学生的学习和教师的教学都增加了难度。编写这一本《高等代数学习指南》，就是希望以此帮助学生克服由于不适应代数学中全新的研究对象和处理问题的方法而产生的困惑，同时也为讲授此课程的教师提供一些便利的条件。目前，为了应对高考，实行题海战术的应试教育所造成的恶果已是人所共知。在大学中不应重蹈覆辙。因此本书主要采取如下两方面的做法：

1. 不是罗列大量问题的题解让学生阅读。实际上，在教材及课堂讲授中已包含许多命题、定理及其证明，除此之外再去阅读大量题解未必有多大效用。本书针对学生学习中经常困惑不解或容易出现偏差、错误的地方给予详尽的讲解，帮助学生从中学代数的初等知识逐步过渡到现代代数学的新思想和新方法上来。

2. 在学生理解各部分基础知识之后，再精选若干具有典型意义的例题予以讲解，使学生的学习深入一步，认识如何用学到的知识去探索、分析、处理遇到的新问题。这些例题有三种类型，第一种是带有典型意义的基本题，它们概括了处理某一类课题的规范性方法，是学生必须牢牢掌握的；第二种是中等难度的题，它们使用的方法、体现的思想在代数学中具有典型性，学生应从中体验代数学的基本思想和方法；第三种是较难的题，其中许多是北京大学数学科学学院本科高等代数课程历来的考试题或本书中首次给出的题。它们具有较大的启发性，同时又能检验学习是否扎实，是否达到较高的水平。每节后附有练习题，都属基本题，目的是帮助读者进一步复习巩固。

建议读者按下面办法使用本书。1. 首先认真阅读各部分的内容提要和它们后面所作的评议。这是检验是否理解该部分基本知识的关键，如发现理解不够或有偏差，必须认真复习课文，以求真正领悟。不可只注意做作业或例题，忽视对基本知识的学习。作题只是为了帮助理解基本知识，不可本末倒置。2. 在真正弄通该部分知识之后，再来看各个例题。但不要立即阅读解法，先自己动手解该例题，经过一番思考、推理后，再回来看书上的解法，跟自己的想法对照，看自己的思考有何优、缺点。如果自己没有解出该题，想想自己的思路在何处出现偏差，遇到什么困难，从中得出应有的经验、教训。3. 最后再想想该题有无其他解法，能否找到更好的解法。只有这样认真对待，才能真正收到较好的效果。

本书按高等代数课程教学基本要求编写，不管课程使用何种教材，都可使用本书作为学习辅导材料。但本书编写的基本思想则与作者编著的《高等代数简明教程》(上、下册)相一致。该《教程》(第二版)中所有稍难的习题在本书中都给出了详细的解法。

最后，作者对本书责任编辑刘勇同志的细心审校表示衷心的感谢。同时诚恳地希望读者对书中不足之处给予指正，作者的电子邮件地址是：yzlan@math.pku.edu.cn。

作　者

2007年8月于北京大学

目　录

引　言

代数学是研究“运算”的科学.下面我们来对这句话作一个粗略的解释.

在中学代数中学习实数和它们的加、减、乘、除四则运算.减法是加法的逆运算,除法是乘法的逆运算.所以,实数实质上只有加法、乘法两种运算.人们熟知,在从事任何工作时,都必须遵循一定的规则.实数的加法、乘法自然也要遵循相应的法则.这些法则归纳起来,最根本的是如下九条.

一、加法的法则:

1. 加法有结合律,即 $a+(b+c)=(a+b)+c$;

2. 加法有交换律,即 $a+b=b+a$;

3. 存在数 0,使对一切实数 a,有 $0+a=a$;

4. 对任意实数 a,存在实数 b,使 $b+a=0$.

二、乘法的法则:

1. 乘法有结合律,即 $a(bc)=(ab)c$;

2. 乘法有交换律,即 $ab=ba$;

3. 存在数 1,使对一切实数 a,有 $1\cdot a=a$;

4. 对任意非零实数 a,存在实数 b,使 $ba=1$.

三、加法、乘法有分配律,即对任意实数 a,b,c,有

$$a(b+c)=ab+ac.$$

因此,用严格的科学语言来说,全体实数组成一个集合,这个集合内有加法、乘法两种运算,这两种运算遵循上述九条运算法则.中学代数学就是以它为基础展开的.认识这一点,对于学习代数学中较深入的知识是至关重要的.

初等代数学的这些粗浅知识对数学和自然科学是远远不够的,人们的认识在不断发展.首先,人们早就发现单有实数是不够的,在

实数范围内,最简单的二次方程 $x^2+1=0$ 都无解. 于是实数系被扩充为复数系. 但是上面指出的基本的思想没有变: 全体复数也组成一个集合,这个集合内有加法、乘法两种运算,这两种运算同样遵循上面指出的九条运算法则(把其中的实数换成复数即可). 于是,代数学的研究领域往前迈进了一步,由实数运算变成复数运算.

当我们的研讨再深入一步时就会发现,我们处理某个具体的问题时,实际上并不需要考虑全体复数,而只需要处理一部分复数. 因为我们同时要考虑其中复数的加、减、乘、除运算,因而自然要求这部分复数对上述四则运算是封闭的. 于是人们引入了数域的概念. 设 K 是一部分复数所成的集合,假定其中至少包含一个非零复数(因为只有复数 0 的集合无研究价值),而且对任意 $a,b\in K$, $a\pm b\in K$, $ab\in K$,且当 $b\neq 0$ 时, $\frac{a}{b}\in K$. 则称 K 是一个**数域**. 遵循上面指出的基本思想,我们说: 数域是一个集合,其中有加法、乘法两种运算,这两种运算满足上面指出的九条运算法则. 这样,当我们研究某个具体问题时,可以把研究局限在某个具体的数域内.

全体复数显然组成一个数域,称为复数域,记做 $\mathbb{C}$. 全体实数也组成一个数域,称为实数域,记做 $\mathbb{R}$. 全体分数(分数又称为有理数)也组成一个数域,称为有理数域,记做 $\mathbb{Q}$. 对任一数域 K,取其中非零数 a,则 $0=a-a\in K$, $1=\frac{a}{a}\in K$, $-1=0-1\in K$,由此推出任意正整数 $n=1+1+\cdots+1\in K$, $-n=(-1)+(-1)+\cdots+(-1)\in K$. 于是,对任一分数 $\frac{m}{n}$,由 $m,n\in K$, $n\neq 0$ 推出 $\frac{m}{n}\in K$. 所以任何分数 $\frac{m}{n}\in K$. 这样一来,任何一个数域 K 都包含有理数域 $\mathbb{Q}$. 上面这个简单推理实际上运用了一个原理,即全体整数所成的集合(今后都用空体字母 $\mathbb{Z}$ 来表示)实际上以 $0,\pm 1$ 为基础按加法来构成. 这个认识很有用,许多问题都借助它得以迎刃而解. 这从后面一些例题就可以看到.

例 1 设

$$\mathbb{Q}(\sqrt{2})=\{a+b\sqrt{2}\mid a,b\in\mathbb{Q}\}.$$

证明它是一个数域.

解 它显然对复数加法、减法、乘法都是封闭的. 如果 $c+d\sqrt{2}\neq 0$ ($c,d\in\mathbb{Q}$), 则 $c^2-2d^2\neq 0$. 因若 $c^2-2d^2=0$, 此时 $d\neq 0$(否则必有 $c=0$, 与 $c+d\sqrt{2}\neq 0$ 矛盾), 那么, 由 $c^2-2d^2=(c+d\sqrt{2})(c-d\sqrt{2})=0$ 推出 $c-d\sqrt{2}=0$, 即 $\sqrt{2}=\frac{c}{d}\in\mathbb{Q}$, 与 $\sqrt{2}$ 是无理数矛盾. 现在

$$\frac{a+b\sqrt{2}}{c+d\sqrt{2}}=\frac{ac-2bd}{c^2-2d^2}+\frac{bc-ad}{c^2-2d^2}\sqrt{2}\in\mathbb{Q}(\sqrt{2}).$$

即 $\mathbb{Q}(\sqrt{2})$ 对复数除法也封闭, 因而, 它是一个数域. ▌

例 2 设 K 是一个数域, $\sqrt{5}\notin K$, 令

$$K(\sqrt{5})=\{a+b\sqrt{5}\mid a,b\in K\}.$$

证明它是一个数域.

解 它显然对复数加法、减法、乘法都是封闭的. 现设 $c+d\sqrt{5}\neq 0$ ($c,d\in K$), 则 $c^2-5d^2\neq 0$, 因若 $c^2-5d^2=(c+d\sqrt{5})(c-d\sqrt{5})=0$, 则 $c-d\sqrt{5}=0$, 易知此时 $d\neq 0$, 于是 $\sqrt{5}=\frac{c}{d}\in K$ 与假设矛盾. 现在

$$\frac{a+b\sqrt{5}}{c+d\sqrt{5}}=\frac{ac-5bd}{c^2-5d^2}+\frac{bc-ad}{c^2-5d^2}\sqrt{5}\in K(\sqrt{5}).$$

因此, $K(\sqrt{5})$ 是一个数域. ▌

现在考查

$$\mathbb{Q}(\sqrt{2},\sqrt{5})=\{a+b\sqrt{2}+c\sqrt{5}+d\sqrt{10}\mid a,b,c,d\in\mathbb{Q}\}.$$

因为

$$\begin{aligned}&a+b\sqrt{2}+c\sqrt{5}+d\sqrt{10}\\&\quad=(a+b\sqrt{2})+(c+d\sqrt{2})\sqrt{5},\end{aligned}$$

按例 2 的写法, 有 $\mathbb{Q}(\sqrt{2},\sqrt{5})=\mathbb{Q}(\sqrt{2})(\sqrt{5})$. 例 1 已证 $K=\mathbb{Q}(\sqrt{2})$ 是一个数域, 现在来证 $\sqrt{5}\notin\mathbb{Q}(\sqrt{2})$. 若

$$\sqrt{5}=a+b\sqrt{2}\quad(a,b\in\mathbb{Q}),$$

则显然 $b\neq 0$(因 $\sqrt{5}$ 是无理数). 如果 $a=0$, 设 $b=\frac{m}{n}$ 是 b 的既约分数表示, 即 m,n 为整数且 $(m,n)=1$. 于是我们有 $5n^2=2m^2$. $5n^2$ 为偶

数,则 n 必为偶数,设 $n=2k$,则 $20k^2=2m^2$,即 $m^2=10k^2$ 为偶数,于是 m 也是偶数,这与 $(m,n)=1$ 矛盾,故 $a\neq 0$. 这时

$$5=a^2+2b^2+2ab\sqrt{2},$$

即

$$\sqrt{2}=\frac{5-a^2-2b^2}{2ab}\in\mathbb{Q},$$

矛盾. 因此,$\sqrt{5}\notin\mathbb{Q}(\sqrt{2})=K$. 按例 2 即知 $\mathbb{Q}(\sqrt{2},\sqrt{5})$ 是一个数域.

从上面的分析可见存在许许多多不同的数域(读者试证明存在无穷多个互不相同的数域). 现在我们对一元高次代数方程作一点简单的讨论,从中可以看出引入数域概念的重要性.

首先观察简单的二次方程 $x^2-2=0$. 这个方程的系数都属有理数域 $\mathbb{Q}$,我们称它是有理数域 $\mathbb{Q}$ 上的二次方程. 但是它的根 $x=\pm\sqrt{2}$ 却不属于 $\mathbb{Q}$. 所以,为了求解这个二次方程,它的系数所在的数域 $\mathbb{Q}$ 是不够的,必须对它进行扩充. 但是也不必扩充到整个复数域 $\mathbb{C}$,实际上只要扩充到例 1 的数域 $\mathbb{Q}(\sqrt{2})$ 就足够了. 就是说,为了讨论 $x^2-2=0$ 的解,只需限制在数域 $\mathbb{Q}(\sqrt{2})$ 内就可以了. 把这个例子的思想推到一般情况. 设给定 n 次代数方程

$$a_0x^n+a_1x^{n-1}+\cdots+a_n=0\quad(a_0\neq 0).$$

如果它的系数 $a_0,a_1,\cdots,a_n$ 都属于某个数域 K,则它称为 K 上的一个 n 次代数方程. 显然,这个代数方程的根一般来说不全属于数域 K. 讨论它的根关键在于把 K 扩充为一个更大的数域 L,使 L 是包含此方程的所有根的"最小"数域(就像 $\mathbb{Q}(\sqrt{2})$ 是包含 $x^2-2=0$ 的所有根 $\pm\sqrt{2}$ 的最小数域一样). 法国数学家 Galois 首先认识到,为了深入探讨上面 n 次代数方程根的理论问题,一个基本课题是要研究从数域 L 到复数域 $\mathbb{C}$ 的映射 f,它满足如下条件:对所有 $a,b\in L$,有

$$f(a+b)=f(a)+f(b),\quad f(ab)=f(a)f(b),$$

也就是说,f 是保持数域两种运算:加法与乘法的对应关系的映射.

更一般的,设 K,L 是任意两个数域,如果 f 是 K 到 L 的一个映

射，而且对任意 $a,b\in K$，有

$$f(a+b)=f(a)+f(b),\quad f(ab)=f(a)f(b),$$

则称 f 是数域 K 到数域 L 的**同态映射**. 显然，如果对任意 $a\in K$，我们定义 $f(a)=0\in L$，则 f 自然是 K 到 L 的一个同态映射，它称为零同态映射. 零同态映射没有什么用处，问题是要找出非零同态映射. 当 f 是非零同态时，$f(1)\neq 0$，因为若 $f(1)=0$，则对任意 $a\in K$，$f(a)=f(1\cdot a)=f(1)f(a)=0$. 下面是几个简单的例子.

例 3　试求数域 $\mathbb{Q}$ 到数域 K 的全部非零同态.

解　设 f 是 $\mathbb{Q}$ 到 K 的非零同态，我们证明：对任意 $a\in\mathbb{Q}$ 都有 $f(a)=a$，即 f 是 $\mathbb{Q}$ 到自身的恒等映射：$f=\mathrm{id}_{\mathbb{Q}}$.

首先，由 $f(0)=f(0+0)=f(0)+f(0)=2f(0)$ 推知 $f(0)=0$. 设 $f(1)=a$，则 $a\neq 0$. 又由 $a=f(1)=f(1\cdot 1)=f(1)f(1)=a^2$ 推知 $a=1$，即 $f(1)=1$. 于是，对任意正整数 n，有 $f(n)=f(1+1+\cdots+1)=f(1)+f(1)+\cdots+f(1)=1+1+\cdots+1=n$；而 $0=f(0)=f(1+(-1))=f(1)+f(-1)=1+f(-1)$，故 $f(-1)=-1$，$f(-n)=f((-1)\cdot n)=f(-1)f(n)=-n$. 对任意整数 n，$n\neq 0$，我们有 $1=f(1)=f\left(n\cdot\frac{1}{n}\right)=f(n)f\left(\frac{1}{n}\right)=nf\left(\frac{1}{n}\right)$，即 $f\left(\frac{1}{n}\right)=\frac{1}{n}$. 由此，对任意有理数 $\frac{m}{n}$. 我们有 $f\left(\frac{m}{n}\right)=f(m)f\left(\frac{1}{n}\right)=\frac{m}{n}$，即 $f=\mathrm{id}_{\mathbb{Q}}$.　▍

评议　前面已指出，$\mathbb{Q}$ 是最小的数域，任意数域 K 都包含 $\mathbb{Q}$，所以 K 到数域 L 的任意非零同态 f 限制在 $\mathbb{Q}$ 内就是 $\mathbb{Q}$ 到 L 的非零同态，因此 K 到任意数域 L 的非零同态都保持 $\mathbb{Q}$ 的元素不动. 上面证明中，首先利用同态映射 f 保持加法、乘法的对应关系决定出 $f(0)$，$f(1)$，$f(-1)$，然后推及全体整数与分数，这是一个有代表性的方法.

例 4　试求数域 $\mathbb{Q}(\sqrt{2})$ 到复数域的全体非零同态.

解　根据例 3，对任意 $a\in\mathbb{Q}$，有 $f(a)=a$. 于是对任意 $a+b\sqrt{2}\in\mathbb{Q}(\sqrt{2})$，有

$$f(a+b\sqrt{2})=f(a)+f(b\sqrt{2})=f(a)+f(b)f(\sqrt{2})$$
$$=a+bf(\sqrt{2}).$$

因为 $2=f(2)=f(\sqrt{2}\cdot\sqrt{2})=f(\sqrt{2})\cdot f(\sqrt{2})$，即 $f(\sqrt{2})=\pm\sqrt{2}$.

若 $f(\sqrt{2})=\sqrt{2}$，则 $f(a+b\sqrt{2})=a+b\sqrt{2}$.

若 $f(\sqrt{2})=-\sqrt{2}$，则 $f(a+b\sqrt{2})=a-b\sqrt{2}$.

显然，对上述两种情况，f 都是 $\mathbb{Q}(\sqrt{2})$ 到 $\mathbb{C}$（实际上是 $\mathbb{Q}(\sqrt{2})$ 到自身）的非零同态，所以都是符合要求的答案. ▎

评议 这个例子中我们看到，非零同态 f 必定把 $x^2-2=0$ 的根（$\sqrt{2}$ 或 $-\sqrt{2}$）仍然变为它的根，即 $f(\sqrt{2})=\sqrt{2}$ 或 $-\sqrt{2}$. 从这个例子可以感觉到讨论数域间非零同态对研究一元 n 次代数方程根的重要意义.

例 5 试求实数域 $\mathbb{R}$ 到自身的全部非零同态.

解 设 f 是 $\mathbb{R}\to\mathbb{R}$ 的非零同态. 由例 3 知，对一切 $a\in\mathbb{Q}$，有 $f(a)=a$. 对任意非零实数 b，必定 $f(b)\neq 0$. 因若有 $b_0\neq 0$，使 $f(b_0)=0$，则 $1=f(1)=f\left(b_0\cdot\dfrac{1}{b_0}\right)=f(b_0)f\left(\dfrac{1}{b_0}\right)=0$，矛盾. 设 a 是正实数，则 $f(a)=f(\sqrt{a}\cdot\sqrt{a})=f(\sqrt{a})f(\sqrt{a})>0$，即 f 把正实数变为正实数. 现设 $a>b$，则 $a-b>0$，我们有

$$0<f(a-b)=f(a+(-b))=f(a)+f((-1)b)$$
$$=f(a)+f(-1)f(b)=f(a)-f(b),$$

从而 $f(a)>f(b)$. 对任意无理数 b，因它是无限不循环小数，所以存在两个有理数序列 $\{x_n\}$，$\{y_n\}$，使

$$x_1<x_2<x_3<\cdots<b,$$
$$y_1>y_2>y_3>\cdots>b,$$

且 $\lim x_n=\lim y_n=b$，于是

$$f(x_1)<f(x_2)<f(x_3)<\cdots<f(b),$$
$$f(y_1)>f(y_2)>f(y_3)>\cdots>f(b).$$

但 $x_i\in\mathbb{Q}$，$y_j\in\mathbb{Q}$，故 $f(x_i)=x_i$，$f(y_j)=y_j$，于是

$$x_1<x_2<x_3<\cdots<f(b),$$
$$y_1>y_2>y_3<\cdots>f(b).$$

由此知 $b=\lim x_n\leqslant f(b)$，$b=\lim y_n\geqslant f(b)$. 因此，$f(b)=b$. 这表明 f

为 $\mathbb{R}$ 到自身的恒等映射：$f=\mathrm{id}_{\mathbb{R}}$. ▌

评议　这个例子利用了无理数是有理数递升序列 $\{x_n\}$ 和递减序列 $\{y_n\}$ 的公共极限这个知识，充分运用了数学分析中序列极限的性质，这体现了代数和数学分析密切结合、相互渗透的状况. 它说明在处理问题时要全面运用各个领域的知识，而不能把不同领域互相隔离. 否则可能找不到解决问题的途径.

中学代数研究的另一个重要课题是二、三元一次联立方程组. 二元一次联立方程组的一般形式是

$$\begin{cases} a_1x+b_1y=c_1, \\ a_2x+b_2y=c_2. \end{cases}$$

在中学里还没有数域的概念，所以笼统地把上面方程组中的系数 a_1,a_2,b_1,b_2 和常数项 c_1,c_2 都看做实数. 在解析几何中，一个实系数二元一次方程代表平面上的一条直线. 由于这个原因，后来人们就把多元的一次方程称为线性方程. 现在我们应当把认识提高一步. 例如下面方程组

$$\begin{cases} (1-\sqrt{2})x+3y=\sqrt{2}-1, \\ 7\sqrt{2}x+(3-\sqrt{2})y=5-\sqrt{2}, \end{cases}$$

它的系数不应笼统地看做实数，而应看做数域 $\mathbb{Q}(\sqrt{2})$ 中的数，因此，用严格的科学语言说，上面的方程组应当称为数域 $\mathbb{Q}(\sqrt{2})$ 上的二元一次联立方程组. 当我们求解这个方程组时，是把某个方程加上另一方程的适当倍数以消去一个未知量(x 或 y)，变成一个一元一次方程. 从中解出一个未知量，再代入原方程解出另外一个未知数. 在这个过程中只进行加、减、乘、除运算. 因为数域对上述四则运算是封闭的，所以解方程组的全部过程都在 $\mathbb{Q}(\sqrt{2})$ 内进行，无需顾及其他实数(复数).

当我们研究有 n 个未知数 $x_1,x_2,\cdots,x_n$ 的一次(线性)方程组时，它的一般形式可以表示成

$$\begin{cases} a_{11}x_1+a_{12}x_2+\cdots+a_{1n}x_n=b_1, \\ a_{21}x_1+a_{22}x_2+\cdots+a_{2n}x_n=b_2, \\ \cdots\cdots\cdots\cdots\cdots\cdots\cdots\cdots\cdots\cdots \\ a_{m1}x_1+a_{m2}x_2+\cdots+a_{mn}x_n=b_m. \end{cases}$$

设在线性方程组中,未知量的系数 a_{ij} 和常数项 $b_1,\cdots,b_m$ 都属于数域 K,则称它是数域 K 上的线性方程组. 如果让未知量取数域 K 内一组确定的数值:

$$x_1 = k_1,\ x_2 = k_2,\ \cdots,\ x_n = k_n,$$

代入方程组后使它转化为恒等式,则这一组数称为方程组的一组解.

为了求解线性方程组,我们要设法逐次消去一些未知量以化简方程组. 这就是下面的变换.

定义 线性方程组做如下三种变换:

(i) 互换两个方程的位置;

(ii) 把某一个方程两边同乘数域 K 内一个非零常数 c;

(iii) 把某一个方程加上另一方程的 k 倍,这里 $k\in K$.

上述三种变换中的每一种都称为线性方程组的**初等变换**.

应当指出:线性方程组的初等变换是可逆的. 也就是说,如果经过一次初等变换把方程组变成一个新方程组,那么,新方程组必可经一次初等变换变为原方程组.

一个简单然而重要的事实是,上述线性方程组经过一系列初等变换变成一个新方程组,则新方程组与原方程组同解. 用消元法求解线性方程组的基本思想是利用上面三种初等变换把原方程组化为易于求解的新方程组.

很显然,在做上述三种初等变换时,只做加、减、乘、除运算,所以全部工作可以限制在数域 K 内进行,对 K 外的数无需顾及. 这是与一元高次方程大不相同的.

但是,数学和自然科学、工程技术的发展却表明,停留在复数的运算这个水平上也是远远不够的. 在物理学中研究的力,物体运动的速度、加速度等等,不但有数量的大小,而且还有方向. 它们不是数,而是一种新的研究对象,物理学中称它们为矢量,而数学中称它们为向量. 三维空间中全体向量组成一个集合,其中向量有加法运算,即平行四边形法则,又有与实数的数乘,特别是向量还可以作叉乘运算. 这样,我们突破了复数域的圈子,进入了一种新的运算领域. 这个领域的元素不是数,但它们之间却也可以作运算,这些运算自然也要遵循某些运算法则,这些法则和前面列举出来的复数的九条运算法

则不同. 例如,向量的叉乘运算不满足结合律,即一般情况下

$$(\boldsymbol{a}\times\boldsymbol{b})\times\boldsymbol{c}\neq\boldsymbol{a}\times(\boldsymbol{b}\times\boldsymbol{c}).$$

数学和自然科学的大量研究都表明,我们不能只研究数的加法、乘法这两种运算. 实际上自然界中存在多种运算形式,它们都应该是代数学的研究对象. 高等代数课程的基本任务,就是要摆脱复数运算这个初等领域的局限性,引导读者逐步进入新的运算领域. 在新的研究领域中,从事运算的对象不一定是数,运算的内容也不一定是数的加法、乘法,它所满足的运算法则也不一定是前面所说的九条法则. 但是前面指出的基本点却没有变化. 这就是说,**我们要研究的是某些集合**(其元素一般不是数),**在其中存在若干种运算**(一般不再是数的加法、乘法),**这些运算满足一定的运算法则**(一般不是前面列举的九条法则). **这种研究对象称为一个代数系统. 代数学的基本任务就是研讨各种各样的代数系统**. 这就是我们一开始说的:"代数学是研究'运算'的科学"这句话的确切含意. 这一点是学习高等代数课程时必须首先搞清楚并且时时牢记的.

显然,前面讲的数域都是代数系统的具体例子. 前面指出,研究数域的一个重要内容是研究数域之间的同态映射. 这一思想对一般代数系统也同样适用. 就是说,代数学的一个重要研究课题是研讨从一个代数系统到另一个代数系统的保持运算对应关系的映射,这种映射称为两个代数系统之间的**态射**.

因此,**代数学的任务就是研究各种代数系统和它们之间的态射**. 这是学习高等代数课程的一把万能钥匙,读者应该紧紧抓住它,学会使用它去解开学习中的疑难和困惑.

第一章　向量空间与矩阵

§1　n维向量空间

一、n维向量空间的基本概念

【内容提要】

设 K 是一个数域，由 K 内 n 个数组成的 n 元有序数组

$$\alpha = (a_1, a_2, \cdots, a_n)$$

称为数域 K 上一个 n **维向量**(在必要时也可以把 n 维向量竖起来写).

数域 K 上全体 n 维向量组成的集合记做 K^n. 在 K^n 内的向量之间定义加法、数乘运算如下：

(1) 加法：给定 K^n 内两个向量

$$\alpha = (a_1, a_2, \cdots, a_n), \quad \beta = (b_1, b_2, \cdots, b_n),$$

定义

$$\alpha + \beta = (a_1 + b_1, a_2 + b_2, \cdots, a_n + b_n).$$

(2) 数乘：对 K^n 内向量 $\alpha=(a_1, a_2, \cdots, a_n)$及 K 内任意数 k，定义

$$k\alpha = (ka_1, ka_2, \cdots, ka_n).$$

上面所定义的 K^n 内的加法、数乘运算满足如下八条运算法则：

(1) 加法的运算法则：

(i) 加法有结合律，即对任意 $\alpha, \beta, \gamma \in K^n$，有

$$\alpha + (\beta + \gamma) = (\alpha + \beta) + \gamma;$$

(ii) 加法有交换律，即对任意 $\alpha, \beta \in K^n$，有 $\alpha+\beta=\beta+\alpha$；

(iii) 存在 K^n 中向量 $0=(0, 0, \cdots, 0)$，使对任意 $\alpha \in K^n$，有 $0+\alpha=\alpha$；

(iv) 对任意 $\alpha=(a_1, a_2, \cdots a_n) \in K^n$，存在$-\alpha=(-a_1, -a_2, \cdots,$

$-a_n$),使$(-\alpha)+\alpha=0=(0,0,\cdots,0)$.

(2) 数乘的运算法则:

(i) 对 K 中数 1 和任意 $\alpha\in K^n$,有 $1\alpha=\alpha$;

(ii) 对 K 中数 k,l 和任意 $\alpha\in K^n$,有$(kl)\alpha=k(l\alpha)$;

(iii) 对 K 中数 k,l 和任意 $\alpha\in K^n$,有$(k+l)\alpha=k\alpha+l\alpha$.

(iv) 对任意 $k\in K$ 和 $\alpha,\beta\in K^n$,有

$$k(\alpha+\beta)=k\alpha+k\beta.$$

K^n 连同上面定义的加法、数乘所成的系统称为数域 K 上的 n **维向量空间**.

评议 数域 K 上的 n 维向量空间 K^n 的概念和中学代数学的实数(或复数)的加法、乘法运算已有实质上的不同. K^n 中的向量不是单个数,而是一组数,它们的运算也是有序的数对应相加和一个数依次乘一组数,它们遵循的运算法则也不是引言中列出的九条,而是上面列举的八条. 引言中指出:代数学是研究"运算"的科学,它要研究的不单是数的运算,而且大量的是研究不是数的一些对象的运算. n 维向量已经不是数,研究 K^n 是朝着代数学的一般研究对象迈出一步,读者必须透彻地理解 K^n 的理论,才有可能逐步进入代数学的一般研讨课题.

但是为什么高等代数课程一开始就要学习 n 维向量和它们的加法、数乘运算呢?这从线性方程组的一般表达式就可以直观地得到启示. 把系数和常数项都属于某个数域 K 的有 n 个未知量和 m 个方程的线性方程组写成

$$\begin{bmatrix} a_{11} \\ a_{21} \\ \vdots \\ a_{m1} \end{bmatrix} \begin{matrix} x_1 + \\ x_1 + \\ \vdots \\ x_1 + \end{matrix} \begin{bmatrix} a_{12} \\ a_{22} \\ \vdots \\ a_{m2} \end{bmatrix} \begin{matrix} x_2 + \cdots + \\ x_2 + \cdots + \\ \vdots \\ x_2 + \cdots + \end{matrix} \begin{bmatrix} a_{1n} \\ a_{2n} \\ \vdots \\ a_{mn} \end{bmatrix} \begin{matrix} x_n = \\ x_n = \\ \vdots \\ x_n = \end{matrix} \begin{bmatrix} b_1 \\ b_2 \\ \vdots \\ b_m \end{bmatrix}.$$

它在结构上的特点就十分直观地显示在我们面前了. 方程左端都是一个未知量 x_i 乘上 K 上一组数(按一定次序排列,共 m 个)然后连加起来,方程右端也是 K 上一组数(按一定次序排列起来,共 m 个),然后两者相等,就构成一个线性方程组. 这启发我们:不应当研究单独的数,而应当把一个按一定次序排列起来的数组当做我们新的研

究对象.这种新的对象不再是普通的数,但在它里面也像数一样可以做某种运算,例如做加法,以及与普通的数(上面表示为未知量的形式)做乘法运算.于是 m 维向量空间这个新的研究对象就诞生了.

给定数域 K 上的线性方程组

$$\begin{cases} a_{11}x_1 + a_{12}x_2 + \cdots + a_{1n}x_n = b_1, \\ a_{21}x_1 + a_{22}x_2 + \cdots + a_{2n}x_n = b_2, \\ \cdots\cdots\cdots\cdots\cdots\cdots\cdots\cdots \\ a_{m1}x_1 + a_{m2}x_2 + \cdots + a_{mn}x_n = b_m. \end{cases} \tag{1}$$

考虑 K^m 中的 $n+1$ 个向量

$$\alpha_1 = \begin{bmatrix} a_{11} \\ a_{21} \\ \vdots \\ a_{m1} \end{bmatrix},\ \alpha_2 = \begin{bmatrix} a_{12} \\ a_{22} \\ \vdots \\ a_{m2} \end{bmatrix},\ \cdots,\ \alpha_n = \begin{bmatrix} a_{1n} \\ a_{2n} \\ \vdots \\ a_{mn} \end{bmatrix},\ \beta = \begin{bmatrix} b_1 \\ b_2 \\ \vdots \\ b_m \end{bmatrix}.$$

应用 m 维向量的加法和数乘运算,方程组(1)可以改写成如下的向量方程

$$x_1\alpha_1 + x_2\alpha_2 + \cdots + x_n\alpha_n = \beta. \tag{2}$$

如果方程组(1)有一组解

$$x_1 = k_1,\ x_2 = k_2,\ \cdots,\ x_n = k_n \quad (k_i \in K),$$

代入(2)式,得

$$\beta = k_1\alpha_1 + k_2\alpha_2 + \cdots + k_n\alpha_n,$$

即 β 能被向量组 $\alpha_1,\alpha_2,\cdots,\alpha_n$ 线性表示.反之,若 β 能被向量组 $\alpha_1,\alpha_2,\cdots,\alpha_n$ 线性表示,则表示的系数就是方程组(1)的一组解.于是有如下两条结论:

1) 方程组(1)有解的充分必要条件是:向量 β 能被向量组 $\alpha_1,\alpha_2,\cdots,\alpha_n$ 线性表示;

2) 方程组(1)的解的组数等于 β 被 $\alpha_1,\alpha_2,\cdots,\alpha_n$ 线性表示表法的种数.

因此,从线性方程组理论的角度来看,引入向量空间的概念就是很自然和必要的了.上面的分析提供了一个学习向量空间理论的重

要方法，就是把它与线性方程组联系起来，这可使很多迷惑不解的问题明朗化. 这就是把比较抽象的东西具体化，使它变得具体和直观，易于理解.

学习向量空间理论时另一个要十分注意的问题是：向量虽然具体表示为 n 元有序数组，它们的加法、数乘也最终归结为具体的数的加法和乘法. 但是后面要展开的向量空间的理论却与向量的具体表达式无关，也与向量加法、数乘的具体内容无关，而完全由上面指出的八条运算法则决定. 认识这一点，是学习高等代数的关键.

二、向量组的线性相关与线性无关

【内容提要】

定义 给定 K^n 中一个向量组

$$\alpha_1, \alpha_2, \cdots, \alpha_s. \tag{I}$$

如果存在 K 内不全为 0 的一组数 $k_1, k_2, \cdots, k_s$，使

$$k_1\alpha_1 + k_2\alpha_2 + \cdots + k_s\alpha_s = 0,$$

则称向量组(I)**线性相关**；如果由

$$k_1\alpha_1 + k_2\alpha_2 + \cdots + k_s\alpha_s = 0$$

推出 $k_1 = k_2 = \cdots = k_s = 0$，则称向量组(I)**线性无关**.

命题 给定 K^n 中一个向量组

$$\alpha_1, \alpha_2, \cdots, \alpha_s, \tag{I}$$

这里 $s \geqslant 2$. 则向量组(I)线性相关的充分必要条件是存在一个向量 α_i 可被其他向量线性表示.

评议 向量组线性相关与线性无关是本课程最基本、最重要的概念. 它可以说是下面所有理论的基石，读者应当对它有准确、透彻的理解. 然而它却是初学者较难理解、最常出现偏差或错误的地方. 为了克服教与学中的这个难点，我们首先应当弄清楚：为什么在向量空间的研究中要引进这样一个概念？

在上面的小节中已经指出，在研究数域 K 上的线性方程组(1)时，很自然地引入了 m 维向量和它们的加法、数乘运算. 借助这些新

知识，线性方程组变成 K^m 内的向量方程(2)，这就把线性方程组的理论纳入 m 维向量空间的理论之中. m 维向量空间要研究哪些理论课题，自然也可由线性方程组的研究课题中得到启示. 这就是向量空间中向量组线性相关与线性无关概念的来源.

具体地说，在线性方程组(1)中，如果其常数项 $b_1=b_2=\cdots=b_m=0$，则称为齐次线性方程组，与此齐次线性方程组等价的是 K^m 内的向量方程

$$x_1\alpha_1+x_2\alpha_2+\cdots+x_n\alpha_n=0.$$

齐次线性方程组总有一组解：$x_1=x_2=\cdots=x_n=0$，这组解称为**零解**，其他解称为**非零解**. 在研究线性方程组时，人们发现，最核心的问题是讨论一个齐次线性方程组有无非零解，而线性方程组理论的这个核心问题翻译成向量空间的语言，就成了向量组线性相关与线性无关的概念. 于是，我们可以用下面较为通俗易懂的语言来给出这两个概念的一个新定义.

定义　给定 K^m 中一个向量组

$$\alpha_1=\begin{bmatrix}a_{11}\\a_{21}\\\vdots\\a_{m1}\end{bmatrix},\quad \alpha_2=\begin{bmatrix}a_{12}\\a_{22}\\\vdots\\a_{m2}\end{bmatrix},\quad \cdots,\quad \alpha_s=\begin{bmatrix}a_{1s}\\a_{2s}\\\vdots\\a_{ms}\end{bmatrix},$$

如果齐次线性方程组

$$\begin{cases}a_{11}x_1+a_{12}x_2+\cdots+a_{1s}x_s=0,\\a_{21}x_1+a_{22}x_2+\cdots+a_{2s}x_s=0,\\\cdots\cdots\cdots\cdots\cdots\cdots\cdots\cdots\\a_{m1}x_1+a_{m2}x_2+\cdots+a_{ms}x_s=0\end{cases}\tag{3}$$

有非零解，则称向量组 $\alpha_1,\alpha_2,\cdots,\alpha_s$ **线性相关**；如果齐次线性方程组(3)只有零解，则称此向量组**线性无关**.

根据前面指出的，线性方程组(3)等价于向量方程 $x_1\alpha_1+x_2\alpha_2+\cdots+x_s\alpha_s=0$. 如果齐次线性方程组(3)有一组非零解

$$x_1=k_1,\ x_2=k_2,\ \cdots,\ x_s=k_s,$$

那么有

$$k_1\alpha_1 + k_2\alpha_2 + \cdots + k_s\alpha_s = 0,$$

这里 $k_1,k_2,\cdots,k_s$ 不全为 0,这就是前面定义中说的意思. 所谓"存在不全为 0 的 $k_1,k_2,\cdots,k_s$"就是方程组(3)有一组非零解,含意很清楚. 而且(3)有非零解,完全是方程组本身的性质,也就是其系数所成向量组 $\alpha_1,\alpha_2,\cdots,\alpha_s$ 内部的结构,与其他向量无关. 而当齐次线性方程组(3)只有零解,意思是它的任意解

$$x_1 = k_1,\ x_2 = k_2,\ \cdots,\ x_s = k_s,$$

也即满足 $k_1\alpha_1+k_2\alpha_2+\cdots+k_s\alpha_s=0$ 的一组数 $k_1,k_2,\cdots,k_s$,只能是零解 $k_1=k_2=\cdots=k_s=0$. 这就是从等式 $k_1\alpha_1+k_2\alpha_2+\cdots+k_s\alpha_s=0$ 出发,推断 $k_1=k_2=\cdots=k_s=0$.

例如,给定 K^5 内向量组

$$\alpha_1 = (7,0,0,0,0),\quad \alpha_2 = (-1,3,4,0,0),$$

$$\alpha_3 = (1,0,1,1,0),\quad \alpha_4 = (0,0,1,1,-1).$$

判断它们是否线性相关.

把它们竖起来排成一个 5×4 矩阵(假定读者已学过线性方程组的解法)

$$A = \begin{bmatrix} 7 & -1 & 1 & 0 \\ 0 & 3 & 0 & 0 \\ 0 & 4 & 1 & 1 \\ 0 & 0 & 1 & 1 \\ 0 & 0 & 0 & -1 \end{bmatrix}.$$

矩阵 A 可以代表齐次线性方程组 $x_1\alpha_1+x_2\alpha_2+x_3\alpha_3+x_4\alpha_4=0$,用引言中讲过的线性方程组的三种初等变换把它化为阶梯形:

$$A \to \begin{bmatrix} 7 & -1 & 1 & 0 \\ 0 & 3 & 0 & 0 \\ 0 & 0 & 1 & 1 \\ 0 & 0 & 1 & 1 \\ 0 & 0 & 0 & -1 \end{bmatrix} \to \begin{bmatrix} 7 & -1 & 1 & 0 \\ 0 & 1 & 0 & 0 \\ 0 & 0 & 1 & 1 \\ 0 & 0 & 0 & 0 \\ 0 & 0 & 0 & -1 \end{bmatrix}$$

$$\rightarrow \begin{bmatrix} 7 & -1 & 1 & 0 \\ 0 & 1 & 0 & 0 \\ 0 & 0 & 1 & 1 \\ 0 & 0 & 0 & 1 \\ 0 & 0 & 0 & 0 \end{bmatrix}.$$

最后的阶梯形矩阵代表的齐次线性方程组是

$$\begin{cases} 7x_1 - x_2 + x_3 = 0, \\ x_2 = 0, \\ x_3 + x_4 = 0, \\ x_4 = 0. \end{cases}$$

显然只有零解，故原齐次线性方程组 $x_1\alpha_1+x_2\alpha_2+x_3\alpha_3+x_4\alpha_4=0$ 也只有零解，即 $\alpha_1,\alpha_2,\alpha_3,\alpha_4$ 线性无关. 如果给出的是一个有具体数字的向量组，那么，总可以用这办法判断它是否线性相关.

下面几点是需要特别注意的.

(1) 从字面上看，"相关"、"无关"一般指两个或多个事物之间有无某种关系，由此易于产生误解，以为"线性相关(无关)"是指两个向量组之间有无"线性关系"，例如常有人说"向量 α 与向量组 β_1,β_2 线性相关"等，就是犯了这个错误. 实际上，一个向量组 $\alpha_1,\alpha_2,\cdots,\alpha_s$ 线性相关(无关)说的是这个向量组的内部结构，或者说是齐次线性方程组 $x_1\alpha_1+x_2\alpha_2+\cdots+x_s\alpha_s=0$ 有无非零解，与其他向量组不相干. 说"向量 α 与向量组 β_1,β_2 线性相关"是没有意义的.

(2) 一个向量组 $\alpha_1,\alpha_2,\cdots,\alpha_s$ 线性相关，是指存在 K 内不全为零的数 $k_1,k_2,\cdots,k_s$，使 $k_1\alpha_1+k_2\alpha_2+\cdots+k_s\alpha_s=0$. 这里说的是 $k_1,k_2,\cdots,k_s$"不全为零"，即其中至少有一个非零，但可能有若干个为零，并不一定"全不为零".

(3) 一个向量组 $\alpha_1,\alpha_2,\cdots,\alpha_s$ 线性无关，是指由 $k_1\alpha_1+k_2\alpha_2+\cdots+k_s\alpha_s=0$ 推出 $k_1=k_2=\cdots=k_s=0$. 在这里 $k_1\alpha_1+k_2\alpha_2+\cdots+k_s\alpha_s=0$ 是已知的前提条件，而 $k_1=k_2=\cdots=k_s=0$ 是需要证明的结论. 有人把前提条件和结论弄颠倒了，由 $k_1=0,k_2=0,\cdots,k_s=0$ 得出 $k_1\alpha_1+k_2\alpha_2$

$+\cdots+k_s\alpha_s=0$,就断言"向量组 $\alpha_1,\alpha_2,\cdots,\alpha_s$ 线性无关",这就犯了大错.

(4) 向量组 $\alpha_1,\alpha_2,\cdots,\alpha_s(s\geqslant 2)$线性相关的充分必要条件是有一个向量能被其余向量线性表示.但不一定是其中任一个向量都能被其余向量线性表示.

齐次线性方程组有无非零解与 K^n 中一个向量组线性相关或线性无关等价,这就说明引入这个新概念的重要性.但是前面的抽象定义则有更一般的意义,因为它不依赖于向量 $\alpha_1,\alpha_2,\cdots,\alpha_s$ 的具体表达式,也不依赖于 K^n 中加法、数乘运算的具体内容,只依赖向量加法、数乘的八条运算法则,从而可以不依赖于线性方程组,有了更大的发展空间和应用领域.所以,在理解了向量组线性相关与线性无关的概念以后,就不能停留在齐次线性方程组(3)有无非零解这个层次上,而要把握住前面的抽象定义,上升到较高的层次.

例 1.1 给定 K^n 内向量组

$$\alpha_1=(a_{11},a_{12},\cdots,a_{1n}),$$
$$\alpha_2=(a_{21},a_{22},\cdots,a_{2n}),$$
$$\cdots\cdots\cdots\cdots\cdots\cdots$$
$$\alpha_m=(a_{m1},a_{m2},\cdots,a_{mn}),$$

从每个向量中去掉第 $i_1,i_1,\cdots,i_s$ 个分量,得到一个 $n-s$ 维的新向量组 $\alpha_1',\alpha_2',\cdots,\alpha_m'$. 证明:

(1) 若 $\alpha_1',\alpha_2',\cdots,\alpha_m'$ 线性无关,则 $\alpha_1,\alpha_2,\cdots,\alpha_m$ 也线性无关;

(2) 若 $\alpha_1,\alpha_2,\cdots,\alpha_m$ 线性相关,则 $\alpha_1',\alpha_2',\cdots,\alpha_m'$ 也线性相关.

解 将向量 $\alpha_1,\alpha_2,\cdots,\alpha_m$ 竖起来写成列的形式,然后划去它们的第 $i_1,i_2,\cdots,i_s$ 个分量得出 $\alpha_1',\alpha_2',\cdots,\alpha_m'$. 我们用下面示意图给予直观的表示:

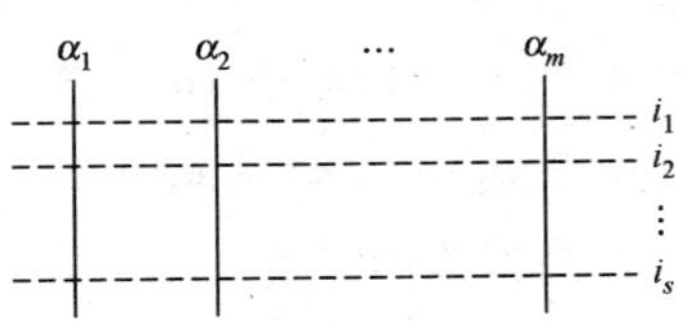

从上面的分析,我们需考查向量方程 $x_1\alpha_1+x_2\alpha_2+\cdots+x_m\alpha_m=0$,具体写出来就是齐次线性方程组

$$\begin{cases} a_{11}x_1 + a_{21}x_2 + \cdots + a_{m1}x_m = 0, \\ a_{12}x_1 + a_{22}x_2 + \cdots + a_{m2}x_m = 0, \\ \cdots\cdots\cdots\cdots\cdots\cdots\cdots\cdots \\ a_{1n}x_1 + a_{2n}x_2 + \cdots + a_{mn}x_m = 0. \end{cases} \tag{4}$$

(4)中每个方程就是上面示意图中的一个横行. 而齐次线性方程组(写成向量方程的形式)

$$x_1\alpha_1' + x_2\alpha_2' + \cdots + x_m\alpha_m' = 0 \tag{5}$$

是把方程组(4)去掉第 $i_1, i_2, \cdots, i_s$ 个方程得到的,如果 $\alpha_1,\alpha_2,\cdots,\alpha_m$ 线性相关,则(4)有一组非零解

$$x_1 = k_1,\ x_2 = k_2,\ \cdots,\ x_m = k_m,$$

它自然也是方程组(5)的一组非零解,因而 $\alpha_1',\alpha_2',\cdots,\alpha_m'$ 线性相关.

反过来说,因为(4)的任一组解都是方程组(5)的解. 如果 $\alpha_1',\alpha_2',\cdots,\alpha_m'$ 线性无关,即方程组(5)只有零解,那么方程组(4)也只有零解,从而 $\alpha_1,\alpha_2,\cdots,\alpha_m$ 线性无关. ▌

评议 本例中,问题是用向量的具体的分量表达式给出的,因此,自然应该使用齐次线性方程组有无非零解来处理它. 而一旦用上这一点,从方程组(5)只是方程组(4)的一部分这个事实,问题立即得到解答. 此例提供了利用直观图示来处理问题的方法,读者应予注意.

例 1.2 设 a 是数域 K 内一个数,$\alpha_1,\alpha_2,\alpha_3,\alpha_4$ 是 K^n 内一个线性无关向量组. 令

$$\beta_1 = 3a\alpha_1 + (2a+1)\alpha_2 + (a+1)\alpha_3 + a\alpha_4,$$

$$\beta_2 = (2a-1)\alpha_1 + (2a-1)\alpha_2 + (a-2)\alpha_3 + (a+1)\alpha_4,$$

$$\beta_3 = (4a-1)\alpha_1 + 3a\alpha_2 + 2a\alpha_3 + \alpha_4.$$

试判断向量组 β_1,β_2,β_3 是否线性无关.

解 设 $x_1\beta_1+x_2\beta_2+x_3\beta_3=0$,于是

$$\begin{aligned}&[3ax_1+(2a-1)x_2+(4a-1)x_3]\alpha_1\\&\quad+[(2a+1)x_1+(2a-1)x_2+3ax_3]\alpha_2\\&\quad+[(a+1)x_1+(a-2)x_2+2ax_3]\alpha_3\\&\quad+[ax_1+(a+1)x_2+x_3]\alpha_4=0.\end{aligned}$$

因为 $\alpha_1,\alpha_2,\alpha_3,\alpha_4$ 线性无关,所以上式等价于

$$\begin{cases}3ax_1+(2a-1)x_2+(4a-1)x_3=0,\\(2a+1)x_1+(2a-1)x_2+3ax_3=0,\\(a+1)x_1+(a-2)x_2+2ax_3=0,\\ax_1+(a+1)x_2+x_3=0.\end{cases}$$

现在 a 的值未知,我们不能用含 a 的式子作除数. 为了尽量消去文字 a,我们把最后等式乘适当倍数加到前三个等式并重排次序,得

$$\begin{cases}x_1-3x_2+(2a-1)x_3=0,\\x_1-3x_2+(3a-2)x_3=0,\\-(a+4)x_2+4(a-1)x_3=0,\\ax_1+(a+1)x_2+x_3=0.\end{cases}$$

现在把第一等式乘适当倍数加到其他等式以消去 x_1,得

$$\begin{cases}x_1-3x_2+(2a-1)x_3=0,\\(a-1)x_3=0,\\-(a+4)x_2+4(a-1)x_3=0,\\(4a+1)x_2-(2a^2-a-1)x_3=0.\end{cases}$$

(1) 若 $a=1$. 则由第三等式推得 $x_2=0$,仅剩第一等式 $x_1+x_3=0$,其他等式皆变为恒等式. 令 $x_3=1$,则 $x_1=-1$. 我们得到 $(-1)\beta_1+0\cdot\beta_2+1\cdot\beta_3=0$. 于是向量组 β_1,β_2,β_3 线性相关.

(2) 若 $a\neq1$. 由第二等式推出 $x_3=0$,这时 $a+4$ 和 $4a+1$ 中必有一个非零,于是由第三、四两等式推出 $x_2=0$,再由第一等式推出 $x_1=0$,故 β_1,β_2,β_3 线性无关. ▌

评议 此例完全按照线性相关与线性无关的概念进行推理,它可以帮助检查概念是否清楚. 注意推理中仅仅用到加法、数乘的八条

运算法则,完全没有涉及向量 $\alpha_1,\alpha_2,\alpha_3,\alpha_4$ 和 β_1,β_2,β_3 的具体内涵,只把它们当做向量的记号按八条法则进行运算.

例 1.3　在 K^n 内给定向量组

$$\alpha_i=(a_{i1},a_{i2},\cdots,a_{in})\quad(i=1,2,\cdots,s;s\leqslant n).$$

如果

$$|a_{jj}|>\sum_{\substack{i=1\\i\neq j}}^{s}|a_{ij}|\quad(j=1,2,\cdots,s),$$

证明 $\alpha_1,\alpha_2,\cdots,\alpha_s$ 线性无关.

解　若 $\alpha_1,\alpha_2,\cdots,\alpha_s$ 线性相关,则有不全为零的 $k_1,k_2,\cdots,k_s$ 使 $k_1\alpha_1+k_2\alpha_2+\cdots+k_s\alpha_s=0$. 设 $|k_i|\geqslant|k_j|(j\neq i)$,我们有

$$\alpha_i=-\sum_{\substack{j=1\\j\neq i}}^{s}\frac{k_j}{k_i}\alpha_j.$$

考查向量组 $\alpha_1,\alpha_2,\cdots,\alpha_s$ 的第 i 个分量,我们有

$$a_{ii}=-\sum_{\substack{j=1\\j\neq i}}^{s}\frac{k_j}{k_i}a_{ji}.$$

因 $\left|\frac{k_j}{k_i}\right|\leqslant1$,故有

$$|a_{ii}|\leqslant\left|\sum_{\substack{j=1\\j\neq i}}^{s}\frac{k_j}{k_i}a_{ji}\right|\leqslant\sum_{\substack{j=1\\j\neq i}}^{s}|a_{ji}|.$$

与假设矛盾. ▌

评议　此题所给条件是不等式,故应考虑运用不等式技巧. 这说明,解题时应当根据题中所给条件灵活地运用基本概念.

三、向量组的极大线性无关部分组和秩

【内容提要】

定义　给定 K^n 内向量组

$$\alpha_1,\ \alpha_2,\ \cdots,\ \alpha_s,\tag{I}$$

如果它的一个部分组

$$\alpha_{i_1},\ \alpha_{i_2},\ \cdots,\ \alpha_{i_r}\tag{II}$$

满足如下两个条件：

(i) 向量组(Ⅰ)中每个向量都能被(Ⅱ)线性表示；

(ii) 向量组(Ⅱ)线性无关，

则称向量组(Ⅱ)是向量组(Ⅰ)的一个**极大线性无关部分组**.(Ⅱ)中向量个数 r 称为向量组(Ⅰ)的**秩**.

基本命题 给定 K^n 内两个向量组

$$\alpha_1, \alpha_2, \cdots, \alpha_r, \tag{Ⅰ}$$

$$\beta_1, \beta_2, \cdots, \beta_s, \tag{Ⅱ}$$

如果向量组(Ⅰ)中每个向量都能被(Ⅱ)线性表示，且 $r>s$，则向量组(Ⅰ)线性相关.

评议 如果一个向量组线性无关，那就表明它的内部结构比较单纯，而它线性相关时内部结构就较复杂(例如，其中有某些向量可被其余向量线性表示，也就是说，在一定意义下可用其余向量来取代它).引入极大线性无关部分组的目的就是要用一个线性无关向量组来取代原先较复杂的向量组.

一个向量组的极大线性无关部分组不是唯一的，但其中向量个数却是唯一确定的.这是因为它的任何两个极大线性无关部分组都能互相线性表示，又都线性无关，从上述基本命题立即推出它们包含的向量个数相同.大量事实表明，上述基本命题是强有力的工具，许多问题因它而迅速获得解决.读者在处理有关向量组线性相关或线性无关的问题时应当多想想是否有可能使用这个基本命题.

必须注意，一个向量组的极大线性无关部分组中的向量必须是从原向量组中挑选出来的，而不能是其他另找来的向量.为什么称它“极大”呢？使用这个词的原因是，根据基本命题，原向量组的任意一个部分组，如果其中向量个数超过 r，则必线性相关.所以，就线性无关部分组来说，它确实已达到“极大”了，即不能再扩充了.

例 1.4 给定 K^n 中一个向量组

$$\alpha_1, \alpha_2, \cdots, \alpha_m. \tag{Ⅰ}$$

设

$$\begin{aligned}\beta_1 &= a_{11}\alpha_1 + a_{12}\alpha_2 + \cdots + a_{1m}\alpha_m,\\ \beta_2 &= a_{21}\alpha_1 + a_{22}\alpha_2 + \cdots + a_{2m}\alpha_m, \quad (a_{ij} \in K)\\ &\cdots\cdots\cdots\cdots\\ \beta_s &= a_{s1}\alpha_1 + a_{s2}\alpha_2 + \cdots + a_{sm}\alpha_m.\end{aligned}$$

证明向量组 $\beta_1,\beta_2,\cdots,\beta_s$ 的秩$\leqslant$向量组(Ⅰ)的秩.

解　设向量组(Ⅰ)有一个极大线性无关部分组

$$\alpha_{i_1},\ \alpha_{i_2},\ \cdots,\ \alpha_{i_r}. \tag{Ⅱ}$$

又设向量组 $\beta_1,\beta_2,\cdots,\beta_s$ 的一个极大线性无关部分组是 $\beta_{j_1},\beta_{j_2},\cdots,\beta_{j_t}$. 因每个 β_{j_k} 可被 $\alpha_1,\alpha_2,\cdots,\alpha_m$ 线性表示,而每个 α_i 可被向量组(Ⅱ)线性表示,从而 $\beta_{j_1},\beta_{j_2},\cdots,\beta_{j_t}$ 可被向量组(Ⅱ)线性表示. 我们已知它线性无关,根据基本命题,$t\leqslant r$. ▌

评议　本题中未给出 a_{ij} 的具体数值,因此,肯定不是去找 $\beta_1,\beta_2,\cdots,\beta_s$ 的极大线性无关部分组(实际上根本无法找). 题目中要求的只是比较两向量组秩的大小,这时应当想到,基本命题恰好涉及两个向量组中向量个数的大小,因而要设法用它来处理问题.

例 1.5　给定 K^n 中两个向量组

$$\alpha_1,\ \alpha_2,\ \cdots,\ \alpha_m, \tag{Ⅰ}$$

$$\alpha_1,\ \alpha_2,\ \cdots,\ \alpha_m,\ \alpha_{m+1},\ \cdots,\ \alpha_{m+l}. \tag{Ⅱ}$$

如果向量组(Ⅰ)的秩=向量组(Ⅱ)的秩,证明每个 $\alpha_{m+i}(i=1,2,\cdots,l)$ 可被向量组(Ⅰ)线性表示.

解　向量组(Ⅰ)是否线性相关不得而知,问题处理有难度. 这时应当想到可以用(Ⅰ)的一个极大线性无关部分组

$$\alpha_{i_1},\ \alpha_{i_2},\ \cdots,\ \alpha_{i_r} \tag{Ⅲ}$$

来取代它. 这时向量组 $\alpha_{i_1},\alpha_{i_2},\cdots,\alpha_{i_r},\alpha_{m+i}$ 含 $r+1$ 个向量,大于向量组(Ⅱ)的秩 r,它又是(Ⅱ)的一个部分组,能被(Ⅱ)的任一极大线性无关部分组线性表示,按基本命题,它必线性相关. 于是存在 K 内不全为 0 的数 $k_1,k_2,\cdots,k_r,k$,使

$$k_1\alpha_{i_1} + k_2\alpha_{i_2} + \cdots + k_r\alpha_{i_r} + k\alpha_{m+i} = 0.$$

如果 $k=0$，则 $k_1\alpha_{i_1}+k_2\alpha_{i_2}+\cdots+k_r\alpha_{i_r}=0$，因为 $\alpha_{i_1},\alpha_{i_2},\cdots,\alpha_{i_r}$ 线性无关，推出 $k_1=k_2=\cdots=k_r=0$，矛盾. 故 $k\neq 0$，从而

$$\alpha_{m+i}=-\frac{k_1}{k}\alpha_{i_1}-\cdots-\frac{k_r}{k}\alpha_{i_r}.$$

即 α_{m+i} 可被(Ⅲ)线性表示，从而能被(Ⅰ)线性表示(让(Ⅰ)中其余向量前面系数为 0). ▌

评议 从本例也可以认识到引入极大线性无关部分组的重要意义.

例 1.6 在 K^m 内给定一个向量组 $\alpha_1,\alpha_2,\cdots,\alpha_n$. 设它的一个极大线性无关部分组是 $\alpha_{i_1},\alpha_{i_2},\cdots,\alpha_{i_r}$. 又设

$$\alpha=\alpha_1+\alpha_2+\cdots+\alpha_n=k_1\alpha_{i_1}+k_2\alpha_{i_2}+\cdots+k_r\alpha_{i_r},$$

如果 $k_1+k_2+\cdots+k_r\neq 1$. 试求向量组

$$\beta_1=\alpha-\alpha_1,\ \beta_2=\alpha-\alpha_2,\ \cdots,\ \beta_n=\alpha-\alpha_n$$

的一个极大线性无关部分组.

解 我们应尽量先决定向量组 $\beta_1,\beta_2,\cdots,\beta_n$ 的秩 s. 按例 1.4，有 $s\leqslant r$. 我们有

$$\beta=\beta_1+\beta_2+\cdots+\beta_n=n\alpha-(\alpha_1+\cdots+\alpha_n)=(n-1)\alpha,$$

由此推知

$$\alpha_i=\alpha-\beta_i=\frac{1}{n-1}\beta-\beta_i\quad(i=1,2,\cdots,n).$$

同样由例 1.4 推知有 $r\leqslant s$，从而 $s=r$.

从前面分析的向量组 $\alpha_1,\alpha_2,\cdots,\alpha_n$ 与 $\beta_1,\beta_2,\cdots,\beta_n$ 之间的密切关系我们猜测 $\beta_{i_1},\beta_{i_2},\cdots,\beta_{i_r}$ 是所欲寻找的极大线性无关部分组. 先证它线性无关. 若有

$$l_1\beta_{i_1}+l_2\beta_{i_2}+\cdots+l_r\beta_{i_r}=0,$$

令 $k=k_1+k_2+\cdots+k_r$，$l=l_1+l_2+\cdots+l_r$，我们有

$$\begin{aligned}0&=\sum_{j=1}^{r}l_j\beta_{i_j}=\sum_{j=1}^{r}l_j(\alpha-\alpha_{i_j})\\&=l\alpha-\sum_{j=1}^{r}l_j\alpha_{i_j}=l\sum_{j=1}^{r}k_j\alpha_{i_j}-\sum_{j=1}^{r}l_j\alpha_{i_j}\end{aligned}$$

$$= \sum_{j=1}^{r} (lk_j - l_j)\alpha_{i_j}.$$

因为 $\alpha_{i_1},\alpha_{i_2},\cdots,\alpha_{i_r}$ 线性无关,故 $lk_j - l_j = 0$,这里 $j=1,2,\cdots,r$. 于是

$$0 = \sum_{j=1}^{r} (lk_j - l_j) = lk - l = l(k-1).$$

因为 $k-1\neq 0$,故 $l=0$. 但因 $lk_j - l_j = 0$,故 $l_j = 0(j=1,2,\cdots,r)$. 这表明 $\beta_{i_1},\beta_{i_2},\cdots,\beta_{i_r}$ 线性无关. 任取 β_i,因向量组 $\beta_1,\beta_2,\cdots,\beta_n$ 秩为 r,前面已指出,它的任意部分组当向量个数大于向量组的秩 r 时,必线性相关,故向量组 $\beta_{i_1},\beta_{i_2},\cdots,\beta_{i_r},\beta_i$ 线性相关,按例 1.5 中推理方法,可知 β_i 可被 $\beta_{i_1},\beta_{i_2},\cdots,\beta_{i_r}$ 线性表示. 由此知 $\beta_{i_1},\beta_{i_2},\cdots,\beta_{i_r}$ 即为 β_1, $\beta_2,\cdots,\beta_n$ 的一个极大线性无关部分组. ▌

评议 经过对问题的仔细分析,对所要寻求的答案是什么进行猜测,然后从逻辑上加以严格的论证,这是人们处理各种问题或从事科学研究时常用的方法. 做这种题可以帮助提高对各种问题的直观洞察力,是有益的训练.

四、矩阵的秩

【内容提要】

设 $a_{ij}(i=1,2,\cdots,m;j=1,2,\cdots,n)$ 是数域 K 内的 mn 个数,把它们依次排成如下 m 行 n 列表格

$$A = \begin{bmatrix} a_{11} & a_{12} & \cdots & a_{1n} \\ a_{21} & a_{22} & \cdots & a_{2n} \\ \vdots & \vdots & & \vdots \\ a_{m1} & a_{m2} & \cdots & a_{mn} \end{bmatrix},$$

它称为数域 K 上一个 $m\times n$ 矩阵. 矩阵 A 的每个行都是 K^n 中一个向量,称为 A 的行向量,A 有 m 个行向量 $\alpha_i=(a_{i1},a_{i2},\cdots,a_{in})(i=1,2,\cdots,m)$,是 K^n 中一个向量组,称为 A 的行向量组,其秩称为 A 的行秩. 同样,A 的每个列是 K^m 中一个向量,称为 A 的列向量,共 n 个,称为 A 的列向量组,其秩称为 A 的列秩.

命题 1 A 的行秩等于列秩,其值称为 A 的秩,记为 $\mathrm{r}(A)$.

矩阵 A 可以做下列三种行(列)初等变换:

(1) 把 A 第 i 行(列)乘以 K 内非零数 c;

(2) 互换 A 的 i,j 两行(列);

(3) 将 A 的第 i 行(列)加上第 j 行(列)的 k 倍,这里 $k\in K$.

命题 2 矩阵的初等行(列)变换不改变矩阵的秩.

命题 3 矩阵 A 经初等行(列)变换可以化为如下标准形:

$$\begin{bmatrix} 1 & & & & & & \\ & \ddots & & & & 0 & \\ & & 1 & & & & \\ & & & 0 & & & \\ & 0 & & & \ddots & & \\ & & & & 0 & \cdots & 0 \end{bmatrix}, \quad \begin{bmatrix} 1 & & & & & \\ & \ddots & & & 0 & \\ & & 1 & & & \\ & & & 0 & & \\ & 0 & & & \ddots & \\ & & & & & 0 \end{bmatrix}, \quad \begin{bmatrix} 1 & & & & \\ & \ddots & & 0 & \\ & & 1 & & \\ & & & 0 & \\ & & & & \ddots \\ & & & & & 0 \\ & 0 & & & & \vdots \\ & & & & & 0 \end{bmatrix}.$$

($n>m$ 时) ($n=m$ 时) ($n<m$ 时)

标准形中 1 的个数即为矩阵 A 的秩 $\mathrm{r}(A)$.

评议 初等代数只研究数的运算,高等代数课程的任务是帮助读者摆脱这一局限性,逐步进入不是数的对象的运算领域.前面讨论的 n 维向量已经不是数了,现在又引入新的研究对象矩阵,它同样也不是数.这样,我们的学习又深入一步了.

为什么要研究矩阵呢,这也可以从线性方程组得到启示.线性方程组的一般形式是

$$\begin{cases} a_{11}x_1+a_{12}x_2+\cdots+a_{1n}x_n=b_1, \\ a_{21}x_1+a_{22}x_2+\cdots+a_{2n}x_n=b_2, \\ \cdots\cdots\cdots\cdots\cdots\cdots\cdots\cdots \\ a_{m1}x_1+a_{m2}x_2+\cdots+a_{mn}x_n=b_m. \end{cases}$$

它的系数依次排列就是前面写出的 $m\times n$ 矩阵 A,称为此方程组的系数矩阵,如果把常数项添加到最右边,得到 $m\times(n+1)$ 矩阵

$$\overline{A}=\begin{bmatrix} a_{11} & a_{12} & \cdots & a_{1n} & b_1 \\ a_{21} & a_{22} & \cdots & a_{2n} & b_2 \\ \vdots & \vdots & & \vdots & \vdots \\ a_{m1} & a_{m2} & \cdots & a_{mn} & b_m \end{bmatrix},$$

矩阵 $\overline{A}$ 称为方程组的**增广矩阵**.

上面的线性方程组的信息已经全部包含在矩阵 A 和 $\overline{A}$ 中了，只要深入研究矩阵 $A,\overline{A}$，就有可能破解线性方程组的各种疑难.

我们应该怎样深入研究矩阵呢？从直观就立即可以看出，它与向量空间中的向量有密切的联系，而目前关于向量空间稍深入一点的知识就是向量组的秩，把它应用到矩阵上来，就得到矩阵的秩的概念. 早在 19 世纪下半叶人们就已认识到这个概念的重要性并作了深入的研究. 下面我们把矩阵 $A,\overline{A}$ 的秩应用到线性方程组，解决了一系列理论问题.

但是，矩阵是一个复杂的研究对象，为了把复杂的研究对象简单化，我们引进了矩阵的行(列)初等变换. 特别重要的一点是，行(列)初等变换都不改变矩阵的秩. 经过行(列)初等变换后可以把矩阵变成形式极为简单的标准形，从而使它的秩一目了然. 这是前辈数学家为我们提供的处理复杂问题的极好范例. 学习高等代数，不单是学习有关的理论知识，更重要的是吸取人类文化宝库中的这些精华.

K^n 中一个向量组 $\alpha_1,\alpha_2,\cdots,\alpha_m$ 可以作为行向量组排成一个 $m\times n$ 矩阵，或作为列向量组排成一个 $n\times m$ 矩阵. 这个向量组的秩就是它们排成的矩阵的秩. 所以计算向量组的秩和计算矩阵的秩是同一个问题. 而求矩阵的秩可利用初等行、列变换将其化简成秩一目了然的矩阵而求得.

例 1.7　设 A 是数域 K 上的 $m\times n$ 矩阵，A 经若干次初等行变换化为矩阵 B. 设 A 的列向量组是 $\alpha_1,\alpha_2,\cdots,\alpha_n$，$B$ 的列向量组是 $\alpha_1',\alpha_2',\cdots,\alpha_n'$. 我们有如下结论：

(1) 如果 $\alpha_{i_1},\alpha_{i_2},\cdots,\alpha_{i_r}$ 是 A 的列向量组的一个极大线性无关部分组，则 $\alpha_{i_1}',\alpha_{i_2}',\cdots,\alpha_{i_r}'$ 是 B 的列向量组的一个极大线性无关部分组. 而且，当

$$\alpha_i = k_1\alpha_{i_1} + k_2\alpha_{i_2} + \cdots + k_r\alpha_{i_r}$$

时，有 $\alpha_i' = k_1\alpha_{i_1}' + k_2\alpha_{i_2}' + \cdots + k_r\alpha_{i_r}'$.

(2) 如果 $\alpha_{i_1}', \alpha_{i_2}', \cdots, \alpha_{i_r}'$ 是 B 的列向量组的一个极大线性无关部分组，则 $\alpha_{i_1}, \alpha_{i_2}, \cdots, \alpha_{i_r}$ 是 A 的列向量组的一个极大线性无关部分组. 而且，当

$$\alpha_i' = k_1\alpha_{i_1}' + k_2\alpha_{i_2}' + \cdots + k_r\alpha_{i_r}'$$

时，有 $\alpha_i = k_1\alpha_{i_1} + k_2\alpha_{i_2} + \cdots + k_r\alpha_{i_r}$.

解 首先画如下直观示意图：

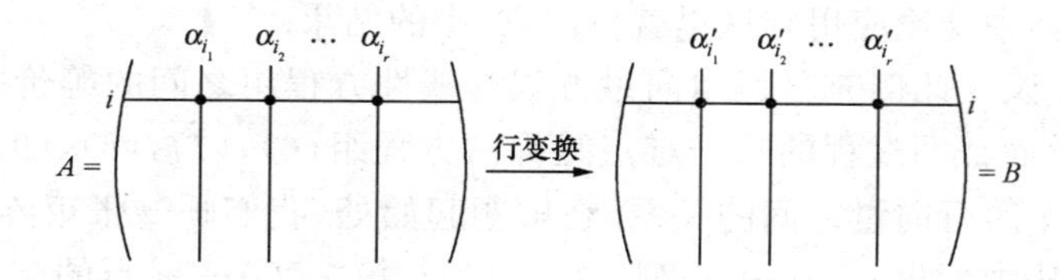

(1) 先证 $\alpha_{i_1}', \alpha_{i_2}', \cdots, \alpha_{i_r}'$ 线性无关，即证齐次线性方程组

$$x_1\alpha_{i_1}' + x_2\alpha_{i_2}' + \cdots + x_r\alpha_{i_r}' = 0 \tag{6}$$

只有零解. 方程组(6)的每个方程是上面示意图中一个横行. 具体写出来，此齐次线性方程组第 i 个方程的系数是矩阵 B 的第 i 行的第 $i_1, i_2, \cdots, i_r$ 个元素，考查齐次线性方程组

$$x_1\alpha_{i_1} + x_2\alpha_{i_2} + \cdots + x_r\alpha_{i_r} = 0, \tag{7}$$

它的第 i 个方程的系数是矩阵 A 的第 i 行的第 $i_1, i_2, \cdots, i_r$ 个元素. 而 A 作初等行变换变成 B，这说明方程组(7)作初等变换后变成方程组(6)，现在 $\alpha_{i_1}, \alpha_{i_2}, \cdots, \alpha_{i_r}$ 线性无关，(7)只有零解，那么(6)也只有零解(因为对方程组作初等变换后，前后两方程组同解). 于是 α_{i_1}', $\alpha_{i_2}', \cdots, \alpha_{i_r}'$ 线性无关.

对任意向量 α_i'，考查线性方程组

$$x_1\alpha_{i_1}' + x_2\alpha_{i_2}' + \cdots + x_r\alpha_{i_r}' = \alpha_i', \tag{8}$$

按照上面说的道理，方程组(8)是由下面方程组

$$x_1\alpha_{i_1} + x_2\alpha_{i_2} + \cdots + x_r\alpha_{i_r} = \alpha_i \tag{9}$$

作初等变换得来的. 因为 $\alpha_{i_1},\alpha_{i_2},\cdots,\alpha_{i_r}$ 是 A 的列向量组的一个极大线性无关部分组,所以(9)有解,从而(8)有解. 这表示 B 的任一列向量 α_i' 均可被 $\alpha_{i_1}',\alpha_{i_2}',\cdots,\alpha_{i_r}'$ 线性表示,且当(9)有一组解

$$k_1\alpha_{i_1}+k_2\alpha_{i_2}+\cdots+k_r\alpha_{i_r}=\alpha_i$$

时,此组解也是(8)的解

$$k_1\alpha_{i_1}'+k_2\alpha_{i_2}'+\cdots+k_r\alpha_{i_r}'=\alpha_i'.$$

至此,(1)已获证.

(2) 因为初等变换是可逆的,所以 B 经过适当初等变换化为 A,因而(1)中结论应用到这里就得出(2)中的结果. ▌

评议　此例充分运用向量方程与线性方程组之间的等价关系. 理解上面证明过程的唯一难点是弄清方程组(6),(7),(8),(9)和矩阵 B,A 的行向量之间的关系. 在解题起始处,我们画一张矩阵 B,A 的图,从中标出 $i_1,i_2,\cdots,i_r$ 列,这 r 个列与第 $1,2,\cdots,m$ 行的交叉处,就是这些方程组第 $1,2,\cdots,m$ 个方程的系数,这可以把这些方程的结构很直观地表现出来. 这种借助直观帮助理解问题的方法是很有用的.

利用这个例题,求一个向量组的极大线性无关部分组时,可把它作为列向量排成矩阵,然后作初等行变换(这时不能作列变换)把它化简为阶梯形,新矩阵列向量组的极大线性无关部分组很容易求出,然后利用此例的结论(2)即可.

例 1.8　求 K^5 内下面向量组的秩:

$$\alpha_1=(1,-1,0,1,1),\quad \alpha_2=(2,-2,0,2,2),$$
$$\alpha_3=(1,1,1,0,0),\quad \alpha_4=(2,0,1,1,1).$$

解　把它们作为行排成 4×5 矩阵,再用初等变换将矩阵化为阶梯形

$$\begin{bmatrix}1&-1&0&1&1\\2&-2&0&2&2\\1&1&1&0&0\\2&0&1&1&1\end{bmatrix}\longrightarrow\begin{bmatrix}1&-1&0&1&1\\0&0&0&0&0\\0&2&1&-1&-1\\0&2&1&-1&-1\end{bmatrix}$$

$$\rightarrow \begin{bmatrix} 1 & -1 & 0 & 1 & 1 \\ 0 & 2 & 1 & -1 & -1 \\ 0 & 0 & 0 & 0 & 0 \\ 0 & 0 & 0 & 0 & 0 \end{bmatrix}.$$

最后阶梯形矩阵的秩为 2,故原矩阵秩为 2,因而向量组的秩也是 2.

▌

评议 利用初等变换将矩阵化为阶梯形后,其不为零的行向量个数即为它的秩.

例 1.9 给定 K^4 内向量组

$\alpha_1 = (1,1,4,2)$, $\alpha_2 = (1,-1,-2,4)$,

$\alpha_3 = (0,2,6,-2)$, $\alpha_4 = (-3,-1,3,4)$,

$\alpha_5 = (-1,0,-4,-7)$, $\alpha_6 = (-2,1,7,1)$.

求它的一个极大线性无关部分组.

解 把它们作为列向量排成 4×6 矩阵,再对此矩阵作初等行变换(不能作列变换)把它化为阶梯形

$$A = \begin{bmatrix} 1 & 1 & 0 & -3 & -1 & -2 \\ 1 & -1 & 2 & -1 & 0 & 1 \\ 4 & -2 & 6 & 3 & -4 & 7 \\ 2 & 4 & -2 & 4 & -7 & 1 \end{bmatrix}$$

$$\xrightarrow{\text{行}} \begin{bmatrix} 1 & 1 & 0 & -3 & -1 & -2 \\ 0 & 2 & -2 & -2 & -1 & -3 \\ 0 & 0 & 0 & 3 & -1 & 2 \\ 0 & 0 & 0 & 0 & 0 & 0 \end{bmatrix} = B,$$

B 的列向量组的一个极大线性无关部分组是第 1,2,4 个列向量,根据例 1.7 的(2),A 的列向量组 $\alpha_1,\alpha_2,\alpha_3,\alpha_4,\alpha_5,\alpha_6$ 的一个极大线性无关部分组是 $\alpha_1,\alpha_2,\alpha_4$. ▌

评议 阶梯形矩阵列向量组的一个极大线性无关部分组是由每个不为 0 的行向量最左端不为 0 的元素所在的列向量组合而成(就像此例中矩阵 B 的第 1,2,4 列),这一点也是很易证明的. 首先,它不为 0 的行向量个数 r 即为它的秩,而用上面办法找出的也正好是 r

个列向量，只要再证找出的这个列向量组线性无关即可. 而这一证明是很简单的，读者只要动手证明上面矩阵 B 的第 1,2,4 个列向量组成的向量组线性无关就可以明白这一事实了. 如果对一般情况进行严格论证，要涉及许多烦琐的记号，此处不详细讨论，因为只需对具体问题具体讨论就可以了.

例 1.10　给定 K^m 内向量组

$$\alpha_1,\ \alpha_2,\ \cdots,\ \alpha_n, \tag{I}$$

其中 $\alpha_1\neq 0$. 对(I)作如下**筛选**：首先，α_1 保持不动. 若 α_2 可被 α_1 线性表示，则去掉 α_2，否则保留 α_2. 继续这一筛选，一般说，若 α_i 可被前面保留下来的向量线性表示，就去掉 α_i，否则保留 α_i. 经 n 次筛选后，设最后保留下来的向量组是

$$\alpha_{i_1}=\alpha_1,\alpha_{i_2},\cdots,\alpha_{i_r}. \tag{II}$$

则(II)为(I)的一个极大线性无关部分组.

解　先证(II)线性无关. 设有

$$k_1\alpha_{i_1}+k_2\alpha_{i_2}+\cdots+k_r\alpha_{i_r}=0.$$

若 $k_1,k_2,\cdots,k_r$ 不全为 0，设自右至左第一个不为 0 的是 k_s，即 $k_{s+1}=\cdots=k_r=0$，因 $\alpha_1\neq 0$，故 $s>1$(若 $s=1$，则 $k_1\alpha_1=0$，矛盾). 于是

$$k_1\alpha_{i_1}+\cdots+k_{s-1}\alpha_{i_{s-1}}+k_s\alpha_{i_s}=0.$$

移项后得

$$\alpha_{i_s}=-\frac{k_1}{k_s}\alpha_{i_1}-\cdots-\frac{k_{s-1}}{k_s}\alpha_{i_{s-1}}.$$

这说明 α_{i_s} 可被前面保留下来的向量线性表示，这与筛选法矛盾. 故必有 $k_1=k_2=\cdots=k_r=0$，即(II)线性无关.

(I)中不属于(II)的向量都是筛选中被去掉的向量，即能被(II)中前若干向量线性表示的向量，从而可被(II)线性表示(令其余向量前面系数取 0).

综合上述两方面的论述，即知(II)为(I)的一个极大线性无关部分组. ▌

评议　此例表明，如果一个向量组 $\alpha_1,\alpha_2,\cdots,\alpha_s$ 中至少包含一个非零向量(我们可以重排其次序，使非零向量排在最前面)，此时其极大线性无关部分组必存在，故其秩$\geqslant 1$.

对数域 K 上的 n 维向量空间 K^n，下面的向量

$$\varepsilon_1 = (1,0,0,\cdots,0),$$
$$\varepsilon_2 = (0,1,0,\cdots,0),$$
$$\cdots\cdots\cdots\cdots\cdots\cdots$$
$$\varepsilon_n = (0,\cdots,0,0,1)$$

称为它的坐标向量. $\varepsilon_1,\varepsilon_2,\cdots,\varepsilon_n$ 显然线性无关，故秩为 n，K^n 中任意向量都可被向量组 $\varepsilon_1,\varepsilon_2,\cdots,\varepsilon_n$ 线性表示，因此，对 K^n 中任一线性无关向量组 $\alpha_1,\alpha_2,\cdots,\alpha_r$，按照基本命题，应有 $r\leqslant n$.

下面来介绍前面的理论在几何上的一个应用. 考查实数域上的 n 维向量空间 $\mathbb{R}^n$. 设 $\alpha_1,\alpha_2,\cdots,\alpha_r$ 是 $\mathbb{R}^n$ 中一个线性无关向量组，α 为 $\mathbb{R}^n$ 中一个向量. 定义

$$L(\alpha;\alpha_1,\alpha_2,\cdots,\alpha_r) = \{\alpha + t_1\alpha_1 + t_2\alpha_2 + \cdots + t_r\alpha_r \mid t_i \in \mathbb{R}\},$$

它称为 $\mathbb{R}^n$ 中一个 r 维线性流形. 一维线性流形称为 $\mathbb{R}^n$ 中的直线，二维线性流形则称为 $\mathbb{R}^n$ 中的平面.

例 1.11 证明 $\mathbb{R}^n(n\geqslant 3)$ 中任意两条直线都包含在某个三维线性流形之中.

解 设 $\mathbb{R}^n$ 中两条直线是 $L(\alpha;\varepsilon)$，$L(\beta;\eta)$. 现在 $\varepsilon\neq 0,\eta\neq 0$. 考查向量组

$$\varepsilon,\ \eta,\ \beta-\alpha,\ \varepsilon_1,\ \varepsilon_2,\ \varepsilon_3. \tag{I}$$

这里 $\varepsilon_1,\varepsilon_2,\varepsilon_3$ 是 $\mathbb{R}^n$ 的前 3 个坐标向量，向量组 $\varepsilon_1,\varepsilon_2,\varepsilon_3$ 线性无关，它又能被(I)的一个极大线性无关部分组线性表示，按基本命题，(I)的极大线性无关部分组中向量的个数(即(I)的秩)$\geqslant 3$. 按例 1.10 中的筛选法求向量组(I)的一个极大线性无关部分组，设前 3 个向量为 $\eta_1=\varepsilon,\eta_2,\eta_3$. 按照筛选法，$\varepsilon,\eta,\beta-\alpha$ 均可被 η_1,η_2,η_3 线性表示. 我们来证明：直线 $L(\alpha;\varepsilon)$，$L(\beta;\eta)$都包含在三维线性流形 $L(\alpha;\eta_1,\eta_2,\eta_3)$ 之中.

首先，$\varepsilon=\eta_1$，故对任意实数 t，有

$$\alpha + t\varepsilon = \alpha + t\eta_1 + 0\eta_2 + 0\eta_3 \in L(\alpha;\eta_1,\eta_2,\eta_3).$$

下面设

$$\eta = a_1\eta_1 + a_2\eta_2 + a_3\eta_3, \quad \beta - \alpha = b_1\eta_1 + b_2\eta_2 + b_3\eta_3.$$

那么,对任意实数 t,有

$$\begin{aligned}\beta+t\eta&=\alpha+(\beta-\alpha)+t\eta\\&=\alpha+(b_1+ta_1)\eta_1+(b_2+ta_2)\eta_2+(b_3+ta_3)\eta_3\\&\in L(\alpha;\eta_1,\eta_2,\eta_3).\end{aligned}$$ ▌

评议 当 $n=3$ 时,$\mathbb{R}^3$ 就是三维几何空间(取定一个直角坐标系后,空间每个点对应于它在此直角坐标系下的坐标 $(a_1,a_2,a_3)\in\mathbb{R}^3$). $\mathbb{R}^3$ 的三维线性流形只有 $\mathbb{R}^3$ 自己,$\mathbb{R}^3$ 中任意两条直线当然都包含在 $\mathbb{R}^3$ 中,这在几何中是不争的事实. 但当 $n>3$ 时,问题就不是显然的,也不是直观的了. 因而,这个几何中的事实要借助代数学的知识来解决.

例 1.12 设 A 是数域 K 上一个 $m\times n$ 矩阵. 从 A 中任取 s 行组成一个 $s\times n$ 矩阵 B. 证明

$$\mathrm{r}(B)\geqslant\mathrm{r}(A)+s-m.$$

解 若 $B=0$,则 A 有 s 个行向量为 0,此时 $\mathrm{r}(A)\leqslant m-s=\mathrm{r}(B)+m-s$,命题成立. 下面设 $B\neq0$. 设 A 的行向量组是 $\alpha_1,\alpha_2,\cdots,\alpha_m$,又设 B 的行向量组的一个极大线性无关部分组是 $\alpha_{i_1},\alpha_{i_2},\cdots,\alpha_{i_r}$,于是 $\mathrm{r}(B)=r$. 考查向量组

$$\alpha_{i_1},\alpha_{i_2},\cdots,\alpha_{i_r},\alpha_1,\alpha_2,\cdots,\alpha_m.$$

按照例 1.10 对它进行筛选,因前 r 个向量线性无关,在筛选中保持不动,最后得此向量组的一个极大线性无关部分组应为

$$\alpha_{i_1},\alpha_{i_2},\cdots,\alpha_{i_r},\alpha_{j_1},\alpha_{j_2},\cdots,\alpha_{j_t}.$$

它显然是 $\alpha_1,\alpha_2,\cdots,\alpha_m$ 的一个极大线性无关部分组. 故 $\mathrm{r}(A)=r+t$. 因为 B 的 s 个行向量均能被 $\alpha_{i_1},\alpha_{i_2},\cdots,\alpha_{i_r}$ 线性表示,按筛选法,α_{j_1}, $\alpha_{j_2},\cdots,\alpha_{j_t}$ 不能被 $\alpha_{i_1},\alpha_{i_2},\cdots,\alpha_{i_r}$ 线性表示,故它们均非 B 的行向量,而是 A 的行向量组中挑剩下的 $m-s$ 个向量中的一部分向量,这表明 $t\leqslant m-s$. 于是

$$\mathrm{r}(A)=r+t=\mathrm{r}(B)+t\leqslant\mathrm{r}(B)+m-s.$$ ▌

例 1.13 给定 K^n 中一个线性无关向量组 $\alpha_1,\alpha_2,\cdots,\alpha_m$. 任取 $\beta\in K^n$,证明向量组

$$\beta,\ \alpha_1,\ \alpha_2,\ \cdots,\ \alpha_m$$

中至多有一个向量能被排在它前面的向量线性表示.

解 如果有 α_i,α_j 均能被排在它们前面的向量线性表示：

$$\alpha_i = a_0\beta + a_1\alpha_1 + a_2\alpha_2 + \cdots + a_{i-1}\alpha_{i-1},$$
$$\alpha_j = b_0\beta + b_1\alpha_1 + b_2\alpha_2 + \cdots + b_{j-1}\alpha_{j-1}.$$

这里设 $i<j$. 现在 $\alpha_1,\alpha_2,\cdots,\alpha_m$ 线性无关，故 $a_0\neq 0, b_0\neq 0$. 我们有

$$a_0\alpha_j - b_0\alpha_i = (a_0b_1 - b_0a_1)\alpha_1 + (a_0b_2 - b_0a_2)\alpha_2 + \cdots + (a_0b_{i-1} - b_0a_{i-1})\alpha_{i-1} + \cdots + a_0b_{j-1}\alpha_{j-1}.$$

由此得

$$a_0\alpha_j + c_1\alpha_1 + c_2\alpha_2 + \cdots + c_{j-1}\alpha_{j-1} = 0,$$

其中 $a_0\neq 0$，这与 $\alpha_1,\alpha_2,\cdots,\alpha_m$ 线性无关矛盾. 由此知最多只有一个 α_i 可被它前面的向量线性表示. ▌

例 1.14 在 K^n 中给定 m 个互不相同的非零向量

$$\alpha_1,\ \alpha_2,\ \cdots,\ \alpha_m. \tag{I}$$

设向量组(I)的秩为 r. 证明向量组(I)至少有 $m-r+1$ 个互不相同的极大线性无关部分组(两个极大线性无关部分组如果仅仅是其中向量排列顺序不同,则认为是同一个极大线性无关部分组).

解 令

$$\alpha_{i_1},\ \alpha_{i_2},\ \cdots,\ \alpha_{i_r} \tag{II}$$

是向量组(I)的一个极大线性无关部分组. 设(I)中去掉(II)后剩下的向量是 $\alpha_{j_1},\alpha_{j_2},\cdots,\alpha_{j_s}$，这里 $s=m-r$. 则有

$$\alpha_{j_1} = a_{11}\alpha_{i_1} + a_{12}\alpha_{i_2} + \cdots + a_{1r}\alpha_{i_r},$$
$$\alpha_{j_2} = a_{21}\alpha_{i_1} + a_{22}\alpha_{i_2} + \cdots + a_{2r}\alpha_{i_r},$$
$$\cdots\cdots\cdots\cdots\cdots\cdots\cdots\cdots\cdots\cdots$$
$$\alpha_{j_s} = a_{s1}\alpha_{i_1} + a_{s2}\alpha_{i_2} + \cdots + a_{sr}\alpha_{i_r}.$$

因 $\alpha_{j_1}\neq 0$，故 $a_{11},a_{12},\cdots,a_{1r}$不全为 0. 设 $a_{1k}\neq 0$，则

$$\alpha_{i_k} = -\frac{a_{11}}{a_{1k}}\alpha_{i_1} - \cdots - \frac{a_{1k-1}}{a_{1k}}\alpha_{i_{k-1}} + \frac{1}{a_{1k}}\alpha_{j_1} - \frac{a_{1k+1}}{a_{1k}}\alpha_{i_{k+1}} - \cdots - \frac{a_{1r}}{a_{1k}}\alpha_{i_r}.$$

考查向量组

$$\alpha_{i_1},\ \cdots,\ \alpha_{i_{k-1}},\ \alpha_{j_1},\ \alpha_{i_{k+1}},\ \cdots,\ \alpha_{i_r}. \qquad (\text{Ⅲ})$$

向量组(Ⅱ)能被(Ⅲ)线性表示,而(Ⅱ)是(Ⅰ)的极大线性无关部分组,故(Ⅲ)也能被(Ⅱ)线性表示.故(Ⅱ)与(Ⅲ)线性等价,它们的秩相同,即(Ⅲ)的秩也是r.这表示(Ⅲ)线性无关,(Ⅰ)中任意向量可被(Ⅱ)线性表示,而(Ⅱ)与(Ⅲ)线性等价,这推出(Ⅰ)中任意向量可被(Ⅲ)线性表示.于是(Ⅲ)也是(Ⅰ)的一个极大线性无关部分组.(Ⅲ)中有一向量α_{j_1}为(Ⅱ)中所无(因(Ⅰ)中m个向量互不相同),故(Ⅱ)与(Ⅲ)是不同的极大线性无关部分组.

同理,我们可用$\alpha_{j_2},\cdots,\alpha_{j_s}$去掉换(Ⅱ)中某一向量得出一个新的极大线性无关部分组.这样共得$s=m-r$个极大线性无关部分组,其中每一个包含有$\alpha_{j_k}(k=1,2,\cdots,s)$为其他部分组没有的.所以,连同(Ⅱ),我们得到向量组(Ⅰ)的$m-r+1$个互不相同的极大线性无关部分组. ▍

评议　此例具体地说明一个向量组的极大线性无关部分组是有许多不同的选择方法的.

例 1.15　给定数域K上n个非零的数$a_1,a_2,\cdots,a_n$.求K^n中下面向量组的秩:

$$\begin{aligned}\eta_1 &= (1+a_1,1,\cdots,1),\\ \eta_2 &= (1,1+a_2,1,\cdots,1),\\ &\cdots\cdots\cdots\cdots\\ \eta_n &= (1,\cdots,1,1+a_n).\end{aligned}$$

解　考查

$$A=\begin{bmatrix}1+a_1 & 1 & 1 & \cdots & 1\\ 1 & 1+a_2 & 1 & \cdots & 1\\ \vdots & 1 & 1+a_3 & \ddots & \vdots\\ \vdots & \vdots & \ddots & \ddots & 1\\ 1 & \cdots & \cdots & 1 & 1+a_n\end{bmatrix}$$

$$\rightarrow \begin{bmatrix} 1+a_1 & 1 & 1 & \cdots & \cdots & 1 \\ -a_1 & a_2 & 0 & \cdots & \cdots & 0 \\ -a_1 & 0 & a_3 & 0 & \cdots & 0 \\ \vdots & \vdots & \ddots & \ddots & \ddots & \vdots \\ \vdots & \vdots & & 0 & \ddots & 0 \\ -a_1 & 0 & \cdots & \cdots & 0 & a_n \end{bmatrix} = B,$$

其中 B 是由 A 的第一行乘-1加到其余各行得出. 因为 $a_2,a_3,\cdots,a_n$ 非零,故 B 的第 $2,3,\cdots,n$ 个行向量组成的向量组线性无关,由此得

$$\mathrm{r}(A)=\mathrm{r}(B)\geqslant n-1.$$

令 $\varepsilon_1,\varepsilon_2,\cdots,\varepsilon_n$ 为 K^n 的坐标向量,此向量组线性无关,秩为 n. 又设

$$\varepsilon=\varepsilon_1+\varepsilon_2+\cdots+\varepsilon_n=(1,1,\cdots,1),$$

我们有 $\eta_i=\varepsilon+a_i\varepsilon_i\ (i=1,2,\cdots,n)$,故

$$\frac{1}{a_i}\eta_i=\frac{1}{a_i}\varepsilon+\varepsilon_i,$$

于是

$$\sum_{i=1}^{n}\frac{1}{a_i}\eta_i=\sum_{i=1}^{n}\frac{1}{a_i}\varepsilon+\sum_{i=1}^{n}\varepsilon_i=\left(\frac{1}{a_1}+\frac{1}{a_2}+\cdots+\frac{1}{a_n}+1\right)\varepsilon.$$

(1) 若$\dfrac{1}{a_1}+\dfrac{1}{a_2}+\cdots+\dfrac{1}{a_n}+1=a\neq0$,则

$$\varepsilon=\frac{1}{a}\sum_{i=1}^{n}\frac{1}{a_i}\eta_i.$$

故(当 $1\leqslant j\leqslant n$ 时)

$$\varepsilon_j=\frac{1}{a_j}\eta_j-\frac{1}{a_j}\varepsilon=\frac{1}{a_j}\eta_j-\frac{1}{aa_j}\sum_{i=1}^{n}\frac{1}{a_i}\eta_i.$$

这表明向量组 $\eta_1,\eta_2,\cdots,\eta_n$ 与坐标向量组 $\varepsilon_1,\varepsilon_2,\cdots,\varepsilon_n$ 等价,其秩为 n.

(2) 若$\dfrac{1}{a_1}+\dfrac{1}{a_2}+\cdots+\dfrac{1}{a_n}+1=0$,则

$$\sum_{i=1}^{n}\frac{1}{a_i}\eta_i=0.$$

于是 $\eta_1,\eta_2,\cdots,\eta_n$ 线性相关,其秩$<n$. 但上面已证其秩,即 $\mathrm{r}(A)\geqslant n-1$. 故 $\eta_1,\eta_2,\cdots,\eta_n$ 秩即为 $n-1$. ▌

评议　此例体现了求矩阵(向量组)的秩的两种基本方法：(1) 利用初等行、列变换将矩阵化为上(或下)阶梯形；(2) 利用向量组相互线性表示.这两种方法读者均须熟练掌握.

练 习 题 1.1

1. 判断 K^n 中向量组 $\alpha,\beta,\gamma,3\alpha-4\gamma$ 是否线性相关.

2. 若 K^n 中向量组 $\alpha_1,\alpha_2,\cdots,\alpha_r$ 线性相关,判断向量组 $\alpha_1,\alpha_2,\cdots,\alpha_r,\beta_1,\beta_2,\cdots,\beta_s$ 是否线性相关.

3. 给定 K^4 内向量组

$$\alpha_1=(1,-3,6,3),\quad \alpha_2=(1,2,-3,1),$$
$$\alpha_3=(2,-1,3,4),\quad \alpha_4=(5,-5,12,11).$$

判断此向量组是否线性相关.

4. 给定 K^5 中向量组

$$\alpha_1=(1,1,1,1,1),\quad \alpha_2=(1,2,1,3,1),$$
$$\alpha_3=(1,1,0,1,0),\quad \alpha_4=(2,2,0,0,0).$$

判断此向量组是否线性相关.

5. 给定 K^4 中向量组

$$\alpha_1=(1,0,1,1),\qquad \alpha_2=(2,6,11,-19),$$
$$\alpha_3=(0,2,3,-7),\qquad \alpha_4=(0,4,4,-14),$$
$$\alpha_5=(1,10,16,-34).$$

求它的一个极大线性无关部分组与秩.

6. 如果把 K 上一个 $m\times n$ 矩阵 A 添加一行和一列后使它变成 $(m+1)\times(n+1)$ 矩阵 B,试问其秩可能发生什么变化.

7. 试求下列矩阵的秩：

$$A=\begin{bmatrix}1&0&0&1&4\\0&1&0&2&5\\0&0&1&3&6\\1&2&3&14&32\\4&5&6&32&77\end{bmatrix},\quad B=\begin{bmatrix}2&1&1&1\\1&3&1&1\\1&1&4&1\\1&1&1&5\\1&1&1&1\end{bmatrix}.$$

8. 给定数域 K 内非零数 a,b,c,d. 令

$$A=\begin{bmatrix}0 & a & a_1 & a_2 & a_3 & a_4 & a_5\\ 0 & 0 & 0 & b & b_1 & b_2 & b_3\\ 0 & 0 & 0 & 0 & c & c_1 & c_2\\ 0 & 0 & 0 & 0 & 0 & 0 & d\end{bmatrix},$$

求 A 的列向量组的一个极大线性无关部分组.

9. 设 $\alpha_1,\alpha_2,\cdots,\alpha_s$ 线性无关,证明 $\alpha_1,\alpha_1+\alpha_2,\cdots,\alpha_1+\alpha_2+\cdots+\alpha_s$ 线性无关.

10. 证明:如果向量组 $\alpha_1,\alpha_2,\cdots,\alpha_s$ 线性无关,而 $\alpha_1,\alpha_2,\cdots,\alpha_s,\beta$ 线性相关,则 β 可被向量组 $\alpha_1,\alpha_2,\cdots,\alpha_s$ 线性表示.

11. 证明:一个线性无关向量组的任一个部分组也线性无关.

12. 证明:如果一个向量组有一个部分组线性相关,那么该向量组也线性相关.

13. 证明:$\alpha_{i_1},\alpha_{i_2},\cdots,\alpha_{i_r}$是向量组 $\alpha_1,\alpha_2,\cdots,\alpha_s$ 的极大线性无关部分组当且仅当下述两条成立:

(1) $\alpha_{i_1},\alpha_{i_2},\cdots,\alpha_{i_r}$线性无关;

(2) $\alpha_i,\alpha_{i_1},\alpha_{i_2},\cdots,\alpha_{i_r}$线性相关,其中 α_i 为 $\alpha_1,\alpha_2,\cdots,\alpha_s$ 中任一向量.

14. 已知 $\alpha_1,\alpha_2,\cdots,\alpha_s$ 的秩为 r,证明其中任意 r 个线性无关的向量都构成它的一个极大线性无关部分组.

15. 设 $\alpha_1,\alpha_2,\cdots,\alpha_s$ 的秩为 r,而 $\alpha_{i_1},\alpha_{i_2},\cdots,\alpha_{i_r}$是其中 r 个向量,使每个 $\alpha_i(i=1,2,\cdots,s)$都能被它们线性表示,证明 $\alpha_{i_1},\alpha_{i_2},\cdots,\alpha_{i_r}$是 $\alpha_1,\alpha_2,\cdots,\alpha_s$ 的一个极大线性无关部分组.

16. 设 $\alpha_1,\alpha_2,\cdots,\alpha_n$ 是 K^n 内一个向量组,如果 n 维坐标向量 $\varepsilon_1,\varepsilon_2,\cdots,\varepsilon_n$ 可被它们线性表示,证明:$\alpha_1,\alpha_2,\cdots,\alpha_n$ 线性无关.

17. 设 $\alpha_1,\alpha_2,\cdots,\alpha_n$ 是 K^n 内一个向量组,证明:$\alpha_1,\alpha_2,\cdots,\alpha_n$ 线性无关的充分必要条件是,任一个 n 维向量都可被它们线性表示.

18. 证明一个向量组的任一线性无关部分组都可扩充成它的一个极大线性无关部分组.

19. 在例 1.15 中,设有一个 $a_i=0$. 求向量组 $\eta_1,\eta_2,\cdots,\eta_n$ 的秩.

§2 线性方程组

一、线性方程组的基本概念和求解方法

【内容提要】

数域 K 上的线性方程组的一般表达式是

$$\begin{cases} a_{11}x_1 + a_{12}x_2 + \cdots + a_{1n}x_n = b_1, \\ a_{21}x_1 + a_{22}x_2 + \cdots + a_{2n}x_n = b_2, \\ \cdots\cdots\cdots\cdots\cdots\cdots\cdots\cdots \\ a_{m1}x_1 + a_{m2}x_2 + \cdots + a_{mn}x_n = b_m, \end{cases} \tag{1}$$

其中 $a_{ij}\in K(i=1,2,\cdots,m;j=1,2,\cdots,n)$，$b_k\in K(k=1,2,\cdots,m)$. 令

$$A=\begin{bmatrix} a_{11} & a_{12} & \cdots & a_{1n} \\ a_{21} & a_{22} & \cdots & a_{2n} \\ \vdots & \vdots & & \vdots \\ a_{m1} & a_{m2} & \cdots & a_{mn} \end{bmatrix},\quad \overline{A}=\begin{bmatrix} a_{11} & a_{12} & \cdots & a_{1n} & b_1 \\ a_{21} & a_{22} & \cdots & a_{2n} & b_2 \\ \vdots & \vdots & & \vdots & \vdots \\ a_{m1} & a_{m2} & \cdots & a_{mn} & b_m \end{bmatrix},$$

A 称为它的**系数矩阵**，$\overline{A}$ 称为它的**增广矩阵**，它可以作为上述线性方程组的简单表达. 如设 $\overline{A}$ 的列向量组是 $\alpha_1,\alpha_2,\cdots,\alpha_n,\beta$，则方程组(1)等价于下列向量方程

$$x_1\alpha_1 + x_2\alpha_2 + \cdots + x_n\alpha_n = \beta.$$

方程组(1)的任意一组解 $x_1=k_1,x_2=k_2,\cdots,x_n=k_n$ 可以看做 K^n 中一个向量 $(k_1,k_2,\cdots,k_n)$，称为(1)的一个**解向量**.

对线性方程组(1)可以作三种初等变换：

(1) 互换 i,j 两方程的位置；

(2) 将第 i 个方程乘以 K 内非零数 c；

(3) 将第 j 个方程加上第 i 个方程的 k 倍，这里 $k\in K$，

方程组(1)经初等变换后新方程组与原方程组同解. 因为增广矩阵 $\overline{A}$ 的每一行代表方程组(1)的一个方程，所以方程组(1)的初等变换就是矩阵 $\overline{A}$ 的初等行变换.

方程组(1)的求解方法是：反复利用初等变换把它化作阶梯形方程组(即对 $\overline{A}$ 作初等行变换(不能作列变换)把它化作阶梯形矩

阵),使未知量的数目自上而下逐次减少.最后再自下而上由各方程逐步解出各未知量(包括一些取值不受限制的自由未知量).这是求解方程组(1)的规范性方法.任何具体线性方程组都可用此方法解出.

方程组(1)的所有讨论和求解都可限制在数域 K 内进行.

评议 线性方程组是代数学中最简单和最初等的研究对象.早在 13 世纪之前已经对这类方程进行许多讨论,但当时一般局限在二、三元一次方程组,它们是在处理一些具体应用问题以至于一些智力游戏问题时产生的.以后,随着涉及的未知量越来越多,问题逐渐复杂化,才摆脱了初始阶段的幼稚,逐渐形成严格的科学理论.这主要表现在如下两个方面:(1) 求解方法的理论化和规范化,把解法归纳为用三个初等变换将方程组化为阶梯形.这也为我们提供了一个将复杂问题简单化的又一个好范例;(2) 发现了线性方程组与向量空间和矩阵之间的紧密联系,认识到线性方程组的理论不过是向量空间和矩阵理论的一个应用而已.更根本的是要对向量空间和矩阵作深入研究,从而推动了代数学一个新的研究领域的诞生和发展.

例 2.1 解下列线性方程组

$$\begin{cases} x_1+x_2-3x_4-x_5=-2, \\ x_1-x_2+2x_3-x_4=1, \\ 4x_1-2x_2+6x_3+3x_4-4x_5=7, \\ 2x_1+4x_2-2x_3+4x_4-7x_5=1. \end{cases}$$

解 对增广矩阵 $\overline{A}$ 作初等行变换:

$$\overline{A}=\begin{bmatrix} 1 & 1 & 0 & -3 & -1 & -2 \\ 1 & -1 & 2 & -1 & 0 & 1 \\ 4 & -2 & 6 & 3 & -4 & 7 \\ 2 & 4 & -2 & 4 & -7 & 1 \end{bmatrix}$$

$$\rightarrow\begin{bmatrix} 1 & 1 & 0 & -3 & -1 & -2 \\ 0 & -2 & 2 & 2 & 1 & 3 \\ 0 & -6 & 6 & 15 & 0 & 15 \\ 0 & 2 & -2 & 10 & -5 & 5 \end{bmatrix}$$

$$\rightarrow\begin{bmatrix}1 & 1 & 0 & -3 & -1 & -2\\ 0 & -2 & 2 & 2 & 1 & 3\\ 0 & 0 & 0 & 9 & -3 & 6\\ 0 & 0 & 0 & 12 & -4 & 8\end{bmatrix}$$

$$\rightarrow\begin{bmatrix}1 & 1 & 0 & -3 & -1 & -2\\ 0 & 2 & -2 & -2 & -1 & -3\\ 0 & 0 & 0 & 3 & -1 & 2\\ 0 & 0 & 0 & 3 & -1 & 2\end{bmatrix}$$

$$\rightarrow\begin{bmatrix}1 & 1 & 0 & -3 & -1 & -2\\ 0 & 2 & -2 & -2 & -1 & -3\\ 0 & 0 & 0 & 3 & -1 & 2\\ 0 & 0 & 0 & 0 & 0 & 0\end{bmatrix}.$$

写出对应方程组

$$\begin{cases} x_1 + x_2 \qquad\qquad - 3x_4 - x_5 = -2, \\ \qquad 2x_2 - 2x_3 - 2x_4 - x_5 = -3, \\ \qquad\qquad\qquad\quad 3x_4 - x_5 = 2. \end{cases}$$

在上面方程中,把含 x_3,x_5 的项移到等式右边,得

$$\begin{cases} x_1 + x_2 - 3x_4 = -2 + x_5, \\ \qquad 2x_2 - 2x_4 = -3 + 2x_3 + x_5, \\ \qquad\qquad\quad 3x_4 = 2 + x_5. \end{cases}$$

然后自下而上逐次求 x_4,x_2,x_1,最后得

$$x_1 = \frac{5}{6} - x_3 + \frac{7}{6}x_5,$$

$$x_2 = -\frac{5}{6} + x_3 + \frac{5}{6}x_5, \quad x_4 = \frac{2}{3} + \frac{1}{3}x_5.$$

现在 x_3,x_5 的值可任取,是自由未知量. 取定 x_3,x_5 的一组值,就唯一决定 x_1,x_2,x_4 的一组值,从而得到原方程组的一组解. 显然,原方程组有无穷多组解. 这里要注意一点,如果把原方程组看做数域 K 上的方程组,则 x_3,x_5 仅限于取数域 K 内的数,这时得出的 x_1,x_2,x_4 的值也在数域 K 内. ▌

例 2.2　设 a 是数域 K 上一非零数. 求解 K 上线性方程组:

$$\begin{cases} \qquad\quad x_2 + x_3 + x_4 + \cdots\cdots + x_n = b_1, \\ x_1 + \qquad\quad ax_3 + ax_4 + \cdots\cdots + ax_n = b_2, \\ x_1 + ax_2 + \qquad\quad ax_4 + \cdots\cdots + ax_n = b_3, \\ x_1 + ax_2 + ax_3 \qquad\quad + \cdots\cdots + ax_n = b_4, \\ \cdots\cdots\cdots\cdots\cdots\cdots\cdots\cdots\cdots\cdots\cdots\cdots \\ x_1 + ax_2 + ax_3 + \cdots\cdots + ax_{n-1} \qquad = b_n. \end{cases}$$

解 对增广矩阵作初等变换把它化成阶梯形：

$$\overline{A} = \begin{bmatrix} 0 & 1 & 1 & 1 & \cdots & 1 & 1 & b_1 \\ 1 & 0 & a & a & \cdots & a & a & b_2 \\ 1 & a & 0 & a & \cdots & a & a & b_3 \\ 1 & a & a & 0 & \cdots & a & a & b_4 \\ \vdots & \vdots & \vdots & \ddots & \ddots & \vdots & \vdots & \vdots \\ 1 & a & a & \cdots & a & 0 & a & b_{n-1} \\ 1 & a & a & a & \cdots & a & 0 & b_n \end{bmatrix}$$

$$\rightarrow \begin{bmatrix} 1 & a & a & \cdots & a & 0 & b_n \\ 0 & 1 & 1 & \cdots & 1 & 1 & b_1 \\ 1 & 0 & a & \cdots & a & a & b_2 \\ \vdots & \vdots & \ddots & \ddots & \vdots & \vdots & \vdots \\ 1 & a & \cdots & 0 & a & a & b_{n-2} \\ 1 & a & \cdots & a & 0 & a & b_{n-1} \end{bmatrix}$$

$$\rightarrow \begin{bmatrix} 1 & a & a & \cdots & a & 0 & b_n \\ 0 & 1 & 1 & \cdots & 1 & 1 & b_1 \\ 0 & -a & 0 & \cdots & 0 & a & b_2 - b_n \\ 0 & 0 & -a & \cdots & 0 & a & b_3 - b_n \\ \vdots & \vdots & \ddots & \ddots & \vdots & \vdots & \vdots \\ 0 & 0 & \cdots & 0 & -a & a & b_{n-1} - b_n \end{bmatrix}$$

$$
\rightarrow \begin{bmatrix}
1 & a & a & a & \cdots & a & 0 & b_n \\
0 & 1 & 1 & 1 & \cdots & 1 & 1 & b_1 \\
0 & 0 & a & a & \cdots & a & 2a & ab_1 + b_2 - b_n \\
0 & 0 & -a & 0 & \cdots & 0 & a & b_3 - b_n \\
\vdots & \vdots & \vdots & & \ddots & \vdots & \vdots & \vdots \\
0 & 0 & 0 & \cdots & -a & 0 & a & b_{n-2} - b_n \\
0 & 0 & 0 & \cdots & 0 & -a & a & b_{n-1} - b_n
\end{bmatrix}
$$

$$
\rightarrow \begin{bmatrix}
1 & a & a & a & \cdots & a & 0 & b_n \\
0 & 1 & 1 & 1 & \cdots & 1 & 1 & b_1 \\
0 & 0 & a & a & \cdots & a & 2a & ab_1 + b_2 - b_n \\
0 & 0 & 0 & a & \cdots & a & 3a & ab_1 + b_2 + b_3 - 2b_n \\
\vdots & \vdots & \vdots & \vdots & \ddots & \vdots & \vdots & \vdots \\
0 & 0 & 0 & \cdots & 0 & a & (n-2)a & ab_1 + b_2 + \cdots + b_{n-2} - (n-3)b_n \\
0 & 0 & 0 & 0 & \cdots & 0 & (n-1)a & ab_1 + b_2 + \cdots + b_{n-1} - (n-2)b_n
\end{bmatrix}
$$

由它对应的阶梯形方程组解得

$$
x_1 = \frac{1}{n-1}\left(\sum_{j=2}^{n} b_j - (n-2)ab_1 \right),
$$

$$
x_i = \frac{1}{(n-1)a}\left(ab_1 + \sum_{j=2}^{n} b_j - (n-1)b_i \right),
$$

其中 $i=2,3,\cdots,n$. ▌

评议　此题容易想将某些方程相加、减以消去一些未知量. 但求出的解尚需验证确实符合要求，又需讨论解是否唯一，较为烦琐，故前面论述的规范方法(即将增广矩阵化为阶梯形)是此题的最简明的解法.

二、齐次线性方程组

【内容提要】

在方程组(1)中，若 $b_1=b_2=\cdots=b_m=0$，则为

$$\begin{cases} a_{11}x_1 + a_{12}x_2 + \cdots + a_{1n}x_n = 0, \\ a_{21}x_1 + a_{22}x_2 + \cdots + a_{2n}x_n = 0, \\ \cdots\cdots\cdots\cdots\cdots\cdots\cdots\cdots \\ a_{m1}x_1 + a_{m2}x_2 + \cdots + a_{mn}x_n = 0. \end{cases} \tag{2}$$

方程组(2)称为数域 K 上的齐次线性方程组. 它等价于 K^m 内的向量方程

$$x_1\alpha_1 + x_2\alpha_2 + \cdots + x_n\alpha_n = 0,$$

其中 $\alpha_1,\alpha_2,\cdots,\alpha_n$ 为(2)的系数矩阵 A 的列向量组.

齐次线性方程组(2)的解具有如下性质:

1) 如果 $\eta_1=(k_1,k_2,\cdots,k_n)$, $\eta_2=(l_1,l_2,\cdots,l_n)$ 是方程组(2)的两个解向量, 则

$$\eta_1 + \eta_2 = (k_1 + l_1, k_2 + l_2, \cdots, k_n + l_n)$$

也是方程组(2)的解向量;

2) 如果 $\eta=(k_1,k_2,\cdots,k_n)$ 是方程组(2)的一个解向量, 则对 K 内任意数 k, 有

$$k\eta = (kk_1, kk_2, \cdots, kk_n)$$

也是方程组(2)的解向量.

从上面两条性质立即推出: 设 $\eta_1,\eta_2,\cdots,\eta_l$ 是方程组(2)的一组解向量, 那么, 对 K 内任意一组数 $k_1,k_2,\cdots,k_l$, 线性组合 $k_1\eta_1+k_2\eta_2+\cdots+k_l\eta_l$ 仍为方程组(2)的一个解向量.

定义 齐次线性方程组(2)的一组解向量 $\eta_1,\eta_2,\cdots,\eta_s$ 如果满足如下条件:

(i) $\eta_1,\eta_2,\cdots,\eta_s$ 线性无关;

(ii) 方程组(2)的任一解向量都可被 $\eta_1,\eta_2,\cdots,\eta_s$ 线性表示,

那么, 就称 $\eta_1,\eta_2,\cdots,\eta_s$ 是齐次线性方程组(2)的一个**基础解系**.

定理 1 数域 K 上的齐次线性方程组(2)的基础解系存在, 且任一基础解系中解向量个数为 $n-r$, 其中 n 为未知量个数, 而 r 为系数矩阵 A 的秩 $\mathrm{r}(A)$.

评议 前面指出, 线性方程组理论和向量空间、矩阵理论有密切联系. 建立这个联系的途径有下面几种: (1) 把方程组的系数组成系数矩阵 A, 加上常数项组成增广矩阵 $\overline{A}$; (2) 未知量的系数和常数

项看做 K^m 中向量，方程组等价于 K^m 中向量方程；(3) 方程组每一组解看做 K^n 中一个向量. 下面几点是特别重要的：

第一，线性方程组理论的一个核心问题是齐次线性方程组(2)有无非零解，而这一点等价于向量组线性相关或线性无关，后者是向量空间全部理论的基石；

第二，齐次线性方程组(2)的全体解向量组成 K^n 的一个子集 M，这个子集对 K^n 的两种运算：加法、数乘是封闭的；

第三，齐次线性方程组(2)的解由 K^n 中一个线性无关向量组，即(2)的一个基础解系唯一决定；

第四，齐次线性方程组(2)的基础解系中向量个数与其系数矩阵 A 的秩 $\mathrm{r}(A)$ 有本质的联系. 这使我们可以把矩阵的有关问题转化为线性方程组的问题，或反过来，把线性方程组的问题转化为矩阵论的问题.

齐次线性方程组的基础解系有重要意义，许多问题最终归结为找一个齐次线性方程组的基础解系. 决定方程组(2)的一个基础解系的规范性方法是：先用初等变换将方程组化为阶梯形，这时未知量分为两类，一是其值可任取的自由未知量，其余未知量则表成自由未知量的函数，只要分别令某个自由未知量取值 1(其余自由未知量取值 0)得出的解向量组即为一个基础解系.

例 2.3　求数域 K 内齐次线性方程组

$$\begin{cases} x_2 - x_3 + x_4 - x_5 = 0, \\ x_1 + x_3 + 2x_4 - x_5 = 0, \\ x_1 + x_2 + 3x_4 - 2x_5 = 0, \\ 2x_1 + 2x_2 + 6x_4 - 3x_5 = 0 \end{cases}$$

的一个基础解系.

解　先做矩阵消元法

$$\begin{bmatrix} 0 & 1 & -1 & 1 & -1 \\ 1 & 0 & 1 & 2 & -1 \\ 1 & 1 & 0 & 3 & -2 \\ 2 & 2 & 0 & 6 & -3 \end{bmatrix} \rightarrow \begin{bmatrix} 1 & 0 & 1 & 2 & -1 \\ 0 & 1 & -1 & 1 & -1 \\ 1 & 1 & 0 & 3 & -2 \\ 2 & 2 & 0 & 6 & -3 \end{bmatrix}$$

$$\rightarrow\begin{bmatrix}1&0&1&2&-1\\0&1&-1&1&-1\\0&1&-1&1&-1\\0&2&-2&2&-1\end{bmatrix}\rightarrow\begin{bmatrix}1&0&1&2&-1\\0&1&-1&1&-1\\0&0&0&0&0\\0&0&0&0&1\end{bmatrix}$$

$$\rightarrow\begin{bmatrix}1&0&1&2&-1\\0&1&-1&1&-1\\0&0&0&0&1\\0&0&0&0&0\end{bmatrix}.$$

$\mathrm{r}(A)=3$,故基础解系中应包含 $n-r=5-3=2$ 个向量. 写出阶梯形矩阵的对应方程组

$$\begin{cases}x_1 \quad\quad + x_3 + 2x_4 - x_5 = 0,\\ \quad\quad x_2 - x_3 + x_4 - x_5 = 0,\\ \quad\quad\quad\quad\quad\quad\quad\quad x_5 = 0.\end{cases}$$

移项,得

$$\begin{cases}x_1 \quad\quad - x_5 = - x_3 - 2x_4,\\ \quad\quad x_2 - x_5 = x_3 - x_4,\\ \quad\quad\quad\quad x_5 = 0.\end{cases}$$

x_3,x_4 为自由未知量.

(1) 取 $x_3=1$, $x_4=0$,得一个解向量

$$\eta_1=(-1,1,1,0,0).$$

(2) 取 $x_3=0$, $x_4=1$,得另一个解向量

$$\eta_2=(-2,-1,0,1,0).$$

于是 η_1,η_2 为方程组的一个基础解系. 方程组的全部解可表为

$$k_1\eta_1+k_2\eta_2,$$

其中 k_1,k_2 为数域 K 内任意数. ▌

评议 自由未知量的选法不是唯一的. 例如,我们也可以选 x_2, x_4 为自由未知量,解得

$$\begin{cases}x_1=-x_2-3x_4,\\x_3=x_2+x_4,\\x_5=0.\end{cases}$$

令 $x_2=1, x_4=0$，得

$$\eta_1' = (-1,1,1,0,0).$$

令 $x_2=0, x_4=1$，得

$$\eta_2' = (-3,0,1,1,0).$$

那么，η_1', η_2' 也是一个基础解系，方程组全部解向量可表为

$$k_1\eta_1' + k_2\eta_2'.$$

但是，自由未知量却不是可以随便选的(例如此例中 x_5 不能是自由未知量)，为了避免出错，我们约定，当增广矩阵化为阶梯形后，每个不为 0 的行向量最左端不为 0 的元素对应的未知量都保持在方程组(已化为阶梯形)的左端，其余未知量即为自由未知量，移到等号右端即可，此例中即是按此原则办理.

例 2.4　给定实数域 $\mathbb{R}$ 上的 $m\times n$ 矩阵

$$A = \begin{bmatrix} a_{11} & a_{12} & \cdots & a_{1n} \\ a_{21} & a_{22} & \cdots & a_{2n} \\ \vdots & \vdots & & \vdots \\ a_{m1} & a_{m2} & \cdots & a_{mn} \end{bmatrix}.$$

设以 A 为系数矩阵的齐次线性方程组的一个基础解系是

$$\eta_1 = (b_{11}, b_{12}, \cdots, b_{1n}),$$
$$\eta_2 = (b_{21}, b_{22}, \cdots, b_{2n}),$$
$$\cdots\cdots\cdots\cdots\cdots\cdots$$
$$\eta_r = (b_{r1}, b_{r2}, \cdots, b_{rn}).$$

考查如下 $(m+r)\times n$ 矩阵

$$C = \begin{bmatrix} a_{11} & a_{12} & \cdots & a_{1n} \\ \vdots & \vdots & & \vdots \\ a_{m1} & a_{m2} & \cdots & a_{mn} \\ b_{11} & b_{12} & \cdots & b_{1n} \\ \vdots & \vdots & & \vdots \\ b_{r1} & b_{r2} & \cdots & b_{rn} \end{bmatrix}.$$

证明以 C 为系数矩阵的齐次线性方程组只有零解.

解　为叙述简明起见，我们把以矩阵 A 为系数矩阵的齐次线性

方程组记为 $L(A)$.

令

$$B=\begin{bmatrix} b_{11} & b_{12} & \cdots & b_{1n} \\ b_{21} & b_{22} & \cdots & b_{2n} \\ \vdots & \vdots & & \vdots \\ b_{r1} & b_{r2} & \cdots & b_{rn} \end{bmatrix}.$$

B 的行向量组 $\eta_1,\eta_2,\cdots,\eta_r$ 线性无关,故 $\mathrm{r}(B)=r$. 因为 $\eta_j(j=1,2,\cdots,r)$是 $L(A)$的解向量,故

$$0=\sum_{k=1}^{n}a_{ik}b_{jk}=\sum_{k=1}^{n}b_{jk}a_{ik},$$

但上式表示 $\alpha_i=(a_{i1},a_{i2},\cdots,a_{in})$同时是 $L(B)$的解向量,这里 $i=1,2,\cdots,m$. 根据定理 1,$r=n-\mathrm{r}(A)$,故 $\mathrm{r}(A)=n-r=n-\mathrm{r}(B)$恰等于 $L(B)$的基础解系中向量的个数. A 的行向量组的任一极大线性无关部分组恰为 $L(B)$的 $\mathrm{r}(A)$个线性无关解向量,应为 $L(B)$的一个基础解系. 于是 $L(B)$的任意解向量均可由此极大线性无关部分组线性表示,从而可由 A 的行向量组 $\alpha_1,\alpha_2,\cdots,\alpha_m$ 线性表示.

$L(C)$的任一解向量 $\beta=(c_1,c_2,\cdots,c_n)$是 $L(A)$和 $L(B)$的公共解向量,故

$$\beta=\sum_{j=1}^{r}u_j\eta_j=\sum_{i=1}^{m}v_i\alpha_i,$$

具体写出来就是

$$c_k=\sum_{j=1}^{r}u_jb_{jk}=\sum_{i=1}^{m}v_ia_{ik}.$$

因为

$$\sum_{k=1}^{n}a_{ik}b_{jk}=0,$$

两边乘 u_jv_i 然后求和,得

$$\begin{aligned} 0 &= \sum_{i=1}^{m}\sum_{j=1}^{r}\left(\sum_{k=1}^{n}v_ia_{ik}u_jb_{jk}\right) \\ &= \sum_{k=1}^{n}\left(\sum_{i=1}^{m}v_ia_{ik}\right)\left(\sum_{j=1}^{r}u_jb_{jk}\right) \end{aligned}$$

$$= \sum_{k=1}^{n} c_k^2.$$

现在我们考察的是实数域 $\mathbb{R}$ 上的齐次线性方程组，所有问题均在 $\mathbb{R}$ 内讨论，于是 c_k 为实数，从上式立即推出 $c_1=c_2=\cdots=c_n=0$，即 $\beta=0$，于是 $L(C)$ 只有零解. ▌

评议　解此题的关键是认识下面事实：(1) B 的行向量组是 $L(A)$ 的一个基础解系，而 A 的行向量组中却也包含了 $L(B)$ 的一个基础解系；(2) $L(C)$ 的解向量是 $L(A)$ 和 $L(B)$ 的公共解向量. 解题过程中全面利用了前面列举出的有关齐次线性方程组的基本知识.

注意，本题的结果仅对实数域上的齐次线性方程组成立，对其他数域未必正确. 例如，令

$$\mathbb{Q}(\mathrm{i}) = \{a+b\mathrm{i} \mid a,b\in\mathbb{Q}\} \quad (\mathrm{i}=\sqrt{-1}).$$

读者容易证明它是一个数域(但它不是复数域 $\mathbb{C}$). 考查此数域上的 2×3 矩阵

$$A=\begin{bmatrix}1 & \mathrm{i} & 0\\ 0 & 0 & 1\end{bmatrix}.$$

显然，$\mathrm{r}(A)=2$，故 $L(A)$ 的基础解系仅含 $3-2=1$ 个向量，可取为 $\eta=(1,\mathrm{i},0)$，此时

$$B=(1\quad \mathrm{i}\quad 0),$$

而

$$C=\begin{bmatrix}1 & \mathrm{i} & 0\\ 0 & 0 & 1\\ 1 & \mathrm{i} & 0\end{bmatrix}.$$

易知 $\mathrm{r}(C)=2$，故 $L(C)$ 的基础解系中包含 $3-2=1$ 个向量，有非零解.

三、线性方程组的一般理论

【内容提要】

定理 2　数域 K 上的线性方程组(1)有解的充分必要条件是其系数矩阵 A 的秩等于增广矩阵 $\overline{A}$ 的秩.

把方程组(1)的常数项换成 0 得到齐次线性方程组(2)，方程组

(2)称为方程组(1)的**导出方程组**.

定理 3　在 $\mathrm{r}(A)=\mathrm{r}(\overline{A})$ 的条件下,我们有:

(1) 如果 $\mathrm{r}(A)=n$,则方程组(1)有唯一解;

(2) 如果 $\mathrm{r}(A)<n$,则方程组(1)有无穷多组解.设 γ_0 是方程组(1)的一个解向量,而 $\eta_1,\eta_2,\cdots,\eta_r$ 是其导出方程组(2)的一个基础解系,则方程组(1)的全部解向量是

$$\gamma_0+k_1\eta_1+k_2\eta_2+\cdots+k_r\eta_r,$$

其中 $k_1,k_2,\cdots,k_r$ 取 K 中任意数.

评议　现在关于线性方程组的全部理论问题已经简单、明了、透彻地解决了.下面几点值得注意.

(1) 我们不能满足于上面定理逻辑上的证明,而应想法洞悉其直观上的含意,了解问题的本质.如把 $\overline{A}$ 的列向量组表为 $\alpha_1,\alpha_2,\cdots,\alpha_n,\beta$,那么方程组(1)有无解等价于 β 能否被 $\alpha_1,\alpha_2,\cdots,\alpha_n$ 线性表示,而这又等价于 β 能否被它的一个极大线性无关部分组 $\alpha_{i_1},\alpha_{i_2},\cdots,\alpha_{i_r}$ 线性表示(这体现了引入极大线性无关部分组的意义),后者又等价于向量组 $\alpha_{i_1},\alpha_{i_2},\cdots,\alpha_{i_r},\beta$ 是否线性相关(参看例 1.5).根据§1的基本命题,若 $\mathrm{r}(A)=\mathrm{r}(\overline{A})$,此向量组线性相关,$\beta$ 可被 $\alpha_{i_1},\alpha_{i_2},\cdots,\alpha_{i_r}$ 线性表示;若 $\mathrm{r}(\overline{A})>\mathrm{r}(\overline{A})$,则此向量组线性无关,从而 β 不能被 $\alpha_{i_1},\alpha_{i_2},\cdots,\alpha_{i_r}$ 线性表示.上面的讨论,是把原来问题一步步转化,使问题的症结越来越清晰.

(2) 认识到齐次线性方程组是线性方程组理论的核心问题.线性方程组解的结构被齐次线性方程组的基础解系描述得十分透彻.如果把例 1.11 中讨论的 $\mathbb{R}^n$ 中线性流形的概念照搬到 K^n 中来,那么我们可以说,方程组(1)(在有解情况下)的全部解向量组成的集合就是 K^n 中一个 r 维线性流形

$$L(\gamma_0;\eta_1,\eta_2,\cdots,\eta_r),$$

这里 $r=n-\mathrm{r}(A)$.这就把代数和几何紧紧联系起来了.

(3) 数域 K 上的线性方程组本身只涉及 K 内数的加法、乘法,但是局限在数的运算领域内,我们无法把线性方程组的理论问题说清楚,而必须跳出数的范畴,研究一些不是数的新对象,即向量空间

和矩阵. 这样,我们上升到高一级的理论台阶上,正因为如此,问题得以完满地解决. 这是代数学在几百年发展史上许多老一辈数学家留给我们的宝贵财富,值得我们细心体味.

(4) 必须严格区分齐次线性方程组和非齐次线性方程组: (i) 齐次线性方程组总是有解的,即它总有一组零解,它要研究的是有无非零解. 而非齐次线性方程组未必有解,所以它首先要研究的是有无解; (ii) 齐次线性方程组全体解向量所成集合对向量加法、数乘是封闭的,因而其全部解向量可用基础解系的所有线性组合来表示. 而非齐次线性方程组全体解向量所成集合对向量加法、数乘不封闭,它也没有基础解系的概念. 如果说某个非齐次线性方程组的基础解系是什么等等,就是犯了概念性错误.

例 2.5　求数域 K 上线性方程组

$$\begin{cases} x_1 - x_2 \quad\quad + x_4 - x_5 = 1, \\ 2x_1 \quad\quad + x_3 \quad\quad - x_5 = 2, \\ 3x_1 - x_2 - x_3 - x_4 - x_5 = 0 \end{cases}$$

的全部解.

解　写出方程组的增广矩阵,对它做初等行变换化为阶梯形

$$\overline{A} = \begin{bmatrix} 1 & -1 & 0 & 1 & -1 & 1 \\ 2 & 0 & 1 & 0 & -1 & 2 \\ 3 & -1 & -1 & -1 & -1 & 0 \end{bmatrix}$$

$$\longrightarrow \begin{bmatrix} 1 & -1 & 0 & 1 & -1 & 1 \\ 0 & 2 & 1 & -2 & 1 & 0 \\ 0 & 2 & -1 & -4 & 2 & -3 \end{bmatrix}$$

$$\longrightarrow \begin{bmatrix} 1 & -1 & 0 & 1 & -1 & 1 \\ 0 & 2 & 1 & -2 & 1 & 0 \\ 0 & 0 & 2 & 2 & -1 & 3 \end{bmatrix}.$$

写出对应的方程组

$$\begin{cases} x_1 - x_2 \quad\quad + x_4 - x_5 = 1, \\ \quad\quad 2x_2 + x_3 - 2x_4 + x_5 = 0, \\ \quad\quad\quad\quad 2x_3 + 2x_4 - x_5 = 3. \end{cases}$$

这方程组与原方程组同解,因此,只要求它的全部解就可以了. 移项,

得

$$\begin{cases} x_1 - x_2 = 1 - x_4 + x_5, \\ 2x_2 + x_3 = 2x_4 - x_5, \\ 2x_3 = 3 - 2x_4 + x_5. \end{cases}$$

(1) 先求一个特解 γ_0. 这只要取 $x_4 = x_5 = 0$ 即可,故有

$$\gamma_0 = \left(\frac{1}{4}, -\frac{3}{4}, \frac{3}{2}, 0, 0 \right).$$

(2) 再求它的导出方程组的基础解系. 这只要把方程组的常数项换成零,得

$$\begin{cases} x_1 - x_2 = - x_4 + x_5, \\ 2x_2 + x_3 = 2x_4 - x_5, \\ 2x_3 = -2x_4 + x_5, \end{cases}$$

x_4, x_5 为自由未知量.

取 $x_4 = 1$, $x_5 = 0$ 得: $\eta_1 = \left(\frac{1}{2}, \frac{3}{2}, -1, 1, 0 \right)$;

取 $x_4 = 0$, $x_5 = 1$ 得: $\eta_2 = \left(\frac{1}{4}, -\frac{3}{4}, \frac{1}{2}, 0, 1 \right)$.

故原方程组的全部解为

$$\gamma = \left(\frac{1}{4}, -\frac{3}{4}, \frac{3}{2}, 0, 0 \right) + k_1 \left(\frac{1}{2}, \frac{3}{2}, -1, 1, 0 \right) + k_2 \left(\frac{1}{4}, -\frac{3}{4}, \frac{1}{2}, 0, 1 \right),$$

其中 k_1, k_2 可取 K 内任意数.

评议 此例是解具体线性方程组的规范方法,在求解线性方程组时应遵循此例的办法进行才不易出错.

例 2.6 设方程组(1)是非齐次的(即 $b_1, b_2, \cdots, b_m$ 不全为 0)且 $\mathrm{r}(A) = \mathrm{r}(\overline{A}) = r$. 证明方程组(1)存在 $n-r+1$ 个线性无关解向量

$$\gamma_0, \gamma_1, \cdots, \gamma_{n-r},$$

使方程组的全体解向量是下面的集合

$$\{k_0\gamma_0 + k_1\gamma_1 + \cdots + k_{n-r}\eta_{n-r} \mid k_0, k_1, \cdots, k_{n-r} \in K\},$$

其中 $k_0 + k_1 + \cdots + k_{n-r} = 1$.

解 现在方程组(1)由题设有解. 设 γ_0 是它的一个解向量,而

$\eta_1,\eta_2,\cdots,\eta_{n-r}$是它的导出方程组(2)的一个基础解系,令$\gamma_i=\gamma_0+\eta_i(i=1,2,\cdots,n-r)$,则方程组(1)的任一解向量$\gamma$可表示为

$$\begin{aligned}\gamma&=\gamma_0+a_1\eta_1+a_2\eta_2+\cdots+a_{n-r}\eta_{n-r}\\&=\gamma_0+\sum_{i=1}^{n-r}a_i(\gamma_i-\gamma_0)\\&=\left(1-\sum_{i=1}^{n-r}a_i\right)\gamma_0+\sum_{i=1}^{n-r}a_i\gamma_i.\end{aligned}$$

令$k_0=1-\sum\limits_{i=1}^{n-r}a_i,k_i=a_i(i=1,2,\cdots,n-r)$,有

$$\gamma=k_0\gamma_0+k_1\gamma_1+\cdots+k_{n-r}\gamma_{n-r},$$

而且$k_0+k_1+\cdots+k_{n-r}=1$.我们还需证$\gamma_0,\gamma_1,\cdots,\gamma_{n-r}$线性无关.

设

$$c_0\gamma_0+c_1\gamma_1+\cdots+c_{n-r}\gamma_{n-r}=0,$$

则

$$c_0\gamma_0+\sum_{i=1}^{n-r}c_i(\gamma_0+\eta_i)=\left(c_0+\sum_{i=1}^{n-r}c_i\right)\gamma_0+\sum_{i=1}^{n-r}c_i\eta_i=0.$$

若$c_0+c_1+\cdots+c_{n-r}\neq0$,由上式知$\gamma_0$可被$\eta_1,\eta_2,\cdots,\eta_{n-r}$线性表示,从而它也是齐次线性方程组(2)的解向量,这与(1)非齐次矛盾.故$c_0+c_1+\cdots+c_{n-r}=0$.代入上面等式得

$$c_1\eta_1+c_2\eta_2+\cdots+c_{n-r}\eta_{n-r}=0.$$

因$\eta_1,\eta_2,\cdots,\eta_{n-r}$线性无关,故$c_1=c_2=\cdots=c_{n-r}=0$,这又推出$c_0=0$.这表示$\gamma_0,\gamma_1,\cdots,\gamma_{n-r}$线性无关.

反之,若$k_0+k_1+\cdots+k_{n-r}=1$,则向量

$$\begin{aligned}k_0\gamma_0+\sum_{i=1}^{n-r}k_i\gamma_i&=k_0\gamma_0+\sum_{i=1}^{n-r}k_i(\gamma_0+\eta_i)\\&=\left(k_0+\sum_{i=1}^{n-r}k_i\right)\gamma_0+\sum_{i=1}^{n-r}k_i\eta_i=\gamma_0+\sum_{i=1}^{n-r}k_i\eta_i,\end{aligned}$$

它也确是方程组(1)的解向量. ▌

评议　前面已指出,非齐次线性方程组没有基础解系.此例中给出的解向量组$\gamma_0,\gamma_1,\cdots,\gamma_{n-r}$却与齐次线性方程组的基础解系有些类似:(i) 它也是一个线性无关的解向量组;(ii) 方程组(1)的全部解

向量所成集合是

$$k_0\gamma_0+k_1\gamma_1+\cdots+k_{n-r}\gamma_{n-r}.$$

但它与基础解系不同，其中系数 $k_0,k_1,\cdots,k_{n-r}$ 不能任取，必须满足 $k_0+k_1+\cdots+k_{n-r}=1$，且其向量个数也比导出方程组的基础解系中向量多出 1 个. 这些不同点必须注意，不能混淆.

练习题 1.2

1. 求下列齐次线性方程组的一个基础解系，并求其全部解向量：

$$\begin{cases} x_1+2x_2+4x_3-3x_4=0, \\ 3x_1+5x_2+6x_3-4x_4=0, \\ 4x_1+5x_2-2x_3+3x_4=0, \\ 3x_1+8x_2+24x_3-19x_4=0. \end{cases}$$

2. 求数域 K 上下列线性方程组的一个特解 γ_0 和导出方程组的一个基础解系，然后用它们表出方程组的全部解：

$$\begin{cases} 2x_1-2x_2+x_3-x_4+x_5=1, \\ x_1+2x_2-x_3+x_4-2x_5=1, \\ 4x_1-10x_2+5x_3-5x_4+7x_5=1, \\ 2x_1-14x_2+7x_3-7x_4+11x_5=-1. \end{cases}$$

3. 判断数域 K 上齐次线性方程组

$$\begin{cases} x_2+x_3+\cdots+x_n=0, \\ x_1+x_3+\cdots+x_n=0, \\ \cdots\cdots\cdots\cdots \\ x_1+x_2+x_3+\cdots+x_{n-1}=0 \end{cases}$$

有无非零解(其中第 i 个方程缺 x_i).

4. 证明一个齐次线性方程组的任一个线性无关解向量组都可扩充成它的一个基础解系.

5. 给定数域 K 上的线性方程组

$$\begin{cases} a_{11}x_1 + a_{12}x_2 + \cdots + a_{1n}x_n = b_1, \\ a_{21}x_1 + a_{22}x_2 + \cdots + a_{2n}x_n = b_2, \\ \cdots\cdots\cdots\cdots\cdots\cdots\cdots\cdots\cdots\cdots \\ a_{n1}x_1 + a_{n2}x_2 + \cdots + a_{nn}x_n = b_n. \end{cases}$$

令

$$A = \begin{bmatrix} a_{11} & a_{12} & \cdots & a_{1n} \\ a_{21} & a_{22} & \cdots & a_{2n} \\ \vdots & \vdots & & \vdots \\ a_{n1} & a_{n2} & \cdots & a_{nn} \end{bmatrix}, \quad B = \begin{bmatrix} a_{11} & a_{12} & \cdots & a_{1n} & b_1 \\ a_{21} & a_{22} & \cdots & a_{2n} & b_2 \\ \vdots & \vdots & & \vdots & \vdots \\ a_{n1} & a_{n2} & \cdots & a_{nn} & b_n \\ b_1 & b_2 & \cdots & b_n & 0 \end{bmatrix}.$$

证明：若 $\mathrm{r}(A)=\mathrm{r}(B)$，则方程组有解.

6. 设给定数域 K^n 内 $s+1$ 个向量

$$\alpha_i = (a_{i1},\ a_{i2},\ \cdots,\ a_{in}) \quad (i = 1, 2, \cdots, s);$$

$$\beta = (b_1, b_2, \cdots, b_n).$$

证明：如果齐次线性方程组

$$\begin{cases} a_{11}x_1 + a_{12}x_2 + \cdots + a_{1n}x_n = 0, \\ a_{21}x_1 + a_{22}x_2 + \cdots + a_{2n}x_n = 0, \\ \cdots\cdots\cdots\cdots\cdots\cdots\cdots\cdots\cdots\cdots \\ a_{s1}x_1 + a_{s2}x_2 + \cdots + a_{sn}x_n = 0 \end{cases}$$

的解全是方程

$$b_1x_1 + b_2x_2 + \cdots + b_nx_n = 0$$

的解，那么，β 可以被 $\alpha_1, \alpha_2, \cdots, \alpha_s$ 线性表示.

7. 给定数域 K 上两个齐次线性方程组

$$\begin{cases} a_{11}x_1 + a_{12}x_2 + \cdots + a_{1n}x_n = 0, \\ a_{21}x_1 + a_{22}x_2 + \cdots + a_{2n}x_n = 0, \\ \cdots\cdots\cdots\cdots\cdots\cdots\cdots\cdots\cdots\cdots \\ a_{m1}x_1 + a_{m2}x_2 + \cdots + a_{mn}x_n = 0; \end{cases}$$

$$\begin{cases} b_{11}x_1 + b_{12}x_2 + \cdots + b_{1n}x_n = 0, \\ b_{21}x_1 + b_{22}x_2 + \cdots + b_{2n}x_n = 0, \\ \cdots\cdots\cdots\cdots\cdots\cdots\cdots\cdots\cdots\cdots \\ b_{s1}x_1 + b_{s2}x_2 + \cdots + b_{sn}x_n = 0, \end{cases}$$

如果它们系数矩阵的秩都$<n/2$,证明这两个方程组必有公共非零解.

§3 矩阵代数

代数学的任务是研究各种各样的运算. 本节的标题"矩阵代数"的意思就是研究矩阵的运算.

一、矩阵的加法和数乘

【内容提要】

定义 给定数域 K 上两个 $m\times n$ 矩阵

$$A=\begin{bmatrix} a_{11} & a_{12} & \cdots & a_{1n} \\ a_{21} & a_{22} & \cdots & a_{2n} \\ \vdots & \vdots & & \vdots \\ a_{m1} & a_{m2} & \cdots & a_{mn} \end{bmatrix},\quad B=\begin{bmatrix} b_{11} & b_{12} & \cdots & b_{1n} \\ b_{21} & b_{22} & \cdots & b_{2n} \\ \vdots & \vdots & & \vdots \\ b_{m1} & b_{m2} & \cdots & b_{mn} \end{bmatrix},$$

它们的加法定义为:

$$A+B=\begin{bmatrix} a_{11}+b_{11} & a_{12}+b_{12} & \cdots & a_{1n}+b_{1n} \\ a_{21}+b_{21} & a_{22}+b_{22} & \cdots & a_{2n}+b_{2n} \\ \vdots & \vdots & & \vdots \\ a_{m1}+b_{m1} & a_{m2}+b_{m2} & \cdots & a_{mn}+b_{mn} \end{bmatrix}.$$

对任意 $k\in K$,k 与 A 的数乘定义为:

$$kA=\begin{bmatrix} ka_{11} & ka_{12} & \cdots & ka_{1n} \\ ka_{21} & ka_{22} & \cdots & ka_{2n} \\ \vdots & \vdots & & \vdots \\ ka_{m1} & ka_{m2} & \cdots & ka_{mn} \end{bmatrix}.$$

评议 数域 K 上一个 $m\times n$ 矩阵是 K 内 mn 个数按一定次序排列起来的一个表格,是一个有序数组,实际上也是一个向量. 因而,向量加法、数乘运算自然也可平行推移到矩阵上来. 数域 K 上全体 $m\times n$ 矩阵所成的集合记做 $M_{m,n}(K)$,现在其中有加法、数乘运算,这两种运算满足与向量加法、数乘相同的八条运算法则. K^n 中一个向量如果横写,就可看做 $1\times n$ 矩阵,竖写则可看做一个 $n\times 1$ 矩阵. 但是矩阵还有其他的作用，所以又与向量有区别，是代数学中两种不同的研究对象.

二、矩阵的乘法

【内容提要】

定义　给定数域 K 上的 $m\times n$ 矩阵 A 和 $n\times s$ 矩阵 B：

$$A=\begin{bmatrix} a_{11} & a_{12} & \cdots & a_{1n} \\ a_{21} & a_{22} & \cdots & a_{2n} \\ \vdots & \vdots & & \vdots \\ a_{m1} & a_{m2} & \cdots & a_{mn} \end{bmatrix},\quad B=\begin{bmatrix} b_{11} & b_{12} & \cdots & b_{1s} \\ b_{21} & b_{22} & \cdots & b_{2s} \\ \vdots & \vdots & & \vdots \\ b_{n1} & b_{n2} & \cdots & b_{ns} \end{bmatrix},$$

定义 A 与 B 的乘法如下：

$$AB=\begin{bmatrix} a_{11} & a_{12} & \cdots & a_{1n} \\ a_{21} & a_{22} & \cdots & a_{2n} \\ \vdots & \vdots & & \vdots \\ a_{m1} & a_{m2} & \cdots & a_{mn} \end{bmatrix}\begin{bmatrix} b_{11} & b_{12} & \cdots & b_{1s} \\ b_{21} & b_{22} & \cdots & b_{2s} \\ \vdots & \vdots & & \vdots \\ b_{n1} & b_{n2} & \cdots & b_{ns} \end{bmatrix}$$

$$=\begin{bmatrix} \sum\limits_{k=1}^{n} a_{1k}b_{k1} & \sum\limits_{k=1}^{n} a_{1k}b_{k2} & \cdots & \sum\limits_{k=1}^{n} a_{1k}b_{ks} \\ \sum\limits_{k=1}^{n} a_{2k}b_{k1} & \sum\limits_{k=1}^{n} a_{2k}b_{k2} & \cdots & \sum\limits_{k=1}^{n} a_{2k}b_{ks} \\ \vdots & \vdots & & \vdots \\ \sum\limits_{k=1}^{n} a_{mk}b_{k1} & \sum\limits_{k=1}^{n} a_{mk}b_{k2} & \cdots & \sum\limits_{k=1}^{n} a_{mk}b_{ks} \end{bmatrix}$$

$$=\begin{bmatrix} c_{11} & c_{12} & \cdots & c_{1s} \\ c_{21} & c_{22} & \cdots & c_{2s} \\ \vdots & \vdots & & \vdots \\ c_{m1} & c_{m2} & \cdots & c_{ms} \end{bmatrix}=C.$$

命题　数域 K 上的矩阵运算满足如下运算法则：

(1) 乘法满足结合律：$A(BC)=(AB)C$；

(2) 分配律：$(A+B)C=AC+BC$，

$A(B+C)=AB+AC$；

(3) 对任一 K 内的数 k，有 $k(AB)=(kA)B=A(kB)$；

(4) $(A+B)'=A'+B'$，$(kA)'=kA'$，$(AB)'=B'A'$，其中 A' 表

示 A 的转置.

评议 矩阵乘法和数的运算大不相同.初学者可能感到费解,不知道为何用这样奇怪的方法定义矩阵乘法.我们现在也借助线性方程组来对此作解释.

矩阵的乘法是从线性方程组的研究中自然产生出来的.给定数域 K 上的线性方程组

$$\begin{cases} a_{11}x_1 + a_{12}x_2 + \cdots + a_{1n}x_n = b_1, \\ a_{21}x_1 + a_{22}x_2 + \cdots + a_{2n}x_n = b_2, \\ \cdots\cdots\cdots\cdots\cdots\cdots\cdots\cdots \\ a_{m1}x_1 + a_{m2}x_2 + \cdots + a_{mn}x_n = b_m. \end{cases}$$

考查如下两个矩阵

$$A = \begin{bmatrix} a_{11} & a_{12} & \cdots & a_{1n} \\ a_{21} & a_{22} & \cdots & a_{2n} \\ \vdots & \vdots & & \vdots \\ a_{m1} & a_{m2} & \cdots & a_{mn} \end{bmatrix}, \quad X = \begin{bmatrix} x_1 \\ x_2 \\ \vdots \\ x_n \end{bmatrix}.$$

这就是方程组的系数矩阵 A 和未知量所组成的 $n\times 1$ 矩阵 X.我们规定 A 与 X 的"乘法"如下:

$$AX = \begin{bmatrix} a_{11} & a_{12} & \cdots & a_{1n} \\ a_{21} & a_{22} & \cdots & a_{2n} \\ \vdots & \vdots & & \vdots \\ a_{m1} & a_{m2} & \cdots & a_{mn} \end{bmatrix} \begin{bmatrix} x_1 \\ x_2 \\ \vdots \\ x_n \end{bmatrix}$$

$$= \begin{bmatrix} a_{11}x_1 + a_{12}x_2 + \cdots + a_{1n}x_n \\ a_{21}x_1 + a_{22}x_2 + \cdots + a_{2n}x_n \\ \cdots\cdots\cdots\cdots\cdots\cdots \\ a_{m1}x_1 + a_{m2}x_2 + \cdots + a_{mn}x_n \end{bmatrix}.$$

其法则是:左边矩阵的行和右边矩阵的列对应元素相乘再相加.乘得的结果是一个 $m\times 1$ 矩阵(上面用虚线在矩阵中标出左边的行与右边的列对应相乘的位置关系).显然,乘积矩阵自上而下的第 1,2,…,m 个元素恰好是方程组的第 1,2,…,m 个方程的左端.这样,我们用矩阵乘法 AX 就把线性方程组左端复杂的表达式变成简单明了的形式了.所以,从线性方程组的角度看,这样引入矩阵乘法和前面引入向量及其加法、数乘一样自然.如果把矩阵 X 换成上面矩阵 B 的第 j 列

$$B_j = \begin{bmatrix} b_{1j} \\ b_{2j} \\ \vdots \\ b_{nj} \end{bmatrix} \quad (j = 1, 2, \cdots, s),$$

那么

$$AB_j = \begin{bmatrix} a_{11}b_{1j} + a_{12}b_{2j} + \cdots + a_{1n}b_{nj} \\ a_{21}b_{2j} + a_{22}b_{2j} + \cdots + a_{2n}b_{nj} \\ \cdots\cdots\cdots\cdots\cdots\cdots\cdots\cdots \\ a_{m1}b_{1j} + a_{m2}b_{2j} + \cdots + a_{mn}b_{nj} \end{bmatrix} = \begin{bmatrix} c_{1j} \\ c_{2j} \\ \vdots \\ c_{mj} \end{bmatrix}.$$

这就是说,A 乘 B 是把 A 按上述法则依次乘 B 的每个列,最后依次排列即得乘积矩阵 C.

上面所定义的矩阵乘法有如下三个要点:

(1) 左边矩阵 A 的列数必须等于右边矩阵 B 的行数才能相乘;

(2) 乘积矩阵的行数等于左边矩阵的行数,其列数则等于右边矩阵的列数;

(3) 乘法的法则是左边矩阵的第 i 行和右边矩阵的第 j 列的对应元素相乘再相加,就得到乘积矩阵 C 的第 i 行 j 列元素 c_{ij}.即

$$c_{ij} = \sum_{k=1}^{n} a_{ik}b_{kj}.$$

如果把 A 的第 i 行,B 的第 j 列单独抽出来,就可以写成

$$(a_{i1}\ a_{i2}\ \cdots\ a_{in}) \begin{bmatrix} b_{1j} \\ b_{2j} \\ \vdots \\ b_{nj} \end{bmatrix} = \left(\sum_{k=1}^{n} a_{ik}b_{kj} \right) = (c_{ij}).$$

我们知道线性方程组可以表示为向量方程,现在其左端又表示为 AX,设 A 的列向量组是 $\alpha_1, \alpha_2, \cdots, \alpha_n$,则

$$AX = A\begin{bmatrix} x_1 \\ x_2 \\ \vdots \\ x_n \end{bmatrix} = x_1\alpha_1 + x_2\alpha_2 + \cdots + x_n\alpha_n.$$

于是

$$AB_j = A\begin{bmatrix} b_{1j} \\ b_{2j} \\ \vdots \\ b_{nj} \end{bmatrix} = b_{1j}\alpha_1 + b_{2j}\alpha_2 + \cdots + b_{nj}\alpha_n$$

$$= \begin{bmatrix} c_{1j} \\ c_{2j} \\ \vdots \\ c_{nj} \end{bmatrix},$$

因此,乘积矩阵 C 的第 j 个列向量组是 A 的列向量组 $\alpha_1,\alpha_2,\cdots,\alpha_n$ 的线性组合,组合的系数是 B 的第 j 列的元素.

矩阵乘法比较复杂,但极其有用.为了正确使用矩阵去处理各种问题,弄清其乘法的上述直观背景和上面指出的要点是至关重要的.

矩阵乘法和数的乘法根本不同,下面两点是需要特别注意的:

(1) 矩阵乘法一般不能交换,即一般 $AB\neq BA$;

(2) 矩阵乘法没有消去律,即由 $AB=AC$,$A\neq 0$ 并不能推出 $B=C$.

三、矩阵乘法的几何意义

【内容提要】

给定数域 K 上的 $m\times n$ 矩阵 A,定义向量空间 K^n 到 K^m 的映射如下:

$$f_A:\ K^n \longrightarrow K^m,$$
$$X \longmapsto AX,$$

亦即 $f_A(X)=AX$(把 $X\in K^n$ 看做 $n\times 1$ 矩阵),我们有如下事实:

(1) 对任意 $X,Y\in K^n$,有

$$f_A(X+Y)=A(X+Y)=AX+AY$$
$$=f_A(X)+f_A(Y).$$

(2) 对任意 $X\in K^n$ 和 $k\in K$，有

$$f_A(kX)=A(kX)=kAX=kf_A(X),$$

即 f_A 是保持向量空间加法和数乘的对应关系的映射.

如果 A 是 K 上 $m\times n$ 矩阵，B 是 K 上 $n\times s$ 矩阵，令 $C=AB$，则我们有如下映射图：

$$K^s \xrightarrow{f_B} K^n \xrightarrow{f_A} K^m, \quad f_C: K^s \to K^m$$

根据映射 f_A 与 f_B 的乘法，对任意 $X\in K^s$，我们有

$$(f_Af_B)(X)=f_A(f_B(X))=f_A(BX)=A(BX)$$
$$=(AB)X=f_{AB}(X).$$

因而 $f_Af_B=f_{AB}=f_C$. 即矩阵乘法实际上是向量空间之间映射的乘法.

评议 在引言中我们曾说，研究一元高次代数方程时，数域之间保持加法、乘法对应关系的映射，即数域之间的同态映射是很重要的. 本章开始研究一个新的对象，即向量空间，它有两种运算：加法、数乘. 很明显，研究向量空间之间保持加法、数乘对应关系的映射也是十分重要的. 现在这种映射被矩阵的乘法具体地给出了. 从这一点出发，我们把两个矩阵 A,B 的乘法 AB 的直观几何意义也弄清了. 这个思想在本课程中将起基本的作用.

四、矩阵运算和秩的关系

【内容提要】

(1) 设 $A,B\in M_{m,n}(K)$，则 $\mathrm{r}(A+B)\leqslant\mathrm{r}(A)+\mathrm{r}(B)$.

(2) 设 $A\in M_{m,n}(K)$，$k\in K$，$k\neq0$，则 $\mathrm{r}(kA)=\mathrm{r}(A)$.

(3) 设 $A\in M_{m,n}(K)$，$B\in M_{n,s}(K)$，则

$$\mathrm{r}(A)+\mathrm{r}(B)-n\leqslant\mathrm{r}(AB)\leqslant\min\{\mathrm{r}(A),\mathrm{r}(B)\}.$$

评议 到目前为止，我们关于矩阵的知识有两方面，一是它的

秩，二是它们之间的加法、数乘和乘法运算，上面三条结论把这两类知识联系起来，从而使我们对这两方面知识的认识都深入一步. 关于 $\mathrm{r}(AB)$ 的不等式是由 Sylvester 在 1884 年首先得到的.

例 3.1 给定数域 K 上两个 $n\times n$ 矩阵

$$A=\begin{bmatrix} a_{11} & a_{12} & \cdots & a_{1n} \\ a_{21} & a_{22} & \cdots & a_{2n} \\ \vdots & \vdots & & \vdots \\ a_{n1} & a_{n2} & \cdots & a_{nn} \end{bmatrix},\quad J=\begin{bmatrix} 0 & 1 & 0 & 0 & \cdots & 0 \\ 0 & 0 & 1 & 0 & \cdots & 0 \\ 0 & 0 & 0 & 1 & \cdots & 0 \\ \vdots & \vdots & \vdots & \ddots & \ddots & \vdots \\ 0 & 0 & 0 & 0 & \ddots & 1 \\ 0 & 0 & 0 & 0 & \cdots & 0 \end{bmatrix},$$

则

$$JA=\begin{bmatrix} a_{21} & a_{22} & \cdots & a_{2n} \\ a_{31} & a_{32} & \cdots & a_{3n} \\ \vdots & \vdots & & \vdots \\ a_{n1} & a_{n2} & \cdots & a_{nn} \\ 0 & 0 & \cdots & 0 \end{bmatrix},$$

它是把 A 的每一行向量逐次向上平移一行，而最后的行向量变成零向量.

我们又有

$$AJ=\begin{bmatrix} 0 & a_{11} & a_{12} & \cdots & a_{1\,n-1} \\ 0 & a_{21} & a_{22} & \cdots & a_{2\,n-1} \\ \vdots & \vdots & \vdots & & \vdots \\ 0 & a_{n1} & a_{n2} & \cdots & a_{n\,n-1} \end{bmatrix},$$

它把 A 的每个列向量向右平移一列，而将第 1 个列向量变成零向量. ▎

评议 此例给我们一个重要的提示，就是用一个特殊矩阵(例如上面的 J)去左乘或右乘一个矩阵 A，可以把它的形状朝我们希望的方面变化. 这是矩阵技巧的一个例子. 利用矩阵技巧可以处理许多复杂而又艰难的问题. 此例也说明：矩阵乘法是不满足交换律的.

例 3.2 设 A,B 是数域 K 上两个 $n\times n$ 矩阵且 $AB=BA$. 又设 C 是将 A,B 的行向量自上而下依次排列所得的 $2n\times n$ 矩阵，即 $C=$

$\begin{bmatrix} A \\ B \end{bmatrix}$. 证明

$$\mathrm{r}(A)+\mathrm{r}(B)\geqslant \mathrm{r}(C)+\mathrm{r}(AB).$$

解　考查齐次线性方程组 $AX=0$ 与 $BX=0$,它们的全部公共解向量恰为 $CX=0$ 的全部解向量. 设 $CX=0$ 的一个基础解系是 ε_1, $\varepsilon_2,\cdots,\varepsilon_r$,这里 $r=n-\mathrm{r}(C)$. 按练习题 1.2 的第 4 题,它可分别扩充为 $AX=0$ 的一个基础解系 $\varepsilon_1,\cdots,\varepsilon_r,\eta_1,\cdots,\eta_s$ 和 $BX=0$ 的一个基础解系 $\varepsilon_1,\varepsilon_2,\cdots,\varepsilon_r,\omega_1,\omega_2,\cdots,\omega_t$,这里 $r+s=n-\mathrm{r}(A)$, $r+t=n-\mathrm{r}(B)$. 线性组合 $a_1\eta_1+\cdots+a_s\eta_s$ 是 $AX=0$ 的解向量,但当它非零时它不能是 $BX=0$ 的解向量,否则它就是两者的公共解向量,即 $CX=0$ 的解向量,从而 $a_1\eta_1+\cdots+a_s\eta_s=k_1\varepsilon_1+\cdots+k_r\varepsilon_r$. 此时 $a_1\eta_1+\cdots+a_s\eta_s\neq 0$,即 $a_1,\cdots,a_s$ 不全为 0,而这与 $\varepsilon_1,\cdots,\varepsilon_r,\eta_1,\cdots,\eta_s$ 线性无关矛盾. 由此可知向量组

$$\varepsilon_1,\ \cdots,\ \varepsilon_r,\ \eta_1,\ \cdots,\ \eta_s,\ \omega_1,\ \cdots,\ \omega_t$$

线性无关,因若有

$$k_1\varepsilon_1+\cdots+k_r\varepsilon_r+a_1\eta_1+\cdots+a_s\eta_s+b_1\omega_1+\cdots+b_t\omega_t=0,$$

则由 $a_1\eta_1+\cdots+a_s\eta_s=-k_1\varepsilon_1-\cdots-k_r\varepsilon_r-b_1\omega_1-\cdots-b_t\omega_t$ 为 $BX=0$ 的解向量推知 $a_1\eta_1+\cdots+a_s\eta_s=0$,从而 $a_1=\cdots=a_s=0$,代入原式推知 $k_1\varepsilon_1+\cdots+k_r\varepsilon_r+b_1\omega_1+\cdots+b_t\omega_t=0$,而这又推出 $k_1=\cdots=k_r=b_1=\cdots=b_t=0$.

现在 $\varepsilon_1,\cdots,\varepsilon_r,\eta_1,\cdots,\eta_s,\omega_1,\cdots,\omega_t$ 都是 $ABX=BAX=0$ 的解向量,它们又线性无关,故 $r+s+t\leqslant n-\mathrm{r}(AB)$,即

$$(r+s)+(r+t)-r=n-\mathrm{r}(A)+n-\mathrm{r}(B)-(n-\mathrm{r}(C))\leqslant n-\mathrm{r}(AB),$$

移项后得 $\mathrm{r}(AB)+\mathrm{r}(C)\leqslant\mathrm{r}(A)+\mathrm{r}(B)$. ▌

评议　本题是关于矩阵的秩的不等式. 直接研究 A,B,C,AB 的秩比较困难,但矩阵的秩与线性方程组的解之间有密切关系,因而将此题转化为齐次线性方程组 $AX=0$, $BX=0$, $CX=0$, $ABX=0$ 的解之间的关系,得到解决方法. 这种把问题转化为另一类课题以寻求解决的途径的方法,是科研以至各种社会活动中常用的办法.

例 3.3 给定数域 K 上 n 维向量空间 K^n 内一个线性无关向量组 $\eta_1,\eta_2,\cdots,\eta_s$，证明存在 K 上一个齐次线性方程组以此向量组为一个基础解系.

解 假设齐次线性方程组 $AX=0$ 以 $\eta_1,\eta_2,\cdots,\eta_s$ 为一基础解系，以 $\eta_1,\eta_2,\cdots,\eta_s$ 为列向量排成 $n\times s$ 矩阵 B，则 $AB=0$，两边取转置，得 $B'A'=0$，这表明 A' 的列向量，即 A 的行向量都是齐次线性方程组 $B'X=0$ 的解向量. 根据这一分析，我们得出本例的解法.

设齐次线性方程组 $B'X=0$ 的一个基础解系是 $\varepsilon_1,\varepsilon_2,\cdots,\varepsilon_r\in K^n$，则 $n-\mathrm{r}(B')=r$. 以它们为行向量组排成 $r\times n$ 矩阵 A，则 $\mathrm{r}(A)=r$，我们有 $B'A'=0$，即 $AB=0$，故 B 的列向量组 $\eta_1,\eta_2,\cdots,\eta_s$ 是齐次线性方程组 $AX=0$ 的 s 个线性无关解向量. 因为

$$\begin{aligned} n-\mathrm{r}(A) &= n-r=n-(n-\mathrm{r}(B')) \\ &= \mathrm{r}(B')=\mathrm{r}(B)=s, \end{aligned}$$

故 $\eta_1,\eta_2,\cdots,\eta_s$ 即为齐次线性方程组 $AX=0$ 的一个基础解系. ▌

评议 此例与上一例相反，是把线性方程组的问题转化为矩阵问题，利用矩阵转置的技巧找到了解法. 这种把问题在不同领域来回转换的方法读者应当细心体会.

例 3.4 设 $A\in M_{m,n}(K)$，$B\in M_{n,s}(K)$. 证明

$$\mathrm{r}(A)+\mathrm{r}(B)-n\leqslant \mathrm{r}(AB).$$

解 这是前面阐述的一个基本不等式. 在高等代数课程中大多已有证明，这里给出一个简单证法.

设齐次线性方程组 $BX=0$ 有一个基础解系 $\eta_1,\eta_2,\cdots,\eta_k$，将它扩充为齐次线性方程组 $(AB)X=0$ 的一个基础解系 $\eta_1,\eta_2,\cdots,\eta_k,\eta_{k+1},\cdots,\eta_l$. 我们首先证明向量组 $B\eta_{k+1},\cdots,B\eta_l$（把 $\eta_{k+1},\cdots,\eta_l$ 看做 $s\times 1$ 矩阵，作矩阵乘法，得到 $n\times 1$ 矩阵，再看做 K^n 中的向量）的秩是 $\mathrm{r}(B)-\mathrm{r}(AB)$.

设 $a_1B\eta_{k+1}+\cdots+a_{l-k}B\eta_l=0$，那么 $B(a_1\eta_{k+1}+\cdots+a_{l-k}\eta_l)=0$，即 $a_1\eta_{k+1}+\cdots+a_{l-k}\eta_l$ 是 $BX=0$ 的一个解向量. 由此推知 $a_1\eta_{k+1}+\cdots+a_{l-k}\eta_l=b_1\eta_1+b_2\eta_2+\cdots+b_k\eta_k$. 但是 $\eta_1,\cdots,\eta_k,\eta_{k+1},\cdots,\eta_l$ 线性无关，故 $a_1=\cdots=a_{l-k}=0$. 由此知 $B\eta_{k+1},\cdots,B\eta_l$ 线性无关，其秩 $=l-k=(s-\mathrm{r}(AB))-(s-\mathrm{r}(B))=\mathrm{r}(B)-\mathrm{r}(AB)$. 但 $B\eta_{k+1},\cdots,B\eta_l$ 都是齐

次线性方程组 $AX=0$ 的解向量，其秩 $\leqslant n-\mathrm{r}(A)$，由此推出 $\mathrm{r}(B)-\mathrm{r}(AB)\leqslant n-\mathrm{r}(A)$. ▌

评议　上面的推理表明，本例中的不等式本质上是齐次线性方程组 $AX=0, BX=0, ABX=0$ 的解之间的关系.

例 3.5　给定复数域 $\mathbb{C}$ 上 2×2 矩阵集合

$$\mathbb{H}=\left\{\begin{bmatrix}\alpha & \beta\\ -\overline{\beta} & \overline{\alpha}\end{bmatrix}\middle|\ \alpha,\beta\in\mathbb{C}\right\},$$

其中 $\overline{\alpha},\overline{\beta}$ 分别是 α,β 的共轭复数. 证明 $\mathbb{H}$ 对矩阵加法，与实数的数乘以及矩阵乘法是封闭的.

解　我们有

$$\begin{bmatrix}\alpha & \beta\\ -\overline{\beta} & \overline{\alpha}\end{bmatrix}+\begin{bmatrix}\alpha_1 & \beta_1\\ -\overline{\beta_1} & \overline{\alpha_1}\end{bmatrix}=\begin{bmatrix}\alpha+\alpha_1 & \beta+\beta_1\\ -\overline{(\beta+\beta_1)} & \overline{\alpha+\alpha_1}\end{bmatrix}\in\mathbb{H},$$

对任意 $k\in\mathbb{R}$，有

$$k\begin{bmatrix}\alpha & \beta\\ -\overline{\beta} & \overline{\alpha}\end{bmatrix}=\begin{bmatrix}k\alpha & k\beta\\ -k\overline{\beta} & k\overline{\alpha}\end{bmatrix}=\begin{bmatrix}k\alpha & k\beta\\ -\overline{(k\beta)} & \overline{(k\alpha)}\end{bmatrix}\in\mathbb{H},$$

由此可知，对任意 $A\in\mathbb{H}$，$-A=(-1)A\in\mathbb{H}$.

我们又有

$$\begin{aligned}\begin{bmatrix}\alpha & \beta\\ -\overline{\beta} & \overline{\alpha}\end{bmatrix}\begin{bmatrix}\alpha_1 & \beta_1\\ -\overline{\beta_1} & \overline{\alpha_1}\end{bmatrix}&=\begin{bmatrix}\alpha\alpha_1-\beta\overline{\beta_1} & \alpha\beta_1+\beta\overline{\alpha_1}\\ -\alpha_1\overline{\beta}-\overline{\alpha}\,\overline{\beta_1} & -\overline{\beta}\beta_1+\overline{\alpha}\,\overline{\alpha_1}\end{bmatrix}\\ &=\begin{bmatrix}\alpha\alpha_1-\beta\overline{\beta_1} & \alpha\beta_1+\beta\overline{\alpha_1}\\ -\overline{(\alpha\beta_1+\beta\overline{\alpha_1})} & \overline{(\alpha\alpha_1-\beta\overline{\beta_1})}\end{bmatrix}\in\mathbb{H}.\end{aligned}$$ ▌

评议　集合 $\mathbb{H}$ 内有两种运算：加法、乘法（矩阵加法和乘法），显然

$$0=\begin{bmatrix}0 & 0\\ 0 & 0\end{bmatrix}\in\mathbb{H},\quad E=\begin{bmatrix}1 & 0\\ 0 & 1\end{bmatrix}\in\mathbb{H},$$

而且

$$\begin{bmatrix}0 & 0\\ 0 & 0\end{bmatrix}+\begin{bmatrix}\alpha & \beta\\ -\overline{\beta} & \overline{\alpha}\end{bmatrix}=\begin{bmatrix}\alpha & \beta\\ -\overline{\beta} & \overline{\alpha}\end{bmatrix},$$

$$\begin{bmatrix}1 & 0\\ 0 & 1\end{bmatrix}\begin{bmatrix}\alpha & \beta\\ -\overline{\beta} & \overline{\alpha}\end{bmatrix}=\begin{bmatrix}\alpha & \beta\\ -\overline{\beta} & \overline{\alpha}\end{bmatrix}\begin{bmatrix}1 & 0\\ 0 & 1\end{bmatrix}=\begin{bmatrix}\alpha & \beta\\ -\overline{\beta} & \overline{\alpha}\end{bmatrix}.$$

例 3.6 续例 3.5,取定$\mathbb{H}$内四个矩阵

$$E=\begin{bmatrix}1 & 0\\0 & 1\end{bmatrix},\quad I=\begin{bmatrix}\mathrm{i} & 0\\0 & -\mathrm{i}\end{bmatrix},$$

$$J=\begin{bmatrix}0 & 1\\-1 & 0\end{bmatrix},\quad K=\begin{bmatrix}0 & \mathrm{i}\\\mathrm{i} & 0\end{bmatrix},$$

其中$\mathrm{i}=\sqrt{-1}$为虚单位. 则我们有(对一个 $n\times n$ 矩阵 A,令 $A^2=AA$)

$$I^2=J^2=K^2=-E,\quad IJ=-JI=K,$$
$$JK=-KJ=I,\qquad KI=-IK=J.$$

若设$\alpha=a+b\mathrm{i},\beta=c+d\mathrm{i}$,则

$$A=\begin{bmatrix}\alpha & \beta\\-\overline{\beta} & \overline{\alpha}\end{bmatrix}=aE+bI+cJ+dK.$$

如把E对应于实数 1,把aE对应于实数a,I对应于虚单位i,则$aE+bI$对应于复数$a+b\mathrm{i}$,$cE+dI$对应于复数$c+d\mathrm{i}$,这时

$$(aE+bI)+(cE+dI)=(a+c)E+(b+d)I,$$
$$(aE+bI)(cE+dI)=acE+adI+bcI+bdI^2$$
$$=(ac-bd)E+(ad+bc)I.$$

上面是矩阵的加法和乘法,但它实际上和复数加法、乘法一样. 如果定义集合

$$C=\{aE+bI\in\mathbb{H}\mid a,b\in\mathbb{R}\},$$

它里面有加法、乘法(矩阵加法、乘法),它关于其加法、乘法是封闭的,而且满足复数加法、乘法的九条运算法则. 所以C实际上就是复数域$\mathbb{C}$,而集合$R=\{aE\mid a\in\mathbb{R}\}$实际上是实数域$\mathbb{R}$(但它的加法、乘法是矩阵的加法、乘法). C(即$\mathbb{C}$)是R(即$\mathbb{R}$)的扩充,而$\mathbb{H}$则是C(即$\mathbb{C}$)的再扩充.

如令

$$\overline{A}=aE-bI-cJ-dK,$$

简单的计算得出

$$A\overline{A}=\overline{A}A=(a^2+b^2+c^2+d^2)E.$$

(当$c=d=0$时,$A=aE+bI$相当于复数$a+b\mathrm{i}$,$\overline{A}=aE-bI$则相当于共轭复数$a-b\mathrm{i}$,此时$A\overline{A}=(a^2+b^2)E$对应于复数乘法$(a+b\mathrm{i})(a-b\mathrm{i})=a^2+b^2$),显然,当$A\neq 0$时,$a^2+b^2+c^2+d^2\neq 0$(因$a,b,c,d$均

为实数且不全为 0)，令 $|A|=a^2+b^2+c^2+d^2$，则

$$\left(\frac{1}{|A|}\overline{A}\right)A=A\left(\frac{1}{|A|}\overline{A}\right)=E.$$

现在 $\mathbb{H}$ 的加法、乘法运算，除了乘法不满足交换律之外，满足复数加法、乘法的其他八条运算法则. 零矩阵对应于数 0，E 对应于数 1，对每个非零元素 A，$\frac{1}{|A|}\overline{A}$ 是 A 的“倒数”. ▌

评议　在数学的发展史上，数的概念经历了漫长的发展过程. 首先人们研究整数的加法、乘法，由于乘法逆运算的需要，引入了有理数域. 以后由于无理数逐渐被认识而进入实数域. 实数可以看做平面上一根数轴上的点，于是很自然地把研究领域扩充到平面上的点. 在平面取定直角坐标系后，一个坐标为 (a,b) 的点代表一个复数 $a+b\mathrm{i}$. 复数有加法、乘法运算，这些运算满足九条运算法则. 复数系的引入是数学上极大的成功，使许多难题得到破解. 例如数域 K 上一个 n 次代数方程的根都包含在复数系之内. 由此，人们自然会想到，能不能把复数平面再扩充到整个空间，让空间中每一个点代表“新数系”的一个“数”. 这个新数系当然也要有加法、乘法(作为复数加法、乘法的扩充)，而且也要满足数的加法、乘法的九条运算法则. 但是这样的梦想最后归于破灭，也就是说，这个新“数系”内根本无法定义加法、乘法使其满足九条运算法则. 但是，数学家们的努力并未终止. 直到 19 世纪中叶，哈密顿经历十余年的苦苦思索，终于创立了四元数系，它里面也有加法、乘法，而且可以认为是复数加法、乘法的扩充，四元数的加法、乘法除了乘法不满足交换律外，满足其余八条运算法则. 四元数系是复数系的再扩充，使人类对数的认识再前进一步. 哈密顿的四元数系就是上面两例中阐述的 $\mathbb{H}$. 但是当初哈密顿创立的四元数系中的元素及其加法、乘法是抽象定义的，我们这里则利用复数域中的 2×2 矩阵及矩阵加法、乘法把它很具体地表现出来. 从这里也可以体会到研究矩阵和它们的运算的意义了.

五、n 阶方阵

【内容提要】

数域 K 上的 $n\times n$ 矩阵称为 n 阶方阵，K 上全体 n 阶方阵所成

的集合记做 $M_n(K)$. 两个 n 阶方阵相加仍为 n 阶方阵，任意两个 n 阶方阵都可相乘且乘积矩阵仍为 n 阶方阵. 因此，$M_n(K)$是一个集合，其中有加法、数乘和乘法，它们满足矩阵的有关运算法则. 于是 $M_n(K)$成为代数学的一个重要研究对象.

评议 从定义可知，不是任意两个矩阵都能相加或相乘，所以在深入研究矩阵运算时，我们应该研究一部分矩阵所成的集合，使在其中可以作加法、乘法，而且对加法、乘法它是封闭的. 例 3.5，3.6 中的 $\mathbb{H}$ 是一个例子，而 $M_n(K)$也满足上述要求.

另一方面，A 又决定了 K^n 到 K^n 的保持向量加法和乘法对应关系的映射 f_A. 在引言中曾指出，研究一元高次方程的一个基本问题是研讨一个数域到自身的非零同态映射. 由此可知，把 A 对应于 K^n 到自身的映射 f_A 也有重要意义，它将是高等代数课程的主要研讨课题.

n 阶方阵不是数，但我们要用某些数字来刻画它在某方面的特性. 一个 n 阶方阵，其左上角到右下角的对角线称为主对角线. 设 $A=(a_{ij})\in M_n(K)$，考察其主对角线上元素之和

$$\operatorname{tr}(A)=a_{11}+a_{22}+\cdots+a_{nn},$$

$\operatorname{tr}(A)$称为方阵 A 的**迹**. 对 $A,B\in M_n(K)$，$k\in K$，显然有 $\operatorname{tr}(A+B)=\operatorname{tr}(A)+\operatorname{tr}(B)$，$\operatorname{tr}(kA)=k\operatorname{tr}(A)$. 若 $A=(a_{ij})$，$B=(b_{ij})$，则

$$\operatorname{tr}(AB)=\sum_{i=1}^{n}\left(\sum_{k=1}^{n}a_{ik}b_{ki}\right)=\sum_{k=1}^{n}\left(\sum_{i=1}^{n}b_{ki}a_{ik}\right)=\operatorname{tr}(BA).$$

矩阵乘法非交换，但取迹时却可以交换次序. 这就为处理许多问题提供了方便.

下列两个 n 阶方阵是很重要的：

$$E_n=\begin{bmatrix}1 & & & \\ & 1 & & 0 \\ & 0 & \ddots & \\ & & & 1\end{bmatrix},\quad D=\begin{bmatrix}d_1 & & & \\ & d_2 & & 0 \\ & & \ddots & \\ 0 & & & d_n\end{bmatrix}.$$

E_n 称为 n 阶单位矩阵（当不必标出其阶数时，简记为 E），D 称为 n

阶对角矩阵. 它们之所以重要,是因为它们在矩阵乘法中扮演着特殊的角色. E 在矩阵乘法中相当于 1 在数的乘法中的作用,用 E 左乘或右乘任何矩阵(当然是在符合矩阵乘法的要求时)都使它保持不动;用 D 左乘任一矩阵,相当于用 $d_1,d_2,\cdots,d_n$ 分别乘该矩阵的第 $1,2,\cdots,n$ 行,用 D 右乘任一矩阵,则相当于用 $d_1,d_2,\cdots,d_n$ 分别乘该矩阵的第 $1,2,\cdots,n$ 列(当然也是在符合矩阵乘法要求时).

考查如下 n 阶方阵

$$E_{ij}=\begin{array}{c}\\ i\\ \\ \end{array}\left[\begin{array}{c}\qquad\qquad\overset{j}{\vdots}\quad\\ \cdots\cdots\cdots\cdots 1\cdots\\ \qquad\qquad\vdots\quad\\ \qquad\qquad\vdots\quad\end{array}\right].$$

它的特点是:第 i 行 j 列元素为 1,其他元素都是 $0,i=1,2,\cdots,n;j=1,2,\cdots,n$. K 上一个 n 阶方阵 $A=(a_{ij})$ 显然可表示为

$$A=\sum_{i=1}^{n}\sum_{j=1}^{n}a_{ij}E_{ij}.$$

由于这个原因,许多 n 阶方阵的问题可以归结为这 n^2 个特殊的 n 阶方阵来处理.

根据矩阵乘法,对 m 阶方阵 E_{ij},我们有

$$E_{ij}\begin{bmatrix}a_{11}&a_{12}&\cdots&a_{1n}\\a_{21}&a_{22}&\cdots&a_{2n}\\\vdots&\vdots&&\vdots\\a_{m1}&a_{m2}&\cdots&a_{mn}\end{bmatrix}=\begin{bmatrix}&0&&\\a_{j1}&a_{j2}&\cdots&a_{jn}\\&0&&\end{bmatrix}i\text{ 行}.$$

这就是说,用 m 阶方阵 E_{ij} 左乘一个 $m\times n$ 矩阵,其结果是把该矩阵的第 j 行平移到第 i 行的位置,其他行一律变为零(当 $i=j$ 时,就是使该矩阵的第 i 行保持不动,其他行变为零). 而对 n 阶方阵 E_{ij},我们有

$$\begin{bmatrix}a_{11}&a_{12}&\cdots&a_{1n}\\a_{21}&a_{22}&\cdots&a_{2n}\\\vdots&\vdots&&\vdots\\a_{m1}&a_{m2}&\cdots&a_{mn}\end{bmatrix}E_{ij}=\begin{bmatrix}&\overset{j\text{ 列}}{a_{1i}}&\\0&a_{2i}&0\\&\vdots&\\&a_{mi}&\end{bmatrix}.$$

这就是说,用 n 阶方阵 E_{ij} 右乘一个 $m\times n$ 矩阵,其结果是把该矩阵第 i 列平移到第 j 列位置上来,其他列一律变为零(当 $i=j$ 时,就是使该矩阵第 i 列保持不动,其他列变为零).

特别地,我们有下列重要公式:

$$E_{ij}E_{kl}=\begin{cases}E_{il}, & 若\ j=k;\\ 0, & 若\ j\neq k.\end{cases}$$

上面这些知识,对讨论矩阵乘法是很有用的.在例 3.1 中曾指出,用某些特殊矩阵去左乘或右乘一个矩阵,可以使它的形状朝我们希望的方向变化,上面就是一些新的例子.

一个 n 阶方阵 $A=(a_{ij})$,如果其主对角线上面元素全为零,即 $a_{ij}=0$(当 $j>i$ 时),称为下三角矩阵,如果其主对角线下面元素全为零,即 $a_{ij}=0$(当 $j<i$ 时),称为上三角矩阵.如果 $A'=A$,即 $a_{ij}=a_{ji}$,则称为对称矩阵.而当 $A'=-A$,即 $a_{ij}=-a_{ji}$,称为反对称矩阵.

1. 初等矩阵

定义 n 阶单位矩阵 E 经过一次初等行变换或初等列变换所得的矩阵称为 n 阶**初等矩阵**.

下面把初等矩阵分为三种类型分别写出来.

(1) 互换 E 的 i,j 两行,得到的初等矩阵记为 $P_n(i,j)$.

显然,互换 E 的 i,j 两列得到相同的结果.

(2) 把 E 的第 i 行乘以 $c\neq 0$(这里 $c\in K$),得到的初等矩阵记为 $P_n(c\cdot i)$.

显然,把 E 的第 i 列乘以 c 得到相同的结果.

(3) 把 E 的第 j 行加上第 i 行的 k 倍(这里 $k\in K$),得到的初等矩阵记为 $P_n(k\cdot i,j)$.

命题 给定数域 K 上 $m\times n$ 矩阵 A,则有

(1) $P_m(i,j)A$ 为互换 A 的 i,j 两行;$AP_n(i,j)$ 为互换 A 的 i,j 两列.

(2) $P_m(c\cdot i)A$ 为把 A 的第 i 行乘以 $c\neq 0$;$AP_n(c\cdot i)$ 为把 A 的第 i 列乘以 $c\neq 0$.

(3) $P_m(k\cdot i,j)A$ 为把 A 的第 j 行加上第 i 行的 k 倍;$AP_n'(k\cdot i,j)$ 为把 A 的第 j 列加上第 i 列的 k 倍.

评议　在§1讨论矩阵的秩时，我们用初等变换把它变成最简单的标准形．一个矩阵 A 作一次初等行变换变成另一矩阵 B，这两者之间的关系若能明确地用数学公式表示出来，对我们是很有用的．而这一点现在借助矩阵乘法实现了．按上面命题，存在初等矩阵 P，使 $B=PA$．同样，若 A 经初等列变换化为矩阵 C，则存在初等矩阵 Q，使 $C=AQ$，这又一次印证了前面的说法：可以按照我们的需要，用左乘、右乘某些矩阵来改变一个矩阵的形状．

初等变换不改变矩阵的秩，因此，一个矩阵左乘、右乘若干初等矩阵时其秩不变．若 A 是一个 n 阶方阵且 $\mathrm{r}(A)=n$，则 A 称为满秩方阵．满秩方阵的标准形是单位矩阵 E，A 经一系列初等行、列变换可以化为 E，初等变换是可逆的，所以 E 也可经初等行、列变换化为 A，于是

$$A = P_1P_2\cdots P_kEQ_1Q_2\cdots Q_l = P_1P_2\cdots P_kQ_1Q_2\cdots Q_l,$$

即 A 是若干初等矩阵的乘积．初等矩阵形式很简单，用它左乘、右乘某矩阵直观意义已由上面命题给出，上面表达式将任意满秩方阵 A 归结为若干初等矩阵，这是化繁为简的又一个范例．

定义　给定数域 K 上两个 $m\times n$ 矩阵 A,B．若 A 经有限次初等行、列变换化为 B，则称 B 与 A **相抵**．

容易看出，矩阵的相抵关系是集合 $M_{m,n}(K)$ 内的一种等价关系．

命题　给定数域 K 上两个 $m\times n$ 矩阵 A,B，则下面论断互相等价：

(1) B 与 A 相抵；

(2) $\mathrm{r}(B)=\mathrm{r}(A)$；

(3) 存在 m 阶满秩方阵 P 及 n 阶满秩方阵 Q，使 $B=PAQ$．

2．逆矩阵

定义　设 $A\in M_n(K)$，若存在 $B\in M_n(K)$，使 $AB=BA=E$，则称 A 是可逆方阵，B 称为它的一个逆矩阵．

一个方阵的逆矩阵如果存在，则是唯一的，记做 A^{-1}．

命题　(1) 设 $A\in M_n(K)$，则 A 可逆的充分必要条件是 A 是满秩的．

(2) 设 A,B 是两个可逆 n 阶方阵，那么有：

(i) A^{-1}可逆且$(A^{-1})^{-1}=A$；

(ii) AB 可逆，且$(AB)^{-1}=B^{-1}A^{-1}$；

(iii) A'可逆，且$(A')^{-1}=(A^{-1})'$.

评议 $M_n(K)$内有加法、乘法运算. 加法有逆运算，就是矩阵减法. 那么乘法有没有逆运算呢？提出这个问题是很自然的. 因为矩阵乘法和数的乘法已相去十万八千里，当然不能随便把数的乘法的知识照搬到矩阵上来. 答案果然也印证了这一点，即矩阵乘法没有逆运算，所以不存在矩阵除法.

但是，人们仍然想办法补救这个缺陷. 数的除法的基本点是对每个非零的数 b，存在倒数$\frac{1}{b}$，使$\frac{1}{b}b=1$，从而可以定义除法$\frac{a}{b}=a\cdot\frac{1}{b}$. 矩阵没有这样好的结果，但能不能退而求其次，即对某些非零方阵 A，可以找到方阵 B，使 $BA=AB=E$ 呢？这就是上面定义的意思. 命题给出了完满的答案，就是对满秩方阵 A，这种 B 确实存在而且唯一. 这里有几点要注意：

(1) 逆矩阵的概念仅是在方阵的范畴内考虑，对一般 $m\times n$ 矩阵($m\neq n$ 时)没有逆矩阵的概念(当然，也可以讨论它的广义逆矩阵，但意义已不相同)；

(2) 不是任意非零方阵都可逆，仅是满秩的方阵可逆；

(3) 如 A 可逆，其逆只能写成 A^{-1}，绝对不能写成$\frac{1}{A}$，与此相应的，$B^{-1}A$ 也绝对不可以写成$\frac{A}{B}$，因为矩阵乘法不满足交换律，一般说 $B^{-1}A\neq AB^{-1}$，记号$\frac{A}{B}$无法区别这两者，不能随便套用数域中的记号；

(4) 只要方阵 B 满足 $BA=E$ 或 $AB=E$ 之一，即可断言 $B=A^{-1}$.

例 3.7 给定数域 K 上 n 阶方阵

$$J=\begin{bmatrix}0 & 1 & 0 & 0 & \cdots & 0\\ 0 & 0 & 1 & 0 & \cdots & 0\\ 0 & 0 & 0 & 1 & \cdots & 0\\ \vdots & \vdots & \vdots & \ddots & \ddots & \vdots\\ 0 & 0 & 0 & 0 & \ddots & 1\\ 0 & 0 & 0 & 0 & \cdots & 0\end{bmatrix}.$$

计算 J^k.

解　根据例 3.1, $J^k=J^{k-1}\cdot J$ 是把 J^{k-1} 每列向右平移一列,由此依次推断,当 $k<n$ 时

$$J^k=\begin{bmatrix} \overbrace{0 & \cdots & 0}^{k} & 1 & & 0 \\ & \ddots & & \ddots & \ddots & \\ & & \ddots & & \ddots & 1 \\ & & & \ddots & & 0 \\ & 0 & & & \ddots & \vdots \\ & & & & & 0 \end{bmatrix},$$

当 $k\geqslant n$ 时, $J^k=0$. ▌

例 3.8　给定数域 K 上 n 阶方阵

$$A=\begin{bmatrix} \lambda & 1 & & 0 & \\ & \lambda & 1 & & \\ & & \ddots & \ddots & \\ & 0 & & \lambda & 1 \\ & & & & \lambda \end{bmatrix}.$$

计算 A^k.

解　利用例 3.7,我们有(注意 E 与任意矩阵相乘可交换次序)

$$\begin{aligned} A^k &= (\lambda E+J)^k=\sum_{i=0}^{k}\begin{pmatrix} i \\ k \end{pmatrix}(\lambda E)^{k-i}J^i \\ &= \sum_{i=0}^{k}\begin{pmatrix} i \\ k \end{pmatrix}\lambda^{k-i}J^i. \end{aligned}$$

当 $k<n$ 时,

$$A^k=\begin{bmatrix} \lambda^k & k\lambda^{k-1} & C_k^2\lambda^{k-2} & \cdots & \cdots & \cdots & 1 & 0 & \cdots & 0 \\ & \lambda^k & k\lambda^{k-1} & C_k^2\lambda^{k-2} & & & & 1 & \ddots & \vdots \\ & & \lambda^k & k\lambda^{k-1} & C_k^2\lambda^{k-2} & & & & \ddots & 0 \\ & & & & & \ddots & & & & 1 \\ & & & \ddots & \ddots & & \ddots & & & \vdots \\ & & & & \ddots & \ddots & & \ddots & & \vdots \\ & & 0 & & & \ddots & \ddots & & \ddots & \vdots \\ & & & & & & \ddots & \ddots & & C_k^2\lambda^{k-2} \\ & & & & & & & \ddots & & k\lambda^{k-1} \\ & & & & & & & & & \lambda^k \end{bmatrix};$$

当 $k\geqslant n$ 时，

$$A^k=\begin{bmatrix} \lambda^k & k\lambda^{k-1} & \mathrm{C}_k^2\lambda^{k-2} & \cdots & \cdots & \cdots & \mathrm{C}_k^{n-1}\lambda^{k-n+1} \\ & \lambda^k & k\lambda^{k-1} & \mathrm{C}_k^2\lambda^{k-2} & & & \vdots \\ & & \lambda^k & k\lambda^{k-1} & \mathrm{C}_k^2\lambda^{k-2} & & \vdots \\ & & & \ddots & \ddots & \ddots & \vdots \\ & & 0 & & \ddots & \ddots & \mathrm{C}_k^2\lambda^{k-2} \\ & & & & & \ddots & k\lambda^{k-1} \\ & & & & & & \lambda^k \end{bmatrix},$$

其中 $\mathrm{C}_k^i=\begin{pmatrix} i \\ k \end{pmatrix}=\dfrac{k(k-1)\cdots(k-i+1)}{k!}$是二项展开系数. ▍

评议 上面两例都是利用了前面阐述的用特殊矩阵乘另一矩阵的技巧，不必做矩阵运算就可以推导出结果，所得出的结果在矩阵论中有重要应用.

例 3.9 给定数域 K 上 n 阶方阵

$$A=\begin{bmatrix} 1 & 2 & 3 & \cdots & n-1 & n \\ n & 1 & 2 & \cdots & n-2 & n-1 \\ n-1 & n & 1 & \cdots & n-3 & n-2 \\ \vdots & \vdots & \vdots & & \vdots & \vdots \\ 2 & 3 & 4 & \cdots & n & 1 \end{bmatrix},$$

求 A 的逆矩阵.

解 设 $A^{-1}=(x_{ij})$，因为单位矩阵可表示为 $E=(\delta_{ij})$，这里

$$\delta_{ij}=\begin{cases} 1, & 若\ i=j, \\ 0, & 若\ i\neq j. \end{cases}$$

故有

$$A\begin{bmatrix}x_{1j}\\x_{2j}\\\vdots\\x_{nj}\end{bmatrix}=\begin{bmatrix}\delta_{1j}\\\delta_{2j}\\\vdots\\\delta_{nj}\end{bmatrix},\quad j=1,2,\cdots,n.$$

对其增广矩阵依次作如下初等行变换：将 $2,3,\cdots,n$ 行加到第 1 行；第 1 行乘$\dfrac{2}{n(n+1)}$；将第 i 行乘(-1)加到第 $i+1$ 行，这里 $i=n-1$，$n-2,\cdots,3,2$；将第 1 行加到第 $3,4,\cdots,n$ 行. 得

$$\overline{A}\to\begin{bmatrix}1 & 1 & 1 & 1 & \cdots & \cdots & 1 & \dfrac{2}{n(n+1)}\\ n & 1 & 2 & 3 & \cdots & \cdots & n-1 & \delta_{2j}\\ -1 & n-1 & -1 & -1 & \cdots & \cdots & -1 & \delta_{3j}-\delta_{2j}\\ -1 & -1 & n-1 & -1 & \cdots & \cdots & -1 & \delta_{4j}-\delta_{3j}\\ \vdots & \vdots & \ddots & \ddots & \ddots & & \vdots & \vdots\\ -1 & -1 & & \cdots & -1 & n-1 & -1 & -1 & \delta_{n-1\,j}-\delta_{n-2\,j}\\ -1 & -1 & & \cdots & -1 & -1 & n-1 & -1 & \delta_{nj}-\delta_{n-1\,j}\end{bmatrix}$$

$$\to\begin{bmatrix}1 & 1 & 1 & 1 & \cdots & \cdots & 1 & \dfrac{2}{n(n+1)}\\ n & 1 & 2 & 3 & \cdots & \cdots & n-1 & \delta_{2j}\\ 0 & n & 0 & 0 & \cdots & \cdots & 0 & \dfrac{2}{n(n+1)}+\delta_{3j}-\delta_{2j}\\ 0 & 0 & n & 0 & \cdots & \cdots & 0 & \dfrac{2}{n(n+1)}+\delta_{4j}-\delta_{3j}\\ \vdots & \vdots & \ddots & \ddots & & & \vdots & \vdots\\ 0 & 0 & \cdots & 0 & n & 0 & 0 & \dfrac{2}{n(n+1)}+\delta_{n-1\,j}-\delta_{n-2\,j}\\ 0 & 0 & \cdots & 0 & 0 & n & 0 & \dfrac{2}{n(n+1)}+\delta_{nj}-\delta_{n-1\,j}\end{bmatrix}.$$

由上面第 $3,4,\cdots,n$ 个方程解得

$$x_{ij}=\frac{1}{n}\left[\frac{2}{n(n+1)}+(\delta_{i+1\,j}-\delta_{ij})\right],$$

$$i = 2,3,\cdots,n-1.$$

代回第1,2个方程得

$$\begin{cases} x_{1j} + x_{nj} = \dfrac{4}{n^2(n+1)} + \dfrac{1}{n}(\delta_{2j} - \delta_{nj}), \\ nx_{1j} + (n-1)x_{nj} = \delta_{2j} - \dfrac{(n-1)(n-2)}{n^2(n+1)} - \dfrac{1}{n}\sum\limits_{i=1}^{n-2} i\delta_{i+2\,j} \\ \qquad\qquad + \dfrac{1}{n}\sum\limits_{i=1}^{n-2} i\delta_{i+1\,j}. \end{cases}$$

从上面两方程解出 x_{1j}, x_{nj}. 如令 $a=-n^2-n+2, b=n^2+n+2$,那么

$$A^{-1} = \frac{1}{n^2(n+1)}\begin{bmatrix} a & b & 2 & 2 & \cdots & 2 \\ 2 & a & b & 2 & \cdots & 2 \\ 2 & 2 & a & b & \cdots & \vdots \\ \vdots & \vdots & \ddots & \ddots & \ddots & 2 \\ 2 & 2 & \cdots & 2 & a & b \\ b & 2 & \cdots & 2 & 2 & a \end{bmatrix}.$$

评议 本题就其解法而言,是规范性的方法,只是中间先设法解出 $x_{2j}, x_{3j}, \cdots, x_{n-1\,j}$,再求 x_{1j}, x_{nj}稍有不同. 这是充分运用了系数矩阵 A 的特性,这一点需在解题过程中细心观察.

例 3.10 设 $\varepsilon_k = \mathrm{e}^{\frac{2k\pi\mathrm{i}}{n}}$,这里 k 为任意整数. 因为 $\varepsilon_k^n = 1$,故 ε_k 是方程 $x^n - 1 = 0$ 的根,称为 n 次单位根. 给定复数域上 n 阶方阵

$$B = \begin{bmatrix} 1 & 1 & \cdots & 1 \\ \varepsilon_1 & \varepsilon_2 & \cdots & \varepsilon_n \\ \varepsilon_1^2 & \varepsilon_2^2 & \cdots & \varepsilon_n^2 \\ \vdots & \vdots & & \vdots \\ \varepsilon_1^{n-1} & \varepsilon_2^{n-1} & \cdots & \varepsilon_n^{n-1} \end{bmatrix}.$$

求 B 的逆矩阵.

解 $\varepsilon_k = 1$ 的充分必要条件是 n 整除 k. 我们有

$$x^n - 1 = (x-1)(1 + x + x^2 + \cdots + x^{n-1}),$$

因为 $\varepsilon_k^n = 1$. 代入上式得

$$1 + \varepsilon_k + \varepsilon_k^2 + \cdots + \varepsilon_k^{n-1} = \begin{cases} n, & \text{若 } n \text{ 整除 } k, \\ 0, & \text{若 } n \text{ 不整除 } k. \end{cases}$$

令

$$C=\begin{bmatrix}1 & \varepsilon_{n-1} & \varepsilon_{n-1}^2 & \cdots & \varepsilon_{n-1}^{n-1}\\ 1 & \varepsilon_{n-2} & \varepsilon_{n-2}^2 & \cdots & \varepsilon_{n-2}^{n-1}\\ \vdots & \vdots & \vdots & & \vdots\\ 1 & \varepsilon_0 & \varepsilon_0^2 & \cdots & \varepsilon_0^{n-1}\end{bmatrix},$$

C 的第 k 行乘 B 的第 j 列：

$$(1,\varepsilon_{n-k},\varepsilon_{n-k}^2,\cdots,\varepsilon_{n-k}^{n-1})\begin{bmatrix}1\\ \varepsilon_j\\ \varepsilon_j^2\\ \vdots\\ \varepsilon_j^{n-1}\end{bmatrix}=\left(\sum_{l=0}^{n-1}\varepsilon_{n-k}^l\varepsilon_j^l\right)$$

$$=\left(\sum_{l=0}^{n-1}\varepsilon_{n-k+j}^l\right),$$

这里 $j=1,2,\cdots,n;k=1,2,\cdots,n$. 显然，$n$ 整除 $n-k+j$ 当且仅当 $k=j$. 因此 CB 的 k 行 j 列元素为

$$\sum_{l=0}^{n-1}\varepsilon_{n-k+j}^l=\begin{cases}n, & 若\ k=j,\\ 0, & 若\ k\neq j.\end{cases}$$

于是 $\left(\frac{1}{n}C\right)B=E$，即 $B^{-1}=\frac{1}{n}C$. ▌

例 3.11　给定数域 K 上 n 个数 $a_1,a_2,\cdots,a_n$，下列 n 阶方阵

$$A=\begin{bmatrix}a_1 & a_2 & a_3 & \cdots & a_n\\ a_n & a_1 & a_2 & \cdots & a_{n-1}\\ a_{n-1} & a_n & a_1 & \cdots & a_{n-2}\\ \vdots & \vdots & \vdots & & \vdots\\ a_2 & a_3 & a_4 & \cdots & a_1\end{bmatrix}$$

称为循环矩阵. 令 $f(x)=a_1+a_2x+\cdots+a_nx^{n-1}$. 若方程 $f(x)=0$ 和 $x^n-1=0$ 没有公共根，证明 A 可逆且 A^{-1} 仍为循环矩阵.

解　继续使用例 3.10 中的记号. 我们有

$$
\begin{aligned}
f(\varepsilon_k) &= a_1 + a_2\varepsilon_k + \cdots + a_n\varepsilon_k^{n-1},\\
\varepsilon_k f(\varepsilon_k) &= a_n + a_1\varepsilon_k + \cdots + a_{n-1}\varepsilon_k^{n-1},\\
\varepsilon_k^2 f(\varepsilon_k) &= a_{n-1} + a_n\varepsilon_k + \cdots + a_{n-2}\varepsilon_k^{n-1},\\
&\cdots\cdots\cdots\cdots\cdots\cdots\\
\varepsilon_k^{n-1} f(\varepsilon_k) &= a_2 + a_3\varepsilon_k + \cdots + a_1\varepsilon_k^{n-1}.
\end{aligned}
$$

我们有

$$
\begin{aligned}
AB &= \begin{bmatrix} a_1 & a_2 & \cdots & a_n \\ a_n & a_1 & \cdots & a_{n-1} \\ \vdots & \vdots & & \vdots \\ a_2 & a_3 & \cdots & a_1 \end{bmatrix}\begin{bmatrix} 1 & 1 & \cdots & 1 \\ \varepsilon_1 & \varepsilon_2 & \cdots & \varepsilon_n \\ \vdots & \vdots & & \vdots \\ \varepsilon_1^{n-1} & \varepsilon_2^{n-1} & \cdots & \varepsilon_n^{n-1} \end{bmatrix}\\
&= \begin{bmatrix} f(\varepsilon_1) & f(\varepsilon_2) & \cdots & f(\varepsilon_n) \\ \varepsilon_1 f(\varepsilon_1) & \varepsilon_2 f(\varepsilon_2) & \cdots & \varepsilon_n f(\varepsilon_n) \\ \vdots & \vdots & & \vdots \\ \varepsilon_1^{n-1} f(\varepsilon_1) & \varepsilon_2^{n-1} f(\varepsilon_2) & \cdots & \varepsilon_n^{n-1} f(\varepsilon_n) \end{bmatrix}\\
&= \begin{bmatrix} 1 & 1 & \cdots & 1 \\ \varepsilon_1 & \varepsilon_2 & \cdots & \varepsilon_n \\ \vdots & \vdots & & \vdots \\ \varepsilon_1^{n-1} & \varepsilon_2^{n-1} & \cdots & \varepsilon_n^{n-1} \end{bmatrix}\begin{bmatrix} f(\varepsilon_1) & & & 0 \\ & f(\varepsilon_2) & & \\ & & \ddots & \\ 0 & & & f(\varepsilon_n) \end{bmatrix}\\
&= BD.
\end{aligned}
$$

上面 D 是一对角矩阵，这里用到前面指出的用对角矩阵右乘一矩阵的法则. $f(x)=0$ 与 $x^n-1=0$ 无公共根，即 $f(\varepsilon_k)\neq 0$，由此易知 D 为满秩 n 阶方阵，可逆，且

$$
D^{-1} = \begin{bmatrix} \frac{1}{f(\varepsilon_1)} & & & 0 \\ & \frac{1}{f(\varepsilon_2)} & & \\ & & \ddots & \\ 0 & & & \frac{1}{f(\varepsilon_n)} \end{bmatrix}.
$$

于是 $A=BDB^{-1}$，B，D，B^{-1}均可逆，它们的乘积 A 也可逆，且

$$A^{-1}=BD^{-1}B^{-1}.$$

我们已求出 D^{-1}，$B^{-1}=\frac{1}{n}C$. 于是矩阵 A^{-1}的 i 行 j 列元素是(D^{-1}也是对角矩阵，故 BD^{-1}立即算出)

$$\frac{1}{n}\left(\frac{\varepsilon_1^{i-1}}{f(\varepsilon_1)},\frac{\varepsilon_2^{i-1}}{f(\varepsilon_2)},\cdots,\frac{\varepsilon_n^{i-1}}{f(\varepsilon_n)}\right)\begin{bmatrix}\varepsilon_{n-1}^{j-1}\\ \varepsilon_{n-2}^{j-1}\\ \vdots\\ \varepsilon_0^{j-1}\end{bmatrix}$$

$$=\frac{1}{n}\sum_{k=1}^{n}\frac{\varepsilon_k^{i-1}}{f(\varepsilon_k)}\varepsilon_{n-k}^{j-1}=\frac{1}{n}\sum_{k=1}^{n}\frac{\varepsilon_k^{i-1}}{f(\varepsilon_k)}\varepsilon_k^{1-j}$$

$$=\frac{1}{n}\sum_{k=1}^{n}\frac{\varepsilon_k^{i-j}}{f(\varepsilon_k)}.$$

因此，A^{-1}的第 i，$i+1$ 个行向量分别是

$$\frac{1}{n}\left(\sum_{k=1}^{n}\frac{\varepsilon_k^{i-1}}{f(\varepsilon_k)},\sum_{k=1}^{n}\frac{\varepsilon_k^{i-2}}{f(\varepsilon_k)},\cdots,\sum_{k=1}^{n}\frac{\varepsilon_k^{i-n+1}}{f(\varepsilon_k)},\sum_{k=1}^{n}\frac{\varepsilon_k^{i-n}}{f(\varepsilon_k)}\right),$$

$$\frac{1}{n}\left(\sum_{k=1}^{n}\frac{\varepsilon_k^{i}}{f(\varepsilon_k)},\sum_{k=1}^{n}\frac{\varepsilon_k^{i-1}}{f(\varepsilon_k)},\cdots,\sum_{k=1}^{n}\frac{\varepsilon_k^{i-n+2}}{f(\varepsilon_k)},\sum_{k=1}^{n}\frac{\varepsilon_k^{i-n+1}}{f(\varepsilon_k)}\right).$$

因为 $\varepsilon_k^{i-n}=\varepsilon_k^{i}$，故第 $i+1$ 个行向量是把第 i 个行向量轮转一格得出的，即 A^{-1}是循环矩阵. ▌

评议　上面两例的解题过程有两点值得注意：

(1) 充分利用 n 次单位根的特性；

(2) 运用上面阐述的矩阵技巧，即选择适当特殊矩阵去左乘或右乘一矩阵，使其形状朝有利于解题的方向转化，特别是利用对角矩阵在矩阵乘法中的特性.

例 3.12　设 B 是数域 K 上可逆 n 阶方阵，又设

$$U=\begin{bmatrix}u_1\\ u_2\\ \vdots\\ u_n\end{bmatrix},\quad V=\begin{bmatrix}v_1\\ v_2\\ \vdots\\ v_n\end{bmatrix}\quad (u_i,v_j\in K).$$

令 $A=B+UV'$. 证明：当 $\gamma=1+V'B^{-1}U\neq 0$ 时，A 可逆且

$$A^{-1}=B^{-1}-\frac{1}{\gamma}(B^{-1}U)(V'B^{-1}).$$

解 注意一阶方阵(例如 $V'B^{-1}U$)可当做普通数看待. 我们有

$$\begin{aligned}
&\left(B^{-1}-\frac{1}{\gamma}(B^{-1}U)(V'B^{-1})\right)A\\
&=\left(B^{-1}-\frac{1}{\gamma}(B^{-1}U)(V'B^{-1})\right)(B+UV')\\
&=E-\frac{1}{\gamma}(B^{-1}U)V'+B^{-1}UV'-\frac{1}{\gamma}(B^{-1}U)(V'B^{-1})(UV')\\
&=E-\frac{1}{\gamma}(B^{-1}UV')+B^{-1}UV'-\frac{1}{\gamma}(B^{-1}U)(V'B^{-1}U)V'\\
&=E+\left(1-\frac{1}{\gamma}\right)(B^{-1}UV')-\frac{1}{\gamma}(\gamma-1)(B^{-1}UV')\\
&=E+\frac{1}{\gamma}(\gamma-1)(B^{-1}UV')-\frac{1}{\gamma}(\gamma-1)(B^{-1}UV')\\
&=E. \quad \blacksquare
\end{aligned}$$

评议 本题给出计算逆矩阵的一个有用方法：当知道 B 的逆矩阵 B^{-1}时，将 B 作“微小变动”得矩阵 $A=B+UV'$. 那么 A 的逆矩阵即易于用题中公式算出.

例 3.13 设 $A_1,A_2,\cdots,A_k(k\geqslant 2)$是数域 K 上的 n 阶方阵且 $A_1A_2\cdots A_k=0$. 证明

$$\mathrm{r}(A_1)+\mathrm{r}(A_2)+\cdots+\mathrm{r}(A_k)\leqslant(k-1)n.$$

解 因$(A_1\cdots A_{k-1})A_k=0$，A_k 的列向量组是齐次线性方程组 $(A_1\cdots A_{k-1})X=0$ 的解向量组，因而

$$\mathrm{r}(A_k)\leqslant n-\mathrm{r}(A_1\cdots A_{k-1}).$$

利用矩阵乘积秩的不等式，有

$$\begin{aligned}
\mathrm{r}(A_1\cdots A_{k-2}\cdot A_{k-1})&\geqslant\mathrm{r}(A_1\cdots A_{k-2})+\mathrm{r}(A_{k-1})-n\\
&\geqslant\mathrm{r}(A_1\cdots A_{k-3})+\mathrm{r}(A_{k-2})+\mathrm{r}(A_{k-1})-2n\\
&\geqslant\cdots\cdots\\
&\geqslant\mathrm{r}(A_1)+\mathrm{r}(A_2)+\cdots+\mathrm{r}(A_{k-2})+\mathrm{r}(A_{k-1})\\
&\quad-(k-2)n.
\end{aligned}$$

代回原式即得

$$\mathrm{r}(A_1)+\mathrm{r}(A_2)+\cdots+\mathrm{r}(A_{k-1})+\mathrm{r}(A_k)\leqslant(k-1)n. \quad ▌$$

评议　本例的结果可以用来处理许多矩阵秩的问题. 如果 A 是一个 n 阶方阵且 $A^k=0$，A 称为幂零矩阵. 此时 $\mathrm{r}(A)\leqslant\frac{k-1}{k}n$. 又如，若 n 阶方阵 A 满足 $A^2=E$，即 $(A+E)(A-E)=0$，那么 $\mathrm{r}(A+E)+\mathrm{r}(A-E)\leqslant n$. 但利用矩阵加法与秩的关系，我们有

$$\begin{aligned} n&=\mathrm{r}(2E)=\mathrm{r}((E+A)+(E-A))\\ &\leqslant\mathrm{r}(E+A)+\mathrm{r}(E-A)=\mathrm{r}(E+A)+\mathrm{r}(A-E)\\ &\leqslant n, \end{aligned}$$

故 $\mathrm{r}(A+E)+\mathrm{r}(A-E)=n$.

例 3.14　设 A,B 是实数域上的 n 阶方阵，那么有：

(1) $\mathrm{tr}(AA')\geqslant 0$ 且 $\mathrm{tr}(AA')=0$ 的充分必要条件是 $A=0$；

(2) 如果 A,B 是 n 阶对称矩阵，即 $A'=A,B'=B$，则

$$\mathrm{tr}((AB)^2)\leqslant\mathrm{tr}(A^2B^2).$$

解　(1) 设 $A=(a_{ij})$，简单的计算得

$$\mathrm{tr}(AA')=\sum_{k=1}^{n}\sum_{i=1}^{n}a_{ik}^2,$$

因为 A 是 $\mathbb{R}$ 内方阵，故结论是显然的.

(2) 令 $C=AB-BA$，我们有

$$\begin{aligned} 0&\leqslant\mathrm{tr}(CC')=\mathrm{tr}((AB-BA)(BA-AB))\\ &=\mathrm{tr}((AB^2)A)-\mathrm{tr}((BAB)A)-\mathrm{tr}(ABAB)+\mathrm{tr}(B(A^2B))\\ &=\mathrm{tr}(A^2B^2)-\mathrm{tr}(ABAB)-\mathrm{tr}(ABAB)+\mathrm{tr}(A^2B^2), \end{aligned}$$

由此得 $\mathrm{tr}((AB)^2)\leqslant\mathrm{tr}(A^2B^2)$.　▌

评议　方阵的迹是反映方阵特征的重要数据，它有一些有趣的性质，是处理问题时的有用工具. 例如，上面解题过程就反复用到迹的基本特性：对任意方阵 A,B，$\mathrm{tr}(AB)=\mathrm{tr}(BA)$.

六、分块矩阵

【内容提要】

设 A 是数域 K 上的 $m\times n$ 矩阵，B 是 K 上 $n\times k$ 矩阵，把它们按如下方式分割成小块：

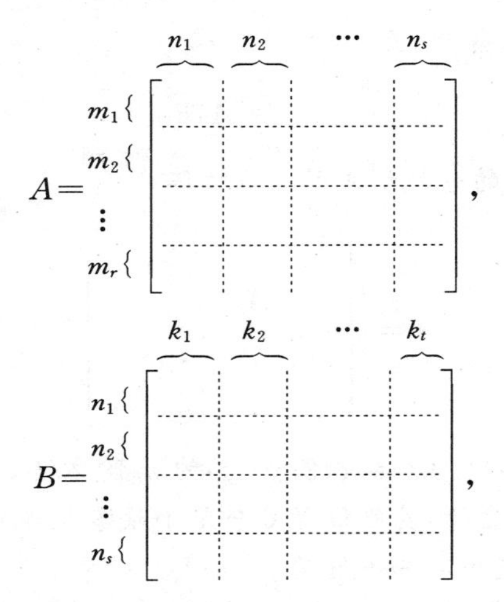

即将 A 的行分割为 r 段，每段分别包含 $m_1,m_2,\cdots,m_r$ 个行，又将 A 的列分割为 s 段，每段分别包含 $n_1,n_2,\cdots,n_s$ 个列. 于是 A 可用小块矩阵表示如下

$$A=\begin{bmatrix}A_{11} & A_{12} & \cdots & A_{1s}\\ A_{21} & A_{22} & \cdots & A_{2s}\\ \vdots & \vdots & & \vdots\\ A_{r1} & A_{r2} & \cdots & A_{rs}\end{bmatrix}, \tag{1}$$

其中 A_{ij} 为 $m_i\times n_j$ 矩阵. 对 B 做类似的分割，只是要求它的行的分割法和 A 的列的分割法相同(列的分割法没有限制). 于是 B 可表示为

$$B=\begin{bmatrix}B_{11} & B_{12} & \cdots & B_{1t}\\ B_{21} & B_{22} & \cdots & B_{2t}\\ \vdots & \vdots & & \vdots\\ B_{s1} & B_{s2} & \cdots & B_{st}\end{bmatrix},$$

其中 B_{ij} 是 $n_i\times k_j$ 矩阵. 这种分割法称为**矩阵的分块**. 此时，设

$$AB=C,$$

则 C 有如下分块形式：

$$C=\begin{bmatrix}C_{11} & C_{12} & \cdots & C_{1t}\\ C_{21} & C_{22} & \cdots & C_{2t}\\ \vdots & \vdots & & \vdots\\ C_{r1} & C_{r2} & \cdots & C_{rt}\end{bmatrix},$$

其中 C_{ij} 是 $m_i \times k_j$ 矩阵，且

$$C_{ij} = \sum_{l=1}^{s} A_{il} B_{lj}.$$

称数域 K 上的分块形式的 n 阶方阵

$$A = \begin{bmatrix} A_1 & & & \\ & A_2 & & \\ & & \ddots & \\ & & & A_s \end{bmatrix}$$

为**准对角矩阵**，其中 $A_i(i=1,2,\cdots,s)$ 为 n_i 阶方阵，且 $n_1+n_2+\cdots+n_s=n$（除 A_i 的位置外，其他位置处全是小块零矩阵）.

n 阶准对角矩阵有如下性质：

1）对两个同类型的 n 阶准对角矩阵

$$A = \begin{bmatrix} A_1 & & & \\ & A_2 & & \\ & & \ddots & \\ & & & A_s \end{bmatrix}, \quad B = \begin{bmatrix} B_1 & & & \\ & B_2 & & \\ & & \ddots & \\ & & & B_s \end{bmatrix}$$

（其中 $A_i, B_i(i=1,2,\cdots,s)$ 同为 n_i 阶方阵），有

$$AB = \begin{bmatrix} A_1B_1 & & & \\ & A_2B_2 & & \\ & & \ddots & \\ & & & A_sB_s \end{bmatrix};$$

2）$\mathrm{r}(A)=\mathrm{r}(A_1)+\mathrm{r}(A_2)+\cdots+\mathrm{r}(A_s)$；

3）A 可逆 $\Longleftrightarrow A_i(i=1,2,\cdots,s)$ 都可逆，且

$$A^{-1} = \begin{bmatrix} A_1^{-1} & & & \\ & A_2^{-1} & & \\ & & \ddots & \\ & & & A_s^{-1} \end{bmatrix}.$$

评议 矩阵乘法较复杂，然而它是强有力的数学工具. 在一百多年的时间内，数学家们在矩阵理论中充分施展了他们的杰出才智，创造了许多令人惊叹的矩阵技巧，使许多难题迎刃而解. 分块矩阵的运用便是其中最具代表性的一种.

分块矩阵的乘法在形式上大致与普通矩阵相同，所以上面提到的普通矩阵乘法的一些技巧大多可平行推移到分块矩阵上来（例如

左乘或右乘初等矩阵相当于对矩阵作初等变换的方法就可推移到分块矩阵来),只是这时要注意:

(1) 对矩阵做分块乘法时,左边矩阵列的分割法必须与右边矩阵行的分割法相同;

(2) 作小块矩阵乘法时,因矩阵乘法不满足交换律,故必须分清左右,不能随便调换左、右次序.

例 3.15 在(1)式的分块矩阵 A 中,设 A_{1j}是一个 r 阶可逆方阵. 试用一分块方阵左乘 A 把 i 行 j 列处的 A_{ij}这个小块矩阵变成零矩阵.

解 按上面所说,先观察普通 $m\times n$ 矩阵

$$A_1=\begin{bmatrix} a_{11} & \cdots & a_{1j} & \cdots & a_{1n} \\ \vdots & & \vdots & & \vdots \\ a_{i1} & \cdots & a_{ij} & \cdots & a_{in} \\ \vdots & & \vdots & & \vdots \\ a_{m1} & \cdots & a_{m2} & \cdots & a_{mn} \end{bmatrix}.$$

设 $a_{1j}\neq 0$,那么,用$-\dfrac{a_{ij}}{a_{1j}}$乘第 1 行加到第 i 行就把原来 a_{ij}处消成零. 因为初等行变换相当于左乘一初等矩阵,这个初等矩阵就是把 m 阶单位矩阵第 1 行乘$-\dfrac{a_{ij}}{a_{1j}}$加到第 i 行所得的方阵

$$\begin{matrix} \\ \\ \\ i\,行 \\ \\ \\ \\ \end{matrix}\begin{bmatrix} 1 & & & & & & \\ & \ddots & & & & & \\ & & \ddots & & & & \\ -\dfrac{a_{ij}}{a_{1j}} & \cdots & \cdots & 1 & & & \\ & & & & \ddots & & \\ & & & & & 1 & \\ & & & & & & 1 \end{bmatrix}$$

(空白处元素均为 0). 仿照上面的办法,考查下列分块矩阵

$$P=\begin{bmatrix} E & & & & \\ & \ddots & & & \\ & & \ddots & & \\ -A_{ij}A_{1j}^{-1} & \cdots & E & & \\ & & & \ddots & \\ & & & & \ddots \\ & & & & E \end{bmatrix}$$

(空白处为小块零矩阵),其中 P 的列的分割和 A 的行的分割方法相同,因为主对角线上都是小块单位矩阵(阶数可能不全相同),所以 P 的行的分割方法与列的分割方法相同,从而与 A 的行分割方法相同. 现在是用 P 左乘 A,因而 P 的第 i 行第 1 个小块应当写成 $-A_{ij}A_{1j}^{-1}$ 而不能是 $-A_{1j}^{-1}A_{ij}$(如果是右乘 A 就应是 $-A_{1j}^{-1}A_{ij}$). 直接验证可知 PA 在 i 行 j 列处的小块变为零矩阵. ▌

评议　在处理许多矩阵问题时常需要把其中某一小块地方化为零,这称为在矩阵中"打洞". 此例就是在矩阵中打洞的一种方法,它是从普通矩阵的初等变换演化过来的. 如果把 P 具体写出来,它是主对角线上元素全为 1 的下三角矩阵,用行初等变换消去主对线下的非零元素后得到单位矩阵,故 P 满秩,从而是一个可逆方阵.

例 3.16　给定数域 K 上的分块矩阵

$$M=\begin{bmatrix} A & C \\ 0 & B \end{bmatrix},$$

其中 A 为 $m\times n$ 矩阵,B 为 $k\times l$ 矩阵. 则

$$\mathrm{r}(A)+\mathrm{r}(B)\leqslant \mathrm{r}(M).$$

解　设 A 在初等变换下的标准形为

$$D_1=\begin{bmatrix} E_r & 0 \\ 0 & 0 \end{bmatrix},\quad r=\mathrm{r}(A);$$

又设 B 在初等变换下的标准形为

$$D_2=\begin{bmatrix} E_s & 0 \\ 0 & 0 \end{bmatrix},\quad s=\mathrm{r}(B).$$

那么,对 M 前 m 行前 n 列作初等变换,对它的后 k 行后 l 列也作初等变换可把 M 化为

$$M_1=\begin{bmatrix} D_1 & C_1 \\ 0 & D_2 \end{bmatrix}.$$

现在利用 D_1 左上角的 1 经列初等变换消去它右边 C_1 位置中的非零元素；再用 D_2 左上角的 1 经行初等变换消去它上面 C_1 处的非零元素，于是把 M_1 再化作

$$M_2=\begin{bmatrix} E_r & 0 & 0 & 0 \\ 0 & 0 & 0 & C_2 \\ 0 & 0 & E_s & 0 \\ 0 & 0 & 0 & 0 \end{bmatrix}.$$

则有

$$\begin{aligned} \mathrm{r}(M) &= \mathrm{r}(M_1)=\mathrm{r}(M_2)=r+s+\mathrm{r}(C_2)\geqslant r+s \\ &= \mathrm{r}(A)+\mathrm{r}(B). \end{aligned}$$ ▌

评议 上述结果立即推出类似的命题：给定数域 K 上的分块矩阵

$$N=\begin{bmatrix} A & 0 \\ C & B \end{bmatrix},$$

则有

$$\mathrm{r}(A)+\mathrm{r}(B)\leqslant \mathrm{r}(N).$$

证 因为

$$N'=\begin{bmatrix} A' & C' \\ 0 & B' \end{bmatrix}.$$

按上面例题有

$$\mathrm{r}(N)=\mathrm{r}(N')\geqslant \mathrm{r}(A')+\mathrm{r}(B')=\mathrm{r}(A)+\mathrm{r}(B).$$ ▌

例 3.17 设 A 是数域 K 上的 $m\times n$ 矩阵，B 是 K 上的 $n\times k$ 矩阵，C 是 K 上的 $k\times s$ 矩阵，则

$$\mathrm{r}(AB)+\mathrm{r}(BC)\leqslant \mathrm{r}(ABC)+\mathrm{r}(B).$$

解 令

$$M=\begin{bmatrix} AB & 0 \\ B & BC \end{bmatrix}.$$

则由例 3.16 有 $\mathrm{r}(AB)+\mathrm{r}(BC)\leqslant \mathrm{r}(M)$. 但

$$\begin{bmatrix} E_m & -A \\ 0 & E_n \end{bmatrix}\begin{bmatrix} AB & 0 \\ B & BC \end{bmatrix}\begin{bmatrix} E_k & -C \\ 0 & E_s \end{bmatrix}$$
$$=\begin{bmatrix} 0 & -ABC \\ B & 0 \end{bmatrix}=N.$$

显然有

$$\mathrm{r}(N)=\mathrm{r}(B)+\mathrm{r}(-ABC)=\mathrm{r}(ABC)+\mathrm{r}(B).$$

又

$$\begin{bmatrix} E_m & -A \\ 0 & E_n \end{bmatrix},\quad \begin{bmatrix} E_k & -C \\ 0 & E_s \end{bmatrix}$$

分别为满秩 $m+n$ 阶方阵及满秩 $k+s$ 阶方阵，按前面指出的相抵矩阵的基本命题，立即推出 $\mathrm{r}(N)=\mathrm{r}(M)$. 故

$$\mathrm{r}(ABC)+\mathrm{r}(B)=\mathrm{r}(N)=\mathrm{r}(M)\geqslant \mathrm{r}(AB)+\mathrm{r}(BC). \quad \blacksquare$$

评议　此例仿照例 3.15 的办法，把 M 的第 2 行左乘 $(-A)$ 加到第 1 行，再把第 1 列右乘 $(-C)$ 加到第 2 列，这就相当于左乘、右乘特殊满秩分块方阵得出 N. 又因一个矩阵左乘、右乘满秩方阵其秩不变，故 $\mathrm{r}(M)=\mathrm{r}(N)$.

此例中的不等式称为弗罗贝尼乌斯(Frobenius)不等式.

例 3.18　设 A,B 是数域 K 上的 $m\times n$ 矩阵，则

$$\mathrm{r}(A\quad B)+\mathrm{r}\begin{bmatrix} A \\ B \end{bmatrix}-\mathrm{r}(A)-\mathrm{r}(B)\leqslant \mathrm{r}(A+B),$$

(其中 $(A\quad B)$ 不是 A 乘 B，而是 A,B 并列的分块矩阵).

解　考查分块矩阵乘积

$$(E_m\quad E_m)\begin{bmatrix} A & 0 \\ 0 & B \end{bmatrix}=(A\quad B),$$

$$\begin{bmatrix} A & 0 \\ 0 & B \end{bmatrix}\begin{bmatrix} E_n \\ E_n \end{bmatrix}=\begin{bmatrix} A \\ B \end{bmatrix},$$

$$(E_m\quad E_m)\begin{bmatrix} A & 0 \\ 0 & B \end{bmatrix}\begin{bmatrix} E_n \\ E_n \end{bmatrix}=(A\quad B)\begin{bmatrix} E_n \\ E_n \end{bmatrix}=A+B.$$

利用例 3.17，有

$$\mathrm{r}\left((E_m\quad E_m)\begin{bmatrix}A & 0\\ 0 & B\end{bmatrix}\right)+\mathrm{r}\left(\begin{bmatrix}A & 0\\ 0 & B\end{bmatrix}\begin{bmatrix}E_n\\ E_n\end{bmatrix}\right)$$

$$\leqslant \mathrm{r}\left((E_m\quad E_m)\begin{bmatrix}A & 0\\ 0 & B\end{bmatrix}\begin{bmatrix}E_n\\ E_n\end{bmatrix}\right)+\mathrm{r}\left(\begin{bmatrix}A & 0\\ 0 & B\end{bmatrix}\right),$$

故

$$\mathrm{r}(A\quad B)+\mathrm{r}\begin{bmatrix}A\\ B\end{bmatrix}\leqslant \mathrm{r}(A+B)+\mathrm{r}(A)+\mathrm{r}(B).$$

评议 此例使用分块矩阵乘法和例 3.17,简捷地给出 $A+B$ 的秩的下界.从表面上看,例 3.17 是矩阵乘法的秩,似与本例无关.但应用分块矩阵我们把加法变成乘法:

$$A+B=(E_m\quad E_m)\begin{bmatrix}A & 0\\ 0 & B\end{bmatrix}\begin{bmatrix}E_n\\ E_n\end{bmatrix},$$

问题得以迎刃而解.因为

$$\mathrm{r}(A\quad B)\geqslant \max\{\mathrm{r}(A),\mathrm{r}(B)\},$$

$$\mathrm{r}\begin{bmatrix}A\\ B\end{bmatrix}\geqslant \max\{\mathrm{r}(A),\mathrm{r}(B)\},$$

故此例给出 $\mathrm{r}(A+B)$的非平凡下界估值.

例 3.19 给定实数域上 n 阶分块方阵

$$A=\begin{bmatrix}A_1 & A_2\\ 0 & A_3\end{bmatrix},$$

其中 A_1 为 r 阶方阵.如果 A,A'可交换,即 $AA'=A'A$,证明 $A_2=0$.

解 按题中的条件,我们有

$$AA'=\begin{bmatrix}A_1 & A_2\\ 0 & A_3\end{bmatrix}\begin{bmatrix}A_1' & 0\\ A_2' & A_3'\end{bmatrix}=\begin{bmatrix}A_1A_1'+A_2A_2' & A_2A_3'\\ A_3A_2' & A_3A_3'\end{bmatrix}$$

$$=A'A=\begin{bmatrix}A_1' & 0\\ A_2' & A_3'\end{bmatrix}\begin{bmatrix}A_1 & A_2\\ 0 & A_3\end{bmatrix}=\begin{bmatrix}A_1'A_1 & A_1'A_2\\ A_2'A_1 & A_2'A_2+A_3'A_3\end{bmatrix}.$$

由此推知 $A_1A_1'+A_2A_2'=A_1'A_1$.利用迹的性质:

$$\mathrm{tr}(A_1A_1')+\mathrm{tr}(A_2A_2')=\mathrm{tr}(A_1'A_1)=\mathrm{tr}(A_1A_1'),$$

因而 $\mathrm{tr}(A_2A_2')=0$.因为 A_2 为实方阵,由例 3.14,有 $A_2=0$. ▌

评议　本题是要证明当 A 与 A' 可交换时，A 为准对角矩阵. 如果用矩阵运算来证明，比较困难. 上面巧妙地利用了迹的性质，即 $\mathrm{tr}(A_1'A_1)=\mathrm{tr}(A_1A_1')$，得出简单的证明方法. 这里体现了迹的重要作用.

练习题 1.3

1. 计算矩阵乘积

$$\begin{bmatrix}4 & 3\\ 7 & 5\end{bmatrix}\begin{bmatrix}-28 & 93\\ 38 & -126\end{bmatrix}\begin{bmatrix}7 & 3\\ 2 & 1\end{bmatrix}.$$

2. 求 $\begin{bmatrix}2 & -1\\ 3 & -2\end{bmatrix}^n$，$n=2,3,\cdots$.

3. 求出所有与

$$J=\begin{bmatrix}0 & 1 & 0 & 0\\ 0 & 0 & 1 & 0\\ 0 & 0 & 0 & 1\\ 0 & 0 & 0 & 0\end{bmatrix}$$

可交换的数域 K 上四阶方阵.

4. 求下列矩阵的逆矩阵：

$$A=\begin{bmatrix}1 & 1 & 1 & 1\\ 1 & 1 & -1 & -1\\ 1 & -1 & 1 & -1\\ 1 & -1 & -1 & 1\end{bmatrix},$$

$$B=\begin{bmatrix}1 & a & a^2 & a^3 & \cdots & a^n\\ 0 & 1 & a & a^2 & \cdots & a^{n-1}\\ 0 & 0 & 1 & a & \cdots & a^{n-2}\\ \vdots & \vdots & 0 & \ddots & \ddots & \vdots\\ 0 & 0 & \vdots & \ddots & 1 & a\\ 0 & 0 & 0 & \cdots & 0 & 1\end{bmatrix}.$$

5. 设 A 是数域 K 上的 n 阶方阵且 $A^2=A$. 证明

$$\mathrm{r}(A)+\mathrm{r}(A-E)=n.$$

6. 给定数域 K 上 n 阶对角矩阵

$$D = \begin{bmatrix} \lambda_1 & & & 0 \\ & \lambda_2 & & \\ & & \ddots & \\ 0 & & & \lambda_n \end{bmatrix} \quad (\lambda_i \neq \lambda_j).$$

证明 K 上与 D 可交换的 n 阶方阵必为对角矩阵.

7. 证明数域 K 上 n 阶下(上)三角矩阵可逆的充分必要条件是其主对角线上元素均不为 0.

8. 设 n 为偶数,证明存在实数域上 n 阶方阵 A,使 $A^2=-E$.

9. 证明:不存在数域 K 上 n 阶方阵 A,B 使 $AB-BA=E$.

10. 设 A,B 分别是数域 K 上 $m\times n$ 矩阵和 $n\times s$ 矩阵. 令 $AB=C$. 若 $\mathrm{r}(A)=n$. 又设 B 的列向量组 $\beta_1,\beta_2,\cdots,\beta_s$ 的一个极大线性无关部分组是 $\beta_{i_1},\beta_{i_2},\cdots,\beta_{i_r}$. 试求 C 的列向量组的一个极大线性无关部分组.

11. 证明下列命题:

设 A,B 分别是数域 K 上的 $m\times n$ 矩阵和 $n\times m$ 矩阵. 如果 $AB=E_m$,证明 $\mathrm{r}(A)=\mathrm{r}(B)$.

第二章 行列式

§1 行列式的定义、性质和计算方法

一、行列式的定义

【内容提要】

给定 $A\in M_n(K)$，我们用 $A\binom{i}{j}$ 表示划去 A 的第 i 行和第 j 列后所剩的 $n-1$ 阶方阵. 因此，$A\binom{i}{j}\in M_{n-1}(K)$.

定义 设 $A=[a_{11}]\in M_1(K)$，定义

$$\det(A)=a_{11}.$$

设在集合 $M_{n-1}(K)$ 内函数 $\det(A)$ 已经定义. 那么，对

$$A=\begin{bmatrix} a_{11} & a_{12} & \cdots & a_{1n} \\ a_{21} & a_{22} & \cdots & a_{2n} \\ \vdots & \vdots & & \vdots \\ a_{n1} & a_{n2} & \cdots & a_{nn} \end{bmatrix}\in M_n(K),$$

定义

$$\begin{aligned}\det(A)&=a_{11}\det A\binom{1}{1}-a_{12}\det A\binom{1}{2}+\cdots+(-1)^{n+1}a_{1n}\det A\binom{1}{n}\\ &=\sum_{k=1}^{n}(-1)^{k+1}a_{1k}\det A\binom{1}{k}.\end{aligned}$$

$\det(A)$ 称为方阵 A 的**行列式**，或简称 n 阶行列式. 它是 K 中一个数. 现在通行用以下记号表示行列式

$$\det(A)=|A|=\begin{vmatrix} a_{11} & a_{12} & \cdots & a_{1n} \\ a_{21} & a_{22} & \cdots & a_{2n} \\ \vdots & \vdots & & \vdots \\ a_{n1} & a_{n2} & \cdots & a_{nn} \end{vmatrix}.$$

$\det A\binom{i}{j}$ 称为 A 中元素 a_{ij} 的**余子式**，而 $A_{ij}=(-1)^{i+j}\det A\binom{i}{j}$，则称为 a_{ij} 的**代数余子式**. 我们有如下一般公式

$$\sum_{k=1}^{n} a_{ik}A_{jk} = \begin{cases} |A|, & 若 i = j, \\ 0, & 若 i \neq j; \end{cases} \quad \sum_{k=1}^{n} a_{ki}A_{kj} = \begin{cases} |A|, & 若 i = j, \\ 0, & 若 i \neq j. \end{cases}$$

给定前 n 个自然数的一个排列 $i_1i_2\cdots i_n$. 在此排列中,如有一个较大的数排在一个比它小的数前面,则称为一个反序. 排列 $i_1i_2\cdots i_n$ 中包含的反序的总数记做 $N(i_1i_2\cdots i_n)$. 方阵 $A=(a_{ij})$ 的行列式 $\det(A)$ 的定义也可改为

定义 数域 K 上的 n 阶方阵 $A=(a_{ij})$ 的行列式为

$$\det(A) = |A| = \begin{vmatrix} a_{11} & a_{12} & \cdots & a_{1n} \\ a_{21} & a_{22} & \cdots & a_{2n} \\ \vdots & \vdots & & \vdots \\ a_{n1} & a_{n2} & \cdots & a_{nn} \end{vmatrix}$$

$$= \sum_{(i_1i_2\cdots i_n)} (-1)^{N(i_1i_2\cdots i_n)} \cdot a_{i_11}a_{i_22}\cdots a_{i_nn}$$

$$= \sum_{(i_1i_2\cdots i_n)} (-1)^{N(i_1i_2\cdots i_n)} \cdot a_{1i_1}a_{2i_2}\cdots a_{ni_n},$$

其中 $i_1i_2\cdots i_n$ 是前 n 个自然数 $1,2,\cdots,n$ 的一个排列,和号 $\sum$ 表示对所有可能的这种排列求和.

从逻辑上可证明方阵 A 的行列式 $\det(A)$ 的上述两种定义互相等价.

评议 行列式理论在 17 到 18 世纪已经产生并被详细研究. 首先,当时已认识到二元一次联立方程组

$$\begin{cases} a_{11}x + a_{12}y = b_1, \\ a_{21}x + a_{22}y = b_1. \end{cases}$$

当 $a_{11}a_{22}-a_{12}a_{21}\neq 0$ 时,它有唯一解,其解可表示成

$$x = \frac{\begin{vmatrix} b_1 & a_{12} \\ b_2 & a_{22} \end{vmatrix}}{\begin{vmatrix} a_{11} & a_{12} \\ a_{21} & a_{22} \end{vmatrix}}, \quad y = \frac{\begin{vmatrix} a_{11} & b_1 \\ a_{21} & b_2 \end{vmatrix}}{\begin{vmatrix} a_{11} & a_{12} \\ a_{21} & a_{22} \end{vmatrix}}.$$

由此,二阶行列式很自然地产生了. 以后人们发现对三元一次联立方程组也有完全平行的公式,当然,使用的是三阶行列式. 在 18 世纪时,数学家们热衷于寻找代数方程的求根公式,二、三元一次联立方程组的解用二、三阶行列式表示就是这类方程的"求根公式",因而受

到重视.经过许多人的努力,将二、三阶行列式推广到 n 阶行列式,并用它给出了 n 个未知量 n 个方程的线性方程组解的一般公式.但是人们也很快就发现,行列式不单对线性方程组有用,而且在许多与线性方程组不相干的领域也是有用的工具,例如在几何学中它被用来表示空间中一个平行六面体的有向体积等等.最后人们认识到,行列式其实是描述 n 阶方阵某种特性的一个数(而 n 阶方阵则可用来描述多种事物,不一定限于线性方程组),思路大大开阔了.

矩阵是较复杂的研究对象,我们必须用某些数字来描述它的特性.例如前面用秩来描述一个 $m\times n$ 矩阵的特性,又用迹来描述一个 n 阶方阵的特性,现在又用行列式来描述一个 n 阶方阵的特性.这种思想有必要归纳总结成为更一般的理论,它能使我们对行列式的本质有更透彻的理解.下面我们来讨论这个课题.

从 $M_n(K)$ 到数域 K 的一个映射

$$f: M_n(K) \to K$$

称为定义在 $M_n(K)$ 上的一个**数量函数**.这就是让 K 上每个 n 阶方阵 A 对应于 K 内一个唯一确定的数 $f(A)$,例如 $f(A)=\mathrm{r}(A)$,$g(A)=\mathrm{tr}(A)$,$\det(A)=|A|$ 等等都是定义在 $M_n(K)$ 上的数量函数.

当然,不是所有定义在 $M_n(K)$ 上的数量函数都有研究价值,下面讨论的是一类有价值的数量函数.

为了使下面的阐述较为简明、清楚,我们将使用一些特定的记号.设 A 是数域 K 上一个 n 阶方阵,其行向量组为 $\alpha_1,\alpha_2,\cdots,\alpha_n$(写成横排形式),列向量组为 $\beta_1,\beta_2,\cdots,\beta_n$(写成竖列形式),我们根据行文的需要把 A 写成

$$A=\begin{bmatrix}\alpha_1\\ \alpha_2\\ \vdots\\ \alpha_n\end{bmatrix} \quad 或 \quad A=[\beta_1,\beta_2,\cdots,\beta_n].$$

如果我们只研究 A 的第 i 行或第 j 列,就写

$$A=\begin{bmatrix}\vdots\\ \alpha_i\\ \vdots\end{bmatrix} \quad 或 \quad A=(\cdots,\beta_j,\cdots),$$

把不讨论的行(列)用省略号代替. 于是 $M_n(K)$ 上一个数量函数 $f(A)$ 可以写成

$$f(A)=f\begin{bmatrix}\alpha_1\\ \alpha_2\\ \vdots\\ \alpha_n\end{bmatrix} \quad 或 \quad f\begin{bmatrix}\vdots\\ \alpha_i\\ \vdots\end{bmatrix},$$

以及 $\qquad f(A)=f(\beta_1,\beta_2,\cdots,\beta_n) \quad 或 \quad f(\cdots,\beta_j,\cdots).$

定义 设 f 是定义在 $M_n(K)$ 上的一个数量函数,满足如下条件:对 K^n 中任意向量 $\alpha_1,\alpha_2,\cdots,\alpha_n,\alpha$(写成横排形式)以及 K 中任意数 k,都有

$$f\begin{bmatrix}\alpha_1\\ \vdots\\ \alpha_i+\alpha\\ \vdots\\ \alpha_n\end{bmatrix}=f\begin{bmatrix}\alpha_1\\ \vdots\\ \alpha_i\\ \vdots\\ \alpha_n\end{bmatrix}+f\begin{bmatrix}\alpha_1\\ \vdots\\ \alpha\\ \vdots\\ \alpha_n\end{bmatrix},\quad f\begin{bmatrix}\alpha_1\\ \vdots\\ k\alpha_i\\ \vdots\\ \alpha_n\end{bmatrix}=kf\begin{bmatrix}\alpha_1\\ \vdots\\ \alpha_i\\ \vdots\\ \alpha_n\end{bmatrix}$$

(这里 $i=1,2,\cdots,n$),则称 f 为 $M_n(K)$ 上一个**行线性函数**.

设 g 是定义在 $M_n(K)$ 上一个数量函数,满足如下条件:对 K^n 中任意向量 $\beta_1,\beta_2,\cdots,\beta_n,\beta$(写成竖列形式)以及 K 中任意数 k,都有

$$g(\beta_1,\cdots,\beta_j+\beta,\cdots,\beta_n)=g(\beta_1,\cdots,\beta_j,\cdots,\beta_n)+g(\beta_1,\cdots,\beta,\cdots,\beta_n),$$

$$g(\beta_1,\cdots,k\beta_j,\cdots,\beta_n)=kg(\beta_1,\cdots,\beta_j,\cdots,\beta_n)$$

(这里 $j=1,2,\cdots,n$),则称 g 为 $M_n(K)$ 上一个**列线性函数**.

如果 $f(A)$ 是 $M_n(K)$ 上的行线性函数,那么对任意 $k,l\in K$ 都有

$$f\begin{bmatrix}\vdots\\ k\alpha_i+l\alpha\\ \vdots\end{bmatrix}=kf\begin{bmatrix}\vdots\\ \alpha_i\\ \vdots\end{bmatrix}+lf\begin{bmatrix}\vdots\\ \alpha\\ \vdots\end{bmatrix}.$$

反之,若 $M_n(K)$ 上一个数量函数满足上面的条件,只要分别令 $k=l=1$ 及 $l=0$ 代入,即知它满足行线性函数的条件. 同样,若 $g(A)$ 为 $M_n(K)$ 上列线性函数,那么

$$g(\cdots,k\beta_j+l\beta,\cdots)=kg(\cdots,\beta_j,\cdots)+lg(\cdots,\beta,\cdots).$$

同样，$M_n(K)$上一个数量函数如果满足上述条件，则它是一个列线性函数.

如果$M_n(K)(n\geqslant 2)$上一个列线性函数f满足如下条件：当$A\in M_n(K)$有两列元素相同时，必有$f(A)=0$，则称f为反对称列线性函数. 容易证明，$M_n(K)$上一个列线性函数是反对称的，当且仅当对一切不满秩n阶方阵A，都有$f(A)=0$.

定义　设f是$M_n(K)$上一个列线性函数且满足如下条件：

(1) 如果$A\in M_n(K)$且$\mathrm{r}(A)<n$，则$f(A)=0$；

(2) 对$M_n(K)$内单位矩阵E，$f(E)=1$，

则称f为$M_n(K)$上一个**行列式函数**.

我们证明：$M_n(K)$上唯一的行列式函数就是前面定义的数量函数$\det(A)$. 这就把前面用一大堆复杂式子定义的行列式$\det(A)$的实质很简单明了地讲清楚了. **这样，我们可以把行列式的实质概括为一句话：行列式$\det(A)$是$M_n(K)$上的反对称列线性函数.**

二、行列式的性质

【内容提要】

性质1　行列互换，行列式的值不变，亦即$|A'|=|A|$.

性质2　两行(列)互换，行列式值变号.

性质3　若行列式中某行(列)每个元素分为两个数之和(即某行(列)向量为两向量之和)，则该行列式可关于该行(列)拆开成两个行列式之和. 拆开时其他各行(列)均保持不动.

性质4　行列式中某行(列)有公因子$\lambda\in K$时，λ可提出行列式外.

性质5　把行列式的第j行(列)加上第i行(列)的k倍后，其值不变.

性质6　一个n阶方阵A不满秩(即$\mathrm{r}(A)<n$)时，其行列式为0. 特别地，如果A有两行(列)元素相同时，$|A|=0$；或A有一行(列)元素全为0时，$|A|=0$.

评议　上述六条是处理行列式的基本工具. 初学者在这里最常犯的错误是把n阶方阵和它的行列式混淆，把行列式的六条性质和矩阵加法、数乘以及初等行、列变换混淆. 必须记住：矩阵不是数(数

域 K 上一个 $m\times n$ 矩阵是 K 内 mn 个数按一定次序排列起来的一张"表格")而行列式是 K 内一个数，两者是完全不同的. 两个 n 阶方阵可以相加，但 $|A+B|\neq|A|+|B|$，又如 $|kA|\neq k|A|$，实际上 $|kA|=k^n|A|$. 行列式有一行(列)是两个向量的线性组合时，可以把行列式按该行(列)拆开，这是因为它是行、列线性函数. 在对某行(列)拆开时其他行(列)都保持不动，和矩阵相加或数乘时所有行(列)都变动是不同的. 又如，把行列式某行(列)乘以 K 内非零数 c 时，行列式外必须同时乘 $\frac{1}{c}$ 其值才保持不变.

但是上面性质 2,4,5 确实与矩阵的初等变换有某种类似之处. 我们可以用初等变换把矩阵化简(例如化成阶梯形或标准形)，我们也可以利用这三条性质化简一个行列式，使其值易于计算. 这里用到一个基本事实：一个上(下)三角矩阵的行列式等于其主对角线上元素连乘积

$$\begin{vmatrix} a_{11} & 0 & \cdots & 0 \\ a_{21} & a_{22} & \ddots & \vdots \\ \vdots & \vdots & \ddots & 0 \\ a_{n1} & a_{n2} & \cdots & a_{nn} \end{vmatrix} = \begin{vmatrix} a_{11} & a_{12} & a_{13} & \cdots & a_{1n} \\ 0 & a_{22} & a_{23} & \cdots & a_{2n} \\ \vdots & 0 & a_{33} & \cdots & a_{3n} \\ \vdots & \vdots & \ddots & \ddots & \vdots \\ 0 & 0 & \cdots & 0 & a_{nn} \end{vmatrix} = a_{11}a_{22}\cdots a_{nn}.$$

例 1.1 计算下列行列式的值：

$$|A| = \begin{vmatrix} -2 & 5 & -1 & 3 \\ 1 & -9 & 13 & 7 \\ 3 & -1 & 5 & -5 \\ 2 & 8 & -7 & -10 \end{vmatrix}.$$

解 利用行列式性质 2,4,5 把它化为阶梯形，再利用上面公式计算出它的值. 步骤如下：

$$|A| = -\begin{vmatrix} 1 & -9 & 13 & 7 \\ -2 & 5 & -1 & 3 \\ 3 & -1 & 5 & -5 \\ 2 & 8 & -7 & -10 \end{vmatrix}$$

$$=-\begin{vmatrix} 1 & -9 & 13 & 7 \\ 0 & -13 & 25 & 17 \\ 0 & 26 & -34 & -26 \\ 0 & 26 & -33 & -24 \end{vmatrix}$$

$$=-\begin{vmatrix} 1 & -9 & 13 & 7 \\ 0 & -13 & 25 & 17 \\ 0 & 0 & 16 & 8 \\ 0 & 0 & 17 & 10 \end{vmatrix}=-\begin{vmatrix} 1 & -9 & 13 & 7 \\ 0 & -13 & 25 & 17 \\ 0 & 0 & 16 & 8 \\ 0 & 0 & 0 & \dfrac{3}{2} \end{vmatrix}$$

$$=-(-13)\cdot 16\cdot\frac{3}{2}=312. \quad \blacksquare$$

例 1.2 计算下列行列式：

$$|A|=\begin{vmatrix} 1 & 1 & 1 & 1 \\ 1 & 1 & -1 & -1 \\ 1 & -1 & 1 & -1 \\ 1 & -1 & -1 & 1 \end{vmatrix}.$$

解 通过观察发现此行列式第 2,3,4 列元素之和为 0,故利用性质 5,把其第 2,3,4 行的 1 倍加到第 1 行,再利用行列式定义,得

$$|A|=\begin{vmatrix} 4 & 0 & 0 & 0 \\ 1 & 1 & -1 & -1 \\ 1 & -1 & 1 & -1 \\ 1 & -1 & -1 & 1 \end{vmatrix}=4\begin{vmatrix} 1 & -1 & -1 \\ -1 & 1 & -1 \\ -1 & -1 & 1 \end{vmatrix},$$

然后对右边三阶行列式应用例 1.1 的方法,得

$$|A|=4\begin{vmatrix} 1 & -1 & -1 \\ 0 & 0 & -2 \\ 0 & -2 & 0 \end{vmatrix}=-4\begin{vmatrix} 1 & -1 & -1 \\ 0 & -2 & 0 \\ 0 & 0 & -2 \end{vmatrix}$$

$$=-4\cdot(-2)\cdot(-2)=-16. \quad \blacksquare$$

评议 以上两例给出了计算数字行列式的行之有效的办法.做这类题,先观察它有无特点,想法利用行列式的性质把它化简,然后

利用性质 2,4,5 逐步把它化为阶梯形.

三、行列式的计算方法

【内容提要】

阶数不高的数字行列式总可用例 1.1、例 1.2 提供的办法计算.对于 n 阶行列式,其值的计算较复杂,也没有固定有效的办法.完全要随机应变,根据问题的特点,具体分析,寻找解决方法.行列式理论已有 200 年历史,在这样漫长的时间内,对计算行列式积累了丰富的经验.下面介绍几种典型的计算 n 阶行列式的方法.

1. 化行列式为上三角形或下三角形

例 1.3 计算行列式

$$|A|=\begin{vmatrix} 1 & 2 & 3 & \cdots & \cdots & n-1 & n \\ n & 1 & 2 & \cdots & \cdots & n-2 & n-1 \\ n-1 & n & 1 & \cdots & \cdots & n-3 & n-2 \\ \vdots & \vdots & \vdots & & & \vdots & \vdots \\ 2 & 3 & 4 & \cdots & \cdots & n & 1 \end{vmatrix}.$$

解 行列式每一列都是前 n 个自然数组成,仅是排列次序不同.为利用这个特点,将第 $2,3,\cdots,n$ 行各乘 1 加到第 1 行,然后提出第 1 行的公因子 $\frac{1}{2}n(n+1)$,得

$$|A|=\frac{1}{2}n(n+1)\begin{vmatrix} 1 & 1 & 1 & \cdots & \cdots & 1 & 1 \\ n & 1 & 2 & \cdots & \cdots & n-2 & n-1 \\ n-1 & n & 1 & \cdots & \cdots & n-3 & n-2 \\ \vdots & \vdots & \vdots & & & \vdots & \vdots \\ 2 & 3 & 4 & \cdots & \cdots & n & 1 \end{vmatrix}.$$

现在右边行列式第 i 行和第 $i+1$ 行大部分数字都相差 1,为利用这个特点,把第 i 行乘(-1)加到第 $i+1$ 行,这时 $i=n-1,n-2,\cdots,2$,即自下而上进行(如果先把第 2 行乘(-1)加到第 3 行,则第 3 行已变化,不能再用它化简第 4 行).现在行列式变为

$$|A|=\frac{n(n+1)}{2}$$

$$\cdot\begin{vmatrix} 1 & 1 & 1 & \cdots & \cdots & 1 & 1 \\ n & 1 & 2 & \cdots & \cdots & n-2 & n-1 \\ -1 & n-1 & -1 & \cdots & \cdots & -1 & -1 \\ -1 & -1 & n-1 & -1 & \cdots & -1 & -1 \\ \vdots & \vdots & \ddots & \ddots & \ddots & \vdots & \vdots \\ -1 & -1 & \cdots & -1 & n-1 & -1 & -1 \\ -1 & -1 & \cdots & \cdots & -1 & n-1 & -1 \end{vmatrix}.$$

为了把第 3,4,…,n 各行(−1)消去,只需把第 1 行乘 1 加到这些行就可以了,故有

$$|A|=\frac{n(n+1)}{2}\begin{vmatrix} 1 & 1 & 1 & \cdots & \cdots & 1 & 1 \\ n & 1 & 2 & \cdots & \cdots & n-2 & n-1 \\ 0 & n & 0 & \cdots & \cdots & 0 & 0 \\ 0 & 0 & n & 0 & \cdots & 0 & 0 \\ \vdots & \vdots & 0 & n & 0 & \cdots & 0 \\ \vdots & \vdots & \vdots & \ddots & \ddots & \ddots & \vdots \\ 0 & 0 & \cdots & \cdots & 0 & n & 0 \end{vmatrix}.$$

现在把右边行列式对第 n 列展开,得

$$|A|=\frac{n(n+1)}{2}\left((-1)^{n+1}\begin{vmatrix} n & 1 & 2 & \cdots & n-2 \\ 0 & n & 0 & \cdots & 0 \\ \vdots & 0 & n & \cdots & \vdots \\ \vdots & \vdots & \ddots & \ddots & \vdots \\ 0 & 0 & \cdots & 0 & n \end{vmatrix}\right.$$

$$\left.+(-1)^{n+2}(n-1)\begin{vmatrix} 1 & 1 & 1 & \cdots & 1 \\ 0 & n & 0 & \cdots & 0 \\ \vdots & 0 & n & \cdots & \vdots \\ \vdots & \vdots & \ddots & \ddots & 0 \\ 0 & 0 & \cdots & 0 & n \end{vmatrix}\right)$$

$$=\frac{n(n+1)}{2}((-1)^{n+1}n^{n-1}+(-1)^{n}(n-1)n^{n-2})$$

$$= (-1)^{n+1}\frac{1}{2}n^{n-1}(n+1). \quad \blacksquare$$

评议 上面我们没有把原行列式化为三角形，但把化简后的行列式对第 n 列展开后，就变成两个上三角形行列式了.

2. 降阶法

将行列式化为阶数较低的同类型行列式，然后利用数学归纳法导出它的值.

例 1.4 证明范德蒙德(Vandermonde)行列式

$$|A| = \begin{vmatrix} 1 & 1 & \cdots & 1 \\ a_1 & a_2 & \cdots & a_n \\ a_1^2 & a_2^2 & \cdots & a_n^2 \\ \vdots & \vdots & & \vdots \\ a_1^{n-1} & a_2^{n-1} & \cdots & a_n^{n-1} \end{vmatrix} = \prod_{1\leqslant j<i\leqslant n}(a_i - a_j).$$

解 采用数学归纳法. 当 $n=2$ 时，有

$$\begin{vmatrix} 1 & 1 \\ a_1 & a_2 \end{vmatrix} = a_2 - a_1,$$

命题成立. 设对 $n-1$ 阶范德蒙德行列式命题成立，证明对 n 阶范德蒙德行列式 $|A|$，命题也成立.

在 $|A|$ 中将第 n 行减去第 $n-1$ 行的 a_1 倍，第 $n-1$ 行又减去第 $n-2$ 行的 a_1 倍，…. 即由下而上依次把每一行减去它上面一行的 a_1 倍，有

$$|A| = \begin{vmatrix} 1 & 1 & 1 & \cdots & 1 \\ 0 & a_2 - a_1 & a_3 - a_1 & \cdots & a_n - a_1 \\ 0 & a_2^2 - a_1a_2 & a_3^2 - a_1a_3 & \cdots & a_n^2 - a_1a_n \\ \vdots & \vdots & \vdots & & \vdots \\ 0 & a_2^{n-1} - a_1a_2^{n-2} & a_3^{n-1} - a_1a_3^{n-2} & \cdots & a_n^{n-1} - a_1a_n^{n-2} \end{vmatrix}$$

$$= \begin{vmatrix} a_2 - a_1 & a_3 - a_1 & \cdots & a_n - a_1 \\ a_2(a_2 - a_1) & a_3(a_3 - a_1) & \cdots & a_n(a_n - a_1) \\ \vdots & \vdots & & \vdots \\ a_2^{n-2}(a_2 - a_1) & a_3^{n-2}(a_3 - a_1) & \cdots & a_n^{n-2}(a_n - a_1) \end{vmatrix}$$

$$= (a_2 - a_1)(a_3 - a_1)\cdots(a_n - a_1)\begin{vmatrix} 1 & 1 & \cdots & 1 \\ a_2 & a_3 & \cdots & a_n \\ a_2^2 & a_3^2 & \cdots & a_n^2 \\ \vdots & \vdots & & \vdots \\ a_2^{n-2} & a_3^{n-2} & \cdots & a_n^{n-2} \end{vmatrix}.$$

最后得到的是一个 $n-1$ 阶范德蒙德行列式.根据归纳假设,它等于所有可能的差

$$(a_i - a_j) \quad (2 \leqslant j < i \leqslant n)$$

的连乘积.而包含 a_1 的差 $a_i - a_1(i=2,3,\cdots,n)$ 全在前面的因子中出现了,因之,命题对 n 阶范德蒙德行列式也成立. ▌

评议 本例是把结果明确写出,然后给以证明.但是这个结果是怎样得出的呢?这就是数学中研究问题使用的基本方法:先弄清较简单的具体情况,再从中找出其一般的规律.在本例中是先计算二、三阶范德蒙德行列式,从它们的表达式猜测到所要证明的结果.

显然,$|A| \neq 0$ 的充分必要条件是 $a_1, a_2, \cdots, a_n$ 两两不等.

例 1.5 给定数域 K 上 n 阶方阵

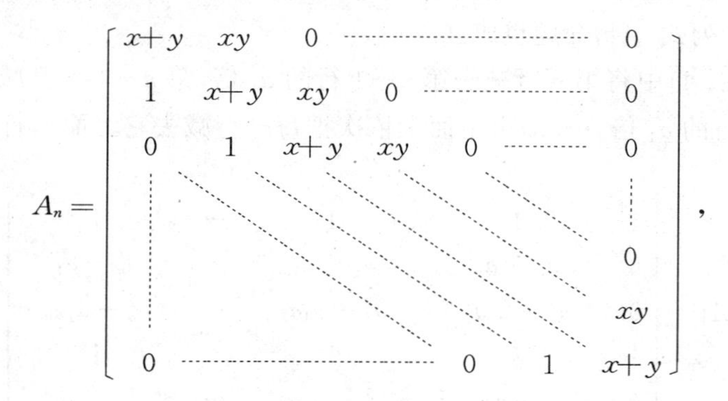

试计算 A_n 的行列式.

解 当 $n=1$ 时,$|A_1| = x+y$;

当 $n=2$ 时,$|A_2| = (x+y)^2 - xy = x^2 + xy + y^2$.

对 $n \geqslant 3$,把 $|A_n|$ 按第 1 列展开,得

$$|A_n| = (x+y)|A_{n-1}| - xy|A_{n-2}|.$$

故

$$\begin{aligned}|A_3| &= (x+y)|A_2| - xy|A_1| \\ &= x^3 + x^2y + xy^2 + y^3.\end{aligned}$$

从$|A_1|$,$|A_2|$,$|A_3|$的上述表达式立即可以猜想：

$$|A_n| = x^n + x^{n-1}y + x^{n-2}y^2 + \cdots + xy^{n-1} + y^n.$$

下面使用数学归纳法. 设命题当 $n \leqslant k$ 时成立,则当 $n=k+1$ 时,有

$$\begin{aligned}|A_{k+1}| &= (x+y)|A_k| - xy|A_{k-1}| \\ &= (x+y)(x^k + x^{k-1}y + \cdots + xy^{k-1} + y^k) \\ &\quad - xy(x^{k-1} + x^{k-2}y + \cdots + xy^{k-2} + y^{k-1}) \\ &= x^{k+1} + x^k y + \cdots + xy^k + y^{k+1}.\end{aligned}$$

即命题当 $n=k+1$ 也成立,于是猜想成立. 写成较简明的形式,就是

$$|A_n| = \begin{cases}(x^{n+1} - y^{n+1})/(x-y), & \text{当 } x \neq y \text{ 时}, \\ (n+1)x^n, & \text{当 } x = y \text{ 时}.\end{cases}$$ ▌

评议 本例中的矩阵称为三对角矩阵. 它具有一定代表性,即让 x,y 取各种不同的值,我们得到一系列行列式的值.

3. 分拆法

利用行列式函数是行线性和列线性的性质,将一个行列式按某一行或某一列拆开成两个或多个行列式之和,再分别计算各行列式的值.

例 1.6 计算如下 n 阶行列式

$$D_n = \begin{vmatrix} a & b & b & \cdots & b \\ c & a & b & \cdots & b \\ c & c & a & \ddots & \vdots \\ \vdots & & \ddots & \ddots & b \\ c & \cdots & \cdots & c & a \end{vmatrix}.$$

解 这个行列式的特点是,主对角线上元素都是 a,其上半元素都是 b,其下半元素都是 c. 把第一行写成两向量之和：

$$(a,b,b,\cdots,b) = (a-b,0,\cdots,0) + (b,b,\cdots,b),$$

那么,按行列式的性质得

$$D_n=\begin{vmatrix} a-b & 0 & 0 & \cdots & 0 \\ c & a & b & \cdots & b \\ \vdots & \ddots & \ddots & \ddots & \vdots \\ \vdots & & \ddots & \ddots & b \\ c & \cdots & \cdots & c & a \end{vmatrix}+\begin{vmatrix} b & b & b & \cdots & b \\ c & a & b & \cdots & b \\ \vdots & \ddots & \ddots & \ddots & \vdots \\ \vdots & & \ddots & \ddots & b \\ c & \cdots & \cdots & c & a \end{vmatrix}$$

$$=(a-b)D_{n-1}+b\begin{vmatrix} 1 & 1 & 1 & \cdots & 1 \\ c & a & b & \cdots & b \\ \vdots & \ddots & \ddots & \ddots & \vdots \\ \vdots & & \ddots & \ddots & b \\ c & \cdots & \cdots & c & a \end{vmatrix}$$

$$=(a-b)D_{n-1}+b\begin{vmatrix} 1 & 1 & 1 & \cdots & 1 \\ 0 & a-c & b-c & \cdots & b-c \\ \vdots & & \ddots & \ddots & \vdots \\ \vdots & & & \ddots & b-c \\ 0 & \cdots & \cdots & 0 & a-c \end{vmatrix}$$

$$=(a-b)D_{n-1}+b(a-c)^{n-1}.$$

D_n 行列互换,其值不变.但行列互换实即 b 与 c 互换,于是我们又有

$$D_n=(a-c)D_{n-1}+c(a-b)^{n-1}.$$

当 $b\neq c$ 时,由上两式消去 D_{n-1},得

$$D_n=\frac{b(a-c)^n-c(a-b)^n}{b-c}.$$

当 $b=c$ 时,有

$$\begin{aligned} D_n &= (a-b)D_{n-1}+b(a-b)^{n-1} \\ &= (a-b)^2D_{n-2}+2b(a-b)^{n-1} \\ &= (a-b)^3D_{n-3}+3b(a-b)^{n-1} \\ &= \cdots\cdots \\ &= (a-b)^{n-1}D_1+(n-1)b(a-b)^{n-1} \end{aligned}$$

$$= (a-b)^n + nb(a-b)^{n-1}. \quad \blacksquare$$

评议 本例也用到了降阶的方法,但不是利用数学归纳法,而是针对其元素分布的特点:主对角线上半边都是 b,下半边都是 c,巧妙地使用行列式行列互换其值不变的性质,通过解方程组找到 D_n 的值.

4. 加边法

把行列式加上一行一列,使其阶数加 1 但值不变. 所加上的行(或列)可用来化简行列式.

例 1.7 给定数域 K 内非零数 $a_1, a_2, \cdots, a_n$,计算行列式

$$D_n = \begin{vmatrix} 1+a_1 & 1 & \cdots & \cdots & 1 \\ 1 & 1+a_2 & \cdots & \cdots & 1 \\ 1 & 1 & 1+a_3 & \cdots & 1 \\ \vdots & \vdots & \ddots & \ddots & \vdots \\ 1 & 1 & \cdots & 1 & 1+a_n \end{vmatrix}.$$

解

$$D_n = \begin{vmatrix} 1 & 1 & 1 & \cdots & \cdots & 1 \\ 0 & 1+a_1 & 1 & \cdots & \cdots & 1 \\ 0 & 1 & 1+a_2 & 1 & \cdots & \vdots \\ 0 & 1 & 1 & 1+a_3 & \ddots & 1 \\ \vdots & \vdots & \vdots & \ddots & \ddots & 1 \\ 0 & 1 & 1 & \cdots & 1 & 1+a_n \end{vmatrix}.$$

为什么加上全由 1 组成的第 1 行呢?这就是因为 D_n 中各行基本上都由 1 组成,加上全是 1 的一行,然后把它乘(-1)加到其他行,就把绝大多数元素都消成 0,行列式就大大简化了. 于是

$$D_n = \begin{vmatrix} 1 & 1 & 1 & \cdots & \cdots & 1 \\ -1 & a_1 & 0 & \cdots & \cdots & 0 \\ -1 & 0 & a_2 & 0 & \cdots & 0 \\ -1 & 0 & 0 & a_3 & \ddots & \vdots \\ \vdots & \vdots & \vdots & \ddots & \ddots & 0 \\ -1 & 0 & 0 & \cdots & 0 & a_n \end{vmatrix}$$

$$= a_1a_2\cdots a_n \begin{vmatrix} 1 & 1 & 1 & \cdots & \cdots & 1 \\ -\dfrac{1}{a_1} & 1 & 0 & 0 & \cdots & 0 \\ -\dfrac{1}{a_2} & 0 & 1 & 0 & \cdots & 0 \\ \vdots & 0 & 0 & 1 & \ddots & \vdots \\ \vdots & \vdots & \vdots & \ddots & \ddots & 0 \\ -\dfrac{1}{a_n} & 0 & 0 & \cdots & 0 & 1 \end{vmatrix}.$$

现在把第 2,3,…,$n+1$ 行乘(-1)加到第 1 行,行列式变成下三角形,其值立即算出:

$$D_n = a_1a_2\cdots a_n\left(1 + \sum_{i=1}^{n} \frac{1}{a_i}\right). \quad \blacksquare$$

评议 使用这办法计算行列式时要掌握两个原则:(1) 加边行列式的值与原行列式的值是什么关系要清楚明白;(2) 加上去的行(或列)有助于化简行列式.如果问题较复杂,究竟如何加边,可能要反复尝试才能找到妥善办法.

5. 递推法

首先导出 n 阶行列式和较低阶同类型行列式之间的关系式,然后利用此关系式由低阶逐次递推以求得答案.

例 1.8 给定数域 K 上 n 阶方阵

$$A_n = \begin{bmatrix} \lambda & 0 & 0 & \cdots & 0 & a_n \\ -1 & \lambda & 0 & \cdots & 0 & a_{n-1} \\ 0 & -1 & \lambda & \ddots & \vdots & a_{n-2} \\ \vdots & 0 & \ddots & \ddots & 0 & \vdots \\ \vdots & \vdots & \ddots & \ddots & \lambda & a_2 \\ 0 & 0 & \cdots & 0 & -1 & \lambda + a_1 \end{bmatrix},$$

求 A_n 的行列式.

解 把$|A_n|$按第 1 行展开,得

$$|A_n|=\lambda\begin{vmatrix}\lambda & 0 & 0 & \cdots & 0 & a_{n-1}\\ -1 & \lambda & 0 & \cdots & 0 & a_{n-2}\\ 0 & -1 & \lambda & \ddots & \vdots & a_{n-3}\\ 0 & 0 & -1 & \ddots & 0 & \vdots\\ \vdots & \vdots & \ddots & \ddots & \lambda & a_2\\ 0 & 0 & \cdots & 0 & -1 & \lambda+a_1\end{vmatrix}$$

$$+(-1)^{n+1}a_n\begin{vmatrix}-1 & \lambda & 0 & \cdots & 0 & 0\\ 0 & -1 & \lambda & 0 & \cdots & 0\\ 0 & 0 & -1 & \lambda & \ddots & \vdots\\ 0 & 0 & 0 & -1 & \ddots & 0\\ \vdots & \vdots & \vdots & \ddots & \ddots & \lambda\\ 0 & 0 & 0 & \cdots & 0 & -1\end{vmatrix}$$

$$=\lambda|A_{n-1}|+a_n.$$

同理，

$$|A_{n-1}|=\lambda|A_{n-2}|+a_{n-1},$$

$$\cdots\cdots\cdots\cdots$$

$$|A_2|=\lambda|A_1|+a_2,$$

其中$|A_1|=|\lambda+a_1|=\lambda+a_1$. 我们发现上面$n-1$个等式右端的$|A_i|$比等式左端的$|A_i|$前面多乘一个因子$\lambda$. 为了消去两边都有的$|A_i|$，我们应依次以$\lambda$的方幂乘上面等式两端，得

$$|A_n|=\lambda|A_{n-1}|+a_n,$$

$$\lambda|A_{n-1}|=\lambda^2|A_{n-2}|+a_{n-1}\lambda,$$

$$\lambda^2|A_{n-2}|=\lambda^3|A_{n-3}|+a_{n-2}\lambda^2,$$

$$\cdots\cdots\cdots\cdots$$

$$\lambda^{n-3}|A_3|=\lambda^{n-2}|A_2|+a_3\lambda^{n-3},$$

$$\lambda^{n-2}|A_2|=\lambda^{n-1}|A_1|+a_2\lambda^{n-2}.$$

上面等式左、右两端各有相同的项，只是不在同一个等式中. 但我们把这些等式从上至下连加起来，就解决了这个不足之处. 消掉两边共同的项，即得

$$|A_n|=\lambda^{n-1}|A_1|+a_2\lambda^{n-2}+a_3\lambda^{n-3}+\cdots+a_{n-1}\lambda+a_n$$

$$= \lambda^n + a_1\lambda^{n-1} + a_2\lambda^{n-2} + \cdots + a_{n-1}\lambda + a_n. \quad \blacksquare$$

评议　此题也可先计算 $|A_1|, |A_2|, |A_3|$，由之立即猜想到上面的结果，然后用数学归纳法加以证明. 但上面的证法是根据问题的具体特性，想法加以利用，也是富有启发性的.

应用递推法计算行列式的一个难点是如何利用递推公式. 这里介绍一个有一定普遍意义的方法. 设对 n 阶行列式 D_n 已导出公式：

$$D_n = aD_{n-1} + bD_{n-2} + C_n,$$

这里 a, b 是与 n 无关的常数（例如上例 $a=\lambda, b=0$）. 设二次方程 $x^2 - ax - b = 0$ 的两根为 α, β，则 $b = -\alpha\beta, a = \alpha + \beta$. 代入递推公式得

$$D_n - \alpha D_{n-1} = \beta(D_{n-1} - \alpha D_{n-2}) + C_n,$$

$$D_{n-1} - \alpha D_{n-2} = \beta(D_{n-2} - \alpha D_{n-3}) + C_{n-1},$$

$$\cdots\cdots\cdots\cdots$$

$$D_3 - \alpha D_2 = \beta(D_2 - \alpha D_1) + C_3.$$

按照上例的方法，两边乘 β 的方幂再连加可得

$$D_n - \alpha D_{n-1} = \beta^{n-2}(D_2 - \alpha D_1) + \sum_{i=0}^{n-3} C_{n-i}\beta^i.$$

如果 $b=0$，那么可取 $\alpha=0$. 上式已给出 D_n 的值. 下面设 $b \neq 0$. 由于 α, β 地位是平等的，所以也应有

$$D_n - \beta D_{n-1} = \alpha^{n-2}(D_2 - \beta D_1) + \sum_{i=0}^{n-3} C_{n-i}\alpha^i.$$

若 $\alpha \neq \beta$，由上面两式解得

$$D_n = \frac{1}{\beta - \alpha}\Big(\beta^{n-1}(D_2 - \alpha D_1) - \alpha^{n-1}(D_2 - \beta D_1) + \sum_{i=0}^{n-3} C_{n-i}(\beta^{i+1} - \alpha^{i+1})\Big).$$

若 $\alpha = \beta$，则有

$$D_n = \alpha D_{n-1} + d_n \quad \Big(d_n = \alpha^{n-2}(D_2 - \alpha D_1) + \sum_{i=0}^{n-3} C_{n-i}\alpha^i\Big),$$

$$D_{n-1} = \alpha D_{n-2} + d_{n-1} \quad \Big(d_{n-1} = \alpha^{n-3}(D_2 - \alpha D_1) + \sum_{i=0}^{n-4} C_{n-i-1}\alpha^i\Big),$$

$$\cdots\cdots\cdots\cdots$$

$$D_3 = \alpha D_2 + d_3 \quad (d_3 = \alpha(D_2 - \alpha D_1) + C_3).$$

同上面一样，两边乘 α 的方幂再连加即得

$$D_n = \alpha^{n-2}D_2 + \sum_{i=0}^{n-3} d_i\alpha^i.$$

四、分块矩阵的行列式

例 1.9 给定数域 K 上分块 n 阶方阵

$$M = \begin{bmatrix} A & C \\ 0 & B \end{bmatrix},$$

其中 A 为 k 阶方阵. 则 $|M| = |A| \cdot |B|$.

解 对 k 作数学归纳法. 当 $k=1$ 时对第 1 列展开：

$$|M| = \begin{vmatrix} a_{11} & C \\ 0 & B \end{vmatrix} = a_{11}|B| = |A| \cdot |B|.$$

现设对 A 为 k 阶方阵时命题成立，当 A 为 $k+1$ 阶方阵时，把 $|M|$ 按第 1 列展开：

$$|M| = \sum_{i=1}^{k+1}(-1)^{i+1}a_{i1}\left|M\binom{i}{1}\right|.$$

注意到

$$M\binom{i}{1} = \begin{bmatrix} A\binom{i}{1} & C_i \\ 0 & B \end{bmatrix},$$

按归纳假设，有

$$\left|M\binom{i}{1}\right| = \left|A\binom{i}{1}\right||B|.$$

代回 $|M|$ 的表达式，有

$$|M| = \sum_{i=1}^{k+1}(-1)^{i+1}a_{i1}\left|A\binom{i}{1}\right||B| = |A| \cdot |B|. \quad \blacksquare$$

推论 给定数域 K 上的 n 阶准对角矩阵

$$A = \begin{bmatrix} A_1 & & & \\ & A_2 & & 0 \\ 0 & & \ddots & \\ & & & A_s \end{bmatrix}.$$

则

$$|A| = |A_1||A_2|\cdots|A_s|.$$

证 反复应用上面例题即可得证. ∎

练习题 2.1

1. 给定数域 K 上 4 阶方阵

$$A=\begin{bmatrix}7 & -6 & 0 & 2\\ 0 & 2 & 0 & 7\\ -3 & 1 & 5 & 4\\ 0 & -1 & 0 & 2\end{bmatrix}.$$

计算 $\det A\binom{3}{3}$,利用它计算$|A|$.

2. 给定数域 K 上二阶方阵

$$A=\begin{bmatrix}-1 & 2\\ 9 & 0\end{bmatrix},\quad B=\begin{bmatrix}3 & 1\\ -7 & 2\end{bmatrix}.$$

计算$|A+B|$,$|A|+|B|$,$|2A|$,$2|A|$.

3. 计算行列式

$$\begin{vmatrix}a & 1 & 0 & 0\\ -1 & b & 1 & 0\\ 0 & -1 & c & 1\\ 0 & 0 & -1 & d\end{vmatrix}.$$

4. 计算行列式

$$\begin{vmatrix}0 & 1 & 1 & 1\\ 1 & 0 & 1 & 1\\ 1 & 1 & 0 & 1\\ 1 & 1 & 1 & 0\end{vmatrix}.$$

5. 计算行列式

$$D_n=\begin{vmatrix}a_1+b_1 & a_1+b_2 & \cdots & \cdots & a_1+b_n\\ a_2+b_1 & a_2+b_2 & \cdots & \cdots & a_2+b_n\\ \vdots & \vdots & & & \vdots\\ \vdots & \vdots & & & \vdots\\ a_n+b_1 & a_n+b_2 & \cdots & \cdots & a_n+b_n\end{vmatrix}.$$

6. 计算行列式

$$D_n=\begin{vmatrix} a_1 & x & x & x & \cdots & x \\ x & a_2 & x & x & \cdots & x \\ x & x & a_3 & x & \cdots & x \\ \vdots & \vdots & x & \ddots & \ddots & \vdots \\ x & x & \vdots & \ddots & a_{n-1} & x \\ x & x & x & \cdots & x & a_n \end{vmatrix}.$$

7. 计算行列式

$$D_n=\begin{vmatrix} a+1 & a & 0 & 0 & \cdots & 0 \\ 1 & a+1 & a & 0 & \cdots & 0 \\ 0 & 1 & a+1 & a & \ddots & \vdots \\ \vdots & \ddots & \ddots & \ddots & \ddots & 0 \\ 0 & \cdots & 0 & 1 & a+1 & a \\ 0 & 0 & \cdots & 0 & 1 & a+1 \end{vmatrix}.$$

8. 计算行列式

$$D_n=\begin{vmatrix} x_1+a_1b_1 & a_1b_2 & \cdots & a_1b_n \\ a_2b_1 & x_2+a_2b_2 & \cdots & a_2b_n \\ \vdots & \vdots & \ddots & \vdots \\ a_nb_1 & a_nb_2 & \cdots & x_n+a_nb_n \end{vmatrix}.$$

9. 计算行列式

$$D_n=\begin{vmatrix} 1 & 0 & 0 & 0 & 0 & \cdots & 0 & 1 \\ 1 & a_1 & 0 & 0 & 0 & \cdots & 0 & 0 \\ 1 & 1 & a_2 & 0 & 0 & \cdots & 0 & 0 \\ 1 & 0 & 1 & a_3 & 0 & \cdots & 0 & 0 \\ \vdots & \vdots & 0 & 1 & \ddots & \ddots & \vdots & \vdots \\ \vdots & \vdots & \vdots & \ddots & \ddots & \ddots & 0 & 0 \\ 1 & 0 & 0 & \cdots & 0 & 1 & a_{n-1} & 0 \\ 1 & 0 & 0 & \cdots & 0 & 0 & 1 & a_n \end{vmatrix}.$$

10. 给定数域 K 上 n 阶方阵

$$A=\begin{bmatrix} a_{11} & a_{12} & \cdots & a_{1n} \\ a_{21} & a_{22} & \cdots & a_{2n} \\ \vdots & \vdots & & \vdots \\ a_{n1} & a_{n2} & \cdots & a_{nn} \end{bmatrix},$$

证明

$$\begin{vmatrix} a_{11}+x & a_{12}+x & \cdots & \cdots & a_{1n}+x \\ a_{21}+x & a_{22}+x & \cdots & \cdots & a_{2n}+x \\ \vdots & \vdots & & & \vdots \\ a_{n1}+x & a_{n2}+x & \cdots & \cdots & a_{nn}+x \end{vmatrix}$$

$$=|A|+x\sum_{i=1}^{n}\sum_{j=1}^{n}A_{ij},$$

其中
$$A_{ij}=(-1)^{i+j}\det A\binom{i}{j}.$$

11. 给定 $A=(\min(i,j))$，计算 $|A|$.

12. 给定 $A=(\max(i,j))$，计算 $|A|$.

13. 如果一个 n 阶行列式有一行或一列元素全是1，证明此行列式等于它的所有元素的代数余子式之和.

14. 给定数域 K 上 n 阶方阵 $A=(a_{ij})$. 证明

$$\begin{vmatrix} a_{11} & a_{12} & \cdots & a_{1n} & x_1 \\ a_{21} & a_{22} & \cdots & a_{2n} & x_2 \\ \vdots & \vdots & & \vdots & \vdots \\ a_{n1} & a_{n2} & \cdots & a_{nn} & x_n \\ y_1 & y_2 & \cdots & y_n & z \end{vmatrix}=z|A|-\sum_{i=1}^{n}\sum_{j=1}^{n}A_{ij}x_iy_j.$$

15. 给定数域 K 上分块矩阵

$$M=\begin{bmatrix} 0 & E_n \\ E_m & 0 \end{bmatrix}.$$

试利用行列式的完全展开公式计算 M 的行列式.

§2　行列式的应用

【内容提要】

定理1　设 $A=(a_{ij})$ 是数域 K 上的 n 阶方阵，则 A 可逆的充分

必要条件是 A 的行列式 $|A|$ 不等于零.

令

$$A^* = \begin{bmatrix} A_{11} & A_{21} & \cdots & A_{n1} \\ A_{12} & A_{22} & \cdots & A_{n2} \\ \vdots & \vdots & & \vdots \\ A_{1n} & A_{2n} & \cdots & A_{nn} \end{bmatrix} \quad (A_{ij} = (-1)^{i+j}\det A\binom{i}{j}),$$

它称为 A 的**伴随矩阵**,我们有

$$AA^* = A^*A = \begin{bmatrix} |A| & & & 0 \\ & |A| & & \\ & & \ddots & \\ 0 & & & |A| \end{bmatrix}.$$

因而,当 $|A|\neq 0$ 时,$A^{-1}=\frac{1}{|A|}A^*$.

定理 2　数域 K 上一个有 n 个未知量 n 个方程的齐次线性方程组有非零解的充分必要条件是它的系数矩阵的行列式等于零.

定理 3　设 A,B 是数域 K 上两个 n 阶方阵,则

$$|AB| = |A||B|.$$

给定数域 K 上 $m\times n$ 矩阵

$$A = \begin{bmatrix} a_{11} & a_{12} & \cdots & a_{1n} \\ a_{21} & a_{22} & \cdots & a_{2n} \\ \vdots & \vdots & & \vdots \\ a_{m1} & a_{m2} & \cdots & a_{mn} \end{bmatrix},$$

取 A 的第 $i_1,i_2,\cdots,i_r$ 行与第 $j_1,j_2,\cdots,j_r$ 列交叉点处的 r^2 个元素组成一个 r 阶行列式,记做 $A\begin{Bmatrix} i_1 & i_2 & \cdots & i_r \\ j_1 & j_2 & \cdots & j_r \end{Bmatrix}$,称为 A 的一个 r 阶子式,这里 $i_1,i_2,\cdots,i_r$ 可以有相同的;$j_1,j_2,\cdots,j_r$ 也可以有相同的.

定理 4　设 A 为数域 K 上的 $m\times n$ 矩阵,则 $\mathrm{r}(A)=r$ 的充分必要条件是 A 有一个 r 阶子式不为零,而所有 $r+1$ 阶子式都等于零.

评议　行列式是研究矩阵特别是方阵的有力工具,而上述四个定理为这种应用提供了基本的理论依据. 现分述如下.

(1) 一个 n 阶方阵 A 是否可逆,这是在许多问题中首先要解决的.我们有如下等价关系:

$$A \text{ 可逆} \Longleftrightarrow A \text{ 满秩}(\mathrm{r}(A)=n) \Longleftrightarrow |A| \neq 0.$$

特别是当 $|A|\neq 0$ 时利用行列式理论可明确写出 $A^{-1}=\dfrac{1}{|A|}A^{*}$,这为处理许多理论问题提供了解析表达式.

例如,研究数域 K 上有 n 个未知量 n 个方程的线性方程组

$$\begin{cases} a_{11}x_1+a_{12}x_2+\cdots+a_{1n}x_n=b_1, \\ a_{21}x_1+a_{22}x_2+\cdots+a_{2n}x_n=b_2, \\ \cdots\cdots\cdots\cdots\cdots\cdots\cdots\cdots\cdots\cdots \\ a_{n1}x_1+a_{n2}x_2+\cdots+a_{nn}x_n=b_n. \end{cases}$$

令

$$A=\begin{bmatrix} a_{11} & a_{12} & \cdots & a_{1n} \\ a_{21} & a_{22} & \cdots & a_{2n} \\ \vdots & \vdots & & \vdots \\ a_{n1} & a_{n2} & \cdots & a_{nn} \end{bmatrix}, \quad X=\begin{bmatrix} x_1 \\ x_2 \\ \vdots \\ x_n \end{bmatrix}, \quad B=\begin{bmatrix} b_1 \\ b_2 \\ \vdots \\ b_n \end{bmatrix}.$$

上面线性方程组可写成 $AX=B$,其形状和中学里的一元一次方程式 $ax=b$ 极为相似,当 $a\neq 0$ 时,此方程有唯一解 $x=a^{-1}b$.现在,对上述线性方程组也有类似的结果:当 $|A|\neq 0$(注意不是 $A\neq 0$)时方程组有唯一解 $X=A^{-1}B$ $\left(\text{注意不能写成}\dfrac{B}{A}!\right)$,于是我们有

$$X=A^{-1}B=\frac{1}{|A|}A^{*}B$$

$$=\frac{1}{|A|}\begin{bmatrix} A_{11} & A_{21} & \cdots & A_{n1} \\ A_{12} & A_{22} & \cdots & A_{n2} \\ \vdots & \vdots & & \vdots \\ A_{1n} & A_{2n} & \cdots & A_{nn} \end{bmatrix}\begin{bmatrix} b_1 \\ b_2 \\ \vdots \\ b_n \end{bmatrix}=\frac{1}{|A|}\begin{bmatrix} \sum\limits_{k=1}^{n}A_{k1}b_k \\ \sum\limits_{k=1}^{n}A_{k2}b_k \\ \vdots \\ \sum\limits_{k=1}^{n}A_{kn}b_k \end{bmatrix}.$$

命

$$|A_i| = \sum_{k=1}^{n} A_{ki}b_k = \begin{vmatrix} a_{11} & \cdots & a_{1\,i-1} & b_1 & a_{1\,i+1} & \cdots & a_{1n} \\ a_{21} & \cdots & a_{2\,i-1} & b_2 & a_{2\,i+1} & \cdots & a_{2n} \\ \vdots & & \vdots & \vdots & \vdots & & \vdots \\ a_{n1} & \cdots & a_{n\,i-1} & b_n & a_{n\,i+1} & \cdots & a_{nn} \end{vmatrix}.$$

$|A_i|$恰为把$|A|$的第 i 列换成方程组的常数项而得的 n 阶行列式. 此时方程组的解可表为

$$X = \begin{bmatrix} x_1 \\ x_2 \\ \vdots \\ x_n \end{bmatrix} = \frac{1}{|A|}\begin{bmatrix} |A_1| \\ |A_2| \\ \vdots \\ |A_n| \end{bmatrix}.$$

由此即得如下重要结论:

若数域 K 上的 n 个未知量 n 个方程的线性方程组的系数矩阵的行列式$|A|\neq 0$ 时,则它有唯一的一组解

$$x_1 = \frac{|A_1|}{|A|}, \quad x_2 = \frac{|A_2|}{|A|}, \ \cdots, \quad x_n = \frac{|A_n|}{|A|}.$$

上面这个命题称为克莱姆法则. 需要提醒读者注意的是:它是关于未知量个数和方程组个数相同的线性方程组的结果,不能直接用于一般线性方程组.

(2) 上面定理 2 也是讨论有 n 个未知量 n 个方程的齐次线性方程组的. 下面一章将指出,它是研究 n 阶方阵的核心课题时需要用到的一条基础性定理,读者应予充分重视.

(3) 矩阵加法比较简单,但对行列式而言,两个 n 阶方阵 A,B, $|A+B|\neq|A|+|B|$. 矩阵乘法比较复杂,但却有$|AB|=|A||B|$. 这表明行列式对讨论矩阵乘法特别有用,它也是许多矩阵技巧的来源.

(4) 一般 $m\times n$ 矩阵 A 没有行列式的概念. 但行列式仍对它的研究甚为重要,这就是利用 A 的各种子式来研究 A. 定理 4 给出了用子式确定 A 的秩的办法,是关于一般矩阵的一个重要理论成果.

例 2.1 设 $\alpha_1,\alpha_2,\cdots,\alpha_s$ 是 K^n 中一个线性无关向量组,而

$$\beta_i = \sum_{j=1}^{s} a_{ij}\alpha_j, \quad i = 1,2,\cdots,s.$$

证明 $\beta_1,\beta_2,\cdots,\beta_s$ 线性无关的充分必要条件是下面 s 阶行列式

$$\begin{vmatrix} a_{11} & a_{12} & \cdots & a_{1s} \\ a_{21} & a_{22} & \cdots & a_{2s} \\ \vdots & \vdots & & \vdots \\ a_{s1} & a_{s2} & \cdots & a_{ss} \end{vmatrix} \neq 0.$$

解 $\beta_1,\beta_2,\cdots,\beta_s$ 线性无关的充分必要条件是向量方程 $x_1\beta_1+x_2\beta_2+\cdots+\beta_s=0$ 只有零解. 我们有

$$\sum_{i=1}^{s} x_i\beta_i = \sum_{i=1}^{s} x_i \sum_{j=1}^{s} a_{ij}\alpha_j = \sum_{j=1}^{s}\Big(\sum_{i=1}^{s} a_{ij}x_i\Big)\alpha_j = 0.$$

因为 $\alpha_1,\alpha_2,\cdots,\alpha_s$ 线性无关,故上面等式等价于齐次线性方程组

$$\sum_{i=1}^{s} a_{ij}x_i = a_{1j}x_1 + a_{2j}x_2 + \cdots + a_{sj}x_j = 0$$

$(j=1,2,\cdots,s)$. 根据上面定理 2,它只有零解的充分必要条件是其系数矩阵的行列式

$$\begin{vmatrix} a_{11} & a_{21} & \cdots & a_{s1} \\ a_{12} & a_{22} & \cdots & a_{s2} \\ \vdots & \vdots & & \vdots \\ a_{1s} & a_{2s} & \cdots & a_{ss} \end{vmatrix} = \begin{vmatrix} a_{11} & a_{12} & \cdots & a_{1s} \\ a_{21} & a_{22} & \cdots & a_{2s} \\ \vdots & \vdots & & \vdots \\ a_{s1} & a_{s2} & \cdots & a_{ss} \end{vmatrix} \neq 0. \quad \blacksquare$$

评议 定理 2 是说该类齐次线性方程组有非零解的充分必要条件是系数矩阵行列式为零. 那么该类方程只有零解的充分必要条件就是系数矩阵行列式不为零. 这两者是互相等价的. 在讨论问题时,可以根据需要采用其中任一种说法,所以此例也可改为: $\beta_1,\beta_2,\cdots,\beta_s$ 线性相关的充分必要条件是所列出的行列式为 0. 在此例中尽管使用了齐次线性方程组和行列式,但与向量 $\alpha_1,\alpha_2,\cdots,\alpha_s$ 的具体内涵无关,论证中只用到向量加法、数乘的八条运算法则.

例 2.2 设 A 是数域 K 上 n 阶方阵. 证明

$$\mathrm{r}(A^*) = \begin{cases} n, & \text{当 } \mathrm{r}(A) = n, \\ 1, & \text{当 } \mathrm{r}(A) = n-1, \\ 0, & \text{当 } \mathrm{r}(A) < n-1. \end{cases}$$

解 根据定理 1,有

$$AA^* = \begin{bmatrix} |A| & & & \\ & |A| & & 0 \\ 0 & & \ddots & \\ & & & |A| \end{bmatrix} = |A|E.$$

若 $\mathrm{r}(A)=n$，则 $|A|\neq 0$ 且 A 可逆，此时 $A^*=|A|A^{-1}$ 也可逆，故 $\mathrm{r}(A^*)=n$. 若 $\mathrm{r}(A)<n$，则 $|A|=0$，即 $AA^*=0$. A^* 的列向量组为 $AX=0$ 的解向量组，故 $\mathrm{r}(A^*)\leqslant n-\mathrm{r}(A)$，即 $\mathrm{r}(A)+\mathrm{r}(A^*)\leqslant n$. 若 $\mathrm{r}(A)=n-1$，则 $\mathrm{r}(A^*)\leqslant 1$. 按定理 4，$A$ 有一 $n-1$ 阶子式 $\det A\binom{i}{j}\neq 0$. 于是 $A_{ij}=(-1)^{i+j}\det A\binom{i}{j}\neq 0$，即 $A^*\neq 0$，$\mathrm{r}(A^*)\geqslant 1$，故 $\mathrm{r}(A^*)=1$. 若 $\mathrm{r}(A)<n-1$，由定理 4，A 的所有 $\mathrm{r}(A)+1$ 阶子式全为 0，而由行列式的定义，A 的所有 $\mathrm{r}(A)+2$ 阶子式(按定义由 $\mathrm{r}(A)+1$ 阶子式乘适当倍数连加而得)全为 0，以此类推，可知 A 的所有 $n-1$ 阶子式全为 0，于是 $A^*=0$，即 $\mathrm{r}(A^*)=0$. ▌

评议 A^* 的元素是 A 的代数余子式，都是 $n-1$ 阶行列式，我们无法用 A^* 的元素来推断它的秩. 本题的解法自然要依赖 A^* 与 A 之间的关系：$AA^*=|A|E$，由 A 的秩来推断 A^* 的秩，这时就要反复使用关于矩阵的秩的理论知识.

例 2.3 给定数域 K 上的 n 阶循环矩阵

$$A = \begin{bmatrix} a_1 & a_2 & a_3 & \cdots & a_n \\ a_n & a_1 & a_2 & \cdots & a_{n-1} \\ a_{n-1} & a_n & a_1 & \cdots & a_{n-2} \\ \vdots & \vdots & \vdots & & \vdots \\ a_2 & a_3 & a_4 & \cdots & a_1 \end{bmatrix},$$

试计算 A 的行列式.

解 令 $\varepsilon_k=\mathrm{e}^{\frac{2k\pi\mathrm{i}}{n}}$ $(k=1,2,\cdots,n)$ 为 n 次单位根，即方程 $x^n=1$ 在 $\mathbb{C}$ 内的 n 个根. 构造 $\mathbb{C}$ 上 n 阶方阵

$$B = \begin{bmatrix} 1 & 1 & \cdots & 1 \\ \varepsilon_1 & \varepsilon_2 & \cdots & \varepsilon_n \\ \vdots & \vdots & & \vdots \\ \varepsilon_1^{n-1} & \varepsilon_2^{n-1} & \cdots & \varepsilon_n^{n-1} \end{bmatrix}.$$

因为 $\varepsilon_1,\varepsilon_2,\cdots,\varepsilon_n$ 两两不同，从例 1.4 知 $|B|\neq 0$.

令 $f(x)=a_1+a_2x+\cdots+a_nx^{n-1}$ 为 K 上多项式. 我们有

$$\begin{aligned}
f(\varepsilon_k) &= a_1 + a_2\varepsilon_k + \cdots + a_n\varepsilon_k^{n-1},\\
\varepsilon_k f(\varepsilon_k) &= a_n + a_1\varepsilon_k + \cdots + a_{n-1}\varepsilon_k^{n-1},\\
\varepsilon_k^2 f(\varepsilon_k) &= a_{n-1} + a_n\varepsilon_k + \cdots + a_{n-2}\varepsilon_k^{n-1},\\
&\cdots\cdots\cdots\cdots\cdots\cdots\\
\varepsilon_k^{n-1} f(\varepsilon_k) &= a_2 + a_3\varepsilon_k + \cdots + a_1\varepsilon_k^{n-1}.
\end{aligned}$$

于是

$$AB=\begin{bmatrix} a_1 & a_2 & \cdots & a_n \\ a_n & a_1 & \cdots & a_{n-1} \\ \vdots & \vdots & & \vdots \\ a_2 & a_3 & \cdots & a_1 \end{bmatrix}\begin{bmatrix} 1 & 1 & \cdots & 1 \\ \varepsilon_1 & \varepsilon_2 & \cdots & \varepsilon_n \\ \vdots & \vdots & & \vdots \\ \varepsilon_1^{n-1} & \varepsilon_2^{n-1} & \cdots & \varepsilon_n^{n-1} \end{bmatrix}$$

$$=\begin{bmatrix} f(\varepsilon_1) & f(\varepsilon_2) & \cdots & f(\varepsilon_n) \\ \varepsilon_1 f(\varepsilon_1) & \varepsilon_2 f(\varepsilon_2) & \cdots & \varepsilon_n f(\varepsilon_n) \\ \vdots & \vdots & & \vdots \\ \varepsilon_1^{n-1} f(\varepsilon_1) & \varepsilon_2^{n-1} f(\varepsilon_2) & \cdots & \varepsilon_n^{n-1} f(\varepsilon_n) \end{bmatrix}.$$

注意到右边矩阵第 k 列有公因子 $f(\varepsilon_k)$，可以提出行列式外，两边取行列式，有

$$|A|\cdot|B| = |AB| = f(\varepsilon_1)f(\varepsilon_2)\cdots f(\varepsilon_n)|B|.$$

因 $|B|\neq 0$，故有

$$|A| = f(\varepsilon_1)f(\varepsilon_2)\cdots f(\varepsilon_n).\quad ▌$$

评议　这是利用定理 3 的一个经典范例. 矩阵 A 的每行元素都由同一组数轮换得出，而 n 次单位根恰好也有轮换的性质：$1,\varepsilon_k,\varepsilon_k^2,\cdots,\varepsilon_k^{n-1}$ 这组数用 ε_k 相乘变成 $\varepsilon_k,\varepsilon_k^2,\cdots,\varepsilon_k^{n-1},\varepsilon_k^n=1$ 正好是把该组数轮换一次，本题正是利用了这一点.

例 2.4　计算行列式(设 $n>2$)

$$|A| = \begin{vmatrix} \sin 2\alpha_1 & \sin(\alpha_1+\alpha_2) & \cdots & \sin(\alpha_1+\alpha_n) \\ \sin(\alpha_2+\alpha_1) & \sin(2\alpha_2) & \cdots & \sin(\alpha_2+\alpha_n) \\ \vdots & \vdots & & \vdots \\ \sin(\alpha_n+\alpha_1) & \sin(\alpha_n+\alpha_2) & \cdots & \sin(2\alpha_n) \end{vmatrix}.$$

解 利用三角公式 $\sin(\alpha+\beta)=\sin\alpha\cos\beta+\cos\alpha\sin\beta$，我们有

$$\begin{bmatrix} \sin 2\alpha_1 & \sin(\alpha_1+\alpha_2) & \cdots & \sin(\alpha_1+\alpha_n) \\ \sin(\alpha_2+\alpha_1) & \sin 2\alpha_2 & \cdots & \sin(\alpha_2+\alpha_n) \\ \vdots & \vdots & & \vdots \\ \sin(\alpha_n+\alpha_1) & \sin(\alpha_n+\alpha_2) & \cdots & \sin(2\alpha_n) \end{bmatrix}$$

$$= \begin{bmatrix} \sin\alpha_1 & \cos\alpha_1 & 0 & \cdots & 0 \\ \sin\alpha_2 & \cos\alpha_2 & 0 & \cdots & 0 \\ \vdots & \vdots & \vdots & & \vdots \\ \sin\alpha_n & \cos\alpha_n & 0 & \cdots & 0 \end{bmatrix} \begin{bmatrix} \cos\alpha_1 & \cos\alpha_2 & \cdots & \cos\alpha_n \\ \sin\alpha_1 & \sin\alpha_2 & \cdots & \sin\alpha_n \\ 0 & 0 & \cdots & 0 \\ \vdots & \vdots & & \vdots \\ 0 & 0 & \cdots & 0 \end{bmatrix}.$$

上等式右边两矩阵行列式均为 0，按定理 3 即知 $|A|=0$. ▌

评议 A 的元素都是和角的正弦，在三角函数理论中有熟知的公式，用到此处，即可知 A 可表示为两个矩阵乘积的形式. 此例给我们的启示是：处理一个问题，要先想想关于它有什么已有的知识可以利用. 此例中涉及的知识是：(1) 三角函数和角展开公式；(2) 矩阵乘法的知识；(3) 两个方阵乘积的行列式的定理 3. 这三方面知识结合起来就是此例的解题方法.

例 2.5 设下列两个线性方程组

$$\begin{cases} a_{11}x_1+a_{12}x_2+\cdots+a_{1n}x_n=b_1, \\ a_{21}x_1+a_{22}x_2+\cdots+a_{2n}x_n=b_2, \\ \cdots\cdots\cdots\cdots\cdots\cdots\cdots\cdots \\ a_{n1}x_1+a_{n2}x_2+\cdots+a_{nn}x_n=b_n \end{cases}$$

及

$$\begin{cases} a_{11}y_1+a_{12}y_2+\cdots+a_{1n}y_n=c_1, \\ a_{21}y_1+a_{22}y_2+\cdots+a_{2n}y_n=c_2, \\ \cdots\cdots\cdots\cdots\cdots\cdots\cdots\cdots \\ a_{n1}y_1+a_{n2}y_2+\cdots+a_{nn}y_n=c_n \end{cases}$$

分别有唯一解

$$\begin{bmatrix} x_1 \\ x_2 \\ \vdots \\ x_n \end{bmatrix} = \begin{bmatrix} k_1 \\ k_2 \\ \vdots \\ k_n \end{bmatrix}, \quad \begin{bmatrix} y_1 \\ y_2 \\ \vdots \\ y_n \end{bmatrix} = \begin{bmatrix} l_1 \\ l_2 \\ \vdots \\ l_n \end{bmatrix}.$$

令 $A=(a_{ij})$为两方程组的公共系数矩阵,证明

$$k_1c_1+k_2c_2+\cdots+k_nc_n=l_1b_1+l_2b_2+\cdots+l_nb_n$$

$$=\frac{-1}{|A|}\begin{vmatrix} a_{11} & a_{12} & \cdots & a_{1n} & b_1 \\ a_{21} & a_{22} & \cdots & a_{2n} & b_2 \\ \vdots & \vdots & & \vdots & \vdots \\ a_{n1} & a_{n2} & \cdots & a_{nn} & b_n \\ c_1 & c_2 & \cdots & c_n & 0 \end{vmatrix}.$$

解 根据第一章§2知此时 $\mathrm{r}(A)=n$,故 A 可逆,且

$$\begin{bmatrix} k_1 \\ k_2 \\ \vdots \\ k_n \end{bmatrix} = A^{-1}\begin{bmatrix} b_1 \\ b_2 \\ \vdots \\ b_n \end{bmatrix}, \quad \begin{bmatrix} l_1 \\ l_2 \\ \vdots \\ l_n \end{bmatrix} = A^{-1}\begin{bmatrix} c_1 \\ c_2 \\ \vdots \\ c_n \end{bmatrix}.$$

于是

$$k_1c_1+k_2c_2+\cdots+k_nc_n=(c_1\ c_2\ \cdots\ c_n)\begin{bmatrix} k_1 \\ k_2 \\ \vdots \\ k_n \end{bmatrix}$$

$$=(c_1\ c_2\ \cdots\ c_n)\frac{1}{|A|}\begin{bmatrix} A_{11} & A_{21} & \cdots & A_{n1} \\ A_{12} & A_{22} & \cdots & A_{n2} \\ \vdots & \vdots & & \vdots \\ A_{1n} & A_{2n} & \cdots & A_{nn} \end{bmatrix}\begin{bmatrix} b_1 \\ b_2 \\ \vdots \\ b_n \end{bmatrix}$$

$$=\frac{1}{|A|}\sum_{i=1}^{n}\sum_{j=1}^{n}A_{ij}b_ic_j.$$

如令

$$B=\begin{bmatrix} a_{11} & a_{12} & \cdots & a_{1n} \\ a_{21} & a_{22} & \cdots & a_{2n} \\ \vdots & \vdots & & \vdots \\ a_{n1} & a_{n2} & \cdots & a_{nn} \\ c_1 & c_2 & \cdots & c_n \end{bmatrix},$$

根据克莱姆法则，$k_j=\frac{1}{|A|}\sum_{i=1}^{n}A_{ij}b_i$. 故

$$\begin{vmatrix} a_{11} & a_{12} & \cdots & a_{1n} & b_1 \\ a_{21} & a_{22} & \cdots & a_{2n} & b_2 \\ \vdots & \vdots & & \vdots & \vdots \\ a_{n1} & a_{n2} & \cdots & a_{nn} & b_n \\ c_1 & c_2 & \cdots & c_n & 0 \end{vmatrix}$$

$$\begin{aligned}
&=\sum_{i=1}^{n}(-1)^{n+i+1}B\begin{Bmatrix} 1 & 2 & \cdots & i-1 & i+1 & \cdots & n+1 \\ 1 & 2 & \cdots & \cdots & \cdots & \cdots & n \end{Bmatrix}b_i \\
&=\sum_{i=1}^{n}(-1)^{n+i+1}\Big(\sum_{j=1}^{n}(-1)^{n+j}\det A\binom{i}{j}c_j\Big)b_i \\
&=-\sum_{i=1}^{n}\sum_{j=1}^{n}(-1)^{i+j}\det A\binom{i}{j}b_ic_j \\
&=-\sum_{i=1}^{n}\sum_{j=1}^{n}A_{ij}b_ic_j \\
&=-|A|(k_1c_1+k_2c_2+\cdots+k_nc_n).
\end{aligned}$$

同理可证 $l_1b_1+l_2b_2+\cdots+l_nb_n$ 亦取此值. ▌

评议 此例充分利用定理 1 所给出的 A^{-1}的明显解析表达式，使得 $c_1k_1+c_2k_2+\cdots+c_nk_n$ 的值能清楚地计算出来，于是结果也自然导出.

例 2.6 给定数域 K 内的一个无穷序列 $a_0,a_1,a_2,\cdots$. 对任意非负整数 s,m，定义

$$A_{s,m}=\begin{bmatrix} a_s & a_{s+1} & \cdots & a_{s+m} \\ a_{s+1} & a_{s+2} & \cdots & a_{s+m+1} \\ \vdots & \vdots & & \vdots \\ a_{s+m} & a_{s+m+1} & \cdots & a_{s+2m} \end{bmatrix}.$$

如果存在非负整数 n,k,使当 $s\geqslant k$ 时 $|A_{s,n}|=0$,证明存在 K 内不全为 0 的数 $b_0,b_1,\cdots,b_n$ 及非负整数 l,使当 $s\geqslant l$ 时有

$$a_sb_n+a_{s+1}b_{n-1}+\cdots+a_{s+n}b_0=0.$$

解　这是一个较难的问题,我们应当先分析清楚其症结在何处,然后想办法加以破解.

首先要把一些枝节问题排除在外.就是,如果 $n=0$,此时当 $s\geqslant k$ 时,$|A_{s,0}|=a_s=0$.这时只要令 $b_0=1,l=k$,则当 $s\geqslant l$ 时自然有 $a_sb_0=0$.所以只需讨论 $n>0$.此时满足条件的 n 可能不止一个,我们约定取其中最小者.

现在问题变成找齐次线性方程组

$$a_sx_n+a_{s+1}x_{n-1}+\cdots+a_{s+n}x_0=0$$

的一组非零解 $x_0=b_0,x_1=b_1,\cdots,x_n=b_n$.这里 $s=l,l+1,\cdots$.这是一个有 $n+1$ 个未知量无穷多个方程的齐次线性方程组.

但是,我们迄今未有处理含无穷多个方程的线性方程组的办法.不过,从条件 $|A_{s,n}|=0(s\geqslant k)$,根据定理 2,齐次线性方程组 $A_{s,n}X=0$ 有非零解,这里 $s=k,k+1,\cdots$.从问题的提法看,它似乎是要证明存在 l,使当 $s\geqslant l$ 时这些齐次线性方程组 $A_{s,n}X=0$ 有一组公共非零解,这就是此问题的症结所在.为了破解它,我们需要搞清 $A_{s,n}X=0$ 和 $A_{s+1,n}X=0$ 之间存在什么关系.方阵 $A_{s,m}$ 和方阵 $A_{s+1,m}$ 之间有明显的关系:$A_{s+1,m}$ 的前 m 个行向量恰为 $A_{s,m}$ 的后 m 个行向量.这就是说,齐次线性方程组 $A_{s+1,n}X=0$ 前 n 个方程恰为齐次线性方程组 $A_{s,n}X=0$ 的后 n 个方程.故 $A_{s,n}X=0$ 的任一组解一定满足 $A_{s+1,n}X=0$ 的前 n 个方程.如果我们能证明 $A_{s+1,n}$ 的第 $n+1$ 个行向量能被前 n 个行向量线性表示,即 $A_{s+1,n}X=0$ 的第 $n+1$ 个方程能被前 n 个方程线性表示,则 $A_{s,n}X=0$ 的解都是 $A_{s+1,n}X=0$ 的解,问题即迎刃而解.

做上述设想并非无根据的猜想.因为 $|A_{s+1,n}|=0$ 表示 $\mathrm{r}(A_{s+1,n})\leqslant n$,故其 $n+1$ 个行向量线性相关,其中必有一个行向量可被其余行向量线性表示.只要证明这个行向量可以是第 $n+1$ 个行向量就可以了,而这又只要证明 $A_{s+1,n}$ 的前 n 个行向量线性无关就可以了(因为前 n 个行向量线性无关,添加第 $n+1$ 个行向量后就线性相关,则由

第一章练习题1.1第10题，第$n+1$个行向量即可被前n个行向量线性表示). 根据第一章例1.1，如果我们能证明：$A_{s+1,n}$的前n个行向量去掉最后一个分量后所得的n个n维向量线性无关，那么$A_{s+1,n}$的前n个行向量就线性无关，问题即获解决. 把$A_{s+1,n}$前n个行向量的最后一个分量去掉，所得n个n维向量即为$A_{s+1,n-1}$的n个行向量，只要证明$|A_{s+1,n-1}|\neq 0$，那么它是满秩的，它的n个行向量自然线性无关. 至此，我们已经找到破解问题的途径.

下面进入正规的论证.

现设对非负整数n,k，当$s\geqslant k$时$|A_{s,n}|=0$，且n为满足此条件的最小正整数. 我们只要证明：对所有$s\geqslant k$，$|A_{s,n-1}|\neq 0$. 用反证法. 若对某个$s_0\geqslant k$有$|A_{s_0,n-1}|=0$. 于是矩阵$A_{s_0,n}$的前n个行向量$\gamma_0,\gamma_1,\cdots,\gamma_{n-1}$去掉最后一个分量后所得向量组$\gamma'_0,\gamma'_1,\cdots,\gamma'_{n-1}$(即为矩阵$A_{s_0,n-1}$的$n$个行向量)线性相关. 设$\gamma'_{i_0}$是自左至右第一个能被后面向量线性表示的向量(设$a_0\gamma'_0+a_1\gamma'_1+\cdots+a_{n-1}\gamma'_{n-1}=0$，自左至右第一个不为0的系数为$a_{i_0}$，则$\gamma'_{i_0}$即为所求)：

$$\gamma'_{i_0}=b_1\gamma'_{i_0+1}+b_2\gamma'_{i_0+2}+\cdots+b_{n-i_0-1}\gamma'_{n-1}.$$

(1) 如果$i_0>0$. 在矩阵$A_{s_0,n}$内将第i_0+j+1个行向量乘以$(-b_j)$加到第i_0+1行$(j=1,2,\cdots,n-1-i_0)$，得

$$B=\begin{array}{r}\\ \\ \\ \\ i_0+1\text{行}\\ \\ \\ \end{array}\begin{bmatrix} a_{s_0} & a_{s_0+1} & \cdots & \cdots & a_{s_0+n}\\ \hline a_{s_0+1} & a_{s_0+2} & \cdots & \cdots & \multicolumn{1}{|c}{a_{s_0+n+1}}\\ \vdots & \vdots & & & \multicolumn{1}{|c}{\vdots}\\ 0 & 0 & \cdots & 0 & \multicolumn{1}{|c}{b}\\ \vdots & \vdots & & & \multicolumn{1}{|c}{\vdots}\\ a_{s_0+n} & a_{s_0+n+1} & \cdots & \cdots & \multicolumn{1}{|c}{a_{s_0+2n}} \end{bmatrix}.$$

上面框出的左下角矩阵有一行为零向量，故其行列式为0，但它是由$A_{s_0+1,n-1}$经上述初等行变换得出的，故$|A_{s_0+1,n-1}|=0$.

(2) $i_0=0$. 在矩阵$A_{s_0,n}$内将第$j+1$个行向量乘以$(-b_j)$加到第1行$(j=1,2,\cdots,n-1)$，矩阵变成

$$B=\begin{bmatrix} 0 & 0 & \cdots & \cdots & 0 & b \\ a_{s_0+1} & a_{s_0+2} & \cdots & \cdots & \cdots & a_{s_0+n+1} \\ \vdots & \vdots & & & & \vdots \\ a_{s_0+n} & a_{s_0+n+1} & \cdots & \cdots & \cdots & a_{s_0+2n} \end{bmatrix}.$$

B 中左下角框出的矩阵是 $A_{s_0+1,n-1}$. 显然 $0=|A_{s_0,n}|=|B|=b|A_{s_0+1,n-1}|$. 若 $b\neq 0$，则 $|A_{s_0+1,n-1}|=0$. 如果 $b=0$，注意 B 中右上角框出的矩阵是 $A_{s_0+1,n-1}$ 经上述初等行变换得出的(上面初等行变换是把 $A_{s_0,n}$ 的第 2,3,…,n 行乘一个倍数加到第 1 行，与第 $n+1$ 行无关)，现在它的第 1 行为零向量，故 $|A_{s_0+1,n-1}|=0$.

从上面论证知 $|A_{s_0+1,n-1}|=0$，同理 $|A_{s_0+2,n-1}|=0$，…，即当 $s\geqslant s_0$ 时 $|A_{s,n-1}|=0$. 于是 $n-1$ 也满足题中的条件，这与 n 的最小性矛盾. 这说明对所有 $s\geqslant k$，$|A_{s,n-1}|\neq 0$. 由此知 $A_{s,n-1}$ 的行向量组线性无关. 而这又推出 $A_{s,n}$ 的前 n 个行向量线性无关，但 $|A_{s,n}|=0$，其行向量组线性相关，由第一章练习题 1.1 第 10 题，$A_{s,n}$ 的第 $n+1$ 个行向量可被前 n 个行向量线性表示，即 $A_{s,n}X=0$ 的第 $n+1$ 个方程可被前 n 个方程线性表示，前 n 个方程组成的齐次线性方程组的任一组解也是第 $n+1$ 个方程的解.

现在因为 $|A_{k,n}|=0$，故齐次线性方程组 $A_{k,n}X=0$ 有一组非零解 $x_0=b_0, x_1=b_1, \cdots, x_n=b_n$，即

$$\begin{cases} a_k b_n + a_{k+1} b_{n-1} + \cdots + a_{k+n} b_0 = 0, \\ \cdots\cdots\cdots\cdots\cdots\cdots\cdots\cdots\cdots\cdots \\ a_{k+n} b_n + a_{k+n+1} b_{n-1} + \cdots + a_{k+2n} b_0 = 0. \end{cases}$$

上述等式组后 n 个表示 $x_0=b_0, x_1=b_1, \cdots, x_n=b_n$ 是齐次线性方程组 $A_{k+1,n}X=0$ 的前 n 个方程的解，按上面的论证，它也是第 $n+1$ 个方程的解，从而它是齐次线性方程组 $A_{k+1,n}X=0$ 的解. 同理，它也是 $A_{k+2,n}X=0$ 的解，以此类推，可知当 $s\geqslant k$ 时，有

$$a_s b_n + a_{s+1} b_{n-1} + \cdots + a_{s+n} b_0 = 0. \quad \blacksquare$$

评议　这是一个运用基础理论去解决一个较难问题的优秀范例，读者应当细心体会，领悟如何分析问题和解决问题.

练 习 题 2.2

1. 借助上面定理 3 计算下面行列式

$$\begin{vmatrix} a & b & c & d \\ -b & a & d & -c \\ -c & -d & a & b \\ -d & c & -b & a \end{vmatrix}.$$

2. 计算行列式(设 $n>2$)

$$\begin{vmatrix} 1+x_1y_1 & 1+x_1y_2 & \cdots & 1+x_1y_n \\ 1+x_2y_1 & 1+x_2y_2 & \cdots & 1+x_2y_n \\ \vdots & \vdots & & \vdots \\ 1+x_ny_1 & 1+x_ny_2 & \cdots & 1+x_ny_n \end{vmatrix}.$$

3. 给定数域 K 内 n 个数 $a_1,a_2,\cdots,a_n$. 令 $s_k=a_1^k+a_2^k+\cdots+a_n^k(k=0,1,2,\cdots$;其中约定 $a_i^0=1)$. 计算下面行列式

$$\begin{vmatrix} s_0 & s_1 & s_2 & \cdots & s_{n-1} \\ s_1 & s_2 & s_3 & \cdots & s_n \\ s_2 & s_3 & s_4 & \cdots & s_{n+1} \\ \vdots & \vdots & \vdots & & \vdots \\ s_n & s_{n+1} & s_{n+2} & \cdots & s_{2n-2} \end{vmatrix}.$$

4. 计算

$$\begin{vmatrix} x_1 & x_2 & x_3 & x_4 \\ x_2 & -x_1 & -x_4 & x_3 \\ x_3 & x_4 & -x_1 & -x_2 \\ x_4 & -x_3 & x_2 & -x_1 \end{vmatrix} \cdot \begin{vmatrix} y_1 & y_2 & y_3 & y_4 \\ y_2 & -y_1 & -y_4 & y_3 \\ y_3 & y_4 & -y_1 & -y_2 \\ y_4 & -y_3 & y_2 & -y_1 \end{vmatrix},$$

并证明欧拉恒等式:

$$\begin{aligned}(x_1^2+x_2^2+x_3^2+x_4^2)(y_1^2+y_2^2+y_3^2+y_4^2) &= (x_1y_1+x_2y_2+x_3y_3+x_4y_4)^2 \\ &\quad+(x_1y_1-x_2y_1-x_3y_4+x_4y_3)^2 \\ &\quad+(x_1y_3+x_2y_4-x_3y_1-x_4y_2)^2 \\ &\quad+(x_1y_4-x_2y_4+x_3y_2-x_4y_1)^2.\end{aligned}$$

5. 设 A,B 是数域 K 上的可逆 n 阶方阵,证明:

(1) $|A^*|=|A|^{n-1}$; (2) A^* 可逆,且 $(A^*)^{-1}=(A^{-1})^*$;

(3) $(A^*)^*=|A|^{n-2}A$; (4) $(AB)^*=B^*A^*$.

6. 给定数域 K 上三阶方阵

$$A=\begin{bmatrix}3&2&4\\2&0&2\\4&2&3\end{bmatrix},$$

它定义了 K^3 到 K^3 的映射 $f_A(X)=AX(\forall\ X\in K^3)$. 试求 K^3 内所有使 $f_A(X)=-X$ 的向量 X.

7. 利用伴随矩阵求下列矩阵的逆矩阵:

(1) $A=\begin{bmatrix}1&1&-1\\2&1&0\\1&-1&0\end{bmatrix}$; (2) $A=\begin{bmatrix}2&2&3\\1&-1&0\\-1&2&1\end{bmatrix}$;

(3) $A=\begin{bmatrix}1&0&-1&0\\0&1&0&0\\0&0&-1&1\\0&0&0&-1\end{bmatrix}$.

8. 给定线性方程组

$$\begin{cases}a_{11}x_1+a_{12}x_2+\cdots+a_{1n}x_n=0,\\a_{21}x_1+a_{22}x_2+\cdots+a_{2n}x_n=0,\\\cdots\cdots\cdots\cdots\cdots\cdots\cdots\cdots\cdots\cdots\\a_{n-1\,1}x_1+a_{n-1\,2}x_2+\cdots+a_{n-1\,n}x_n=0,\end{cases}$$

以 M_i 表其系数矩阵划去第 i 列后所剩 $n-1$ 阶方阵的行列式. 证明:

(1) $(M_1,-M_2,\cdots,(-1)^{n-1}M_n)$ 是方程组的解;

(2) 若方程组系数矩阵的秩为 $n-1$,则方程组的解全是 $(M_1,-M_2,\cdots,(-1)^{n-1}M_n)$ 的倍数.

9. 给定数域 K 上 n 个互不相同的数 $a_1,a_2,\cdots,a_n$,又任意给定数域 K 上 n 个数 $b_1,b_2,\cdots,b_n$. 证明: 找出数域 K 上一个次数小于 n 的多项式 $f(x)$,使

$$f(a_i)=b_i\quad(i=1,2,\cdots,n).$$

10. 设 A 是数域 K 上的 n 阶上三角矩阵,证明 A^* 也是上三角

矩阵.

11. 设 A,B 分别是数域 K 上的 $n\times m$ 与 $m\times n$ 矩阵. 证明

$$\begin{vmatrix} E_m & B \\ A & E_n \end{vmatrix} = |E_n - AB||E_m - BA|.$$

12. 给定数域 K 上的 m 阶方阵 A, n 阶方阵 B, 令

$$M = \begin{bmatrix} C & A \\ B & 0 \end{bmatrix}.$$

证明: $|M| = (-1)^{mn}|A||B|$.

第三章 线性空间与线性变换

§1 线性空间的基本理论

一、线性空间的定义

【内容提要】

定义 设 V 是一个非空集合，K 是一个数域. 又设：

(i) 在 V 中定义了一种运算，称为**加法**. 即对 V 中任意两个元素 α 与 β，都按某一法则对应于 V 内唯一确定的一个元素，记之为 $\alpha+\beta$；

(ii) 在 K 中的数与 V 的元素间定义了一种运算，称为**数乘**. 即对 V 中任意元素 α 和数域 K 中任意数 k，都按某一法则对应于 V 内唯一确定的一个元素，记之为 $k\alpha$.

如果加法和数乘运算满足下面的八条运算法则：

(1) 对任意 $\alpha,\beta,\gamma\in V$，有 $\alpha+(\beta+\gamma)=(\alpha+\beta)+\gamma$；

(2) 对任意 $\alpha,\beta\in V$，有 $\alpha+\beta=\beta+\alpha$；

(3) 存在一个元素 $0\in V$，使对一切 $\alpha\in V$，有

$$\alpha + 0 = \alpha,$$

此元素 0 称为 V 的**零元素**；

(4) 对任一 $\alpha\in V$ 都存在 $\beta\in V$，使

$$\alpha + \beta = 0,$$

β 称为 α 的一个**负元素**；

(5) 对数域中的数 1，有 $1\cdot\alpha=\alpha$；

(6) 对任意 $k,l\in K,\alpha\in V$，有

$$(kl)\alpha = k(l\alpha);$$

(7) 对任意 $k,l\in K,\alpha\in V$，有

$$(k + l)\alpha = k\alpha + l\alpha;$$

(8) 对任意 $k\in K,\alpha,\beta\in V$，有

$$k(\alpha+\beta)=k\alpha+k\beta,$$

则称 V 是数域 K 上的一个**线性空间**.

评议 显然，线性空间的概念是把第一章向量空间的概念加以提高而得出的高一层次的新概念. 在上面定义中，V 的元素以及它们的加法 $\alpha+\beta$，数乘 $k\alpha$ 并没有具体给出，都是抽象的，仅有八条运算法则是具体的. 在近世代数学中研究的对象都是这样的，因此被称为"抽象代数". 为了理解"抽象代数学"的基本思想，我们就以线性空间为例，来探讨如下两个问题：为什么可以这样定义线性空间？为什么一定要用这种办法定义线性空间？现在我们分别来回答这两个问题.

(1) 为什么可以这样抽象地定义线性空间？我们先来回忆一下中学代数和小学算术的区别. 在小学开始学习数的运算时，我们知道 $(3+2)(3-2)=3^2-2^2$，为什么呢？因为 $(3+2)(3-2)=5\times1=5$，而 $3^2-2^2=9-4=5$，两边确实是相等的. 在这里用到了具体数的相加、减和相乘. 到中学代数学习公式 $(a+b)(a-b)=a^2-b^2$. 在这里 a,b 是什么不知道，$a+b,a-b,a^2,b^2$ 是什么？都没法计算. 为什么我们承认上述公式是正确的呢？这是因为我们尽管不知 a,b 的具体内容，也不知 $a+b,a-b$ 等等如何计算，但我们知道它们满足九条运算法则，按这九条运算法则我们可以作计算

$$\begin{aligned}(a+b)(a-b)&=a(a-b)+b(a-b)=a^2-ab+ba-b^2\\&=a^2-ab+ab-b^2=a^2-b^2.\end{aligned}$$

我们仅仅依据九条运算法则就可证明上述公式的正确性. 这说明，代数学的研究对象仅仅与其满足的运算法则有关，而与对象的具体属性，运算的具体形式无关. 这个道理其实已暗含在中学的代数课程中了. 在第一章学习向量空间时，我们就反复指出，向量空间的概念与命题其实都与向量的具体内容无关，也与加法、数乘的具体算法无关，而仅仅依赖于八条运算法则. 现在八条运算法则已经作为公理包含在定义之中了，那么向量空间的有关概念和命题都可直接应用于抽象的线性空间了.

(2) 为什么一定要用抽象的办法来定义线性空间呢？这就跟中学代数要学习抽象的公式 $(a+b)(a-b)=a^2-b^2$ 的道理一样. 如果

我们始终停留在小学算术的水平，只作具体数字的运算，那么，这样一个简单的数学关系究竟要如何表达呢？那就只能一个个写$(3+2)\cdot(3-2)=3^2-2^2$，$(4+3)(4-3)=4^2-3^2$，…，这样写下去永远都写不完，试问还有什么数学科学呢？所以，从具体的数字运算过渡到抽象的文字运算是科学发展的需要．同样，由向量空间过渡到抽象线性空间对代数学的发展也是绝对需要的．它大大拓宽了代数学的研究领域和应用领域．

上面所说的，是理解抽象代数学基本思想的要点，读者一定要透彻地理解．

例 1.1 设K是一个数域，定义K内元素的加法为复数的加法，与有理数的数乘为数的乘法，则K关于此种加法、数乘成为有理数域$\mathbb{Q}$上的线性空间．

解 根据数域的定义，它对加法运算是封闭的，故数的加法可以作为K内的加法运算，又因$\mathbb{Q}$包含在K内，故有理数乘K内的数后仍属于K，因而上面数乘的定义也是合理的．线性空间八条运算法则显然成立，故K为$\mathbb{Q}$上线性空间． ▌

评议 现在加法、数乘都是借用数系内原有的加法、乘法运算，不是新定义的，所以一定要注意K关于这两种运算是否封闭，如不封闭，则所定义的加法、数乘无意义．在此例中，K内一个数被当做一个向量看待，它不再是向量空间中的向量了．注意，K是看做$\mathbb{Q}$上线性空间，作数乘时只能用有理数，不能用非有理数．

例 1.2 考查$M_n(K)$到数域K的所有映射所组成的集合$\mathscr{F}(K)$．对$f,g\in\mathscr{F}(K)$，定义$(f+g)(A)=f(A)+g(A)$ $(\forall A\in M_n(K))$，对任意$k\in K$，定义$(kf)(A)=kf(A)$．证明$\mathscr{F}(K)$关于上述加法、数乘组成数域K上的线性空间．

解 $\mathscr{F}(K)$就是前面讲行列式时介绍的$M_n(K)$上全体数量函数所成的集合．上面定义的加法显然满足结合律和交换律(因为$f(A)\in K$，而K内的数的加法满足结合律与交换律)．定义映射$0(A)=0(\forall A\in M_n(K))$，称为零映射．显然，对任意$f\in\mathscr{F}(K)$有$0+f=f$．又对$f\in\mathscr{F}(K)$定义$(-f)=(-1)f$，则易知$(-f)+f=0$，故$-f$为$f$的负元素．又$1\cdot f=f$．对任意$k,l\in K$，

$$(kl)f(A)=k(l(f(A)))=k((lf)(A))$$
$$=(k(lf))(A),$$

即$(kl)f=k(lf)$，

$$(k+l)f(A)=kf(A)+lf(A)$$
$$=(kf)(A)+(lf)(A)=(kf+lf)(A),$$

由此推知$(k+l)f=kf+lf$. 对任意$k\in K$，$f,g\in\mathscr{F}(K)$有

$$(k(f+g))(A)=k((f+g)(A))=k(f(A)+g(A))$$
$$=kf(A)+kg(A)=(kf)(A)+(kg)(A)$$
$$=(kf+kg)(A),$$

由上式推出$k(f+g)=kf+kg$. 因而$\mathscr{F}(K)$内所定义的加法、数乘满足八条运算法则，$\mathscr{F}(K)$关于它们组成K上线性空间. ▌

评议 此例中运用了K内数的加法、乘法满足九条运算法则这个事实. 所以$\mathscr{F}(K)$中的加法、数乘的八条运算法则是以数的运算法则为立足点的.

例 1.3 设V是数域K上线性空间，A是一个非空集合，且存在A到V的一个单、满映射f，在A中定义加法、数乘如下：

(i) 对任意$\alpha,\beta\in A$，令$\alpha+\beta=f^{-1}[f(\alpha)+f(\beta)]$；

(ii) 对任意$k\in K$，$\alpha\in A$，令$k\alpha=f^{-1}[kf(\alpha)]$.

证明A关于上述加法、数乘组成K上线性空间.

解 逐一验证八条运算法则成立：

(1)
$$\begin{aligned}(\alpha+\beta)+\gamma &=f^{-1}[f(\alpha)+f(\beta)]+\gamma\\ &=f^{-1}[f(f^{-1}[f(\alpha)+f(\beta)])+f(\gamma)]\\ &=f^{-1}[(f(\alpha)+f(\beta))+f(\gamma)]\\ &=f^{-1}[f(\alpha)+(f(\beta)+f(\gamma))]\\ &=f^{-1}[f(\alpha)+f(f^{-1}[f(\beta)+f(\gamma)])]\\ &=\alpha+f^{-1}[f(\beta)+f(\gamma)]=\alpha+(\beta+\gamma);\end{aligned}$$

(2) $\alpha+\beta=f^{-1}[f(\alpha)+f(\beta)]=f^{-1}[f(\beta)+f(\alpha)]=\beta+\alpha$；

(3) 设$0\in A$使$f(0)$为V中零向量，则对任意$\alpha\in A$，有

$$0+\alpha=f^{-1}[f(0)+f(\alpha)]=f^{-1}(f(\alpha))=\alpha;$$

(4) 对$\alpha\in A$，设$\beta\in A$使$f(\beta)=-f(\alpha)$，则有

$$\beta+\alpha=f^{-1}[f(\beta)+f(\alpha)]=f^{-1}(f(0))=0;$$

(5) $1\cdot\alpha=f^{-1}[1f(\alpha)]=f^{-1}[f(\alpha)]=\alpha$;

(6) 对任意 $k,l\in K,\alpha\in A$,有

$$\begin{aligned}(kl)\alpha&=f^{-1}[(kl)f(\alpha)]=f^{-1}[k(lf(\alpha))]\\&=f^{-1}[kf(f^{-1}[lf(\alpha)])]=f^{-1}[kf(l\alpha)]\\&=k(l\alpha);\end{aligned}$$

(7) 对任意 $k,l\in K,\alpha\in A$,有

$$\begin{aligned}(k+l)\alpha&=f^{-1}[(k+l)f(\alpha)]=f^{-1}[kf(\alpha)+lf(\alpha)]\\&=f^{-1}[ff^{-1}[kf(\alpha)]+ff^{-1}[lf(\alpha)]]\\&=f^{-1}[f(k\alpha)+f(l\alpha)]=k\alpha+l\alpha;\end{aligned}$$

(8) 对任意 $k\in K,\alpha,\beta\in A$,有

$$\begin{aligned}k(\alpha+\beta)&=f^{-1}[kf(\alpha+\beta)]\\&=f^{-1}[kf(f^{-1}[f(\alpha)+f(\beta)])]\\&=f^{-1}[k(f(\alpha)+f(\beta))]\\&=f^{-1}[kf(\alpha)+kf(\beta)]\\&=f^{-1}[f(f^{-1}[kf(\alpha)])+f(f^{-1}[kf(\beta)])]\\&=f^{-1}[f(k\alpha)+f(k\beta)]=k\alpha+k\beta.\end{aligned}$$

至此,我们证明 A 是 K 上的一个线性空间. ▌

评议 此例说明:如果集合 A 的元素和线性空间 V 的元素之间存在一一对应,则 V 的线性空间结构可以转移到 A 上来. 这再一次证明线性空间理论和其元素的具体属性无关这一事实.

例 1.4 在线性空间定义中去掉加法满足交换律这一公理,由其他七条公理证明

(1) 对任意 $\alpha\in V$,有 $0\alpha=0$.

(2) 对任意 $\alpha\in V$,有 $\alpha+(-1)\alpha=0$.

(3) 如果对 $\alpha,\beta\in V$,有 $\alpha+\beta=0$,则 $\beta+\alpha=0$.

(4) 对任意 $\alpha\in V$,有 $0+\alpha=\alpha$.

(5) 对任意 $\alpha,\beta\in V$,有 $\alpha+\beta=\beta+\alpha$.

解 (1) 按公理 4,存在 $\beta\in V$,使 $0\cdot\alpha+\beta=0$. 于是

$$\begin{aligned}0\alpha&=0\cdot\alpha+0=0\cdot\alpha+(0\cdot\alpha+\beta)\\&=(0\cdot\alpha+0\cdot\alpha)+\beta=(0+0)\alpha+\beta\end{aligned}$$

$$= 0 \cdot \alpha + \beta = 0.$$

(2) 现在

$$\begin{aligned} \alpha + (-1)\alpha &= 1 \cdot \alpha + (-1)\alpha \\ &= (1 + (-1))\alpha = 0 \cdot \alpha = 0. \end{aligned}$$

(3) 按公理 4,有 $\gamma \in V$,使 $\beta+\gamma=0$. 于是

$$\begin{aligned} \beta + \alpha &= (\beta + \alpha) + 0 = (\beta + \alpha) + (\beta + \gamma) \\ &= ((\beta + \alpha) + \beta) + \gamma = (\beta + (\alpha + \beta)) + \gamma \\ &= (\beta + 0) + \gamma = \beta + \gamma = 0. \end{aligned}$$

(4) 按公理 4,有 $\beta \in V$,使 $\alpha+\beta=0$. 根据(3)的结果,有 $\beta+\alpha=0$. 于是

$$\begin{aligned} 0 + \alpha &= (\alpha + \beta) + \alpha \\ &= \alpha + (\beta + \alpha) = \alpha + 0 = \alpha. \end{aligned}$$

(5) 根据上面的(3),(4)和(2),有

$$\begin{aligned} \beta + \alpha &= 0 + (\beta + \alpha) = ((\alpha + \beta) + (-1)(\alpha + \beta)) + (\beta + \alpha) \\ &= (\alpha + \beta) + ((-1)\alpha + (-1)\beta)) + (\beta + \alpha) \\ &= (\alpha + \beta) + [(-1)\alpha + ((-1)\beta + \beta)) + \alpha] \\ &= (\alpha + \beta) + [((-1)\alpha + 0) + \alpha] \\ &= (\alpha + \beta) + [(-1)\alpha + \alpha] \\ &= (\alpha + \beta) + 0 = \alpha + \beta. \quad ▌ \end{aligned}$$

评议 这个例题表明线性空间定义中加法交换律是多余的,但为了叙述简洁,在定义中把它当做公理列入. 上例和本例是进行抽象代数系统内的逻辑推理的初步训练. 在中学代数中带文字的代数式的运算是抽象数学推理的第一步训练,现在则是提高了一个层次. 这种训练对提高抽象思维和推理能力是很有效果的.

二、线性空间的基与维数

【内容提要】

命题 设 V 是数域 K 上的一个线性空间. 如果在 V 中存在 n 个线性无关的向量

$$\varepsilon_1, \varepsilon_2, \cdots, \varepsilon_n, \tag{I}$$

使 V 中任一向量均能被(I)线性表示,那么,有

(i) 任给 V 内 n 个线性无关向量

$$\eta_1, \eta_2, \cdots, \eta_n, \tag{Ⅱ}$$

则 V 中任一向量都能被(Ⅱ)线性表示；

(ii) 如果 $\eta_1, \eta_2, \cdots, \eta_s$ 是 V 的一个线性无关向量组，且 V 内任一向量均能被它们线性表示，则 $s=n$.

定义　设 V 是数域 K 上的一个线性空间. 如果 V 中存在 n 个线性无关的向量

$$\varepsilon_1, \varepsilon_2, \cdots, \varepsilon_n,$$

使 V 中任一向量均能被此向量组线性表示，则 V 称为 n **维线性空间**，记做 $\dim V=n$. 上述向量组称为 V 的一组**基**. 单由零向量组成的线性空间称为**零空间**. 零空间的维数定义为零.

设 V 是数域 K 上的 n 维线性空间，而

$$\varepsilon_1, \varepsilon_2, \cdots, \varepsilon_n$$

是它的一组基. 任给 $\alpha \in V$，有表示式

$$\alpha = a_1\varepsilon_1 + a_2\varepsilon_2 + \cdots + a_n\varepsilon_n.$$

由于 $\varepsilon_1, \varepsilon_2, \cdots, \varepsilon_n$ 线性无关，这个表达式的系数是唯一确定的. 我们称 $a_1, a_2, \cdots, a_n$ 为 α 在基 $\varepsilon_1, \varepsilon_2, \cdots, \varepsilon_n$ 下的**坐标**.

为着书写方便，我们借助于矩阵乘法的法则，在形式上写成

$$\alpha = (\varepsilon_1, \varepsilon_2, \cdots, \varepsilon_n)\begin{bmatrix} a_1 \\ a_2 \\ \vdots \\ a_n \end{bmatrix}.$$

评议　数域 K 上的线性空间除零空间外都包含无穷多个向量，上面的命题和概念说明，对维数有限的线性空间，可以用有限个向量——它的一组基来代表它，这使讨论的问题大大简化，这是下面所有理论的立足点. 根据第一章§1 的基本命题，在 n 维线性空间内，一个向量组内向量个数大于 n 时，必线性相关.

例 1.5　考查数域

$$\mathbb{Q}(\sqrt{2}, \sqrt{5}) = \{a + b\sqrt{2} + c\sqrt{5} + d\sqrt{10} \mid a, b, c, d \in \mathbb{Q}\}$$

作为 $\mathbb{Q}$ 上线性空间的维数和一组基.

解 从引言例 2 已知 $\mathbb{Q}(\sqrt{2},\sqrt{5})$是一个数域,从本章例 1.1 知它是$\mathbb{Q}$上的线性空间. 按上面命题,我们只要证明向量组

$$1,\sqrt{2},\sqrt{5},\sqrt{10}$$

线性无关,因已知任一元素均能被上述向量组线性表示,故它就是一组基,此线性空间维数即为 4.

现设

$$a+b\sqrt{2}+c\sqrt{5}+d\sqrt{10}=0,$$

我们必须证明 $a=b=c=d=0$,注意,现在$\mathbb{Q}(\sqrt{2},\sqrt{5})$是$\mathbb{Q}$上线性空间,作向量组 $1,\sqrt{2},\sqrt{5},\sqrt{10}$的线性组合时,其系数 a,b,c,d 只能是有理数. 把上面等式改写成

$$(a+b\sqrt{2})+(c+d\sqrt{2})\sqrt{5}=0,$$

若 $c+d\sqrt{2}\neq 0$,则

$$\sqrt{5}=-\frac{a+b\sqrt{2}}{c+d\sqrt{2}}\in\mathbb{Q}(\sqrt{2}),$$

前面已证明$\sqrt{5}\notin\mathbb{Q}(\sqrt{2})$,因此必定 $c+d\sqrt{2}=0$. 现在若 $d\neq 0$,则$\sqrt{2}=-\frac{c}{d}\in\mathbb{Q}$,与$\sqrt{2}$为无理数矛盾. 由此知 $d=0$,而这又立即推出 $c=0$. 代回原等式得 $a+b\sqrt{2}=0$,按同样的推理得出 $a=b=0$. 于是向量组

$$1,\sqrt{2},\sqrt{5},\sqrt{10}$$

线性无关,是$\mathbb{Q}(\sqrt{2},\sqrt{5})$的一组基,$\dim\mathbb{Q}(\sqrt{2},\sqrt{5})=4$. ▌

评议 这例证明一个向量组线性无关的办法和向量空间完全不同. 在线性空间中讨论一个向量组线性相关或线性无关没有固定的办法,应根据具体情况寻找各自的解决办法. 初学者常常不适应新的情况,思想还停留在向量空间的范畴内,总认为向量就是 n 元有序数组,对这里把$\mathbb{Q}(\sqrt{2},\sqrt{5})$内一个数看做向量不甚理解. 因此,必须细心地体会前面给出的线性空间的定义,使自己的认识尽快适应新的研究领域.

例 1.6 考查二阶复方阵的集合

$$\mathbb{H}=\left\{\begin{bmatrix}\alpha & \beta \\ -\overline{\beta} & \overline{\alpha}\end{bmatrix}\middle|\ \alpha,\beta\in\mathbb{C}\right\},$$

证明$\mathbb{H}$关于矩阵加法及与实数的数乘组成$\mathbb{R}$上的线性空间并求其维数和一组基.

解　在第一章例3.5已证明$\mathbb{H}$对矩阵加法和与实数的数乘是封闭的,因而它们可以作为$\mathbb{H}$内加法、数乘的定义.从矩阵运算法则可知这样的加法、数乘满足线性空间的八条公理,所以$\mathbb{H}$是$\mathbb{R}$上的线性空间.令

$$E=\begin{bmatrix}1 & 0\\ 0 & 1\end{bmatrix},\quad I=\begin{bmatrix}\mathrm{i} & 0\\ 0 & -\mathrm{i}\end{bmatrix},$$

$$J=\begin{bmatrix}0 & 1\\ -1 & 0\end{bmatrix},\quad K=\begin{bmatrix}0 & \mathrm{i}\\ \mathrm{i} & 0\end{bmatrix}.$$

则$\mathbb{H}$中任一元素可表示为

$$A=aE+bI+cJ+dK\quad(a,b,c,d\in\mathbb{R}).$$

只要证明E,I,J,K线性无关,它就是$\mathbb{H}$的一组基.现在设

$$aE+bI+cJ+dK=\begin{bmatrix}\alpha & \beta\\ -\overline{\beta} & \overline{\alpha}\end{bmatrix}=0,$$

这里$\alpha=a+b\mathrm{i},\beta=c+d\mathrm{i}$.注意现在进行的都是矩阵运算,从上式立即推出$\alpha=\beta=0$,即$a=b=c=d=0$,于是$E,I,J,K$为$\mathbb{H}$的一组基,$\dim\mathbb{H}=4$.　▌

评议　此例说明,哈密顿的四元数是实数域上的四维线性空间.但是$\mathbb{H}$内不但有线性空间内的加法、数乘运算,而且还有乘法运算.这提示我们线性空间的理论会有深远的发展.

例1.7　设V是复数域$\mathbb{C}$上的n维线性空间.证明V关于其向量加法及与实数的数乘成为实数域上的$2n$维线性空间.

解　V关于其已有的向量加法及与实数的数乘显然成为$\mathbb{R}$上的线性空间(因为限制在实数域内八条运算法则当然还成立).现设$\alpha_1,\alpha_2,\cdots,\alpha_n$是$V$作为$\mathbb{C}$上线性空间的一组基.考查向量组

$$\alpha_1,\alpha_2,\cdots,\alpha_n,\mathrm{i}\alpha_1,\mathrm{i}\alpha_2,\cdots,\mathrm{i}\alpha_n \tag{I}$$

来证它在$\mathbb{R}$上线性无关.设

$$a_1\alpha_1+a_2\alpha_2+\cdots+a_n\alpha_n+b_1\mathrm{i}\alpha_1+b_2\mathrm{i}\alpha_2+\cdots+b_n\mathrm{i}\alpha_n=0,$$

这里 $a_i,b_j\in\mathbb{R}$. 因为 V 是 $\mathbb{C}$ 上线性空间,所以对任意实数 a,b 及 $\alpha\in V$, $a\alpha+b(\mathrm{i}\alpha)$ 与 $(a+b\mathrm{i})\alpha$ 是 V 内同一个向量. 那么

$$(a_1+b_1\mathrm{i})\alpha_1+(a_2+b_2\mathrm{i})\alpha_2+\cdots+(a_n+b_n\mathrm{i})\alpha_n=0.$$

因为 $\alpha_1,\alpha_2,\cdots,\alpha_n$ 作为 $\mathbb{C}$ 上线性空间 V 内的向量组线性无关,故 $a_1+b_1\mathrm{i}=a_2+b_2\mathrm{i}=\cdots=a_n+b_n\mathrm{i}=0$, 从而 $a_1=a_2=\cdots=a_n=b_1=b_2=\cdots=b_n=0$, 即向量组(I)作为 $\mathbb{R}$ 上线性空间 V 内的向量组线性无关.

对任意 $\alpha\in V$, 我们有

$$\begin{aligned}\alpha&=(a_1+b_1\mathrm{i})\alpha_1+(a_2+b_2\mathrm{i})\alpha_2+\cdots+(a_n+b_n\mathrm{i})\alpha_n\\&=a_1\alpha_1+a_2\alpha_2+\cdots+a_n\alpha_n+b_1(\mathrm{i}\alpha_1)+b_2(\mathrm{i}\alpha_2)+\cdots+b_n(\mathrm{i}\alpha_n).\end{aligned}$$

即 α 可表示为向量组(I)的实系数的线性组合. 这表明向量组(I)是 V 作为 $\mathbb{R}$ 上线性空间的一组基,从而 V 作为 $\mathbb{R}$ 上线性空间是 $2n$ 维的. ▌

评议 此例中, V 看做 $\mathbb{R}$ 上线性空间时,其加法未有任何变化,数乘实际也没有变化,只是把范围限制在实数域内而已. 所以对任意 $\alpha\in V,b\in\mathbb{R}$, $b(\mathrm{i}\alpha)$ 和 $(b\mathrm{i})\alpha$ 实际是同一个向量(根据线性空间定义中公理 6). 因此对任意 $a\in\mathbb{R}$, 有

$$a\alpha+b(\mathrm{i}\alpha)=a\alpha+(b\mathrm{i})\alpha=(a+b\mathrm{i})\alpha.$$

例 1.8 闭区间 $[a,b]$ 内全体连续函数所成集合关于函数加法及与实数的数乘组成实数域上线性空间 $C[a,b]$, 在其内给定向量组

$$\mathrm{e}^{\lambda_1 x},\ \mathrm{e}^{\lambda_2 x},$$

这里 λ_1,λ_2 是两个不同的实数. 判断此向量组是否线性无关.

解 按定义,设此向量组的一个实系数线性组合等于零向量:

$$k_1\mathrm{e}^{\lambda_1 x}+k_2\mathrm{e}^{\lambda_2 x}=0,$$

来判断是否 $k_1=k_2=0$. 首先要弄清上面等式的含意是什么. 等式左端是 $[a,b]$ 上两个连续函数分别乘以实数 k_1,k_2 再相加,它仍然为 $[a,b]$ 内一个连续函数. 右端的 0 为 $C[a,b]$ 内的零向量,容易知道, $C[a,b]$ 的零向量为区间 $[a,b]$ 内的常数函数 0, 所以上述线性空间内的等式"翻译"成数学分析的语言就是: 能否找到两个不全为零实数 k_1,k_2, 使左端的连续函数为 $[a,b]$ 内常数函数零.

方法一 用反证法. 设有不全为 0 的实数 k_1,k_2, 使 $k_1\mathrm{e}^{\lambda_1 x}+k_2\mathrm{e}^{\lambda_2 x}$

$\equiv 0(\forall\ x\in[a,b])$. 不妨设 $k_1\neq 0$,那么(现在可以使用数学分析的知识)我们有

$$e^{(\lambda_1-\lambda_2)x}=-\frac{k_2}{k_1}.$$

因 $\lambda_1-\lambda_2\neq 0$,左端为指数函数,而右端为$[a,b]$内常数函数. 在区间$[a,b]$内两函数相等,这与指数函数为$[a,b]$内单调函数(非常数函数)矛盾. 故必有 $k_1=k_2=0$. 即向量组 $e^{\lambda_1 x}$,$e^{\lambda_2 x}$为 $C[a,b]$内线性无关向量组.

方法二　将$[a,b]$内函数等式

$$k_1e^{\lambda_1 x}+k_2e^{\lambda_2 x}=0$$

两边在开区间(a,b)内求微商,得

$$k_1\lambda_1e^{\lambda_1 x}+k_2\lambda_2e^{\lambda_2 x}=0.$$

现在把 k_1,k_2 当做未知量,上面两式联立,是两个未知量两个方程的齐次线性方程组,其系数矩阵的行列式为

$$\begin{vmatrix} e^{\lambda_1 x} & e^{\lambda_2 x} \\ \lambda_1e^{\lambda_1 x} & \lambda_2e^{\lambda_2 x}\end{vmatrix}=e^{(\lambda_1+\lambda_2)x}(\lambda_2-\lambda_1).$$

此行列式对(a,b)内任意 x 均不为 0. 而 k_1,k_2 满足的上面两个方程对任意 $x\in(a,b)$均成立. 在此情况下,$k_1=k_2=0$,故向量组 $e^{\lambda_1 x}$,$e^{\lambda_2 x}$为 $C[a,b]$内线性无关向量组.

方法三　等式

$$k_1e^{\lambda_1 x}+k_2e^{\lambda_2 x}\equiv 0$$

对区间$[a,b]$内任意 x 均成立. 现分别令 $x=a,b$ 代入:

$$\begin{cases} k_1e^{\lambda_1 a}+k_2e^{\lambda_2 a}=0, \\ k_1e^{\lambda_1 b}+k_2e^{\lambda_2 b}=0. \end{cases}$$

把 k_1,k_2 当做未知量求上面齐次线性方程组的解:写出系数矩阵,作消元法

$$\begin{bmatrix} e^{\lambda_1 a} & e^{\lambda_2 a} \\ e^{\lambda_1 b} & e^{\lambda_2 b}\end{bmatrix}\to\begin{bmatrix} e^{\lambda_1 a} & e^{\lambda_2 a} \\ 0 & e^{\lambda_2 b}-e^{\lambda_2 a+\lambda_1 b-\lambda_1 a}\end{bmatrix}.$$

易知 $e^{\lambda_2 b}-e^{\lambda_2 a+\lambda_1(b-a)}\neq 0$,故上面齐次线性方程组只有零解,即 $k_1=k_2=0$,于是 $e^{\lambda_1 x}$, $e^{\lambda_2 x}$ 线性无关.

评议 此例提供了三种办法来证明 $C[a,b]$内一个向量组线性无关,它和第一章在向量空间中讨论 K^n 中向量组是否线性相关的办法大不相同. 在本例中向量不是 n 元有序数组,而是实函数,因而使用的是数学分析的知识. 请读者参照上述办法证明 $C[a,b]$内向量组

$$e^x, e^{2x}, e^{3x}, \cdots, e^{nx}$$

线性无关,其中 n 可以是任意正整数. 由此知 $C[a,b]$是实数域上的无限维线性空间.

例 1.9 数域 K 上 n 维向量空间 K^n 是 K 上线性空间,它的坐标向量

$$\varepsilon_i = (0, \cdots, 0, \overset{i}{1}, 0, \cdots, 0) \quad (i = 1, 2, \cdots, n)$$

显然线性无关,对任意向量 α,有

$$\alpha = (a_1, a_2, \cdots, a_n) = a_1\varepsilon_1 + a_2\varepsilon_2 + \cdots + a_n\varepsilon_n.$$

因此,$\varepsilon_1, \varepsilon_2, \cdots, \varepsilon_n$ 是 K^n 的一组基,$\dim K^n = n$. 根据本节的命题,K^n 内任意 n 个线性无关向量组成的向量组 $\alpha_1, \alpha_2, \cdots, \alpha_n$ 都是 K^n 的一组基. ▌

评议 此例提供了一个基本的事实,即一个 n 维线性空间 V 内的基不是唯一的,而是有无穷多种不同的选择. 实际上,如果 $\alpha_1, \alpha_2, \cdots, \alpha_n$ 是 V 的一组基,任意把它次序重排得向量组 $\alpha_{i_1}, \alpha_{i_2}, \cdots, \alpha_{i_n}$,那它仍然是 V 的一组基,而且这两组基认为是互不相同的,这一点读者必须注意.

就线性空间 K^n 来说,以它的一组基 $\alpha_1, \alpha_2, \cdots, \alpha_n$ 作为行向量(或列向量)组排成 K 上一个 n 阶方阵 A,则 $\mathrm{r}(A) = n$. 故下面四个事实互相等价:

(1) 方阵 A 的行(或列)向量组组成 K^n 的一组基;

(2) 方阵 A 满秩,即 $\mathrm{r}(A) = n$;

(3) 方阵 A 可逆;

(4) 方阵 A 的行列式 $|A| \neq 0$.

上面这四种说法属于互不相同的范畴,但它们却只是同一个事物的不同表现而已. 只有识破这种表面上的不同而认清其真正的本质,学

习才能融会贯通.

三、基变换与坐标变换

【内容提要】

设在 n 维线性空间 V 内给定两组基

$$\varepsilon_1, \varepsilon_2, \cdots, \varepsilon_n,$$
$$\eta_1, \eta_2, \cdots, \eta_n,$$

每个 η_i 都能被 $\varepsilon_1,\varepsilon_2,\cdots,\varepsilon_n$ 线性表示. 设

$$\begin{aligned}\eta_1 &= t_{11}\varepsilon_1 + t_{21}\varepsilon_2 + \cdots + t_{n1}\varepsilon_n,\\ \eta_2 &= t_{12}\varepsilon_1 + t_{22}\varepsilon_2 + \cdots + t_{n2}\varepsilon_n,\\ &\cdots\cdots\cdots\cdots\cdots\cdots\\ \eta_n &= t_{1n}\varepsilon_1 + t_{2n}\varepsilon_2 + \cdots + t_{nn}\varepsilon_n.\end{aligned}$$

再度借助矩阵乘法法则,把上面的公式形式地写成

$$(\eta_1,\eta_2,\cdots,\eta_n) = (\varepsilon_1,\varepsilon_2,\cdots,\varepsilon_n)\begin{bmatrix} t_{11} & t_{12} & \cdots & t_{1n} \\ t_{21} & t_{22} & \cdots & t_{2n} \\ \vdots & \vdots & & \vdots \\ t_{n1} & t_{n2} & \cdots & t_{nn} \end{bmatrix}.$$

命

$$T = \begin{bmatrix} t_{11} & t_{12} & \cdots & t_{1n} \\ t_{21} & t_{22} & \cdots & t_{2n} \\ \vdots & \vdots & & \vdots \\ t_{n1} & t_{n2} & \cdots & t_{nn} \end{bmatrix}.$$

称 T 为从基 $\varepsilon_1,\varepsilon_2,\cdots,\varepsilon_n$ 到基 $\eta_1,\eta_2,\cdots,\eta_n$ 的**过渡矩阵**.

命题 在数域 K 上的 n 维线性空间 V 内给定一组基 $\varepsilon_1,\varepsilon_2,\cdots,\varepsilon_n$. T 是 K 上一个 n 阶方阵. 命

$$(\eta_1,\eta_2,\cdots,\eta_n) = (\varepsilon_1,\varepsilon_2,\cdots,\varepsilon_n)T.$$

则有

(1) 如果 $\eta_1,\eta_2,\cdots,\eta_n$ 是 V 的一组基,则 T 可逆;

(2) 如果 T 可逆,则 $\eta_1,\eta_2,\cdots,\eta_n$ 是 V 的一组基.

设 n 维线性空间 V 中一个向量 α 在第一组基 $\varepsilon_1,\varepsilon_2,\cdots,\varepsilon_n$ 下的

坐标为 $x_1, x_2, \cdots, x_n$,即

$$\alpha = x_1\varepsilon_1 + x_2\varepsilon_2 + \cdots + x_n\varepsilon_n = (\varepsilon_1, \varepsilon_2, \cdots, \varepsilon_n)\begin{bmatrix} x_1 \\ x_2 \\ \vdots \\ x_n \end{bmatrix}.$$

又设 α 在第二组基 $\eta_1, \eta_2, \cdots, \eta_n$ 下的坐标为 $y_1, y_2, \cdots, y_n$,即

$$\alpha = y_1\eta_1 + y_2\eta_2 + \cdots + y_n\eta_n = (\eta_1, \eta_2, \cdots, \eta_n)\begin{bmatrix} y_1 \\ y_2 \\ \vdots \\ y_n \end{bmatrix}.$$

两组基间的过渡矩阵为 T,即

$$(\eta_1, \eta_2, \cdots, \eta_n) = (\varepsilon_1, \varepsilon_2, \cdots, \varepsilon_n)T.$$

令

$$X = \begin{bmatrix} x_1 \\ x_2 \\ \vdots \\ x_n \end{bmatrix}, \quad Y = \begin{bmatrix} y_1 \\ y_2 \\ \vdots \\ y_n \end{bmatrix}.$$

那么

$$\alpha = (\varepsilon_1, \varepsilon_2, \cdots, \varepsilon_n)X = (\eta_1, \eta_2, \cdots, \eta_n)Y.$$

以关系式

$$(\eta_1, \eta_2, \cdots, \eta_n) = (\varepsilon_1, \varepsilon_2, \cdots, \varepsilon_n)T$$

代入,得

$$\begin{aligned}(\varepsilon_1, \varepsilon_2, \cdots, \varepsilon_n)X &= [(\varepsilon_1, \varepsilon_2, \cdots, \varepsilon_n)T]Y \\ &= (\varepsilon_1, \varepsilon_2, \cdots, \varepsilon_n)(TY).\end{aligned}$$

由于 $\varepsilon_1, \varepsilon_2, \cdots, \varepsilon_n$ 是一组基,线性无关,它们的两个线性组合相等时,对应系数相等,故得

$$X = TY.$$

这就是**坐标变换公式**.

评议 线性空间的基大致相似于解析几何中平面、空间的坐标系.从几何学和自然科学(例如理论力学)的实际使用看,坐标系如何

选取是很重要的.如果坐标系选择不好,可能使问题变得很烦琐、复杂,以致无法处理.因此,选择好的坐标系是至关重要的.在线性空间内也一样,在处理问题时如何选取一组合适的基也是至关重要的.这个问题是线性代数的核心课题,需要花大力来运作.上面给出的基变换公式和坐标变换公式是从事这些工作的基础.在使用上面公式时要注意,如果 T 是从第一组基到第二组基的过渡矩阵,那么它是向量在第二组基下的坐标到第一组基下坐标的变换矩阵,两者正好是相反的.

如果是在 K^n 中计算两组基间的过渡矩阵 T:

$$(\eta_1,\eta_2,\cdots,\eta_n)=(\varepsilon_1,\varepsilon_2,\cdots,\varepsilon_n)T,$$

这里 η_j 为用 T 的第 j 列为系数作 $\varepsilon_1,\varepsilon_2,\cdots,\varepsilon_n$ 的线性组合得到的.如果把 $\varepsilon_1,\varepsilon_2,\cdots,\varepsilon_n$ 作为列向量排成方阵 A,那么,按矩阵乘法,AT 的第 j 个列向量恰为以 T 的第 j 列为系数作 A 的列向量 $\varepsilon_1,\varepsilon_2,\cdots,\varepsilon_n$ 的线性组合,即 AT 的第 j 个列向量就是 η_j.所以,如果以 $\eta_1,\eta_2,\cdots,\eta_n$ 为列向量排成 n 阶方阵 B,那么 $AT=B$.

现在换用线性方程组的语言.设 T 的列向量组为 $T_1,T_2,\cdots,T_n$,那么 $AT_j=\eta_j$(η_j 看做 $n\times 1$ 矩阵).这是以 A 为系数矩阵,以 η_j 为常数项的线性方程组.如果使用初等行变换把增广矩阵 $\overline{A}=(A\eta_j)$ 中 A 的位置化为单位矩阵 E,那么 η_j 处就变成其解 T_j.把 $j=1,2,\cdots,n$ 合并写成

$$(AB)\xrightarrow{\text{行变换}}(ET),$$

即仅用初等行变换把分块矩阵(AB)中 A 的位置变成单位矩阵 E,那么 B 处就变成过渡矩阵 T.

例 1.10 在 K^3 中给定两组基

$$\varepsilon_1=(1,0,-1),\ \varepsilon_2=(2,1,1),\quad \varepsilon_3=(1,1,1);$$

$$\eta_1=(0,1,1),\quad \eta_2=(-1,1,0),\ \eta_3=(1,2,1),$$

求它们之间的过渡矩阵 T.

解 分别以 $\varepsilon_1,\varepsilon_2,\varepsilon_3$ 和 η_1,η_2,η_3 作列向量组排成两个矩阵 A 及 B,

$$A=\begin{bmatrix}1&2&1\\0&1&1\\-1&1&1\end{bmatrix},\quad B=\begin{bmatrix}0&-1&1\\1&1&2\\1&0&1\end{bmatrix}.$$

做初等行变换如下：

$$(AB)=\left[\begin{array}{ccc|ccc}1&2&1&0&-1&1\\0&1&1&1&1&2\\-1&1&1&1&0&1\end{array}\right]$$

$$\to\left[\begin{array}{ccc|ccc}1&2&1&0&-1&1\\0&1&1&1&1&2\\0&3&2&1&-1&2\end{array}\right]$$

$$\to\left[\begin{array}{ccc|ccc}1&2&1&0&-1&1\\0&1&1&1&1&2\\0&0&-1&-2&-4&-4\end{array}\right]$$

$$\to\left[\begin{array}{ccc|ccc}1&2&0&-2&-5&-3\\0&1&0&-1&-3&-2\\0&0&1&2&4&4\end{array}\right]$$

$$\to\left[\begin{array}{ccc|ccc}1&0&0&0&1&1\\0&1&0&-1&-3&-2\\0&0&1&2&4&4\end{array}\right].$$

于是

$$T=\begin{bmatrix}0&1&1\\-1&-3&-2\\2&4&4\end{bmatrix}.\quad \blacksquare$$

评议 上面提供的是在 K^n 中求两组基之间的过渡矩阵的一般性方法.它是利用矩阵乘法的原理,而矩阵乘法又来源于线性方程组.上面的办法是同时求解 n 个线性方程组,它们的系数矩阵是同一个满秩方阵 A,总可单用初等行变换(注意解线性方程组只能作行变换,不能作列变换)化为 E.

练 习 题 3.1

1. 以 $D(a,b)$表示在区间(a,b)内存在任意阶导数的实函数的全体所成的集合.在 $D(a,b)$内定义加法为函数的加法,与实数的数乘为实数与函数的乘法. 证明 $D(a,b)$ 构成实数域上的线性空间.

2. 检验以下集合对于所指定的运算是否构成实数域上的线性空间：

(1) 全体 n 阶实对称矩阵所成的集合关于矩阵加法和与实数的数乘；

(2) 全体 n 阶实上三角矩阵所成的集合关于矩阵加法和与实数的数乘；

(3) 全体 n 阶实对角矩阵所成的集合关于矩阵加法和与实数的数乘；

(4) 平面上不平行于某一非零向量的全部向量所成的集合关于向量的加法和数乘运算；

(5) 全体实数的二元有序数组所成的集合关于下面定义的运算：

$$(a_1,b_1) \oplus (a_2,b_2) = (a_1 + a_2,\ b_1 + b_2 + a_1a_2),$$
$$k \circ (a,b) = \left(ka, kb + \frac{k(k-1)}{2}a^2\right);$$

(6) 平面上全体向量所成的集合关于通常的向量加法和如下定义的数量乘法：

$$k \circ \alpha = \alpha;$$

(7) 全体正实数所成的集合关于下面定义的运算：

$$a \oplus b = ab,$$
$$k \circ a = a^k.$$

3. 在实数域上线性空间 $C[-\pi,\pi]$ 内判断下列向量组是否线性相关,并求它们的秩：

(1) $\cos^2 x$, $\sin^2 x$;

(2) $\cos^2 x$, $\sin^2 x$, 1;

(3) $\sin x$, $\sin\sqrt{2}x$;

(4) $\sin\alpha x$, $\cos\beta x$　$(\alpha\beta\neq 0)$;

(5) 1, $\sin x$, $\sin 2x$, $\sin 3x$, $\cdots$, $\sin nx$;

(6) 1, $\sin x$, $\sin^2 x$, $\cdots$, $\sin^n x$.

4. 将复数域 $\mathbb{C}$ 看做实数域 $\mathbb{R}$ 上的线性空间(加法、数乘定义为数的加法与乘法),求它的维数和一组基.

5. 定义集合

$$\mathbb{Q}(\sqrt{2},\sqrt{3})=\{a+b\sqrt{2}+c\sqrt{3}+d\sqrt{6}\mid a,b,c,d\in\mathbb{Q}\}.$$

证明$\mathbb{Q}(\sqrt{2},\sqrt{3})$关于数的加法、乘法组成有理数域$\mathbb{Q}$上的线性空间并求它的维数和一组基.

6. 设 k 为正整数,$k\leqslant n$. 给定数域 K 上 $m\times n$ 矩阵所成集合

$$M=\left\{\begin{bmatrix}a_{11} & a_{12} & \cdots & a_{1k} & 0 & \cdots & 0\\ a_{21} & a_{22} & \cdots & a_{2k} & 0 & \cdots & 0\\ \vdots & \vdots & & \vdots & \vdots & & \vdots\\ a_{m1} & a_{m2} & \cdots & a_{mk} & 0 & \cdots & 0\end{bmatrix}\middle|\, a_{ij}\in K\right\}.$$

证明 M 关于矩阵加法与数乘组成 K 上线性空间并求其维数和一组基.

7. 数域 K 上全体次数$<n$ 的多项式所成集合记为 $K[x]_n$(其中零多项式次数定义为$-\infty$). 证明它关于多项式加法及与 K 中数的乘法组成 K 上一个线性空间并证明下面两个向量组

$$1,x,x^2,\cdots,x^{n-1}; \qquad (\text{I})$$

$$1,x-a,(x-a)^2,\cdots,(x-a)^{n-1} \qquad (\text{II})$$

(其中 $a\in K$)都是它的基. 求从基(I)到(II)的过渡矩阵.

8. 证明下列向量组 $\varepsilon_1,\varepsilon_2,\varepsilon_3,\varepsilon_4$ 组成 K^4 的一组基,并求向量 β 在这组基下的坐标:

(1) $\varepsilon_1=(1,1,1,1)$, $\varepsilon_2=(1,1,-1,-1)$,

$\varepsilon_3=(1,-1,1,-1)$, $\varepsilon_4=(1,-1,-1,1)$.

$\beta=(1,2,1,1)$.

(2) $\varepsilon_1=(1,1,0,1)$, $\varepsilon_2=(2,1,3,1)$,

$\varepsilon_3=(1,1,0,0)$, $\varepsilon_4=(0,1,-1,-1)$.

$\beta=(1,2,1,1)$.

9. 在 K^4 中求由基 $\varepsilon_1,\varepsilon_2,\varepsilon_3,\varepsilon_4$ 到基 $\eta_1,\eta_2,\eta_3,\eta_4$ 的过渡矩阵,并求向量 β 在所指定的基下的坐标.

(1) $\varepsilon_1=(1,0,0,0)$, $\eta_1=(2,1,-1,1)$,

$\varepsilon_2=(0,1,0,0)$, $\eta_2=(0,3,1,0)$,

$\varepsilon_3=(0,0,1,0)$，　$\eta_3=(5,3,2,1)$，

$\varepsilon_4=(0,0,0,1)$．　$\eta_4=(6,6,1,3)$．

求 $\beta=(b_1,b_2,b_3,b_4)$ 在 $\eta_1,\eta_2,\eta_3,\eta_4$ 下的坐标.

(2) $\varepsilon_1=(1,2,-1,0)$，　$\eta_1=(2,1,0,1)$，

$\varepsilon_2=(1,-1,1,1)$，　$\eta_2=(0,1,2,2)$，

$\varepsilon_3=(-1,2,1,1)$，　$\eta_3=(-2,1,1,2)$，

$\varepsilon_4=(-1,-1,0,1)$．　$\eta_4=(1,3,1,2)$．

求 $\beta=(1,0,0,0)$ 在 $\varepsilon_1,\varepsilon_2,\varepsilon_3,\varepsilon_4$ 下的坐标.

(3) $\varepsilon_1=(1,1,1,1)$，　$\eta_1=(1,1,0,1)$，

$\varepsilon_2=(1,1,-1,-1)$，　$\eta_2=(2,1,3,1)$，

$\varepsilon_3=(1,-1,1,-1)$，　$\eta_3=(1,1,0,0)$，

$\varepsilon_4=(1,-1,-1,1)$．　$\eta_4=(0,1,-1,-1)$．

求 $\beta=(1,0,0,-1)$ 在 $\eta_1,\eta_2,\eta_3,\eta_4$ 下的坐标.

10. 接上题(1). 求一非零向量 ξ，使它在基 $\varepsilon_1,\varepsilon_2,\varepsilon_3,\varepsilon_4$ 与 $\eta_1,\eta_2,\eta_3,\eta_4$ 下有相同的坐标.

§2　线性空间的子空间和商空间

一、线性空间的子空间

【内容提要】

定义　设 V 是数域 K 上的一个线性空间，M 是 V 的一个非空子集. 如果 M 关于 V 内的加法与数乘运算也组成数域 K 上的一个线性空间，则称 M 为 V 的一个**子空间**.

命题　线性空间 V 的一个非空子集 M 是一个子空间的充分必要条件是，它满足以下两个条件：

(i) 它对加法封闭，即对 M 内任意两个向量 α,β，有 $\alpha+\beta\in M$；

(ii) 它对数乘运算封闭，即对任一 $\alpha\in M$ 和任一 $k\in K$，有 $k\alpha\in M$.

给定 V 内一个向量组 $\alpha_1,\alpha_2,\cdots,\alpha_r$，令

$$L(\alpha_1,\alpha_2,\cdots,\alpha_r)=\{k_1\alpha_1+k_2\alpha_2+\cdots+k_r\alpha_r\mid k_i\in K\},$$

它称为由向量组 $\alpha_1,\alpha_2,\cdots,\alpha_r$ 生成的子空间.

评议 线性空间是最初等的一个代数系统,但它是一个基础,代数学的许多大戏都是在这个舞台上演出的. 同时它又是一个极具典型性的代数系统,代数学的基本思想和基本方法在它身上都有非常清楚、全面的体现. 本节要研究的子空间和商空间就是代数学基本方法的具体范例. 在代数学中研究一个代数系统,都是着力研究它的子系统和商系统,并运用它们作为破解各种难题的利器. 读者在下面的学习中,应当注意如何利用子空间和商空间来处理各种问题,从中接受代数学独有的一套处理问题方法的训练.

例 2.1 给定数域 K 上的一个齐次线性方程组

$$\begin{cases} a_{11}x_1 + a_{12}x_2 + \cdots + a_{1n}x_n = 0, \\ a_{21}x_1 + a_{22}x_2 + \cdots + a_{2n}x_n = 0, \\ \cdots\cdots\cdots\cdots\cdots\cdots\cdots\cdots \\ a_{m1}x_1 + a_{m2}x_2 + \cdots + a_{mn}x_n = 0, \end{cases} \quad (a_{ij} \in K)$$

它的全体解向量是 K^n 中的一个非空子集 M. 根据第一章 §2 中指出的齐次线性方程组解的两条性质,M 满足命题中的条件(i)与(ii),故 M 是 K^n 的一个子空间. 这个子空间称为该齐次线性方程组的**解空间**. 此齐次线性方程组的任一组基础解系就是线性空间 M 的一组基. 如果方程组系数矩阵的秩为 r,则

$$\dim M = n - r. \quad \blacksquare$$

评议 这里把齐次线性方程组的理论纳入线性空间一般理论之中了.

例 2.2 在开区间(a,b)内存在任意阶导数的函数关于函数加法及与实数乘法组成的实数域上线性空间 $D(a,b)$内定义子集

$$M = \left\{ f(x) \in D(a,b) \,\middle|\, \cos x \frac{\mathrm{d}^2 f(x)}{\mathrm{d}x^2} + \sin x \frac{\mathrm{d}f(x)}{\mathrm{d}x} = 0 \right\}.$$

证明 M 是 $D(a,b)$的一个子空间.

解 验证它满足上面命题中的两个条件.

(i) 设 $f(x), g(x) \in M$,则

$$\cos x \frac{\mathrm{d}^2}{\mathrm{d}x^2}(f(x) + g(x)) + \sin x \frac{\mathrm{d}}{\mathrm{d}x}(f(x) + g(x))$$

$$= \cos x\left(\frac{\mathrm{d}^2 f(x)}{\mathrm{d}x^2} + \frac{\mathrm{d}^2 g(x)}{\mathrm{d}x^2} \right) + \sin x\left(\frac{\mathrm{d}f(x)}{\mathrm{d}x} + \frac{\mathrm{d}g(x)}{\mathrm{d}x} \right)$$

$$= \left(\cos x \frac{\mathrm{d}^2 f(x)}{\mathrm{d}x^2} + \sin x \frac{\mathrm{d}f(x)}{\mathrm{d}x}\right)$$
$$+ \left(\cos x \frac{\mathrm{d}^2 g(x)}{\mathrm{d}x^2} + \sin x \frac{\mathrm{d}g(x)}{\mathrm{d}x}\right)$$
$$= 0.$$

(ii) 对任意 $f(x)\in M, k\in\mathbb{R}$，有

$$\cos x \frac{\mathrm{d}^2 kf(x)}{\mathrm{d}x^2} + \sin x \frac{\mathrm{d}kf(x)}{\mathrm{d}x}$$
$$= k\left(\cos x \frac{\mathrm{d}^2 f(x)}{\mathrm{d}x^2} + \sin x \frac{\mathrm{d}f(x)}{\mathrm{d}x}\right) = 0.$$

因此，M 是 $D(a,b)$ 的一个子空间. ▌

评议 线性空间理论在数学分析、微分方程等领域都是有用的工具. 这是由于摆脱了向量空间的局限性，上升到抽象线性空间的层次上才得以实现的.

例 2.3 在例 1.2 中考查的 $M_n(K)$ 上全体数量函数组成的数域 K 上线性空间 $\mathscr{F}(K)$ 内，令全体列线性函数组成的子集为 $P(K)$，全体反对称列线性函数组成的子集为 $SP(K)$（这里设 $n\geqslant 2$），全体行线性函数组成的集合为 $Q(K)$，则 $P(K)$，$SP(K)$，$Q(K)$ 都是 $\mathscr{F}(K)$ 的子空间. ▌

二、子空间的交与和

【内容提要】

定义 设 M_1, M_2 为线性空间 V 的两个子空间，称 $M_1\cap M_2$ 为它们的**交**. 又命

$$M = \{\alpha_1 + \alpha_2 \mid \alpha_1 \in M_1, \alpha_2 \in M_2\},$$

称为 M_1 与 M_2 的**和**，记做 M_1+M_2.

命题 设 M_1, M_2 为线性空间 V 的两个子空间，则它们的交 $M_1\cap M_2$ 与和 M_1+M_2 仍是 V 的子空间.

有了两个子空间的交与和后，可以类似地定义多个子空间的交与和. 设 $M_1, M_2, \cdots, M_k$ 为 V 的 k 个子空间，它们的交定义为

$$M_1 \cap M_2 \cap \cdots \cap M_k,$$

即这 k 个子空间的公共向量所组成的集合. 显然，它是 V 的一个子

空间.

又定义

$$M = \{\alpha_1 + \alpha_2 + \cdots + \alpha_k \mid \alpha_i \in M_i, i = 1,2,\cdots,k\},$$

称为这 k 个子空间的和,记为 $M_1+M_2+\cdots+M_k$. 显然,它也是一个子空间.

定理 1 设 M_1,M_2 是线性空间 V 的两个有限维子空间,则有

$$\dim(M_1 + M_2) = \dim M_1 + \dim M_2 - \dim M_1 \cap M_2.$$

定理 1 中的公式称为**维数公式**.

评议 此段给出两个子空间之间关系的数学描述,是我们今后处理线性空间问题的有力工具. 上面阐述的内容可以用下边的图式表示出来. 维数公式的意思是: 下图中水平方向两个子空间维数之和等于垂直方向两个子空间维数之和.

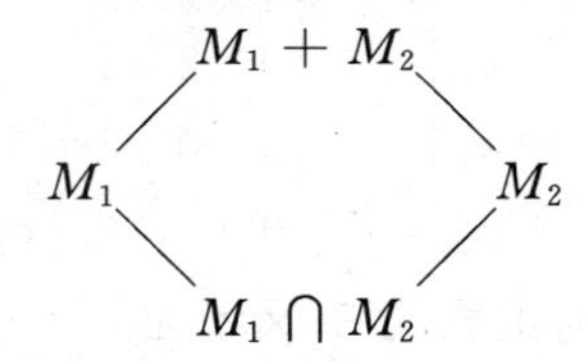

读者必须注意一点: M_1+M_2 与 $M_1 \cup M_2$ 不同,后者一般不是子空间,切不可将两者混淆.

在数域 K 上线性空间 V 内取定两个向量组

$$\alpha_1, \alpha_2, \cdots, \alpha_r; \tag{I}$$

$$\beta_1, \beta_2, \cdots, \beta_s. \tag{II}$$

它们分别生成 V 的两个子空间 $M_1 = L(\alpha_1, \alpha_2, \cdots, \alpha_r)$, $M_2 = L(\beta_1, \beta_2, \cdots, \beta_s)$. 向量组(I),(II)的极大线性无关部分组和秩分别是 M_1, M_2 的基和维数,而向量组

$$\alpha_1, \alpha_2, \cdots, \alpha_r, \beta_1, \beta_2, \cdots, \beta_s$$

的极大线性无关部分组和秩则是 M_1+M_2 的基和维数.

如果是在 K^n 中讨论问题,我们在第一章§1 已经讨论过找一个向量组的极大线性无关部分组的方法,现在可用来研究子空间的基和维数.

例 2.4 在 K^3 中给定两个线性无关向量组

$$\alpha_1=(-1,1,0),\quad \alpha_2=(1,1,1);$$
$$\beta_1=(-1,3,0),\quad \beta_2=(-1,1,-1),$$

求 $L(\alpha_1,\alpha_2)+L(\beta_1,\beta_2)$和 $L(\alpha_1,\alpha_2)\cap L(\beta_1,\beta_2)$的维数和一组基.

解　(i) 求 $L(\alpha_1,\alpha_2)+L(\beta_1,\beta_2)$的维数和一组基. 因为

$$L(\alpha_1,\alpha_2)+L(\beta_1,\beta_2)=L(\alpha_1,\alpha_2,\beta_1,\beta_2),$$

只要求 $\alpha_1,\alpha_2,\beta_1,\beta_2$ 的一个极大线性无关部分组就可以了. 应用第一章 §1 所讲的办法,但是这里把每个行向量的符号添加在右边:

$$\begin{bmatrix}-1&1&0&\alpha_1\\1&1&1&\alpha_2\\-1&3&0&\beta_1\\-1&1&-1&\beta_2\end{bmatrix}\to\begin{bmatrix}1&1&1&\alpha_2\\-1&1&0&\alpha_1\\-1&3&0&\beta_1\\-1&1&-1&\beta_2\end{bmatrix}$$

$$\to\begin{bmatrix}1&1&1&\alpha_2\\0&2&1&\alpha_1+\alpha_2\\0&4&1&\beta_1+\alpha_2\\0&2&0&\beta_2+\alpha_2\end{bmatrix}\to\begin{bmatrix}1&1&1&\alpha_2\\0&2&1&\alpha_1+\alpha_2\\0&0&1&2\alpha_1+\alpha_2-\beta_1\\0&0&0&\alpha_1+\alpha_2-\beta_1+\beta_2\end{bmatrix}.$$

所以向量组 $\alpha_1,\alpha_2,\beta_1,\beta_2$ 的秩为 3. 又因为

$$\alpha_1+\alpha_2-\beta_1+\beta_2=0,$$

即 $\beta_1=\alpha_1+\alpha_2+\beta_2$,故 $\alpha_1,\alpha_2,\beta_2$ 为 $L(\alpha_1,\alpha_2)+L(\beta_1,\beta_2)$的一组基,其维数为 3.

(ii) 求 $L(\alpha_1,\alpha_2)\cap L(\beta_1,\beta_2)$的维数和一组基. 因为

$$\dim L(\alpha_1,\alpha_2)=\dim L(\beta_1,\beta_2)=2,$$

从(i)的结果,利用维数公式知

$$\dim L(\alpha_1,\alpha_2)\cap L(\beta_1,\beta_2)=1.$$

又从上面的结果得

$$\alpha_1+\alpha_2=\beta_1-\beta_2\in L(\alpha_1,\alpha_2)\cap L(\beta_1,\beta_2).$$

而

$$\alpha_1+\alpha_2=(0,2,1)\neq 0,$$

故 $\alpha_1+\alpha_2$ 为 $L(\alpha_1,\alpha_2)\cap L(\beta_1,\beta_2)$的一组基. ▌

评议　注意上面仅限于作初等行变换. 在变换过程的每一步,左边的三维向量都等于右边用希腊字母表示的向量,最后,由于第 4 个

行向量为 0,这就得出关系式 $\alpha_1+\alpha_2-\beta_1+\beta_2=0$,其中已经隐含 $L(\alpha_1,\alpha_2)\cap L(\beta_1,\beta_2)$的基. 如果问题较复杂,最后出现几个行向量为 0,那就相应得到几个关系式,从中同样可找出两子空间交的一组基.

例 2.5 将实数域 $\mathbb{R}$ 看做有理数域 $\mathbb{Q}$ 上的线性空间(参看例 1.1),令

$M_1=\mathbb{Q}(\sqrt{2},\sqrt{3})=\{a+b\sqrt{2}+c\sqrt{3}+d\sqrt{6}\,|\,a,b,c,d\in\mathbb{Q}\}$,

$M_2=\mathbb{Q}(\sqrt{2},\sqrt{5})=\{a+b\sqrt{2}+c\sqrt{5}+d\sqrt{10}\,|\,a,b,c,d\in\mathbb{Q}\}$,

则 M_1,M_2 都是子空间. 从例 1.5 及练习题 3.1 第 5 题已知向量组

$$1,\sqrt{2},\sqrt{3},\sqrt{6};$$

$$1,\sqrt{2},\sqrt{5},\sqrt{10}$$

分别是 M_1,M_2 的一组基,现求 $M_1+M_2,M_1\cap M_2$ 的维数和一组基. 为此,先求下面向量组

$$1,\sqrt{2},\sqrt{3},\sqrt{6},1,\sqrt{2},\sqrt{5},\sqrt{10}$$

的一个极大线性无关部分组. 使用第一章例 1.10 的筛选法. 前 4 个向量线性无关,保持不动,第 5,6 个向量能被前面保留下的第 1,2 个向量线性表示,应删去. 现设

$$\begin{aligned}\sqrt{5}&=a+b\sqrt{2}+c\sqrt{3}+d\sqrt{6}\\&=(a+b\sqrt{2})+(c+d\sqrt{2})\sqrt{3}.\end{aligned}$$

在引言的例 2 已证$\sqrt{5}\notin\mathbb{Q}(\sqrt{2})$,故 $c+d\sqrt{2}\neq0$. 移项得

$$\sqrt{5}-(c+d\sqrt{2})\sqrt{3}=a+b\sqrt{2}.$$

两边平方,得

$$\begin{aligned}5+3(c^2+2d^2+2cd\sqrt{2})-2(c+d\sqrt{2})\sqrt{15}\\=(a+b\sqrt{2})^2.\end{aligned}$$

由此推知

$$\sqrt{15}=x+y\sqrt{2}\in\mathbb{Q}(\sqrt{2}).$$

$\sqrt{15}$非有理数,故 $y\neq0$. 若 $x=0$,则$\sqrt{15}=y\sqrt{2}$. 设 $y=\frac{m}{n}$ $(m,n\in\mathbb{Z}$,且$(m,n)=1)$,于是 $15n^2=2m^2$,它又推出 m,n 均为偶数,矛盾. 故 $x\neq0$,则

$$15=x^2+2y^2+2xy\sqrt{2}.$$

即

$$\sqrt{2}=\frac{15-x^2-2y^2}{2xy}\in\mathbb{Q},$$

矛盾. 这表明$\sqrt{5}$不能被前 4 个向量线性表示,应予保留.

已知$\mathbb{Q}(\sqrt{2},\sqrt{3})$作为$\mathbb{Q}$上线性空间以 $1,\sqrt{2},\sqrt{3},\sqrt{6}$为一组基,前面证明$\sqrt{5}$不能被它们线性表示,故$\sqrt{5}\notin\mathbb{Q}(\sqrt{2},\sqrt{3})$. 若

$$\sqrt{10}=a+b\sqrt{2}+c\sqrt{3}+d\sqrt{6}+e\sqrt{5}$$
$$(a,b,c,d,e\in\mathbb{Q}).$$

移项得

$$(-e+\sqrt{2})\sqrt{5}=a+b\sqrt{2}+c\sqrt{3}+d\sqrt{6},$$

易知$\mathbb{Q}(\sqrt{2},\sqrt{3})$是一个数域,上式推出$\sqrt{5}\in\mathbb{Q}(\sqrt{2},\sqrt{3})$,这与上面已证的结果矛盾. 故$\sqrt{10}$应予保留.

上面结果显示

$$1,\sqrt{2},\sqrt{3},\sqrt{6},\sqrt{5},\sqrt{10}$$

是 M_1+M_2 的一组基,故

$$\dim(M_1+M_2)=6,$$

那么

$$\dim(M_1\cap M_2)=\dim M_1+\dim M_2-\dim(M_1+M_2)$$
$$=4+4-6=2.$$

显然,$\mathbb{Q}(\sqrt{2})\subseteq M_1\cap M_2$,且$\mathbb{Q}(\sqrt{2})$作为$\mathbb{R}$的子空间恰是二维的,有一组基 $1,\sqrt{2}$,由此立即推出 $M_1\cap M_2=\mathbb{Q}(\sqrt{2})$. ▌

评议 上面同时应用线性空间和数域两方面的知识. 这个例子告诉我们: 解题时必须把各方面的知识,例如数学分析、几何、代数方面的知识综合运用,不能把它们互相隔离.

例 2.6 设 V 是数域 K 上的线性空间. 如果 M 是 V 的子空间且 $M\neq V$,则 M 称为 V 的真子空间. 证明若 V 是非零空间,则 V 的任意有限个真子空间 $M_1,M_2,\cdots,M_s$ 不能填满 V,即

$$M_1 \cup M_2 \cup \cdots \cup M_s \neq V.$$

解 V 的有限个真子空间的和显然可能等于 V. 上面是真子空间的并集,与和完全不同. 下面分别讨论两种情况.

(1) 若 V 为有限维, 设 $\dim V=n$, 在 V 内取一组基 $\varepsilon_1,\varepsilon_2,\cdots,\varepsilon_n$. 令

$$\alpha_i = (\varepsilon_1,\varepsilon_2,\cdots,\varepsilon_n)\begin{bmatrix}1\\ i\\ i^2\\ \vdots\\ i^{n-1}\end{bmatrix} \quad (i=1,2,\cdots).$$

利用范德蒙德行列式和本章§1的三(或利用第二章例 2.1)可知,从 $\alpha_1,\alpha_2,\alpha_3,\cdots$中任取 n 个都线性无关,组成 V 的一组基,因此每个 M_i 中至多包含其中$n-1$个向量. 但 $\alpha_1,\alpha_2,\alpha_3,\cdots$含无穷多个向量,故必有一个向量不包含在 $M_1\cup M_2\cup\cdots\cup M_s$ 中.

(2) 对一般情况,对 s 作数学归纳法. $s=1$,显然 $M_1\neq V$. 现设 $s=m$ 时命题成立,即设 V 的任意 m 个真子空间均不能填满 V. 对 $s=m+1$,因已知 $M_1\cup M_2\cup\cdots\cup M_m\neq V$. 取 $\alpha\notin M_i(i=1,2,\cdots,m)$. 若 $\alpha\notin M_{m+1}$,α 即为所求. 若 $\alpha\in M_{m+1}$,此时 $M_2,M_3,\cdots,M_{m+1}$不填满 V,故有 $\beta\notin M_i(i=2,3,\cdots,m+1)$. 若 $\beta\notin M_1$,β 即为所求. 若 $\beta\in M_1$,考查 $\alpha+a\beta$,易知当 $a\neq 0$ 时 $\alpha+a\beta\notin M_1\cup M_{m+1}$. 对 $1<i\leqslant m$,若有 $a,b\in K$,$a\neq b$,使 $\alpha+a\beta\in M_i$,$\alpha+b\beta\in M_i$,则$(b-a)\beta\in M_i$,由此知 $\beta\in M_i$,与 β 的选取矛盾. 因而最多只有一个 $a_i\neq 0$,使 $\alpha+a_i\beta\in M_i$. 因为 K 内包含无穷多个数,故存在 $0\neq a\in K$,使 $\alpha+a\beta\notin M_1\cup M_2\cup\cdots\cup M_m\cup M_{m+1}$. ▌

评议 范德蒙德行列式常常会发挥奇妙的作用. 当 V 为有限维线性空间时,利用它给出了命题的简捷证明. 对一般的证明,主要是使用线性空间的基本性质(子空间对加法、数乘的封闭性)构造出所需要的向量,其中主要是使用 K 内包含无穷多个数这个事实,如无此事实,则本题结论不成立,读者在较深的代数课程中会遇见这种情况.

例 2.7 考查 $M_n(K)$上全体数量函数所组成的数域 K 上线性

空间 $\mathscr{F}(K)$(参看例 1.2),其中全体列线性函数组成一个子空间 $P(K)$,全体行线性函数组成一个子空间 $Q(K)$.

(1) 求 $P(K)$的维数和一组基.

(2) 求 $Q(K)$的维数和一组基.

(3) 求 $P(K)\cap Q(K)$的维数和一组基.

(4) 求 $P(K)+Q(K)$的维数和一组基.

解　使用第二章§1中的记号表示矩阵及数量函数 $f(A)$.

设 $A=(\alpha_1,\alpha_2,\cdots,\alpha_n)=(a_{ij})$,令 $\varepsilon_1,\varepsilon_2,\cdots,\varepsilon_n$ 为 K^n 的坐标向量(写成 $n\times1$ 矩阵),则有

$$\alpha_k=\sum_{j_k=1}^{n}a_{j_k k}\varepsilon_{j_k}\quad(k=1,2,\cdots,n).$$

若 $f\in P(K)$,则

$$\begin{aligned}f(A)&=f(\alpha_1,\alpha_2,\cdots,\alpha_n)\\&=f\Big(\sum_{j_1=1}^{n}a_{j_1 1}\varepsilon_{j_1},\sum_{j_2=1}^{n}a_{j_2 2}\varepsilon_{j_2},\cdots,\sum_{j_n=1}^{n}a_{j_n n}\varepsilon_{j_n}\Big)\\&=\sum_{j_1=1}^{n}\sum_{j_2=1}^{n}\cdots\sum_{j_n=1}^{n}a_{j_1 1}a_{j_2 2}\cdots a_{j_n n}f(\varepsilon_{j_1},\varepsilon_{j_2},\cdots,\varepsilon_{j_n}).\end{aligned}$$

这表明列线性函数 f 由它在

$$(\varepsilon_{j_1},\varepsilon_{j_2},\cdots,\varepsilon_{j_n})\in M_n(K)\quad(j_1,j_2,\cdots,j_n=1,2,\cdots,n)$$

处的函数值唯一决定. 我们有下列结果.

(1) 任给 K 内 n^n 个数

$$c_{j_1 j_2\cdots j_n}\quad(j_1,j_2,\cdots,j_n=1,2,\cdots,n),$$

存在唯一的 $f\in P(K)$,使

$$f(\varepsilon_{j_1},\varepsilon_{j_2},\cdots,\varepsilon_{j_n})=c_{j_1 j_2\cdots j_n}\quad(j_1,j_2,\cdots,j_n=1,2,\cdots,n).$$

证　对 $A=(a_{ij})\in M_n(K)$,定义

$$f(A)=\sum_{j_1=1}^{n}\sum_{j_2=1}^{n}\cdots\sum_{j_n=1}^{n}a_{j_1 1}a_{j_2 2}\cdots a_{j_n n}c_{j_1 j_2\cdots j_k}\in K.$$

这是定义在 $M_n(K)$上的一个数量函数. 如果

$$\alpha_k = \begin{bmatrix} a_{1k} \\ a_{2k} \\ \vdots \\ a_{nk} \end{bmatrix} = x\beta_k + y\gamma_k = x\begin{bmatrix} b_1 \\ b_2 \\ \vdots \\ b_n \end{bmatrix} + y\begin{bmatrix} c_1 \\ c_2 \\ \vdots \\ c_n \end{bmatrix},$$

令 B,C 分别表示把 A 的第 k 列换为 β_k,γ_k 所得的方阵,则

$$\begin{aligned} f(A) &= \sum_{j_1=1}^{n}\cdots\sum_{j_k=1}^{n}\cdots\sum_{j_n=1}^{n} a_{j_1 1}\cdots a_{j_k k}\cdots a_{j_n n} c_{j_1\cdots j_k\cdots j_n} \\ &= \sum_{j_1=1}^{n}\cdots\sum_{j_k=1}^{n}\cdots\sum_{j_n=1}^{n} a_{j_1 1}\cdots(xb_{j_k} + yc_{j_k})\cdots a_{j_n n} c_{j_1\cdots j_k\cdots j_n} \\ &= x\sum_{j_1=1}^{n}\cdots\sum_{j_k=1}^{n}\cdots\sum_{j_n=1}^{n} a_{j_1 1}\cdots b_{j_k}\cdots a_{j_n n} c_{j_1\cdots j_k\cdots j_n} \\ &\quad + y\sum_{j_1=1}^{n}\cdots\sum_{j_k=1}^{n}\cdots\sum_{j_n=1}^{n} a_{j_1 1}\cdots c_{j_k}\cdots a_{j_n n} c_{j_1\cdots j_k\cdots j_n} \\ &= xf(B) + yf(C). \end{aligned}$$

这表明 f 是 $M_n(K)$上列线性函数,易知

$$\begin{aligned} f(\varepsilon_{k_1},\varepsilon_{k_2},\cdots,\varepsilon_{k_n}) &= \sum_{j_1=1}^{n}\sum_{j_2=1}^{n}\cdots\sum_{j_n=1}^{n}\delta_{j_1k_1}\delta_{j_2k_2}\cdots\delta_{j_nk_n}c_{j_1j_2\cdots j_n} \\ &= c_{k_1k_2\cdots k_n}. \end{aligned}$$

(2) 定义 $P(K)$内 n^n 个函数如下:

$f_{k_1k_2\cdots k_n}(\varepsilon_{j_1},\varepsilon_{j_2},\cdots,\varepsilon_{j_n})=\delta_{j_1k_1}\delta_{j_2k_2}\cdots\delta_{j_nk_n}\quad(j_1,j_2,\cdots,j_n=1,2,\cdots,n)$,

这里 $k_1,k_2,\cdots,k_n=1,2,\cdots,n$. 则$\{f_{k_1k_2\cdots k_n}\mid k_1,k_2,\cdots,k_n=1,2,\cdots,n\}$组成 $P(K)$的一组基.

证 先证它线性无关. 若

$$\sum_{k_1=1}^{n}\sum_{k_2=1}^{n}\cdots\sum_{k_n=1}^{n}x_{k_1k_2\cdots k_n}f_{k_1k_2\cdots k_n}=0.$$

因 $P(K)$为线性空间,上式左端为 $P(K)$内一列线性函数. 由 $P(K)$内加法、数乘的定义,对$(\varepsilon_{j_1},\varepsilon_{j_2},\cdots,\varepsilon_{j_n})\in M_n(K)$,我们有

$$0=\Big(\sum_{k_1=1}^{n}\sum_{k_2=1}^{n}\cdots\sum_{k_n=1}^{n}x_{k_1k_2\cdots k_n}f_{k_1k_2\cdots k_n}\Big)(\varepsilon_{j_1},\varepsilon_{j_2},\cdots,\varepsilon_{j_n})$$

$$=\sum_{k_1=1}^{n}\sum_{k_2=1}^{n}\cdots\sum_{k_n=1}^{n}x_{k_1k_1\cdots k_n}f_{k_1k_2\cdots k_n}(\varepsilon_{j_1},\varepsilon_{j_2},\cdots,\varepsilon_{j_n})$$

$$=\sum_{k_1=1}^{n}\sum_{k_2=1}^{n}\cdots\sum_{k_n=1}^{n}x_{k_1k_2\cdots k_n}\delta_{j_1k_1}\delta_{j_2k_2}\cdots\delta_{j_nk_n}=x_{j_1j_2\cdots j_n}.$$

上面 $j_1j_2\cdots j_n$ 为任意,这表明$\{f_{k_1k_2\cdots k_n}\}$线性无关.

其次,任给 $f\in P(K)$,设 $f(\varepsilon_{j_1},\varepsilon_{j_2},\cdots,\varepsilon_{j_n})=c_{j_1j_2\cdots j_n}$. 定义 $P(K)$ 内一函数

$$g=\sum_{k_1=1}^{n}\sum_{k_2=1}^{n}\cdots\sum_{k_n=1}^{n}c_{k_1k_2\cdots k_n}f_{k_1k_2\cdots k_n},$$

我们有

$$g(\varepsilon_{j_1},\varepsilon_{j_2},\cdots,\varepsilon_{j_n})=\sum_{k_1=1}^{n}\sum_{k_2=1}^{n}\cdots\sum_{k_n=1}^{n}c_{k_1k_2\cdots k_n}f_{k_1k_2\cdots k_n}(\varepsilon_{j_1},\varepsilon_{j_2},\cdots,\varepsilon_{j_n})$$

$$=\sum_{k_1=1}^{n}\sum_{k_2=1}^{n}\cdots\sum_{k_n=1}^{n}c_{k_1k_2\cdots k_n}\delta_{j_1k_1}\delta_{j_2k_2}\cdots\delta_{j_nk_n}=c_{j_1j_2\cdots j_n}$$

$$=f(\varepsilon_{j_1},\varepsilon_{j_2},\cdots,\varepsilon_{j_n}).$$

根据前面的分析,此时应有

$$f=g=\sum_{k_1=1}^{n}\sum_{k_2=1}^{n}\cdots\sum_{k_n=1}^{n}c_{k_1k_2\cdots k_n}f_{k_1k_2\cdots k_n},$$

即 $P(K)$内任一向量均可由$\{f_{k_1k_2\cdots k_n}\}$线性表示,从而它是 $P(K)$的一组基. 这表明 $\dim P(K)=n^n$.

(3) 和对 $P(K)$内函数的讨论相平行,若 $f\in Q(K)$,则对 $A=(a_{ij})\in M_n(K)$,有

$$f(A)=\sum_{j_1=1}^{n}\sum_{j_2=1}^{n}\cdots\sum_{j_n=1}^{n}a_{1j_1}a_{2j_2}\cdots a_{nj_n}f\begin{bmatrix}\varepsilon'_{j_1}\\ \varepsilon'_{j_2}\\ \vdots\\ \varepsilon'_{j_n}\end{bmatrix}.$$

反之,任给 K 内 n^n 个数 $c_{j_1j_2\cdots j_n}$,存在唯一的 $f\in Q(K)$,使 $f\begin{bmatrix}\varepsilon'_{j_1}\\ \varepsilon'_{j_2}\\ \vdots\\ \varepsilon'_{j_n}\end{bmatrix}=$ $c_{j_1j_2\cdots j_n}$. 因而存在 n^n 个行线性函数

$$g_{k_1k_2\cdots k_n}\begin{bmatrix}\varepsilon'_{j_1}\\ \varepsilon'_{j_2}\\ \vdots\\ \varepsilon'_{j_n}\end{bmatrix}=\delta_{j_1k_1}\delta_{j_2k_2}\cdots\delta_{j_nk_n}.$$

它们也组成 $Q(K)$的一组基,故 $\dim Q(K)=n^n$.

(4) 设 $k_1k_2\cdots k_n$ 是前 n 个自然数的一个排列,则对 $A=(a_{ij})\in M_n(K)$,我们有

$$\begin{aligned}f_{k_1k_2\cdots k_n}(A)&=\sum_{j_1=1}^{n}\sum_{j_2=1}^{n}\cdots\sum_{j_n=1}^{n}a_{j_11}a_{j_22}\cdots a_{j_nn}f_{k_1k_2\cdots k_n}(\varepsilon_{j_1},\varepsilon_{j_2},\cdots,\varepsilon_{nj_n})\\&=\sum_{j_1=1}^{n}\sum_{j_2=1}^{n}\cdots\sum_{j_n=1}^{n}a_{j_11}a_{j_22}\cdots a_{j_nn}\delta_{j_1k_1}\delta_{j_2k_2}\cdots\delta_{j_nk_n}\\&=a_{k_11}a_{k_22}\cdots a_{k_nn}=a_{1l_1}a_{2l_2}\cdots a_{nl_n}\\&=g_{l_1l_2\cdots l_n}(A),\end{aligned}$$

其中 $l_1l_2\cdots l_n$ 是前 n 个自然数的一个排列. 于是 $f_{k_1k_2\cdots k_n}=g_{l_1l_2\cdots l_n}\in P(K)\cap Q(K)$. 由此知

$$\{f_{k_1k_2\cdots k_n}\,|\,k_1k_2\cdots k_n \text{ 为 } 1,2,\cdots,n \text{ 的一个排列}\}$$

是 $P(K)\cap Q(K)$内一个线性无关向量组,其向量个数为 $n!$.

(5) 若 $f\in P(K)\cap Q(K)$,对 $A=(a_{ij})\in M_n(K)$,前面已知

$$f(A)=\sum_{j_1=1}^{n}\sum_{j_2=1}^{n}\cdots\sum_{j_n=1}^{n}a_{j_11}a_{j_22}\cdots a_{j_nn}f(\varepsilon_{j_1},\varepsilon_{j_2},\cdots,\varepsilon_{j_n}).$$

方阵$(\varepsilon_{j_1},\varepsilon_{j_2},\cdots,\varepsilon_{j_n})$的元素中每一列恰有一个 1,其他元素都是 0. 如果有 $j_k=j_l$,则第 $j_k=j_l$ 行有两个 1,于是必有某行元素全为 0,而 f 是行线性的,此时应有 $f(\varepsilon_{j_1},\cdots,\varepsilon_{j_k},\cdots,\varepsilon_{j_l},\cdots,\varepsilon_{j_n})=0$. 于是

$$f(A)=\sum_{(j_1j_2\cdots j_n)} a_{j_11}a_{j_22}\cdots a_{j_nn}f(\varepsilon_{j_1},\varepsilon_{j_2},\cdots,\varepsilon_{j_n}),$$

其中和号是对前 n 个自然数的所有排列 $(j_1j_2\cdots j_n)$ 求和. 设

$$f(\varepsilon_{j_1},\varepsilon_{j_2},\cdots,\varepsilon_{j_n})=c_{j_1j_2\cdots j_n},$$

上面 $(j_1j_2\cdots j_n)$ 取遍前 n 个自然数的所有排列. 令

$$h=\sum_{(j_1j_2\cdots j_n)} c_{j_1j_2\cdots j_n}f_{j_1j_2\cdots j_n}\in P(K)\cap Q(K),$$

则

$$\begin{aligned}h(A)&=\sum_{(j_1j_2\cdots j_n)} c_{j_1j_2\cdots j_n}f_{j_1j_2\cdots j_n}(A)\\&=\sum_{(j_1j_2\cdots j_n)} c_{j_1j_2\cdots j_n}a_{j_11}a_{j_22}\cdots a_{j_nn}\\&=\sum_{(j_1j_2\cdots j_n)} a_{j_11}a_{j_22}\cdots a_{j_nn}f(\varepsilon_{j_1},\varepsilon_{j_2},\cdots,\varepsilon_{j_n})=f(A).\end{aligned}$$

这表明

$$f=h=\sum_{(j_1j_2\cdots j_n)} c_{j_1j_2\cdots j_n}f_{j_1j_2\cdots j_n}.$$

因此, $\{f_{j_1j_2\cdots j_n}\mid(j_1j_2\cdots j_n)$ 为 $1,2,\cdots,n$ 的排列$\}$ 是 $P(K)\cap Q(K)$ 的一组基, 从而 $\dim P(K)\cap Q(K)=n!$.

(6) 根据维数公式, 有

$$\begin{aligned}&\dim(P(K)+Q(K))\\&\quad=\dim P(K)+\dim Q(K)-\dim P(K)\cap Q(K)\\&\quad=2n^n-n!.\end{aligned}$$

令

$$\begin{aligned}M&=\{f_{j_1j_2\cdots j_n}\mid j_1,j_2,\cdots,j_n=1,2,\cdots,n\},\\N&=\{g_{j_1j_2\cdots j_n}\mid j_1,j_2,\cdots,j_n=1,2,\cdots,n\},\\S&=\{f_{j_1j_2\cdots j_n}\mid(j_1j_2\cdots j_n)\text{ 为 }1,2,\cdots,n\text{ 的排列}\}\\&=\{g_{j_1j_2\cdots j_n}\mid(j_1j_2\cdots j_n)\text{ 为 }1,2,\cdots,n\text{ 的排列}\},\end{aligned}$$

则包含 $2n^n-n!$ 个向量的集合

$$(M\backslash S)\cup(N\backslash S)\cup S$$

恰为 $P(K)+Q(K)$ 的一组基(因为 $P(K)+Q(K)$ 中每个向量 $f+g$,

f 可被 M 线性表示，g 可由 N 线性表示，从而 $f+g$ 可由上述 $2n^n-n!$ 个向量线性表示）. ▌

评议 此例利用线性空间的理论，对 $M_n(K)$ 上的行、列线性函数作深入一步的研究. 这个课题主要分两步，第一步是把列（行）线性函数归结为 n^n 个函数值 $f(\varepsilon_{j_1},\varepsilon_{j_2},\cdots,\varepsilon_{j_n})$，从而构造出 $P(K)$ 的一组基；第二步是对 $f\in P(K)\cap Q(K)$，指明 f 归结为 $n!$ 个函数值 $f(\varepsilon_{j_1},\varepsilon_{j_2},\cdots,\varepsilon_{j_n})$，这里 $(j_1j_2\cdots j_n)$ 取前 n 个自然数的所有排列. 这个例子指出，如何把对问题的研究一步步深入下去，是有启发性的.

此例和例 2.4，2.5 不同，是先求两个子空间交的维数和一组基，再求两子空间和的维数和一组基.

三、子空间的直和

【内容提要】

定义 设 M_1,M_2 是线性空间 V 的两个子空间，$M_1+M_2=M$. 如果对 M 内任一向量 α，其表示式

$$\alpha=\alpha_1+\alpha_2 \quad (\alpha_1\in M_1,\alpha_2\in M_2)$$

是唯一的，则称 M 是 M_1 与 M_2 的**直和**（亦称 M_1+M_2 是直和），记做

$$M=M_1\oplus M_2.$$

定理 2 设 M_1,M_2 是数域 K 上线性空间 V 的两个有限维子空间，则下面几条互相等价：

(i) M_1+M_2 是直和；

(ii) 0 向量表法唯一，即由

$$0=\alpha_1+\alpha_2 \quad (\alpha_1\in M_1,\alpha_2\in M_2),$$

必定有 $\alpha_1=\alpha_2=0$；

(iii) $M_1\cap M_2=\{0\}$；

(iv) $\dim M_1+\dim M_2=\dim(M_1+M_2)$.

使用如下记号

$$M_1+M_2+\cdots+M_k=\sum_{i=1}^{k}M_i.$$

定义 设 $M_1,M_2,\cdots,M_k$ 为线性空间 V 的子空间，$M_1+M_2+\cdots+M_k=M$. 如果对 M 中任一向量 α，表达式

$$\alpha = \alpha_1 + \alpha_2 + \cdots + \alpha_k \quad (\alpha_i \in M_i,\ i = 1,2,\cdots,k)$$

是唯一的,则称 M 是 $M_1,M_2,\cdots,M_k$ 的**直和**(亦称 $M_1+M_2+\cdots+M_k$ 是直和),记做

$$M = M_1 \oplus M_2 \oplus \cdots \oplus M_k.$$

定理 3　设 $M_1,M_2,\cdots,M_k$ 是数域 K 上线性空间 V 的有限维子空间,则下列命题互相等价:

(i) $M=M_1+M_2+\cdots+M_k$ 是直和;

(ii) 零向量的表法唯一,即若

$$0 = \alpha_1 + \alpha_2 + \cdots + \alpha_k \quad (\alpha_i \in M_i,\ i = 1,2,\cdots,k),$$

则 $\alpha_1=\alpha_2=\cdots=\alpha_k=0$;

(iii) $M_i \cap \left(\sum\limits_{\substack{j=1 \\ j\neq i}}^{k} M_j\right) = \{0\} \quad (i = 1,2,\cdots,k)$;

(iv) $\dim\sum\limits_{i=1}^{k} M_i = \sum\limits_{i=1}^{k}\dim M_i$.

评议　研究线性空间的各种问题时,使用的一种基本办法是将空间 V 分解为子空间 $M_1,M_2,\cdots,M_k$ 的和,即

$$V = M_1 + M_2 + \cdots + M_k.$$

这时会遇到一个问题,即对 V 中一个向量 α 可能有两种表达式

$$\begin{aligned}\alpha &= \alpha_1 + \alpha_2 + \cdots + \alpha_k \\ &= \beta_1 + \beta_2 + \cdots + \beta_k,\end{aligned}$$

其中 $\alpha_i,\beta_i\in M_i(i=1,2,\cdots,k)$,且 α_i 不全等于 β_i. 出现这种情况对我们利用 V 的上述分解式是不利的,我们需要排除这种情况,这就是引进"直和"这个概念的原因.

给定 V 内 k 个子空间 $M_1,M_2,\cdots,M_k$,我们总可以把它们加起来:$M_1+M_2+\cdots+M_k$. 但加起来是不是直和,这不是由我们主观上决定的,而是由这 k 个子空间客观上存在的相互关系决定的,定理 3 的(iii)把需要满足的关系说得很清楚. 常见一些初学者不假思索地说:"作子空间 $M_1,M_2,\cdots,M_k$ 的直和",意思是 $M_1+M_2+\cdots+M_k$ 是不是"直和"可以随意决定,这就是没有弄明白"直和"这概念的真实含意.

注意,当 $k\geqslant 3$ 时,$M_1+M_2+\cdots+M_k$ 是不是直和是要看它是否

满足定理3中的条件(iii). 常见一些初学者用这些子空间两两交为$\{0\}$,即$M_i\cap M_j=\{0\}(i\neq j$时)来代替条件(iii),这是错误的.

例 2.8 在K^4内给定三个向量组

(i) $\alpha_1=(1,-1,0,0),\alpha_2=(2,0,0,0)$;

(ii) $\beta_1=(0,0,1,-1),\beta_2=(0,0,2,0)$;

(iii) $\gamma_1=(1,1,1,1),\gamma_2=(1,2,1,2)$.

它们分别生成三个子空间$M_1=L(\alpha_1,\alpha_2),M_2=L(\beta_1,\beta_2),M_3=L(\gamma_1,\gamma_2)$.

(1) 判断M_1+M_2,M_1+M_3,M_2+M_3是否直和.

(2) 判断$M_1+M_2+M_3$是否直和.

解 容易验证上述三个向量组都线性无关,故$\dim M_1=\dim M_2=\dim M_3=2$.

(1) 决定$\dim(M_1+M_2)$,即找$\alpha_1,\alpha_2,\beta_1,\beta_2$的秩,为此把它们作为行向量排成矩阵:

$$\begin{bmatrix}1&-1&0&0\\2&0&0&0\\0&0&1&-1\\0&0&2&0\end{bmatrix}\rightarrow\begin{bmatrix}1&-1&0&0\\0&2&0&0\\0&0&1&-1\\0&0&0&2\end{bmatrix}.$$

上面矩阵秩$=4$,故$\alpha_1,\alpha_2,\beta_1,\beta_2$线性无关,$\dim(M_1+M_2)=4$,那么$\dim(M_1\cap M_2)=\dim M_1+\dim M_2-\dim(M_1+M_2)=2+2-4=0$,故$M_1\cap M_2=\{0\}$,于是$M_1+M_2$为直和,可以写成$M_1\oplus M_2$.

决定$\dim(M_1+M_3)$,即决定$\alpha_1,\alpha_2,\gamma_1,\gamma_2$的秩:

$$\begin{bmatrix}1&-1&0&0\\2&0&0&0\\1&1&1&1\\1&2&1&2\end{bmatrix}\rightarrow\begin{bmatrix}1&-1&0&0\\0&2&0&0\\0&2&1&1\\0&3&1&2\end{bmatrix}\rightarrow\begin{bmatrix}1&-1&0&0\\0&-1&-1&-2\\0&2&1&1\\0&3&1&2\end{bmatrix}$$

$$\rightarrow\begin{bmatrix}1&-1&0&0\\0&-1&-1&-2\\0&0&-1&-3\\0&0&-2&-4\end{bmatrix}\rightarrow\begin{bmatrix}1&-1&0&0\\0&-1&-1&-2\\0&0&-1&-3\\0&0&0&2\end{bmatrix}.$$

上面矩阵秩$=4$,即$\dim(M_1+M_3)=4$,同理,$\dim(M_1\cap M_3)=0$,即

$M_1 \cap M_3=\{0\}$,故 M_1+M_3 为直和.

同样办法确定 $\beta_1,\beta_2,\gamma_1,\gamma_2$ 的秩为 4,即 $\dim(M_2+M_3)=4$,从而 $\dim(M_2 \cap M_3)=0$,于是 $M_2 \cap M_3=\{0\}$,M_2+M_3 为直和.

(2) 我们有

$$0=(\alpha_2-\alpha_1)+(\beta_2-\beta_1)+(-\gamma_1),$$

其中 $\alpha_2-\alpha_1=(1,1,0,0)\in M_1$,$(\beta_2-\beta_1)=(0,0,1,1)\in M_2$,$-\gamma_1=(-1,-1,-1,-1)\in M_3$. 上式说明零向量表示法不唯一,故 $M_1+M_2+M_3$ 不是直和. ▌

评议 此例中 $M_1 \cap M_2=\{0\}$,$M_1 \cap M_3=\{0\}$,$M_2 \cap M_3=\{0\}$,但 $M_1+M_2+M_3$ 不是直和. 实际上,我们有

$$\gamma_1=(\alpha_2-\alpha_1)+(\beta_2-\beta_1)\in(M_1+M_2)\cap M_3,$$

而 $\gamma_1=(1,1,1,1)\neq 0$,这表示定理 3 中条件(iii)不满足,因而 $M_1+M_2+M_3$ 不是直和.

此例也表明,我们不能随意"作 M_1,M_2,M_3 的直和".

例 2.9 设 M 是数域 K 上有限维线性空间 V 的一个子空间,则必存在 V 的子空间 N,使

$$V=M \oplus N.$$

解 若 $M=\{0\}$,则取 $N=V$. 下面设 $M\neq\{0\}$. 在 M 内取一组基 $\varepsilon_1,\varepsilon_2,\cdots,\varepsilon_r$,则 $M=L(\varepsilon_1,\varepsilon_2,\cdots,\varepsilon_r)$. 另一方面,$\varepsilon_1,\varepsilon_2,\cdots,\varepsilon_r$ 可扩充成 V 的一组基

$$\varepsilon_1,\varepsilon_2,\cdots,\varepsilon_r,\varepsilon_{r+1},\cdots,\varepsilon_n.$$

令 $N=L(\varepsilon_{r+1},\cdots,\varepsilon_n)$,则显见有 $V=M+N$. 又因为 $\dim V=n=r+(n-r)=\dim M+\dim N$,故由定理 2 知:$V=M\oplus N$. ▌

此例中所指出的子空间 N 称为子空间 M 的一个**补空间**.

评议 注意上面由 $\dim M+\dim N=V$ 推出 $V=M\oplus N$ 是在已知 $V=M+N$ 的前提下,无此前提条件推理不成立. 另外,M 的补空间不是唯一的,因为 $\varepsilon_1,\varepsilon_2,\cdots,\varepsilon_r$ 扩充为 V 的一组基的扩充法不是唯一的.

例 2.10 设 $M_1,M_2,\cdots,M_k$ 是数域 K 上线性空间 V 的子空间. 证明 $M_1+M_2+\cdots+M_k$ 是直和的充分必要条件是

$$M_i \cap \left(\sum_{j=1}^{i-1} M_j\right) = \{0\} \quad (i = 2,3,\cdots,k).$$

解 注意定理 3 中仅有条件(iv)要求 M_i 是有限维的，其他三条均可去掉 M_i 是有限维的限制.

充分性 若 $M_1+M_2+\cdots+M_k$ 不是直和，则由定理 3，零向量表示法不唯一，即

$$0 = \alpha_1 + \alpha_2 + \cdots + \alpha_k \quad (\alpha_i \in M_i).$$

而 $\alpha_1,\alpha_2,\cdots,\alpha_k$ 不全为 0，此时至少有两个不为 0. 设自右至左第一个不为 0 的是 α_i，则 $i \geqslant 2$，且

$$-\alpha_i = \alpha_1 + \alpha_2 + \cdots + \alpha_{i-1} \in M_i \cap \left(\sum_{j=1}^{i-1} M_j\right) = \{0\}.$$

上式又推出 $\alpha_i = 0$，矛盾. 故 $M_1+M_2+\cdots+M_k$ 为直和.

必要性 任取 $\alpha_i \in M_i \cap \left(\sum_{j=1}^{i-1} M_j\right)$，则

$$\alpha_i = \alpha_1 + \alpha_2 + \cdots + \alpha_{i-1} \quad (\alpha_j \in M_j).$$

于是

$$0 = \alpha_1 + \alpha_2 + \cdots + \alpha_{i-1} + (-\alpha_i) + 0 + \cdots + 0.$$

由于 $M_1+M_2+\cdots+M_k$ 为直和，零向量表法唯一，故 $\alpha_i = 0$. 于是

$$M_i \cap \left(\sum_{j=1}^{i-1} M_j\right) = \{0\} \quad (i = 2,3,\cdots,k). \qquad \blacksquare$$

评议 此例对定理 3 的(iii)略作改进，在某些情况下用起来较方便. 必要性的证明也可利用定理 3 的(iii)，因为

$$M_i \cap \left(\sum_{j=1}^{i-1} M_j\right) \subseteq M_i \cap \left(\sum_{\substack{j=1 \\ j\neq i}}^{k} M_j\right).$$

例 2.11 数域 K 上全体 n 阶方阵所成集合 $M_n(K)$ 关于矩阵加法、数乘组成 K 上 n^2 维线性空间. 设 M 是它的一个子空间，且对一切 $A \in M_n(K)$，$B \in M$，有 $AB \in M$. 证明存在非负整数 k 使 $\dim M = kn$.

解 若 $M = \{0\}$，则 $\dim M = 0 = 0 \cdot n$. 下面设 M 非零. 于是存在 $A \in M$，$A \neq 0$. 设 A 的行向量组是 $\alpha_1,\alpha_2,\cdots,\alpha_n$，按第一章 §3 之五，我们有

$$E_{ij}A=\begin{bmatrix}0\\ \alpha_j\\ 0\end{bmatrix} i\text{行}\in M,$$

这里 $j=1,2,\cdots,n$. 现令

$$A_i=\left\{\sum_{j=1}^{n}a_{ij}E_{ij}A\,\middle|\,a_{ij}\in K\right\}\quad(i=1,2,\cdots,n),$$

则 A_i 是第 i 个行向量属于 $L(\alpha_1,\alpha_2,\cdots,\alpha_n)$，其余行向量为 0 的 n 阶方阵所成的集合. 因为 M 对加法、数乘封闭，故 $A_i\subseteq M$，且 A_i 为 M 的子空间. 若 $\mathrm{r}(A)=r$，则 $\dim L(\alpha_1,\alpha_2,\cdots,\alpha_n)=r$，于是 $\dim A_i=r$. 令

$$L\{A\}=A_1+A_2+\cdots+A_n.$$

因为 A_i 是由第 i 行外全为 0 的矩阵组成，而 $A_1+\cdots+A_{i-1}+A_{i+1}+\cdots+A_n$是由第 i 行为 0 的矩阵组成，由此知

$$A_i\cap\Big(\sum_{\substack{j=1\\ j\neq i}}^{n}A_j\Big)=\{0\}.$$

定理 3 的条件(iii)满足，故 $A_1+A_2+\cdots+A_n$ 为直和，再由定理 3 的(iv)，有

$$\dim L\{A\}=\sum_{i=1}^{n}\dim A_i=rn.$$

因为 $M_n(K)$以$\{E_{ij}(i=1,2,\cdots,n;j=1,2,\cdots,n)\}$为一组基，即 $\dim M_n(K)=n^2$. 因此 M 为有限维，取 M 的一组基

$$B_1,B_2,\cdots,B_m\quad(m\leqslant n^2).$$

设 B_i 的行向量组为 $\beta_{i1},\beta_{i2},\cdots,\beta_{in}$. 考查 K^n 内下列向量组

$$\beta_{11},\cdots,\beta_{1n},\beta_{21},\cdots,\beta_{2n},\cdots,\beta_{n1},\cdots,\beta_{nn}.$$

设它的一个极大线性无关部分组是 $\gamma_1,\gamma_2,\cdots,\gamma_k$，这里 $k\leqslant n$. 若 γ_i 是 B_j 的第 t 个行向量，由前面的讨论知 $E_{st}B_j\in M$，它是第 s 个行向量为 γ_i，其余行为 0 的方阵，这里 $s=1,2,\cdots,n$. 因 M 为子空间，这些方阵之和仍属于 M，故以 $\gamma_1,\gamma_2,\cdots,\gamma_k,0,\cdots,0$ 为行向量的 n 阶方阵 $F\in M$. 和上面一样，令

$$F_i=\left\{\sum_{j=1}^{n}a_{ij}E_{ij}F\,|\,a_{ij}\in K\right\}\quad(i=1,2,\cdots,n),$$

则 F_i 为 M 的子空间，其中矩阵第 i 个行向量属 $L(\gamma_1,\gamma_2,\cdots,\gamma_k)$，其

余行向量为 0, $\dim L(\gamma_1,\gamma_2,\cdots,\gamma_k)=k$. 令

$$L\{F\} = F_1 \oplus F_2 \oplus \cdots \oplus F_n,$$

此时 $L\{F\}$ 为 M 的子空间,且

$$\dim L\{F\} = kn.$$

任取 $C\in M$. 设 C 的行向量组为 $\omega_1,\omega_2,\cdots,\omega_n$. 因为

$$C = c_1B_1 + c_2B_2 + \cdots + c_mB_m \quad (c_i \in K),$$

这表明 ω_i 可由 $B_1,B_2,\cdots,B_m$ 的第 i 个行向量线性表示,从而可由 $\gamma_1,\gamma_2,\cdots,\gamma_k$ 线性表示,于是 $\omega_i\in L(\gamma_1,\gamma_2,\cdots,\gamma_k)$. 而这又推出 $E_{ii}C\in F_i(i=1,2,\cdots,n)$,那么

$$C = \sum_{i=1}^{n} E_{ii}C \in F_1 + F_2 + \cdots + F_n = L\{F\}.$$

由此知 $M\subseteq L\{F\}$,于是 $M=L\{F\}$,故 $\dim M=kn$. ▌

评议 在第一章§3 讨论 $M_n(K)$ 时曾指出,每个 $A\in M_n(K)$ 均可由矩阵 $\{E_{ij}\}$ 线性表示,因此可由讨论 E_{ij} 代替一般矩阵 A. 而 E_{ij} 在矩阵乘法中有很好的性状. 本例充分地运用了这个矩阵技巧,化难为易. 此例完全决定出所有具有题中所述性质的子空间 M. 只要任取 K^n 中一个线性无关向量组 $\gamma_1,\gamma_2,\cdots,\gamma_k$,按上述办法构造出 $M_n(K)$ 的一个子空间 $L\{F\}$,它就是所要的子空间 M,特别地,选取 K^n 的前 k 个坐标向量 $\varepsilon_1,\varepsilon_2,\cdots,\varepsilon_k$,它构造出来的是

$$M= L(F)$$

$$= \left\{\begin{bmatrix} a_{11} & a_{12} & \cdots & a_{1k} & 0 & \cdots & 0 \\ a_{21} & a_{22} & \cdots & a_{2k} & 0 & \cdots & 0 \\ \vdots & \vdots & & \vdots & \vdots & & \vdots \\ a_{n1} & a_{n2} & \cdots & a_{nk} & 0 & \cdots & 0 \end{bmatrix} \in M_n(K) \;\middle|\; a_{ij} \in K\right\}.$$

四、商空间

【内容提要】

定义 设 M 是数域 K 上线性空间 V 的一个子空间. α 是 V 内的一个向量. 如果 V 的一个向量 α' 满足: $\alpha'-\alpha\in M$, 则称 α' 与 α **模 M 同余**,记做

$$\alpha' \equiv \alpha(\mathrm{mod} M).$$

不难看出，向量模 M 同余的关系具有如下三条性质：

1) 反身性：$\alpha\equiv\alpha(\mathrm{mod}M)$；

2) 对称性：若 $\alpha'\equiv\alpha(\mathrm{mod}M)$，则 $\alpha\equiv\alpha'(\mathrm{mod}M)$；

3) 传递性：若 $\alpha''\equiv\alpha'(\mathrm{mod}M)$，$\alpha'\equiv\alpha(\mathrm{mod}M)$，则

$$\alpha''\equiv\alpha(\mathrm{mod}M).$$

故模 M 同余是 V 中的一个等价关系.

设 α 是 V 中任意一个向量，定义 V 的子集

$$\alpha+M=\{\alpha+m|m\in M\}.$$

我们称 $\alpha+M$ 为一个模 M 的**同余类**，而 α 称为这个同余类的一个代表.

关于模 M 的同余类，有如下简单的性质：

1) $\alpha'\equiv\alpha(\mathrm{mod}M)\Longleftrightarrow\alpha'-\alpha\in M\Longleftrightarrow\alpha'\in\alpha+M$；

2) $\alpha'\in\alpha+M\Longleftrightarrow\alpha'+M=\alpha+M$；

3) $\alpha+M=0+M\Longleftrightarrow\alpha\in M$；

4) 若 $\alpha'+M\neq\alpha+M$，则 $(\alpha'+M)\cap(\alpha+M)=\varnothing$.

命 $\overline{V}$ 表示 V 内模 M 的同余类的全体所成的集合.

(i) 定义

$$(\alpha+M)+(\beta+M)=(\alpha+\beta)+M;$$

(ii) 对任意 $k\in K$，定义

$$k(\alpha+M)=k\alpha+M.$$

容易验证，上面定义的加法、数乘在逻辑上无矛盾而且满足线性空间的八条运算法则，于是 $\overline{V}$ 关于上述加法、数乘成为数域 K 上的一个线性空间，称为 V 模子空间 M 的**商空间**，记做 V/M.

为了把商空间的元素写得简单一点，我们使用记号：$\alpha+M=\overline{\alpha}$. 于是由 $(\alpha+M)+(\beta+M)=(\alpha+\beta)+M$ 得出 $\overline{\alpha}+\overline{\beta}=\overline{\alpha+\beta}$，又由 $k(\alpha+M)=k\alpha+M$ 得出 $k\,\overline{\alpha}=\overline{k\alpha}$. 一般说，有

$$k_1\overline{\alpha}_1+k_2\overline{\alpha}_2+\cdots+k_s\overline{\alpha}_s=\overline{k_1\alpha_1+k_2\alpha_2+\cdots+k_s\alpha_s}.$$

命题　设 V 是数域 K 上的 n 维线性空间，M 是 V 的一个 m 维子空间，则 $\dim V/M=n-m$.

评议　商空间的概念常使初学者感到费解，甚至产生畏惧心理. 究其原因，大概有以下几点：(1) V/M 的元素是 V 的子集 $\alpha+M$(模

M 的同余类)，似乎异乎寻常. 实际上在日常生活中这是一件司空见惯的事. 例如一个班级有 120 名学生，为便于管理，把他们每 10 人为一小组，在组织活动时以小组为单位分配任务. 用数学的语言说，全部 12 个小组组成一个新集合，每个小组就是新集合中的一个元素. 在线性空间的定义中，我们只要求 V 是一个非空集合，对 V 中的元素不必知道有何具体属性，这就具有极大的包容性. 把 V 的一个子集当做一个新集合 V/M 的元素就是顺理成章的事，不应感觉奇怪；(2) 一个模 M 的同余类 $\alpha+M$ 的代表元素选择不唯一，可能有 $\alpha+M=\beta+M$. 其实这没有什么不正常的. $\alpha+M$ 既然是 V 的一个子集，那么从中挑选哪一个来当代表元素自然是可以随时变化的. 例如上面把 10 名学生作为一个小组，确定张三为组长，张三就是这个小组的代表. 但也许会换小组内另一名学生李四来当组长，于是李四就成为这个小组的代表；(3) 在 V/M 内定义的加法、数乘是子集 $\alpha+M$ 与 $\beta+M$ 的加法，数乘是 $k\in K$ 与子集 $\alpha+M$ 的数乘，这是因为在 V/M 内 $\alpha+M$ 已经当做集合内一个元素. 它们只有在 V 内才是由许多元素组成的子集，到 V/M 内已经把其中的元素都隐去，只成了一个单一的个体，所以它们之间可定义加法及与 K 中数的数乘运算. 当然其定义是依赖于代表元素的选取的，而代表元素却可以随时变更，所以必须证明这样定义不会因为代表元素的变更而产生矛盾. 从这点说，商空间确实较为复杂，但只要时时留心模 M 同余类的四条基本性质，问题是不难解决的.

如果 $\dim M=r$，那么一个模 M 的同余类 $\alpha+M$ 就是第一章 §1 的例 1.11 所讨论的几何学中的一个 r 维线性流形.

研究一个代数系统模它的某些子系统得出商系统是代数学中普遍使用的第二种基本方法. 研究线性空间的商空间是此种方法的一个典型例子，读者应当对它透彻领悟.

例 2.12 在 K^5 内给定向量组

$$\eta_1=(-1,2,0,-1,-1),\quad \eta_2=(0,1,-1,0,-1).$$

令 $M=L(\eta_1,\eta_2)$，又给定三向量

$$\alpha_1=(1,-2,0,-1,2),$$

$$\alpha_2=(1,-1,-1,1,0),$$

$$\alpha_3=(1,-3,1,-1,4).$$

判断 K^5/M 内向量组 $\bar{\alpha}_1,\bar{\alpha}_2,\bar{\alpha}_3$ 是否线性无关.

解 在 K^5/M 内考查向量方程 $x_1\bar{\alpha}_1+x_2\bar{\alpha}_2+x_3\bar{\alpha}_3=\bar{0}$. 即

$$\overline{x_1\alpha_1+x_2\alpha_2+x_3\alpha_3}=\bar{0},$$

此式等价于

$$(x_1\alpha_1+x_2\alpha_2+x_3\alpha_3)+M=0+M.$$

根据模 M 同余类四条性质的 3),上式等价于

$$x_1\alpha_1+x_2\alpha_2+x_3\alpha_3\in M,$$

亦即

$$x_1\alpha_1+x_2\alpha_2+x_3\alpha_3=x_4\eta_1+x_5\eta_5.$$

这是 K^5 内的向量方程.

$$x_1\alpha_1+x_2\alpha_2+x_3\alpha_3+x_4(-\eta_1)+x_5(-\eta_5)=0.$$

具体写出来是有 5 个未知量 5 个方程的齐次线性方程组. 我们来计算其系数矩阵(以 $\alpha_1,\alpha_2,\alpha_3,-\eta_1,-\eta_5$ 为列向量组)的行列式(不妨取其转置):

$$\begin{vmatrix}1&-2&0&-1&2\\1&-1&-1&1&0\\1&-3&1&-1&4\\1&-2&0&1&1\\0&-1&1&0&1\end{vmatrix}=\begin{vmatrix}1&-2&0&-1&2\\0&1&-1&2&-2\\0&-1&1&0&2\\0&0&0&2&-1\\0&-1&1&0&1\end{vmatrix}$$

$$=\begin{vmatrix}1&-2&0&-1&2\\0&1&-1&2&-2\\0&0&0&2&0\\0&0&0&2&-1\\0&0&0&2&-1\end{vmatrix}=0.$$

根据第二章 §2 的定理 2,此齐次线性方程组有非零解

$$x_1=k_1,\quad x_2=k_2,\quad x_3=k_3,$$

$$x_4=k_4,\quad x_5=k_5.$$

如果 $k_1=k_2=k_3=0$,则 $-k_4\eta_1-k_5\eta_2=0$. 但易知 η_1,η_2 线性无关,故 $k_4=k_5=0$,矛盾. 因此,k_1,k_2,k_3 不全为 0,且

$$k_1\alpha_1 + k_2\alpha_2 + k_3\alpha_3 = k_4\eta_1 + k_5\eta_5 \in M,$$

即
$$k_1\bar{\alpha}_1 + k_2\bar{\alpha}_2 + k_3\bar{\alpha}_3 = \overline{k_1\alpha_1 + k_2\alpha_2 + k_3\alpha_3} = \bar{0}.$$

由此知在 K^5/M 内向量组 $\bar{\alpha}_1,\bar{\alpha}_2,\bar{\alpha}_3$ 线性相关. ▌

评议 在利用商空间来处理问题时通常有两个步骤：(1) 根据问题的特性寻找一个适当的子空间 M，然后将 V 内的问题转化成商空间 V/M 内的问题. 由于 V/M 的维数较低，问题较易处理(如果是对线性空间的维数作数学归纳法，则根据归纳假设，在 V/M 内要证的命题已成立)；(2) 再把 V/M 中得到的结果返回到 V 中来，这里关键是使用模 M 同余类的四条性质，特别是其中的 3). 此例是把 V/M 中的问题返回到 V(这例中是 K^5)来寻找解决途径. 读者应从中学习在 V 和 V/M 中来回转换的办法.

例 2.13 设 V 是数域 K 上的 n 维线性空间，M 是 V 的一个子空间. 在 M 内取定一组基 $\varepsilon_1,\varepsilon_2,\cdots,\varepsilon_r$，扩充为 V 的一组基 $\varepsilon_1,\varepsilon_2,\cdots,\varepsilon_r,\varepsilon_{r+1},\cdots,\varepsilon_n$，则 V/M 有一组基为 $\bar{\varepsilon}_{r+1},\cdots,\bar{\varepsilon}_n$.

解 因为 $\dim V/M=\dim V-\dim M=n-r$，故只需证 $\bar{\varepsilon}_{r+1},\cdots,\bar{\varepsilon}_n$ 线性无关. 设有

$$k_{r+1}\bar{\varepsilon}_{r+1} + \cdots + k_n\bar{\varepsilon}_n = \bar{0},$$

则
$$\overline{k_{r+1}\varepsilon_{r+1} + \cdots + k_n\varepsilon_n} = 0 + M.$$

由模 M 同余类的性质 3)知 $k_{r+1}\varepsilon_{r+1}+\cdots+k_n\varepsilon_n\in M$，故

$$k_{r+1}\varepsilon_{r+1} + \cdots + k_n\varepsilon_n = k_1\varepsilon_1 + \cdots + k_r\varepsilon_r.$$

移项，得

$$-k_1\varepsilon_1 - \cdots - k_r\varepsilon_r + k_{r+1}\varepsilon_{r+1} + \cdots + k_n\varepsilon_n = 0.$$

因为 $\varepsilon_1,\cdots,\varepsilon_r,\varepsilon_{r+1},\cdots,\varepsilon_n$ 线性无关，故 $k_{r+1}=\cdots=k_n=0$. 这表明 $\bar{\varepsilon}_{r+1},\cdots,\bar{\varepsilon}_n$ 线性无关，为 V/M 的一组基. ▌

练 习 题 3.2

1. 在实数域上线性空间 $C[-\pi,\pi]$中由向量组

$$1,\ \cos x,\ \cos 2x,\ \cos 3x$$

生成一个子空间 $L(1,\cos x,\cos 2x,\cos 3x)$，求此空间的维数和一组基.

2. 证明：有限维线性空间 V 的任一子空间 M 都可以看做是 V 内一个向量组 $\alpha_1,\alpha_2,\cdots,\alpha_s$ 生成的子空间.

3. 如果 $k_1\alpha+k_2\beta+k_3\gamma=0$，且 $k_1k_3\neq 0$，证明：

$$L(\alpha,\beta)=L(\beta,\gamma).$$

4. 在 K^4 中求由下列向量 $\alpha_1,\alpha_2,\alpha_3,\alpha_4$ 生成的子空间的基与维数：

(1) $\alpha_1=(2,1,3,1)$，　$\alpha_2=(1,2,0,1)$，
　$\alpha_3=(-1,1,-3,0)$，　$\alpha_4=(1,1,1,1)$；

(2) $\alpha_1=(2,1,3,-1)$，　$\alpha_2=(-1,1,-3,1)$，
　$\alpha_3=(4,5,3,-1)$，　$\alpha_4=(1,5,-3,1)$.

5. 在 K^4 中求齐次线性方程组

$$\begin{cases}3x_1+2x_2-5x_3+4x_4=0,\\3x_1-x_2+3x_3-3x_4=0,\\3x_1+5x_2-13x_3+11x_4=0\end{cases}$$

的解空间的基与维数.

6. 求由下列向量 α_i 所生成的子空间与由下列向量 β_i 生成的子空间的交与和的维数和一组基：

(1) $\alpha_1=(1,2,1,0)$，　$\beta_1=(2,-1,0,1)$，
　$\alpha_2=(-1,1,1,1)$；　$\beta_2=(1,-1,3,7)$.

(2) $\alpha_1=(1,1,0,0)$，　$\beta_1=(0,0,1,1)$，
　$\alpha_2=(1,0,1,1)$；　$\beta_2=(0,1,1,0)$.

(3) $\alpha_1=(1,2,-1,-2)$，　$\beta_1=(2,5,-6,-5)$，
　$\alpha_2=(3,1,1,1)$，　$\beta_2=(-1,2,-7,3)$.
　$\alpha_3=(-1,0,1,-1)$；

7. 命 N 表齐次线性方程组

$$\begin{cases}a_{11}x_1+a_{12}x_2+\cdots+a_{1n}x_n=0,\\a_{21}x_1+a_{22}x_2+\cdots+a_{2n}x_n=0,\\\cdots\cdots\cdots\cdots\cdots\cdots\cdots\cdots\\a_{m1}x_1+a_{m2}x_2+\cdots+a_{mn}x_n=0\end{cases}$$

的解空间，而 M_i 表齐次线性方程

$$a_{i1}x_1+a_{i2}x_2+\cdots+a_{in}x_n=0 \quad (i=1,2,\cdots,m)$$

的解空间，证明：$N=M_1\cap M_2\cap\cdots\cap M_m$.

8. 设 M 是线性空间 $M_n(K)$ 内全体对称矩阵所成的子空间，N 是由全体反对称矩阵所成的子空间，证明：

$$M_n(K)=M\oplus N.$$

9. 在线性空间 $M_n(K)$ 中，命 M,N 分别表示全体上三角、下三角矩阵所成的子空间，问是否有 $M_n(K)=M\oplus N$？为什么？

10. 设 M_1 是齐次线性方程

$$x_1+x_2+\cdots+x_n=0$$

的解空间，而 M_2 是齐次线性方程组

$$x_1=x_2=\cdots=x_n$$

的解空间，证明：$K^n=M_1\oplus M_2$.

11. 设 $V=M\oplus N,M=M_1\oplus M_2$，证明：

$$V=M_1\oplus M_2\oplus N.$$

12. 设 M,N 是数域 K 上线性空间 V 的两个子空间且 $M\subseteq N$. 设 M 的一个补空间为 L，即 $V=M\oplus L$，证明 $N=M\oplus(N\cap L)$.

13. 设数域 K 上的 n 维线性空间 V 分解为子空间的直和：

$$V=M_1\oplus M_2\oplus\cdots\oplus M_k.$$

证明：在每个 $M_i(i=1,2,\cdots,k)$ 内取定一组基，把它们合并在一起即得 V 的一组基.

14. 在 K^4 内给定三个向量组

(i) $\alpha_1=(-1,2,1,1),\alpha_2=(1,0,1,1)$；

(ii) $\beta_1=(1,1,1,1),\beta_2=(-2,0,-1,-1)$；

(iii) $\gamma_1=(3,1,0,-1),\gamma_2=(0,1,0,1)$.

令 $M_1=L(\alpha_1,\alpha_2),M_2=L(\beta_1,\beta_2),M_3=L(\gamma_1,\gamma_2)$.

(1) 判断 M_1+M_2,M_1+M_3,M_2+M_3 是否直和.

(2) 判断 $M_1+M_2+M_3$ 是否直和.

15. 在 K^4 内取定向量组

$$\alpha_1=(1,-1,1,1),\quad \alpha_2=(2,1,0,1).$$

令 $M=L(\alpha_1,\alpha_2)$. 试求 K^4/M 的一组基.

16. 令 M 为 $M_n(K)$ 内全体反对称矩阵所成的子空间，试求

$M_n(K)/M$ 的维数和一组基.

17. 设 M 为线性空间 V 的一个子空间. 在 M 内取定一组基 ε_1, $\varepsilon_2,\cdots,\varepsilon_r$,用两种方式扩充为 V 的基

$$\varepsilon_1,\cdots,\varepsilon_r,\varepsilon_{r+1},\cdots,\varepsilon_n;$$

$$\varepsilon_1,\cdots,\varepsilon_r,\eta_{r+1},\cdots,\eta_n.$$

这两组基之间的过渡矩阵为 T, 即

$$(\varepsilon_1,\cdots,\varepsilon_r,\eta_{r+1},\cdots,\eta_n)=(\varepsilon_1,\cdots,\varepsilon_r,\varepsilon_{r+1},\cdots,\varepsilon_n)T,$$

其中

$$T=\begin{bmatrix} E_r & * \\ 0 & T_0 \end{bmatrix}.$$

证明: V/M 内两组基

$$\bar{\varepsilon}_{r+1}=\varepsilon_{r+1}+M,\ \bar{\varepsilon}_{r+2}=\varepsilon_{r+2}+M,\ \cdots,\ \bar{\varepsilon}_n=\varepsilon_n+M;$$

$$\bar{\eta}_{r+1}=\eta_{r+1}+M,\ \bar{\eta}_{r+2}=\eta_{r+2}+M,\ \cdots,\ \bar{\eta}_n=\eta_n+M$$

之间的过渡矩阵为 T_0,即

$$(\bar{\eta}_{r+1},\cdots,\bar{\eta}_n)=(\bar{\varepsilon}_{r+1},\cdots,\bar{\varepsilon}_n)T_0.$$

§3　线性映射与线性变换

一、线性映射的基本概念

【内容提要】

定义　设 U,V 为数域 K 上的两个线性空间, f 为 U 到 V 的一个映射,且满足如下条件:

(1) 对任意 $\alpha,\beta\in U$,有

$$f(\alpha+\beta)=f(\alpha)+f(\beta);$$

(2) 对任意 $\alpha\in U,k\in K$,有

$$f(k\alpha)=kf(\alpha),$$

则称 f 为 U 到 V 的一个**线性映射**. U 到 V 的全体线性映射所成的集合记做 $\mathrm{Hom}(U,V)$.

由线性映射的条件(1),(2)立即推出:

(3) 对任意 $\alpha,\beta\in U,k,l\in K$,有

$$f(k\alpha+l\beta)=kf(\alpha)+lf(\beta).$$

反之,若 U 到 V 的一个映射满足(3),只要分别令 $k=l=1$ 及 $l=0$ 即知条件(1),(2)成立,从而为一线性映射.更一般地,我们有

(4) 对任意 $\alpha_1,\alpha_2,\cdots,\alpha_l\in U,k_1,k_2,\cdots,k_l\in K$,有

$$\begin{aligned}&f(k_1\alpha_1+k_2\alpha_2+\cdots+k_l\alpha_l)\\&=k_1f(\alpha_1)+k_2f(\alpha_2)+\cdots+k_lf(\alpha_l).\end{aligned}$$

上面的(4)是线性映射最基本的属性,线性映射的所有理论都是以(4)作为立足点的.

从线性映射条件(2)立即推出:$f(0)=0$, $f(-\alpha)=-f(\alpha)$.

定义 设 U 与 V 是数域 K 上的线性空间,如果存在 U 到 V 的线性映射 f 同时又是双射,则称 U 与 V **同构**,而 f 称为 U 到 V 的**同构映射**.

定义 设 U,V 是数域 K 上的线性空间,f 是 U 到 V 的线性映射.定义

$$\mathrm{Ker}f=\{\alpha\in U\,|\,f(\alpha)=0\},$$

称为线性映射 f 的**核**.又定义

$$\mathrm{Im}f=\{f(\alpha)\,|\,\alpha\in U\},$$

称为线性映射 f 的**像集**.

命题 设 U,V 是数域 K 上的线性空间,$f\in\mathrm{Hom}(U,V)$.则有:

(i) $\mathrm{Ker}f$ 是 U 的子空间,f 是单射的充分必要条件是 $\mathrm{Ker}f=\{0\}$;

(ii) $\mathrm{Im}f$ 是 V 的子空间,定义 $\mathrm{Coker}f=V/\mathrm{Im}f$. f 是满射的充分必要条件是

$$\mathrm{Coker}f=\{0\}.$$

$\mathrm{Coker}f$ 称为线性映射 f 的**余核**.

评议 世间事物之间都存在各种复杂的关系.我们办任何事,都必须注意考察、妥善处理并利用这些关系.在数学领域把研究对象当做一个集合,所以就要考查集合之间的关系,而集合之间的映射就成为它的得力工具.代数学研究的是集合内的运算,因此要讨论的就是代数系统之间保持运算对应关系的映射.在引言中曾指出,数域间保持加法、乘法对应关系的映射,即数域间(特别是一个数域到自身)的

同态映射，是研究一元代数方程理论的利器. 在第一章，我们利用数域 K 上一个 $m\times n$ 矩阵 A 给出向量空间 K^n 到 K^m 的保持加法、数乘对应关系的映射 f_A，并指出矩阵乘法 AB 实际上就是这种映射间的乘法：$f_Af_B=f_{AB}$. 现在我们已经把向量空间提升为一般的抽象线性空间，那么 $K^n\to K^m$ 的映射也应提升为抽象线性空间之间保持加法、数乘对应关系的映射，即线性映射. 这就是我们今后要着力研究线性映射的原因.

如果 f 是 U 到 V 的线性映射，那么它的像集 $\mathrm{Im}f$ 是 V 的子空间，f 实际上只是 U 到 $\mathrm{Im}f$ 的线性映射，这时它是一个满射. 进一步要问的问题是：f 是否把 U 的不同向量映射为 V 的不同向量？即 f 是否单射？如果 $f(\alpha)=f(\beta)$，按线性映射的性质，有 $f(\alpha-\beta)=f(\alpha)-f(\beta)=0$，于是 $\alpha-\beta\in\mathrm{Ker}f$. 反之，设 $\alpha-\beta=\gamma\in\mathrm{Ker}f$，则 $f(\alpha)-f(\beta)=f(\alpha-\beta)=f(\gamma)=0$，即 $f(\alpha)=f(\beta)$. 利用§2 商空间的概念即知 $f(\alpha)=f(\beta)$的充分必要条件是 $\beta=\alpha+\gamma\in\alpha+\mathrm{Ker}f$.

例 3.1　设 f 是数域 K 上线性空间 U 到 K 上线性空间 V 的线性映射，且 f 为满射，即 $\mathrm{Im}f=V$. 定义 $U/\mathrm{Ker}f$ 到 V 的映射

$$\bar{f}:U/\mathrm{Ker}f\to V,$$
$$\alpha+\mathrm{Ker}f\mapsto f(\alpha),$$

则 $\bar{f}$ 是 $U/\mathrm{Ker}f$ 到 V 的线性空间同构映射.

解　因为 $U/\mathrm{Ker}f$ 内向量表示法是不唯一的，即可选取不同的代表元素，而上面 $\bar{f}$ 的定义却依赖于代表元素的具体选择，因此我们必须先证明 $\bar{f}$ 的定义实际上与代表元素的选法无关. 设有 $\beta+\mathrm{Ker}f=\alpha+\mathrm{Ker}f$，从模 $M=\mathrm{Ker}f$ 剩余类的性质 1)，2)，即知 $\beta\in\alpha+\mathrm{Ker}f$. 而上面已指出，这时 $f(\beta)=f(\alpha)$. 即 $\bar{f}(\beta+M)=f(\beta)=f(\alpha)=\bar{f}(\alpha+M)$. 即 $\bar{f}$ 的定义不会因为改取 β 为 $\alpha+M$ 的代表元素而发生矛盾. 现在

$$\begin{aligned}\bar{f}((\alpha+M)+(\beta+M))&=\bar{f}((\alpha+\beta)+M)\\&=f(\alpha+\beta)=f(\alpha)+f(\beta)\\&=\bar{f}(\alpha+M)+\bar{f}(\beta+M),\end{aligned}$$

$$\begin{aligned}\bar{f}(k(\alpha+M))&=\bar{f}(k\alpha+M)=f(k\alpha)=kf(\alpha)\\&=k\bar{f}(\alpha+M).\end{aligned}$$

上面的推理证明 $\overline{f}$ 是 $U/\mathrm{Ker}f$ 到 V 的线性映射. 因为 f 是满射,即 $f(\alpha)(\alpha\in U)$ 充满 V,故知 $\overline{f}$ 也是满射.

若有 $\overline{f}(\alpha+M)=f(\alpha)=\overline{f}(\beta+M)=f(\beta)$,则上面已指出这时 $\beta-\alpha\in\mathrm{Ker}f=M$. 又按模 M 同余类的性质 1),2)推出 $\alpha+M=\beta+M$. 这说明 $\overline{f}$ 是一个单射. 从而 $\overline{f}$ 是 $U/\mathrm{Ker}f$ 到 V 的同构映射. ▌

评议 此例的逻辑推理似乎有些抽象,但它的直观意义其实很简单明白: U 中在 f 下映为 V 内同一个向量的全体向量是 U 的一个子集(前面已指出是 $\alpha+\mathrm{Ker}f$). 如果把这些子集每一个当做一个单一元素,它们合并成为一个新集合,那么 f 就成了这个新集合到 V 的一一对应,变得较为单纯. 而从 §2 知道这个新集合就是商空间 $U/\mathrm{Ker}f$, f 正好诱导出 $U/\mathrm{Ker}f$ 到 V 的线性空间同构 $\overline{f}$.

把上面的一般理论应用到具体例子上. 设 A 是数域 K 上一个 $m\times n$ 矩阵,它给出 K^n 到 K^m 的线性映射 f_A. 因为 $f_A(X)=AX$ 是用 X 的分量作 A 的列向量组的线性组合,设 A 的列向量组为 $\alpha_1,\alpha_2,\cdots,\alpha_n$,则 f_A 的像集是 K^m 的子空间 $N=L(\alpha_1,\alpha_2,\cdots,\alpha_n)=\{x_1\alpha_1+x_2\alpha_2+\cdots+x_n\alpha_n\mid x_i\in K\}$. 显然 $\dim N=\mathrm{r}(A)$. 而 $\mathrm{Ker}f_A=\{X\in K^n\mid AX=0\}$ 恰为齐次线性方程组 $AX=0$ 的解空间. 因为 $K^n/\mathrm{Ker}f_A$ 与 N 同构,同构的线性空间维数相同,而根据 §2 的知识已知

$$\dim K^n/\mathrm{Ker}f_A=\dim K^n-\dim\mathrm{Ker}f_A=\dim N=\mathrm{r}(A),$$

因此,齐次线性方程组 $AX=0$ 的解空间的维数,即其基础解系中向量个数为 $\dim\mathrm{Ker}f_A=\dim K^n-\mathrm{r}(A)=n-\mathrm{r}(A)$. 用线性方程组理论来证明这个事实是比较烦琐的,现在用一般抽象理论,它只不过是一个简单例子而已. 这充分显示一般理论的威力.

例 3.2 设 V 是数域 K 上的线性空间, M 是它的一个子空间. 定义 V 到商空间 V/M 的映射

$$\begin{aligned}\varphi:\ & V\longrightarrow V/M,\\ & \alpha\longmapsto\alpha+M=\overline{\alpha},\end{aligned}$$

则有

$$\begin{aligned}\varphi(\alpha+\beta)&=(\alpha+\beta)+M=(\alpha+M)+(\beta+M)\\ &=\varphi(\alpha)+\varphi(\beta),\end{aligned}$$

$$\varphi(k\alpha)=k\alpha+M=k(\alpha+M)=k\varphi(\alpha).$$

于是 φ 是 V 到 V/M 的线性映射，称为自然映射. φ 显然是一个满射. 那么 $\mathrm{Ker}\varphi$ 是 V 的什么样的子空间呢？我们有（根据 §2 中模 M 同余类的性质 3））

$$\alpha\in\mathrm{Ker}\varphi\Longleftrightarrow\varphi(\alpha)=\alpha+M=0+M\Longleftrightarrow\alpha\in M,$$

这表示 $\mathrm{Ker}\varphi=M$. ▌

评议　这个例子给出了 V 与商空间的关系，利用它可以把 V 中的问题转换为商空间 V/M 内的问题，使问题得到简化. φ 既然是线性映射，那么

$$\begin{aligned}&\varphi(k_1\alpha_1+k_2\alpha_2+\cdots+k_r\alpha_r)\\&\quad=k_1\varphi(\alpha_1)+k_2\varphi(\alpha_2)+\cdots+k_r\varphi(\alpha_r).\end{aligned}$$

或者写成简单记号，因 $\varphi(\alpha)=\bar{\alpha}$，故上式可写成

$$\overline{k_1\alpha_1+k_2\alpha_2+\cdots+k_r\alpha_r}=k_1\bar{\alpha}_1+k_2\bar{\alpha}_2+\cdots+k_r\bar{\alpha}_r.$$

上面两种等价的写法读者都应熟悉.

例 3.3　设 f 是 K^n 到 K^m 的线性映射，证明存在数域 K 上的 $m\times n$ 矩阵 A，使 $f=f_A$.

解　考查 K^n 的坐标向量

$$X_j=\begin{bmatrix}0\\\vdots\\0\\1\\0\\\vdots\\0\end{bmatrix}j\text{ 行}.$$

设

$$f(X_j)=\begin{bmatrix}a_{1j}\\a_{2j}\\\vdots\\a_{mj}\end{bmatrix}\in K^m\quad(j=1,2,\cdots,n).$$

令

$$A=\begin{bmatrix}a_{11} & a_{12} & \cdots & a_{1n}\\ a_{21} & a_{22} & \cdots & a_{2n}\\ \vdots & \vdots & & \vdots\\ a_{m1} & a_{m2} & \cdots & a_{mn}\end{bmatrix}.$$

那么,我们有 $f(X_j)=AX_j=f_A(X_j)$,对任意 $\alpha\in K^n$,有

$$\alpha=k_1X_1+k_2X_2+\cdots+k_nX_n.$$

于是

$$\begin{aligned}f(\alpha)&=k_1f(X_1)+k_2f(X_2)+\cdots+k_nf(X_n)\\&=k_1f_A(X_1)+k_2f_A(X_2)+\cdots+k_nf_A(X_n)\\&=f_A(\alpha).\end{aligned}$$

由此推出 $f=f_A$. ▍

评议 此例说明 K^n 到 K^m 的所有线性映射都是由一个 $m\times n$ 矩阵 A 决定的映射 f_A. 这里用到的基本事实是:有限维线性空间实际上由它的一组基就可以决定,而线性映射的线性性质恰好也把它的作用完全归结为它在一组基处的作用,把这两者结合起来就有本题的结论.

二、线性映射的运算

【内容提要】

关于线性映射的运算:

(1) 给定 $f,g\in\mathrm{Hom}(U,V)$,定义

$$(f+g)\alpha=f(\alpha)+g(\alpha)\quad(\forall\ \alpha\in U),$$

则 $f+g\in\mathrm{Hom}(U,V)$.

(2) 给定 $f\in\mathrm{Hom}(U,V)$及 $k\in K$,定义

$$(kf)(\alpha)=kf(\alpha)\quad(\forall\ \alpha\in U),$$

则 $kf\in\mathrm{Hom}(U,V)$.

(3) 设 U,V,W 都是数域 K 上的线性空间. 如果 $f\in\mathrm{Hom}(U,V)$, $g\in\mathrm{Hom}(V,W)$,定义

$$(gf)\alpha=g(f(\alpha))\quad(\forall\ \alpha\in U),$$

线性映射的加法、数乘满足线性空间的八条运算法则,故

$\mathrm{Hom}(U,V)$关于上面定义的加法、数乘成为数域 K 上的线性空间.

线性映射的乘法满足如下运算法则(在下面总假定出现的乘法是有意义的).

(1) 乘法有结合律：$(fg)h=f(gh)$.

(2) 加法与乘法有分配律：

$$f(g+h)=fg+fh;$$
$$(f+g)h=fh+gh.$$

(3) 对任意 $k\in K$，$k(fg)=(kf)g=f(kg)$.

评议　线性映射是矩阵的抽象和提升，矩阵之间有加法、数乘和乘法，这些运算理当提升为线性映射的运算. 从直观上看，两个线性映射 f,g 相加相当于把它们的作用叠加起来，而数乘 kf 则是将 f 的作用扩大(或缩小)若干倍，乘法则是把两个线性映射的作用首尾相接，得到一个更大的线性映射. 而其所以可以这样做，得益于线性空间 U,V 本身具有加法和数乘运算. 注意，现在 $\mathrm{Hom}(U,V)$本身也成了 K 上线性空间，这为它们的研究展开了宽广的前景.

例 3.4　设 U,V 是数域 K 上的线性空间. 从 U 到 V 的一个映射 f 若满足 $f(\alpha+\beta)=f(\alpha)+f(\beta)$ $(\forall\ \alpha,\beta\in U)$，则称为一个半线性映射. 令 $Q(U,V)$为 U 到 V 的全体半线性映射所成的集合. 在 $Q(U,V)$内定义加法、数乘如下：

(i) 对任意 $f,g\in Q(U,V)$，令

$$(f+g)(\alpha)=f(\alpha)+g(\alpha);$$

(ii) 对任意 $k\in K$，$f\in Q(U,V)$，令

$$(kf)(\alpha)=kf(\alpha).$$

证明：

(1) $f+g\in Q(U,V)$，$kf\in Q(U,V)$；

(2) $Q(U,V)$关于上述加法、数乘成为 K 上线性空间；

(3) 若 K 是有理数域 $\mathbb{Q}$，则 $Q(U,V)=\mathrm{Hom}(U,V)$.

解　(1) 我们有

$$\begin{aligned}(f+g)(\alpha+\beta)&=f(\alpha+\beta)+g(\alpha+\beta)\\&=f(\alpha)+f(\beta)+g(\alpha)+g(\beta)\\&=(f(\alpha)+g(\alpha))+(f(\beta)+g(\beta))\end{aligned}$$

$$= (f+g)(\alpha) + (f+g)(\beta),$$

故 $f+g\in Q(U,V)$. 又

$$(kf)(\alpha+\beta) = kf(\alpha+\beta) = k(f(\alpha)+f(\beta))$$
$$= kf(\alpha)+kf(\beta) = (kf)(\alpha)+(kf)(\beta),$$

故 $kf\in Q(U,V)$.

(2) 加法显然满足交换律、结合律. U 到 V 的零线性变换 $0(\alpha)=0$ 显然是 $Q(U,V)$ 内零元素. 对 $f\in Q(U,V)$, $(-1)f$ 显然满足 $(-1)f+f=0$. 容易看出线性空间的其他运算法则也成立, 故 $Q(U,V)$ 是 K 上线性空间. 此时 $\mathrm{Hom}(U,V)$ 是 $Q(U,V)$ 的子空间.

(3) 只要证对任意 $k\in K=\mathbb{Q}$ 及 $f\in Q(U,V)$, 有 $f(k\alpha)=kf(\alpha)$. 首先, $f(0)=f(0+0)=f(0)+f(0)$, 故 $f(0)=0$. 又由 $0=f(0)=f(\alpha+(-\alpha))=f(\alpha)+f(-\alpha)$ 推出 $f(-\alpha)=-f(\alpha)$. 对任意正整数 n, 有

$$f(n\alpha) = f(\alpha+\alpha+\cdots+\alpha)$$
$$= f(\alpha)+f(\alpha)+\cdots+f(\alpha) = nf(\alpha);$$

$$f(-n\alpha) = f((-\alpha)+(-\alpha)+\cdots+(-\alpha))$$
$$= f(-\alpha)+f(-\alpha)+\cdots+f(-\alpha)$$
$$= nf(-\alpha) = -nf(\alpha).$$

现在对非零整数 n, 有

$$f(\alpha) = f\left(\frac{n}{n}\alpha\right) = f\left(n\left(\frac{1}{n}\alpha\right)\right) = nf\left(\frac{1}{n}\alpha\right).$$

由此推出 $f\left(\frac{1}{n}\alpha\right)=\frac{1}{n}f(\alpha)$. 于是对任意有理数 $k=\frac{m}{n}$, $f(k\alpha)=f\left(m\left(\frac{1}{n}\alpha\right)\right)=mf\left(\frac{1}{n}\alpha\right)=\frac{m}{n}f(\alpha)=kf(\alpha)$. 这表明 $f\in\mathrm{Hom}(U,V)$, 从而 $Q(U,V)=\mathrm{Hom}(U,V)$. ▌

评议 半线性映射通常用来讨论线性空间只与其加法运算有关的课题. 但如果基域 K 是有理数域, 则它同时就是线性映射. 这原因是有理数仅由整数经加、减、乘、除就能生成. 其他数域则不具备这种性质.

三、线性映射的矩阵

【内容提要】

设 U,V 是数域 K 上的线性空间，且设 $\dim U=n,\dim V=m$. 设 $f\in \mathrm{Hom}(U,V)$. 在 U 内取定一组基 $\varepsilon_1,\varepsilon_2,\cdots,\varepsilon_n$，在 V 内也取定一组基 $\eta_1,\eta_2,\cdots,\eta_m$.

基本命题　记号如上述. 我们有如下结论：

(i) U 到 V 的任一线性映射 f 由它在 U 的基 $\varepsilon_1,\varepsilon_2,\cdots,\varepsilon_n$ 处的作用唯一决定，就是说，如果又有 $g\in \mathrm{Hom}(U,V)$ 使 $g(\varepsilon_i)=f(\varepsilon_i)$ ($i=1,2,\cdots,n$)，则 $g(\alpha)=f(\alpha)$ ($\forall\ \alpha\in U$)；

(ii) 任给 V 内 n 个向量 $\alpha_1,\alpha_2,\cdots,\alpha_n$，必存在唯一的 $f\in \mathrm{Hom}(U,V)$，使 $f(\varepsilon_i)=\alpha_i$ ($i=1,2,\cdots,n$).

根据基本命题，只要知道 $f(\varepsilon_1),f(\varepsilon_2),\cdots,f(\varepsilon_n)$，那么 $f(\alpha)$ 就被唯一决定了. 而 $f(\varepsilon_i)$ 可表为 V 的一组基 $\eta_1,\eta_2,\cdots,\eta_m$ 的线性组合. 设

$$
\begin{aligned}
f(\varepsilon_1) &= a_{11}\eta_1 + a_{21}\eta_2 + \cdots + a_{m1}\eta_m,\\
f(\varepsilon_2) &= a_{12}\eta_1 + a_{22}\eta_2 + \cdots + a_{m2}\eta_m,\\
&\cdots\cdots\cdots\cdots\cdots\cdots\\
f(\varepsilon_n) &= a_{1n}\eta_1 + a_{2n}\eta_2 + \cdots + a_{mn}\eta_m,
\end{aligned}
$$

令

$$
A=\begin{bmatrix} a_{11} & a_{12} & \cdots & a_{1n}\\ a_{21} & a_{22} & \cdots & a_{2n}\\ \vdots & \vdots & & \vdots\\ a_{m1} & a_{m2} & \cdots & a_{mn}\end{bmatrix},
$$

那么，上面的 n 个等式可以借助矩阵乘法的法则形式地表示成

$$(f(\varepsilon_1),f(\varepsilon_2),\cdots,f(\varepsilon_n))=(\eta_1,\eta_2,\cdots,\eta_m)A.$$

$m\times n$ 矩阵 A 称为**线性映射 f 在给定基下的矩阵**.

对任意 $k\in K$，kf 在上述给定基下的矩阵显然是 kA，设 $g\in \mathrm{Hom}(U,V)$，g 在上述取定基下的矩阵为 B，则 $f+g$ 在上述取定基下的矩阵就是 $A+B$.

如果 $f\in \mathrm{Hom}(U,V)$，在上述 U,V 内取定的基下的矩阵为 A，又设 $g\in \mathrm{Hom}(V,W)$，在 W 内取定一组基 $\omega_1,\omega_2,\cdots,\omega_k$. 设 g 在 V,

W 内取定的基下矩阵为 B，那么 gf 在 U，W 取定的基下的矩阵为 BA.

评议　矩阵是具体的，线性映射是抽象的.把矩阵上升为线性映射，这是提高了一个层次，它观察问题立足点高了，许多问题看得更直观，更透彻.同时它的应用范围也拓宽了.但在这里，对有限维线性空间，我们又把线性映射回归为矩阵，就是让抽象回归为具体，这也是研究问题时常用的基本方法.因为具体事物处理起来也有它的好处，例如当我们需要作计算时，抽象线性映射无法作具体计算，但把它转化成矩阵后，我们就可以作计算了.

在计算线性映射 f 在取定基下的矩阵时必须注意：将 $f(\varepsilon_i)$ 表成 $\eta_1,\eta_2,\cdots,\eta_m$ 线性组合时，其系数是矩阵 A 的列向量而非行向量.

例 3.5　给定 K^4 到 K^3 的线性映射 f 如下：

$$f\begin{bmatrix}x_1\\x_2\\x_3\\x_4\end{bmatrix}=\begin{bmatrix}-3x_2+x_3-x_4\\x_1-x_3+5x_4\\2x_1-6x_2+x_3-x_4\end{bmatrix}.$$

取 K^4 的坐标向量 $\varepsilon_1,\varepsilon_2,\varepsilon_3,\varepsilon_4$ 为它的一组基，又取 K^3 的坐标向量 η_1，η_2,η_3 为它的一组基，求 f 在取定基下的矩阵 A.

解　按定义有

$$f(\varepsilon_1)=\begin{bmatrix}0\\1\\2\end{bmatrix}=\eta_2+2\eta_3,$$

$$f(\varepsilon_2)=\begin{bmatrix}-3\\0\\-6\end{bmatrix}=-3\eta_1-6\eta_3,$$

$$f(\varepsilon_3)=\begin{bmatrix}1\\-1\\1\end{bmatrix}=\eta_1-\eta_2+\eta_3,$$

$$f(\varepsilon_4)=\begin{bmatrix}-1\\5\\-1\end{bmatrix}=-\eta_1+5\eta_2-\eta_3.$$

于是

$$A=\begin{bmatrix}0 & -3 & 1 & -1\\ 1 & 0 & -1 & 5\\ 2 & -6 & 1 & -1\end{bmatrix}.$$ ▌

例 3.6　给定数域 K 上线性空间 U,V，其中 $\dim U=n$，$\dim V=m$. 设 $f\in \mathrm{Hom}(U,V)$. 在 U 内取定一组基 $\varepsilon_1,\varepsilon_2,\cdots,\varepsilon_n$，在 V 内取定一组基 $\eta_1,\eta_2,\cdots,\eta_m$. 设 A 是 f 在所取定基下的矩阵. 证明 K 上 $m\times n$ 矩阵 B 是 f 在 U,V 内另外取定基下的矩阵的充分必要条件是 B 与 A 相抵或 $\mathrm{r}(B)=\mathrm{r}(A)$.

解　为叙述简明，我们使用形式写法. 对 U 内任意向量组 $\alpha_1,\alpha_2,\cdots,\alpha_n$，令

$$f(\alpha_1,\alpha_2,\cdots,\alpha_n)=(f(\alpha_1),f(\alpha_2),\cdots,f(\alpha_n)).$$

容易验证，对 K 内任意 n 阶方阵 C，有

$$f[(\alpha_1,\alpha_2,\cdots,\alpha_n)C]=[f(\alpha_1,\alpha_2,\cdots,\alpha_n)]C.$$

必要性　设在 U 内一组基 $\varepsilon_1',\varepsilon_2',\cdots,\varepsilon_n'$，$V$ 内一组基 $\eta_1',\eta_2',\cdots,\eta_m'$ 下 f 的矩阵为 B，即

$$f(\varepsilon_1',\varepsilon_2',\cdots,\varepsilon_n')=(\eta_1',\eta_2',\cdots,\eta_m')B.$$

令

$$(\varepsilon_1',\varepsilon_2',\cdots,\varepsilon_n')=(\varepsilon_1,\varepsilon_2,\cdots,\varepsilon_n)Q,$$
$$(\eta_1',\eta_2',\cdots,\eta_m')=(\eta_1,\eta_2,\cdots,\eta_m)P,$$

其中 Q 为可逆 n 阶方阵，P 为可逆 m 阶方阵. 代入 f 的上面表达式得

$$\begin{aligned}f[(\varepsilon_1,\varepsilon_2,\cdots,\varepsilon_n)Q]&=[f(\varepsilon_1,\varepsilon_2,\cdots,\varepsilon_n)]Q\\&=[(\eta_1,\eta_2,\cdots,\eta_m)A]Q=(\eta_1,\eta_2,\cdots,\eta_m)(AQ)\\&=[(\eta_1,\eta_2,\cdots,\eta_m)P]B=(\eta_1,\eta_2,\cdots,\eta_m)(PB).\end{aligned}$$

上式表示 V 中一组向量 $f(\varepsilon_1'),f(\varepsilon_2'),\cdots,f(\varepsilon_n')$ 在其一组基 $\eta_1,\eta_2,\cdots,\eta_m$ 下的两组表达式. 由于向量在一组基下表达式是唯一的，故有 $AQ=PB$，即 $B=P^{-1}AQ$. 根据第一章 §3(五)中矩阵相抵的等价命题即知 B 与 A 相抵.

充分性　若 B 与 A 相抵，即存在 m 阶可逆方阵 R 及 n 阶可逆

方阵 Q,使 $B=RAQ$,令 $P=R^{-1}$,在 U,V 内各作基变换

$$(\varepsilon_1',\varepsilon_2',\cdots,\varepsilon_n')=(\varepsilon_1,\varepsilon_2,\cdots,\varepsilon_n)Q,$$

$$(\eta_1',\eta_2',\cdots,\eta_m')=(\eta_1,\eta_2,\cdots,\eta_m)P.$$

按照上面推理,若设 f 在新的取定基下矩阵为 B_1,则有

$$B_1=P^{-1}AQ=RAQ=B. \quad \blacksquare$$

评议 在第一章§3介绍了矩阵相抵的概念,两个同类型矩阵相抵就是能经初等行、列变换互变,这等价于它们的秩相同.现在我们站在更高的观点看,相抵实际上就是同一个线性映射在不同基下的矩阵之间的关系,这就把相抵概念的实质完全弄清楚了.

四、线性变换的基本概念

【内容提要】

定义 设 V 是数域 K 上的线性空间,$\boldsymbol{A}$ 是 V 到自身的一个线性映射,则称 $\boldsymbol{A}$ 为 V 内的一个**线性变换**.V 内全体线性变换所成的集合记为 $\mathrm{End}(V)$.

设 $\dim V=n$.在 V 内取定一组基 $\varepsilon_1,\varepsilon_2,\cdots,\varepsilon_n$.设

$$\begin{cases}\boldsymbol{A}\varepsilon_1=a_{11}\varepsilon_1+a_{21}\varepsilon_2+\cdots+a_{n1}\varepsilon_n,\\ \boldsymbol{A}\varepsilon_2=a_{12}\varepsilon_1+a_{22}\varepsilon_2+\cdots+a_{n2}\varepsilon_n,\\ \cdots\cdots\cdots\cdots\cdots\cdots\cdots\cdots\cdots\cdots\\ \boldsymbol{A}\varepsilon_n=a_{1n}\varepsilon_1+a_{2n}\varepsilon_2+\cdots+a_{nn}\varepsilon_n.\end{cases}$$

令

$$A=\begin{bmatrix}a_{11}&a_{12}&\cdots&a_{1n}\\a_{21}&a_{22}&\cdots&a_{2n}\\\vdots&\vdots&&\vdots\\a_{n1}&a_{n2}&\cdots&a_{nn}\end{bmatrix},$$

则 A 称为线性变换 $\boldsymbol{A}$ 在基 $\varepsilon_1,\varepsilon_2,\cdots,\varepsilon_n$ 下的矩阵,可写成

$$(\boldsymbol{A}\varepsilon_1,\boldsymbol{A}\varepsilon_2,\cdots,\boldsymbol{A}\varepsilon_n)=(\varepsilon_1,\varepsilon_2,\cdots,\varepsilon_n)A.$$

定义 $\mathrm{End}(V)$ 到 $M_n(K)$ 的映射 σ:对 $\boldsymbol{A}\in\mathrm{End}(V)$,$\sigma(\boldsymbol{A})$ 为 $\boldsymbol{A}$ 在基 $\varepsilon_1,\varepsilon_2,\cdots,\varepsilon_n$ 下的矩阵.于是 σ 是一个双射(一一对应),而且有如下性质:

(1) $\sigma(k\boldsymbol{A}+l\boldsymbol{B})=k\sigma(\boldsymbol{A})+l\sigma(\boldsymbol{B})$；

(2) $\sigma(\boldsymbol{AB})=\sigma(\boldsymbol{A})\sigma(\boldsymbol{B})$.

因为单位变换 $\boldsymbol{E}$ 在 $\varepsilon_1,\varepsilon_2,\cdots,\varepsilon_n$ 下的矩阵为 E，我们有

$$\boldsymbol{E}=\boldsymbol{AB}=\boldsymbol{BA}\Longleftrightarrow E=\sigma(\boldsymbol{A})\sigma(\boldsymbol{B})=\sigma(\boldsymbol{B})\sigma(\boldsymbol{A}).$$

所以，$\boldsymbol{A}$ 为可逆线性变换的充分必要条件是 $\sigma(\boldsymbol{A})$ 为 K 上可逆 n 阶方阵，而且 $\sigma(\boldsymbol{A}^{-1})=\sigma(\boldsymbol{A})^{-1}$.

命题　设

$$\varepsilon_1,\ \varepsilon_2,\ \cdots,\ \varepsilon_n;$$

$$\eta_1,\ \eta_2,\ \cdots,\ \eta_n$$

是线性空间 V 的两组基，其过渡矩阵是 $T=(t_{ij})$，即

$$(\eta_1,\eta_2,\cdots,\eta_n)=(\varepsilon_1,\varepsilon_2,\cdots,\varepsilon_n)T.$$

又设线性变换 $\boldsymbol{A}$ 在这两组基下的矩阵分别是 A 和 B，则

$$B=T^{-1}AT.$$

定义　对数域 K 上的两个 n 阶方阵 A 与 B，如果存在 K 上一个 n 阶可逆的方阵 T，使 $B=T^{-1}AT$，则称 B 与 A 在 K 内**相似**，记做 $B\sim A$.

命题　数域 K 上两个 n 阶方阵 A,B 相似的充分必要条件是，它们是 V 内某一线性变换 $\boldsymbol{A}$ 在两组基下的矩阵.

评议　研究一个线性空间内的线性变换是线性映射理论的核心课题，这也是代数学中有代表性的课题. 在引言中我们研究数域 $\mathbb{Q}(\sqrt{2})$ 到复数域的同态映射，最后发现它们都是 $\mathbb{Q}(\sqrt{2})$ 到自身的同态. 在伽罗瓦理论中，其核心课题就是研究一个数域到自身的同态. 以后，这个思想推广到代数学其他研究对象上，成为一个普遍性的课题. 把研究一个代数系统到自身的保持各种运算的对应关系的映射当做研究的重点并取得了许多重大成果. 在下面，本课程也将把研究的重心集中到线性变换的理论上来.

线性变换是一种特殊的线性映射，前面关于线性映射的理论对他当然都适用，但也有些不同. 现在是在同一个线性空间内研究问题，所以只需取空间的同一组基，因而线性变换的矩阵是在同一组基下来讨论的. 把例 3.6 应用到这里来，就是 $P=Q,B=Q^{-1}AQ$. 而相抵关系现在变成相似关系. 相似关系是方阵间第二类基本关系. 从抽

象的观点看，相似矩阵不过是同一个线性变换在不同基下的矩阵而已.

但是在这里却引申出一个重要的理论课题：线性变换既然在不同基下有不同的矩阵，那么能不能找出一组基，使其矩阵最为简单呢？这个看似粗浅的问题却产生了较为深奥的理论.

例 3.7 在 $K[x]_4$ 内取定一组基

$$1,\ x,\ x^2,\ x^3.$$

在 $K[x]_4$ 内定义一个变换 $\boldsymbol{A}$ 如下：若

$$f(x)=a_0+a_1x+a_2x^2+a_3x^3,$$

则

$$\boldsymbol{A}f(x)=a_3+a_2x+a_1x^2+a_0x^3.$$

容易验证 $\boldsymbol{A}$ 是一个线性变换. 而因为

$$\begin{aligned}
\boldsymbol{A}1&=0\cdot 1+0\cdot x+0\cdot x^2+1\cdot x^3,\\
\boldsymbol{A}x&=0\cdot 1+0\cdot x+1\cdot x^2+0\cdot x^3,\\
\boldsymbol{A}x^2&=0\cdot 1+1\cdot x+0\cdot x^2+0\cdot x^3,\\
\boldsymbol{A}x^3&=1+0\cdot x+0\cdot x^2+0\cdot x^3.
\end{aligned}$$

故 $\boldsymbol{A}$ 在基 $1,x,x^2,x^3$ 下的矩阵为

$$A=\begin{bmatrix}0&0&0&1\\0&0&1&0\\0&1&0&0\\1&0&0&0\end{bmatrix}.$$

采用形式写法，有

$$(\boldsymbol{A}1,\boldsymbol{A}x,\boldsymbol{A}x^2,\boldsymbol{A}x^3)=(1,x,x^2,x^3)A. \quad ▌$$

例 3.8 考查 $\mathbb{R}[x]_n$ 内求微商的变换 $\mathbf{D}=\dfrac{\mathrm{d}}{\mathrm{d}x}$. 因为

$$\begin{aligned}
&\mathbf{D}1=0,\\
&\mathbf{D}x=1,\\
&\mathbf{D}x^2=2x,\\
&\cdots\cdots\cdots\cdots\\
&\mathbf{D}x^{n-1}=(n-1)x^{n-2},
\end{aligned}$$

故 $\mathbf{D}$ 在基 $1,x,x^2,\cdots,x^{n-1}$ 下的矩阵为

$$D=\begin{bmatrix}0 & 1 & 0 & 0 & & & \\ & 0 & 2 & 0 & & 0 & \\ & & 0 & 3 & \ddots & & \\ & & & \ddots & \ddots & 0 & \\ & 0 & & & \ddots & n-1 & \\ & & & & & 0 & \end{bmatrix}.$$ ∎

评议　上面两例的解题原则是：先把一组基在线性变换下的像找出来，然后再把这些像用该组基线性表示.这是一个基本的思路，但到底如何实现这两个步骤，就要视问题的具体情况来分别处理.

例 3.9　考虑 K^3 中一个线性变换 $\boldsymbol{A}$.设

$$\varepsilon_1=(1,0,0),\ \varepsilon_2=(0,1,0),\ \varepsilon_3=(0,0,1),$$

则

$$\boldsymbol{A}\varepsilon_1=(-1,1,0),\ \boldsymbol{A}\varepsilon_2=(2,1,1),\ \boldsymbol{A}\varepsilon_3=(0,-1,-1).$$

(1) 求 $\boldsymbol{A}$ 在基 $\varepsilon_1,\varepsilon_2,\varepsilon_3$ 下的矩阵.

(2) 在 K^3 中改取如下一组基

$$\eta_1=(1,1,1),\quad \eta_2=(1,1,0),\quad \eta_3=(1,0,0),$$

求 $\boldsymbol{A}$ 在 η_1,η_2,η_3 下的矩阵.

解　(1) 因为

$$\begin{aligned}\boldsymbol{A}\varepsilon_1&=-\varepsilon_1+\varepsilon_2+0\cdot\varepsilon_3,\\ \boldsymbol{A}\varepsilon_2&=2\varepsilon_1+\varepsilon_2+\varepsilon_3,\\ \boldsymbol{A}\varepsilon_3&=0\cdot\varepsilon_1-\varepsilon_2-\varepsilon_3,\end{aligned}$$

故

$$(\boldsymbol{A}\varepsilon_1,\boldsymbol{A}\varepsilon_2,\boldsymbol{A}\varepsilon_3)=(\varepsilon_1,\varepsilon_2,\varepsilon_3)\begin{bmatrix}-1 & 2 & 0\\ 1 & 1 & -1\\ 0 & 1 & -1\end{bmatrix}=(\varepsilon_1,\varepsilon_2,\varepsilon_3)A.$$

(2) 现在应当求 $\boldsymbol{A}\eta_i$ 用 η_1,η_2,η_3 线性表示的系数.因为

$$\begin{aligned}\eta_1&=\varepsilon_1+\varepsilon_2+\varepsilon_3,\\ \eta_2&=\varepsilon_1+\varepsilon_2,\\ \eta_3&=\varepsilon_1,\end{aligned}$$

故

$$\begin{aligned}\boldsymbol{A}\eta_1&=\boldsymbol{A}\varepsilon_1+\boldsymbol{A}\varepsilon_2+\boldsymbol{A}\varepsilon_3&=(1,1,0),\\ \boldsymbol{A}\eta_2&=\boldsymbol{A}\varepsilon_1+\boldsymbol{A}\varepsilon_2&=(1,2,1),\\ \boldsymbol{A}\eta_3&=\boldsymbol{A}\varepsilon_1&=(-1,1,0).\end{aligned}$$

把 $\boldsymbol{A}\eta_i$ 表为 η_1,η_2,η_3 的线性组合,这相当于求解线性方程组 $x_1\eta_1+x_2\eta_2+x_3\eta_3=\boldsymbol{A}\eta_i$,这就是矩阵消元法：将 $\eta_1,\eta_2,\eta_3,\boldsymbol{A}\eta_1,\boldsymbol{A}\eta_2,\boldsymbol{A}\eta_3$ 的坐标为列向量排成一个 3×6 矩阵,用初等行变换把左边 3 行 3 列位置化为 E,右边就是所求的 $\boldsymbol{A}$ 在 η_1,η_2,η_3 下的矩阵. 具体计算如下：

$$\left[\begin{array}{ccc:ccc}1&1&1&1&1&-1\\1&1&0&1&2&1\\1&0&0&0&1&0\end{array}\right]\longrightarrow\left[\begin{array}{ccc:ccc}1&0&0&0&1&0\\0&1&0&1&1&1\\0&0&1&0&-1&-2\end{array}\right],$$

即得

$$(\boldsymbol{A}\eta_1,\boldsymbol{A}\eta_2,\boldsymbol{A}\eta_3)=(\eta_1,\eta_2,\eta_3)\begin{bmatrix}0&1&0\\1&1&1\\0&-1&-2\end{bmatrix}=(\eta_1,\eta_2,\eta_3)B.$$

我们有

$$(\eta_1,\eta_2,\eta_3)=(\varepsilon_1,\varepsilon_2,\varepsilon_3)\begin{bmatrix}1&1&1\\1&1&0\\1&0&0\end{bmatrix},$$

不难验证,有

$$B=\begin{bmatrix}0&1&0\\1&1&1\\0&-1&-2\end{bmatrix}=\begin{bmatrix}1&1&1\\1&1&0\\1&0&0\end{bmatrix}^{-1}\begin{bmatrix}-1&2&0\\1&1&-1\\0&1&-1\end{bmatrix}\begin{bmatrix}1&1&1\\1&1&0\\1&0&0\end{bmatrix}. \quad \blacksquare$$

评议 此例提供了在 K^n 内求一个线性变换在一组基下的矩阵以及求一个线性变换在不同两组基下矩阵的规范方法,其关键处是把问题归结为解线性方程组.

例 3.10 设数域 K 上三维线性空间 V 内一线性变换 $\boldsymbol{A}$ 在基 $\varepsilon_1,\varepsilon_2,\varepsilon_3$ 下的矩阵是

$$A=\begin{bmatrix}a_{11}&a_{12}&a_{13}\\a_{21}&a_{22}&a_{23}\\a_{31}&a_{32}&a_{33}\end{bmatrix}.$$

求 $\boldsymbol{A}$ 在基 $\varepsilon_2,\varepsilon_1-\varepsilon_3,\varepsilon_3$ 下的矩阵.

解　解法一　我们有

$$
\begin{aligned}
\boldsymbol{A}\varepsilon_2 &= a_{12}\varepsilon_1 + a_{22}\varepsilon_2 + a_{32}\varepsilon_3 \\
&= a_{22}\varepsilon_2 + a_{12}(\varepsilon_1 - \varepsilon_3) + (a_{12} + a_{32})\varepsilon_3, \\
\boldsymbol{A}(\varepsilon_1 - \varepsilon_3) &= a_{11}\varepsilon_1 + a_{21}\varepsilon_2 + a_{31}\varepsilon_3 - a_{13}\varepsilon_1 - a_{23}\varepsilon_2 - a_{33}\varepsilon_3 \\
&= (a_{21} - a_{23})\varepsilon_2 + (a_{11} - a_{13})(\varepsilon_1 - \varepsilon_3) \\
&\quad + (a_{11} - a_{13} + a_{31} - a_{33})\varepsilon_3, \\
\boldsymbol{A}\varepsilon_3 &= a_{13}\varepsilon_1 + a_{23}\varepsilon_2 + a_{33}\varepsilon_3 \\
&= a_{23}\varepsilon_2 + a_{13}(\varepsilon_1 - \varepsilon_3) + (a_{13} + a_{33})\varepsilon_3.
\end{aligned}
$$

这表明 $\boldsymbol{A}$ 在基 $\varepsilon_2, \varepsilon_1 - \varepsilon_3, \varepsilon_3$ 下的矩阵为

$$
B = \begin{bmatrix} a_{22} & a_{21} - a_{23} & a_{23} \\ a_{12} & a_{11} - a_{13} & a_{13} \\ a_{12} + a_{32} & a_{11} - a_{13} + a_{31} - a_{33} & a_{13} + a_{33} \end{bmatrix}.
$$

解法二　找两组基间过渡矩阵

$$
(\varepsilon_2, \varepsilon_1 - \varepsilon_3, \varepsilon_3) = (\varepsilon_1, \varepsilon_2, \varepsilon_3) \begin{bmatrix} 0 & 1 & 0 \\ 1 & 0 & 0 \\ 0 & -1 & 1 \end{bmatrix},
$$

那么 $\boldsymbol{A}$ 在基 $\varepsilon_2, \varepsilon_1 - \varepsilon_3, \varepsilon_3$ 下的矩阵是

$$
\begin{aligned}
B &= \begin{bmatrix} 0 & 1 & 0 \\ 1 & 0 & 0 \\ 0 & -1 & 1 \end{bmatrix}^{-1} \begin{bmatrix} a_{11} & a_{12} & a_{13} \\ a_{21} & a_{22} & a_{23} \\ a_{31} & a_{32} & a_{33} \end{bmatrix} \begin{bmatrix} 0 & 1 & 0 \\ 1 & 0 & 0 \\ 0 & -1 & 1 \end{bmatrix} \\
&= \begin{bmatrix} 0 & 1 & 0 \\ 1 & 0 & 0 \\ 1 & 0 & 1 \end{bmatrix} \begin{bmatrix} a_{11} & a_{12} & a_{13} \\ a_{21} & a_{22} & a_{23} \\ a_{31} & a_{32} & a_{33} \end{bmatrix} \begin{bmatrix} 0 & 1 & 0 \\ 1 & 0 & 0 \\ 0 & -1 & 1 \end{bmatrix} \\
&= \begin{bmatrix} a_{22} & a_{21} - a_{23} & a_{23} \\ a_{12} & a_{11} - a_{13} & a_{13} \\ a_{12} + a_{32} & a_{11} + a_{31} - a_{13} - a_{33} & a_{13} + a_{33} \end{bmatrix}.
\end{aligned}
$$

▌

评议　此例让我们具体地看到当基发生变化时，线性变换的矩阵是为什么和如何发生变化的.

例 3.11　给定数域 K 上 n 阶方阵

$$J=\begin{bmatrix}\lambda_0 & 1 & & & 0\\ & \lambda_0 & 1 & & \\ & & \ddots & \ddots & \\ & & & \ddots & 1\\ 0 & & & & \lambda_0\end{bmatrix}.$$

证明 J 与 J' 相似,并求可逆矩阵 T,使 $J'=T^{-1}JT$.

解 在 K 上 n 维线性空间 V 内考查一个线性变换 $\boldsymbol{J}$,它在 V 内一组基 $\varepsilon_1,\varepsilon_2,\cdots,\varepsilon_n$ 下的矩阵为 J. 于是

$$\boldsymbol{J}\varepsilon_1=\lambda_0\varepsilon_1,\quad \boldsymbol{J}\varepsilon_i=\varepsilon_{i-1}+\lambda_0\varepsilon_i\quad (i=2,3,\cdots,n).$$

但 $\varepsilon_n,\varepsilon_{n-1},\cdots,\varepsilon_2,\varepsilon_1$ 也是 V 的一组基,在此组基下,

$$\begin{cases}\boldsymbol{J}\varepsilon_n=\lambda_0\varepsilon_n+\varepsilon_{n-1},\\ \boldsymbol{J}\varepsilon_{n-1}=\lambda_0\varepsilon_{n-1}+\varepsilon_{n-2},\\ \cdots\cdots\cdots\cdots\cdots\cdots\\ \boldsymbol{J}\varepsilon_2=\lambda_0\varepsilon_2+\varepsilon_1,\\ \boldsymbol{J}\varepsilon_1=\lambda_0\varepsilon_1.\end{cases}$$

于是 $\boldsymbol{J}$ 在此组基下的矩阵是

$$\begin{bmatrix}\lambda_0 & & & & \\ 1 & \lambda_0 & & 0 & \\ & 1 & \lambda_0 & & \\ & 0 & \ddots & \ddots & \\ & & & 1 & \lambda_0\end{bmatrix}=J'.$$

同一个线性变换 $\boldsymbol{J}$ 在不同基下矩阵相似,即 J' 与 J 相似.

因为

$$(\varepsilon_n,\varepsilon_{n-1},\cdots,\varepsilon_2,\varepsilon_1)=(\varepsilon_1,\varepsilon_2,\cdots,\varepsilon_n)\begin{bmatrix}0 & 0 & \cdots & 0 & 1\\ 0 & \vdots & \iddots & 1 & 0\\ \vdots & 0 & \iddots & 0 & 0\\ 0 & 1 & \iddots & \vdots & \vdots\\ 1 & 0 & \cdots & 0 & 0\end{bmatrix}.$$

上面两组基的过渡矩阵 T 即使 $T^{-1}JT=J'$. ▌

评议　线性空间的一组基重新排列次序就得到它的另一组基，此例就是利用了这个简单的事实得到问题的解法. 如果按相似的定义，需找一个 n 阶可逆矩阵 T，使 $T^{-1}JT=J'$. 这就复杂多了. 这例子再一次说明：站在较高的理论层次上，可使一些较复杂的矩阵运算变得简单明了.

例 3.12　设 V 是复数域 $\mathbb{C}$ 上 n 维线性空间，$\boldsymbol{A}$ 是 V 的一个线性变换. V 关于其向量加法及与实数的数乘组成 $\mathbb{R}$ 上 $2n$ 维线性空间，记做 $V_{\mathbb{R}}$，$\boldsymbol{A}$ 也按其原来对 V 内向量的作用成为 $V_{\mathbb{R}}$ 内的线性变换. 设 $\boldsymbol{A}$ 在 V 的某一组基下矩阵为 $A_{\mathbb{C}}$，在 $V_{\mathbb{R}}$ 的某组基下矩阵为 $2n$ 阶实方阵 $A_{\mathbb{R}}$，证明 $\det(A_{\mathbb{R}})=|\det(A_{\mathbb{C}})|^2$.

解　在 V 内取一组基 $\varepsilon_1,\varepsilon_2,\cdots,\varepsilon_n$. 设 $\boldsymbol{A}$ 在此组基下的矩阵为 $A_{\mathbb{C}}=(a_{st})$，这里 $a_{st}=u_{st}+\mathrm{i}v_{st}\in\mathbb{C}$，$u_{st},v_{st}\in\mathbb{R}$. 在例 1.7 中已指出 $V_{\mathbb{R}}$ 有一组基为 $\varepsilon_1,\varepsilon_2,\cdots,\varepsilon_n,\mathrm{i}\varepsilon_1,\mathrm{i}\varepsilon_2,\cdots,\mathrm{i}\varepsilon_n$. 因为线性变换在不同基下的矩阵是相似的，易知相似矩阵的行列式相等，故我们即设 $\boldsymbol{A}$ 在 $V_{\mathbb{R}}$ 的此组基下的矩阵为 $A_{\mathbb{R}}$，现在

$$\boldsymbol{A}\varepsilon_j=\sum_{k=1}^{n}a_{kj}\varepsilon_k=\sum_{k=1}^{n}(u_{kj}+\mathrm{i}v_{kj})\varepsilon_k$$

$$=\sum_{k=1}^{n}u_{kj}\varepsilon_k+\sum_{k=1}^{n}v_{kj}(\mathrm{i}\varepsilon_k),$$

$$\boldsymbol{A}(\mathrm{i}\varepsilon_j)=\sum_{k=1}^{n}(-v_{kj})\varepsilon_k+\sum_{k=1}^{n}u_{kj}(\mathrm{i}\varepsilon_k).$$

令 $U=(u_{kj})$，$W=(v_{kj})$，则 $A=U+\mathrm{i}W$. 而 $\boldsymbol{A}$ 在 $V_{\mathbb{R}}$ 的上述基下的矩阵为

$$A_{\mathbb{R}}=\begin{bmatrix}U & -W\\ W & U\end{bmatrix}.$$

现考查 U 为可逆实方阵的情况. 因为

$$\begin{bmatrix}E_n & 0\\ -WU^{-1} & E_n\end{bmatrix}\begin{bmatrix}U & -W\\ W & U\end{bmatrix}=\begin{bmatrix}U & -W\\ 0 & WU^{-1}W+U\end{bmatrix},$$

两边取行列式,利用第二章例 1.9,得

$$\det(A_{\mathbb{R}}) = |U|\,|U + WU^{-1}W|.$$

另一方面,我们有

$$\begin{aligned}|\det(A_{\mathbb{C}})|^2 &= \det(A_{\mathbb{C}})\,\overline{\det(A_{\mathbb{C}})} \\ &= |U + \mathrm{i}W|\,|U - \mathrm{i}W| \\ &= |U|^2\,|E + \mathrm{i}U^{-1}W|\,|E - \mathrm{i}U^{-1}W| \\ &= |U|^2\,|E + U^{-1}WU^{-1}W| \\ &= |U|\,|U + WU^{-1}W| = \det(A_{\mathbb{R}}).\end{aligned}$$

若 U 不可逆,设 $U(t)=tE+U$,这里 t 是一个实变量. 因为 $\det(U(t))=|tE+U|$,按行列式的完全展开式,它是 t 的多项式,只有有限多个实根. 现 $t=0$ 是它的一个根(因 $\det U=0$),故在 $t=0$ 的一个充分小邻域内它无根,即 $U(t)$ 可逆. 于是

$$\begin{aligned}\det\begin{bmatrix} U(t) & -W \\ W & U(t) \end{bmatrix} &= |U(t)|\,|U(t) + WU(t)^{-1}W| \\ &= |U(t) + \mathrm{i}W|\,|U(t) - \mathrm{i}W|.\end{aligned}$$

上式两端按行列式展开后都是 t 的多项式,即为 t 的连续函数,令 $t\to 0$,则

$$\begin{aligned}\det(A_{\mathbb{R}}) &= \lim_{t\to 0}\det\begin{bmatrix} U(t) & -W \\ W & U(t) \end{bmatrix} \\ &= \lim_{t\to 0}|U(t) + \mathrm{i}W|\,|U(t) - \mathrm{i}W| \\ &= |U + \mathrm{i}W|\,|U - \mathrm{i}W| \\ &= |\det(A_{\mathbb{C}})|^2. \quad \blacksquare\end{aligned}$$

评议 这里使用了一个重要的、有一定普遍意义的技巧. 首先对 U 可逆时证明了结论,当 U 不可逆时令 $U(t)=tE+U$,把不可逆转化为可逆,然后再令 $t\to 0$,利用数学分析连续函数的性质得到所要的结果. 读者试用此办法去证明第二章练习题 2.2 第 5 题(4)的结论在 A,B 均不可逆时仍然成立.

练习题3.3

1. 定义 K^4 到 K^3 的映射

$$f\begin{bmatrix}x_1\\x_2\\x_3\\x_4\end{bmatrix}=\begin{bmatrix}-x_1+x_2+2x_3+x_4\\-2x_2+x_3\\-x_1-x_2+3x_3+x_4\end{bmatrix}.$$

证明 f 是一个线性映射，在 K^4 内取一组基

$$\varepsilon_1=(1,0,1,1),\quad \varepsilon_2=(0,1,0,1),$$
$$\varepsilon_3=(0,0,1,0),\quad \varepsilon_4=(0,0,2,1).$$

又在 K^3 内取定一组基

$$\eta_1=(1,1,1),\quad \eta_2=(1,0,-1),\quad \eta_3=(0,1,0),$$

求 f 在给定基下的矩阵.

2. 定义 K^3 到 K^4 的映射 f 如下：

$$f\begin{bmatrix}x_1\\x_2\\x_3\end{bmatrix}=\begin{bmatrix}x_1+x_3\\-x_1+x_2+x_3\\2x_1+x_3\\x_2+2x_3\end{bmatrix}.$$

(1) 证明 f 是一个线性映射.

(2) 在 K^3 内取定一组基

$$\eta_1=(1,1,1),\quad \eta_2=(1,0,-1),\quad \eta_3=(0,1,0),$$

在 K^4 内取一组基

$$\varepsilon_1=(1,0,1,1),\quad \varepsilon_2=(0,1,0,1),$$
$$\varepsilon_3=(0,0,1,0),\quad \varepsilon_4=(0,0,2,1).$$

求 f 在给定基下的矩阵.

3. 定义 $K[x]_n$ 到 $K[x]_{n+1}$ 的映射如下：

$$f(a_0+a_1x+\cdots+a_{n-1}x^{n-1})$$
$$=a_0x+\frac{1}{2}a_1x^2+\frac{1}{3}a_2x^3+\cdots+\frac{1}{n}a_{n-1}x^n.$$

证明 f 是一个线性映射. 如果在 $K[x]_n$ 中取定基 $1,x,\cdots,x^{n-1}$，在 $K[x]_{n+1}$ 中取定基 $1,x,\cdots,x^n$，求 f 在取定基下的矩阵.

4. 在$\mathbb{R}[x]$中定义

$$\boldsymbol{A}f(x)=f'(x),\quad \boldsymbol{B}f(x)=xf(x),$$

证明$\boldsymbol{A}$与$\boldsymbol{B}$是两个线性变换，且$\boldsymbol{AB}-\boldsymbol{BA}=\boldsymbol{E}$.

5. 设$\boldsymbol{A}$与$\boldsymbol{B}$是两个线性变换，且$\boldsymbol{AB}-\boldsymbol{BA}=\boldsymbol{E}$. 证明：对任一正整数$k$，有

$$\boldsymbol{A}^k\boldsymbol{B}-\boldsymbol{BA}^k=k\boldsymbol{A}^{k-1}.$$

6. 设A是线性空间V中的一个线性变换，且$\boldsymbol{A}^2=\boldsymbol{A}$. 证明：

(1) V中任一向量α可分解为

$$\alpha=\alpha_1+\alpha_2,$$

其中$\boldsymbol{A}\alpha_1=\alpha_1$，$\boldsymbol{A}\alpha_2=0$，且这种分解是唯一的；

(2) 若$\boldsymbol{A}\alpha=-\alpha$，则$\alpha=0$；

7. 设$\boldsymbol{A}$与$\boldsymbol{B}$是两个线性变换，满足$\boldsymbol{A}^2=\boldsymbol{A}$，$\boldsymbol{B}^2=\boldsymbol{B}$. 证明：若$(\boldsymbol{A}+\boldsymbol{B})^2=\boldsymbol{A}+\boldsymbol{B}$，则$\boldsymbol{AB}=\boldsymbol{0}$.

8. 设$\varepsilon_1,\varepsilon_2,\cdots,\varepsilon_n$是线性空间$V$的一组基，证明：线性变换$\boldsymbol{A}$可逆，当且仅当$\boldsymbol{A}\varepsilon_1,\boldsymbol{A}\varepsilon_2,\cdots,\boldsymbol{A}\varepsilon_n$线性无关.

9. 设V为数域K上的线性空间. $\boldsymbol{A}_1,\boldsymbol{A}_2,\cdots,\boldsymbol{A}_k$是$V$内$k$个两两不同的线性变换. 证明$V$内存在向量$\alpha$，使$\boldsymbol{A}_1\alpha,\boldsymbol{A}_2\alpha,\cdots,\boldsymbol{A}_k\alpha$两两不同.

10. 在$M_2(K)$中定义变换如下：

$$\boldsymbol{A}X=AX-XA,\quad X\in M_2(K),$$

其中A是K上一个固定的二阶方阵. 证明：

(1) $\boldsymbol{A}$是$M_2(K)$内的一个线性变换；

(2) 在$M_2(K)$中取一组基

$$\varepsilon_{11}=\begin{bmatrix}1&0\\0&0\end{bmatrix},\ \varepsilon_{12}=\begin{bmatrix}0&1\\0&0\end{bmatrix},\ \varepsilon_{21}=\begin{bmatrix}0&0\\1&0\end{bmatrix},\ \varepsilon_{22}=\begin{bmatrix}0&0\\0&1\end{bmatrix}.$$

求$\boldsymbol{A}$在这组基下的矩阵.

11. 设$B=\begin{bmatrix}-1&-1\\2&1\end{bmatrix}$. 在$M_2(K)$中定义变换如下：

$$\boldsymbol{A}X=B^{-1}XB\quad(\forall\ X\in M_2(K)).$$

证明$\boldsymbol{A}$是$M_2(K)$内一个线性变换，并找出$\lambda_0\in K$，$X_0\in M_2(K)$，$X_0\neq 0$，使$\boldsymbol{A}X_0=\lambda_0X_0$.

12. 设三维线性空间 V 内一个线性变换 $\boldsymbol{A}$ 在基 $\varepsilon_1,\varepsilon_2,\varepsilon_3$ 下的矩阵为

$$A=\begin{bmatrix} a_{11} & a_{12} & a_{13} \\ a_{21} & a_{22} & a_{23} \\ a_{31} & a_{32} & a_{33} \end{bmatrix}.$$

(1) 求 $\boldsymbol{A}$ 在基 $\varepsilon_3,\varepsilon_2,\varepsilon_1$ 下的矩阵;

(2) 求 $\boldsymbol{A}$ 在基 $\varepsilon_1,k\varepsilon_2,\varepsilon_3$ 下的矩阵($k\neq 0$);

(3) 求 $\boldsymbol{A}$ 在基 $\varepsilon_1+\varepsilon_2,\varepsilon_2,\varepsilon_3$ 下的矩阵.

13. 在 K^4 内一个线性变换 $\boldsymbol{A}$ 在基 $\varepsilon_1,\varepsilon_2,\varepsilon_3,\varepsilon_4$ 下的矩阵为

$$\begin{bmatrix} 1 & -1 & 0 & 1 \\ 0 & 0 & 1 & 1 \\ 1 & 0 & 0 & -1 \\ -1 & 1 & 0 & 1 \end{bmatrix},$$

求它在基 $\eta_1,\eta_2,\eta_3,\eta_4$ 下的矩阵,其中

(1) $\varepsilon_1=(1,2,-1,0)$, $\eta_1=(2,1,0,1)$,
$\varepsilon_2=(1,-1,1,1)$, $\eta_2=(0,1,2,2)$,
$\varepsilon_3=(-1,2,1,1)$, $\eta_3=(-2,1,1,2)$,
$\varepsilon_4=(-1,-1,0,1)$; $\eta_4=(1,3,1,2)$.

(2) $\varepsilon_1=(1,1,1,1)$, $\eta_1=(1,1,0,1)$,
$\varepsilon_2=(1,1,-1,-1)$, $\eta_2=(2,1,3,1)$,
$\varepsilon_3=(1,-1,1,-1)$, $\eta_3=(1,1,0,0)$,
$\varepsilon_4=(1,-1,-1,1)$; $\eta_4=(0,1,-1,-1)$.

§4　线性变换的特征值与特征向量

一、特征值与特征向量的定义与计算方法

【内容提要】

定义　设 V 是数域 K 上的一个线性空间,$\boldsymbol{A}$ 是 V 内一个线性变换.如果对 K 内一个数 λ,存在 V 的一个向量 $\xi\neq 0$,使

$$\boldsymbol{A}\xi=\lambda\xi,$$

则称 λ 为 $\boldsymbol{A}$ 的一个**特征值**，而 ξ 称为属于特征值 λ 的**特征向量**. 如果 λ_0 是 $\boldsymbol{A}$ 的一个特征值，定义

$$V_{\lambda_0}=\{\alpha\in V\,|\,\boldsymbol{A}\alpha=\lambda_0\alpha\},$$

它是由 $\boldsymbol{A}$ 的属于特征值 λ_0 的全部特征向量再加上零向量所得的 V 的子空间，称为特征值 λ_0 的**特征子空间**.

给定数域 K 上的 n 阶方阵 $A=(a_{ij})$，令

$$f(\lambda)=|\lambda E-A|=\begin{vmatrix}\lambda-a_{11} & -a_{12} & \cdots & -a_{1n}\\ -a_{21} & \lambda-a_{22} & \cdots & -a_{2n}\\ \vdots & \vdots & & \vdots\\ -a_{n1} & -a_{n2} & \cdots & \lambda-a_{nn}\end{vmatrix},$$

从行列式的完全展开式易知 $f(\lambda)$ 为 λ 的多项式，其系数属于数域 K，$f(\lambda)$ 称为方阵 A 的**特征多项式**. $f(\lambda)$ 属于数域 K 的根称为方阵 A 的**特征根**或**特征值**. 因为数域 K 上的方阵都可看做复数域上的方阵，在这样看的时候，$f(\lambda)$ 在复数域内的全部根都认为是 A 的特征根或特征值. 所以，说到矩阵 A 的特征值时，不能忘记究竟是把该矩阵看做哪个数域上的方阵.

现在我们把计算数域 K 上 n 维线性空间 V 内线性变换 $\boldsymbol{A}$ 的特征值和特征向量的步骤归纳如下：

1) 在 V 中给定一组基 $\varepsilon_1,\varepsilon_2,\cdots,\varepsilon_n$，求 $\boldsymbol{A}$ 在这组基下的矩阵 A.

2) 计算特征多项式 $f(\lambda)=|\lambda E-A|$.

3) 求 $f(\lambda)=0$ 的属于数域 K 的那些根

$$\lambda_1,\lambda_2,\cdots,\lambda_s.$$

4) 对每个 $\lambda_i(i=1,2,\cdots,s)$ 求齐次线性方程组

$$(\lambda_i E-A)X=0$$

的一个基础解系. 这个齐次线性方程组具体写出来就是

$$\begin{bmatrix}\lambda_i-a_{11} & -a_{12} & \cdots & -a_{1n}\\ -a_{21} & \lambda_i-a_{22} & \cdots & -a_{2n}\\ \vdots & \vdots & & \vdots\\ -a_{n1} & -a_{n2} & \cdots & \lambda_i-a_{nn}\end{bmatrix}\begin{bmatrix}x_1\\ x_2\\ \vdots\\ x_n\end{bmatrix}=0.$$

注意其中的 λ_i 是在步骤 3)中求出的,是已知数,不是未知量.

5) 以步骤 4)中求出的基础解系为坐标写出 V 中一个向量组,它就是 V_{λ_i} 的一组基.

评议　从这里开始,我们进入线性代数的核心课题.线性变换的特征值和特征向量在历史上是由于研究常微分方程而产生的,它在理论力学以及物理学、工程技术上都是一个重要的工具.但是单纯从线性变换的角度看,它主要是由前面说到的一个问题产生出来的:线性空间基的选取是不唯一的,于是要设法找一组基,使线性变换 $\boldsymbol{A}$ 在该组基下的矩阵最简单.最简单的矩阵是对角矩阵.如果 $\boldsymbol{A}$ 在某一组基下矩阵成为对角矩阵,那么这组基 $\varepsilon_1,\varepsilon_2,\cdots,\varepsilon_n$ 就要满足 $\boldsymbol{A}\varepsilon_i=\lambda_i\varepsilon_i$.线性变换的特征值和特征向量的概念就产生了,从直观上就可以感受到,特征值和特征向量相当深刻地反映了线性变换的特性,所以受到特别关注就不奇怪了.

有几个问题要注意:(1) 特征值必须是数域 K 内的数;(2) 特征向量必须是非零向量,因为零向量对要讨论的问题不起作用.但在讨论特征子空间 V_{λ_0} 时又要把它添进去,缺少零向量是不能成为子空间的;(3) 特征值与特征向量的定义与基无关.但当我们需要把它们具体算出时,就需要取一组基,把线性变换 $\boldsymbol{A}$ 具体化为方阵 A.最后归结为特征多项式 $f(\lambda)=|\lambda E-A|$ 的根和齐次线性方程组 $(\lambda_i E-A)X=0$ 的基础解系的计算,而后者则以第二章§2 定理 2 作为依据.当我们从事理论问题的探讨时,一般直接使用上面的抽象定义,它有明显的几何直观意义(一个向量 ξ 在 $\boldsymbol{A}$ 作用下只是“伸长”或“缩短”若干倍),同时又不受基的选取的干扰.但当作具体计算时,就要借助基将问题转化到矩阵论的领域.

例 4.1　设三维线性空间 V 内一个线性变换 $\boldsymbol{A}$ 在基 $\varepsilon_1,\varepsilon_2,\varepsilon_3$ 下的矩阵为

$$A=\begin{bmatrix}1&2&2\\2&1&2\\2&2&1\end{bmatrix},$$

求 $\boldsymbol{A}$ 的全部特征值和对应的特征向量.

解 本例中 $\boldsymbol{A}$ 的矩阵已给出.下面分两步计算:

(1) 求特征多项式和特征根.

$$f(\lambda)=|\lambda E-A|=\begin{vmatrix}\lambda-1 & -2 & -2\\ -2 & \lambda-1 & -2\\ -2 & -2 & \lambda-1\end{vmatrix}$$

$$=\begin{vmatrix}\lambda-5 & -2 & -2\\ \lambda-5 & \lambda-1 & -2\\ \lambda-5 & -2 & \lambda-1\end{vmatrix}=(\lambda-5)\begin{vmatrix}1 & -2 & -2\\ 1 & \lambda-1 & -2\\ 1 & -2 & \lambda-1\end{vmatrix}$$

$$=(\lambda-5)\begin{vmatrix}1 & -2 & -2\\ 0 & \lambda+1 & 0\\ 0 & 0 & \lambda+1\end{vmatrix}=(\lambda-5)(\lambda+1)^2.$$

$f(\lambda)$的根为 $\lambda_1=5,\lambda_2=-1$(二重根).因为整数必属于任一数域 K,所以 λ_1,λ_2 均为 $\boldsymbol{A}$ 的特征值.

(2) 求每个特征值对应的特征向量.

当 $\lambda_1=5$ 时,解以 $\lambda_1E-A=5E-A$ 为系数矩阵的齐次线性方程组.采用矩阵消元法

$$\lambda_1E-A=\begin{bmatrix}4 & -2 & -2\\ -2 & 4 & -2\\ -2 & -2 & 4\end{bmatrix}\to\begin{bmatrix}-2 & -2 & 4\\ -2 & 4 & -2\\ 4 & -2 & -2\end{bmatrix}$$

$$\to\begin{bmatrix}1 & 1 & -2\\ -1 & 2 & -1\\ 2 & -1 & -1\end{bmatrix}\to\begin{bmatrix}1 & 1 & -2\\ 0 & 3 & -3\\ 0 & -3 & 3\end{bmatrix}$$

$$\to\begin{bmatrix}1 & 1 & -2\\ 0 & 1 & -1\\ 0 & 0 & 0\end{bmatrix}$$

$$\Longleftrightarrow\begin{cases}x_1+x_2-2x_3=0,\\ \qquad x_2-x_3=0.\end{cases}$$

移项,得

$$\begin{cases}x_1+x_2=2x_3,\\ \qquad x_2=x_3.\end{cases}$$

令 $x_3=1$,得基础解系 $\eta_1=(1,1,1)$,它对应于 $\boldsymbol{A}$ 的特征向量 $\varepsilon_1+\varepsilon_2+\varepsilon_3$,于是它是特征子空间 V_{λ_1} 的一组基,即

$$V_{\lambda_1}=L(\varepsilon_1+\varepsilon_2+\varepsilon_3).$$

当 $\lambda_2=-1$ 时,

$$\lambda_2E-A=\begin{bmatrix}-2&-2&-2\\-2&-2&-2\\-2&-2&-2\end{bmatrix}\rightarrow\begin{bmatrix}1&1&1\\0&0&0\\0&0&0\end{bmatrix}$$

$$\Longleftrightarrow x_1+x_2+x_3=0.$$

移项,得

$$x_1=-x_2-x_3.$$

取 $x_2=1,x_3=0$ 得 $\eta_1=(-1,1,0)$;取 $x_2=0,x_3=1$,得 $\eta_2=(-1,0,1)$. 这个基础解系对应于 $\boldsymbol{A}$ 的一个特征向量组:$-\varepsilon_1+\varepsilon_2,-\varepsilon_1+\varepsilon_3$,它们构成 V_{λ_2} 的一组基,即

$$V_{\lambda_2}=L(-\varepsilon_1+\varepsilon_2,-\varepsilon_1+\varepsilon_3).\quad ▌$$

评议　这是求特征值与特征向量的规范化方法,解这类题应该严格遵循此例中的每一个步骤. 求得 V_{λ_0} 的一组基,就等于求出属于 λ_0 的全体特征向量. 注意找出齐次线性方程组 $(\lambda_0E-A)X=0$ 的一个基础解系后,基础解系中的向量只是特征向量在一组基下的坐标(这组基就是决定线性变换 $\boldsymbol{A}$ 的矩阵 A 的那一组基),还必须用它们去作这组基的线性组合,得出的才是特征向量,这最后一个步骤是不能忽视的.

例 4.2　设 A 是数域 K 上 $n\times m$ 矩阵,B 是 K 上 $m\times n$ 矩阵,则

$$\lambda^m|\lambda E_n-AB|=\lambda^n|\lambda E_m-BA|,$$

特别地,当 $m=n$ 时 $|\lambda E-AB|=|\lambda E-BA|$.

解　我们有

$$\begin{bmatrix}E_m&0\\-A&E_n\end{bmatrix}\begin{bmatrix}\lambda E_m&B\\\lambda A&\lambda E_n\end{bmatrix}=\begin{bmatrix}\lambda E_m&B\\0&\lambda E_n-AB\end{bmatrix}.$$

两边取行列式,利用第二章例 1.9,有

$$\begin{vmatrix}\lambda E_m&B\\\lambda A&\lambda E_n\end{vmatrix}=\begin{vmatrix}\lambda E_m&B\\0&\lambda E_n-AB\end{vmatrix}=\lambda^m|\lambda E_n-AB|.$$

另一方面,我们又有

$$\begin{bmatrix}\lambda E_m&B\\\lambda A&\lambda E_n\end{bmatrix}\begin{bmatrix}E_m&0\\-A&E_n\end{bmatrix}=\begin{bmatrix}\lambda E_m-BA&B\\0&\lambda E_n\end{bmatrix},$$

两边取行列式,得

$$\begin{vmatrix} \lambda E_m & B \\ \lambda A & \lambda E_n \end{vmatrix} = \begin{vmatrix} \lambda E_m - BA & B \\ 0 & \lambda E_n \end{vmatrix} = \lambda^n |\lambda E_m - BA|.$$

比较上面两式即得

$$\lambda^m |\lambda E_n - AB| = \lambda^n |\lambda E_m - BA|. \quad \blacksquare$$

评议 这是使用分块矩阵技巧的一个好的范例. 利用分块矩阵的初等变换方法在矩阵

$$\begin{bmatrix} \lambda E_m & B \\ \lambda A & \lambda E_n \end{bmatrix}$$

内"打洞",即把 λA 处变为零,这既可作行变换,也可作列变换,两种办法得到结果不同,可是取行列式后就恰是希望的结果.

例 4.3 设 $\boldsymbol{A}$ 是数域 K 上 n 维线性空间 V 内的一个线性变换,在 V 的一组基 $\varepsilon_1,\varepsilon_2,\cdots,\varepsilon_n$ 下的矩阵是

$$A = \begin{bmatrix} a_1 \\ a_2 \\ \vdots \\ a_n \end{bmatrix} (a_1\ a_2\ \cdots\ a_n),$$

其中 $a_1,a_2,\cdots,a_n$ 是 K 内不全为 0 的一组数. 求 $\boldsymbol{A}$ 的全部特征值和每个特征值对应的全部特征向量.

解 设对应于特征值 λ 的特征向量为

$$\xi = (\varepsilon_1,\varepsilon_2,\cdots,\varepsilon_n) \begin{bmatrix} x_1 \\ x_2 \\ \vdots \\ x_n \end{bmatrix},$$

则有

$$A \begin{bmatrix} x_1 \\ x_2 \\ \vdots \\ x_n \end{bmatrix} = \begin{bmatrix} a_1 \\ a_2 \\ \vdots \\ a_n \end{bmatrix} (a_1\ a_2\ \cdots\ a_n) \begin{bmatrix} x_1 \\ x_2 \\ \vdots \\ x_n \end{bmatrix}$$

$$= (a_1x_1 + a_2x_2 + \cdots + a_nx_n)\begin{bmatrix} a_1 \\ a_2 \\ \vdots \\ a_n \end{bmatrix}$$

$$= \lambda \begin{bmatrix} x_1 \\ x_2 \\ \vdots \\ x_n \end{bmatrix}.$$

(1) 设 $\lambda=0$,上式等价于

$$a_1x_1 + a_2x_2 + \cdots + a_nx_n = 0.$$

设 $a_i\neq 0$,则上面齐次线性方程的基础解系是

$$B_j = \left(0,\cdots,0,\overset{j}{1},0,\cdots,0,-\overset{i}{\frac{a_j}{a_i}},0,\cdots,0\right),$$

这里 $j=1,\cdots,i-1,i+1,\cdots,n$. 令 η_j 为以 B_j 为坐标的向量,则

$$V_\lambda = L(\eta_1,\cdots,\eta_{i-1},\eta_{i+1},\cdots,\eta_n).$$

(2) 设 λ_0 为 $\boldsymbol{A}$ 的非零特征值. 由上面式子推出

$$\begin{bmatrix} x_1 \\ x_2 \\ \vdots \\ x_n \end{bmatrix} = k\begin{bmatrix} a_1 \\ a_2 \\ \vdots \\ a_n \end{bmatrix}.$$

因为 $a_1,a_2,\cdots,a_n$ 不全为 0,而特征向量 $\xi\neq 0$,故 $k\neq 0$. 代回上面式子由 $k=\dfrac{a_1x_1+a_2x_2+\cdots+a_nx_n}{\lambda_0}$ 推出 $k(a_1^2+a_2^2+\cdots+a_n^2)=k\lambda_0$,即

$$\lambda_0 = a_1^2 + a_2^2 + \cdots + a_n^2.$$

若 $a_1^2+a_2^2+\cdots+a_n^2=0$,上式是矛盾等式,它表示 $\boldsymbol{A}$ 没有非零特征值. 若 $a_1^2+a_2^2+\cdots+a_n^2\neq 0$,则它是 $\boldsymbol{A}$ 的唯一非零特征值,而

$$\xi = (\varepsilon_1,\varepsilon_2,\cdots,\varepsilon_n)\begin{bmatrix} a_1 \\ a_2 \\ \vdots \\ a_n \end{bmatrix}$$

为对应的一个特征向量,此时与 λ_0 对应的其他特征向量都是 $k\xi$,故 $V_{\lambda_0}=L(\xi)$. ▌

评议 此例介于具体与抽象之间. 它没有给出矩阵 A 的具体数据,但给出 A 的具体表达式. 所以我们处理它也用介于具体与抽象之间的办法,没有去计算特征多项式,但却讨论具体关系式 $AX=\lambda X$. 这说明需要根据问题的具体情况来进行探索.

二、线性变换矩阵可对角化的条件

【内容提要】

设 $\boldsymbol{A}$ 是 n 维线性空间 V 内的一个线性变换. 如果在 V 内存在一组基 $\eta_1,\eta_2,\cdots,\eta_n$,使 $\boldsymbol{A}$ 在这组基下的矩阵成对角形,我们就说 $\boldsymbol{A}$ 的矩阵**可对角化**.

定理 1 数域 K 上 n 维线性空间 V 内一个线性变换 $\boldsymbol{A}$ 的矩阵可对角化的充分必要条件是,$\boldsymbol{A}$ 有 n 个线性无关的特征向量.

命题 线性变换 $\boldsymbol{A}$ 的属于不同特征值的特征向量线性无关. 若 $\lambda_1,\lambda_2,\cdots,\lambda_k$ 两两不等,则 $V_{\lambda_1}+V_{\lambda_2}+\cdots+V_{\lambda_k}$ 是直和.

定理 2 设 $\boldsymbol{A}$ 是数域 K 上 n 维线性空间 V 的线性变换,λ_1,$\lambda_2,\cdots,\lambda_k$ 是 $\boldsymbol{A}$ 的全部互不相同的特征值. 则 $\boldsymbol{A}$ 的矩阵可对角化的充分必要条件是

$$V=V_{\lambda_1}\oplus V_{\lambda_2}\oplus\cdots\oplus V_{\lambda_k}.$$

在 $\boldsymbol{A}$ 的矩阵可对角化的情况下,在每个 V_{λ_i} 中任取一组基,合并后即为 V 的一组基,在该组基下 $\boldsymbol{A}$ 的矩阵为对角矩阵.

例 4.4 给定数域 K 上的三阶方阵

$$A=\begin{bmatrix}2 & 0 & 0\\1 & 2 & -1\\1 & 0 & 1\end{bmatrix},$$

判断 A 在 K 内是否相似于对角矩阵.

解 把 A 看做 K 上三维线性空间 V 内的线性变换 $\boldsymbol{A}$ 在基 ε_1,$\varepsilon_2,\varepsilon_3$ 下的矩阵. 只要判断 $\boldsymbol{A}$ 的矩阵能否对角化. 用上面所述办法来处理. A 的特征多项式

$$f(\lambda)=\begin{vmatrix}\lambda-2 & 0 & 0\\ -1 & \lambda-2 & 1\\ -1 & 0 & \lambda-1\end{vmatrix}=(\lambda-1)(\lambda-2)^2.$$

$\lambda_1=1$. 齐次线性方程组$(\lambda_1E-A)X=0$有一基础解系$\eta_{11}=(0,1,1)$.

$\lambda_2=2$. 齐次线性方程$(\lambda_2E-A)X=0$有一基础解系

$$\eta_{21}=(0,1,0),\quad \eta_{22}=(1,0,1).$$

以$\eta_{11},\eta_{21},\eta_{22}$为列向量排成三阶方阵

$$T=\begin{bmatrix}0 & 0 & 1\\ 1 & 1 & 0\\ 1 & 0 & 1\end{bmatrix}.$$

令$(\eta_1,\eta_2,\eta_3)=(\varepsilon_1,\varepsilon_2,\varepsilon_3)T$. 在基$\eta_1,\eta_2,\eta_3$下$\boldsymbol{A}$的矩阵成对角形,即

$$T^{-1}AT=\begin{bmatrix}1 & 0 & 0\\ 0 & 2 & 0\\ 0 & 0 & 2\end{bmatrix}.\quad\blacksquare$$

评议　上面计算中,有$\boldsymbol{A}\eta_1=\eta_1,\boldsymbol{A}\eta_2=2\eta_2,\boldsymbol{A}\eta_3=2\eta_3$. 故$\boldsymbol{A}$在此组基下矩阵成对角形,它在基$\varepsilon_1,\varepsilon_2,\varepsilon_3$下的矩阵$A$即相似于此对角矩阵.

例 4.5　考查自然数序列$\{a_n\}$,其中$a_0=a_1=1$. 当$n\geqslant 2$时,$a_n=a_{n-1}+a_{n-2}$. 于是这个数列的前几项是

$$1,1,2,3,5,8,13,\cdots,$$

这个数列称为**斐波那契(Fibonacci)数列**,它有一些奇妙的性质,因而有许多重要的应用. 现在借助线性代数的知识来求这个数列的通项公式.

应用矩阵乘法,我们有

$$\begin{bmatrix}a_{n+1}\\ a_n\end{bmatrix}=\begin{bmatrix}1 & 1\\ 1 & 0\end{bmatrix}\begin{bmatrix}a_n\\ a_{n-1}\end{bmatrix}=\begin{bmatrix}1 & 1\\ 1 & 0\end{bmatrix}^2\begin{bmatrix}a_{n-1}\\ a_{n-2}\end{bmatrix}$$
$$=\cdots=\begin{bmatrix}1 & 1\\ 1 & 0\end{bmatrix}^n\begin{bmatrix}a_1\\ a_0\end{bmatrix}=\begin{bmatrix}1 & 1\\ 1 & 0\end{bmatrix}^n\begin{bmatrix}1\\ 1\end{bmatrix}.$$

矩阵

$$A=\begin{bmatrix}1 & 1\\ 1 & 0\end{bmatrix}$$

的特征多项式 $f(\lambda)=|\lambda E-A|=\lambda^2-\lambda-1$，它在 $\mathbb{R}$ 内的两个根是 $\lambda_1=\frac{1}{2}(1+\sqrt{5})$，$\lambda_2=\frac{1}{2}(1-\sqrt{5})$. 它们对应于两个线性无关特征向量，故 A 相似于对角矩阵. 经实际计算，有

$$T=\begin{bmatrix}\lambda_1 & \lambda_2\\ 1 & 1\end{bmatrix},\quad T^{-1}AT=\begin{bmatrix}\lambda_1 & 0\\ 0 & \lambda_2\end{bmatrix}.$$

从而

$$\begin{aligned}A^n&=T\begin{bmatrix}\lambda_1 & 0\\ 0 & \lambda_2\end{bmatrix}^n T^{-1}\\&=\begin{bmatrix}\lambda_1 & \lambda_2\\ 1 & 1\end{bmatrix}\begin{bmatrix}\lambda_1^n & 0\\ 0 & \lambda_2^n\end{bmatrix}\frac{1}{\sqrt{5}}\begin{bmatrix}1 & -\lambda_2\\ -1 & \lambda_1\end{bmatrix}\\&=\frac{1}{\sqrt{5}}\begin{bmatrix}\lambda_1^{n+1}-\lambda_2^{n+1} & \lambda_1\lambda_2^{n+1}-\lambda_2\lambda_1^{n+1}\\ \lambda_1^n-\lambda_2^n & \lambda_1\lambda_2^n-\lambda_2\lambda_1^n\end{bmatrix}.\end{aligned}$$

代回上式计算立得（注意 $1-\lambda_1=\lambda_2$，$1-\lambda_2=\lambda_1$）

$$a_n=\frac{1}{\sqrt{5}}(\lambda_1^{n+1}-\lambda_2^{n+1}),$$

其中

$$\lambda_1=\frac{1}{2}(1+\sqrt{5}),\quad \lambda_2=\frac{1}{2}(1-\sqrt{5}).\quad ▌$$

评议 斐波那契（1170—1240）是意大利数学家，数学史上称他为比萨的莱昂那多，他在其代数学著作《算盘书》中提出一个著名的兔子问题："某人在某地养着一对兔子，并且四周围着墙，假设它们每月生出一对，而且每对新生的兔子从第二个月起，也开始繁殖，我们想知道，从那对兔子开始，一年之后可繁殖成多少对兔子？"斐波那契由此得出一个数列 1，2，3，5，8，13，21，34，55，89，144，233，377，…. 这就是现在称为斐波那契数的无穷序列.

此题实际上是求一个二阶方阵的 n 次幂. 因为 $B=T^{-1}AT$，推出 $B^m=T^{-1}A^mT$. 所以，求一个方阵的方幂可变为求任一与其相似的矩阵的方幂. 对角矩阵的方幂最简单，所以尽量想办法让一个方阵相似

于对角矩阵,此例利用这个思想求得问题的解.

例 4.6　复数域上 $n(n\geqslant 2)$ 维线性空间 V 内的线性变换 $\boldsymbol{A}$ 在基 $\varepsilon_1,\varepsilon_2,\cdots,\varepsilon_n$ 下的矩阵为

$$A=\begin{bmatrix} 0 & -1 & 0 & 0 & \cdots & 0 \\ 1 & 0 & -1 & 0 & \cdots & \vdots \\ 0 & 1 & 0 & -1 & \ddots & \vdots \\ \vdots & \ddots & \ddots & \ddots & \ddots & 0 \\ \vdots & & \ddots & \ddots & \ddots & -1 \\ 0 & \cdots & \cdots & 0 & 1 & 0 \end{bmatrix},$$

求 $\boldsymbol{A}$ 的全部特征值,并判断 $\boldsymbol{A}$ 的矩阵能否对角化.

解

$$|\lambda E-A|=\begin{vmatrix} \lambda & 1 & & & & \\ -1 & \lambda & 1 & 0 & & \\ & -1 & \lambda & 1 & & \\ & & \ddots & \ddots & \ddots & \\ & 0 & & -1 & \lambda & 1 \\ & & & & -1 & \lambda \end{vmatrix}$$

$$=\begin{vmatrix} \lambda & -1 & & & & \\ 1 & \lambda & -1 & 0 & & \\ & 1 & \lambda & -1 & & \\ & & \ddots & \ddots & \ddots & \\ & 0 & & 1 & \lambda & -1 \\ & & & & 1 & \lambda \end{vmatrix}.$$

利用第二章例 1.5,设 $x+y=\lambda, xy=-1$,则 x,y 是 $X^2-\lambda X-1=0$ 的两个根,即

$$x=\frac{\lambda+\sqrt{\lambda^2+4}}{2},\quad y=\frac{\lambda-\sqrt{\lambda^2+4}}{2}.$$

现在找使 $|\lambda E-A|=0$ 的根.若 $x=y$,即

$$\lambda+\sqrt{\lambda^2+4}=\lambda-\sqrt{\lambda^2+4}\Longleftrightarrow\lambda^2+4=0\Longleftrightarrow\lambda=\pm 2\mathrm{i}.$$

但此时 $x=y=\pm\mathrm{i}$, $|\lambda E-A|=(n+1)(\pm\mathrm{i})^n\neq 0$,故可设 $x\neq y$.于是

$$|\lambda E - A| = \frac{(x^{n+1} - y^{n+1})}{x - y} = 0 \Longleftrightarrow x^{n+1} - y^{n+1} = 0$$

(注意 $y\neq 0$). 上式等价于

$$\left(\frac{x}{y}\right)^{n+1} = 1 \Longleftrightarrow \frac{\lambda + \sqrt{\lambda^2+4}}{\lambda - \sqrt{\lambda^2+4}} = \mathrm{e}^{\frac{2k\pi\mathrm{i}}{n+1}}, \quad k = 1,2,\cdots,n.$$

由此得

$$(\lambda + \sqrt{\lambda^2+4})^2 = -4\mathrm{e}^{\frac{2k\pi\mathrm{i}}{n+1}},$$

即

$$\lambda + \sqrt{\lambda^2+4} = \pm 2\mathrm{i}\mathrm{e}^{\frac{k\pi\mathrm{i}}{n+1}} \quad (k = 1,2,\cdots,n),$$

$$\sqrt{\lambda^2+4} = \pm 2\mathrm{i}\mathrm{e}^{\frac{k\pi\mathrm{i}}{n+1}} - \lambda,$$

$$\lambda^2 + 4 = -4\mathrm{e}^{\frac{2k\pi\mathrm{i}}{n+1}} + \lambda^2 \mp 4\mathrm{i}\mathrm{e}^{\frac{k\pi\mathrm{i}}{n+1}}\lambda.$$

从上式解得

$$\begin{aligned}\lambda &= \mp \frac{1}{4\mathrm{i}}\mathrm{e}^{-\frac{k\pi\mathrm{i}}{n+1}}(4 + 4\mathrm{e}^{\frac{2k\pi\mathrm{i}}{n+1}}) \\ &= \pm \mathrm{i}(\mathrm{e}^{-\frac{k\pi\mathrm{i}}{n+1}} + \mathrm{e}^{\frac{k\pi\mathrm{i}}{n+1}}) \\ &= \pm 2\mathrm{i}\cos\frac{k\pi}{n+1} \quad (k = 1,2,\cdots,n).\end{aligned}$$

由于

$$\begin{aligned}-\cos\frac{k\pi}{n+1} &= \cos\left(\pi - \frac{k\pi}{n+1}\right) \\ &= \cos\frac{(n+1-k)\pi}{n+1}, \quad k = 1,2,\cdots,n,\end{aligned}$$

故知

$$\lambda = 2\mathrm{i}\cos\frac{k\pi}{n+1} \quad (k = 1,2,\cdots,n).$$

因此,$|\lambda E - A| = 0$ 有 n 个互不相同的根,即 A 有 n 个互不相同的特征值

$$\lambda_k = 2\mathrm{i}\cos\frac{k\pi}{n+1}, \quad k = 1,2,\cdots,n.$$

从而 A 在复数域内相似于对角矩阵,即 $\boldsymbol{A}$ 的矩阵可对角化. ▌

评议 本题计算$|\lambda E - A|$是借助第二章的例 1.5,求出的$|\lambda E -$

$A|$未表达为λ的多项式的形式，但正因为如此，为计算$|\lambda E-A|=0$的根提供了方便的途径.

例 4.7 设$\boldsymbol{A}$是数域K上n维线性空间V内的一个线性变换.证明$\boldsymbol{A}$的矩阵可对角化的充分必要条件是存在K内互不相同的数$\lambda_1,\lambda_2,\cdots,\lambda_k$，使

$$(\lambda_1\boldsymbol{E}-\boldsymbol{A})(\lambda_2\boldsymbol{E}-\boldsymbol{A})\cdots(\lambda_k\boldsymbol{E}-\boldsymbol{A})=\boldsymbol{0}.$$

解 必要性 若$\boldsymbol{A}$的矩阵可对角化，其互不相同特征值设为$\lambda_1,\lambda_2,\cdots,\lambda_k$.按定理2，有

$$V=V_{\lambda_1}\oplus V_{\lambda_2}\oplus\cdots\oplus V_{\lambda_k}.$$

此时，对所有$\alpha\in V_{\lambda_i}$，有$(\lambda_i\boldsymbol{E}-\boldsymbol{A})\alpha=0$.从而

$$\begin{aligned}&(\lambda_1\boldsymbol{E}-\boldsymbol{A})\cdots(\lambda_i\boldsymbol{E}-\boldsymbol{A})\cdots(\lambda_k\boldsymbol{E}-\boldsymbol{A})\alpha\\&=(\lambda_1\boldsymbol{E}-\boldsymbol{A})\cdots(\lambda_{i-1}\boldsymbol{E}-\boldsymbol{A})(\lambda_{i+1}\boldsymbol{E}-\boldsymbol{A})\cdots\\&\quad\cdot(\lambda_k\boldsymbol{E}-\boldsymbol{A})(\lambda_i\boldsymbol{E}-\boldsymbol{A})\alpha\\&=0.\end{aligned}$$

现在，对任意$\alpha\in V$，有

$$\alpha=\alpha_1+\alpha_2+\cdots+\alpha_k,\quad \alpha_i\in V_{\lambda_i},$$

于是

$$\begin{aligned}&(\lambda_1\boldsymbol{E}-\boldsymbol{A})(\lambda_2\boldsymbol{E}-\boldsymbol{A})\cdots(\lambda_k\boldsymbol{E}-\boldsymbol{A})\sum_{i=1}^{k}\alpha_i\\&=\sum_{i=1}^{k}(\lambda_1\boldsymbol{E}-\boldsymbol{A})(\lambda_2\boldsymbol{E}-\boldsymbol{A})\cdots(\lambda_k\boldsymbol{E}-\boldsymbol{A})\alpha_i\\&=0.\end{aligned}$$

即
$$(\lambda_1\boldsymbol{E}-\boldsymbol{A})(\lambda_2\boldsymbol{E}-\boldsymbol{A})\cdots(\lambda_k\boldsymbol{E}-\boldsymbol{A})=\boldsymbol{0}.$$

充分性 设$\boldsymbol{A}$在V的某一组基下的矩阵为A，那么

$$(\lambda_1E-A)(\lambda_2E-A)\cdots(\lambda_kE-A)=0.$$

根据第一章例3.13，有

$$\mathrm{r}(\lambda_1E-A)+\mathrm{r}(\lambda_2E-A)+\cdots+\mathrm{r}(\lambda_kE-A)\leqslant(k-1)n.$$

根据前面命题易知，子空间的和$\sum\limits_{i=1}^{k}V_{\lambda_i}$是直和，而$\dim V_{\lambda_i}$为齐次线性方程组$(\lambda_iE-A)X=0$的解空间的维数，即为$n-\mathrm{r}(\lambda_iE-A)$.于是

$$\dim\sum_{i=1}^{k}V_{\lambda_i}=\sum_{i=1}^{k}\dim V_{\lambda_i}=\sum_{i=1}^{k}(n-\mathrm{r}(\lambda_iE-A))$$

$$=kn-\sum_{i=1}^{k}\mathrm{r}(\lambda_iE-A)\geqslant kn-(k-1)n$$

$$=n=\dim V,$$

这表示$\sum_{i=1}^{k}V_{\lambda_i}=V$. 再根据定理 2,$\boldsymbol{A}$ 的矩阵可对角化. ▍

评议 一个线性变换的矩阵能否对角化,这是线性代数中一个核心课题. 本题用 $\boldsymbol{A}$ 是否满足一个 k 次无重根多项式

$$(\boldsymbol{A}-\lambda_1\boldsymbol{E})(\boldsymbol{A}-\lambda_2\boldsymbol{E})\cdots(\boldsymbol{A}-\lambda_k\boldsymbol{E})=\boldsymbol{0}$$

作为 $\boldsymbol{A}$ 的矩阵能否对角化的一个充分必要条件,这是一个重要的结论. 应当注意的是,在这里我们仅使用了线性变换和矩阵的初等知识就解决了这个问题.

三、线性变换的不变子空间

【内容提要】

定义 设 $\boldsymbol{A}$ 是线性空间 V 内的一个线性变换. 如果 M 是 V 的一个子空间,且对任意 $\alpha\in M$,有 $\boldsymbol{A}\alpha\in M$,则称 M 是 $\boldsymbol{A}$ 的一个**不变子空间**. 这时 $\boldsymbol{A}$ 可以看做 M 内的一个线性变换,称为 $\boldsymbol{A}$ 在 M 内的**限制**,记做 $\boldsymbol{A}|_M$.

显然,零子空间$\{0\}$和 V 本身都是 $\boldsymbol{A}$ 的不变子空间,称它们为 $\boldsymbol{A}$ 的**平凡不变子空间**. 除此之外的不变子空间称为 $\boldsymbol{A}$ 的**非平凡不变子空间**.

命题 设 $\boldsymbol{A}$ 是数域 K 上 n 维线性空间 V 内的一个线性变换. 在 V 内存在一组基 $\varepsilon_1,\varepsilon_2,\cdots,\varepsilon_n$,使 $\boldsymbol{A}$ 在这组基下的矩阵成准对角形的充分必要条件是,V 可以分解为 $\boldsymbol{A}$ 的非平凡不变子空间 $M_1,M_2,\cdots,M_s$ 的直和

$$V=M_1\oplus M_2\oplus\cdots\oplus M_s.$$

评议 线性变换的矩阵一般是不能对角化的,因此,退而求其次,探讨其矩阵能否准对角化,线性变换的不变子空间的概念就应运而生. 1871 年若尔当发表了论文“论变换”,对复数域上线性空间内

的线性变换解决了这个问题.

对角矩阵当然是准对角矩阵,此命题是上面定理 2 的推广.

把一个大的代数系统分解为若干子系统的直和(或直积)是代数学各个领域普遍使用的方法. 我们这里用线性空间这一初等代数系统把这个方法充分演示出来,读者从中可以逐步理解和适应代数学的基本方法.

例 4.8 设 $\boldsymbol{A}$ 是数域 K 上 n 维线性空间 V 内的一个线性变换. 如果 $\boldsymbol{A}$ 的矩阵可对角化,则对 $\boldsymbol{A}$ 的任意不变子空间 M,$\boldsymbol{A}|_M$ 的矩阵也可对角化.

解 设 $\boldsymbol{A}$ 的全部互不相同特征值为 $\lambda_1,\lambda_2,\cdots,\lambda_k$,由定理 2 知现在

$$V=V_{\lambda_1}\oplus V_{\lambda_2}\oplus\cdots\oplus V_{\lambda_k}.$$

令 $N_i=M\cap V_{\lambda_i}(i=1,2,\cdots,k)$. 我们来证明

$$M=N_1\oplus N_2\oplus\cdots\oplus N_k.$$

(1) 证明和 $\sum\limits_{i=1}^{k}N_i$ 为直和. 只要证零向量表示法唯一. 设

$$0=\alpha_1+\alpha_2+\cdots+\alpha_k,$$

现在 $\alpha_i\in N_i\subseteq V_{\lambda_i}$,由于 $\sum\limits_{i=1}^{k}V_{\lambda_i}$ 为直和,故必 $\alpha_i=0$. 于是 $\sum\limits_{i=1}^{k}N_i$ 为直和.

(2) 证明 $\sum\limits_{i=1}^{k}N_i=M$. 显然 $\sum\limits_{i=1}^{k}N_i\subseteq M$. 反之,设 α 为 M 内任意向量,则因 $\alpha\in V$,有

$$\begin{aligned}
&\alpha=\alpha_1+\alpha_2+\cdots+\alpha_k\quad(\alpha_i\in V_{\lambda_i}),\\
&\boldsymbol{A}\alpha=\lambda_1\alpha_1+\lambda_2\alpha_2+\cdots+\lambda_k\alpha_k,\\
&\cdots\cdots\cdots\cdots\cdots\cdots\cdots\cdots\cdots\cdots\\
&\boldsymbol{A}^{k-1}\alpha=\lambda_1^{k-1}\alpha_1+\lambda_2^{k-1}\alpha_2+\cdots+\lambda_k^{k-1}\alpha_k,
\end{aligned}$$

即

$$\begin{bmatrix}\alpha\\ \boldsymbol{A}\alpha\\ \vdots\\ \boldsymbol{A}^{k-1}\alpha\end{bmatrix}=\begin{bmatrix}1&1&\cdots&1\\ \lambda_1&\lambda_2&\cdots&\lambda_k\\ \vdots&\vdots&&\vdots\\ \lambda_1^{k-1}&\lambda_2^{k-1}&\cdots&\lambda_k^{k-1}\end{bmatrix}\begin{bmatrix}\alpha_1\\ \alpha_2\\ \vdots\\ \alpha_k\end{bmatrix}.$$

上式右端 k 阶方阵的行列式为范德蒙德行列式,$\lambda_1,\lambda_2,\cdots,\lambda_k$ 互不相

同,故该行列式不为 0,即此 k 阶方阵可逆,设其逆矩阵为 $T\in M_k(K)$,则

$$\begin{bmatrix}\alpha_1\\ \alpha_2\\ \vdots\\ \alpha_k\end{bmatrix}=T\begin{bmatrix}\alpha\\ \boldsymbol{A}\alpha\\ \vdots\\ \boldsymbol{A}^{k-1}\alpha\end{bmatrix}.$$

因 M 为 $\boldsymbol{A}$ 的不变子空间,故 $\alpha,\boldsymbol{A}\alpha,\cdots,\boldsymbol{A}^{k-1}\alpha\in M$,而由上式得出 α_i 可被 $\alpha,\boldsymbol{A}\alpha,\cdots,\boldsymbol{A}^{k-1}\alpha$ 线性表示.故 $\alpha_i\in M$,亦即 $\alpha_i\in V_{\lambda_i}\cap M=N_i$.由此推知 $M\subseteq\sum\limits_{i=1}^{k}N_i$,即 $M=\sum\limits_{i=1}^{k}N_i$.

综合上述两方面的结果知

$$M=N_1\oplus N_2\oplus\cdots\oplus N_k.$$

在每个 N_i 中取一组基,因 $N_i\subseteq V_{\lambda_i}$,此组基全由 $\boldsymbol{A}$ 的特征向量组成,它们合并成 M 的一组基,在此组基下 $\boldsymbol{A}|_M$ 的矩阵即为对角形. ▌

评议 这个例题的结论初看起来似乎是一个显然成立的事实.但是无数实践告诉我们:数学上许多直观上看来似乎应该成立的结论,深究之后却发现它们并不成立.此例的结论最后证实是对的,但其证明也不是很简单的.范德蒙德行列式在这里再次发挥了它的神奇作用.

例 4.9 设 $\boldsymbol{A}$ 是 n 维线性空间 V 内的一个线性变换,在 V 的一组基下矩阵为

$$J=\begin{bmatrix}\lambda_0 & 1 & & & \\ & \lambda_0 & 1 & 0 & \\ & & \lambda_0 & \ddots & \\ & 0 & & \ddots & 1\\ & & & & \lambda_0\end{bmatrix}.$$

证明:当 $n>1$ 时,对 $\boldsymbol{A}$ 的任一非平凡不变子空间 M,都不存在 $\boldsymbol{A}$ 的不变子空间 N,使 $V=M\oplus N$.

解 设 $\boldsymbol{A}$ 在基 $\varepsilon_1,\varepsilon_2,\cdots,\varepsilon_n$ 下的矩阵为

$$J=\begin{bmatrix}\lambda_0 & 1 & & & \\ & \lambda_0 & 1 & & 0 \\ & & \lambda_0 & \ddots & \\ & 0 & & \ddots & 1 \\ & & & & \lambda_0\end{bmatrix}.$$

那么

$$\boldsymbol{A}\varepsilon_1=\lambda_0\varepsilon_1,\quad \boldsymbol{A}\varepsilon_i=\lambda_0\varepsilon_i+\varepsilon_{i-1}\quad(i=2,3,\cdots,n).$$

选取 M 中一非零向量 α,设

$$\alpha=a_1\varepsilon_1+a_2\varepsilon_2+\cdots+a_k\varepsilon_k\quad(a_k\neq 0).$$

我们有

$$\begin{aligned}\boldsymbol{A}\alpha&=\sum_{i=1}^{k}a_i\boldsymbol{A}\varepsilon_i\\&=\lambda_0a_1\varepsilon_1+\sum_{i=2}^{k}a_i(\lambda_0\varepsilon_i+\varepsilon_{i-1})\\&=\lambda_0\sum_{i=1}^{k}a_i\varepsilon_i+\sum_{i=2}^{k}a_i\varepsilon_{i-1}\in M.\end{aligned}$$

则 $\beta_1=a_2\varepsilon_1+a_3\varepsilon_2+\cdots+a_k\varepsilon_{k-1}=\boldsymbol{A}\alpha-\lambda_0\alpha\in M.$

同理

$$\beta_2=a_3\varepsilon_1+a_4\varepsilon_2+\cdots+a_k\varepsilon_{k-2}=\boldsymbol{A}\beta_1-\lambda_0\beta_1\in M.$$

以此类推,有 $\beta_{k-1}=a_k\varepsilon_1=\boldsymbol{A}\beta_{k-2}-\lambda_0\beta_{k-2}\in M$. 因 $a_k\neq 0$,故 $\varepsilon_1\in M$. 这表明 $\boldsymbol{A}$ 的任意非平凡不变子空间均含 ε_1,因而 V 不能表为 $\boldsymbol{A}$ 的两个非平凡不变子空间的直和. ▎

评议　前面讨论一个线性变换的矩阵能否简化为准对角形. 本题给出了矩阵不能进一步简化为准对角形(当然更不能对角化)的线性变换的实例.

例 4.10　给定数域 K 上的 n 阶方阵

$$A=\begin{bmatrix} & & & & a_1 \\ & 0 & & a_2 & \\ & & \iddots & & \\ & a_{n-1} & & 0 & \\ a_n & & & & \end{bmatrix}.$$

判断 A 何时在 K 内相似于对角矩阵.

解 设 K 上 n 维线性空间 V 内线性变换在基 $\varepsilon_1,\varepsilon_2,\cdots,\varepsilon_n$ 下的矩阵为 A. 因为

$$\boldsymbol{A}\varepsilon_i = a_{n-i+1}\varepsilon_{n-i+1}, \quad \boldsymbol{A}\varepsilon_{n-i+1} = a_i\varepsilon_i,$$

令 $M_i=L(\varepsilon_i,\varepsilon_{n-i+1})$, 则 M_i 为 $\boldsymbol{A}$ 的二维不变子空间.

(1) 若 $n=2m$ 为偶数, 则

$$V = M_1 \oplus M_2 \oplus \cdots \oplus M_m.$$

由例 4.8 知, $\boldsymbol{A}$ 的矩阵可对角化当且仅当 $\boldsymbol{A}|_{M_i}(i=1,2,\cdots,m)$ 的矩阵可对角化, $\boldsymbol{A}|_{M_i}$ 在基 $\varepsilon_i,\varepsilon_{n-i+1}$ 下的矩阵为

$$A_i = \begin{bmatrix} 0 & a_i \\ a_{n-i+1} & 0 \end{bmatrix},$$

$|\lambda E-A_i|=\lambda^2-a_ia_{n-i+1}$. 若 $a_ia_{n-i+1}=0$, 则

$$A_i = \begin{bmatrix} 0 & a_i \\ 0 & 0 \end{bmatrix} \text{ 或 } \begin{bmatrix} 0 & 0 \\ a_{n-i+1} & 0 \end{bmatrix} \text{ 或 } \begin{bmatrix} 0 & 0 \\ 0 & 0 \end{bmatrix}.$$

若 $A_i\neq 0$, 则从例 4.9 可知 $\boldsymbol{A}|_{M_i}$ 矩阵不能对角化. 现设 $a_ia_{n-i+1}\neq 0$, 则 $\boldsymbol{A}|_{M_i}$ 矩阵可对角化的充分必要条件是 $\boldsymbol{A}|_{M_i}$ 有特征值, 而这等价于 a_ia_{n-i+1} 在 K 内可以开平方.

(2) 若 $n=2m+1$, 则

$$V = M_1 \oplus \cdots \oplus M_m + M_{m+1},$$

其中 $M_{m+1}=L(\varepsilon_{m+1})$ 为一维不变子空间. 故 $\boldsymbol{A}$ 的矩阵可对角化的充分必要条件同样是 $\boldsymbol{A}|_{M_i}(i=1,2,\cdots,m)$ 的矩阵可对角化. ▍

评议 此例中的矩阵是斜对角形的, 粗粗一看, 似乎只要调换一下列的位置就可以化为对角形. 但是列的初等变换只是矩阵相抵, 却不是矩阵相似. 从解题的结果来看, A 未必相似于对角矩阵. 这例题

再一次警示我们，不能以粗浅的直观感受为依据来判断一件事物的真伪.

例 4.11　给定前 n 个自然数 $1,2,\cdots,n$ 的一个排列 $i_1i_2\cdots i_n$. 在复数域上线性空间 $M_n(\mathbb{C})$ 内定义一个线性变换 $\boldsymbol{P}$ 如下：

$$\boldsymbol{P}\begin{bmatrix} a_{11} & a_{12} & \cdots & a_{1n} \\ a_{21} & a_{22} & \cdots & a_{2n} \\ \vdots & \vdots & & \vdots \\ a_{n1} & a_{n2} & \cdots & a_{nn} \end{bmatrix} = \begin{bmatrix} a_{1i_1} & a_{1i_2} & \cdots & a_{1i_n} \\ a_{2i_1} & a_{2i_2} & \cdots & a_{2i_n} \\ \vdots & \vdots & & \vdots \\ a_{ni_1} & a_{ni_2} & \cdots & a_{ni_n} \end{bmatrix}.$$

(1) 找出 $\boldsymbol{P}$ 的 n 个线性无关特征向量；

(2) 若 λ_0 是 $\boldsymbol{P}$ 的一个特征值，证明存在正整数 k，使 $\lambda_0^k=1$；

(3) 若上述排列取为 $234\cdots n1$，证明 $\boldsymbol{P}$ 的矩阵可对角化.

解　首先，$E_i=E_{i1}+E_{i2}+\cdots+E_{in}(i=1,2,\cdots,n)$ 显然是 $\boldsymbol{P}$ 的 n 个特征值为 1 的线性无关特征向量. 其次，$\boldsymbol{P}$ 是对 $M_n(\mathbb{C})$ 中的矩阵的列向量组作重新排列，$\boldsymbol{P}^k$ 也是如此，因前 n 个自然数的排列只有有限个，故必有 $\boldsymbol{P}^m=\boldsymbol{P}^l(m>l)$. $\boldsymbol{P}$ 显然可逆(因为一个非零矩阵经 $\boldsymbol{P}$ 作用后仍为非零矩阵，故零不是 $\boldsymbol{P}$ 的特征值)，于是 $\boldsymbol{P}^{m-l}=\boldsymbol{E}$. 若 λ_0 为 $\boldsymbol{P}$ 的特征值，应有 $A\in M_n(\mathbb{C})$，使 $\boldsymbol{P}A=\lambda_0A$，$A\neq 0$. 令 $k=m-l$，则 $\boldsymbol{P}^kA=\lambda_0^kA=\boldsymbol{E}A=A$，因 $A\neq 0$，故 $\lambda_0^k=1$.

下面设 $\boldsymbol{P}$ 是由排列 $234\cdots n1$ 决定的线性变换，易知 $\boldsymbol{P}^n=\boldsymbol{E}$. 因为

$$x^n-1=\prod_{k=0}^{n-1}(x-\mathrm{e}^{\frac{2k\pi\mathrm{i}}{n}}),$$

故 $\boldsymbol{P}^n-\boldsymbol{E}=\prod\limits_{k=0}^{n-1}(\boldsymbol{P}-\mathrm{e}^{\frac{2k\pi\mathrm{i}}{n}}\boldsymbol{E})=\boldsymbol{0}$. 从例 4.7 可知 $\boldsymbol{P}$ 的矩阵可对角化.

现在用另一种办法来讨论这个问题. 令

$$V_i=L(E_{i1},E_{i2},\cdots,E_{in})\quad(i=1,2,\cdots,n),$$

则 V_i 为 $\boldsymbol{P}$ 的不变子空间，且

$$V=V_1\oplus V_2\oplus\cdots\oplus V_n.$$

于是，从例 4.8，$\boldsymbol{P}$ 的矩阵可对角化的充分必要条件是 $\boldsymbol{P}|_{V_i}$ 的矩阵可对角化. 而 $\boldsymbol{P}|_{V_i}$ 在基 $E_{i1},E_{i2},\cdots,E_{in}$ 下的矩阵是

$$
U_i=\begin{bmatrix}0&1&0&0&\cdots&0\\0&0&1&0&\cdots&0\\0&0&0&1&\ddots&\vdots\\\vdots&\vdots&\ddots&\ddots&\ddots&0\\0&0&\cdots&0&0&1\\1&0&\cdots&0&0&0\end{bmatrix},
$$

其特征多项式是

$$
|\lambda E-U_i|=\begin{vmatrix}\lambda&-1&0&0&\cdots&0\\0&\lambda&-1&0&\cdots&0\\0&0&\lambda&-1&\ddots&\vdots\\\vdots&\vdots&\ddots&\ddots&\ddots&0\\0&0&\cdots&0&\lambda&-1\\-1&0&\cdots&0&0&\lambda\end{vmatrix}
$$

$$
=\lambda\begin{vmatrix}\lambda&-1&0&0&\cdots&0\\0&\lambda&-1&0&\cdots&0\\0&0&\lambda&-1&\ddots&\vdots\\\vdots&\vdots&\ddots&\ddots&\ddots&0\\0&0&\cdots&0&\lambda&-1\\0&0&\cdots&0&0&\lambda\end{vmatrix}
$$

$$
+(-1)^n\begin{vmatrix}-1&0&&&&\\&\lambda&-1&0&&0\\&&\lambda&-1&\ddots&\\&0&&\ddots&\ddots&0\\&&&&\lambda&-1\end{vmatrix}
$$

$$
=\lambda^n-1.
$$

它在 $\mathbb{C}$ 内有 n 个根 $\mathrm{e}^{\frac{2k\pi\mathrm{i}}{n}}(k=0,1,\cdots,n-1)$，因而 $\boldsymbol{P}|_{V_i}$ 矩阵可对角化，这又推出 $\boldsymbol{P}$ 的矩阵可对角化. 这里给出了问题的另一解法.

现在来找出使 $\boldsymbol{P}$ 矩阵成对角形的一组基. 为此只需找出 $\boldsymbol{P}|_{V_i}$ 的 n 个线性无关特征向量.

设 $\omega_k=\mathrm{e}^{\frac{2k\pi\mathrm{i}}{n}}(k=0,1,2,\cdots,n)$. 令

$$A_{ik}=E_{i1}+\omega_k E_{i2}+\cdots+\omega_k^{n-1}E_{in},$$

则

$$\begin{aligned}\omega_k A_{ik}&=\omega_k E_{i1}+\omega_k^2 E_{i2}+\cdots+\omega_k^{n-1}E_{in-1}+\omega_k^n E_{in}\\&=\omega_k E_{i1}+\omega_k^2 E_{i2}+\cdots+\omega_k^{n-1}E_{in-1}+E_{in}\\&=\boldsymbol{P}A_{ik}.\end{aligned}$$

这表示 A_{ik} 是 $\boldsymbol{P}$ 的对应于特征值 ω_k 的特征向量. 因为 $\omega_0,\omega_1,\cdots,\omega_{n-1}$ 两两不等,故 $A_{i0},A_{i1},\cdots,A_{in-1}$ 线性无关,它们就是 $\boldsymbol{P}|_{V_i}$ 的 n 个线性无关的特征向量,组成 V_i 的一组基,在此组基下 $\boldsymbol{P}|_{V_i}$ 的矩阵成对角形. ▍

评议 例 4.7 的结果有时可以简捷地判断一个线性变换的矩阵能否对角化,但无法找出使它对角化的一组基. 这里给出两种解法,第二种解法找出使 $\boldsymbol{P}$ 的矩阵成对角形的一组基,较为完整地给出了答案. 实际上,对任意排列 $i_1i_2\cdots i_n$ 对应的 $\boldsymbol{P}$,前面已指出,存在正整数 k,使 $\boldsymbol{P}^k-\boldsymbol{E}=\boldsymbol{0}$,所以其矩阵都可对角化.

例 4.12 设 $\boldsymbol{A}$ 是数域 K 上 n 维线性空间 V 内的线性变换. 如果 $\boldsymbol{A}$ 的矩阵可对角化,证明对 $\boldsymbol{A}$ 的任意不变子空间 M,必存在 $\boldsymbol{A}$ 的不变子空间 N,使 $V=M\oplus N$.

解 设 M 是 $\boldsymbol{A}$ 的一个不变子空间. 从定理 2 已知

$$V=V_{\lambda_1}\oplus V_{\lambda_2}\oplus\cdots\oplus V_{\lambda_k}.$$

现令 $M_i=M\cap V_{\lambda_i}(i=1,2,\cdots,k)$. 在例 4.8 的证明中已指出

$$M=M_1\oplus M_2\oplus\cdots\oplus M_k.$$

令 $V_{\lambda_i}=M_i\oplus N_i$,则 $\sum\limits_{i=1}^{k}N_i$ 为直和. 令 $N=N_1\oplus N_2\oplus\cdots\oplus N_k$. 对任意 $\alpha\in N_i\subseteq V_{\lambda_i}$,我们有 $\boldsymbol{A}\alpha=\lambda_i\alpha\in N_i$,故 N_i 为 $\boldsymbol{A}$ 的不变子空间,从而 N 是 $\boldsymbol{A}$ 的不变子空间. 现在

$$\begin{aligned}M+N&=\sum_{i=1}^{k}M_i+\sum_{i=1}^{k}N_i=\sum_{i=1}^{k}(M_i+N_i)\\&=\sum_{i=1}^{k}V_{\lambda_i}=V,\end{aligned}$$

来证 $M+N$ 是直和. 设 $0=\alpha+\beta,\alpha\in M,\beta\in N$,我们有

$$\alpha=\alpha_1+\alpha_2+\cdots+\alpha_k,\quad \alpha_i\in M_i,$$
$$\beta=\beta_1+\beta_2+\cdots+\beta_k,\quad \beta_i\in N_i,$$

故 $\quad 0=\alpha+\beta=(\alpha_1+\beta_1)+(\alpha_2+\beta_2)+\cdots+(\alpha_k+\beta_k).$

因 $\alpha_i+\beta_i\in V_{\lambda_i}$,而 $\sum V_{\lambda_i}$ 为直和,故必 $\alpha_i+\beta_i=0$,这里 $\alpha_i\in M_i,\beta_i\in N_i$,而 M_i+N_i 为直和,故 $\alpha_i=0,\beta_i=0$,于是 $\alpha=0,\beta=0$,即 $M+N$ 为直和. ▌

例 4.13 设 $\boldsymbol{A}$ 是复数域上 n 维线性空间 V 内的线性变换. 如果对 $\boldsymbol{A}$ 的任意不变子空间 M,都存在 $\boldsymbol{A}$ 的不变子空间 N,使 $V=M\oplus N$. 证明 $\boldsymbol{A}$ 的矩阵可对角化.

解 因为 V 是复数域上的 n 维线性空间,故 $\boldsymbol{A}$ 必有一特征值 λ_0,设 α 为对应的特征向量,则 $M=L(\alpha)$ 为 $\boldsymbol{A}$ 的一维不变子空间. 按假设,存在 $\boldsymbol{A}$ 的不变子空间 N,使 $V=M\oplus N$,这里 $\dim N=n-1$. 我们来证明 $\boldsymbol{A}|_N$ 也满足题中的条件. 设 $M_1\subseteq N$ 是 $\boldsymbol{A}|_N$ 的一个不变子空间,则 M_1 是 $\boldsymbol{A}$ 在 V 内的不变子空间,按假设,存在 $\boldsymbol{A}$ 的不变子空间 N_1,使 $V=M_1\oplus N_1$. 令 $P=N_1\cap N$,则 P 是 $\boldsymbol{A}|_N$ 的不变子空间,根据练习题 3.2 的第 12 题,有 $N=M_1\oplus P$. 这表示 $\boldsymbol{A}|_N$ 也满足题中的条件.

现在对 $\dim V=n$ 来作数学归纳法. $n=1$,$\boldsymbol{A}$ 在任一组基下矩阵是一阶方阵. 总是对角矩阵,结论自然成立. 假定题中结论对 $n-1$ 维线性空间成立,则当 $\dim V=n$ 时,上面已指 $V=L(\alpha)\oplus N$. $\boldsymbol{A}|_N$ 也满足题中条件,于是 N 中存在一组基 $\alpha_2,\cdots,\alpha_n$,使 $\boldsymbol{A}\alpha_i=\lambda_i\alpha(i=2,3,\cdots,n)$. 令 $\alpha_1=\alpha$,则在 V 的基 $\alpha_1,\alpha_2,\cdots,\alpha_n$ 下,$\boldsymbol{A}$ 的矩阵成对角形. ▌

评议 一个 n 维线性空间 V 内线性变换 $\boldsymbol{A}$ 若满足如下条件:任给 $\boldsymbol{A}$ 的不变子空间 M,都存在 $\boldsymbol{A}$ 的不变子空间 N,使 $V=M\oplus N$,则 $\boldsymbol{A}$ 称为**完全可约线性变换**. 上两例题说明,对复数域上的 n 维线性空间内一个线性变换,矩阵可对角化的充分必要条件是它是完全可约的.

例 4.14 设 $\boldsymbol{A}$ 是数域 K 上 n 维线性空间 V 内的线性变换. $\alpha\in V,\alpha\neq 0$. 证明存在正整数 k,使得 $\alpha,\boldsymbol{A}\alpha,\boldsymbol{A}^2\alpha,\cdots,\boldsymbol{A}^{k-1}\alpha$ 线性无关,而

$$\boldsymbol{A}^k\alpha=a_0\alpha+a_1\boldsymbol{A}\alpha+\cdots+a_{k-1}\boldsymbol{A}^{k-1}\alpha.$$

如令 $M=L(\alpha,\boldsymbol{A}\alpha,\cdots,\boldsymbol{A}^{k-1}\alpha)$,证明 M 是 $\boldsymbol{A}$ 的不变子空间,并进一步

证明 $\boldsymbol{A}|_M$ 的特征多项式为

$$f(\lambda)=\lambda^k-a_{k-1}\lambda^{k-1}-a_{k-2}\lambda^{k-2}-\cdots-a_1\lambda-a_0.$$

解 考查向量组

$$\alpha,\boldsymbol{A}\alpha,\boldsymbol{A}^2\alpha,\cdots,\boldsymbol{A}^n\alpha.$$

因为 $\dim V=n$，而上面向量组含 $n+1$ 个向量，必线性相关. 对它使用第一章例 1.10 的筛选法，即知有最小正整数 k，使

$$\boldsymbol{A}^k\alpha=a_0\alpha+a_1\boldsymbol{A}\alpha+\cdots+a_{k-1}\boldsymbol{A}^{k-1}\alpha.$$

由 k 的最小性易知 $\alpha,\boldsymbol{A}\alpha,\cdots,\boldsymbol{A}^{k-1}\alpha$ 线性无关. 现

$$\boldsymbol{A}^{k+1}\alpha=a_0\boldsymbol{A}\alpha+a_1\boldsymbol{A}^2\alpha+\cdots+a_{k-1}\boldsymbol{A}^k\alpha,$$

因 $\boldsymbol{A}^k\alpha$ 可被 $\alpha,\boldsymbol{A}\alpha,\cdots,\boldsymbol{A}^{k-1}\alpha$ 线性表示，故 $\boldsymbol{A}^{k+1}\alpha$ 也如此，由此递推可知 $\boldsymbol{A}^l\alpha(l=k,k+1,\cdots)$ 均可由 $\alpha,\boldsymbol{A}\alpha,\cdots,\boldsymbol{A}^{k-1}\alpha$ 线性表示. 于是 $M=L(\alpha,\boldsymbol{A}\alpha,\cdots,\boldsymbol{A}^{k-1}\alpha)$ 为 $\boldsymbol{A}$ 的不变子空间，$\boldsymbol{A}|_M$ 在基 $\alpha,\boldsymbol{A}\alpha,\cdots,\boldsymbol{A}^{k-1}\alpha$ 下的矩阵为

$$J=\begin{bmatrix}0&0&0&0&\cdots&a_0\\1&0&0&0&\cdots&a_1\\0&1&0&0&\cdots&a_2\\\vdots&\ddots&\ddots&\ddots&\ddots&\vdots\\0&\cdots&0&1&0&a_{k-2}\\0&0&\cdots&0&1&a_{k-1}\end{bmatrix},$$

于是 $\boldsymbol{A}|_M$ 的特征多项式为

$$D_k=|\lambda E-J|=\begin{vmatrix}\lambda&0&0&0&\cdots&-a_0\\-1&\lambda&0&0&\cdots&-a_1\\0&-1&\lambda&0&\cdots&-a_2\\\vdots&\ddots&\ddots&\ddots&\ddots&\vdots\\0&\cdots&0&-1&\lambda&-a_{k-2}\\0&0&\cdots&0&-1&\lambda-a_{k-1}\end{vmatrix}.$$

利用第二章例 1.8 的结果，有

$$D_k=|\lambda E-J|=\lambda^k-a_{k-1}\lambda^{k-1}-\cdots-a_1\lambda-a_0. \quad \blacksquare$$

四、商空间中的诱导变换

【内容提要】

设 V 是数域 K 上的线性空间，$\boldsymbol{A}$ 是 V 内一个线性变换. 现设 M

是 $\boldsymbol{A}$ 的一个不变子空间. 我们在商空间 V/M 定义一个变换如下:

$$\boldsymbol{A}(\alpha+M)=\boldsymbol{A}\alpha+M.$$

首先这一定义在逻辑上无矛盾.

其次考查§3例3.2中定义的自然映射 $\varphi: V\to V/M$,其中 $\varphi(\alpha)=\alpha+M=\bar{\alpha}$. 把这记号用到上面的定义式,得

$$\boldsymbol{A}(\alpha+M)=\boldsymbol{A}\varphi(\alpha)=\boldsymbol{A}\alpha+M=\varphi(\boldsymbol{A}\alpha).$$

这表明 φ 和上面定义的 V/M 内变换 $\boldsymbol{A}$ 可交换.

现在来证 $\boldsymbol{A}$ 是 V/M 内线性变换. 我们有

$$\begin{aligned}\boldsymbol{A}(k\bar{\alpha}+l\bar{\beta})&=\boldsymbol{A}(\overline{k\alpha+l\beta})=\boldsymbol{A}\varphi(k\alpha+l\beta)\\&=\varphi\boldsymbol{A}(k\alpha+l\beta)=\varphi(k\boldsymbol{A}\alpha+l\boldsymbol{A}\beta)\\&=k\varphi(\boldsymbol{A}\alpha)+l\varphi(\boldsymbol{A}\beta))=k\boldsymbol{A}\varphi(\alpha)+l\boldsymbol{A}\varphi(\beta)\\&=k\boldsymbol{A}\bar{\alpha}+l\boldsymbol{A}\bar{\beta}.\end{aligned}$$

上面定义的 V/M 内的线性变换 $\boldsymbol{A}$ 称为 V 内线性变换 $\boldsymbol{A}$ 在商空间 V/M 内的**诱导变换**.

命题 设 $\boldsymbol{A}$ 是数域 K 上 n 维线性空间 V 内的线性变换,M 是 $\boldsymbol{A}$ 的不变子空间. 若 $\boldsymbol{A}$ 在 V 内特征多项式为 $f(\lambda)$,$\boldsymbol{A}|_M$ 特征多项式为 $g(\lambda)$,$\boldsymbol{A}$ 在 V/M 的诱导变换特征多项式为 $h(\lambda)$,则

$$f(\lambda)=g(\lambda)h(\lambda).$$

评议 前面我们将空间分解为线性变换不变子空间的直和,以此对线性变换作深入的研究. 但是代数学中还有利用商系统进行研讨的一般性方法. 上面阐述的线性变换在商空间的诱导变换概念就体现了这种方法. 这里要注意一点,现在不能用任意子空间来作商空间,只能用线性变换的不变子空间来作商空间,诱导变换才有意义. 为了把 $\boldsymbol{A}$ 在 V 内的问题转化成它在商空间 V/M 内的诱导变换的问题,我们必须利用自然映射

$$\begin{aligned}\varphi:\ &V\longrightarrow V/M,\\&\alpha\longmapsto\alpha+M=\bar{\alpha}.\end{aligned}$$

在这里 $\boldsymbol{A}$ 与 φ 的变换关系 $\boldsymbol{A}\varphi=\varphi\boldsymbol{A}$ 是一个有用的工具.

例 4.15 证明哈密顿-凯莱(Hamilton-Cayley)定理:如果数域 K 上 n 维线性空间 V 内线性变换 $\boldsymbol{A}$ 的特征多项式为 $f(\lambda)$,则 $f(\boldsymbol{A})=\boldsymbol{0}$.

解 设 α 为 V 内一非零向量,根据例 4.14,存在 $\boldsymbol{A}$ 的不变子空

间 $M=L(\alpha,\boldsymbol{A}\alpha,\cdots,\boldsymbol{A}^{k-1}\alpha)$，使 $\boldsymbol{A}|_M$ 的特征多项式为

$$g(\lambda)=\lambda^k-a_{k-1}\lambda^{k-1}-\cdots-a_1\lambda-a_0,$$

且

$$\boldsymbol{A}^k\alpha=a_{k-1}\boldsymbol{A}^{k-1}\alpha+\cdots+a_1\boldsymbol{A}\alpha+a_0\alpha.$$

于是

$$\begin{aligned}g(\boldsymbol{A})\alpha&=(\boldsymbol{A}^k-a_{k-1}\boldsymbol{A}^{k-1}-\cdots-a_1\boldsymbol{A}-a_0\boldsymbol{E})\alpha\\&=\boldsymbol{A}^k\alpha-a_{k-1}\boldsymbol{A}^{k-1}\alpha-\cdots-a_1\boldsymbol{A}\alpha-a_0\alpha=0.\end{aligned}$$

根据上面命题，$\boldsymbol{A}$ 的特征多项式 $f(\lambda)=g(\lambda)h(\lambda)$，于是 $f(\boldsymbol{A})\alpha=h(\boldsymbol{A})g(\boldsymbol{A})\alpha=0$. 由此即得 $f(\boldsymbol{A})$ 为 V 内零变换. ▌

评议 哈密顿-凯莱定理是线性代数中一个基本定理，它有很多种证明方法. 这里介绍了一种仅利用线性变换的基础知识就能得出的简易证法. 这个证法给我们的启示是，只要熟练掌握基本的理论知识，尽管它们只是初步的，但仍然能发挥重要的作用.

例 4.16 设 $\boldsymbol{A}$ 是数域 K 上的 n 维线性空间 V 内的一个线性变换. 如果存在 V 内非零向量 α，使 $\boldsymbol{A}\alpha=0$，令 $M=\mathrm{Ker}\boldsymbol{A}=\{\alpha\in V\mid\boldsymbol{A}\alpha=0\}$. 又设 $\boldsymbol{A}$ 在 V/M 内的诱导变换可逆，且其矩阵(在 V/M 内)可对角化. 证明 $\boldsymbol{A}$ 在 V 内其矩阵也可对角化.

解 根据例 4.7，存在 K 内不同的数 $\lambda_1,\lambda_2,\cdots,\lambda_k$，使诱导变换 $\boldsymbol{A}$ 满足 $(\boldsymbol{A}-\lambda_1\boldsymbol{E})(\boldsymbol{A}-\lambda_2\boldsymbol{E})\cdots(\boldsymbol{A}-\lambda_k\boldsymbol{E})=\boldsymbol{0}$. 从该题的题解中已知 $\lambda_1,\lambda_2,\cdots,\lambda_k$ 应取为 $\boldsymbol{A}$ 在 V/M 内的特征值，而 $\boldsymbol{A}$ 在 V/M 内可逆，故 $\lambda_i\neq 0(i=1,2,\cdots,k)$. 对任意 $\beta\in V$，在 V/M 内有

$$\begin{aligned}&(\boldsymbol{A}-\lambda_1\boldsymbol{E})(\boldsymbol{A}-\lambda_2\boldsymbol{E})\cdots(\boldsymbol{A}-\lambda_k\boldsymbol{E})(\beta+M)\\&=(\boldsymbol{A}-\lambda_1\boldsymbol{E})(\boldsymbol{A}-\lambda_2\boldsymbol{E})\cdots(\boldsymbol{A}-\lambda_k\boldsymbol{E})\beta+M\\&=0+M,\end{aligned}$$

从而

$$(\boldsymbol{A}-\lambda_1\boldsymbol{E})(\boldsymbol{A}-\lambda_2\boldsymbol{E})\cdots(\boldsymbol{A}-\lambda_k\boldsymbol{E})\beta\in M,$$

于是

$$(\boldsymbol{A}-0\boldsymbol{E})(\boldsymbol{A}-\lambda_1\boldsymbol{E})\cdots(\boldsymbol{A}-\lambda_k\boldsymbol{E})\beta=0.$$

上式表示，在 V 内，$(\boldsymbol{A}-0\boldsymbol{E})(A-\lambda_1\boldsymbol{E})\cdots(\boldsymbol{A}-\lambda_k\boldsymbol{E})=\boldsymbol{0}$. 再根据例 4.7，$\boldsymbol{A}$ 在 V 内矩阵可对角化. ▌

评议 此例将 $\boldsymbol{A}$ 的矩阵能否对角化转化为它在 V/M 内诱导变换矩阵能否对角化,这一方法在代数学中具有普遍意义.

例 4.17 设 V 是数域 K 上的 n 维线性空间,$\boldsymbol{A}$ 是 V 内的线性变换.如果 $\boldsymbol{A}$ 的特征多项式的根都属于 K,则在 V 内存在一组基,在该组基下 $\boldsymbol{A}$ 的矩阵为上三角矩阵.

解 对 n 作数学归纳法.$n=1$ 时命题显然成立.设对 $n-1$ 维线性空间命题成立.当 $\dim V=n$ 时,由假设知 $\boldsymbol{A}$ 必有一特征值 λ_0,设 $\boldsymbol{A}\varepsilon_1=\lambda_0\varepsilon_1$,其中 $\varepsilon_1\neq 0$.令 $M=L(\varepsilon_1)$,则 M 为 $\boldsymbol{A}$ 的一维不变子空间,于是 V/M 为 K 上 $n-1$ 维线性空间.根据上面的命题,诱导变换 A 的特征多项式 $h(\lambda)$是 $\boldsymbol{A}$ 的特征多项式 $f(\lambda)=g(\lambda)h(\lambda)$的因子,故它的根都是 V 内线性变换 $\boldsymbol{A}$ 的特征多项式的根,从而都属于 K,按归纳假设,在 V/M 内存在一组基

$$\bar{\varepsilon}_2=\varepsilon_2+M,\quad \bar{\varepsilon}_3=\varepsilon_3+M,\quad \cdots,\quad \bar{\varepsilon}_n=\varepsilon_n+M,$$

使 $\boldsymbol{A}$ 在此组基下矩阵成上三角形,即

$$\boldsymbol{A}\bar{\varepsilon}_i=a_{2i}\bar{\varepsilon}_2+a_{3i}\bar{\varepsilon}_3+\cdots+a_{ii}\bar{\varepsilon}_i\quad (i=2,3,\cdots,n).$$

(1) 先证 $\varepsilon_1,\varepsilon_2,\cdots,\varepsilon_n$ 为 V 的一组基.这只要证它们线性无关即可.设

$$k_1\varepsilon_1+k_2\varepsilon_2+\cdots+k_n\varepsilon_n=0.$$

两边用自然映射 φ 作用(注意 $\varphi(\varepsilon_1)=\bar{\varepsilon}_1=\bar{0}$):

$$\begin{aligned}&\varphi(k_1\varepsilon_1+k_2\varepsilon_2+\cdots+k_n\varepsilon_n)\\&=k_1\varphi(\varepsilon_1)+k_2\varphi(\varepsilon_2)+\cdots+k_n\varphi(\varepsilon_n)\\&=k_2\bar{\varepsilon}_2+\cdots+k_n\bar{\varepsilon}_n=\bar{0}.\end{aligned}$$

因 $\bar{\varepsilon}_2,\cdots,\bar{\varepsilon}_n$ 为 V/M 的一组基,故 $k_2=\cdots=k_n=0$.代回原式,因 $\varepsilon_1\neq 0$,推得 $k_1=0$.

(2) 再证在基 $\varepsilon_1,\varepsilon_2,\cdots,\varepsilon_n$ 下 $\boldsymbol{A}$ 的矩阵成上三角形.注意如下事实:因 $M=L(\varepsilon_1)$,而

$$\boldsymbol{A}\,\bar{\alpha}=\bar{\beta}\Longleftrightarrow \boldsymbol{A}(\alpha+M)=\boldsymbol{A}\alpha+M=\beta+M,$$

于是 $\boldsymbol{A}\alpha=\beta+k\varepsilon_1=k\varepsilon_1+\beta\,(k\in K)$.现在

$$\begin{aligned}\boldsymbol{A}\,\bar{\varepsilon}_i&=a_{2i}\bar{\varepsilon}_2+a_{3i}\bar{\varepsilon}_3+\cdots+a_{ii}\bar{\varepsilon}_i\\&=\overline{a_{2i}\varepsilon_2+a_{3i}\varepsilon_3+\cdots+a_{ii}\varepsilon_i}.\end{aligned}$$

根据上面的一般关系式,我们有

$$\boldsymbol{A}\varepsilon_i = k_i\varepsilon_1 + a_{2i}\varepsilon_2 + a_{3i}\varepsilon_3 + \cdots + a_{ii}\varepsilon_i \quad (i = 2,3,\cdots,n),$$

$$\boldsymbol{A}\varepsilon_1 = \lambda_0\varepsilon_1.$$

故 $\boldsymbol{A}$ 在基 $\varepsilon_1,\varepsilon_2,\cdots,\varepsilon_n$ 下的矩阵为如下上三角形:

$$A = \begin{bmatrix} \lambda_0 & k_2 & k_3 & \cdots & \cdots & k_n \\ 0 & a_{22} & a_{23} & \cdots & \cdots & a_{2n} \\ 0 & 0 & a_{33} & \cdots & \cdots & a_{3n} \\ 0 & 0 & 0 & \ddots & & \vdots \\ \vdots & \vdots & \vdots & \ddots & \ddots & \vdots \\ 0 & 0 & 0 & \cdots & 0 & a_{nn} \end{bmatrix}. \quad \blacksquare$$

评议 此例比较全面地反映了利用商空间处理问题时的方法. 主要是两个步骤:首先将问题转化为商空间中的问题,因为商空间维数已经降低,就可利用数学归纳法原理首先在商空间内解决问题;第二步再将结果返回到原空间. 在这过程中将反复使用自然映射和模 M 剩余类的四条基本性质.

练 习 题 3.4

1. 设 $\boldsymbol{A}$ 是数域 K 上线性空间 V 内的线性变换,若 $\boldsymbol{A}\alpha=\lambda_0\alpha$,又设 $f(\lambda)=a_0\lambda^m+a_1\lambda^{m-1}+\cdots+a_m$ 为 K 上一多项式. 证明:

$$f(\boldsymbol{A})\alpha=f(\lambda_0)\alpha.$$

2. 设 $\boldsymbol{A},\boldsymbol{B}$ 是线性空间 V 内的两个线性变换,且 $\boldsymbol{AB}=\boldsymbol{BA}$. 证明:若 $\boldsymbol{A}\alpha=\lambda_0\alpha$,则 $\boldsymbol{B}\alpha\in V_{\lambda_0}$,这里 V_{λ_0} 为 $\boldsymbol{A}$ 的特征值 λ_0 的特征子空间.

3. 设 $\boldsymbol{A}$ 是 n 维线性空间 V 内的一个线性变换,在基 $\varepsilon_1,\varepsilon_2,\cdots\varepsilon_n$ 下的矩阵为

$$A=\begin{bmatrix} 0 & 1 & & \\ & 0 & \ddots & \\ & & \ddots & 1 \\ & & & 0 \end{bmatrix}.$$

证明: $\boldsymbol{A}$ 只有唯一的特征值 $\lambda_0=0$,且 $V_{\lambda_0}=L(\varepsilon_1)$.

4. 设 $\boldsymbol{A}$ 是 n 维线性空间 V 内的一个线性变换. 如果在 V 内存在一组基

$$\varepsilon_1,\cdots,\varepsilon_r,\varepsilon_{r+1},\cdots,\varepsilon_n,$$

使 $\boldsymbol{A}$ 在这组基下的矩阵为如下准对角形

$$A=\begin{bmatrix} J_1 & 0 \\ 0 & J_2 \end{bmatrix},$$

其中 J_1,J_2 分别为 r 阶与 $n-r$ 阶方阵，且

$$J_1=\begin{bmatrix} 0 & 1 & & \\ & 0 & \ddots & \\ & & \ddots & 1 \\ & & & 0 \end{bmatrix},\quad J_2=\begin{bmatrix} 0 & 1 & & \\ & 0 & \ddots & \\ & & \ddots & 1 \\ & & & 0 \end{bmatrix}.$$

证明：$\boldsymbol{A}$ 只有一个特征值 $\lambda_0=0$，且 $V_{\lambda_0}=L(\varepsilon_1,\varepsilon_{r+1})$.

5. 设 $\boldsymbol{A}$ 是复数域上线性空间 V 内的一个线性变换，且它在某一组基 $\{\varepsilon_i\}$ 下的矩阵为 A，求 $\boldsymbol{A}$ 的全部特征值和每个特征值 λ_i 所属特征子空间 V_{λ_i} 的一组基，其中：

(1) $A=\begin{bmatrix} 3 & 4 \\ 5 & 2 \end{bmatrix}$； (2) $A=\begin{bmatrix} 0 & a \\ -a & 0 \end{bmatrix}$；

(3) $A=\begin{bmatrix} 5 & 6 & -3 \\ -1 & 0 & 1 \\ 1 & 2 & -1 \end{bmatrix}$； (4) $A=\begin{bmatrix} 0 & 0 & 1 \\ 0 & 1 & 0 \\ 1 & 0 & 0 \end{bmatrix}$；

(5) $A=\begin{bmatrix} 0 & 2 & 1 \\ -2 & 0 & 3 \\ -1 & -3 & 0 \end{bmatrix}$； (6) $A=\begin{bmatrix} 3 & 1 & 0 \\ -4 & -1 & 0 \\ 4 & -8 & -2 \end{bmatrix}$；

(7) $A=\begin{bmatrix} 1 & 1 & 1 & 1 \\ 1 & 1 & -1 & -1 \\ 1 & -1 & 1 & -1 \\ 1 & -1 & -1 & 1 \end{bmatrix}$.

此题中哪些变换的矩阵可对角化？在可对角化的情况下，写出基变换的过渡矩阵 T，并验算 $T^{-1}AT$ 为对角形.

6. 给定数域 K 上三阶方阵

$$A=\begin{bmatrix} 2 & 2 & -2 \\ 2 & 5 & -4 \\ -2 & -4 & 5 \end{bmatrix};\quad B=\begin{bmatrix} 2 & -2 & 0 \\ -2 & x & -2 \\ -2 & -2 & 0 \end{bmatrix};$$

$$C=\begin{bmatrix}2&0&0\\0&2&0\\0&0&y\end{bmatrix}.$$

(1) 求 K 上三阶可逆方阵 T,使 $T^{-1}AT=D$ 为对角矩阵;

(2) 如已知 B 与 C 特征多项式相同,求 x,y 的值. 判断 B 与 C 是否相似.

7. 设 $\boldsymbol{A}$ 是线性空间 V 内的一个线性变换,存在一个正整数 k,使 $\boldsymbol{A}^k=\boldsymbol{0}$. 证明: $\boldsymbol{A}$ 只有唯一的特征值 $\lambda_0=0$.

8. 设 λ_1,λ_2 是线性变换 $\boldsymbol{A}$ 的两个不同特征值,ξ_1,ξ_2 是分别属于 λ_1,λ_2 的特征向量. 证明: $\xi_1+\xi_2$ 不是 $\boldsymbol{A}$ 的特征向量.

9. 证明: 如果线性空间 V 的线性变换 $\boldsymbol{A}$ 以 V 的每个非零向量作为特征向量,则 $\boldsymbol{A}$ 是数乘变换.

10. 设 $\boldsymbol{A}$ 是线性空间 V 内的可逆线性变换.

(1) 证明: $\boldsymbol{A}$ 的特征值都不为零;

(2) 证明: 若 λ 是 $\boldsymbol{A}$ 的一个特征值,则 $1/\lambda$ 是 $\boldsymbol{A}^{-1}$ 的一个特征值.

11. 设 V 是数域 K 上的二维线性空间,F 为 V 内在基 $\varepsilon_1,\varepsilon_2$ 下有矩阵

$$\begin{bmatrix}0&a\\1-a&0\end{bmatrix}\quad(a\in K)$$

的线性变换所成的集合,证明 F 中的线性变换没有公共非平凡不变子空间.

12. 设 V 是实数域上的一个 n 维线性空间,$\boldsymbol{A}$ 是 V 内的一个线性变换. 证明 $\boldsymbol{A}$ 必有一个一维或二维的不变子空间.

13. 设 $\boldsymbol{A},\boldsymbol{B}$ 是 n 维线性空间 V 内两个线性变换,且 $\boldsymbol{AB}=\boldsymbol{BA}$. λ 是 $\boldsymbol{A}$ 的一个特征值,V_λ 是属于特征值 λ 的特征子空间. 证明 V_λ 是 $\boldsymbol{B}$ 的不变子空间.

14. 设 V 是数域 K 上的 n 维线性空间,$\boldsymbol{A},\boldsymbol{B}$ 是 V 内两个线性变换,且 $\boldsymbol{AB}=\boldsymbol{BA}$. 如果 $\boldsymbol{A},\boldsymbol{B}$ 的矩阵都可对角化,证明 V 内存在一组基,使 $\boldsymbol{A},\boldsymbol{B}$ 在该组基下的矩阵同时成对角形.

第四章　双线性函数与二次型

§1　双线性函数

一、双线性函数的定义

【内容提要】

定义　设 V 是数域 K 上的线性空间. 如果对 V 中任一向量 α, 都按某个给定的法则 f 对应于 K 内一个唯一确定的数, 记做 $f(\alpha)$, 而且满足如下条件:

(i) $f(\alpha+\beta)=f(\alpha)+f(\beta)\quad(\forall\ \alpha,\beta\in V)$;

(ii) $f(k\alpha)=kf(\alpha)\quad(\forall\ \alpha\in V,k\in K)$,

则称 f 为 V 内一个**线性函数**.

定义　设 V 是数域 K 上的线性空间. 如果 V 中任意一对有序向量 (α,β) 都按照某一法则 f 对应于 K 内唯一确定的一个数, 记做 $f(\alpha,\beta)$, 且

(i) 对任意 $k_1,k_2\in K,\alpha_1,\alpha_2,\beta\in V$, 有

$$f(k_1\alpha_1+k_2\alpha_2,\beta)=k_1f(\alpha_1,\beta)+k_2f(\alpha_2,\beta);$$

(ii) 对任意 $l_1,l_2\in K,\alpha,\beta_1,\beta_2\in V$, 有

$$f(\alpha,l_1\beta_1+l_2\beta_2)=l_1f(\alpha,\beta_1)+l_2f(\alpha,\beta_2),$$

则称 $f(\alpha,\beta)$ 是 V 内的一个**双线性函数**.

基本命题　设 V 是数域 K 上的 n 维线性空间. 在 V 内取定一组基 $\varepsilon_1,\varepsilon_2,\cdots,\varepsilon_n$. 则有

(i) V 内一个双线性函数 $f(\alpha,\beta)$ 由它在此组基处的函数值 $f(\varepsilon_i,\varepsilon_j)\ (i,j=1,2,\cdots,n)$ 唯一确定. 换句话说, 如果有一个双线性函数 $g(\alpha,\beta)$ 满足 $g(\varepsilon_i,\varepsilon_j)=f(\varepsilon_i,\varepsilon_j)$, 则 $g(\alpha,\beta)\equiv f(\alpha,\beta)$.

(ii) 任给数域 K 上一个 n 阶方阵

$$A=\begin{bmatrix}a_{11} & a_{12} & \cdots & a_{1n}\\ a_{21} & a_{22} & \cdots & a_{2n}\\ \vdots & \vdots & & \vdots\\ a_{n1} & a_{n2} & \cdots & a_{nn}\end{bmatrix}\quad (a_{ij}\in K),$$

必存在 V 内唯一的一个双线性函数 $f(\alpha,\beta)$，使

$$f(\varepsilon_i,\varepsilon_j)=a_{ij}\quad (i,j=1,2,\cdots,n).$$

对 V 内任一双线性函数 $f(\alpha,\beta)$，我们称

$$A=\begin{bmatrix}f(\varepsilon_1,\varepsilon_1) & f(\varepsilon_1,\varepsilon_2) & \cdots & f(\varepsilon_1,\varepsilon_n)\\ f(\varepsilon_2,\varepsilon_1) & f(\varepsilon_2,\varepsilon_2) & \cdots & f(\varepsilon_2,\varepsilon_n)\\ \vdots & \vdots & & \vdots\\ f(\varepsilon_n,\varepsilon_1) & f(\varepsilon_n,\varepsilon_2) & \cdots & f(\varepsilon_n,\varepsilon_n)\end{bmatrix}$$

为双线性函数 $f(\alpha,\beta)$ 在基 $\varepsilon_1,\varepsilon_2,\cdots,\varepsilon_n$ 下的**矩阵**. 这样，V 内每个双线性函数对应于数域 K 上的一个 n 阶方阵. 根据命题中(i)与(ii)，这个对应是 V 内全体双线性函数所成的集合和 $M_n(K)$之间的一个一一对应.

在 V 内另取一组基 $\eta_1,\eta_2,\cdots,\eta_n$，设

$$(\eta_1,\eta_2,\cdots,\eta_n)=(\varepsilon_1,\varepsilon_2,\cdots,\varepsilon_n)T.$$

又设 $B=(f(\eta_i,\eta_j))$是 $f(\alpha,\beta)$在基 $\eta_1,\eta_2,\cdots,\eta_n$ 下的矩阵，那么 $B=T'AT$.

定义　给定数域 K 上两个 n 阶方阵 A,B. 如果存在 K 上一个可逆的 n 阶方阵 T，使 $B=T'AT$，则称 B 与 A 在 K 内**合同**，记做 $B\sim A$.

矩阵合同关系是一个等价关系，即具有反身性、对称性和传递性.

命题　数域 K 上两个 n 阶方阵 A,B 合同的充分必要条件是它们是 K 上 n 维线性空间 V 内一个双线性函数 $f(\alpha,\beta)$在两组基下的矩阵.

评议　把数域 K 看做自身上的一维线性空间(加法、数乘为数的加法、乘法)，V 内一个线性函数 f 就是 V 到 K 的一个线性映射，所以它并不是一个新概念，只是用了一个新名词而已. 因而，关于线性映射的所有知识对它都是适用的. 一个双线性函数则是把两个线

性函数捆绑在一起,理论上并无实质性的变化.线性映射的基本点是它由在一组基处的作用唯一决定,而它在一组基处的作用则可用矩阵表示,这样,线性映射的课题与矩阵论的课题是相通的.这一点对双线性函数无疑也是对的,所以,在空间取定一组基后,双线性函数和 n 阶方阵一一对应.双线性函数是抽象的,它直观意义很清楚,又不受基的不同选取的干扰,利于从理论上分析、探索问题.但当需要做具体计算时,就要取定一组基,把它变成矩阵.

注意双线性函数在一组基处的矩阵是由它在此组基处的函数值决定的. A 的秩 $\mathrm{r}(A)$ 称为该双线性函数的秩.如 $\mathrm{r}(A)=n$,则称该双线性函数是满秩的.

为什么要引进双线性函数呢?这是因为线性空间的理论还要再发展.看一看我们熟知的一些具体线性空间就会认识到这一点.例如三维几何空间中全体向量关于其加法(平行四边形法则)及与实数的数乘组成实数域上线性空间.但除此之外,空间向量还有长度和夹角(它们由向量点乘完全决定),这一点在线性空间的一般理论中没有任何反映.此外,空间向量还可以作叉乘,这更是一般线性空间没有的.又如,复数域可以看做实数域上的二维线性空间,每个复数(现在是此二维线性空间中的向量)有模和辐角,另外,复数之间还有乘法运算.四元数是实数域上的四维线性空间,但四元数 A 也有模($|A|$ 等于 A 与共轭四元数乘积的算术平方根),另外,四元数也有乘法运算. $M_n(K)$ 是数域 K 上的 n^2 维线性空间,但其中方阵有乘法.所有这些都提示我们,线性空间的理论应当在以下两个方面作进一步的发展:(1) 在空间中引进度量理论,即给向量以长度、夹角这一类属性;(2) 在空间向量中引进乘法运算.本章研究双线性函数就是为了第一个方向的需要.

如果按照上面的办法把多个线性函数捆绑在一起,那就进入多重线性代数和张量的研究领域了.

读者必须注意双线性函数和线性变换的一个不同点:一个线性变换 $\boldsymbol{A}$ 作用在 V 的向量 α 上, $\boldsymbol{A}\alpha$ 仍为 V 内的向量,而双线性函数的值是 K 内一个数,不是 V 内的向量.因此,对 V 的一个子空间 M, $\boldsymbol{A}$ 未必可以看做 M 内的线性变换(因为 $\alpha\in M$,但 $\boldsymbol{A}\alpha$ 可能不在 M 内),

这就使利用子空间处理问题受到极大限制，这也就是要引入线性变换的不变子空间的原因. 双线性函数就完全不同，它可以把定义域限制在任何一个子空间 M 内，看成 M 内的双线性函数. 这就使双线性函数的理论比线性变换的理论简单得多.

例 1.1　在 K^4 内定义二元函数如下：若

$$\alpha=(x_1,x_2,x_3,x_4),\quad \beta=(y_1,y_2,y_3,y_4),$$

则令

$$f(\alpha,\beta)=-3x_2y_1+2x_3y_2-5x_3y_3+11x_4y_4,$$

判断 $f(\alpha,\beta)$是否 K^4 内双线性函数.

解　令

$$A=\begin{bmatrix}0&0&0&0\\-3&0&0&0\\0&2&-5&0\\0&0&0&11\end{bmatrix},$$

则 $f(\alpha,\beta)=\alpha A\beta'$.

设 $\alpha=k_1\alpha_1+k_2\alpha_2$，利用矩阵运算法则，得

$$\begin{aligned}f(k_1\alpha_1+k_2\alpha_2)&=(k_1\alpha_1+k_2\alpha_2)A\beta'\\&=k_1(\alpha_1A\beta')+k_2(\alpha_2A\beta')\\&=k_1f(\alpha_1,\beta)+k_2f(\alpha_2,\beta).\end{aligned}$$

同理有 $f(\alpha,l_1\beta_1+l_2\beta_2)=l_1f(\alpha,\beta_1)+l_2f(\alpha,\beta_2)$，故 $f(\alpha,\beta)$是 K^4 内一个双线性函数.

如果取 K^4 内坐标向量 $\varepsilon_1,\varepsilon_2,\varepsilon_3,\varepsilon_4$ 为一组基，则 $f(\alpha,\beta)$在此组基下矩阵即为 A. 若另取 K^4 一组基

$$\eta_1=(1,-1,0,2),\quad \eta_2=(0,1,-2,1),$$
$$\eta_3=(1,-1,-1,1),\quad \eta_4=(0,0,1,-1),$$

则因

$$(\eta_1,\eta_2,\eta_3,\eta_4)=(\varepsilon_1,\varepsilon_2,\varepsilon_3,\varepsilon_4)\begin{bmatrix}1&0&1&0\\-1&1&-1&0\\0&-2&-1&1\\2&1&1&-1\end{bmatrix},$$

故 $f(\alpha,\beta)$在基 $\eta_1,\eta_2,\eta_3,\eta_4$ 下的矩阵为

$$B = T'AT = \begin{bmatrix} 47 & 22 & 25 & -22 \\ 23 & -13 & 2 & -1 \\ 27 & -1 & 11 & -6 \\ -24 & 1 & -8 & 6 \end{bmatrix}. \quad \blacksquare$$

评议 上面利用了矩阵的运算,先写

$$f(\alpha,\beta) = (-3x_2, 2x_3, -5x_3, 11x_4)\beta',$$

然后得

$$(-3x_2, 2x_3, -5x_3, 11x_4) = \alpha A.$$

例 1.2 在实数域上线性空间 $C[a,b]$(即闭区间$[a,b]$上全体连续函数所成的 $\mathbb{R}$ 上线性空间)内定义二元函数如下:若 $f(x),g(x) \in C[a,b]$,定义

$$I(f,g) = \int_a^b f(x)g(x)\cos x\mathrm{d}x.$$

利用定积分的性质易知 $I(f,g)$是 $c[a,b]$内一个双线性函数. $\blacksquare$

例 1.3 在 $M_n(K)$内取定两个方阵 A_0, B_0. 第三章例 1.2 中定义了 $M_n(K)$上全体数量函数组成的 K 上线性空间 $\mathscr{F}(K)$,对 $f,g \in \mathscr{F}(K)$,定义 $F(f,g)=f(A_0)g(B_0)$. 那么,

$$\begin{aligned} F(k_1f_1 + k_2f_2, g) &= (k_1f_1 + k_2f_2)(A_0)g(B_0) \\ &= (k_1f_1(A_0) + k_2f_2(A_0))g(B_0) \\ &= k_1(f_1(A_0)g(B_0)) + k_2(f_2(A_0)g(B_0)) \\ &= k_1F(f_1,g) + k_2F(f_2,g). \end{aligned}$$

同理我们有 $F(f, l_1g_1+l_2g_2)=l_1F(f,g_1)+l_2F(f,g_2)$. 故二元函数 $F(f,g)$是 $\mathscr{F}(K)$内一个双线性函数. $\blacksquare$

评议 以上两例都是无限维线性空间内的双线性函数,这说明我们要讨论的课题应用面将会很宽. 在例 1.2 中有 $I(f,g)=I(g,f)$,而在例 1.3 中,当 $A_0 \neq B_0$ 时,一般说 $F(f,g) \neq F(g,f)$. 这显然是两种不同类型的双线性函数.

二、对称双线性函数

【内容提要】

定义 设 V 是数域 K 上的线性空间,$f(\alpha,\beta)$是 V 内的一个双线性函数. 如果对任意 $\alpha,\beta \in V$,有 $f(\alpha,\beta)=f(\beta,\alpha)$,则称$f(\alpha,\beta)$是一个**对称双线性函数**.

在V内取定一组基之后,V内全体对称双线性函数所成的集合和K上全体n阶对称矩阵所成的集合之间建立起一一对应的关系.

现设$f(\alpha,\beta)$是V内一个对称双线性函数.我们定义$Q_f(\alpha)=f(\alpha,\alpha)$,称为$f(\alpha,\beta)$决定的**二次型函数**.如在$V$内取定基$\varepsilon_1,\varepsilon_2,\cdots,\varepsilon_n$.又令$f(\varepsilon_i,\varepsilon_j)=a_{ij},A=(a_{ij})$.那么$f(\alpha,\beta)=X'AY$($X,Y$为$\alpha,\beta$在基$\varepsilon_1,\varepsilon_2,\cdots,\varepsilon_n$下的坐标),于是

$$Q_f(\alpha)=f(\alpha,\alpha)=X'AX=\sum_{i=1}^{n}\sum_{j=1}^{n}a_{ij}x_ix_j \quad (a_{ij}=a_{ji}).$$

上式称为二次型函数在基$\varepsilon_1,\varepsilon_2,\cdots,\varepsilon_n$下的**解析表达式**.

定理1 设V是数域K上的n维线性空间,$f(\alpha,\beta)$是V内的一个对称双线性函数,则在V内存在一组基,使$f(\alpha,\beta)$在这组基下的矩阵成对角形.

推论 设A是数域K上一个n阶对称矩阵,则存在K上可逆n阶方阵T,使$T'AT=D$为对角矩阵.

评议 对称双线性函数是在线性空间引进度量的主要工具,因而它成为本章的主要研究对象.但它有多种表示形式,上面说的二次型函数就是它的另一种形式.二次型函数$Q_f(\alpha)=f(\alpha,\alpha)$由对称双线性函数$f(\alpha,\beta)$唯一决定,但反过来,

$$f(\alpha,\beta)=\frac{1}{2}\{Q_f(\alpha+\beta)-Q_f(\alpha)-Q_f(\beta)\}.$$

所以二次型函数和对称双线性函数是同一事物的不同表现形式.

上面的定理1是对称双线性函数的基本定理.换用矩阵论的语言,就是任意对称矩阵必合同于对角矩阵.这一定理如果用矩阵方法或用对二次型函数$Q_f(\alpha)$的解析表达式进行配完全平方的办法来证明是较烦琐的.而使用对称双线性函数的语言,利用对称双线性函数可以限制在V的任意子空间M,成为M内的对称双线性函数这一事实,我们用数学归纳法轻而易举地就能证明这个基本定理.

在下面的讨论中,一个命题(定理)可以用不同的语言叙述出来,但它们仅是同一事物的不同表达方式而已,读者要学会根据具体情况,用其中任何一种语言来表达和利用这些结论.

例1.4 在K^4内定义二元函数如下:若

$$\alpha = (x_1, x_2, x_3, x_4), \quad \beta = (y_1, y_2, y_3, y_4),$$

则令 $f(\alpha,\beta) = -x_1y_1 + 2x_2y_3 + x_2y_4 + 2x_3y_2 + x_4y_2$.

证明 f 是 K^4 内一对称双线性函数并求其秩.

解 我们逐步把 f 表成 $\alpha A\beta'$ 形式.

$$f(\alpha,\beta) = (-x_1, 2x_3 + x_4, 2x_2, x_2)\beta'$$

$$= (x_1, x_2, x_3, x_4)\begin{bmatrix} -1 & 0 & 0 & 0 \\ 0 & 0 & 2 & 1 \\ 0 & 2 & 0 & 0 \\ 0 & 1 & 0 & 0 \end{bmatrix}\beta' = \alpha A\beta'.$$

仿照例 1.1 的办法即知 f 为双线性函数. A 为对称矩阵,故有($\alpha A\beta'$ 为一阶方阵,其转置等于自身)

$$f(\alpha,\beta) = \alpha A\beta' = (\alpha A\beta')' = \beta A'\alpha' = \beta A\alpha' = f(\beta,\alpha).$$

因此,f 是一个对称双线性函数. f 的秩$=\mathrm{r}(A)$,而

$$A = \begin{bmatrix} -1 & 0 & 0 & 0 \\ 0 & 0 & 2 & 1 \\ 0 & 2 & 0 & 0 \\ 0 & 1 & 0 & 0 \end{bmatrix} \to \begin{bmatrix} -1 & 0 & 0 & 0 \\ 0 & 1 & 0 & 0 \\ 0 & 0 & 2 & 1 \\ 0 & 0 & 0 & 0 \end{bmatrix}.$$

由上式知 $\mathrm{r}(A)=3$,即 f 秩为 3. ▍

评议 A 实际上是 f 在 K^4 的坐标向量 $\varepsilon_1, \varepsilon_2, \varepsilon_3, \varepsilon_4$ 组成的一组基下的矩阵,故由 A 为对称矩阵即可判断 f 为对称双线性函数.

例 1.5 在数域 K 上 n^2 维线性空间 $M_n(K)$ 内定义二元函数如下:

$$f(A,B) = \mathrm{tr}(AB) \quad (\forall\ A, B \in M_n(K)).$$

证明 f 为对称双线性函数. 在 $M_n(K)$ 内找一组基,使 f 在该组基下的矩阵成对角形并求 f 的秩.

解 方阵的迹具有如下性质:

$$\mathrm{tr}(k_1A_1 + k_2A_2 + \cdots + k_sA_s) = k_1\mathrm{tr}(A_1) + k_2\mathrm{tr}(A_2) + \cdots + k_s\mathrm{tr}(A_s),$$

$$\mathrm{tr}(AB) = \mathrm{tr}(BA).$$

由上两式即知 f 为 $M_n(K)$ 内对称双线性函数.

在 $M_n(K)$ 内选取一组基:

$$E_{ii} \quad (i=1,2,\cdots,n),$$
$$E_{ij}+E_{ji} \quad (i,j=1,2,\cdots,n;i<j),$$
$$E_{ij}-E_{ji} \quad (i,j=1,2,\cdots,n;i<j).$$

我们来证明在此组基下 f 的矩阵成对角形.首先,有如下事实

$$E_{ij}E_{kl}=\begin{cases}E_{il}, & \text{若 } j=k,\\ 0, & \text{若 } j\neq k;\end{cases}$$

$$\mathrm{tr}(E_{ij}E_{kl})=\begin{cases}1, & \text{若 } i=l,j=k,\\ 0, & \text{其他}.\end{cases}$$

(1) 显然有

$$f(E_{ii},E_{jj})=\begin{cases}1, & \text{若 } i=j,\\ 0, & \text{若 } i\neq j.\end{cases}$$

对 $k<l$,又有

$$f(E_{ii},E_{kl}\pm E_{lk})=\mathrm{tr}(E_{ii}E_{kl})\pm\mathrm{tr}(E_{ii}E_{lk})=0.$$

(2) 对 $i<j,k<l$,有

$$\begin{aligned}f(E_{ij}+E_{ji},E_{kl}+E_{lk})&=\mathrm{tr}(E_{ij}E_{kl})+\mathrm{tr}(E_{ji}E_{kl})\\&\quad+\mathrm{tr}(E_{ij}E_{lk})+\mathrm{tr}(E_{ji}E_{lk})\\&=\mathrm{tr}(E_{ji}E_{kl})+\mathrm{tr}(E_{ij}E_{lk})\\&=\begin{cases}2, & \text{若 } i=k,j=l,\\ 0, & \text{其他};\end{cases}\end{aligned}$$

$$f(E_{ij}+E_{ji},E_{kl}-E_{lk})=\mathrm{tr}(E_{ji}E_{kl})-\mathrm{tr}(E_{ij}E_{lk})=0.$$

(3) 对 $i<j,k<l$,有

$$\begin{aligned}f(E_{ij}-E_{ji},E_{kl}-E_{lk})&=\mathrm{tr}(E_{ij}E_{kl})-\mathrm{tr}(E_{ji}E_{kl})\\&\quad-\mathrm{tr}(E_{ij}E_{lk})+\mathrm{tr}(E_{ji}E_{lk})\\&=-\mathrm{tr}(E_{ji}E_{kl})-\mathrm{tr}(E_{ij}E_{lk})\\&=\begin{cases}-2, & \text{若 } i=k,j=l,\\ 0, & \text{其他}.\end{cases}\end{aligned}$$

上面的计算表明 f 在所取定基下的矩阵成对角形,主对角线上有 n 个 1,$\frac{n(n-1)}{2}$ 个 2 和 $\frac{n(n-1)}{2}$ 个 -2,从而 f 是满秩的. ▌

评议 此例难处是如何寻找使 f 矩阵成对角形的一组基.因为

$f(A,B)=\mathrm{tr}(AB)$的表达式较复杂，也无现成可用的办法. 但本题的函数表达式具有抽象的一般形式，并非具体数字，于是猜想使它的矩阵成对角形的应该是 $M_n(K)$中具有一定普遍意义的基. 首先想到的是$\{E_{ij}\mid i,j=1,2,\cdots,n\}$. 但计算 $f(E_{ij},E_{ji})=\mathrm{tr}(E_{ij}E_{ji})=1$，它并非主对角线上的元素(主对角线上的元素应为 $f(E_{ij},E_{ij})$). 由此知此组基不合要求. 然后自然想到由对角矩阵、对称矩阵和反对称矩阵来构造一组基，这就是上面得出的结果.

例 1.6 设 V 是数域 K 上的 n 维线性空间，$f(\alpha,\beta)$是 V 内一个线性函数，如果对任意 $\alpha,\beta\in V$ 有 $f(\alpha,\beta)=-f(\beta,\alpha)$，则称 $f(\alpha,\beta)$是 V 内一个反对称双线性函数. 证明 V 内存在一组基，使 $f(\alpha,\beta)$在该组基下的矩阵成如下准对角形：

$$A=\begin{bmatrix} S & & & & & & \\ & S & & & 0 & & \\ & & \ddots & & & & \\ & & & S & & & \\ & 0 & & & 0 & & \\ & & & & & \ddots & \\ & & & & & & 0 \end{bmatrix},\quad S=\begin{bmatrix} 0 & 1 \\ -1 & 0 \end{bmatrix}.$$

解 若 $\dim V=1$. 任取 $\alpha\in V$. 因 $f(\alpha,\alpha)=-f(\alpha,\alpha)$，由此推知 $f(\alpha,\alpha)=0$. 取 $\alpha\neq 0$，则任给 $\beta\in V$，有 $\beta=k\alpha$，于是 $f(\alpha,\beta)=f(\alpha,k\alpha)=kf(\alpha,\alpha)=0$. 故知 $f(\alpha,\beta)\equiv 0$，命题已证.

设 $\dim V=2$ 且 $f(\alpha,\beta)\not\equiv 0$. 因 f 反对称，对任意 $\alpha\in V$，都有 $f(\alpha,\alpha)=0$. 取 $\alpha_0,\beta_0\in V$，使 $f(\alpha_0,\beta_0)=d\neq 0$，此时因 $f\left(\alpha_0,\dfrac{1}{d}\beta_0\right)=\dfrac{1}{d}f(\alpha_0,\beta_0)=1$，故不妨设 $f(\alpha_0,\beta_0)=1$，那么 $f(\beta_0,\alpha_0)=-f(\alpha_0,\beta_0)=-1$. 现在 α_0,β_0 线性无关(否则必有 $\beta_0=k\alpha_0$，于是 $f(\alpha_0,\beta_0)=f(\alpha_0,k\alpha_0)=kf(\alpha_0,\alpha_0)=0$，矛盾)，可取为 V 的一组基，f 在此组基下矩阵即为 S.

现设当 $\dim V<n$ 时命题已成立，当 $\dim V=n>2$ 时，若 $f(\alpha,\beta)\equiv 0$，它在任一组基处矩阵为零矩阵，命题已证. 若 $f(\alpha,\beta)\not\equiv 0$，如上

所述，V 内存在线性无关的向量组 α_0,β_0，使 $f(\alpha_0,\beta_0)=1$. 令 $M=L(\alpha_0,\beta_0)$，$\dim M=2$. f 看做 M 内反对称双线性函数，在 M 的基 α_0，β_0 下的矩阵即为 S.

现将 α_0,β_0 扩充为 V 的一组基 $\alpha_0,\beta_0,\gamma_3,\cdots,\gamma_n$. 令 $\varepsilon_1=\alpha_0,\varepsilon_2=\beta_0$，及

$$\varepsilon_i = f(\varepsilon_2,\gamma_i)\varepsilon_1 - f(\varepsilon_1,\gamma_i)\varepsilon_2 + \gamma_i,$$

这里 $i=3,4,\cdots,n$. 现在 $\varepsilon_1,\varepsilon_2,\varepsilon_3,\cdots,\varepsilon_n$ 与 $\alpha_0,\beta_0,\gamma_3,\cdots,\gamma_n$ 等价，仍为 V 的一组基，而

$$\begin{aligned} f(\varepsilon_1,\varepsilon_i) &= - f(\varepsilon_1,\gamma_i)f(\varepsilon_1,\varepsilon_2) + f(\varepsilon_1,\gamma_i) = 0, \\ f(\varepsilon_2,\varepsilon_i) &= f(\varepsilon_2,\gamma_i)f(\varepsilon_2,\varepsilon_1) + f(\varepsilon_2,\gamma_i) \\ &= - f(\varepsilon_2,\gamma_i) + f(\varepsilon_2,\gamma_i) = 0. \end{aligned}$$

令 $N=L(\varepsilon_3,\cdots,\varepsilon_n)$. 因 $\dim N=n-2$，$f(\alpha,\beta)$ 限制在 N 内仍为反对称双线性函数，按归纳假设，在 N 内存在一组基 $\eta_3,\cdots,\eta_n$，使 $f(\alpha,\beta)$ 在此组基下矩阵为命题所要求的准对角形. 因 $V=M\oplus N$，故 $\varepsilon_1,\varepsilon_2,\eta_3,\cdots,\eta_n$ 为 V 的一组基，在此组基下，f 的矩阵即为所求之准对角矩阵. ▌

评议　上面证明的关键之处仍在于，$f(\alpha,\beta)$ 限制在 V 的任一子空间 M 内仍为 M 内的反对称双线性函数这个重要事实. 由于双线性函数的这个性质，为我们利用子系统处理问题带来极大的方便.

例 1.7　设 V 是数域 K 上的 n 维线性空间，$f(\alpha,\beta)$ 是 V 内的双线性函数. 对 V 的子空间 M，定义

$$\begin{aligned} L(M) &= \{\alpha \in V \mid f(\alpha,\beta) = 0,\ \forall\ \beta \in M\}, \\ R(M) &= \{\alpha \in V \mid f(\beta,\alpha) = 0,\ \forall\ \beta \in M\}. \end{aligned}$$

证明 $L(M)$，$R(M)$ 为 V 的子空间. 如果 $f(\alpha,\beta)$ 为 V 内满秩双线性函数，证明

$$\dim L(M) = \dim R(M) = n - \dim M,$$

同时又有 $R(L(M))=L(R(M))=M$.

解　$L(M)$ 与 $R(M)$ 为 V 的子空间是显然的. 在 M 内取一组基 $\varepsilon_1,\cdots,\varepsilon_r$，扩充为 V 的一组基 $\varepsilon_1,\cdots,\varepsilon_r,\varepsilon_{r+1},\cdots,\varepsilon_n$. 对任意 $\alpha\in V$，$\alpha\in L(M)\Longleftrightarrow f(\alpha,\varepsilon_i)=0\,(i=1,2,\cdots,r)$.

设

$$\alpha = a_1\varepsilon_1 + \cdots + a_r\varepsilon_r + a_{r+1}\varepsilon_{r+1} + \cdots + a_n\varepsilon_n,$$

则 $\alpha \in L(M)$ 等价于

$$f(\varepsilon_1,\varepsilon_i)a_1 + \cdots + f(\varepsilon_r,\varepsilon_i)a_r + f(\varepsilon_{r+1},\varepsilon_i)a_{r+1} + \cdots + f(\varepsilon_n,\varepsilon_i)a_n = 0.$$

f 满秩是指 n 阶方阵 $A=(f(\varepsilon_i,\varepsilon_j))$ 满秩. 上面是 n 个未知量 r 个方程的齐次线性方程组,其系数矩阵的行向量组为 A 的前 r 个列向量. 故其秩为 $r=\dim M$,而其解空间的维数 $=\dim L(M)=n-r$(因为其解空间与 $L(M)$ 同构) $=n-\dim M$.

同理可证 $\dim R(M)=n-\dim M$.

显然有 $M\subseteq R(L(M))$. 由上面结果,我们有

$$\dim R(L(M)) = n - \dim L(M) = \dim M,$$

故 $R(L(M))=M$. 同理 $L(R(M))=M$. ▌

评议 题中给的条件是 f 满秩,而 f 满秩是指它在一组基处的矩阵满秩,所以解题时应在 V 内选一组基. 题中都与子空间 M 相关,所以这组基应由 M 内一组基扩充而成.

例 1.8 设 V 是数域 K 上的 n 维线性空间,M,N 是 V 的两个子空间,$f(\alpha,\beta)$ 为 V 内双线性函数,使用上例的记号. 证明

$$L(M + N) = L(M) \cap L(N), R(M + N) = R(M) \cap R(N);$$

如果 $f(\alpha,\beta)$ 满秩,则

$$L(M\cap N)=L(M)+L(N), \quad R(M\cap N)=R(M)+R(N).$$

解 设 $\alpha\in L(M+N)$,则对任意 $\beta\in M+N$,有 $f(\alpha,\beta)=0$. 因为 $M\subseteq M+N$, $N\subseteq M+N$,故 $\alpha\in L(M)$, $\alpha\in L(N)$,即 $\alpha\in L(M)\cap L(N)$. 于是 $L(M+N)\subseteq L(M)\cap L(N)$. 反之,设 $\alpha\in L(M)\cap L(N)$,那么对任意 $\beta_1\in M$, $\beta_2\in N$,有 $f(\alpha,\beta_1)=f(\alpha,\beta_2)=0$. 现在任取 $\beta\in M+N$,则 $\beta=\beta_1+\beta_2$ $(\beta_1\in M,\beta_2\in N)$,我们有

$$f(\alpha,\beta) = f(\alpha,\beta_1) + f(\alpha,\beta_2) = 0.$$

这说明 $\alpha\in L(M+N)$. 因此,$L(M)\cap L(N)\subseteq L(M+N)$. 由此推出

$$L(M + N) = L(M) \cap L(N).$$

同理有 $R(M+N)=R(M)\cap R(N)$.

现设 $f(\alpha,\beta)$ 满秩. 对任意 $\alpha\in L(M)+L(N)$ 有 $\alpha=\alpha_1+\alpha_2$ $(\alpha_1\in L(M),\alpha_2\in L(N))$,对任意 $\beta\in M\cap N$,由 $\beta\in M$ 推知 $f(\alpha_1,\beta)=0$,再

由 $\beta\in N$ 推知 $f(\alpha_2,\beta)=0$. 于是 $f(\alpha,\beta)=f(\alpha_1,\beta)+f(\alpha_2,\beta)=0$. 这表示 $\alpha\in L(M\cap N)$. 因而 $L(M)+L(N)\subseteq L(M\cap N)$.

另一方面，由于 $f(\alpha,\beta)$满秩，利用例 1.7 及维数公式，有

$$\begin{aligned}
&\dim(L(M)+L(N))\\
&\quad=\dim L(M)+\dim L(N)-\dim(L(M)\cap L(N))\\
&\quad=(n-\dim M)+(n-\dim N)-\dim(L(M+N))\\
&\quad=2n-(\dim M+\dim N)-(n-\dim(M+N))\\
&\quad=n-(\dim M+\dim N)+\dim M+\dim N\\
&\qquad-\dim(M\cap N)\\
&\quad=n-\dim(M\cap N)=\dim L(M\cap N).
\end{aligned}$$

由上面结果推出 $L(M)+L(N)=L(M\cap N)$.

同理可证 $R(M)+R(N)=R(M\cap N)$. ▌

评议　对 V 的子空间 M, $L(M)$称为 M 关于 f 的左正交补，$R(M)$称为 M 关于 f 的右正交补. 上面两例给出了它们的基本性质. 这些性质是利用双线性函数来研究线性空间各种课题的有用工具.

例 1.9　设 V 是数域 K 上的线性空间，$f(\alpha)$, $g(\alpha)$是 V 内两个线性函数，且 $f(\alpha)g(\alpha)\equiv0$. 证明 $f(\alpha)\equiv0$ 或 $g(\alpha)\equiv0$.

解　设存在 $\alpha_0\in V$，使 $f(\alpha_0)\neq0$，因为 $f(\alpha_0)g(\alpha_0)=0$，故 $g(\alpha_0)=0$. 对任意 $\beta\in V$，我们有

$$\begin{aligned}
0&=f(\alpha_0+\beta)g(\alpha_0+\beta)=(f(\alpha_0)+f(\beta))(g(\alpha_0)+g(\beta))\\
&=f(\alpha_0)g(\beta)+f(\beta)g(\beta)=f(\alpha_0)g(\beta).
\end{aligned}$$

已知 $f(\alpha_0)\neq0$，由上式推出 $g(\beta)=0$. ▌

评议　在上面推理中，为证 $g(\beta)=0$，利用向量 $\alpha_0+\beta$，这是在讨论线性问题中常用的技巧，读者应学会这个妙法.

例 1.10　设 U, V 是数域 K 上 n 维线性空间，f, g 分别是 U, V 内的双线性函数. 在 U 内取一组基 $\varepsilon_1,\varepsilon_2,\cdots,\varepsilon_n$，在 V 内取一组基 $\eta_1,\eta_2,\cdots,\eta_n$，令

$$A=\begin{bmatrix}
f(\varepsilon_1,\varepsilon_1) & f(\varepsilon_1,\varepsilon_2) & \cdots & f(\varepsilon_1,\varepsilon_n)\\
f(\varepsilon_2,\varepsilon_1) & f(\varepsilon_2,\varepsilon_2) & \cdots & f(\varepsilon_2,\varepsilon_n)\\
\vdots & \vdots & & \vdots\\
f(\varepsilon_n,\varepsilon_1) & f(\varepsilon_n,\varepsilon_2) & \cdots & f(\varepsilon_n,\varepsilon_n)
\end{bmatrix},$$

$$B=\begin{bmatrix} g(\eta_1,\eta_1) & g(\eta_1,\eta_2) & \cdots & g(\eta_1,\eta_n) \\ g(\eta_2,\eta_1) & g(\eta_2,\eta_2) & \cdots & g(\eta_2,\eta_n) \\ \vdots & \vdots & & \vdots \\ g(\eta_n,\eta_1) & g(\eta_n,\eta_2) & \cdots & g(\eta_n,\eta_n) \end{bmatrix},$$

则 A 与 B 合同的充分必要条件是存在 U 到 V 的线性空间同构映射 σ,使 $g(\sigma(\varepsilon_i),\sigma(\varepsilon_j))=f(\varepsilon_i,\varepsilon_j)$.

解 充分性 因为 σ 为线性空间同构,故 $\sigma(\varepsilon_1),\sigma(\varepsilon_2),\cdots,\sigma(\varepsilon_n)$ 为 V 的一组基,g 在此组基下矩阵为 A,故 B 与 A 合同.

必要性 若 B 与 A 合同,则存在可逆 n 阶方阵 T,使 $A=T'BT$. 令 $(\omega_1,\omega_2,\cdots,\omega_n)=(\eta_1,\eta_1,\cdots,\eta_n)T$,则 g 在基 $\omega_1,\omega_2,\cdots,\omega_n$ 下的矩阵为 A,即 $g(\omega_i,\omega_j)=f(\varepsilon_i,\varepsilon_j)$. 根据第三章§3线性映射的基本性质知,存在 U 到 V 的线性映射 σ,使 $\sigma(\varepsilon_i)=\omega_i$. 因为 σ 把 U 的一组基映射为 V 的一组基,故为线性空间同构,此时 $f(\varepsilon_i,\varepsilon_j)=g(\omega_i,\omega_j)=g(\sigma(\varepsilon_i),\sigma(\varepsilon_j))$. ▌

例 1.11 给定数域 K 上同类型准对角矩阵

$$A=\begin{bmatrix} 0 & 0 \\ 0 & A_1 \end{bmatrix}, \quad B=\begin{bmatrix} 0 & 0 \\ 0 & B_1 \end{bmatrix},$$

其中 A_1,B_1 均为 m 阶可逆方阵. 证明 A 与 B 合同的充分必要条件是 A_1 与 B_1 合同.

解 若 A_1 与 B_1 合同,则有 m 阶可逆方阵 T,使 $B_1=T'A_1T$,于是

$$\begin{bmatrix} E & 0 \\ 0 & T' \end{bmatrix}\begin{bmatrix} 0 & 0 \\ 0 & A_1 \end{bmatrix}\begin{bmatrix} E & 0 \\ 0 & T \end{bmatrix}=\begin{bmatrix} 0 & 0 \\ 0 & T'A_1T \end{bmatrix}=\begin{bmatrix} 0 & 0 \\ 0 & B_1 \end{bmatrix},$$

即 A 与 B 合同. 反之,若已知 A 与 B 合同,则存在可逆矩阵

$$T=\begin{bmatrix} T_1 & T_2 \\ T_3 & T_4 \end{bmatrix}$$

使 $T'AT=B$(T_4 为 m 阶方阵),我们有

$$\begin{aligned} &\begin{bmatrix} T_1' & T_3' \\ T_2' & T_4' \end{bmatrix}\begin{bmatrix} 0 & 0 \\ 0 & A_1 \end{bmatrix}\begin{bmatrix} T_1 & T_2 \\ T_3 & T_4 \end{bmatrix} \\ &=\begin{bmatrix} 0 & T_3'A_1 \\ 0 & T_4'A_1 \end{bmatrix}\begin{bmatrix} T_1 & T_2 \\ T_3 & T_4 \end{bmatrix}=\begin{bmatrix} T_3'A_1T_3 & T_3'A_1T_4 \\ T_4'A_1T_3 & T_4'A_1T_4 \end{bmatrix} \end{aligned}$$

$$= \begin{bmatrix} 0 & 0 \\ 0 & B_1 \end{bmatrix}.$$

由此推知 $B_1 = T_4' A_1 T_4$. 因为 $m = \mathrm{r}(B_1) = \mathrm{r}(T_4' A_1 T_4) \leqslant \min\{\mathrm{r}(T_4'), \mathrm{r}(A_1), \mathrm{r}(T_4)\} \leqslant \mathrm{r}(T_4) \leqslant m$($T_4$ 为 m 阶方阵),故 $\mathrm{r}(T_4) = m$,即 T_4 可逆,由此推知 B_1 与 A_1 合同. ▌

评议 此例运用分块矩阵运算及乘积矩阵秩的不等式,初学者容易犯一个错误,从 $B_1 = T_4' A_1 T_4$,不证明 T_4 可逆就断言 B_1 与 A_1 合同,这是概念不清.

例 1.12 设 $f(\alpha,\beta)$ 是数域 K 上线性空间 V 内的对称双线性函数. 如果 $f(\alpha,\beta) = g(\alpha)h(\beta)$,其中 g, h 为 V 内两个线性函数. 证明存在 V 内线性函数 $l(\alpha)$ 及 K 内非零数 λ,使得

$$f(\alpha,\beta) = \lambda l(\alpha) l(\beta).$$

解 首先,若 $f(\alpha,\beta) \equiv 0$,只要取 $\lambda = 1, l(\alpha) \equiv 0$,即有 $f(\alpha,\beta) = \lambda l(\alpha) l(\beta)$. 下面设 $f(\alpha,\beta) \not\equiv 0$. 于是有 $\alpha_0, \beta_0 \in V$,使

$$f(\alpha_0, \beta_0) = g(\alpha_0) h(\beta_0) \neq 0.$$

因为 $f(\alpha,\beta)$ 为对称双线性函数,故 $f(\beta_0, \alpha_0) = g(\beta_0) h(\alpha_0) \neq 0$. 现在令 $l(\alpha) = g(\alpha)$,那么,对任意 $\beta \in V$,我们有

$$f(\alpha_0, \beta) = g(\alpha_0) h(\beta) = f(\beta, \alpha_0) = g(\beta) h(\alpha_0).$$

已知 $g(\alpha_0) \neq 0$,从上式推出 $h(\beta) = \dfrac{h(\alpha_0)}{g(\alpha_0)} g(\beta) = \lambda l(\beta)$,这里 $\lambda = \dfrac{h(\alpha_0)}{g(\alpha_0)}$. 由此得

$$f(\alpha,\beta) = g(\alpha) h(\beta) = \lambda g(\alpha) g(\beta) = \lambda l(\alpha) l(\beta).$$ ▌

评议 一个双线性函数能不能分解为两个线性函数的乘积是一个有趣的课题. 此例对一般线性空间(包括无限维线性空间)的对称双线性函数解决了这个课题. 如 V 为 n 维线性空间,$f(\alpha,\beta) = g(\alpha)h(\beta)$. 在 V 内取基 $\varepsilon_1, \varepsilon_2, \cdots, \varepsilon_n$,则 $f(\alpha,\beta)$ 在此基下的矩阵为

$$A = \begin{pmatrix} g(\varepsilon_1)h(\varepsilon_1) & g(\varepsilon_1)h(\varepsilon_2) & \cdots & g(\varepsilon_1)h(\varepsilon_n) \\ g(\varepsilon_2)h(\varepsilon_1) & g(\varepsilon_2)h(\varepsilon_2) & \cdots & g(\varepsilon_2)h(\varepsilon_n) \\ \vdots & \vdots & & \vdots \\ g(\varepsilon_n)h(\varepsilon_1) & g(\varepsilon_n)h(\varepsilon_2) & \cdots & g(\varepsilon_n)h(\varepsilon_n) \end{pmatrix}.$$

显然 $r(A)=0$ 或 1. 故秩大于 1 的双线性函数不能表为两个线性函数的乘积.

练 习 题 4.1

1. 在 K^n 中定义函数如下：若

$$\alpha=(a_1,a_2,\cdots,a_n),\quad \beta=(b_1,b_2,\cdots,b_n),$$

则令

$$f(\alpha,\beta)=a_1b_1+a_2b_2+\cdots+a_nb_n.$$

证明这是一个双线性函数.

2. 在 K^4 中定义函数如下：若

$$\alpha=(x_1,x_2,x_3,x_4),\quad \beta=(y_1,y_2,y_3,y_4),$$

则令

$$f(\alpha,\beta)=3x_1y_2-5x_2y_1+x_3y_4-4x_4y_3.$$

(1) 证明 $f(\alpha,\beta)$是一个双线性函数；

(2) 在 K^4 中给定一组基

$$\varepsilon_1=(1,2,-1,0),\quad \varepsilon_2=(1,-1,1,1),$$
$$\varepsilon_3=(-1,2,1,1),\quad \varepsilon_4=(-1,-1,0,1),$$

求 $f(\alpha,\beta)$在这组基下的矩阵；

(3) 在 K^4 内另给一组基 $\eta_1,\eta_2,\eta_3,\eta_4$，且

$$(\eta_1,\eta_2,\eta_3,\eta_4)=(\varepsilon_1,\varepsilon_2,\varepsilon_3,\varepsilon_4)T,$$

其中

$$T=\begin{bmatrix}1&1&1&1\\1&1&-1&-1\\1&-1&1&-1\\1&-1&-1&1\end{bmatrix},$$

求 $f(\alpha,\beta)$在基 $\eta_1,\eta_2,\eta_3,\eta_4$ 下的矩阵.

3. 在 $M_n(K)$内定义函数如下：

$$f(A,B)=\mathrm{Tr}(AB).$$

已知 $f(A,B)$是一个对称双线性函数；

(1) 令 $n=2$，在 $M_2(K)$内取一组基

$$\varepsilon_{11}=\begin{bmatrix}1 & 0\\0 & 0\end{bmatrix},\quad \varepsilon_{12}=\begin{bmatrix}0 & 1\\0 & 0\end{bmatrix},$$

$$\varepsilon_{21}=\begin{bmatrix}0 & 0\\1 & 0\end{bmatrix},\quad \varepsilon_{22}=\begin{bmatrix}0 & 0\\0 & 1\end{bmatrix},$$

求 $f(A,B)$在这组基下的矩阵;

(2) 在 $M_2(K)$内另取一组基

$$\eta_1=\begin{bmatrix}1 & 0\\0 & 1\end{bmatrix},\quad \eta_2=\begin{bmatrix}1 & 0\\0 & -1\end{bmatrix},$$

$$\eta_3=\begin{bmatrix}0 & 1\\1 & 0\end{bmatrix},\quad \eta_4=\begin{bmatrix}0 & 1\\-1 & 0\end{bmatrix},$$

求出两组基之间的过渡矩阵 T:

$$(\eta_1,\eta_2,\eta_3,\eta_4)=(\varepsilon_{11},\varepsilon_{12},\varepsilon_{21},\varepsilon_{22})T,$$

再求 $f(A,B)$在基 $\eta_1,\eta_2,\eta_3,\eta_4$ 下的矩阵.

4. 设 V 是数域 K 上的 n 维线性空间,$f(\alpha,\beta)$是 V 内的一个双线性函数. 证明: $f(\alpha,\beta)$满秩的充分必要条件是: 当对一切 $\beta\in V$ 有 $f(\alpha,\beta)=0$ 时,必定有 $\alpha=0$.

5. 在 $\mathbb{R}^4$ 中定义函数如下: 若

$$\alpha=(x_1,x_2,x_3,x_4),\quad \beta=(y_1,y_2,y_3,y_4),$$

则令

$$f(\alpha,\beta)=x_1y_1+x_2y_2+x_3y_3-x_4y_4.$$

(1) 证明 $f(\alpha,\beta)$是对称双线性函数;

(2) 求 $f(\alpha,\beta)$在基

$$\varepsilon_1=(1,0,0,0),\quad \varepsilon_2=(0,1,0,0),$$
$$\varepsilon_3=(0,0,1,0),\quad \varepsilon_4=(0,0,0,1)$$

下的矩阵;

(3) 求 $f(\alpha,\beta)$在基

$$\eta_1=(2,1,-1,1),\quad \eta_2=(0,3,1,0),$$
$$\eta_3=(5,3,2,1),\quad \eta_4=(6,6,1,3)$$

下的矩阵;

(4) 证明 $f(\alpha,\beta)$是满秩的;

(5) 求一个向量 $\alpha\neq0$,使 $f(\alpha,\alpha)=0$.

6. 在 K^4 内给定双线性函数 $f(\alpha,\beta)$ 如下,试判断哪些是对称的,哪些是满秩的. 设

$$\alpha=(x_1,x_2,x_3,x_4),\quad \beta=(y_1,y_2,y_3,y_4).$$

(1) $f(\alpha,\beta)=x_1y_2-x_1y_3+2x_1y_4-x_2y_1+x_2y_4-x_3y_1-2x_3y_4-2x_4y_1-x_4y_2+2x_4y_3$;

(2) $f(\alpha,\beta)=x_1y_1+2x_1y_2+2x_2y_1+4x_2y_2-x_3y_3-x_3y_4-x_4y_3+x_4y_4$;

(3) $f(\alpha,\beta)=-x_1y_3+x_1y_4+x_3y_1+x_3y_4-x_4y_1-x_4y_3$;

(4) $f(\alpha,\beta)=x_1y_4+x_4y_1$.

7. 证明:

$$\begin{bmatrix}\lambda_1 & & & \\ & \lambda_2 & & \\ & & \ddots & \\ & & & \lambda_n\end{bmatrix} \text{ 与 } \begin{bmatrix}\lambda_{i_1} & & & \\ & \lambda_{i_2} & & \\ & & \ddots & \\ & & & \lambda_{i_n}\end{bmatrix}$$

合同,其中 $i_1,i_2,\cdots,i_n$ 是 $1,2,\cdots,n$ 的一个排列.

8. 设 A 是一个 n 阶方阵,证明:

(1) A 反对称当且仅当对任一 $n\times 1$ 矩阵 X,有

$$X'AX=0;$$

(2) 若 A 对称,且对任一 $n\times 1$ 矩阵 X 有 $X'AX=0$,那么 $A=0$.

9. 设 V 是数域 K 上的 n 维线性空间,$f(\alpha,\beta)$ 是 V 内的双线性函数. 如果 $f(\alpha,\beta)$ 不是对称双线性函数,证明 $f(\alpha,\beta)$ 在 V 的任意一组基下的矩阵均非对角矩阵.

10. 设 i,j 是取定的整数,$1\leqslant i<j\leqslant n$. 在 K^n 中取定一个向量组 $\alpha_1,\alpha_2,\cdots,\alpha_n$. 定义 K^n 上二元函数如下:对 $\alpha,\beta\in K^n$,令

$$f(\alpha,\beta)=\det(\alpha_1,\cdots,\overset{i}{\alpha},\cdots,\overset{j}{\beta},\cdots,\alpha_n),$$

其中 $(\alpha_1,\cdots,\alpha,\cdots,\beta,\cdots,\alpha_n)$ 表示以 $\alpha_1,\cdots,\alpha_{i-1},\alpha,\alpha_{i+1},\cdots,\alpha_{j-1},\beta,\alpha_{j+1},\cdots,\alpha_n$ 为列向量组的 n 阶方阵.

(1) 证明 $f(\alpha,\beta)$ 是 K^n 中的反对称双线性函数.

(2) 如果 $\alpha_1,\alpha_2,\cdots,\alpha_n$ 是 K^n 的一组基,求 $f(\alpha,\beta)$ 在这组基下的矩阵.

(3) 求 $f(\alpha,\beta)$ 的秩.

§2 二 次 型

【内容提要】

定义 以数域 K 的元素作系数的 n 个变量 $x_1,x_2,\cdots,x_n$ 的二次齐次函数

$$f=\sum_{i=1}^{n}\sum_{j=1}^{n}a_{ij}x_ix_j \quad (a_{ij}=a_{ji}) \tag{1}$$

称为数域 K 上的一个**二次型**,其系数所成的矩阵

$$A=\begin{bmatrix} a_{11} & a_{12} & \cdots & a_{1n} \\ a_{21} & a_{22} & \cdots & a_{2n} \\ \vdots & \vdots & & \vdots \\ a_{n1} & a_{n2} & \cdots & a_{nn} \end{bmatrix}$$

是数域 K 上的 n 阶对称矩阵,称为此**二次型的矩阵**. A 的秩 $\mathrm{r}(A)$ 称为此**二次型的秩**.

令

$$X=\begin{bmatrix} x_1 \\ x_2 \\ \vdots \\ x_n \end{bmatrix},$$

二次型(1)可以表示成矩阵乘积的形式

$$f=X'AX.$$

显然,数域 K 上一个二次型 f 就是 V 内一个二次型函数 $Q_f(\alpha)$ 在基 $\varepsilon_1,\varepsilon_2,\cdots,\varepsilon_n$ 下的解析表达式.

定义 考查系数属于数域 K 的如下的 n 个变量的线性变数替换

$$\begin{cases} x_1=t_{11}y_1+t_{12}y_2+\cdots+t_{1n}y_n, \\ x_2=t_{21}y_1+t_{22}y_2+\cdots+t_{2n}y_n, \\ \cdots\cdots\cdots\cdots\cdots\cdots\cdots\cdots \\ x_n=t_{n1}y_1+t_{n2}y_2+\cdots+t_{nn}y_n. \end{cases} \tag{2}$$

如果其系数矩阵

$$T=\begin{bmatrix} t_{11} & t_{12} & \cdots & t_{1n} \\ t_{21} & t_{22} & \cdots & t_{2n} \\ \vdots & \vdots & & \vdots \\ t_{n1} & t_{n2} & \cdots & t_{nn} \end{bmatrix} \quad (t_{ij}\in K)$$

可逆，则(2)式称为数域 K 上的**可逆线性变数替换**.

命题 给定 K 上两个二次型

$$f=\sum_{i=1}^{n}\sum_{j=1}^{n}a_{ij}x_ix_j \quad (a_{ij}=a_{ji}),$$

$$g=\sum_{i=1}^{n}\sum_{j=1}^{n}b_{ij}y_iy_j \quad (b_{ij}=b_{ji}),$$

它们的矩阵分别为 $A=(a_{ij}),B=(b_{ij})$. 则存在 K 上可逆线性变数替换 $X=TY$，使 f 变成 g 的充分必要条件是 B 与 A 在 K 内合同，即

$$B=T'AT.$$

根据§1中的定理1的推论，任意一个对称方阵都合同于一个对角矩阵. 从上面命题可知，定理1可用二次型的语言叙述如下：

定理1 给定数域 K 上的一个二次型

$$f=\sum_{i=1}^{n}\sum_{j=1}^{n}a_{ij}x_ix_j \quad (a_{ij}=a_{ji}),$$

则存在 K 上一个可逆方阵 T，使在线性变数替换 $X=TZ$ 下此二次型变为如下标准形

$$d_1z_1^2+d_2z_2^2+\cdots+d_nz_n^2.$$

评议 历史上首先研究二次型的是高斯. 他研究整数系数的二元二次型 $ax^2+2bxy+cy^2$，主要是从数论的角度讨论这个课题. 为此，他引入两个二次型等价的概念，即它们通过整数系数线性变数替换

$$\begin{cases} x=a_1u+b_1v, \\ y=a_2u+b_2v, \end{cases} \quad \begin{vmatrix} a_1 & b_1 \\ a_2 & b_2 \end{vmatrix}=1$$

能互变. 高斯的工作对后世有深刻影响. 以后柯西研究了一般的 n 元二次型并在1829年得到上面阐述的定理1.

根据以上的分析，数域 K 上全体 n 元二次型所成的集合与 K 上

全体 n 阶对称矩阵所成的集合之间存在一一对应. 在 §1 又指出,在 K 上 n 维线性空间 V 内取定一组基 $\varepsilon_1,\varepsilon_2,\cdots,\varepsilon_n$ 后,K 上全体 n 阶对称矩阵所成的集合与 V 内全体对称双线性函数所成的集合之间也存在一一对应,而对称双线性函数又与二次型函数一一对应. 所以,现在我们所研讨的理论有如下四种等价的语言表达法: 1) 二次型的语言; 2) 对称矩阵的语言; 3) 对称双线性函数的语言; 4) 二次型函数的语言.

上面所说的关系具体表示出来就是: 二次型作可逆变数替换 $X=TY$ 等价于其矩阵 A 作合同变换 $T'AT=B$,而这又等价于空间 V 内作基变换 $(\eta_1,\eta_2,\cdots,\eta_n)=(\varepsilon_1,\varepsilon_2,\cdots,\varepsilon_n)T$. §1 定理 1 说对称双线性函数经基变换可使其矩阵对角化,这就等于说对称矩阵可经合同变换化为对角矩阵,而这又等于说二次型可经可逆线性变数替换化为标准形.

读者必须注意: 二次型只能作可逆的线性变换替换,如作不可逆(即其变换的系数矩阵 T 不可逆)将导致错误的结果.

给定一个具体二次型,如何作可逆变数替换把它化为标准形的问题在历史上曾被详细研究并写进代数学的教科书. 但从现代观点看,它已不是重要内容. 下面简要叙述其中的配方法. 设给定二次型

$$f=\sum_{i=1}^{n}\sum_{j=1}^{n}a_{ij}x_ix_j\quad(a_{ij}=a_{ji}).$$

(1) 若 $a_{11}\neq 0$. 作可逆变数替换:

$$X=\begin{bmatrix}x_1\\x_2\\\vdots\\x_n\end{bmatrix}=\begin{bmatrix}1&-\frac{a_{12}}{a_{11}}&\cdots&-\frac{a_{1n}}{a_{11}}\\&1&&0\\&0&\ddots&\\&&&1\end{bmatrix}\begin{bmatrix}y_1\\y_2\\\vdots\\y_n\end{bmatrix}.$$

不难看出,这实际上相当于定理 1 证明过程中所做的基变换. 经过上述变数替换后,二次型化作

$$a_{11}y_1^2+\sum_{i=2}^{n}\sum_{j=2}^{n}b_{ij}y_iy_j\quad(b_{ij}=b_{ji}).$$

然后再对上式右边的 $n-1$ 个变量 $y_2, y_3, \cdots, y_n$ 的二次型继续进行计算.

如果 $a_{11}=0$,而某个 $a_{ii}\neq 0$,则对 x_i 配方.

(2) 所有 $a_{ii}=0(i=1,2,\cdots,n)$,而有一个 $a_{ij}\neq 0(i<j)$,则做变数替换

$$\begin{cases} x_i=y_i+y_j, \\ x_j=y_i-y_j, \\ x_k=y_k \quad (k\neq i,j). \end{cases}$$

这就可以把二次型化为第一种情况.

例 2.1 化二次型

$$f=2x_1x_2-6x_2x_3+2x_1x_3$$

为标准形.

解 现在所有平方项系数都为零,而 $a_{12}=1\neq 0$. 做变数替换

$$\begin{cases} x_1=y_1+y_2, \\ x_2=y_1-y_2, \\ x_3=\qquad\quad y_3. \end{cases}$$

写成矩阵形式

$$X=\begin{bmatrix} x_1 \\ x_2 \\ x_3 \end{bmatrix}=\begin{bmatrix} 1 & 1 & 0 \\ 1 & -1 & 0 \\ 0 & 0 & 1 \end{bmatrix}\begin{bmatrix} y_1 \\ y_2 \\ y_3 \end{bmatrix}=T_1Y.$$

二次型化作

$$\begin{aligned} &2(y_1+y_2)(y_1-y_2)+2(y_1+y_2)y_3-6(y_1-y_2)y_3 \\ &\quad =2y_1^2-2y_2^2-4y_1y_3+8y_2y_3. \end{aligned}$$

y_1^2 的系数不为零,对 y_1 配方,得

$$2(y_1^2-2y_1y_3)-2y_2^2+8y_2y_3=2(y_1-y_3)^2-2y_2^2-2y_3^2+8y_2y_3.$$

做变数替换,并写成矩阵形式

$$Y=\begin{bmatrix} 1 & 0 & 1 \\ 0 & 1 & 0 \\ 0 & 0 & 1 \end{bmatrix}\begin{bmatrix} z_1 \\ z_2 \\ z_3 \end{bmatrix}=T_2Z.$$

二次型化作

$$2z_1^2-2z_2^2+8z_2z_3-2z_3^2.$$

再对 z_2 配方，得

$$2z_1^2-2(z_2^2-4z_2z_3)-2z_3^2=2z_1^2-2(z_2-z_3)^2+6z_3^2.$$

做变数替换，并写成矩阵形式

$$Z=\begin{bmatrix}1&0&0\\0&1&2\\0&0&1\end{bmatrix}\begin{bmatrix}u_1\\u_2\\u_3\end{bmatrix}=T_3U.$$

二次型化作标准形

$$2u_1^2-2u_2^2+6u_3^2.$$

最后，求出总的坐标变换矩阵. 因

$$X=T_1Y=T_1(T_2Z)=T_1T_2(T_3U)=(T_1T_2T_3)U,$$

故

$$T=T_1T_2T_3=\begin{bmatrix}1&1&0\\1&-1&0\\0&0&1\end{bmatrix}\begin{bmatrix}1&0&1\\0&1&0\\0&0&1\end{bmatrix}\begin{bmatrix}1&0&0\\0&1&2\\0&0&1\end{bmatrix}$$

$$=\begin{bmatrix}1&1&3\\1&-1&-1\\0&0&1\end{bmatrix}.$$

如果写出原二次型矩阵 A 和标准形矩阵 D，有

$$A=\begin{bmatrix}0&1&1\\1&0&-3\\1&-3&0\end{bmatrix},\quad D=\begin{bmatrix}2&0&0\\0&-2&0\\0&0&6\end{bmatrix}.$$

不难验证有合同关系：$T'AT=D$. ▌

例 2.2　设 $i_1i_2\cdots i_n$ 是前 n 个自然数的一个排列. 给定数域 K 上两个二次型

$$f=d_1x_1^2+d_2x_2^2+\cdots+d_nx_n^2,$$
$$g=d_{i_1}y_1^2+d_{i_2}y_2^2+\cdots+d_{i_n}y_n^2.$$

证明存在可逆线性变数替换 $X=TY$ 使 f 变为 g.

解　f 和 g 的矩阵分别是

$$A=\begin{bmatrix} d_1 & & & 0 \\ & d_2 & & \\ & & \ddots & \\ 0 & & & d_n \end{bmatrix},\quad B=\begin{bmatrix} d_{i_1} & & & 0 \\ & d_{i_2} & & \\ & & \ddots & \\ 0 & & & d_{i_n} \end{bmatrix}.$$

只要证存在 n 阶可逆方阵 T,使 $T'AT=B$.

考查 K 上 n 维线性空间 V 内一个对称双线性函数 $f(\alpha,\beta)$,它在基 $\varepsilon_1,\varepsilon_2,\cdots,\varepsilon_n$ 下的矩阵为 A. 那么,我们有

$$f(\varepsilon_i,\varepsilon_j)=\begin{cases} d_i, & 若\ i=j, \\ 0, & 若\ i\neq j. \end{cases}$$

因为 $\varepsilon_{i_1},\varepsilon_{i_2},\cdots,\varepsilon_{i_n}$ 仍是 V 内一个线性无关向量组,所以它也是 V 的一组基. 令

$$(\varepsilon_{i_1},\varepsilon_{i_2},\cdots,\varepsilon_{i_n})=(\varepsilon_1,\varepsilon_2,\cdots,\varepsilon_n)T,$$

$f(\alpha,\beta)$ 在基 $\varepsilon_{i_1},\varepsilon_{i_2},\cdots,\varepsilon_{i_n}$ 下的矩阵显然即为 B,从而 $B=T'AT$. ▌

评议 此题用二次型的语言叙述,但其最简明、直观的证法是使用对称双线性函数的语言. 读者应注意: 此题的结果说明,二次型标准形中的系数可以按任意次序重新排列.

例 2.3 给定实数域上二次型

$$f=\sum_{i=1}^{s}(a_{i1}x_1+a_{i2}x_2+\cdots+a_{in}x_n)^2,$$

令

$$A=\begin{bmatrix} a_{11} & a_{12} & \cdots & a_{1n} \\ a_{21} & a_{22} & \cdots & a_{2n} \\ \vdots & \vdots & & \vdots \\ a_{s1} & a_{s2} & \cdots & a_{sn} \end{bmatrix}.$$

证明 f 的秩等于 $\mathrm{r}(A)$.

解 令

$$x=\begin{bmatrix} x_1 \\ x_2 \\ \vdots \\ x_n \end{bmatrix},$$

我们有

$$AX=\begin{bmatrix} a_{11}x_1+a_{12}x_2+\cdots+a_{1n}x_n \\ a_{21}x_1+a_{22}x_2+\cdots+a_{2n}x_n \\ \vdots \\ a_{s1}x_1+a_{s2}x_2+\cdots+a_{sn}x_n \end{bmatrix}.$$

于是

$$\begin{aligned} X'(A'A)X &= (AX)'(AX) \\ &= \sum_{i=1}^{s}(a_{i1}x_1+a_{i2}x_2+\cdots+a_{in}x_n)^2 \\ &= f. \end{aligned}$$

因为 $A'A$ 是对称矩阵,故实二次型 f 的矩阵就是 $A'A$. 考查齐次线性方程 $AX=0$ 与 $(A'A)X=0$. 显然,$AX=0$ 的解都是 $(A'A)X=0$ 的解. 反之,$(A'A)X=0$ 的任一组解 X 满足 $X'(A'A)X=0$,于是

$$\begin{aligned} X'(A'A)X &= (AX)'(AX) \\ &= \sum_{i=1}^{s}(a_{i1}x_1+a_{i2}x_2+\cdots+a_{in}x_n)^2 \\ &= 0. \end{aligned}$$

在实数域内它推出 $a_{i1}x_1+a_{i2}x_2+\cdots+a_{in}x_n=0(i=1,2,\cdots,s)$,于是 $AX=0$. 因此,$AX=0$ 与 $(A'A)X=0$ 同解. 由此推出 $n-\mathrm{r}(A)=n-\mathrm{r}(A'A)$,即 $\mathrm{r}(A'A)=\mathrm{r}(A)$. ▌

评议 解此题的关键有二,一是看出 $f=X'(A'A)X$,二是看出 $AX=0$ 等价于 $(A'A)X=0$. 这两点都依赖于熟练掌握矩阵乘法的基础理论.

例 2.4 给定数域 K 上的 n 元二次型 $f=X'AX$. 对它作可逆线性变数替换 $X=TY$,其中 T 为主对角线上元素全为 1 的上三角矩阵,f 经此变换化为二次型 $g=Y'BY$. 证明 A 与 B 的下列子式相等:

$$A\begin{Bmatrix} 1 & 2 & \cdots & r \\ 1 & 2 & \cdots & r \end{Bmatrix}=B\begin{Bmatrix} 1 & 2 & \cdots & r \\ 1 & 2 & \cdots & r \end{Bmatrix}, \quad r=1,2,\cdots,n.$$

此类线性变数替换 $X=TY$ 称为**三角形变换**.

解 设

$$T = \begin{bmatrix} 1 & t_{12} & & \cdots & t_{1n} \\ & 1 & t_{23} & \cdots & t_{2n} \\ & & \ddots & & \vdots \\ & 0 & & \ddots & \vdots \\ & & & & 1 \end{bmatrix}.$$

令 $X=TY$,则 $f=X'AX=Y'(T'AT)Y=Y'BY$,这里 $B=T'AT$. 现对 A,T,B 进行分块:

$$A = \begin{bmatrix} A_1 & A_2 \\ A_3 & A_4 \end{bmatrix}, \quad T = \begin{bmatrix} T_1 & T_2 \\ 0 & T_3 \end{bmatrix}, \quad B = \begin{bmatrix} B_1 & B_2 \\ B_3 & B_4 \end{bmatrix},$$

其中 A_1,T_1,B_1 均为 r 阶方阵. 我们有

$$\begin{aligned} T'AT &= \begin{bmatrix} T_1' & 0 \\ T_2' & T_3' \end{bmatrix} \begin{bmatrix} A_1 & A_2 \\ A_3 & A_4 \end{bmatrix} \begin{bmatrix} T_1 & T_2 \\ 0 & T_3 \end{bmatrix} \\ &= \begin{bmatrix} T_1'A_1T_1 & T_1'A_1T_2 + T_1'A_2T_3 \\ T_2'A_1T_1 + T_3'A_3T_1 & T_2'A_1T_2 + T_3'A_3T_2 + T_2'A_2T_3 + T_3'A_4T_3 \end{bmatrix} \\ &= \begin{bmatrix} B_1 & B_2 \\ B_2 & B_4 \end{bmatrix}. \end{aligned}$$

因此,$B_1=T_1'A_1T_1$,我们有

$$\begin{aligned} B\begin{Bmatrix} 1 & 2 & \cdots & r \\ 1 & 2 & \cdots & r \end{Bmatrix} &= |B_1| = |T_1'A_1T_1| = |T_1|^2|A_1| \\ &= |A_1| = A\begin{Bmatrix} 1 & 2 & \cdots & r \\ 1 & 2 & \cdots & r \end{Bmatrix}. \end{aligned}$$ ▌

例 2.5 给定数域 K 上的二次型 $f=X'AX$. 设 f 的秩为 r.

(1) 证明 f 可用三角形变换化为

$$g = \lambda_1 y_1^2 + \lambda_2 y_2^2 + \cdots + \lambda_r y_r^2 \quad (\lambda_i \neq 0, i = 1,2,\cdots,r)$$

的充分必要条件是

$$D_k = A\begin{Bmatrix} 1 & 2 & \cdots & k \\ 1 & 2 & \cdots & k \end{Bmatrix} \neq 0 \quad (k = 1,2,\cdots,r),$$

而

$$A\begin{Bmatrix} 1 & 2 & \cdots & k \\ 1 & 2 & \cdots & k \end{Bmatrix} = 0 \quad (k = r+1,\cdots,n).$$

(2) 证明上题中的标准形 g 的系数满足

$$\lambda_k = \frac{D_k}{D_{k-1}} \quad (k = 1,2,\cdots,r;\ D_0 = 1).$$

解　若 f 经三角形变换 $X=TY$ 化为

$$g = \lambda_1 y_1^2 + \lambda_2 y_2^2 + \cdots + \lambda_r y_r^2,$$

g 的矩阵为

$$G = \begin{bmatrix} \lambda_1 & & & & & & \\ & \lambda_2 & & & 0 & & \\ & & \ddots & & & & \\ & & & \lambda_r & & & \\ & 0 & & & 0 & & \\ & & & & & \ddots & \\ & & & & & & 0 \end{bmatrix}.$$

按照例 2.4,我们有

$$D_k = A\begin{Bmatrix} 1 & 2 & \cdots & k \\ 1 & 2 & \cdots & k \end{Bmatrix} = G\begin{Bmatrix} 1 & 2 & \cdots & k \\ 1 & 2 & \cdots & k \end{Bmatrix}$$
$$= \lambda_1\lambda_2\cdots\lambda_k \neq 0 \quad (k = 1,2,\cdots,r).$$

而

$$A\begin{Bmatrix} 1 & 2 & \cdots & k \\ 1 & 2 & \cdots & k \end{Bmatrix} = G\begin{Bmatrix} 1 & 2 & \cdots & k \\ 1 & 2 & \cdots & k \end{Bmatrix} = 0 \quad (k = r+1,\cdots,n),$$

根据上面的结果,我们显然有(令 $D_0=1$)

$$\lambda_k = \frac{D_k}{D_{k-1}} \quad (k = 1,2,\cdots,r).$$

现在来证明充分性. 对变量数 n 作数学归纳法. $n=1$ 时 f 已是标准形,只需作恒等变数替换 $X=EY$. 设对 $n-1$ 个变元的二次型充分性已成立. 则当

$$f = \sum_{i=1}^{n}\sum_{j=1}^{n} a_{ij}x_i x_j = X'AX$$

时,设

$$A\begin{Bmatrix}1 & 2 & \cdots & k\\ 1 & 2 & \cdots & k\end{Bmatrix}\neq 0 \quad (k=1,2,\cdots,r),$$

$$A\begin{Bmatrix}1 & 2 & \cdots & k\\ 1 & 2 & \cdots & k\end{Bmatrix}= 0 \quad (k=r+1,\cdots,n).$$

现在 $a_{11}=A\begin{Bmatrix}1\\1\end{Bmatrix}\neq 0$,应用配方法,即作三角形变换

$$X=\begin{bmatrix}x_1\\x_2\\ \vdots\\ x_n\end{bmatrix}=\begin{bmatrix}1 & -\frac{a_{12}}{a_{11}} & \cdots & -\frac{a_{1n}}{a_{11}}\\ & 1 & & 0\\ & 0 & \ddots & \\ & & & 1\end{bmatrix}\begin{bmatrix}y_1\\y_2\\ \vdots\\ y_n\end{bmatrix}$$

$$=TY,$$

则 f 化做

$$g=a_{11}y_1^2+\sum_{i=2}^{n}\sum_{j=2}^{n}b_{ij}y_iy_j=Y'BY,$$

其矩阵为

$$B=\begin{bmatrix}a_{11} & 0\\ 0 & B_1\end{bmatrix}.$$

若 $r=1$,则 $1=\mathrm{r}(B)=\mathrm{r}(B_1)+1$,故 $\mathrm{r}(B_1)=0$,即 $B_1=0$,命题已证.下面设 $r>1$.现在

$$B_1\begin{Bmatrix}1 & 2 & \cdots & k\\ 1 & 2 & \cdots & k\end{Bmatrix}=\frac{1}{a_{11}}B\begin{Bmatrix}1 & 2 & \cdots & k+1\\ 1 & 2 & \cdots & k+1\end{Bmatrix}$$

$$=\frac{1}{a_{11}}A\begin{Bmatrix}1 & 2 & \cdots & k+1\\ 1 & 2 & \cdots & k+1\end{Bmatrix}\neq 0,$$

这里 $k=1,2,\cdots,r-1$.而

$$B_1\begin{Bmatrix}1 & 2 & \cdots & k\\ 1 & 2 & \cdots & k\end{Bmatrix}=\frac{1}{a_{11}}B\begin{Bmatrix}1 & 2 & \cdots & k+1\\ 1 & 2 & \cdots & k+1\end{Bmatrix}$$

$$=\frac{1}{a_{11}}A\begin{Bmatrix}1 & 2 & \cdots & k+1\\ 1 & 2 & \cdots & k+1\end{Bmatrix}=0,$$

这里 $k=r,r+1,\cdots,n-1$.按归纳假设,有三角形变换

$$\begin{bmatrix} y_2 \\ y_3 \\ \vdots \\ y_n \end{bmatrix} = T_1 \begin{bmatrix} z_2 \\ z_3 \\ \vdots \\ z_n \end{bmatrix},$$

使

$$\sum_{i=2}^{n} \sum_{j=2}^{n} b_{ij} y_i y_j = \lambda_2 z_2^2 + \cdots + \lambda_r z_r^2.$$

作三角形变换

$$Y = \begin{bmatrix} y_1 \\ y_2 \\ \vdots \\ y_n \end{bmatrix} = \begin{bmatrix} 1 & 0 \\ 0 & T_1 \end{bmatrix} \begin{bmatrix} z_1 \\ z_2 \\ \vdots \\ z_n \end{bmatrix} = T_2 Z,$$

则

$$\begin{aligned} g = Y'BY &= Z'(T_2'BT_2)Z \\ &= a_{11}z_1^2 + \lambda_2 z_2^2 + \cdots + \lambda_r z_r^2. \end{aligned}$$

现在 TT_2 仍是主对角线上为 1 的上三角矩阵，在三角变换 $X=(TT_2)Z$ 下，

$$\begin{aligned} f = X'AX &= Z'(T_2'T'ATT_2)Z = Z'(T_2'BT_2)Z \\ &= a_{11}z_1^2 + \lambda_2 z_2^2 + \cdots + \lambda_r z_r^2. \quad \blacksquare \end{aligned}$$

评议　三角形变换的优点是，它把二次型化为标准形后，标准形各平方项的系数可由二次型的矩阵 A 的一些子式明显表示，这是其他方法无法做到的. 这对讨论一些理论问题有利. 例如，下面 §4 关于正定二次型的基本结果定理 1 可由此例立即得出.

例 2.6　给定数域 K 上两个同类型准对角矩阵

$$A = \begin{bmatrix} A_1 & 0 \\ 0 & A_2 \end{bmatrix}, \quad B = \begin{bmatrix} B_1 & 0 \\ 0 & B_2 \end{bmatrix},$$

其中 A_1, B_1 为同阶对称方阵，A_2, B_2 亦然. 存在可逆方阵 T_1, T_2 使 $T_1'A_1T_1 = D_1$ 为对角矩阵，$T_2'A_2T_2 = D_2$ 为对角矩阵，于是

$$\begin{bmatrix} T_1' & 0 \\ 0 & T_2' \end{bmatrix} \begin{bmatrix} A_1 & 0 \\ 0 & A_2 \end{bmatrix} \begin{bmatrix} T_1 & 0 \\ 0 & T_2 \end{bmatrix} = \begin{bmatrix} T_1'A_1T_1 & 0 \\ 0 & T_2'A_2T_2 \end{bmatrix}$$

$$=\begin{bmatrix} D_1 & 0 \\ 0 & D_2 \end{bmatrix}=D.$$

于是 $A\sim D$. 同理 $B\sim F$,这里

$$F=\begin{bmatrix} F_1 & 0 \\ 0 & F_2 \end{bmatrix},$$

其中 $B_1\sim F_1, B_2\sim F_2$,且 F_1, F_2 为对角矩阵.

根据例 2.2,可令

$$D_1=\begin{bmatrix} 0 & & & & & \\ & \ddots & & & 0 & \\ & & 0 & & & \\ & & & d_1 & & \\ & 0 & & & \ddots & \\ & & & & & d_r \end{bmatrix},\quad D_2=\begin{bmatrix} 0 & & & & & \\ & \ddots & & & 0 & \\ & & 0 & & & \\ & & & e_1 & & \\ & 0 & & & \ddots & \\ & & & & & e_s \end{bmatrix},$$

其中 $d_i\neq 0, e_j\neq 0$.

现设 $A\sim B$,则 $D\sim F$. 于是 D,F 是数域 K 上有限维线性空间 V 内一个对称双线性函数 $f(\alpha,\beta)$ 在两组基下的矩阵. 如果还已知 $A_1\sim B_1$,则 $D_1\sim F_1$,由于方阵合同是一个等价关系,A_1, B_1 合同时,它们合同于同一个对角矩阵. 故可取 $D_1=F_1$. 现在

$$F_2=\begin{bmatrix} 0 & & & & & \\ & \ddots & & & 0 & \\ & & 0 & & & \\ & & & f_1 & & \\ & 0 & & & \ddots & \\ & & & & & f_s \end{bmatrix},\quad f_i\neq 0,$$

这里因为 $D\sim F$,故 $\mathrm{r}(D)=\mathrm{r}(F)$,于是 D,F 主对角线上非零元素个数相同. 令

$$D_{11}=\begin{bmatrix}d_1 & & 0\\ & \ddots & \\ 0 & & d_r\end{bmatrix},\quad D_{21}=\begin{bmatrix}e_1 & & 0\\ & \ddots & \\ 0 & & e_s\end{bmatrix},\quad F_{21}=\begin{bmatrix}f_1 & & 0\\ & \ddots & \\ 0 & & f_s\end{bmatrix}.$$

适当掉换基的顺序,可使

$$D\sim\begin{bmatrix}0 & & 0\\ & D_{11} & \\ 0 & & D_{21}\end{bmatrix},\quad F\sim\begin{bmatrix}0 & & 0\\ & D_{11} & \\ 0 & & F_{21}\end{bmatrix}.$$

因为 $D\sim F$,按照例 1.11,我们有

$$\begin{bmatrix}D_{11} & 0\\ 0 & D_{21}\end{bmatrix}\sim\begin{bmatrix}D_{11} & 0\\ 0 & F_{21}\end{bmatrix}.$$

如能由上式证明 $D_{21}\sim F_{21}$(证明见例 2.7),再按例 1.11,推知 $D_2\sim F_2$. 于是有

$$A_2\sim D_2\sim F_2\sim B_2. \quad ▌$$

例 2.7 给定数域 K 上两个同类型准对角矩阵

$$A=\begin{bmatrix}A_1 & 0\\ 0 & A_2\end{bmatrix},\quad B=\begin{bmatrix}B_1 & 0\\ 0 & B_2\end{bmatrix},$$

其中 A_1,B_1 是同阶对称矩阵,A_2,B_2 亦然. 如果 A 与 B 合同,A_1 与 B_1 合同,证明 A_2 与 B_2 合同.

解 从例 2.6,可设

$$A_1=\begin{bmatrix}a_1 & & & 0\\ & a_2 & & \\ & & \ddots & \\ 0 & & & a_r\end{bmatrix}=B_1,$$

$$A_2=\begin{bmatrix}b_1 & & & 0\\ & b_2 & & \\ & & \ddots & \\ 0 & & & b_s\end{bmatrix},\quad B_2=\begin{bmatrix}c_1 & & & 0\\ & c_2 & & \\ & & \ddots & \\ 0 & & & c_s\end{bmatrix},$$

其中 $a_i\neq0,b_j\neq0,c_k\neq0$.

现在 A,B 可看做 K 上一有限维线性空间 V 内一对称双线性函数 (α,β)(为简便计，略去前面函数记号 f)在两组基 $\varepsilon_1,\cdots,\varepsilon_r,\varepsilon_{r+1},\varepsilon_{r+2},\cdots,\varepsilon_{r+s}$ 及 $\eta_1,\cdots,\eta_r;\eta_{r+1},\cdots,\eta_{r+s}$ 下的矩阵. 此时

$$(\varepsilon_i,\varepsilon_j)=(\eta_i,\eta_j)=0(i\neq j\text{ 时}).$$

我们对 A_1 的阶数 r 作数学归纳法.

设 $r=1$，现在 $(\varepsilon_1,\varepsilon_1)=(\eta_1,\eta_1)=a_1\neq0$. 因为

$$\begin{aligned}(\varepsilon_1\pm\eta_1,\varepsilon_1\pm\eta_1)&=(\varepsilon_1,\varepsilon_1)\pm2(\varepsilon_1,\eta_1)+(\eta_1,\eta_1)\\&=2a_1\pm2(\varepsilon_1,\eta_1).\end{aligned}$$

由于 $a_1\neq0$，由上式推知 $(\varepsilon_1+\eta_1,\varepsilon_1+\eta_1)$ 与 $(\varepsilon_1-\eta_1,\varepsilon_1-\eta_1)$ 不能全为零.

设 $(\varepsilon_1+\eta_1,\varepsilon_1+\eta_1)\neq0$. 令 $\gamma=\varepsilon_1+\eta_1$，定义 V 内一个变换

$$\boldsymbol{S}_\gamma(\alpha)=\alpha-\frac{2(\alpha,\gamma)}{(\gamma,\gamma)}\gamma.$$

易知 $\boldsymbol{S}_\gamma$ 是 V 内一个线性变换. 我们有

$$\boldsymbol{S}_\gamma(\gamma)=\gamma-\frac{2(\gamma,\gamma)}{(\gamma,\gamma)}\gamma=-\gamma.$$

对任意 $\alpha\in V$，又有

$$\begin{aligned}\boldsymbol{S}_\gamma^2(\alpha)&=\boldsymbol{S}_\gamma(\alpha)-\frac{2(\alpha,\gamma)}{(\gamma,\gamma)}\boldsymbol{S}_\gamma(\gamma)\\&=\alpha-\frac{2(\alpha,\gamma)}{(\gamma,\gamma)}\gamma+\frac{2(\alpha,\gamma)}{(\gamma,\gamma)}\gamma=\alpha,\end{aligned}$$

即 $\boldsymbol{S}_\gamma^2=\boldsymbol{E}$，从而 $\boldsymbol{S}_\gamma$ 是 V 内可逆线性变换，且 $\boldsymbol{S}_\gamma^{-1}=\boldsymbol{S}_\gamma$. 于是 $\boldsymbol{S}_\gamma$ 是 V 到自身的线性空间同构映射.

对任意 $\alpha,\beta\in V$，有

$$\begin{aligned}(\boldsymbol{S}_\gamma\alpha,\boldsymbol{S}_\gamma\beta)&=\left(\alpha-\frac{2(\alpha,\gamma)}{(\gamma,\gamma)}\gamma,\ \beta-\frac{2(\beta,\gamma)}{(\gamma,\gamma)}\gamma\right)\\&=(\alpha,\beta)-\frac{4(\alpha,\gamma)(\beta,\gamma)}{(\gamma,\gamma)}+\frac{4(\alpha,\gamma)(\beta,\gamma)}{(\gamma,\gamma)^2}(\gamma,\gamma)\\&=(\alpha,\beta).\end{aligned}\tag{3}$$

注意 $\gamma=\varepsilon_1+\eta_1$，又 $(\varepsilon_1-\eta_1,\varepsilon_1+\eta_1)=(\varepsilon_1,\varepsilon_1)-(\eta_1,\eta_1)=0$. 我们有

$$\boldsymbol{S}_\gamma(\varepsilon_1+\eta_1)=(\varepsilon_1+\eta_1)-\frac{2(\gamma,\gamma)}{(\gamma,\gamma)}(\varepsilon_1+\eta_1)=-\varepsilon_1-\eta_1,$$

$$S_\gamma(\varepsilon_1-\eta_1)=(\varepsilon_1-\eta_1)-\frac{2(\varepsilon_1-\eta_1,\varepsilon_1+\eta_1)}{(\gamma,\gamma)}\gamma=\varepsilon_1-\eta_1.$$

上面两式相加得 $S_\gamma(\varepsilon_1)=-\eta_1$.

现令

$$M=L(\varepsilon_2,\cdots,\varepsilon_{1+s}),\quad N=L(\eta_2,\cdots,\eta_{1+s}).$$

若有 $\alpha\in V$,且$(\alpha,\eta_1)=0$,令

$$\alpha=x_1\eta_1+x_2\eta_2+\cdots+x_{1+s}\eta_{1+s}.$$

我们有$(\eta_1,\eta_i)=0(i=2,\cdots,1+s)$,因此,

$$\begin{aligned}&x_1(\eta_1,\eta_1)+x_2(\eta_2,\eta_1)+\cdots+x_{1+s}(\eta_{1+s},\eta_1)\\&=x_1(\eta_1,\eta_1)=a_1x_1=(\alpha,\eta_1)=0.\end{aligned}$$

因 $a_1\neq 0$,故 $x_1=0$,于是 $\alpha\in N$.

对 $2\leqslant i\leqslant 1+s$,从(1)式得

$$0=(\varepsilon_i,\varepsilon_1)=(S_\gamma\varepsilon_i,S_\gamma\varepsilon_1)=(S_\gamma\varepsilon_i,-\eta_1),$$

因而 $S_\gamma\varepsilon_i\in N$. 现在 S_γ 是线性空间 M 到 N 的同构映射,由(3)式知,

$$(S_\gamma\varepsilon_i,S_\gamma\varepsilon_j)=(\varepsilon_i,\varepsilon_j).$$

把对称双线性函数(α,β)限制在 M,N 内,分别得到 M,N 内对称双线性函数 f,g,上式表示

$$g(S_\gamma\varepsilon_i,S_\gamma\varepsilon_j)=f(\varepsilon_i,\varepsilon_j).$$

利用例 1.10,f 在 M 的基 $\varepsilon_2,\cdots,\varepsilon_{1+s}$的矩阵 A_2 与 g 在 N 的基 $\eta_2,\cdots,\eta_{1+s}$的矩阵 B_2 合同.

如果是$(\varepsilon_1-\eta_1,\varepsilon_1-\eta_1)\neq 0$,令 $\gamma=\varepsilon_1-\eta_1$,作同样推理即知 A_2 与 B_2 合同(此时 $S_\gamma(\varepsilon_1)=\eta_1$).

现设命题对 A_1 为 $r-1$ 阶方阵时已成立. 考查 A_1 为 r 阶方阵的情况. 此时前面的推理仍然成立,只是

$$M=L(\varepsilon_2,\cdots,\varepsilon_r,\varepsilon_{r+1},\cdots,\varepsilon_{r+s}),$$

$$N=L(\eta_2,\cdots,\eta_r,\eta_{r+1},\cdots,\varepsilon_{r+s}).$$

(α,β)限制在 M,N 内分别得到对称双线性函数 f,g. 令

$$D=\begin{bmatrix}a_2 & & \\ & \ddots & \\ & & a_r\end{bmatrix},$$

则 f,g 在 M,N 内上述给定基下的矩阵分别是

$$\overline{A}=\begin{bmatrix} D & 0 \\ 0 & A_2 \end{bmatrix},\quad \overline{B}=\begin{bmatrix} D & 0 \\ 0 & B_2 \end{bmatrix}.$$

因为(取 $\gamma=\varepsilon_1+\eta_1$ 或 $\varepsilon_1-\eta_1$, $\boldsymbol{S}_r(\varepsilon_1)=-\eta_1$ 或 η_1)

$$0=(\varepsilon_i,\varepsilon_1)=(\boldsymbol{S}_\gamma\varepsilon_i,\boldsymbol{S}_\gamma\varepsilon_1)=(\boldsymbol{S}_\gamma\varepsilon_i,\pm\eta_1)$$
$$(2\leqslant i\leqslant r+s),$$

故 $\boldsymbol{S}_\gamma\varepsilon_i\in N$,即 $\boldsymbol{S}_\gamma$ 为 M 到 N 的线性空间同构,同样由(3)式得

$$g(\boldsymbol{S}_\gamma\varepsilon_i,\boldsymbol{S}_\gamma\varepsilon_j)=f(\varepsilon_i,\varepsilon_j).$$

利用例 1.10,f 在 M 的基 $\varepsilon_2,\cdots,\varepsilon_r,\varepsilon_{r+1},\cdots,\varepsilon_{r+s}$ 下的矩阵 $\overline{A}$ 和 g 在 N 的基 $\eta_2,\cdots,\eta_r,\eta_{r+1},\cdots,\eta_{r+s}$ 下的矩阵 $\overline{B}$ 合同. 现在根据归纳假设,A_2 与 B_2 合同. ▌

评议 此例就是二次型理论中著名的 Witt 消去定理. 粗一看,此命题的结论似乎是显然的,然而真正证明起来却是颇费寻思,并不"显然". 首先,是按例 2.6 将问题简化,这主要是把 A,B 归结为可逆对角矩阵,且 $A_1=B_1$. 然后按例 1.10 的要求构造 V 到自身的满足(3)式的线性空间同构,这是最关键的一步,构造出的 $\boldsymbol{S}_\gamma$ 通常称为 V 内的镜面反射. 有了这些结论,例 1.10 就导出了命题所要的结论. 本例中使用的方法极具典型性,富有启发性,读者应细心推敲体会,以提高自己处理问题的能力.

练 习 题 4.2

1. 写出下列二次型的矩阵,并求该二次型的秩.

(1) $f=-2x_1^2-x_2^2+x_1x_3-x_2x_3$;

(2) $f=-x_1x_3-2x_1x_4+x_3^2-5x_3x_4$;

(3) $f=2x_1^2-3x_2^2-4x_3^2-5x_4^2$;

(4) $f=-x_2^2-x_3^2+x_1x_4$.

2. 在 K^4 中给定如下对称双线性函数:若

$$\alpha=(x_1,x_2,x_3,x_4),\quad \beta=(y_1,y_2,y_3,y_4),$$

令

$$f(\alpha,\beta)=-x_1y_1+2x_1y_2+2x_2y_1-3x_2y_2+x_2y_4$$

$$-2x_1y_4+x_4y_2-2x_4y_1+2x_4y_4.$$

(1) 写出 $f(\alpha,\beta)$在基

$$\varepsilon_1=(1,0,0,0),\quad \varepsilon_2=(0,1,0,0),$$
$$\varepsilon_3=(0,0,1,0),\quad \varepsilon_4=(0,0,0,1)$$

下的矩阵，并写出 $f(\alpha,\alpha)$在此组基下的解析表达式；

(2) 做基变换

$$(\eta_1,\eta_2,\eta_3,\eta_4)=(\varepsilon_1,\varepsilon_2,\varepsilon_3,\varepsilon_4)\begin{bmatrix}2 & 1 & \frac{4}{\sqrt{3}} & 0\\ 1 & 0 & \frac{3}{\sqrt{3}} & 0\\ 0 & 0 & 0 & 1\\ 0 & 0 & \frac{1}{\sqrt{3}} & 0\end{bmatrix},$$

求 $f(\alpha,\beta)$在基 $\eta_1,\eta_2,\eta_3,\eta_4$ 下的矩阵，并求 $f(\alpha,\alpha)$在这组基下的解析表达式；

(3) 求可逆线性变数替换 $X=TY$，使二次型

$$f=-x_1^2+4x_1x_2-4x_1x_4-3x_2^2+2x_2x_4+2x_4^2$$

化成标准形.

3. 给定四个变量的二次型 f，试在 K^4 内找出对称双线性函数 $f(\alpha,\beta)$，使 $f(\alpha,\alpha)$在基

$$\varepsilon_1=(1,0,0,0),\quad \varepsilon_2=(0,1,0,0),$$
$$\varepsilon_3=(0,0,1,0),\quad \varepsilon_4=(0,0,0,1)$$

下的解析表达式为 f，其中

(1) $f=x_1^2+x_2^2+x_3^2+x_4^2+2x_1x_2+2x_2x_3+2x_3x_4$；

(2) $f=x_1x_2+x_1x_3+x_1x_4+x_2x_3+x_2x_4+x_3x_4$.

4. 用可逆线性变数替换化下列二次型为标准形：

(1) $f=-4x_1x_2+2x_1x_3+2x_2x_3$；

(2) $f=x_1^2+2x_1x_2+2x_2^2+4x_2x_3+4x_3^2$；

(3) $f=x_1^2-3x_2^2-2x_1x_2+2x_1x_3-6x_2x_3$；

(4) $f=8x_1x_4+2x_3x_4+2x_2x_3+8x_2x_4$；

(5) $f=x_1x_2+x_1x_3+x_1x_4+x_2x_3+x_2x_4+x_3x_4$.

5. 证明三角形变换的逆变换也是三角形变换.

6. 给定数域 K 上二次型

$$f=(a_1x_1+a_2x_2+\cdots+a_nx_n)(b_1x_1+b_2x_2+\cdots+b_nx_n).$$

试用可逆线性变数替换将 f 化为标准形.

7. 证明：秩等于 r 的对称矩阵可以表成 r 个秩为 1 的对称矩阵之和.

§3 实与复二次型的分类

【内容提要】

给定数域 K 上两个二次型 f,g,若 f 经可逆线性变数替换化为 g,则称 f 和 g **等价**,记做 $f\sim g$. f 与 g 等价的充分必要条件是它们的矩阵合同.

定理 1 复数域 $\mathbb{C}$ 上任一个二次型 f 都等价于如下一个二次型：

$$u_1^2+u_2^2+\cdots+u_r^2,$$

其中 r 等于二次型 f 的秩,这称为该二次型的**规范形**. 规范形是唯一的.

定理 2 实数域 $\mathbb{R}$ 上任一个二次型 f 都等价于如下一个实二次型：

$$u_1^2+\cdots+u_p^2-u_{p+1}^2-\cdots-u_r^2.$$

它称为 f 的**规范形**. 规范形是唯一的.

p 称为实二次型 f 的正惯性指数,$r-p$ 称为 f 的负惯性指数,$p-(r-p)=2p-r$ 称为 f 的符号差.

评议 将数域 K 上的全体二次型按等价关系进行分类,在每个等价类里挑出最简单的二次型作为该类的代表,称为规范形. 这种分类问题遍布数学各领域. 当 K 是复数域时问题最简单. 一般人眼中认为复数域比其他数域复杂,但在代数学中,复数域是最简单的数域,原因在于：在复数域内任何一元代数方程都有根,而在其他数域则未必. 当 K 为实数域时,二次型的分类就复杂一些,但问题也已经完满解决,至于其他数域内二次型的分类问题就大大复杂化了.

注意一个事实：一个实二次型经可逆线性变数替换化为标准形：$\lambda_1 y_1^2+\lambda_2 y_2^2+\cdots+\lambda_n y_n^2$，那么，$\lambda_1,\lambda_2,\cdots,\lambda_n$ 中正数个数 p 就是它的正惯性指数，负数的个数 q 就是它的负惯性指数，而秩为其中非零元素的个数 r. 不一定要再把它化为规范形.

例 3.1　求实二次型

$$f=2x_1x_2-6x_2x_3+2x_1x_3$$

的规范形，正、负惯性指数和符号差.

解　现在所有平方项系数都为零，而 $a_{12}=1\neq 0$. 做变数替换

$$\begin{cases} x_1=y_1+y_2, \\ x_2=y_1-y_2, \\ x_3=\qquad\quad y_3. \end{cases}$$

写成矩阵形式

$$X=\begin{bmatrix} x_1 \\ x_2 \\ x_3 \end{bmatrix}=\begin{bmatrix} 1 & 1 & 0 \\ 1 & -1 & 0 \\ 0 & 0 & 1 \end{bmatrix}\begin{bmatrix} y_1 \\ y_2 \\ y_3 \end{bmatrix}=T_1Y.$$

二次型化作

$$\begin{aligned} &2(y_1+y_2)(y_1-y_2)+2(y_1+y_2)y_3-6(y_1-y_2)y_3 \\ &=2y_1^2-2y_2^2-4y_1y_3+8y_2y_3. \end{aligned}$$

y_1^2 的系数不为零，对 y_1 配方，得

$$2(y_1^2-2y_1y_3)-2y_2^2+8y_2y_3=2(y_1-y_3)^2-2y_2^2-2y_3^2+8y_2y_3.$$

做变数替换，并写成矩阵形式

$$Y=\begin{bmatrix} 1 & 0 & 1 \\ 0 & 1 & 0 \\ 0 & 0 & 1 \end{bmatrix}\begin{bmatrix} z_1 \\ z_2 \\ z_3 \end{bmatrix}=T_2Z.$$

二次型化作

$$2z_1^2-2z_2^2+8z_2z_3-2z_3^2.$$

再对 z_2 配方，得

$$2z_1^2-2(z_2^2-4z_2z_3)-2z_3^2=2z_1^2-2(z_2-z_3)^2+6z_3^2.$$

做变数替换,并写成矩阵形式

$$Z=\begin{bmatrix}1&0&0\\0&1&2\\0&0&1\end{bmatrix}\begin{bmatrix}u_1\\u_2\\u_3\end{bmatrix}=T_3U.$$

二次型化作标准形

$$2u_1^2-2u_2^2+6u_3^2.$$

最后,求出总的坐标变换矩阵.因

$$X=T_1Y=T_1(T_2Z)=T_1T_2(T_3U)=(T_1T_2T_3)U,$$

故 $$T=T_1T_2T_3=\begin{bmatrix}1&1&0\\1&-1&0\\0&0&1\end{bmatrix}\begin{bmatrix}1&0&1\\0&1&0\\0&0&1\end{bmatrix}\begin{bmatrix}1&0&0\\0&1&2\\0&0&1\end{bmatrix}$$
$$=\begin{bmatrix}1&1&3\\1&-1&-1\\0&0&1\end{bmatrix}.$$

上面得到的还不是 f 的规范形.再作可逆变数替换(限在实数域内)

$$\begin{cases}u_1=\dfrac{1}{\sqrt{2}}v_1,\\u_2=\dfrac{1}{\sqrt{2}}v_3,\\u_3=\dfrac{1}{\sqrt{6}}v_2,\end{cases}$$

二次型化为

$$v_1^2+v_2^2-v_3^2.$$

这就是 f 的规范形,其秩 $r=3$,正惯性指数 $p=2$,负惯性指数为 1,符号差为 $2-1=1$. ▌

评议 本题把 f 称为实二次型,因而只能在实数范围内作可逆变数替换,$u_2=\dfrac{1}{\sqrt{2}}v_3$ 是允许的.如果称 f 为复二次型,则可在复数范围内作可逆变数替换,即可令 $u_2=\dfrac{\mathrm{i}}{\sqrt{2}}v_3$.如果称 f 为有理数域

$\mathbb{Q}$上二次型,则上面最后一步变数替换就不允许.

例 3.2 设

$$f=l_1^2+l_2^2+\cdots+l_p^2-l_{p+1}^2-\cdots-l_{p+q}^2,$$

其中 $l_i=a_{i1}x_1+a_{i2}x_2+\cdots+a_{in}x_n(i=1,2,\cdots,p+q)$ 是 $x_1,x_2,\cdots,x_n$ 的实系数的一次齐次函数. 证明 f 的正惯性指数$\leqslant p$,负惯性指数$\leqslant q$.

解法一 使用线性空间的语言. 即设$\mathbb{R}$上 n 维线性空间 V 内对称双线性函数 $f(\alpha,\beta)$,其二次型函数 $Q_f(\alpha)$在基 $\varepsilon_1,\varepsilon_2,\cdots,\varepsilon_n$ 下解析表达式为题中实二次型 f. 现在找一组新基化简 f 的表达式,也就是找一个基变换矩阵 T. 设向量组 $\alpha_i=(a_{i1},a_{i2},\cdots,a_{in})(i=1,2,\cdots,p)$ 的一个极大线性无关部分组是 $\alpha_{i_1},\alpha_{i_2},\cdots,\alpha_{i_r}$,把它扩充为$\mathbb{R}^n$的一组基 $\alpha_{i_1},\alpha_{i_2},\cdots,\alpha_{i_r},\beta_1,\cdots,\beta_s(r+s=n)$. 以它们为行向量排成 n 阶可逆实方阵 T. 如果作可逆线性变数替换 $Y=TX$,这时 $l_{i_1},l_{i_2},\cdots,l_{i_r}$变成 $y_1,y_2,\cdots,y_r$,而其他 α_i 可被 $\alpha_{i_1},\alpha_{i_2},\cdots,\alpha_{i_r}$线性表示,即任一 $l_i(1\leqslant i\leqslant p)$可被 $l_{i_1},l_{i_2},\cdots,l_{i_r}$ 线性表示,从而 l_i 在上述可逆变数替换下变成 $y_1,y_2,\cdots,y_r$ 的线性组合,而 $l_{p+j}(j=1,2,\cdots,q)$则变成 $y_1,y_2,\cdots,y_n$ 的线性组合. 于是在 $Y=TX$ 变换下,f 变为

$$\begin{aligned} g&=y_1^2+\cdots+y_r^2+m_{r+1}^2+\cdots+m_p^2\\ &\quad-m_{p+1}^2-\cdots-m_{p+q}^2, \end{aligned}$$

其中 $m_{r+i}(1\leqslant i\leqslant p-r)$为 $y_1,y_2,\cdots,y_r$ 的线性型. 此时 $X=T^{-1}Y$,这相当于在 V 内作基变换

$$(\eta_1,\eta_2,\cdots,\eta_n)=(\varepsilon_1,\varepsilon_2,\cdots,\varepsilon_n)T^{-1},$$

$Q_f(\alpha)$在基 $\eta_1,\eta_2,\cdots,\eta_n$ 下的解析表达式即为 g. 现令 $M=L(\eta_{r+1},\cdots,\eta_n)$,则当 $\alpha\in M$ 时,有 $\alpha=y_{r+1}\eta_{r+1}+y_{r+2}\eta_{r+2}+\cdots+y_n\eta_n$,于是

$$Q_f(\alpha)=g(0,\cdots,0,y_{r+1},\cdots,y_n)=-m_{p+1}^2-\cdots-m_{p+q}^2\leqslant 0.$$

现设 $Q_f(\alpha)$在基 $\omega_1,\omega_2,\cdots,\omega_n$ 下变为规范形

$$h=z_1^2+\cdots+z_u^2-z_{u+1}^2-\cdots-z_{u+v}^2,$$

则 u 即为 f 的正惯性指数. 令 $N=L(\omega_1,\cdots,\omega_u)$,则对 $\alpha\in N,\alpha\neq 0$,有 $\alpha=a_1\omega_1+\cdots+a_u\omega_u$,此时

$$Q_f(\alpha)=h(a_1,\cdots,a_u,0,\cdots,0)=a_1^2+\cdots+a_u^2>0.$$

由此知 $M\cap N=\{0\}$. 由维数公式,有

$$n\geqslant \dim(M+N)=\dim M+\dim N-\dim(M\cap N)$$
$$=n-r+u.$$

由此知 $p\geqslant r\geqslant u$,同法可证负惯性指数 $v\leqslant q$.

解法二 设 f 经可逆线性变数替换

$$Y=\begin{bmatrix}y_1\\y_2\\\vdots\\y_n\end{bmatrix}=\begin{bmatrix}t_{11}&\cdots&t_{1n}\\t_{21}&\cdots&t_{2n}\\\vdots&&\vdots\\t_{n1}&\cdots&t_{nn}\end{bmatrix}\begin{bmatrix}x_1\\x_2\\\vdots\\x_n\end{bmatrix}=TX$$

化为规范形

$$g=y_1^2+\cdots+y_u^2-y_{u+1}^2-\cdots-y_{u+v}^2.$$

如果 $u>p$,考查如下齐次线性方程组

$$\begin{cases}a_{11}x_1+\cdots+a_{1n}x_n=0,\\\cdots\cdots\cdots\cdots\cdots\cdots\\a_{p1}x_1+\cdots+a_{pn}x_n=0,\\t_{u+1\,1}x_1+\cdots+t_{u+1\,n}x_n=0,\\\cdots\cdots\cdots\cdots\cdots\cdots\\t_{n1}x_1+\cdots+t_{nn}x_n=0.\end{cases}$$

它有 $p+(n-u)=n+(p-u)<n$ 个方程,有 n 个未知量,其系数矩阵 A 只有 $n-(u-p)$ 行,$\mathrm{r}(A)\leqslant n-(u-p)<n$,根据第一章§2,其基础解系含 $n-\mathrm{r}(A)\geqslant u-p>0$ 个向量,故它应有一组非零解

$$x_1=a_1,\quad x_2=a_2,\quad \cdots,\quad x_n=a_n.$$

令

$$\begin{bmatrix}b_1\\b_2\\\vdots\\b_n\end{bmatrix}=T\begin{bmatrix}a_1\\a_2\\\vdots\\a_n\end{bmatrix}.$$

因 T 可逆,故 $b_1,b_2,\cdots,b_n$ 不全为 0. 但由上面齐次线性方程组后 $n-u$ 个方程可知有 $b_{u+1}=b_{u+2}=\cdots=b_n=0$,于是

$$g(b_1,b_2,\cdots,b_n)=b_1^2+\cdots+b_u^2>0$$

$$= f(a_1,a_2,\cdots,a_n) = l_1^2 + \cdots + l_p^2 - l_{p+1}^2 - \cdots - l_{p+q}^2.$$

但由上面齐次线性方程组前 p 个方程可知有

$$l_1(a_1,a_2,\cdots,a_n) = \cdots = l_p(a_1,a_2,\cdots,a_n) = 0,$$

于是

$$f(a_1,a_2,\cdots,a_n) = - l_{p+1}^2 - \cdots - l_{p+q}^2 \leqslant 0$$

矛盾. 于是 $u \leqslant p$,同法可证 $v \leqslant q$. ▍

评议 解法一利用线性空间,其解题思路有较强的几何直观,即利用 f 的表达式,找出一个子空间 M,在其内 $Q_f(\alpha) \leqslant 0$. 又利用 f 的规范形找出一个子空间 N,使对 $\alpha \in N, \alpha \neq 0$,有 $Q_f(\alpha) > 0$,于是 $M \cap N = \{0\}$. 再使用维数公式考查 $\dim(M+N) \leqslant \dim V$ 即得所证之结论. 解法二也是考查 f 的表达式及规范形,巧妙地利用齐次线性方程组来构造矛盾的结果,从而得出所要的结论,有一定技巧性. 这两种解法都值得读者细心体察.

本题容易出现错误的解法, 即作变数替换 $y_i = l_i (i = 1,2,\cdots,p+q)$ 把二次型化为

$$y_1^2 + y_2^2 + \cdots + y_p^2 - y_{p+1}^2 - \cdots - y_{p+q}^2,$$

从而出现大错. 因为上述"变换"一般并非可逆的线性变数替换. $y_1, y_2, \cdots, y_{p+q}$ 并非独立变元,因而是不允许的.

例 3.3 设 V 是实数域上的 n 维线性空间, $f(\alpha,\beta)$ 是 V 内对称双线性函数. 如果 $\alpha \in V$,使 $Q_f(\alpha) = 0$,则 α 称为一个**迷向向量**. 证明: 如果存在 $\alpha_0, \beta_0 \in V$ 使 $Q_f(\alpha_0) > 0$ 而 $Q_f(\beta_0) < 0$,则在 V 内存在一组基 $\varepsilon_1, \varepsilon_2, \cdots, \varepsilon_n$,使其中每个 ε_i 均为迷向向量.

解 设在基 $\varepsilon_1, \varepsilon_2, \cdots, \varepsilon_n$ 下 $Q_f(\alpha)$ 为规范形

$$g = u_1^2 + u_2^2 + \cdots + u_p^2 - u_{p+1}^2 - \cdots - u_{p+q}^2.$$

易知此时 $p > 0, q > 0$. 设 $p + q = r$,考查向量组

$$\alpha_{ij} = \varepsilon_i + \varepsilon_j \quad (i = 1,2,\cdots,p; j = p+1,\cdots,p+q),$$
$$\beta_{ij} = \varepsilon_i - \varepsilon_j \quad (i = 1,2,\cdots,p; j = p+1,\cdots,p+q),$$
$$\varepsilon_k \quad (k = r+1, r+2, \cdots, n),$$

显然有 $Q_f(\alpha_{ij}) = 0, Q_f(\beta_{ij}) = 0, Q_f(\varepsilon_k) = 0$. 因为

$$\varepsilon_i = \frac{1}{2}(\alpha_{ij} + \beta_{ij}) \quad (i = 1,2,\cdots,p),$$

$$\varepsilon_j = \frac{1}{2}(\alpha_{ij} - \beta_{ij}) \quad (j = p+1, \cdots, p+q),$$

故 $\{\alpha_{ij}, \beta_{ij}, \varepsilon_k\}$ 与 $\{\varepsilon_1, \varepsilon_2, \cdots, \varepsilon_n\}$ 线性等价，它的一个极大线性无关部分组即是 V 的一组基. ▌

例 3.4 设 V 是实数域上的 n 维线性空间，$f(\alpha, \beta)$ 是 V 内对称双线性函数. 令

$$N(f) = \{\alpha \in V \mid Q_f(\alpha) = 0\}.$$

证明 $N(f)$ 是 V 的子空间的充分必要条件是：对所有 $\alpha \in V, Q_f(\alpha) \geqslant 0$ 或对所有 $\alpha \in V, Q_f(\alpha) \leqslant 0$.

解 设在基 $\varepsilon_1, \varepsilon_2, \cdots, \varepsilon_n$ 下 $Q_f(\alpha)$ 成规范形

$$g = u_1^2 + u_2^2 + \cdots + u_p^2 - u_{p+1}^2 - \cdots - u_{p+q}^2.$$

若 $p=0$，则 $N_f = L(\varepsilon_{r+1}, \cdots, \varepsilon_n)$，这里 $p+q=r$.

若 $q=0$，则 $N_f = L(\varepsilon_{p+1}, \cdots, \varepsilon_n)$.

反之，若已知 N_f 为子空间，若 $p>0, q>0$，则令 $\alpha = \varepsilon_1 + \varepsilon_{p+1}, \beta = \varepsilon_1 - \varepsilon_{p+1}$，显然有 $Q_f(\alpha)=0, Q_f(\beta)=0$，此时 $Q_f(\alpha+\beta) = Q_f(2\varepsilon_1) = 4$，即 $\alpha+\beta \notin N_f$，与 N_f 为子空间矛盾. 故必 $p=0$ 或 $q=0$. ▌

例 3.5 设 V 是实数域上的 n 维线性空间，$f(\alpha, \beta)$ 是 V 内对称双线性函数，$N(f)$ 定义如上例. 在 V 内取定一组基 $\varepsilon_1, \varepsilon_2, \cdots, \varepsilon_n$ 后 $Q_f(\alpha)$ 对应于实二次型 $X'AX$. 如果此实二次型正惯性指数为 p，负惯性指数为 q. 证明包含在 $N(f)$ 内的子空间的最大维数是

$$n - \max\{p, q) = \min(p, q) + n - r,$$

其中 r 为二次型 $X'AX$ 的秩.

解 设 $Q_f(\alpha)$ 在基 $\eta_1, \eta_2, \cdots, \eta_n$ 下成为规范形

$$g = u_1^2 + u_2^2 + \cdots + u_p^2 - u_{p+1}^2 - \cdots - u_{p+q}^2,$$

这里 $p+q=r$. 若 $p \geqslant q$，则 $L(\eta_1 + \eta_{p+1}, \eta_2 + \eta_{p+2}, \cdots, \eta_q + \eta_{p+q}, \eta_{r+1}, \cdots, \eta_n)$ 是包含于 $N(f)$ 的 $n-r+q=n-p$ 维子空间. 若 $p \leqslant q$，易知 $N(f)$ 中含 $n-q$ 维子空间.

现设 $p \geqslant q$，命 M 是含于 $N(f)$ 且维数最大的子空间，现令 $W = L(\eta_1, \cdots, \eta_p)$，则对任意 $\alpha \in W, \alpha \neq 0$，有

$$\alpha = u_1\eta_1 + \cdots + u_p\eta_p,$$

$Q_f(\alpha) = u_1^2 + \cdots + u_p^2 > 0$，由此知 $M \cap W = \{0\}$. 根据维数公式，有

$$n - p \leqslant \dim M = \dim(M + W) - \dim W \leqslant n - p,$$

即 $\dim M = n - p$.

若 $p < q$，命 $W = L(\eta_{p+1}, \cdots, \eta_{p+q})$，则对 $\alpha \in W, \alpha \neq 0$，有

$$\alpha = u_{p+1}\eta_{p+1} + \cdots + u_{p+q}\eta_{p+q},$$

于是 $Q_f(\alpha) = -u_{p+1}^2 - \cdots - u_{p+q}^2 < 0$，我们有 $M \cap W = \{0\}$. 于是

$$n - q \leqslant \dim M = \dim(M + W) - \dim W \leqslant n - q,$$

即 $\dim M = n - q$. ▌

练习题 4.3

1. 用可逆线性变数替换将下列复二次型化为规范形：

(1) $f = 2x_1x_2 - 6x_2x_3 + 2x_1x_3$；

(2) $f = -5x_1^2 + 3x_3^2 - 2x_4^2$；

(3) $f = (1+\mathrm{i})x_1^2 - (\sqrt{2} + 2\mathrm{i})x_2^2 - 3\mathrm{i}x_3^2$；

(4) $f = (-1-\mathrm{i})x_1x_2 + 2\mathrm{i}x_2^2$.

2. 用可逆线性变数替换将下列实二次型化为规范形，并求其秩，正、负惯性指数和符号差：

(1) $f = 2x_1x_2 - 6x_2x_3 + 2x_1x_3$；

(2) $f = -5x_1^2 + 3x_3^2 - 2x_4^2$；

(3) $f = -2(x_1 + x_2)^2 + 3(x_1 - x_2)^2$；

(4) $f = -(x_1 - 2x_2 + 3x_3 - x_4)^2 + (2x_1 - x_3 + 3x_4)^2$
$\quad + (-2x_1 + 4x_2 - 6x_3 + 2x_4)^2$.

3. 证明：一个实二次型可以分解成两个实系数的一次齐次多项式的乘积的充分必要条件是：它的秩等于 2，而符号差为零，或其秩为 1.

4. 判断下列二阶方阵

$$A = \begin{bmatrix} 1 & -2 \\ -2 & 5 \end{bmatrix}, \quad B = \begin{bmatrix} 1 & -2 \\ -2 & 1 \end{bmatrix}$$

在实数域 $\mathbb{R}$ 内是否合同.

5. 给定实二次型

$$f = x_1^2 - 4x_1x_2 + 3x_2^2 + 2x_2x_3 + 5x_3^2.$$

不将 f 化为规范形，直接求 f 的正、负惯性指数和符号差.

6. 给定实二次型

$$f=(2x_1+x_3+x_4)^2-3(x_1+x_2+x_3+x_4)^2+(x_1-x_2)^2+(3x_1+x_2+2x_3+2x_4)^2.$$

求 f 的正、负惯性指数和符号差.

§4 正定二次型

【内容提要】

定义 实数域 $\mathbb{R}$ 上的一个二次型

$$f=X'AX=\sum_{i=1}^{n}\sum_{j=1}^{n}a_{ij}x_ix_j \quad (a_{ij}=a_{ji}), \tag{1}$$

如果它的秩 r 和正惯性指数都等于变量个数 n，则称 f 为一个**正定二次型**. 正定二次型的矩阵称为**正定矩阵**.

如果实二次型(1)正定，则它的规范形为

$$y_1^2+y_2^2+\cdots+y_n^2=Y'EY.$$

命题 对于实二次型(1)，下列命题等价：

(i) f 正定；

(ii) A 在 $\mathbb{R}$ 内合同于单位矩阵 E，亦即存在实数域上 n 阶可逆矩阵 T，使 $A=T'ET=T'T$；

(iii) f 对应的二次型函数 $Q_f(\alpha)>0$ $(\forall\ \alpha\in V,\alpha\neq 0)$.

下面来给出利用实对称矩阵 A 的子式来判断其是否正定的法则. 设 $A=(a_{ij})$ 为 n 阶实对称矩阵，$1\leqslant i_1<i_2<\cdots<i_r\leqslant n$. 称 A 的 r 阶子式

$$A\begin{Bmatrix} i_1 & i_2 & \cdots & i_r \\ i_1 & i_2 & \cdots & i_r \end{Bmatrix}$$

为 A 的一个 **r 阶主子式**. 而

$$A\begin{Bmatrix} 1 & 2 & \cdots & k \\ 1 & 2 & \cdots & k \end{Bmatrix} \quad (1\leqslant k\leqslant n)$$

则称为 A 的 **k 阶顺序主子式**.

定理 1 给定 n 元实二次型

$$f = X'AX = \sum_{i=1}^{n}\sum_{j=1}^{n} a_{ij}x_i x_j \quad (a_{ij} = a_{ji}).$$

则 f 正定的充分必要条件是其矩阵 A 的各阶顺序主子式都大于零，即

$$A\begin{Bmatrix} 1 & 2 & \cdots & k \\ 1 & 2 & \cdots & k \end{Bmatrix} > 0 \quad (k = 1,2,\cdots,n).$$

n 元实二次型 $f=X'AX$ 可以划分为以下几个大类：

1）正定二次型；

2）**半正定二次型**：其规范形为

$$y_1^2 + y_2^2 + \cdots + y_r^2,$$

即 f 的正惯性指数 $p=$ 秩 r. 显然，f 半正定的充分必要条件是对一切 $\alpha\in V$，$Q_f(\alpha)=X'AX\geqslant 0$，半正定型的矩阵称为**半正定矩阵**；

3）**负定二次型**：其规范形为

$$-y_1^2 - y_2^2 - \cdots - y_n^2,$$

即 f 的负惯性指数 $q=$ 秩 $r=n$. 显然 f 负定的充分必要条件是对一切 $\alpha\neq 0$，$Q_f(\alpha)=X'AX<0$，负定二次型的矩阵称**负定矩阵**；

4）**半负定二次型**：其规范形为

$$-y_1^2 - y_2^2 - \cdots - y_r^2,$$

即 f 的负惯性指数 $q=$ 秩 r. 显然，f 半负定的充分必要条件是对一切 α，$Q_f(\alpha)=X'AX\leqslant 0$，半负定二次型的矩阵称**半负定矩阵**；

5）除上述四类之外，其他实二次型都称为**不定型**.

评议　正定二次型是最重要、最有用的二次型. 读者应熟练掌握上面阐述的正定二次型的四个等价说法. 另外，定理 1 可由前面的例 2.5 推出. 注意上面命题的(iii)与基的选取无关.

实二次型是数学分析中较为简单的一种 n 元函数，在几何学中 $f(x_1,x_2,\cdots,x_n)+b_1x_1+b_2x_2+\cdots+b_nx_n+c=0$ 则代表 $\mathbb{R}^n$ 中一个二次超曲面. 因此，实二次型理论在数学分析（例如多元函数的极值问题）和几何学（例如 $\mathbb{R}^n$ 中二次超曲面的分类）中都有重要的应用，正定二次型更是下一章理论的基石.

例 4.1　给定实二次型

$$f = 2(-x_1 + x_2)^2 + 3(x_1 + x_2 + x_3)^2 - (-x_1 + 3x_2)^2$$

$$+7(-x_1+x_2-x_3)^2.$$

判断 f 是否正定二次型.

解 把各线性型的系数写成 K^3 内向量

$$\alpha_1=(-1,1,0),\quad \alpha_2=(1,1,1),$$

$$\alpha_3=(-1,3,0),\quad \alpha_4=(-1,1,-1).$$

先求它们的一个极大线性无关部分组:

$$\begin{bmatrix} -1 & 1 & 0 & \alpha_1 \\ 1 & 1 & 1 & \alpha_2 \\ -1 & 3 & 0 & \alpha_3 \\ -1 & 1 & -1 & \alpha_4 \end{bmatrix} \to \begin{bmatrix} 1 & 1 & 1 & \alpha_2 \\ -1 & 1 & 0 & \alpha_1 \\ -1 & 3 & 0 & \alpha_3 \\ -1 & 1 & -1 & \alpha_4 \end{bmatrix}$$

$$\to \begin{bmatrix} 1 & 1 & 1 & \alpha_2 \\ 0 & 2 & 1 & \alpha_1+\alpha_2 \\ 0 & 4 & 1 & \alpha_3+\alpha_2 \\ 0 & 2 & 0 & \alpha_4+\alpha_2 \end{bmatrix} \to \begin{bmatrix} 1 & 1 & 1 & \alpha_2 \\ 0 & 2 & 1 & \alpha_1+\alpha_2 \\ 0 & 0 & 1 & 2\alpha_1+\alpha_2-\alpha_3 \\ 0 & 0 & 0 & \alpha_1+\alpha_2-\alpha_3+\alpha_4 \end{bmatrix}.$$

上面结果推出向量组 $\alpha_1,\alpha_2,\alpha_3,\alpha_4$ 秩为 3,以 $\alpha_1,\alpha_2,\alpha_4$ 为一个极大线性无关部分组,从而它也是 K^3 的一组基. 此时 $\alpha_3=\alpha_1+\alpha_2+\alpha_4$. 对 f 作可逆变数替换

$$\begin{cases} y_1=-x_1+x_2, \\ y_2=x_1+x_2+x_3, \\ y_3=-x_1+x_2-x_3. \end{cases}$$

此时 $-x_1+3x_2=y_1+y_2+y_3$. 故

$$f\sim g=2y_1^2+3y_2^2-(y_1+y_2+y_3)^2+7y_3^2$$

$$=y_1^2+2y_2^2+6y_3^2-2y_1y_2-2y_1y_3-2y_2y_3.$$

只要判断 g 是否正定二次型. g 的矩阵是

$$A=\begin{bmatrix} 1 & -1 & -1 \\ -1 & 2 & -1 \\ -1 & -1 & 6 \end{bmatrix}.$$

$$A\begin{Bmatrix} 1 \\ 1 \end{Bmatrix}=1>0,\quad A\begin{Bmatrix} 1 & 2 \\ 1 & 2 \end{Bmatrix}=\begin{vmatrix} 1 & -1 \\ -1 & 2 \end{vmatrix}=1>0,$$

$$A\begin{Bmatrix}1 & 2 & 3\\1 & 2 & 3\end{Bmatrix}=|A|=\begin{vmatrix}1 & -1 & -1\\-1 & 2 & -1\\-1 & -1 & 6\end{vmatrix}=1>0.$$

按定理 1,g 是正定二次型,故 f 也是正定二次型. ▌

评议　此例用 4 个线性型的平方表示,其中有一项系数是负的,无法直接用上述四种等价说法来判断,如果把各平方项乘开,计算又较复杂,故先找 4 个线性型中独立的三个,利用它们作可逆变数替换,把 f 化为 g,g 较简单,直接用定理 1 即可做出判断.

例 4.2　给定实二次型

$$f=x_1^2+2x_2^2+5x_3^2-2x_1x_2+2tx_1x_3+6x_2x_3.$$

试求 t 的值使 f 为正定二次型.

解　f 的矩阵为

$$A=\begin{bmatrix}1 & -1 & t\\-1 & 2 & 3\\t & 3 & 5\end{bmatrix}.$$

我们有

$$A\begin{Bmatrix}1\\1\end{Bmatrix}=1>0,\quad A\begin{Bmatrix}1 & 2\\1 & 2\end{Bmatrix}=\begin{vmatrix}1 & -1\\-1 & 2\end{vmatrix}=1>0.$$

$$A\begin{Bmatrix}1 & 2 & 3\\1 & 2 & 3\end{Bmatrix}=\begin{vmatrix}1 & -1 & t\\-1 & 2 & 3\\t & 3 & 5\end{vmatrix}=-2t^2-6t-4.$$

只要找 t 的值使 $2t^2+6t+4<0$. 因 $2t^2+6t+4=0$ 的两个根为 -1,-2,故当 $-2<t<-1$ 时符合要求,此时 f 为正定二次型. ▌

例 4.3　给定实二次型

$$f=(75x_1-83x_2+\sqrt{2}\,x_3-x_4)^2+(28x_1-\sqrt{8}\,x_2+5x_3-171x_4)^2+(38x_4-197x_2+83x_3+25x_4)^2.$$

判断 f 是否为正定二次型.

解　$f\geqslant 0$,故其正惯性指数 = 秩 r. 只需判断 r 是否等于变量个数 4. 在例 2.3 已证明 f 的秩等于由上面 3 个线性型的系数组成的 3×4 矩阵 A 的秩,因而,f 的秩 $=\mathrm{r}(A)\leqslant 3<$ 变量个数 4. 从而 f 非正定二次型,但为半正定二次型,其秩 $=\mathrm{r}(A)>1$. ▌

评议 上面三例都是灵活地使用正定二次型的 4 个判别准则，做题时应根据题中的特定条件随机应变.

例 4.4 考查实数域上线性空间 $M_n(\mathbb{R})$ 内由例 1.5 定义的对称双线性函数 $f(A,B)=\mathrm{tr}(AB)$. 令 M 为全体实对称矩阵组成的子空间，N 为全体实反对称矩阵组成的子空间. 易知有

$$M_n(\mathbb{R}) = M \oplus N.$$

(1) 考查二次型函数 $Q_f(X)$ 在 M 内的限制，对 $X=(x_{ij})\in M$，有 $x_{ij}=x_{ji}$，故

$$\begin{aligned} Q_f(X) &= f(X,X) = \mathrm{tr}(X^2) \\ &= \sum_{i=1}^{n}\sum_{j=1}^{n} x_{ij}x_{ji} = \sum_{i=1}^{n}\sum_{j=1}^{n} x_{ij}^2 \geqslant 0. \end{aligned}$$

而且 $Q_f(X)=0 \Longleftrightarrow x_{ij}=0 \Longleftrightarrow X=0$，故 $Q_f(X)$ 为 M 内正定二次型函数. 但注意，因 $x_{ij}=x_{ji}$，故上述 x_{ij} 并非独立变元. 所以我们并未求得二次型函数 $Q_f(X)$ 的规范形，而是使用上面命题中的(iii)对它做出判断.

(2) 考查二次型函数 $Q_f(X)$ 在 N 内的限制. 对任意 $X\in N$，$X=(x_{ij})$ 有 $x_{ij}=-x_{ji}$. 故(注意 $x_{ii}=0$)

$$\begin{aligned} Q_f(X) &= f(X,X) = \mathrm{tr}(X^2) \\ &= \sum_{i=1}^{n}\sum_{j=1}^{n} x_{ij}x_{ji} = -\sum_{i=1}^{n}\sum_{j=1}^{n} x_{ij}^2 \leqslant 0. \end{aligned}$$

易知 $Q_f(X)=0 \Longleftrightarrow x_{ij}=0 \Longleftrightarrow X=0$. 故 $Q_f(X)$ 限制在 N 内为负定二次型函数. ▌

评议 此例完全使用线性空间中对称双线性函数和二次型函数的语言，它与空间基的选取无关. 所以上面并未用到二次型函数 $Q_f(X)$ 在 M 与 N 内一组基下的矩阵和解析表达式. 所使用的也是上面命题的(iii)(它与基的选取无关). 这使问题处理起来较为简明，避开了基选取的干扰.

例 4.5 设 A 是实对称矩阵，证明当实数 t 充分大之后，$tE+A$ 是正定矩阵.

解 设 $A=(a_{ij})$ 是 m 阶方阵，按行列式完全展开式，$\det(tE+A)$ 应为 t 的多项式. 其展开式有 $m!$ 项，每项是不同行不同列的 m 个

元素的乘积，其中 t 的最高方幂应是主对角线上 m 个元素之积：$(t+a_{11})(t+a_{22})\cdots(t+a_{mm})$. 其他任一项至少包含一个主对角线外元素 a_{ij}，这时就不能含 $(t+a_{ii})$ 和 $(t+a_{jj})$，故这些项最多出现 t^{m-2}. 它的常数项应为 $t=0$ 时的 $|A|$，故

$$\begin{aligned}\det(tE+A) &= (t+a_{11})(t+a_{22})\cdots(t+a_{mm})+\cdots \\ &= t^m+\operatorname{tr}(A)t^{m-1}+\cdots+|A| \\ &= t^m\left(1+\operatorname{tr}(A)\frac{1}{t}+\cdots+\frac{|A|}{t^m}\right).\end{aligned}$$

因此，$t\to+\infty$ 时 $\det(tE+A)\to+\infty$.

利用上述结果可知当 t 充分大之后，

$$(tE+A)\begin{Bmatrix}1\\1\end{Bmatrix}=t+a_{11}>0,$$

$$(tE+A)\begin{Bmatrix}1&2\\1&2\end{Bmatrix}=\begin{vmatrix}t+a_{11}&a_{12}\\a_{21}&t+a_{22}\end{vmatrix}>0,$$

$\cdots\cdots$,

$$(tE+A)\begin{Bmatrix}1&2&\cdots&n\\1&2&\cdots&n\end{Bmatrix}=|tE+A|>0.$$

因此，$tE+A$ 为正定矩阵. ▌

例 4.6　设 A 是 n 阶实对称矩阵. 证明：存在一个正实数 c，使对任意 $n\times1$ 实矩阵 X 都有

$$|X'AX|\leqslant cX'X.$$

解　根据例 4.5，存在正实数 c_1，使 c_1E+A 正定，于是

$$X'(c_1E+A)X\geqslant0,\quad 即\quad c_1X'X+X'AX\geqslant0,$$

由此推知 $X'AX\geqslant-c_1X'X$.

另一方面，同样按例 4.5，存在正实数 c_2，使得 c_2E-A 正定. 于是 $X'(c_2E-A)X\geqslant0$. 即

$$c_2X'X-X'AX\geqslant0.$$

由此推知 $c_2X'X\geqslant X'AX$.

令 $c=\max\{c_1,c_2\}$，则有

$$|X'AX|\leqslant cX'X.\ ▌$$

评议　例 4.5，4.6 给出实二次型 $X'AX$ 的函数绝对值和 $X'X$

的比值的上界,这是一个有用的结果.论证的基本思路是,任一实对称矩阵 A,主对角线上添加某个实数 t 之后(得到 $tE+A$)可成正定矩阵.把非正定矩阵转化为正定矩阵,再使用正定矩阵来解决问题,这种办法有一定普遍意义.

例 4.7 设 $A=(a_{ij})$是 n 阶实对称矩阵.证明:

(1) 如果 $f=\sum_{i=1}^{n}\sum_{j=1}^{n}a_{ij}x_ix_j(a_{ij}=a_{ji})$ 是正定二次型,那么

$$g(y_1,y_2,\cdots,y_n)=\begin{vmatrix} a_{11} & a_{12} & \cdots & a_{1n} & y_1 \\ a_{21} & a_{22} & \cdots & a_{2n} & y_2 \\ \vdots & \vdots & & \vdots & \vdots \\ a_{n1} & a_{n2} & \cdots & a_{nn} & y_n \\ y_1 & y_2 & \cdots & y_n & 0 \end{vmatrix}$$

是负定二次型.

(2) 如果 A 是正定矩阵,那么

$$|A|\leqslant a_{nn}\cdot P_{n-1},$$

其中 A_{n-1}是 P 的 $n-1$ 阶顺序主子式.

(3) 如果 A 是正定矩阵,那么

$$|A|\leqslant a_{11}a_{22}\cdots a_{nn}.$$

(4) 如果 $T=(t_{ij})$是 n 阶实可逆矩阵,那么

$$|T|^2\leqslant\prod_{i=1}^{n}(t_{1i}^2+t_{2i}^2+\cdots+t_{ni}^2).$$

解 (1) A 正定,故存在 n 阶实可逆矩阵 T,使 $T'AT=E$.现作分块矩阵运算

$$\begin{bmatrix} T' & 0 \\ 0 & 1 \end{bmatrix}\begin{bmatrix} A & Y \\ Y' & 0 \end{bmatrix}\begin{bmatrix} T & 0 \\ 0 & 1 \end{bmatrix}=\begin{bmatrix} T'AT & T'Y \\ Y'T & 0 \end{bmatrix}=\begin{bmatrix} E & Z \\ Z' & 0 \end{bmatrix},$$

这里

$$Z=\begin{bmatrix} z_1 \\ z_2 \\ \vdots \\ z_n \end{bmatrix}=T'\begin{bmatrix} y_1 \\ y_2 \\ \vdots \\ y_n \end{bmatrix}$$

是 $\mathbb{R}$ 上一可逆线性变数替换.上面矩阵等式两边取行列式即得

$$|T|^2 g(y_1,y_2,\cdots,y_n)=\begin{vmatrix} 1 & 0 & 0 & \cdots & 0 & z_1 \\ 0 & 1 & 0 & \cdots & 0 & z_2 \\ 0 & 0 & 1 & \ddots & \vdots & z_3 \\ \vdots & \vdots & \ddots & \ddots & 0 & \vdots \\ 0 & 0 & \cdots & 0 & 1 & z_n \\ z_1 & z_2 & z_3 & \cdots & z_n & 0 \end{vmatrix}$$

$$=\begin{vmatrix} 1 & 0 & \cdots & 0 & z_2 \\ 0 & 1 & \ddots & \vdots & z_3 \\ \vdots & \ddots & \ddots & 0 & \vdots \\ 0 & \cdots & 0 & 1 & z_n \\ z_2 & z_3 & \cdots & z_n & 0 \end{vmatrix}$$

$$+(-1)^n z_1 \begin{vmatrix} 0 & 1 & 0 & 0 & \cdots & 0 \\ 0 & 0 & 1 & 0 & \cdots & 0 \\ 0 & 0 & 0 & 1 & \ddots & 0 \\ \vdots & \vdots & \vdots & \ddots & \ddots & \vdots \\ 0 & 0 & 0 & \cdots & 0 & 1 \\ z_1 & z_2 & z_3 & \cdots & z_{n-1} & z_n \end{vmatrix}$$

$$=h(z_2,\cdots,z_n)-z_1^2.$$

现在对 n 作数学归纳法. 当 $n=1$ 时,

$$g(y_1)=\begin{vmatrix} a_{11} & y_1 \\ y_1 & 0 \end{vmatrix}=-y_1^2$$

显然是负定的. 设对 $n-1$ 个变元,题中结论已成立,即

$$h(z_2,\cdots,z_n)=\begin{vmatrix} 1 & 0 & \cdots & 0 & z_2 \\ 0 & 1 & \ddots & \vdots & z_3 \\ \vdots & \vdots & \ddots & 0 & \vdots \\ 0 & 0 & \cdots & 1 & z_n \\ z_2 & z_3 & \cdots & z_n & 0 \end{vmatrix}$$

是负定的,对任意非零 Y, $Z=T'Y$ 也非零,于是

$$g(y_1,\cdots,y_n)=\frac{1}{|T|^2}(h(z_2,\cdots,z_n)-z_1^2)<0,$$

这表明 $g(y_1,\cdots,y_n)$是负定二次型.

(2) 设

$$A_{n-1}=\begin{bmatrix}a_{11} & \cdots & a_{1\,n-1}\\ \vdots & & \vdots\\ a_{n-1\,1} & \cdots & a_{n-1\,n-1}\end{bmatrix},\quad B_{n-1}=(a_{n-1\,1}\quad\cdots\quad a_{n-1\,n-1}),$$

那么

$$A=\begin{bmatrix}A_{n-1} & B'_{n-1}\\ B_{n-1} & a_{nn}\end{bmatrix},$$

$$|A|=\begin{vmatrix}A_{n-1} & B'_{n-1}\\ B_{n-1} & a_{nn}\end{vmatrix}=\begin{vmatrix}A_{n-1} & 0\\ B_{n-1} & a_{nn}\end{vmatrix}+\begin{vmatrix}A_{n-1} & B'_{n-1}\\ B_{n-1} & 0\end{vmatrix}.$$

根据定理 1,A_{n-1}为正定矩阵,再由上面小题知

$$\begin{vmatrix}A_{n-1} & B'_{n-1}\\ B_{n-1} & 0\end{vmatrix}\leqslant 0.$$

从而

$$|A|\leqslant\begin{vmatrix}A_{n-1} & 0\\ B_{n-1} & a_{nn}\end{vmatrix}=a_{nn}|A_{n-1}|.$$

(3) 根据第(2)小题,结论显然成立.

(4) 现在 $T'T=T'ET$ 为正定矩阵,而 $T'T$ 主对角线上元素为 $t_{1i}^2+t_{2i}^2+\cdots+t_{ni}^2$. 根据第(3)小题,有

$$|T|^2=|T'T|\leqslant\prod_{i=1}^{n}(t_{1i}^2+t_{2i}^2+\cdots+t_{ni}^2).\quad ▌$$

评议 本题的关键是解题(1),而解题(1)则是利用正定矩阵合同于单位矩阵,把复杂的矩阵简化为单位矩阵,使其行列式很易计算,从而问题得以解决.这是利用基础理论将复杂问题简单化的良好范例,很具启发性.本题最后导出了 n 阶实方阵行列式的一个估计式,它是借助了正定矩阵的理论,否则,难于想到和证明这个不等式.

例 4.8 给定实二次型 $f=X'AX(A'=A)$. 证明 f 半正定的充分必要条件是 A 的所有主子式都为非负实数. 举例说明:如果仅是 A 的所有顺序主子式都非负,f 未必是半正定的.

解 f 半正定即其规范形为

$$y_1^2+\cdots+y_r^2,$$

从而 A 合同于主对角线上有 r 个 1,其余为 0 的对角矩阵 D,于是 $|T'AT|=|T|^2|A|=|D|\geqslant 0$,亦即 $|A|\geqslant 0$.

(1) 若 f 半正定,设 $\mathbb{R}$ 上 n 维线性空间 V 内对称双线性函数 $f(\alpha,\beta)$ 在基 $\varepsilon_1,\varepsilon_2,\cdots,\varepsilon_n$ 下矩阵为 A. 对 A 的任一主子式

$$A\begin{Bmatrix} i_1 & i_2 & \cdots & i_r \\ i_1 & i_2 & \cdots & i_r \end{Bmatrix},$$

考查子空间 $M=L(\varepsilon_{i_1},\varepsilon_{i_2},\cdots,\varepsilon_{i_r})$, $Q_f(\alpha)$ 限制在 M 内其值也非负,即 $Q_f(\alpha)$ 在 M 内半正定,它在基 $\varepsilon_{i_1},\varepsilon_{i_2},\cdots,\varepsilon_{i_r}$ 下矩阵的行列式

$$A\begin{Bmatrix} i_1 & i_2 & \cdots & i_r \\ i_1 & i_2 & \cdots & i_r \end{Bmatrix}\geqslant 0.$$

(2) 设 $B=(b_{ij})$ 是 m 阶实方阵,令

$$f(t)=|tE+B|=t^m+a_1t^{m-1}+\cdots+a_m.$$

利用行列式 $|tE+B|$ 对 t 求微商,容易证明

$$a_{m-i}=f^{(i)}(0)=B\text{ 的所有 }m-i\text{ 阶主子式之和}.$$

对任意正实数 t,考查 $A(t)=tE+A$. 设 A 左上角 r 阶子块为 A_r,我们有

$$|tE_r+A_r|=t^r+a_{r1}t^{t-1}+\cdots+a_{rr}.$$

因为

$$a_{r\,r-i}=A_r\text{ 所有 }r-i\text{ 阶主子式之和}\geqslant 0$$

(因 A_r 的主子式均为 A 的主子式,故均非负),于是,对任意正实数 t, $|tE_r+A_r|>0$,这里 $r=1,2,\cdots,n$. 根据定理 1, $tE+A$ 正定,于是对任意正实数 t,有

$$f_t=X'(tE+A)X>0\quad(\text{当 }X\neq 0\text{ 时}).$$

令 $t\to 0^+$,则

$$f=\lim_{t\to 0^+}f_t=\lim_{t\to 0^+}(X'(tE+A)X)\geqslant 0,$$

即 f 为半正定二次型.

与正定二次型不同,单由 A 的所有顺序主子式非负不能断定该二次型半正定. 例如

$$f=-x_2^2=(x_1,x_2)\begin{bmatrix}0 & 0\\0 & -1\end{bmatrix}\begin{bmatrix}x_1\\x_2\end{bmatrix}.$$

它是半负定二次型,但所有顺序主子式均非负. ▍

评议 代数学与数学分析是两个不同的数学分支,但它们不是互相隔绝的,而是紧密相联系,互相渗透的.在处理代数学问题时,常常利用数学分析的知识.本题中,把矩阵 A 作"微动",变为 $tE+A$,再利用极限论的知识,令 $t\to 0$ 而找出问题的解答,是应用数学分析知识处理代数问题的一个良好范例.

练习题4.4

1. 判断下列二次型是否正定:

(1) $f=99x_1^2-12x_1x_2+48x_1x_3+130x_2^2-60x_2x_3+71x_3^2$;

(2) $f=10x_1^2+8x_1x_2+24x_1x_3+2x_2^2-28x_2x_3+x_3^2$.

2. t 取什么值时,下列实二次型是正定的?

(1) $f=x_1^2+x_2^2+5x_3^2+2tx_1x_2-2x_1x_3+4x_2x_3$;

(2) $f=x_1^2+4x_2^2+x_3^2+2tx_1x_2+10x_1x_3+6x_2x_3$.

3. 证明:如果 A 是正定矩阵,那么 A 的主子式全大于零.

4. 证明:如果 A 是正定矩阵,那么 A^{-1} 也是正定矩阵.

5. 设 A 为 n 阶实对称矩阵,$|A|<0$.证明:存在实的 n 维向量 X,使 $X'AX<0$.

6. 如果 A,B 都是正定矩阵,证明 $A+B$ 也是正定矩阵.

7. 给定实二次型

$$f=-(x_1-x_2)^2+2(2x_1+x_2-x_3)^2+(-3x_2+x_3)^2+(x_1-x_3)^2.$$

判断 f 是否为正定二次型.

8. 给定三阶实对称矩阵

$$A=\begin{bmatrix}0 & -1 & 2\\-1 & 1 & -1\\2 & -1 & 0\end{bmatrix}.$$

找出正实数 c,使当 $t>c$ 时,$tE+A$ 正定.

第五章　带度量的线性空间

§1　欧几里得空间

一、欧几里得空间的基本概念

【内容提要】

定义　设 V 是实数域 $\mathbb{R}$ 上的线性空间. 如果 V 内任意两个向量 α,β 都按某一法则对应于 $\mathbb{R}$ 内一个唯一确定的数，记做 (α,β)，且满足：

(i) 对任意 $k_1,k_2\in\mathbb{R}$ 和任意 $\alpha_1,\alpha_2,\beta\in V$，有

$$(k_1\alpha_1+k_2\alpha_2,\beta)=k_1(\alpha_1,\beta)+k_2(\alpha_2,\beta);$$

(ii) 对任意 $\alpha,\beta\in V$，有

$$(\alpha,\beta)=(\beta,\alpha);$$

(iii) 对任意 $\alpha\in V$，有 $(\alpha,\alpha)\geqslant 0$，且 $(\alpha,\alpha)=0$ 的充分必要条件是 $\alpha=0$，

则称 (α,β) 为向量 α,β 的**内积**. 定义了这种内积的实数域上线性空间称为**欧几里得空间**，简称**欧氏空间**.

对任意 $\alpha\in V$，定义

$$|\alpha|=\sqrt{(\alpha,\alpha)},$$

称为 α 的**长度**或**模**. 从内积的性质(iii)可知，$|\alpha|=0$ 的充分必要条件是 $\alpha=0$. $|\alpha|=1$ 时，称 α 为**单位向量**.

命题　对欧氏空间 V 内任意两个向量 α,β，有

$$|(\alpha,\beta)|\leqslant|\alpha|\cdot|\beta|,$$

等号成立的充分必要条件是：α,β 线性相关.

上面的不等式称为**柯西-布尼雅可夫斯基**(Cauchy-Буняковский)**不等式**.

对 V 内任意两个非零向量 α,β，定义

$$\langle\alpha,\beta\rangle=\arccos\frac{(\alpha,\beta)}{|\alpha|\cdot|\beta|},$$

称之为 α 与 β 的**夹角**. 注意这样定义的两向量的夹角总介于 0 与 π 之间. 零向量与其他向量的夹角认为是不确定的.

如果 $(\alpha,\beta)=0$, 则称 α 与 β **正交**, 记做 $\alpha\perp\beta$. 当 $\alpha\neq 0,\beta\neq 0$ 时, 这与 $\langle\alpha,\beta\rangle=\frac{\pi}{2}$ 等价. 显然, 零向量与任意向量正交.

评议 大约在公元前 300 年, 希腊数学家欧几里得写出了名著《几何原本》, 奠定了平面几何的理论基础. 平面上全体向量关于其加法、数乘组成实数域上的二维线性空间. 在欧几里得的平面几何理论中, 线段长度、夹角等等是研究的主要内容. 以后人们认识到, 平面上这些度量性质实际上都源于向量的点乘, 于是逐渐推广提高, 形成现在的欧几里得空间的理论.

欧氏空间内积的性质(i), (ii)表示 (α,β) 是 V 内一个对称双线性函数. 当 V 是有限维时, 性质(iii)表示 (α,α) 是一个正定二次型函数. 所以, 欧氏空间就是在实数域上线性空间上再添加上一个正定的对称双线性函数(指其对应的二次型函数是正定的). 这样, 我们的理论又上升了一个层次. 现在我们研究的线性空间不仅有加法、数乘运算, 而且向量之间还有内积. 但是注意内积是一个实数, 不是向量. 而且这种线性空间仅限于实数域上的线性空间(因为正定二次型仅限于实二次型). 对一般数域 K 上的线性空间, 没有欧几里得空间这个概念.

由于在线性空间中添加了内积, 第三章线性空间和线性变换的理论都要据此进一步发展, 提高到一个新水平. 下面所有内容都是在讨论由于引入内积产生出来的新的研究课题和新的成果. 读者的认识也要随之提高, 不能还停留在第三章的水平上.

例 1.1 证明: 在欧氏空间 V 内两向量 α,β 正交的充分必要条件是对任意实数 t, 有 $|\alpha+t\beta|\geqslant|\alpha|$.

解 必要性 若 $(\alpha,\beta)=0$, 那么

$$(\alpha+t\beta,\alpha+t\beta)=(\alpha,\alpha)+t^2(\beta,\beta)\geqslant(\alpha,\alpha),$$

上式两边求算术平方根即是 $|\alpha+t\beta|\geqslant|\alpha|$.

充分性 若对任意实数 t 均有 $|\alpha+t\beta|\geqslant|\alpha|$, 即

$$(\alpha + t\beta, \alpha + t\beta) = (\alpha,\alpha) + 2t(\alpha,\beta) + t^2(\beta,\beta) \geqslant (\alpha,\alpha).$$

当 $t>0$ 时，由上式推知 $t(\beta,\beta)+2(\alpha,\beta)\geqslant 0$，则

$$2(\alpha,\beta) = \lim_{t\to 0^+} (t(\beta,\beta) + 2(\alpha,\beta)) \geqslant 0.$$

当 $t<0$ 时，有 $t(\beta,\beta)+2(\alpha,\beta)\leqslant 0$，于是

$$2(\alpha,\beta) = \lim_{t\to 0^-} (t(\beta,\beta) + 2(\alpha,\beta)) \leqslant 0.$$

综合以上两方面知 $(\alpha,\beta)=0$. ▌

评议　此题利用数学分析的极限知识. 也可以这样分析：由所给条件知，对任意实数 t，$(\beta,\beta)t^2+2(\alpha,\beta)t\geqslant 0$. 若 $\beta=0$，显然 $(\alpha,\beta)=0$. 若 $\beta\neq 0$，则 (β,β) 为正实数. $y=(\beta,\beta)t^2+2(\alpha,\beta)t$ 为向上开口的抛物线，它有两个实根 $t=0,-2\dfrac{(\alpha,\beta)}{(\beta,\beta)}$. 若 $(\alpha,\beta)\neq 0$，这是两个不同的实根，$(\beta,\beta)t^2+2(\alpha,\beta)t$ 在这两根之间取负值，矛盾. 故必 $(\alpha,\beta)=0$.

例 1.2　在欧氏空间 V 内证明：

(1) $|\alpha+\beta|\leqslant|\alpha|+|\beta|$；

(2) 若 $(\alpha,\beta)=0$，则 $|\alpha+\beta|^2=|\alpha|^2+|\beta|^2$；

(3) 令 $d(\alpha,\beta)=|\alpha-\beta|$，则

$$d(\alpha,\gamma)\leqslant d(\alpha,\beta)+d(\beta,\gamma).$$

解　(1) 因 $(\alpha+\beta,\alpha+\beta)=(\alpha,\alpha)+2(\alpha,\beta)+(\beta,\beta)$，利用柯西-布尼雅可夫斯基不等式，有

$$\begin{aligned}|\alpha + \beta|^2 &= (\alpha+\beta,\alpha+\beta) \leqslant (\alpha,\alpha) + 2|(\alpha,\beta)| + (\beta,\beta)\\ &\leqslant |\alpha|^2 + 2|\alpha||\beta| + |\beta|^2\\ &= (|\alpha| + |\beta|)^2.\end{aligned}$$

因为向量的模为非负实数，故上式推出

$$|\alpha+\beta| \leqslant |\alpha| + |\beta|.$$

(2) 若 $(\alpha,\beta)=0$，则有

$$\begin{aligned}|\alpha + \beta|^2 &= (\alpha+\beta,\alpha+\beta)\\ &= (\alpha,\alpha) + (\beta,\beta) = |\alpha|^2 + |\beta|^2.\end{aligned}$$

(3) 利用(1)的结果，有

$$\begin{aligned}d(\alpha,\gamma) &= |\alpha-\gamma| = |(\alpha-\beta) + (\beta-\gamma)|\\ &\leqslant |\alpha-\beta| + |\beta-\gamma| = d(\alpha,\beta) + d(\beta,\gamma).\end{aligned}$$ ▌

评议 此例说明欧氏空间中有类似于平面几何的一些度量性质.(1)式称为三角形不等式,它相当于实数(或复数)绝对值的不等式$|a+b|\leqslant|a|+|b|$,这个不等式是数学分析中极限理论的基本工具.(2)式相当于平面几何中的勾股弦定理,当$(\alpha,\beta)=0$时,α,β为直角三角形的两个直角边,$\alpha+\beta$为斜边.(2)表明在欧氏空间中直角三角形两直角边长度的平方和等于斜边长度的平方.(3)式相当于平面几何中的定理:三角形两边长度之和大于等于第三边的长度.

二、标准正交基

【内容提要】

定义 n维欧氏空间V中n个两两正交的单位向量

$$\varepsilon_1,\varepsilon_2,\cdots,\varepsilon_n$$

称为V的一组**标准正交基**.

V中一个向量组$\varepsilon_1,\varepsilon_2,\cdots,\varepsilon_n$是一组标准正交基的充分必要条件是$(\varepsilon_i,\varepsilon_j)=\delta_{ij}$.

定义 $\mathbb{R}$上一个n阶方阵T如满足$T'T=E$,则T称为**正交矩阵**.

命题 在n维欧氏空间V内给定一组标准正交基

$$\varepsilon_1,\varepsilon_2,\cdots,\varepsilon_n,$$

令

$$(\eta_1,\eta_2,\cdots,\eta_n)=(\varepsilon_1,\varepsilon_2,\cdots,\varepsilon_n)T,$$

则$\eta_1,\eta_2,\cdots,\eta_n$是一组标准正交基的充分必要条件是:$T$是一个正交矩阵.

实数域上一个n阶方阵T是正交矩阵的充分必要条件是下列条件中有一条成立:

(1) $T'=T^{-1}$;

(2) $T'T=E$;

(3) $TT'=E$;

(4) T为n维欧氏空间V内两组标准正交基间过渡矩阵;

(5) T的行向量组是欧氏空间$\mathbb{R}^n$的一组标准正交基;

(6) T的列向量组是欧氏空间$\mathbb{R}^n$的一组标准正交基.

注意　当我们称$\mathbb{R}^n$为欧氏空间时,其内积定义是:若

$$\alpha=(x_1,x_2,\cdots,x_n),\quad \beta=(y_1,y_2,\cdots,y_n),$$

则

$$(\alpha,\beta)=x_1y_1+x_2y_2+\cdots+x_ny_n.$$

具体寻求欧氏空间V的标准正交基的办法:**施密特**(Schmidt)**正交化方法**.

给定V中一个线性无关的向量组

$$\alpha_1,\alpha_2,\cdots,\alpha_s. \tag{I}$$

要求作出一个新向量组

$$\varepsilon_1,\varepsilon_2,\cdots,\varepsilon_s, \tag{II}$$

满足如下两个条件:

(i) $L(\varepsilon_1,\cdots,\varepsilon_i)=L(\alpha_1,\cdots,\alpha_i)$ $(i=1,2,\cdots,s)$;

(ii) $\varepsilon_1,\varepsilon_2,\cdots,\varepsilon_s$两两正交.

向量组(Ⅱ)可用如下办法给出

$$\varepsilon_1=\alpha_1,$$

$$\varepsilon_2=\alpha_2-\frac{(\alpha_2,\varepsilon_1)}{(\varepsilon_1,\varepsilon_1)}\varepsilon_1,$$

$$\varepsilon_3=\alpha_3-\frac{(\alpha_3,\varepsilon_1)}{(\varepsilon_1,\varepsilon_1)}\varepsilon_1-\frac{(\alpha_3,\varepsilon_2)}{(\varepsilon_2,\varepsilon_2)}\varepsilon_2,$$

$$\cdots\cdots\cdots\cdots$$

$$\varepsilon_{i+1}=\alpha_{i+1}-\frac{(\alpha_{i+1},\varepsilon_1)}{(\varepsilon_1,\varepsilon_1)}\varepsilon_1-\frac{(\alpha_{i+1},\varepsilon_2)}{(\varepsilon_2,\varepsilon_2)}\varepsilon_2-\cdots-\frac{(\alpha_{i+1},\varepsilon_i)}{(\varepsilon_i,\varepsilon_i)}\varepsilon_i,$$

$$\cdots\cdots\cdots\cdots$$

$$\varepsilon_s=\alpha_s-\frac{(\alpha_s,\varepsilon_1)}{(\varepsilon_1,\varepsilon_1)}\varepsilon_1-\frac{(\alpha_s,\varepsilon_2)}{(\varepsilon_2,\varepsilon_2)}\varepsilon_2-\cdots-\frac{(\alpha_s,\varepsilon_{s-1})}{(\varepsilon_{s-1},\varepsilon_{s-1})}\varepsilon_{s-1}.$$

不难看出,上面构造出来的向量组$\varepsilon_1,\varepsilon_2,\cdots,\varepsilon_s$具有所要求的条件.

如果向量组(I)是V的一组基,将向量组(Ⅱ)每个向量单位化后即得V的一组标准正交基:

$$\frac{\varepsilon_1}{|\varepsilon_1|},\frac{\varepsilon_2}{|\varepsilon_2|},\cdots,\frac{\varepsilon_n}{|\varepsilon_n|}.$$

设V是一个n维欧氏空间,M是它的一个子空间,易知M关于V的内积也成一欧氏空间. 定义V的一个子集

$$M^{\perp}=\{\alpha\in V \mid 对一切\ \beta\in M,有(\alpha,\beta)=0\},$$

称 $M^{\perp}$ 为 M 的**正交补**. 显然,$M^{\perp}$ 关于 V 中向量的加法以及数乘运算是封闭的,故 $M^{\perp}$ 也是 V 的子空间.

命题 设 M 是 n 维欧氏空间 V 的一个子空间,则 V 可分解为 M 与 $M^{\perp}$ 的直和:

$$V=M\oplus M^{\perp}.$$

评议 在这里从三个方面对线性空间理论作了发展:

(1) 在一般 n 维线性空间,取 n 个线性无关向量就是一组基,而现在是取 n 个两两正交的单位向量组成一组标准正交基. 前者相当于解析几何中的仿射坐标系,而后者则相当于直角坐标系. 这两者是大不相同的. 如设

$$\alpha_1,\alpha_2,\cdots,\alpha_n$$

是欧氏空间 V 内的一组基,内积在此组基下的矩阵 $G=((\alpha_i,\alpha_j))$ 称此组基的度量矩阵. 如果

$$\alpha=x_1\alpha_1+x_2\alpha_2+\cdots+x_n\alpha_n,$$
$$\beta=y_1\alpha_1+y_2\alpha_2+\cdots+y_n\alpha_n,$$

则内积表示为

$$(\alpha,\beta)=\sum_{i=1}^{n}\sum_{j=1}^{n}(\alpha_i,\alpha_j)x_iy_j=X'GY.$$

如果选取 V 的一组标准正交基

$$\varepsilon_1,\varepsilon_2,\cdots,\varepsilon_n,$$

它的度量矩阵 $G=((\varepsilon_i,\varepsilon_j))=(\delta_{ij})=E$. 如果

$$\alpha=x_1\varepsilon_1+x_2\varepsilon_2+\cdots+x_n\varepsilon_n,$$
$$\beta=y_1\varepsilon_1+y_2\varepsilon_2+\cdots+y_n\varepsilon_n,$$

内积现在表示成

$$(\alpha,\beta)=x_1y_1+x_2y_2+\cdots+x_ny_n.$$

两者相比较,标准正交基显然简单多了. 这就是在欧氏空间处理问题都选用标准正交基的缘故. 初学者往往忽视这个重要进展而出现各种错误. 构造标准正交基的施密特正交化方法读者也应注意.

(2) 在一般线性空间,两组基之间的过渡矩阵是可逆矩阵;而在欧氏空间,两组标准正交基之间的过渡矩阵是正交矩阵,这又是一个重要进展.正交矩阵是一个重要新研究对象,它有多达六种的等价说法,对我们使用它去处理问题提供了极大的方便.但读者必须注意:正交矩阵首先应是实数域上的 n 阶方阵.

(3) 在一般线性空间 V 内,一个子空间 M 有补空间 N,使 $V=M\oplus N$.但 M 的补空间并不唯一,实际上有无穷多种选择方法.这使处理问题存在不少麻烦.在欧氏空间 V 内,一个子空间 M 有正交补空间 $M^{\perp}$,使 $V=M\oplus M^{\perp}$,而正交补空间是唯一的,这就大大方便我们运用子空间分解来处理问题.

例 1.3 在欧氏空间 $\mathbb{R}^4$ 中取定一组基

$$\alpha_1=(1,1,0,0),\quad \alpha_2=(1,0,1,0),$$
$$\alpha_3=(-1,0,0,1),\quad \alpha_4=(1,-1,-1,1).$$

把它们正交化:

$$\varepsilon_1'=\alpha_1=(1,1,0,0),$$

$$\varepsilon_2'=\alpha_2-\frac{(\alpha_2,\varepsilon_1')}{(\varepsilon_1',\varepsilon_1')}\varepsilon_1'=\left(\frac{1}{2},-\frac{1}{2},1,0\right),$$

$$\varepsilon_3'=\alpha_3-\frac{(\alpha_3,\varepsilon_1')}{(\varepsilon_1',\varepsilon_1')}\varepsilon_1'-\frac{(\alpha_3,\varepsilon_2')}{(\varepsilon_2',\varepsilon_2')}\varepsilon_2'=\left(-\frac{1}{3},\frac{1}{3},\frac{1}{3},1\right),$$

$$\varepsilon_4'=\alpha_4-\frac{(\alpha_4,\varepsilon_1')}{(\varepsilon_1',\varepsilon_1')}\varepsilon_1'-\frac{(\alpha_4,\varepsilon_2')}{(\varepsilon_2',\varepsilon_2')}\varepsilon_2'-\frac{(\alpha_4,\varepsilon_3')}{(\varepsilon_3',\varepsilon_3')}\varepsilon_3'$$
$$=(1,-1,-1,1).$$

再把每个向量单位化,得

$$\varepsilon_1=\frac{1}{|\varepsilon_1'|}\varepsilon_1'=\left(\frac{1}{\sqrt{2}},\frac{1}{\sqrt{2}},0,0\right),$$

$$\varepsilon_2=\frac{1}{|\varepsilon_2'|}\varepsilon_2'=\left(\frac{1}{\sqrt{6}},-\frac{1}{\sqrt{6}},\frac{2}{\sqrt{6}},0\right),$$

$$\varepsilon_3=\frac{1}{|\varepsilon_3'|}\varepsilon_3'=\left(-\frac{1}{\sqrt{12}},\frac{1}{\sqrt{12}},\frac{1}{\sqrt{12}},\frac{3}{\sqrt{12}}\right),$$

$$\varepsilon_4=\frac{1}{|\varepsilon_4'|}\varepsilon_4'=\left(\frac{1}{2},-\frac{1}{2},-\frac{1}{2},\frac{1}{2}\right).$$

这就得到 $\mathbb{R}^4$ 内的一组标准正交基. 如以它们为列向量(或行向量)排成一个四阶方阵

$$T=\begin{bmatrix} \frac{1}{\sqrt{2}} & \frac{1}{\sqrt{6}} & -\frac{1}{\sqrt{12}} & \frac{1}{2} \\ \frac{1}{\sqrt{2}} & -\frac{1}{\sqrt{6}} & \frac{1}{\sqrt{12}} & -\frac{1}{2} \\ 0 & \frac{2}{\sqrt{6}} & \frac{1}{\sqrt{12}} & -\frac{1}{2} \\ 0 & 0 & \frac{3}{\sqrt{12}} & \frac{1}{2} \end{bmatrix},$$

那么,这是一个正交矩阵,$T'T=TT'=E$.

例 1.4 在欧氏空间 $\mathbb{R}^{2n}$ 中求下列齐次线性方程

$$x_1-x_2+x_3-x_4+\cdots+x_{2n-1}-x_{2n}=0$$

的解空间 M 的一组标准正交基.

解 令

$$\alpha_i=(0,\cdots,0,\overset{i}{1},\overset{i+1}{1},0,\cdots,0),$$

这里 $i=2k-1,k=1,2,\cdots,n$. 显然 $\alpha_i\in M$ 且两两正交.

又令

$$\beta_j=\Bigg(\overbrace{\frac{(-1)^{j+1}}{2j},\frac{(-1)^j}{2j},\frac{(-1)^{j+1}}{2j},\frac{(-1)^j}{2j},\cdots,\frac{(-1)^{j+1}}{2j},\frac{(-1)^j}{2j}}^{2j},$$

$$\frac{(-1)^j}{2},\frac{(-1)^{j+1}}{2},0,\cdots,0\Bigg),$$

这里 $j=1,2,\cdots,n-1$.

如令

$$(x_1,x_2,x_3,x_4,\cdots,x_{2n-1},x_{2n})=\beta_j,$$

则

$$\begin{aligned}\sum_{k=1}^{2n}(-1)^{k+1}x_k&=\sum_{k=1}^{2j}(-1)^{k+1}\frac{(-1)^{j+k}}{2j}\\&\quad+(-1)^{2j+1+1}\frac{(-1)^j}{2}+(-1)^{2j+2+1}\frac{(-1)^{j+1}}{2}\\&=(-1)^{j+1}+(-1)^j=0.\end{aligned}$$

这表明 $\beta_j \in M$.

当 $j<k$ 时，我们有

$$
\begin{aligned}
(\beta_j, \beta_k) &= \sum_{l=1}^{2j} \frac{(-1)^{j+l}}{2j} \cdot \frac{(-1)^{k+l}}{2k} \\
&\quad + \frac{(-1)^j}{2} \cdot \frac{(-1)^{k+1}}{2k} + \frac{(-1)^{j+1}}{2} \cdot \frac{(-1)^k}{2k} \\
&= \frac{(-1)^{j+k}}{2k} - \frac{(-1)^{j+k}}{2k} = 0.
\end{aligned}
$$

又显然有 $(\alpha_i, \beta_j)=0$，这表示 M 内 $2n-1$ 个向量

$$\alpha_1, \alpha_2, \cdots, \alpha_n, \beta_1, \beta_2, \cdots, \beta_{n-1}$$

两两正交. 把它们单位化：

$$\varepsilon_i = \frac{1}{\sqrt{2}} \alpha_i \quad (i=1,2,\cdots,n),$$

$$\varepsilon_{n+j} = \sqrt{\frac{2j}{j+1}} \beta_j \quad (j=1,2,\cdots,n-1).$$

因为 $\dim M = 2n-1$，故向量组 $\varepsilon_1, \varepsilon_2, \cdots, \varepsilon_{2n-1}$ 即为 M 的一组标准正交基. ▌

评议　易知此齐次线性方程有一组基础解系

$$
\begin{aligned}
\eta_1 &= (1,1,0,\cdots,0), \\
\eta_2 &= (-1,0,1,0,\cdots,0), \\
\eta_3 &= (1,0,0,1,0,\cdots,0), \\
&\cdots\cdots\cdots\cdots\cdots\cdots \\
\eta_{2n-1} &= (1,0,\cdots,0,1).
\end{aligned}
$$

如果按规范方法，应该使用施密特正交化方法把它正交化再单位化，就得到 M 的一组标准正交基. 但实际计算发现数字较繁，不易找到所要的答案. 因此，需要另辟蹊径. 首先，依据方程的特点，易知下列向量

$$(a_1, a_1, a_2, a_2, \cdots, a_n, a_n)$$

都是解向量，由此得到向量组 $\alpha_1, \alpha_2, \cdots, \alpha_n$. 再设法寻求其余 $n-1$ 个向量. 因为向量组 $\alpha_1, \alpha_2, \eta_3$ 线性无关，按施密特正交化方法正交化后得 $\alpha_1, \alpha_2, \beta_1$，这时 $\alpha_1, \alpha_2, \beta_1, \alpha_3$ 为 M 内一组两两正交向量组. 考查

$$\alpha_1,\alpha_2,\beta_1,\alpha_3,\eta_4,$$

易知它是一线性无关向量组，使用施密特正交化方法把它正交化，得 $\alpha_1,\alpha_2,\beta_1,\alpha_3,\beta_2$，再添加 α_4,η_6，再正交化得 $\alpha_1,\alpha_2,\beta_1,\alpha_3,\beta_2,\alpha_4,\beta_3$. 至此已可推测到 β_j 的一般表达式，于是得出上面解法.

此例是灵活地运用施密特正交化方法，不拘泥于一般规范方法的约束.

例 1.5 设 A 是一个 n 阶实方阵，$|A|\neq 0$. 证明 A 可分解为一个正交矩阵 Q 和一个实上三角矩阵

$$T=\begin{bmatrix} t_{11} & t_{12} & \cdots & t_{1n} \\ & t_{22} & \cdots & t_{2n} \\ & & \ddots & \vdots \\ 0 & & & t_{nn} \end{bmatrix}\quad (t_{ii}>0,i=1,2,\cdots,n)$$

的乘积：$A=QT$. 并证明这种分解是唯一的.

解 设 A 的列向量组是 $\alpha_1,\alpha_2,\cdots,\alpha_n$，则它是 $\mathbb{R}^n$ 的一组基，按施密特正交化方法将它正交化再单位化，即得 $\mathbb{R}^n$ 的一组标准正交基 $\varepsilon_1,\varepsilon_2,\cdots,\varepsilon_n$. 按照正交化公式，有

$$\begin{cases} \alpha_1 = t_{11}\varepsilon_1, \\ \alpha_2 = t_{12}\varepsilon_1 + t_{22}\varepsilon_2, \\ \cdots\cdots\cdots\cdots\cdots\cdots \\ \alpha_n = t_{1n}\varepsilon_1 + t_{2n}\varepsilon_2 + \cdots + t_{nn}\varepsilon_n \end{cases}\quad (t_{ii} > 0, i = 1,2,\cdots,n).$$

写成矩阵形式，是

$$(\alpha_1,\alpha_2,\cdots,\alpha_n) = (\varepsilon_1,\varepsilon_2,\cdots,\varepsilon_n)\begin{bmatrix} t_{11} & t_{12} & \cdots & t_{1n} \\ 0 & t_{22} & \cdots & t_{2n} \\ \vdots & \ddots & \ddots & \vdots \\ 0 & \cdots & 0 & t_{nn} \end{bmatrix}.$$

此时 $A=(\alpha_1,\alpha_2,\cdots,\alpha_n)$，而 $Q=(\varepsilon_1,\varepsilon_2,\cdots,\varepsilon_n)$ 为 n 阶正交矩阵. 按矩阵乘法，有 $A=QT$.

现设又有正交矩阵 Q_1 和主对角线元素为正的实上三角矩阵 T_1，使 $A=Q_1T_1$，则 $Q_1^{-1}Q=T_1T^{-1}$. 现在 $Q_1^{-1}Q$ 仍为正交矩阵，而 T_1T^{-1} 仍为实上三角矩阵. 设

$$Q_1^{-1}Q = T_1T^{-1} = \begin{bmatrix} s_{11} & s_{12} & \cdots & s_{1n} \\ & s_{22} & \cdots & s_{2n} \\ & & \ddots & \vdots \\ 0 & & & s_{nn} \end{bmatrix},$$

其行、列向量组均为 $\mathbb{R}^n$ 的标准正交基. 由第 1 列推知 $s_{11}^2=1$. 然后由第 1 行推知 $s_{11}^2+s_{12}^2+\cdots+s_{1n}^2=1$，则 $s_{12}=\cdots=s_{1n}=0$，以此类推即知 $s_{ii}^2=1, s_{ij}=0(j\neq i)$. 现在 s_{ii} 为 T_1^{-1} 和 T 的主对角线上第 i 个元素的乘积. 因为 T, T_1 主对角线上元素均为正实数，故 T_1^{-1} 主对角线上元素也都为正实数，这表示 $s_{ii}>0$，于是 $s_{ii}=1$，即 $Q_1^{-1}Q=T_1T^{-1}=E$. 因而有 $Q_1=Q, T_1=T$. ▌

例 1.6　设 A 是 n 阶正定矩阵. 证明存在 n 阶实上三角矩阵 T，使 $A=T'T$，且 T 主对角线上均为正实数.

解　现在 A 合同于单位矩阵，即有 n 阶实可逆矩阵 B，使 $A=B'EB=B'B$. 根据例 1.5，存在正交矩阵 Q 和实上三角矩阵 T，使 $B=QT$，于是

$$A = B'B = (T'Q')(QT) = T'(Q'Q)T = T'T. \quad ▌$$

评议　上面两例实际上只是施密特正交化方法的矩阵表示，但所得结果有重要意义. 例 1.5 表示实可逆矩阵在一定意义下可归结为正交矩阵和实上三角矩阵，后两者又都具有许多特殊性质，从而可以使我们对它们的研究大大深入下去，取得许多新的重要成果. 例 1.6 就是使用这种分解的好例子. 读者从中应当学习如何把一个较复杂的研究对象分解为一些较为简单而又具有良好性质的对象来处理的方法.

例 1.7　设 M 是欧氏空间 V 的一个子空间. 对任意 $\alpha\in V$，$\alpha+M$ 称为 V 内一个**线性流形**. 对任意 $\beta\in V$，考查向量 $\beta-\xi$，当 ξ 取 $\alpha+M$ 内一切向量时，其长度 $|\beta-\xi|$ 的最小值称为 β 到线性流形 $\alpha+M$ 的**距离**. 若

$$\beta - \alpha = \beta_1 + \beta_2 \quad (\beta_1 \in M, \beta_2 \in M^{\perp}).$$

证明 β 到 $\alpha+M$ 的距离等于 β_2 的长度 $|\beta_2|$.

解　设 $\xi=\alpha+\eta(\eta\in M)$，则

$$\beta-\xi=\beta-\alpha+\alpha-\xi=(\beta_1+\beta_2)-\eta$$
$$=\beta_2+(\beta_1-\eta).$$

因 $\beta_1-\eta\in M,\beta_2\in M^{\perp}$. 由例 1.2 的(2)得

$$|\beta-\xi|^2=|\beta_2|^2+|\beta_1-\eta|^2.$$

显然,当 $\eta=\beta_1$ 时,$|\beta-\xi|$最小,且其值为$|\beta_2|$. ▌

例 1.8 在欧氏空间 V 内给定两个子空间 M,N,又设 α,β 是 V 内两个向量. 令

$$d=\min\{|\xi-\zeta|\,|\,\xi\in\alpha+M,\zeta\in\beta+N\},$$

d 称为 $\alpha+M,\beta+N$ 之间的**距离**. 设

$$\beta-\alpha=\beta_1+\beta_2\quad(\beta_1\in M+N,\beta_2\in(M+N)^{\perp}).$$

证明 $d=|\beta_2|$.

解 令 $\xi=\alpha+\eta(\eta\in M),\zeta=\beta+\gamma(\gamma\in N)$,则

$$\xi-\zeta=(\alpha-\beta)+(\eta-\gamma)=-\beta_1-\beta_2+(\eta-\gamma)$$
$$=-\beta_2+(\eta-\beta_1-\gamma).$$

因 $-\beta_2\in(M+N)^{\perp},(\eta-\beta_1-\gamma)\in M+N$,因而

$$|\xi-\zeta|^2=|\beta_2|^2+|\eta-\beta_1-\gamma|^2,$$

其中 β_1 为 $M+N$ 内固定向量. 设 $\beta_1=\beta_{11}+\beta_{12}(\beta_{11}\in M,\beta_{12}\in N)$,取 $\eta=\beta_{11},\gamma=-\beta_{12}$,则 $\eta-\beta_1-\gamma=0$. 它使$|\xi-\zeta|$取最小值$|\beta_2|$,即 $d=|\beta_2|$. ▌

评议 欧氏空间的最初来源是欧几里得几何. 欧氏几何中,平面上的线性流形就是直线,平面解析几何要讨论平面上两条直线的距离;空间中的线性流形则是直线(一维流形)和平面(二维流形),空间解析几何要研究空间中各种直线、平面间的距离. 这些课题扩充到高维欧氏空间,就是这两个例题. 其中充分利用了空间分解为子空间直和的方法. 因为是在欧氏空间,所以使用的是正交直和分解,这个分解式是唯一的. 如果使用一般直和分解,因分解法不唯一,上面结论无意义.

例 1.9 在实数域上线性空间 $\mathbb{R}[x]_{n+1}$ 内定义内积:若 $f(x)$, $g(x)\in\mathbb{R}[x]_{n+1}$,令

$$(f(x),g(x))=\int_{-1}^{1}f(x)g(x)\mathrm{d}x,$$

则 $\mathbb{R}[x]_{n+1}$ 成为一欧氏空间. 证明下面的 Legendre 多项式

$$\mathrm{P}_0(x) = 1,$$

$$\mathrm{P}_k(x) = \frac{1}{2^k k!}\frac{\mathrm{d}^k}{\mathrm{d}x^k}[(x^2-1)^k] \quad (k = 1,2,\cdots,n)$$

是 $\mathbb{R}[x]_{n+1}$ 的一组正交基,并求 $\mathrm{P}_k(x)$ 的递推公式.

解　(1) 因为 $(x^2-1)^k$ 是首项系数为 1 的 $2k$ 次多项式,故

$$\begin{aligned}\mathrm{P}_k(x) &= \frac{1}{2^k k!}\frac{\mathrm{d}^k}{\mathrm{d}x^k}(x^2-1)^k \\ &= \frac{2k(2k-1)\cdots(k+1)}{2^k\cdot k!}x^k + a_1x^{k-2} + \cdots + a_k \quad (1)\end{aligned}$$

(因 $(x^2-1)^k$ 展开式中只含 x 的偶次幂,故求 k 次微商后不含 x^{k-1}).
对 $l<k$,应用高阶微商的莱布尼茨公式,有

$$\begin{aligned}\frac{\mathrm{d}^l}{\mathrm{d}x^l}(x^2-1)^k &= 2k\frac{\mathrm{d}^{l-1}}{\mathrm{d}x^{l-1}}[x(x^2-1)^{k-1}] \\ &= 2k\Big[x\frac{\mathrm{d}^{l-1}}{\mathrm{d}x^{l-1}}(x^2-1)^{k-1} \\ &\quad + (l-1)\frac{\mathrm{d}^{l-2}}{\mathrm{d}x^{l-2}}(x^2-1)^{k-1}\Big].\end{aligned}$$

现在利用上面公式来证明: 当 $l<k$ 时, $\frac{\mathrm{d}^l}{\mathrm{d}x^l}(x^2-1)^k$(作为 x 的多项式)包含 (x^2-1) 为其因子. 首先, $k=1$ 时, $l=0$, 命题成立. 设 $k=m$ 时命题已成立,则当 $k=m+1$ 时,设 $l<m+1$,当 $l=0,1$ 时结论显然成立,而 $2\leqslant l\leqslant m$ 时,有

$$\begin{aligned}\frac{\mathrm{d}^l}{\mathrm{d}x^l}(x^2-1)^{m+1} &= 2(m+1)\Big[x\frac{\mathrm{d}^{l-1}}{\mathrm{d}x^{l-1}}(x^2-1)^m \\ &\quad + (l-1)\frac{\mathrm{d}^{l-2}}{\mathrm{d}x^{l-2}}(x^2-1)^m\Big].\end{aligned}$$

按归纳假设, $\frac{\mathrm{d}^{l-1}}{\mathrm{d}x^{l-1}}(x^2-1)^m$ 和 $\frac{\mathrm{d}^{l-2}}{\mathrm{d}x^{l-2}}(x^2-1)^m$ 中都含 (x^2-1) 作为因子,于是 $\frac{\mathrm{d}^l}{\mathrm{d}x^l}(x^2-1)^{m+1}$ 也含 (x^2-1) 作为其因子. 因此,当 $l<k$ 时有

$$\frac{\mathrm{d}^l}{\mathrm{d}x^l}(x^2-1)^k\Big|_{x=\pm1} = 0. \quad (2)$$

下面利用分部积分公式

$$\int_a^b u(x)v^{(m)}(x)\mathrm{d}x$$
$$=\left[uv^{(m-1)}-u'v^{(m-2)}+\cdots+(-1)^{m-1}u^{(m-1)}v\right]\Big|_a^b$$
$$+(-1)^m\int_a^b u^{(m)}(x)v(x)\mathrm{d}x. \tag{3}$$

令 $a=-1,b=1,m=k,l<k$,以及

$$u(x)=\frac{\mathrm{d}^l}{\mathrm{d}x^l}(x^2-1)^l,\quad v(x)=(x^2-1)^k,$$

那么,按上面(2)式,我们有

$$v^{(i)}(x)\Big|_{x=\pm1}=0\quad(i=0,1,\cdots,k-1).$$

又因 $u(x)$ 为 l 次多项式,$l<k$,故 $u^{(k)}(x)=0$. 于是

$$\int_{-1}^1 \mathrm{P}_l(x)\mathrm{P}_k(x)\mathrm{d}x=\frac{1}{2^{k+l}k!l!}\int_{-1}^1\left(\frac{\mathrm{d}^l}{\mathrm{d}x^l}(x^2-1)^l\right)$$
$$\cdot\left(\frac{\mathrm{d}^k}{\mathrm{d}x^k}(x^2-1)^k\right)\mathrm{d}x=0.$$

这表明 $\mathrm{P}_0(x),\mathrm{P}_1(x),\cdots,\mathrm{P}_n(x)$ 是 $\mathbb{R}[x]_{n+1}$ 的一组正交基. 因为次数小于 k 的多项式可被 $\mathrm{P}_0(x),\mathrm{P}_1(x),\cdots,\mathrm{P}_{k-1}(x)$(它们是 $\mathbb{R}[x]_k$ 的一组正交基)线性表示,因而与 $\mathrm{P}_{k+i}(x)$ 正交($i=0,1,2,\cdots$).

(2) 利用上面的分部积分公式(3)(令 $l=k$),我们有

$$\int_{-1}^1 \mathrm{P}_k^2(x)\mathrm{d}x=\left(\frac{1}{k!2^k}\right)^2\int_{-1}^1\left(\frac{\mathrm{d}^k}{\mathrm{d}x^k}(x^2-1)^k\right)\frac{\mathrm{d}^k}{\mathrm{d}x^k}(x^2-1)^k\mathrm{d}x$$
$$=\left(\frac{1}{k!2^k}\right)^2\cdot(-1)^k\int_{-1}^1\left(\frac{\mathrm{d}^{2k}}{\mathrm{d}x^{2k}}(x^2-1)^k\right)(x^2-1)^k\mathrm{d}x.$$

上面(1)式中已指出

$$\frac{\mathrm{d}^k}{\mathrm{d}x^k}(x^2-1)^k=2k(2k-1)\cdots(k+1)x^k+\cdots,$$

于是

$$\frac{\mathrm{d}^{2k}}{\mathrm{d}x^{2k}}(x^2-1)^k=(2k)!.$$

因此

$$\int_{-1}^1 \mathrm{P}_k^2(x)\mathrm{d}x=\left(\frac{1}{k!2^k}\right)^2(2k)!\int_{-1}^1(1-x^2)^k\mathrm{d}x$$

$$= 2\left(\frac{1}{k!2^k}\right)^2 (2k)!\int_0^1 (1-x^2)^k \mathrm{d}x$$

$$\xlongequal{x=\sin t} 2\left(\frac{1}{k!2^k}\right)^2 (2k)!\int_0^{\frac{\pi}{2}} \cos^{2k+1} t \mathrm{d}t.$$

现在利用三角函数积分(可利用分部积分法推得,在数学分析课程中已有讨论)

$$\int_0^{\frac{\pi}{2}} \cos^{2k+1} t \mathrm{d}t = \frac{2k(2k-2)\cdot\cdots\cdot 4\cdot 2}{(2k+1)(2k-1)\cdot\cdots\cdot 3\cdot 1},$$

我们推得

$$\int_{-1}^{1} \mathrm{P}_k^2(x)\mathrm{d}x = \frac{2}{2k+1}.$$

现在考查欧氏空间 $\mathbb{R}[x]_{n+2}$,它有一组正交基 $\mathrm{P}_0(x),\mathrm{P}_1(x),\mathrm{P}_2(x),\cdots,\mathrm{P}_{n+1}(x)$,于是向量 $x\mathrm{P}_n(x)$ 可被此组基线性表示:

$$x\mathrm{P}_n(x) = c_0\mathrm{P}_{n+1}(x) + c_1\mathrm{P}_n(x) + c_2\mathrm{P}_{n-1}(x) + \cdots + c_{n+1}\mathrm{P}_0(x). \tag{4}$$

因为当 $i\geqslant 2$ 时,$x\mathrm{P}_{n-i}(x)$ 次数 $<n$,已知与 $\mathrm{P}_n(x)$ 正交,故

$$0 = \int_{-1}^{1} (x\mathrm{P}_{n-i}(x))\mathrm{P}_n(x)\mathrm{d}x = c_{i+1}\int_{-1}^{1} \mathrm{P}_{n-i}^2(x)\mathrm{d}x$$

$$= \frac{2}{2n-2i+1} c_{i+1},$$

于是 $c_{i+1}=0(i=2,3,\cdots,n)$. 又因 $\mathrm{P}_{n+1}(x),\mathrm{P}_{n-i}(x)(i=1,2,\cdots,n)$ 按(1)式,其中均不含 x^n 的项,等式左端因为 $\mathrm{P}_n(x)$ 中不含 x^{n-1} 的项,故 $x\mathrm{P}_n(x)$ 中不含 x^n 的项,比较公式(4)两边 x^n 的系数立即推知 $c_1=0$. 因此,我们得到

$$x\mathrm{P}_n(x) = c_0\mathrm{P}_{n+1}(x) + c_2\mathrm{P}_{n-1}(x). \tag{5}$$

比较两边 x^{n+1} 的系数,从(1)式有

$$\frac{2n(2n-1)\cdots(n+1)}{2^n\cdot n!} = c_0\frac{(2n+2)(2n+1)\cdots(n+2)}{2^{n+1}(n+1)!},$$

于是 $c_0=\dfrac{n+1}{2n+1}$. 现再利用莱布尼茨公式,有

$$\frac{\mathrm{d}^k}{\mathrm{d}x^k}(x^2-1)^k = \frac{\mathrm{d}^k}{\mathrm{d}x^k}[(x+1)^k(x-1)^k]$$

$$= (x+1)^k \frac{\mathrm{d}^k}{\mathrm{d}x^k}(x-1)^k$$

$$+ k\frac{\mathrm{d}(x+1)}{\mathrm{d}x}\frac{\mathrm{d}^{k-1}}{\mathrm{d}x^{k-1}}(x-1)^k + \cdots$$

$$+ \frac{\mathrm{d}^k}{\mathrm{d}x^k}(x+1)^k \cdot (x-1)^k.$$

等式右端从第二项起都含因子$(x-1)$,而$\frac{\mathrm{d}^k}{\mathrm{d}x^k}(x-1)^k=k!$,故

$$\mathrm{P}_k(x)\Big|_{x=1} = \frac{1}{2^k k!}\frac{\mathrm{d}^k}{\mathrm{d}x^k}(x^2-1)^k\Big|_{x=1} = \frac{1}{2^k k!}\cdot 2^k k! = 1.$$

将此结果应用于(5)式,即得

$$1 = c_0 + c_2 = \frac{n+1}{2n+1} + c_2,$$

故$c_2=\frac{n}{2n+1}$.于是我们得到如下递推公式

$$(n+1)\mathrm{P}_{n+1}(x) - (2n+1)x\mathrm{P}_n(x) + n\mathrm{P}_{n-1}(x) = 0. \quad \blacksquare$$

评议 上面是利用数学分析的知识来寻求欧氏空间$\mathbb{R}[x]_n$的一组标准正交基.这组特殊的标准正交基是一组特殊函数,在数学和自然科学、工程技术中都有重要的应用.本例是综合运用分析、几何、代数知识处理问题的初步训练.

练习题5.1

1. 设A是n阶正定矩阵.在$\mathbb{R}^n$中定义二元函数(α,β)如下:若

$$\alpha=(x_1,x_2,\cdots,x_n),\quad \beta=(y_1,y_2,\cdots,y_n),$$

则令

$$(\alpha,\beta)=\alpha A\beta'.$$

证明:

(1) (α,β)满足内积条件(i)~(iii),从而$\mathbb{R}^n$关于这个内积也成一欧氏空间;

(2) 写出这个欧氏空间的柯西-布尼雅可夫斯基不等式.

2. 在$M_n(\mathbb{R})$中考虑全体n阶对称矩阵所成的子空间V.在V中定义二元函数如下:

$$(A,B)=\mathrm{tr}(AB).$$

证明：这个函数满足内积条件，从而 V 关于它成一欧氏空间.

3. 在欧氏空间 $\mathbb{R}^4$ 中求向量 α,β 的夹角：

(1) $\alpha=(2,1,3,2)$，$\beta=(1,2,-2,1)$；

(2) $\alpha=(1,2,2,3)$，$\beta=(3,1,5,1)$；

(3) $\alpha=(1,1,1,2)$，$\beta=(3,1,-1,0)$.

4. 设 $\varepsilon_1,\varepsilon_2,\varepsilon_3$ 是三维欧氏空间中一组标准正交基，证明：

$$\eta_1=\frac{1}{3}(2\varepsilon_1+2\varepsilon_2-\varepsilon_3),$$

$$\eta_2=\frac{1}{3}(2\varepsilon_1-\varepsilon_2+2\varepsilon_3),$$

$$\eta_3=\frac{1}{3}(\varepsilon_1-2\varepsilon_2-2\varepsilon_3)$$

也是一组标准正交基.

5. 设 $\varepsilon_1,\varepsilon_2,\varepsilon_3,\varepsilon_4,\varepsilon_5$ 是 5 维欧氏空间 V 的一组标准正交基，而

$$\alpha_1=\varepsilon_1+\varepsilon_5,\quad \alpha_2=\varepsilon_1-\varepsilon_2+\varepsilon_4,\quad \alpha_3=2\varepsilon_1+\varepsilon_2+\varepsilon_3,$$

求 $L(\alpha_1,\alpha_2,\alpha_3)$的一组标准正交基.

6. 求齐次线性方程组

$$\begin{cases}2x_1+x_2-x_3+x_4-3x_5=0,\\ x_1+x_2-x_3\qquad\ +\ x_5=0\end{cases}$$

的解空间(作为欧氏空间 $\mathbb{R}^5$ 的子空间)的一组标准正交基.

7. 考虑欧氏空间 $C[-\pi,\pi]$(参看本节例 1.2)，在其中给定向量组

$$1,\ \cos x,\ \sin x,\ \cos 2x,\ \sin 2x,\ \cdots,\ \cos nx,\ \sin nx.$$

证明：

(1) 这个向量组的向量两两正交；

(2) 求这个向量组生成的子空间 M 的一组标准正交基.

8. 在 $\mathbb{R}[x]_4$ 中定义内积

$$(f,g)=\int_{-1}^{1}f(t)g(t)\mathrm{d}t,$$

试求出它的一组标准正交基.

9. 在欧氏空间 $\mathbb{R}^4$ 内给定向量组 $\alpha_1,\alpha_2,\alpha_3$，利用施密特正交化方法先把它正交化，再单位化.

(1) $\alpha_1=(1,2,-1,0)$, $\alpha_2=(1,-1,1,1)$, $\alpha_3=(-1,2,1,1)$.

(2) $\alpha_1=(2,1,0,1)$, $\alpha_2=(0,1,2,2)$, $\alpha_3=(-2,1,1,2)$.

10. 设 V 是 n 维欧氏空间, $\alpha_1,\alpha_2,\cdots,\alpha_n$ 是 V 的一组基. 证明 V 内存在一组基 $\beta_1,\beta_2,\cdots,\beta_n$, 使 $(\alpha_i,\beta_j)=\delta_{ij}$.

11. 设 A 是正交矩阵且 $A^2=E$. 证明 A 是对称矩阵.

12. 设 A 是对称矩阵且 $A^2=E$. 证明 A 是正交矩阵.

13. 设 A 是对称矩阵又是正交矩阵, 证明 $A^2=E$.

14. 在实数域上线性空间 $M_n(\mathbb{R})$ 上定义内积如下: 对任意 A, $B\in M_n(\mathbb{R})$,

$$(A,B) = \mathrm{tr}(AB').$$

证明 $M_n(\mathbb{R})$ 关于此内积成为一个欧氏空间, 并求它的一组标准正交基.

§2　欧氏空间中的特殊线性变换

一、正交变换

【内容提要】

定义　设 V 是 n 维欧氏空间, $\boldsymbol{A}$ 是 V 内的一个线性变换. 如果对任意 $\alpha,\beta\in V$ 都有

$$(\boldsymbol{A}\alpha,\boldsymbol{A}\beta) = (\alpha,\beta),$$

则称 $\boldsymbol{A}$ 为 V 内的一个**正交变换**.

命题　设 V 是 n 维欧氏空间, $\boldsymbol{A}$ 是 V 内一个线性变换, 则下列命题等价:

(i) $\boldsymbol{A}$ 是正交变换;

(ii) $\boldsymbol{A}$ 在标准正交基下的矩阵为正交矩阵;

(iii) $\boldsymbol{A}$ 把 V 的标准正交基 $\varepsilon_1,\varepsilon_2,\cdots,\varepsilon_n$ 变为标准正交基 $\boldsymbol{A}\varepsilon_1$, $\boldsymbol{A}\varepsilon_2,\cdots,\boldsymbol{A}\varepsilon_n$;

(iv) 对任意 $\alpha\in V$, $|\boldsymbol{A}\alpha|=|\alpha|$.

命题　设 $\boldsymbol{A}$ 是 n 维欧氏空间 V 内的正交变换. 如果 M 是 $\boldsymbol{A}$ 的不变子空间, 则 $M^{\perp}$ 也是 $\boldsymbol{A}$ 的不变子空间.

定理　设 $\boldsymbol{A}$ 是 n 维欧氏空间 V 内的正交变换，则在 V 内存在一组标准正交基，使 $\boldsymbol{A}$ 在该组基下的矩阵成如下准对角形：

$$J=\begin{bmatrix}\lambda_1 & & & & & & \\ & \lambda_2 & & & & 0 & \\ & & \ddots & & & & \\ & & & \lambda_k & & & \\ & 0 & & & S_1 & & \\ & & & & & \ddots & \\ & & & & & & S_l\end{bmatrix},$$

其中 $\lambda_i=\pm 1(i=1,2,\cdots,k)$，而

$$S_j=\begin{bmatrix}\cos\varphi_j & -\sin\varphi_j \\ \sin\varphi_j & \cos\varphi_j\end{bmatrix}\quad(\varphi_j\neq k\pi,\ j=1,2,\cdots,l).$$

评议　在日常生活中，人们对于正交变换的思想已经习以为常. 例如，把一张桌子从甲处移往乙处，人们知道它的形状不会发生任何变化. 在平面几何中证明两个三角形全等有一种重叠法，即把一个三角形移动到另一个三角形上，如能让它们完全叠合，就认为两个三角形全等，在这里体现的是欧几里得几何的基本思想，即认为这种运动不改变两点间的距离（从而不会改变两直线间的夹角）. 在理论力学中研究刚体运动，其基本思想也是：这种运动保持刚体内任意两点的距离不变. 这些思想反映到欧几里得空间来，就是正交变换的概念.

正交变换有四种等价的说法，这是研究正交变换的基本工具，读者应当注意它和第四章的知识的联系. 例如(i)和(iv)等价实际上是对称双线性函数 $f(\alpha,\beta)=(\boldsymbol{A}\alpha,\boldsymbol{A}\beta)$ 和二次型函数 $Q_f(\alpha)=(\boldsymbol{A}\alpha,\boldsymbol{A}\alpha)$ 之间的等价关系. 对(ii)，(iii)要特别注意都是在标准正交基上讨论的，初学者往往忽视这一点而出错.

对正交变换的任一不变子空间 M，$M^{\perp}$ 也是它的不变子空间，这就为利用空间分解研究问题提供了依据. 在第三章例 4.12 和例 4.13 中曾指出：在一个 n 维线性空间 V 内，一个线性变换 $\boldsymbol{A}$ 的任一不变子空间 M 如果都存在 $\boldsymbol{A}$ 的另一不变子空间 N，使 $V=M\oplus N$，则 $\boldsymbol{A}$ 称为完全可约的. 上面事实说明正交变换是完全可约的. 如果是复数域上线性空间，完全可约与矩阵可对角化等价. 欧氏空间是实

数域上线性空间，所以正交变换矩阵一般不能对角化. 但利用上面空间分解的技巧可以证明它的矩阵能准对角化，而且主对角线上是一阶方阵或简单的二阶方阵.

正交变换是和空间内积相联系的第一种线性变换. 一般线性空间没有内积这个概念，也就没有正交变换. 这是引入内积后才出现的新课题，不能再用第三章的一般观点来看待它.

例 2.1 设 η 是 n 维欧氏空间 V 内的一个单位向量. 定义 V 内一个线性变换如下：

$$\boldsymbol{A}\alpha = \alpha - 2(\eta,\alpha)\eta \quad (\forall\ \alpha \in V).$$

称这种线性变换是 V 内的一个镜面反射. 证明：

(1) 镜面反射是 V 内正交变换；

(2) 镜面反射在 V 的任一组基下矩阵的行列式为 -1；

(3) $\boldsymbol{A}^2=\boldsymbol{E}$，即 $\boldsymbol{A}^{-1}=A$；

(4) 对 V 内任意正交变换 $\boldsymbol{B}$，$\boldsymbol{B}^{-1}\boldsymbol{A}\boldsymbol{B}$ 也是一个镜面反射.

解 (1) 我们有

$$\begin{aligned}(\boldsymbol{A}\alpha,\boldsymbol{A}\beta) &= (\alpha - 2(\eta,\alpha)\eta, \beta - 2(\eta,\beta)\eta) \\ &= (\alpha,\beta) - 2(\eta,\alpha)(\eta,\beta) - 2(\eta,\beta)(\eta,\alpha) \\ &\quad + 4(\eta,\alpha)(\eta,\beta)(\eta,\eta) \\ &= (\alpha,\beta),\end{aligned}$$

故 $\boldsymbol{A}$ 为 V 内正交变换.

(2) 将 $\eta=\varepsilon_1$ 扩充为 V 的一组标准正交基 $\varepsilon_1,\varepsilon_2,\cdots,\varepsilon_n$，我们有(注意 $(\eta,\varepsilon_i)=(\varepsilon_1,\varepsilon_i)=0$，当 $i>1$ 时)

$$\boldsymbol{A}\varepsilon_1 = \varepsilon_1 - 2(\eta,\varepsilon_1)\eta = \eta - 2\eta = -\varepsilon_1,$$

$$\boldsymbol{A}\varepsilon_i = \varepsilon_i - 2(\eta,\varepsilon_i)\eta = \varepsilon_i \quad (i > 1),$$

故 $\boldsymbol{A}$ 在此组基下的矩阵为

$$A = \begin{bmatrix} -1 & & & 0 \\ & 1 & & \\ & & \ddots & \\ 0 & & & 1 \end{bmatrix}.$$

显然 $|A|=-1$. $\boldsymbol{A}$ 在任何一组基下的矩阵与 A 相似，相似矩阵行列

式相等,故 $\boldsymbol{A}$ 在任何一组基下矩阵的行列式为-1.

(3) $\boldsymbol{A}^2$ 在(2)中取定的标准正交基下的矩阵是 $A^2=E$,故 $\boldsymbol{A}^2=\boldsymbol{E}$.

(4) 考查 $\boldsymbol{B}^{-1}\boldsymbol{A}\boldsymbol{B}$ 的作用:因为 $\boldsymbol{B}^{-1}$也是正交变换,故$\forall\ \alpha\in V$,有

$$\begin{aligned}\boldsymbol{B}^{-1}\boldsymbol{A}\boldsymbol{B}(\alpha)&=\boldsymbol{B}^{-1}(\boldsymbol{B}(\alpha)-2(\eta,\boldsymbol{B}(\alpha))\eta)\\&=\alpha-2(\eta,\boldsymbol{B}(\alpha))\boldsymbol{B}^{-1}\eta\\&=\alpha-2(\boldsymbol{B}^{-1}(\eta),\boldsymbol{B}^{-1}(\boldsymbol{B}\alpha))\boldsymbol{B}^{-1}\eta\\&=\alpha-2(\boldsymbol{B}^{-1}(\eta),\alpha)\boldsymbol{B}^{-1}\eta.\end{aligned}$$

因为$(\boldsymbol{B}^{-1}\eta,\boldsymbol{B}^{-1}\eta)=(\eta,\eta)=1$,故 $\boldsymbol{B}^{-1}\eta$ 是 V 中一个单位向量,上式表明:$\boldsymbol{B}^{-1}\boldsymbol{A}\boldsymbol{B}$ 是由单位向量 $\boldsymbol{B}^{-1}\eta$ 决定的镜面反射. ▌

评议　镜面反射是最简单的一类正交变换,它把单位向量 η 变为$-\eta$,其他所有与 η 正交的向量,即 $L(\eta)^{\perp}$中的向量在它作用下都保持不动,它因此得名镜面反射.

例 2.2　设 α,β 是 n 维欧氏空间 V 内两个不同的单位向量.证明存在 V 内镜面反射 $\boldsymbol{A}$,使 $\boldsymbol{A}\alpha=\beta$.

解　注意$(\alpha,\alpha)=(\beta,\beta)=1$.设 $\eta=\dfrac{1}{|\alpha-\beta|}(\alpha-\beta)$,则 η 定义一镜面反射

$$\begin{aligned}\boldsymbol{A}\alpha&=\alpha-2\left(\frac{\alpha-\beta}{|\alpha-\beta|},\alpha\right)\frac{\alpha-\beta}{|\alpha-\beta|}\\&=\alpha-\frac{2}{|\alpha-\beta|^2}((\alpha,\alpha)-(\beta,\alpha))(\alpha-\beta)\\&=\alpha-\frac{2}{2(1-(\alpha,\beta))}(1-(\alpha,\beta))(\alpha-\beta)=\beta.\end{aligned}$$ ▌

例 2.3　证明 n 维欧氏空间 V 中任一正交变换都可表示成有限个镜面反射的乘积.

解　当 $\dim V=1$ 时,取 V 的一组标准正交基 ε,由它定义 V 的镜面反射 $\boldsymbol{S}\alpha=\alpha-2(\varepsilon,\alpha)\varepsilon$.此时 $\alpha=k\varepsilon$,故

$$\boldsymbol{S}\alpha=k\varepsilon-2(\varepsilon,k\varepsilon)\varepsilon=k\varepsilon-2k(\varepsilon,\varepsilon)\varepsilon=-k\varepsilon=-\alpha.$$

现设 $\boldsymbol{A}$ 为 V 内任一正交变换,设 $\boldsymbol{A}\varepsilon=k\varepsilon$,因$|\boldsymbol{A}\varepsilon|=|\varepsilon|=1$,故 $k=\pm1$.若 $\boldsymbol{A}\varepsilon=\varepsilon$,则 $\boldsymbol{A}=\boldsymbol{E}=\boldsymbol{S}^2$.若 $\boldsymbol{A}\varepsilon=-\varepsilon$,则对一切 $\alpha\in V,\alpha=k\varepsilon$,于是 $\boldsymbol{A}\alpha=\boldsymbol{A}(k\varepsilon)=k\boldsymbol{A}\varepsilon=-k\varepsilon=-\alpha$,即 $\boldsymbol{A}=\boldsymbol{S}$.故 $n=1$ 时结论成立.

设对 $n-1$ 维欧氏空间命题成立. 对 n 维欧氏空间 V 内一正交变换 $\boldsymbol{T}$,若 $\boldsymbol{T}=\boldsymbol{E}$,则任取 V 内一镜面反射 $\boldsymbol{A}$,由例 2.1 知 $\boldsymbol{E}=\boldsymbol{AA}$. 若 $\boldsymbol{T}\neq\boldsymbol{E}$,则有 V 内单位向量 ε,使 $\boldsymbol{T}\varepsilon=\eta\neq\varepsilon$. 按例 2.2,存在 V 内镜面反射 $\boldsymbol{A}$,使 $\boldsymbol{A}\eta=\varepsilon$. 于是 $\boldsymbol{AT}\varepsilon=\varepsilon$. 令 $M=L(\varepsilon)$,因为 $\boldsymbol{AT}$ 仍为正交变换. 故 $M^{\perp}$ 为 $\boldsymbol{AT}$ 的 $n-1$ 维不变子空间,且 $(\boldsymbol{AT})|_{M^{\perp}}$ 为正交变换. 按归纳假设,在 $M^{\perp}$ 内存在单位向量 $\alpha_1,\alpha_2,\cdots,\alpha_k$,它们分别决定 $M^{\perp}$ 内镜面反射 $\boldsymbol{A}_1,\boldsymbol{A}_2,\cdots,\boldsymbol{A}_k$,使

$$(\boldsymbol{AT})\Big|_{M^{\perp}}=\boldsymbol{A}_1\boldsymbol{A}_2\cdots\boldsymbol{A}_k.$$

现将 $\boldsymbol{A}_i$ 定义范围扩大至 V,即补充定义 $\boldsymbol{A}_i(\varepsilon)=\varepsilon$(根据第三章 §3 三的基本命题,这是可以办到的). 则 $\boldsymbol{A}_i$ 即为 α_i 在 V 内决定的镜面反射,这是因为对任意 $\alpha\in V$,设 $\alpha=\beta_1+\beta_2$,这里 $\beta_1=b\varepsilon\in M,\beta_2\in M^{\perp}$,则(注意$(\beta_1,\alpha_i)=0$)

$$\begin{aligned}\boldsymbol{A}_i(\alpha)&=\boldsymbol{A}_i\beta_1+\boldsymbol{A}_i\beta_2=\beta_1+\beta_2-2(\alpha_i,\beta_2)\alpha_i\\&=\alpha-2(\alpha_i,\beta_1+\beta_2)\alpha_i=\alpha-2(\alpha_i,\alpha)\alpha_i.\end{aligned}$$

现在显然有 $\boldsymbol{A}_1\boldsymbol{A}_2\cdots\boldsymbol{A}_k(\beta_1)=\beta_1$. 因为 $\boldsymbol{AT}(\varepsilon)=\varepsilon$,故 $AT(\beta_1)=\beta_1$,有

$$\begin{aligned}(\boldsymbol{AT})\alpha&=(\boldsymbol{AT})\beta_1+\boldsymbol{AT}\beta_2=\beta_1+\boldsymbol{A}_1\boldsymbol{A}_2\cdots\boldsymbol{A}_k\beta_2\\&=\boldsymbol{A}_1\boldsymbol{A}_2\cdots\boldsymbol{A}_k(\beta_1)+\boldsymbol{A}_1\boldsymbol{A}_2\cdots\boldsymbol{A}_k\beta_2\\&=\boldsymbol{A}_1\boldsymbol{A}_2\cdots\boldsymbol{A}_k(\beta_1+\beta_2)=\boldsymbol{A}_1\boldsymbol{A}_2\cdots\boldsymbol{A}_k\alpha.\end{aligned}$$

于是 $\boldsymbol{AT}=\boldsymbol{A}_1\boldsymbol{A}_2\cdots\boldsymbol{A}_k$. 注意到 $\boldsymbol{A}^2=\boldsymbol{E}$,上式两边左乘 $\boldsymbol{A}$ 即得

$$\boldsymbol{T}=\boldsymbol{A}\boldsymbol{A}_1\boldsymbol{A}_2\cdots\boldsymbol{A}_k. \quad ▌$$

评议 解此题有两个步骤:第一步采用空间分解的技巧,找一个不变子空间 M,将问题归结为低维不变子空间 $M^{\perp}$,然后对 $M^{\perp}$ 使用数学归纳法的归纳假设. 但是我们并不知 $\boldsymbol{T}$ 有无非平凡不变子空间,由于 $\boldsymbol{T}$ 为正交变换,把单位向量 ε 变为单位向量 η,于是使用例 2.2,找一镜面反射 $\boldsymbol{A}$,使 $\boldsymbol{A}\eta=\varepsilon$. 于是 $M=L(\varepsilon)$ 为 $\boldsymbol{AT}$ 的不变子空间. 问题得以解决;第二步是要把 $M^{\perp}$ 内的镜面反射扩充为 V 内的镜面反射. 由于这两步都顺利完成,问题得以迎刃而解.

解题中实际证明 V 中任意正交变换均可分解为不多于 $n+1$ 个镜面反射的乘积. 对维数>1 的更一般带度量 n 维线性空间,可证明其正交变换可分解为不超过 n 个镜面反射的乘积. 它称为嘉当—迪

厄多内(Cartan-Dieudonné)定理.

例 2.4 设 $\boldsymbol{A}$ 是欧氏空间 V 内一个变换,使对任意 $\alpha,\beta\in V$,有 $(\boldsymbol{A}\alpha,\boldsymbol{A}\beta)=(\alpha,\beta)$. 证明 $\boldsymbol{A}$ 是一个正交变换.

解 需要证明 $\boldsymbol{A}$ 是一个线性变换. 对任意 $\alpha,\beta\in V$,有

$$
\begin{aligned}
&(\boldsymbol{A}(\alpha+\beta)-\boldsymbol{A}\alpha-\boldsymbol{A}\beta,\boldsymbol{A}(\alpha+\beta)-\boldsymbol{A}\alpha-\boldsymbol{A}\beta)\\
&\quad=(\boldsymbol{A}(\alpha+\beta),\boldsymbol{A}(\alpha+\beta))-(\boldsymbol{A}\alpha,\boldsymbol{A}(\alpha+\beta))\\
&\qquad-(\boldsymbol{A}\beta,\boldsymbol{A}(\alpha+\beta))-(\boldsymbol{A}(\alpha+\beta),\boldsymbol{A}\alpha)+(\boldsymbol{A}\alpha,\boldsymbol{A}\alpha)\\
&\qquad+(\boldsymbol{A}\beta,\boldsymbol{A}\alpha)-(\boldsymbol{A}(\alpha+\beta),\boldsymbol{A}\beta)+(\boldsymbol{A}\alpha,\boldsymbol{A}\beta)+(\boldsymbol{A}\beta,\boldsymbol{A}\beta)\\
&\quad=(\alpha+\beta,\alpha+\beta)-(\alpha,\alpha+\beta)-(\beta,\alpha+\beta)\\
&\qquad-(\alpha+\beta,\alpha)+(\alpha,\alpha)+(\beta,\alpha)-(\alpha+\beta,\beta)\\
&\qquad+(\alpha,\beta)+(\beta,\beta)=0,
\end{aligned}
$$

根据内积性质推知 $\boldsymbol{A}(\alpha+\beta)-\boldsymbol{A}\alpha-\boldsymbol{A}\beta=0$.

对任意 $k\in\mathbb{R}$,$\alpha\in V$,有

$$
\begin{aligned}
&(\boldsymbol{A}(k\alpha)-k\boldsymbol{A}\alpha,\boldsymbol{A}(k\alpha)-k\boldsymbol{A}\alpha)\\
&\qquad=(\boldsymbol{A}(k\alpha),\boldsymbol{A}(k\alpha)-k(\boldsymbol{A}\alpha,\boldsymbol{A}(k\alpha))\\
&\qquad\quad-k(\boldsymbol{A}(k\alpha),\boldsymbol{A}\alpha)+k^2(\boldsymbol{A}\alpha,\boldsymbol{A}\alpha)\\
&\qquad=(k\alpha,k\alpha)-k(\alpha,k\alpha)-k(k\alpha,\alpha)+k^2(\alpha,\alpha)\\
&\qquad=0.
\end{aligned}
$$

由此推知 $\boldsymbol{A}(k\alpha)-k\boldsymbol{A}\alpha=0$.

综合以上结果知 $\boldsymbol{A}$ 是 V 内线性变换,从而是正交变换. ▌

评议 从此例容易想到一个问题:正交变换等价说法(iv)只要知道$(\boldsymbol{A}\alpha,\boldsymbol{A}\alpha)=(\alpha,\alpha)$即推出$(\boldsymbol{A}\alpha,\boldsymbol{A}\beta)=(\alpha,\beta)$. 本例是否可改为对一切 $\alpha\in V$. $(\boldsymbol{A}\alpha,\boldsymbol{A}\alpha)=(\alpha,\alpha)$即可推出 $\boldsymbol{A}$ 是正交变换?答案是否定的. 正交变换说法(iv)是已知 $\boldsymbol{A}$ 为线性变换,无此条件不能成立. 例如任取 V 的非零向量 α,定义 V 内变换 $\boldsymbol{A}\alpha=-\alpha$,$\boldsymbol{A}(-\alpha)=\alpha$,$\boldsymbol{A}$ 使其他向量不变,$\boldsymbol{A}$ 显然保持 V 内每个向量长度不变. 但 $\boldsymbol{A}$ 不是 V 内线性变换,因为选取 $\beta\in V$,$\beta\neq\alpha,-\alpha,0,-2\alpha$,则 $\boldsymbol{A}\beta=\beta$,而因 $\alpha+\beta\neq\pm\alpha$,故有 $\boldsymbol{A}(\alpha+\beta)=\alpha+\beta$,而 $\boldsymbol{A}\alpha+\boldsymbol{A}\beta=-\alpha+\beta\neq\alpha+\beta=\boldsymbol{A}(\alpha+\beta)$.

例 2.5 设 U 是 n 维欧氏空间,V 是 m 维欧氏空间($m\geqslant1$). 在 U 内取定一组标准正交基 $\varepsilon_1,\varepsilon_2,\cdots,\varepsilon_n$.

(1) 在 $\mathrm{Hom}(U,V)$内定义内积如下:对任意 $f,g\in\mathrm{Hom}(U,V)$,

令

$$(f,g)=\sum_{i=1}^{n}(f(\varepsilon_i),g(\varepsilon_i)).$$

证明 Hom(U,V)关于此内积成为欧氏空间.

(2) 在上述欧氏空间 Hom(U,V)内,对任意 $\boldsymbol{A}\in\mathrm{End}(U)$,定义

$$(\boldsymbol{T}(\boldsymbol{A})f)(\alpha)=f(\boldsymbol{A}\alpha)\quad(\forall\ f\in\mathrm{Hom}(U,V),\alpha\in U),$$

则 $\boldsymbol{T}(\boldsymbol{A})$是 Hom$(U,V)$内的一个线性变换. 证明 $\boldsymbol{T}(\boldsymbol{A})$是 Hom$(U,V)$内的正交变换的充分必要条件是 $\boldsymbol{A}$ 是 U 内的正交变换.

解 (1) 我们有

$$\begin{aligned}(k_1f_1+k_2f_2,g)&=\sum_{i=1}^{n}((k_1f_1+k_2f_2)(\varepsilon_i),g(\varepsilon_i))\\&=k_1\sum_{i=1}^{n}(f_1(\varepsilon_i),g(\varepsilon_i))+k_2\sum_{i=1}^{n}(f_2(\varepsilon_i),g(\varepsilon_i))\\&=k_1(f_1,g)+k_2(f_2,g),\end{aligned}$$

$$\begin{aligned}(f,g)&=\sum_{i=1}^{n}(f(\varepsilon_i),g(\varepsilon_i))=\sum_{i=1}^{n}(g(\varepsilon_i),f(\varepsilon_i))\\&=(g,f),\end{aligned}$$

$$(f,f)=\sum_{i=1}^{n}(f(\varepsilon_i),f(\varepsilon_i))\geqslant 0,$$

且 $(f,f)=0\Longleftrightarrow(f(\varepsilon_i),f(\varepsilon_i))=0\Longleftrightarrow f(\varepsilon_i)=0\,(i=1,2,\cdots,n)$. 因 $\varepsilon_1,\varepsilon_2,\cdots,\varepsilon_n$ 是 U 的一组基,这推出 $f=0$.

综上所述知 Hom(U,V)关于上述内积成一欧氏空间.

(2) 首先因 $\boldsymbol{A}$ 是线性变换,由此知 $\boldsymbol{T}(\boldsymbol{A})f\in\mathrm{Hom}(U,V)$. 对任意 $\alpha\in U$,又有

$$\begin{aligned}(\boldsymbol{T}(\boldsymbol{A})(k_1f_1+k_2f_2))(\alpha)&=(k_1f_1+k_2f_2)(\boldsymbol{A}\alpha)\\&=k_1f_1(\boldsymbol{A}\alpha)+k_2f_2(\boldsymbol{A}\alpha)\\&=k_1(\boldsymbol{T}(\boldsymbol{A})f_1)\alpha+k_2(\boldsymbol{T}(\boldsymbol{A})f_2)\alpha\\&=(k_1\boldsymbol{T}(\boldsymbol{A})f_1+k_2\boldsymbol{T}(\boldsymbol{A})f_2)(\alpha).\end{aligned}$$

由上式推知 $\boldsymbol{T}(\boldsymbol{A})(k_1f_1+k_2f_2)=k_1\boldsymbol{T}(\boldsymbol{A})f_1+k_2\boldsymbol{T}(\boldsymbol{A})f_2$,即 $\boldsymbol{T}(\boldsymbol{A})$是 Hom$(U,V)$内一个线性变换.

根据定义,我们有

$$(\boldsymbol{T}(\boldsymbol{A})f,\boldsymbol{T}(\boldsymbol{A})g)=\sum_{i=1}^{n}(\boldsymbol{T}(\boldsymbol{A})f(\varepsilon_i),\boldsymbol{T}(\boldsymbol{A})g(\varepsilon_i))$$

$$= \sum_{i=1}^{n} (f(\boldsymbol{A}\varepsilon_i), g(\boldsymbol{A}\varepsilon_i)).$$

现设 $\boldsymbol{A}$ 在标准正交基 $\varepsilon_1,\varepsilon_2,\cdots,\varepsilon_n$ 下的矩阵为 $A=(a_{ij})$，$\boldsymbol{A}$ 是正交变换 $\Longleftrightarrow A$ 是正交矩阵.

现在我们有

$$(\boldsymbol{T}(\boldsymbol{A})f,\boldsymbol{T}(\boldsymbol{A})g) = \sum_{i=1}^{n}\Big(f\Big(\sum_{j=1}^{n}a_{ji}\varepsilon_j\Big),g\Big(\sum_{k=1}^{n}a_{ki}\varepsilon_k\Big)\Big)$$

$$= \sum_{i=1}^{n}\sum_{j=1}^{n}\sum_{k=1}^{n}a_{ji}a_{ki}(f(\varepsilon_j),g(\varepsilon_k)).$$

(i) 设 $\boldsymbol{A}$ 是正交变换，则 A 是正交矩阵，其行向量组是 $\mathbb{R}^n$ 中一组标准正交基，即

$$\sum_{i=1}^{n}a_{ji}a_{ki} = \delta_{jk},$$

代入上式得

$$(\boldsymbol{T}(\boldsymbol{A})f,\boldsymbol{T}(\boldsymbol{A})g) = \sum_{j=1}^{n}\sum_{k=1}^{n}\Big(\sum_{i=1}^{n}a_{ji}a_{ki}\Big)(f(\varepsilon_j),g(\varepsilon_k))$$

$$= \sum_{j=1}^{n}\sum_{k=1}^{n}(f(\varepsilon_j),g(\varepsilon_k))\delta_{jk}$$

$$= \sum_{j=1}^{n}(f(\varepsilon_j),g(\varepsilon_j)) = (f,g).$$

这表明 $\boldsymbol{T}(\boldsymbol{A})$ 是 $\mathrm{Hom}(U,V)$ 内一正交变换.

(ii) 若已知 $\boldsymbol{T}(\boldsymbol{A})$ 为正交变换，则对任意 $f,g\in\mathrm{Hom}(U,V)$，

$$(\boldsymbol{T}(\boldsymbol{A})f,\boldsymbol{T}(\boldsymbol{A})g) = \sum_{j=1}^{n}\sum_{k=1}^{n}\Big(\sum_{i=1}^{n}a_{ji}a_{ki}\Big)(f(\varepsilon_j),g(\varepsilon_k))$$

$$= (f,g) = \sum_{l=1}^{n}(f(\varepsilon_l),g(\varepsilon_l)).$$

现在 V 内取定一单位向量 η. 对 $1\leqslant j_0\leqslant n$，$1\leqslant k_0\leqslant n$，按第三章 §3 三的基本命题，我们可定义 $f_{j_0},g_{k_0}\in\mathrm{Hom}(U,V)$，使

$$f_{j_0}(\varepsilon_i) = \begin{cases}\eta, & 若\ i=j_0,\\ 0, & 其他;\end{cases}$$

$$g_{k_0}(\varepsilon_i) = \begin{cases}\eta, & 若\ i=k_0,\\ 0, & 其他.\end{cases}$$

那么,我们有

$$
\begin{aligned}
(\boldsymbol{T}(\boldsymbol{A})f_{j_0},\boldsymbol{T}(\boldsymbol{A})g_{k_0}) &= \sum_{j=1}^{n}\sum_{k=1}^{n}\Big(\sum_{i=1}^{n}a_{ji}a_{ki}\Big)(f_{j_0}(\varepsilon_j),g_{k_0}(\varepsilon_k)) \\
&= \sum_{i=1}^{n}a_{j_0i}a_{k_0i}(\eta,\eta) = \sum_{i=1}^{n}a_{j_0i}a_{k_0i} \\
&= (f_{j_0},g_{k_0}) = \sum_{l=1}^{n}(f_{j_0}(\varepsilon_l),g_{k_0}(\varepsilon_l)) = \delta_{j_0k_0}.
\end{aligned}
$$

这表示 A 的行向量组是 $\mathbb{R}^n$ 的标准正交基,故 A 是正交矩阵,从而 $\boldsymbol{A}$ 是正交变换. ▌

评议 在第三章§3,我们利用数域 K 上两个线性空间 U,V 构造出 K 上一个新的线性空间 $\mathrm{Hom}(U,V)$. 在本例中上升一步,由欧氏空间 U,V 构造出新的欧氏空间 $\mathrm{Hom}(U,V)$,特别是导出 U 内正交变换和 $\mathrm{Hom}(U,V)$内正交变换之间的一个密切联系,这是欧氏空间理论中一个有趣的结果.

二、对称变换

【内容提要】

定义 设 $\boldsymbol{A}$ 是 n 维欧氏空间 V 内的一个线性变换,如果对 V 中任意向量 α,β,都有

$$(\boldsymbol{A}\alpha,\beta) = (\alpha,\boldsymbol{A}\beta),$$

则称 $\boldsymbol{A}$ 为 V 内一个**对称变换**.

命题 n 维欧氏空间 V 内的线性变换 $\boldsymbol{A}$ 是对称变换的充分必要条件是 $\boldsymbol{A}$ 在标准正交基下的矩阵是实对称矩阵.

命题 设 $\boldsymbol{A}$ 是欧氏空间 V 内的一个对称变换,则 $\boldsymbol{A}$ 的对应于不同特征值 λ_1,λ_2 的特征向量 ξ_1,ξ_2 互相正交.

命题 设 $\boldsymbol{A}$ 是 n 维欧氏空间 V 内的对称变换,若 M 是 $\boldsymbol{A}$ 的不变子空间,则 $M^{\perp}$也是 $\boldsymbol{A}$ 的不变子空间.

定理 设 $\boldsymbol{A}$ 是 n 维欧氏空间 V 内的一个对称变换,则在 V 内存在一组标准正交基,使 $\boldsymbol{A}$ 在此组基下的矩阵成对角形.

推论 设 A 是 n 阶实对称矩阵,则存在 n 阶正交矩阵 T,使 $T^{-1}AT=T'AT=D$ 为实对角矩阵.

评议　对称变换是与内积相联系的第二类特殊线性变换. 按照定义,这种变换可以在内积中自由移动：从内积的左边移往右边. 重要的是,这种变换实际上是实对称矩阵的线性变换形式. 实对称矩阵是第四章 §3, §4 的主要研究对象,但当时是以对称双线性函数和二次型的形式出现的,这里却是以线性变换的形式出现,这就使这两部分知识建立起密切的联系.

和正交变换一样,对称变换的不变子空间 M 的正交补 $M^{\perp}$ 也是不变子空间,因而对称变换也是完全可约线性变换. 与正交变换不同,对称变换矩阵都可对角化.

注意对称变换和对称矩阵的联系是以标准正交基为立足点的,不是在标准正交基,这个联系不存在,读者不应忽视这一点.

例 2.6　设 $\boldsymbol{A}$ 是 n 维欧氏空间 V 内一个变换,使对任意 $\alpha,\beta\in V$,有$(\boldsymbol{A}\alpha,\beta)=(\alpha,\boldsymbol{A}\beta)$. 证明 $\boldsymbol{A}$ 是一个对称变换.

解　对任意 $\gamma\in V$,有

$$
\begin{aligned}
&(\boldsymbol{A}(\alpha+\beta)-\boldsymbol{A}\alpha-\boldsymbol{A}\beta,\gamma)\\
&\quad=(\boldsymbol{A}(\alpha+\beta),\gamma)-(\boldsymbol{A}\alpha,\gamma)-(\boldsymbol{A}\beta,\gamma)\\
&\quad=(\alpha+\beta,\boldsymbol{A}\gamma)-(\alpha,\boldsymbol{A}\gamma)-(\beta,\boldsymbol{A}\gamma)\\
&\quad=(\alpha+\beta-\alpha-\beta,\boldsymbol{A}\gamma)\\
&\quad=(0,\gamma)=0.
\end{aligned}
$$

现取 $\gamma=\boldsymbol{A}(\alpha+\beta)-\boldsymbol{A}\alpha-\boldsymbol{A}\beta$,由内积的性质知 $\boldsymbol{A}(\alpha+\beta)-\boldsymbol{A}\alpha-\boldsymbol{A}\beta=0$. 同法可知 $\boldsymbol{A}(k\alpha)-k\boldsymbol{A}\alpha=0$,故 $\boldsymbol{A}$ 为 V 内线性变换,从而是对称变换. ▌

评议　解题中用了变换可在内积中移动位置这个条件. 例 2.4 和本例都说明：正交变换和对称变换都由它们和内积的关系完全决定,它们是线性变换这个性质已隐含在它们和内积的关系中了. 因此,这两类变换是带度量线性空间特有的.

例 2.7　设 $\boldsymbol{A},\boldsymbol{B}$ 是 n 维欧氏空间 V 内两个线性变换,在 V 的标准正交基 $\varepsilon_1,\varepsilon_2,\cdots,\varepsilon_n$ 下的矩阵分别是 $A=(a_{ij}),B=(b_{ij})$. 证明：对任意 $\alpha,\beta\in V$ 都有$(\boldsymbol{A}\alpha,\beta)=(\alpha,\boldsymbol{B}\beta)$的充分必要条件是 $B=A'$.

解　必要性　按假设

$$(\boldsymbol{A}\varepsilon_i,\varepsilon_k)=\Big(\sum_{j=1}^{n}a_{ji}\varepsilon_j,\varepsilon_k\Big)=\sum_{j=1}^{n}a_{ji}(\varepsilon_j,\varepsilon_k)=a_{ki},$$

$$(\varepsilon_i,\boldsymbol{B}\varepsilon_k)=\Big(\varepsilon_i,\sum_{j=1}^{n}b_{jk}\varepsilon_j\Big)=\sum_{j=1}^{n}b_{jk}(\varepsilon_i,\varepsilon_j)=b_{ik}.$$

这说明 $B=A'$.

充分性 若 $B=A'$,此时同样有

$$(\boldsymbol{A}\varepsilon_i,\varepsilon_k)=a_{ki}=b_{ik}=(\varepsilon_i,\boldsymbol{B}\varepsilon_k).$$

对任意 $\alpha,\beta\in V$,设

$$\alpha=x_1\varepsilon_1+x_2\varepsilon_2+\cdots+x_n\varepsilon_n,$$
$$\beta=y_1\varepsilon_1+y_2\varepsilon_2+\cdots+y_n\varepsilon_n,$$

我们有

$$\begin{aligned}(\boldsymbol{A}\alpha,\beta)&=\Big(\sum_{i=1}^{n}x_i\boldsymbol{A}\varepsilon_i,\sum_{k=1}^{n}y_k\varepsilon_k\Big)=\sum_{i=1}^{n}\sum_{k=1}^{n}(\boldsymbol{A}\varepsilon_i,\varepsilon_k)x_iy_k\\&=\sum_{i=1}^{n}\sum_{k=1}^{n}(\varepsilon_i,\boldsymbol{B}\varepsilon_k)x_iy_k=\Big(\sum_{i=1}^{n}x_i\varepsilon_i,\boldsymbol{B}\sum_{k=1}^{n}y_k\varepsilon_k\Big)\\&=(\alpha,\boldsymbol{B}\beta).\end{aligned}$$ ▌

评议 此例说明,对 n 维欧氏空间 V 内任意线性变换 $\boldsymbol{A}$,都存在唯一的线性变换 $\boldsymbol{B}$,使 $(\boldsymbol{A}\alpha,\beta)=(\alpha,\boldsymbol{B}\beta)$,$\boldsymbol{A}$ 与这样的 $\boldsymbol{B}$ 在标准正交基(不能是任意的基)下的矩阵互为转置. 这个线性变换称为 $\boldsymbol{A}$ 的共轭变换,记做 $\boldsymbol{A}^*$. 显然,V 中一个线性变换 $\boldsymbol{A}$ 是对称变换的充分必要条件是 $\boldsymbol{A}=\boldsymbol{A}^*$. 这就给出对称变换另一种刻画方法. 概括说,现在对称变换有下列三种互相等价的说法:

(1) 对任意 $\alpha,\beta\in V$ 有 $(\boldsymbol{A}\alpha,\beta)=(\alpha,\boldsymbol{A}\beta)$;

(2) $\boldsymbol{A}$ 在标准正交基下的矩阵是实对称矩阵;

(3) $\boldsymbol{A}=\boldsymbol{A}^*$.

例 2.8 设 A 为正定矩阵,B 为实数矩阵.

(1) 证明:对于任意正整数 k,A^k 也正定;

(2) 如果对于某一正整数 r 有 $A^rB=BA^r$,证明:$AB=BA$.

解 (1) A 为实对称矩阵,可以看做 n 维欧氏空间 V 内一个对称变换 $\boldsymbol{A}$ 在一组标准正交基 $\varepsilon_1,\varepsilon_2,\cdots,\varepsilon_n$ 下的矩阵. 按前面定理,V 内存在标准正交基 $\eta_1,\eta_2,\cdots,\eta_n$,使 $\boldsymbol{A}$ 在此组基下矩阵为对角形

$$D=\begin{bmatrix}\lambda_1 & & & 0\\ & \lambda_2 & & \\ & & \ddots & \\ 0 & & & \lambda_n\end{bmatrix}.$$

令$(\eta_1,\eta_2,\cdots,\eta_n)=(\varepsilon_1,\varepsilon_2,\cdots,\varepsilon_n)T$,则$T$为正交矩阵,即$T'=T^{-1}$,于是$T'AT=T^{-1}AT=D$.这表示$A$合同于对角矩阵$D$,这相当于实二次型作可逆线性变数替换化为标准形:

$$\begin{aligned}f=X'AX&\xlongequal{X=TY}Y'(T'AT)Y=Y'DY\\&=\lambda_1y_1^2+\lambda_2y_2^2+\cdots+\lambda_ny_n^2.\end{aligned}$$

显然,f正定(半正定)$\Longleftrightarrow A$正定(半正定)$\Longleftrightarrow\lambda_i>0(\lambda_i\geqslant0)(i=1,2,\cdots,n)$.此时$T'A^kT=T^{-1}A^kT=(T^{-1}AT)^k=D^k$,当$\lambda_i>0$时$\lambda_i^k>0$.这表明$A^k$合同于主对角线元素全为正实数的对角矩阵$D^k$,故$A^k$也正定.

(2) 若$A^rB=BA^r$,则$T^{-1}(A^rB)T=T^{-1}(BA^r)T$.由之立即推出$(T^{-1}AT)^r(T^{-1}BT)=(T^{-1}BT)(T^{-1}AT)^r$.令$B_1=T^{-1}BT$,则$D^rB_1=B_1D^r$.设$B_1=(b_{ij})$,利用左、右乘对角矩阵的性质可知有

$$\lambda_i^rb_{ij}=\lambda_j^rb_{ij}.$$

若$b_{ij}\neq0$,由上式推知$\lambda_i^r=\lambda_j^r$.因$\lambda_i>0,\lambda_j>0$,故$\lambda_i=\lambda_j$,于是$\lambda_ib_{ij}=\lambda_jb_{ij}$.若$b_{ij}=0$,则此式自然成立.这表示$DB_1=B_1D$.代回原式,得

$$(T^{-1}AT)(T^{-1}BT)=(T^{-1}BT)(T^{-1}AT).$$

两边左乘T,右乘T^{-1},即得$AB=BA$. ▌

评议 要想从$A^rB=BA^r$推出$AB=BA$,直接验证显然不容易.这时应想到有什么理论可以把问题化简.B是一般实方阵,自然没有什么办法化简,而A是正定矩阵,按上面定理,其矩阵可对角化:$T^{-1}AT=D$,因为

$$\begin{aligned}D^r&=(T^{-1}AT)^r=(T^{-1}AT)(T^{-1}AT)\cdots(T^{-1}AT)\\&=T^{-1}A^rT.\end{aligned}$$

这就把A^r化作对角矩阵D^r.一到对角矩阵,问题就简单了.所以,凡涉及矩阵乘法的问题,就要想到能否把其中矩阵对角化(或准对角化),以简化问题.

例 2.9 设A是一个n阶实对称矩阵.证明A半正定的充分必要条件是存在n阶实对称矩阵B,使$A=B^2$.

又设 A 是实数域上的一个 n 阶方阵,证明存在实数域上的 n 阶对称方阵 B,使得 $A'A=B^2$.

解 (1) 设 A 半正定,按上述定理,存在正交矩阵 T,使

$$T'AT = T^{-1}AT = \begin{bmatrix} \lambda_1 & & & 0 \\ & \lambda_2 & & \\ & & \ddots & \\ 0 & & & \lambda_n \end{bmatrix} = D.$$

A 半正定,故 $\lambda_i \geqslant 0$,设 $\mu_i^2=\lambda_i(i=1,2,\cdots,n)$. 令

$$F = \begin{bmatrix} \mu_1 & & & 0 \\ & \mu_2 & & \\ & & \ddots & \\ 0 & & & \mu_n \end{bmatrix} \quad (\mu_i \in \mathbb{R}),$$

则 $T^{-1}AT=D=F^2$;令 $B=TFT^{-1}$,那么 $B'=B$(若取 $\mu_i \geqslant 0$,则 B 为半正定矩阵). 此时 $A=TF^2T^{-1}=(TFT^{-1})^2=B^2$.

反之,若存在实对称矩阵 B,使 $A=B^2$. 令 T 是正交矩阵,使

$$T^{-1}BT = F = \begin{bmatrix} \mu_1 & & & 0 \\ & \mu_2 & & \\ & & \ddots & \\ 0 & & & \mu_n \end{bmatrix} \quad (\mu_i \in \mathbb{R}),$$

则 $A=B^2=(TFT^{-1})^2=TF^2T^{-1}$. 因为

$$A = TF^2T^{-1} = T\begin{bmatrix} \mu_1^2 & & & 0 \\ & \mu_2^2 & & \\ & & \ddots & \\ 0 & & & \mu_n^2 \end{bmatrix}T^{-1}$$

$$= T\begin{bmatrix} \mu_1^2 & & & 0 \\ & \mu_2^2 & & \\ & & \ddots & \\ 0 & & & \mu_n^2 \end{bmatrix}T',$$

由上式得 $T'AT=F^2$，A 合同于 F^2. 故 A 半正定.

(2) 设 A 是任意实数矩阵，则 $A'A$ 为实对称矩阵. 令 $A=(a_{ij})$，我们有

$$X'(A'A)X=(AX)'(AX)$$
$$=\sum_{i=1}^{n}(a_{i1}x_1+a_{i2}x_2+\cdots+a_{in}x_n)^2\geqslant 0,$$

故 $A'A$ 为半正定矩阵. 按(1)，存在实对称矩阵 B，使 $A'A=B^2$. ▌

例 2.10　设 $\boldsymbol{A},\boldsymbol{B}$ 是 n 维欧氏空间 V 内的两个对称变换且 $\boldsymbol{AB}=\boldsymbol{BA}$. 证明 V 内存在一组标准正交基，使 $\boldsymbol{A},\boldsymbol{B}$ 在此组标准正交基下的矩阵同时成为对角矩阵.

解　因为 $\boldsymbol{A}$ 的矩阵可对角化，设 $\boldsymbol{A}$ 的全部互不相同的特征值为 $\lambda_1,\lambda_2,\cdots,\lambda_k$，由第三章 §4 定理 2，有

$$V=V_{\lambda_1}\oplus V_{\lambda_2}\oplus\cdots\oplus V_{\lambda_k}.$$

对任意 $\alpha\in V_{\lambda_i}$，$\boldsymbol{A}(\boldsymbol{B}\alpha)=\boldsymbol{B}(\boldsymbol{A}\alpha)=\lambda_i\boldsymbol{B}\alpha$，这表明 $\boldsymbol{B}\alpha\in V_{\lambda_i}$，即 V_{λ_i} 是 $\boldsymbol{B}$ 的不变子空间. $\boldsymbol{B}|_{V_{\lambda_i}}$ 是 V_{λ_i} 内对称变换，故在 V_{λ_i} 内存在一组标准正交基，使 $\boldsymbol{B}|_{V_{\lambda_i}}$ 在此组标准正交基下矩阵成对角形，而 $\boldsymbol{A}|_{V_{\lambda_i}}$ 在此组标准正交基下矩阵为 $\lambda_i\boldsymbol{E}$. 把每个 V_{λ_i} 内这一组标准正交基合并即为 V 的一组标准正交基(因为 V_{λ_i} 的向量与 V_{λ_j} 中向量，当 $i\neq j$ 时都正交). 在此组标准正交基下 $\boldsymbol{A},\boldsymbol{B}$ 的矩阵都是对角矩阵. ▌

例 2.11　设 A 是一个 n 阶半正定矩阵，则存在唯一的 n 阶半正定矩阵 B，使 $A=B^2$.

解　在例 2.9 已证明存在半正定矩阵 B，使 $A=B^2$. 现设又有半正定矩阵 B_1，使 $A=B_1^2$. 把 A,B,B_1 分别看做 n 维欧氏空间 V 内对称变换 $\boldsymbol{A},\boldsymbol{B},\boldsymbol{B}_1$ 在 V 的标准正交基 $\varepsilon_1,\varepsilon_2,\cdots,\varepsilon_n$ 下的矩阵，显然有 $\boldsymbol{AB}=\boldsymbol{BA}$，$\boldsymbol{AB}_1=\boldsymbol{B}_1\boldsymbol{A}$，如将 V 分解为 $\boldsymbol{A}$ 的特征子空间的直和

$$V=V_{\lambda_1}\oplus V_{\lambda_2}\oplus\cdots\oplus V_{\lambda_k}.$$

在例 2.10 中已证 V_{λ_i} 为 $\boldsymbol{B},\boldsymbol{B}_1$ 的不变子空间，且在 V_{λ_i} 内存在一组标准正交基 $\alpha_{i_1},\alpha_{i_2},\cdots,\alpha_{i_r}$，使 $\boldsymbol{B}|_{V_{\lambda_i}}$ 在此组基下矩阵成对角形

$$D_i = \begin{bmatrix} \mu_{i_1} & & & 0 \\ & \mu_{i_2} & & \\ & & \ddots & \\ 0 & & & \mu_{i_r} \end{bmatrix}.$$

$\boldsymbol{A}|_{V_{\lambda_i}}$ 在此组基下矩阵为 $\lambda_i E$. 但 $\boldsymbol{B}^2=\boldsymbol{A}$，故 $D_i^2=\lambda_i E$. 因为 $\mu_{ij}\geqslant 0$，故 $\mu_{ij}=\sqrt{\lambda_i}$，即 $D_i=\sqrt{\lambda_i}\,E$. 对任意 $\alpha\in V_{\lambda_i}$，有 $\boldsymbol{B}\alpha=\sqrt{\lambda_i}\,\alpha$. 同理，$\boldsymbol{B}_1\alpha=\sqrt{\lambda_i}\,\alpha$. 这表明，限制在 V_{λ_i} 内，$\boldsymbol{B}=\boldsymbol{B}_1$. 因为 $V=V_{\lambda_1}\oplus V_{\lambda_2}\oplus\cdots\oplus V_{\lambda_k}$，故在 V 内有 $\boldsymbol{B}=\boldsymbol{B}_1$，从而 $B=B_1$. ▌

评议 上面三个例题讨论了半正定矩阵开平方的问题. 对一个非负实数 a，存在唯一的算术平方根 $\sqrt{a}$. 对一个半正定矩阵 A，也存在唯一的平方根 B，它是一个半正定矩阵，可以记做 $\sqrt{A}$. 如果不限定取非负实数，则 a 的平方根不是唯一的. 同样，如果不限定在半正定矩阵范围内，那么 A 的平方根也不是唯一的. 数的乘法和矩阵乘法已相去甚远，但在这里他们竟如此相似，是令人惊异的. 究其原因就在于实对称矩阵可用正交矩阵化为对角形，因此，半正定矩阵开平方实际上是对它的特征值开平方，这就回到非负实数的开平方上来了. 所以这种相似，有其深刻的理论背景.

例 2.12 设 $\boldsymbol{A}$ 是 n 维欧氏空间 V 内的一个线性变换. 如果 $\boldsymbol{A}\boldsymbol{A}^*=\boldsymbol{A}^*\boldsymbol{A}$，则 $\boldsymbol{A}$ 称为一个**正规变换**. 设 M 是正规变换 $\boldsymbol{A}$ 的不变子空间，证明 $M^{\perp}$ 也是 $\boldsymbol{A}$ 的不变子空间.

解 在 M 内取定一组标准正交基 $\varepsilon_1,\varepsilon_2,\cdots,\varepsilon_r$，在 $M^{\perp}$ 内取定一组标准正交基 $\varepsilon_{r+1},\cdots,\varepsilon_n$，合并即为 V 的一组标准正交基. 在此组基下 $\boldsymbol{A}$ 的矩阵是

$$A=\begin{bmatrix} A_1 & A_2 \\ 0 & A_3 \end{bmatrix},$$

而 $\boldsymbol{A}^*$ 的矩阵是 A'. 因为 $\boldsymbol{A}\boldsymbol{A}^*=\boldsymbol{A}^*\boldsymbol{A}$，故 $AA'=A'A$. 根据第一章§3的例 3.19，有 $A_2=0$. 这表明 $M^{\perp}$ 也是 $\boldsymbol{A}$ 的不变子空间. ▌

评议 此例说明欧氏空间内的正规变换也是完全可约线性变换. 证明中使用了第一章例 3.19，而例 3.19 则使用了方阵迹的特殊

性质.环环相扣,前后呼应.

例 2.13　设 A 是实 n 阶方阵且 $AA'=A'A$. 令 λ_0 为 A 的特征多项式 $f(\lambda)=|\lambda E-A|$的一个根,又设 X 为 $\mathbb{C}$ 上 $n\times1$ 矩阵,使 $AX=\lambda_0X$. 证明: $A'X=\overline{\lambda}_0X$.

解　利用 $AA'=A'A$,以及($\overline{X}$ 表示对 X 各分量取复共轭)

$$AX=\lambda_0X\Longrightarrow A\overline{X}=\overline{\lambda}_0\overline{X}\Longrightarrow X'A\overline{X}=\overline{\lambda}_0X'\overline{X},$$
$$X'A'=\lambda_0X'\Longrightarrow X'A'\overline{X}=\lambda_0X'\overline{X}.$$

把上述事实用于下面的计算:

$$\begin{aligned}
&(A'X-\overline{\lambda}_0X)'\overline{(A'X-\overline{\lambda}_0X)}\\
&\quad=(X'A-\overline{\lambda}_0X')(A'\overline{X}-\lambda_0\overline{X})\\
&\quad=X'AA'\overline{X}-\overline{\lambda}_0X'A'\overline{X}-\lambda_0X'A\overline{X}+\overline{\lambda}_0\lambda_0X'\overline{X}\\
&\quad=X'A'A\overline{X}-\overline{\lambda}_0\lambda_0X'\overline{X}-\overline{\lambda}_0\lambda_0X'\overline{X}+\overline{\lambda}_0\lambda_0X'\overline{X}\\
&\quad=(AX)'\overline{(AX)}-\overline{\lambda}_0\lambda_0X'\overline{X}\\
&\quad=\overline{\lambda}_0\lambda_0X'\overline{X}-\overline{\lambda}_0\lambda_0X'\overline{X}=0.
\end{aligned}$$

现 $A'X-\overline{\lambda}_0X\in\mathbb{C}^n$,它和$\overline{(A'X-\overline{\lambda}_0X)}$的对应分量相乘相加等于其各分量模的平方和,其值为 0,即得 $A'X-\overline{\lambda}_0X=0$.　▌

例 2.14　设 $\boldsymbol{A}$ 是 n 维欧氏空间 V 内的一个正规变换. 证明 V 内存在一组标准正交基,使 $\boldsymbol{A}$ 在该组标准正交基下的矩阵成如下准对角形

$$D=\begin{bmatrix}D_1&&&&&&0\\&D_2&&&&&\\&&\ddots&&&&\\&&&D_r&&&\\&&&&\lambda_{r+1}&&\\&0&&&&\ddots&\\&&&&&&\lambda_s\end{bmatrix},\quad D_j=\begin{bmatrix}a_j&b_j\\-b_j&a_j\end{bmatrix},$$

其中 $a_j\pm b_j\mathrm{i}\,(b_j\neq0)$是 $\boldsymbol{A}$ 的特征多项式的复根($j=1,2,\cdots,r$),而 $\lambda_{r+1},\cdots,\lambda_s$ 为 $\boldsymbol{A}$ 的特征值.

解　在 V 内取定一组标准正交基 $\varepsilon_1,\varepsilon_2,\cdots,\varepsilon_n$,设 $\boldsymbol{A}$ 在此组基下矩阵为 A,$\boldsymbol{A}$ 为正规变换,故 $AA'=A'A$. 现设 $f(\lambda)=|\lambda E-A|$有一

复根 $\lambda_0=a+bi(b\neq 0)$，又设 X_0 为 $\mathbb{C}$ 上 $n\times 1$ 非零矩阵，使 $AX_0=\lambda_0X_0$. 从例 2.13 知有 $A'X_0=\overline{\lambda}_0X_0$.

现令

$$X_0=\begin{bmatrix}x_1\\x_2\\\vdots\\x_n\end{bmatrix}=\begin{bmatrix}u_1\\u_2\\\vdots\\u_n\end{bmatrix}+\mathrm{i}\begin{bmatrix}w_1\\w_2\\\vdots\\w_n\end{bmatrix}=U+\mathrm{i}W\neq 0,$$

其中 U,W 属于 $\mathbb{R}^n$. 这里 $U\neq 0$，否则 $W\neq 0$，而 $AW=\lambda_0W$，与 λ_0 非实数矛盾. 因为 X_0 乘以非零实数 k 后 $kX_0=kU+\mathrm{i}kW$ 仍为该方程的非零解，因此可假设 U 为欧氏空间 $\mathbb{R}^n$ 中的单位向量，即设

$$U'U=(u_1,u_2,\cdots,u_n)\begin{bmatrix}u_1\\u_2\\\vdots\\u_n\end{bmatrix}=u_1^2+u_2^2+\cdots+u_n^2=1.$$

令

$$\eta_1=(\varepsilon_1,\varepsilon_2,\cdots,\varepsilon_n)U,\quad \eta_2=(\varepsilon_1,\varepsilon_2,\cdots,\varepsilon_n)W,$$

则 $\eta_1,\eta_2\in V$.

(1) 我们有

$$A(U+\mathrm{i}W)=(a+b\mathrm{i})(U+\mathrm{i}W),$$

比较两边的实部和虚部，即得

$$\begin{cases}AU=aU-bW,\\AW=bU+aW.\end{cases}$$

于是

$$\begin{aligned}\boldsymbol{A}\eta_1&=[\boldsymbol{A}(\varepsilon_1,\cdots,\varepsilon_n)]U=(\varepsilon_1,\varepsilon_2,\cdots,\varepsilon_n)AU\\&=(\varepsilon_1,\varepsilon_2,\cdots,\varepsilon_n)(aU-bW)\\&=a(\varepsilon_1,\varepsilon_2,\cdots,\varepsilon_n)U-b(\varepsilon_1,\varepsilon_2,\cdots,\varepsilon_n)W\\&=a\eta_1-b\eta_2,\\\boldsymbol{A}\eta_2&=[\boldsymbol{A}(\varepsilon_1,\cdots,\varepsilon_n)]W=(\varepsilon_1,\varepsilon_2,\cdots,\varepsilon_n)AW\\&=(\varepsilon_1,\varepsilon_2,\cdots,\varepsilon_n)(bU+aW)\\&=b(\varepsilon_1,\varepsilon_2,\cdots,\varepsilon_n)U+a(\varepsilon_1,\varepsilon_2,\cdots,\varepsilon_n)W\\&=b\eta_1+a\eta_2.\end{aligned}$$

(2) 下面证 η_1,η_2 为互相正交的单位向量,即$(\eta_1,\eta_1)=(\eta_2,\eta_2)=1,(\eta_1,\eta_2)=0$,根据 V 的内积在标准正交基 $\varepsilon_1,\varepsilon_2,\cdots,\varepsilon_n$ 下的计算公式,这只要证 U,W 是欧氏空间 $\mathbb{R}^n$ 内的正交单位向量即可. 已知 $A'X_0=\bar{\lambda}_0X_0$,两边左乘 X_0',得

$$X_0'A'X_0=\bar{\lambda}_0X_0'X_0. \tag{1}$$

现在再把原式 $AX_0=\lambda_0X_0$ 两边取转置,得 $X_0'A'=\lambda_0X_0'$,两边右乘 X_0 得

$$X_0'A'X_0=\lambda_0X_0'X_0. \tag{2}$$

比较(1),(2)两式,得 $\bar{\lambda}_0X_0'X_0=\lambda_0X_0'X_0$. 因为 $\lambda_0=a+b\mathrm{i}\neq\bar{\lambda}_0$,故 $X_0'X_0=0$,即

$$(U'+\mathrm{i}W')(U+\mathrm{i}W)=U'U-W'W+\mathrm{i}(U'W+W'U)=0$$
$$\Longrightarrow U'U-W'W=0,\quad U'W+W'U=0.$$

于是,U,W 作为欧氏空间 $\mathbb{R}^n$ 中向量,有

$$(U,U)=U'U=1,\quad (W,W)=W'W=U'U=1.$$

因为 $U'W=(U,W)=(W,U)=W'U$,故由 $U'W+W'U=0$ 立即推知$(U,W)=0$.

这表明 U,W 为 $\mathbb{R}^n$ 中两个正交单位向量,从而 η_1,η_2 为 V 中两个正交单位向量.

现令 $M=L(\eta_1,\eta_2)$,则 M 为 $\boldsymbol{A}$ 的一个不变子空间,以 η_1,η_2 为一组标准正交基,$\boldsymbol{A}|_M$在此组标准正交基下的矩阵为

$$S=\begin{bmatrix} a & b \\ -b & a \end{bmatrix}.$$

下面对 V 的维数 n 作数学归纳法. $n=1$ 命题显然正确. $n=2$ 时,$f(\lambda)$为实系数二次多项式,若它有一实根 λ_1,则有 $\alpha\in V,|\alpha|=1$,使 $\boldsymbol{A}\alpha=\lambda_1\alpha$. 令 $M=L(\alpha)$. 由例 2.12 知 $M^\perp$也是 $\boldsymbol{A}$ 的不变子空间且 $\dim M^\perp=1$. 在 $M^\perp$取单位向量 β,则 $\boldsymbol{A}\beta=\lambda_2\beta$. 于是 $\boldsymbol{A}$ 在 V 的标准正交基 α,β 下的矩阵成对角形,命题获证. 如果 $f(\lambda)$无实根,设它的一复根为 $\lambda_0=a+b\mathrm{i}$,前面已指出,V 内存在一组标准正交基 η_1,η_2,使 $\boldsymbol{A}$

在此标准正交基下为所求的矩阵 S,命题也成立.

现设命题对维数$<n$ 的欧氏空间已成立.当 $\dim V=n$ 时,若 $\boldsymbol{A}$ 有一特征值 λ_1,设 η_1 为一单位向量使 $\boldsymbol{A}\eta_1=\lambda_1\eta_1$.令 $M=L(\eta_1)$.按例 2.12,$M^{\perp}$是 $\boldsymbol{A}$ 的不变子空间,$\dim M^{\perp}=n-1$.而根据例 2.13 有 $\boldsymbol{A}^*\eta_1=\lambda_1\eta_1$.再由例 2.12,$M^{\perp}$也是 $\boldsymbol{A}^*$ 的不变子空间(因为$(\boldsymbol{A}^*)^*=\boldsymbol{A}$,当 $\boldsymbol{A}$ 是正规变换时 $\boldsymbol{A}^*$ 也是正规变换),在 $M^{\perp}$内仍有

$$(\boldsymbol{A}\alpha,\beta)=(\alpha,\boldsymbol{A}^*\beta),$$

故 $\boldsymbol{A}|_{M^{\perp}}$的共轭变换为 $\boldsymbol{A}^*|_{M^{\perp}}$,它们当然可交换,故 $\boldsymbol{A}|_{M^{\perp}}$为 $M^{\perp}$内正规变换,按归纳假设,$M^{\perp}$内存在标准正交基 $\eta_2,\cdots,\eta_n$,使 $\boldsymbol{A}|_{M^{\perp}}$在此组标准正交基下矩阵符合命题要求.于是在 V 的标准正交基 $\eta_1,\eta_2,\cdots,\eta_n$ 下,$\boldsymbol{A}$ 的矩阵符合命题的要求.

若 $\boldsymbol{A}$ 在 V 内无特征值.设 $\lambda_0=a+b\mathrm{i}$ 为 $\boldsymbol{A}$ 的特征多项式 $f(\lambda)$的一个复根,前面已指出,存在 $\boldsymbol{A}$ 的二维不变子空间 $M=L(\eta_1,\eta_2)$,使 $\boldsymbol{A}|_M$ 在 M 的标准正交基 η_1,η_2 下的矩阵为 S.按例 2.12,$M^{\perp}$是 $\boldsymbol{A}$ 的不变子空间.对任意 $\beta\in M^{\perp}$和 $\alpha\in M$,因 $A\alpha\in M$,故有

$$(\alpha,\boldsymbol{A}^*\beta)=(\boldsymbol{A}\alpha,\beta)=0,$$

这推出 $\boldsymbol{A}^*\beta\in M^{\perp}$,即 $M^{\perp}$是 $\boldsymbol{A}^*$的不变子空间.前面已指出 $\boldsymbol{A}|_{M^{\perp}}$的共轭变换是 $\boldsymbol{A}^*|_{M^{\perp}}$,它们仍可交换,故 $\boldsymbol{A}|_{M^{\perp}}$为 $M^{\perp}$内正规变换.现在 $\dim M^{\perp}=n-2$.按归纳假设,$M^{\perp}$内存在一组标准正交基 $\eta_3,\cdots,\eta_n$,使 $\boldsymbol{A}|_{M^{\perp}}$在此组基下的矩阵符合命题要求.于是,在 V 的标准正交基 $\eta_1,\eta_2,\cdots,\eta_n$ 下 $\boldsymbol{A}$ 的矩阵符合命题要求(注意 D 中主对角线上小块任意重排次序仍保持相似关系). ▎

评议 此例仍然使用空间分解的方法.只是现在必须注意,在对 $\boldsymbol{A}|_{M^{\perp}}$使用归纳假设前必须先证明 $\boldsymbol{A}|_{M^{\perp}}$为 $M^{\perp}$内的正规变换,否则归纳假设不可用.

三、用正交矩阵化实对称矩阵成对角形

【内容提要】

设 A 是 n 阶实对称矩阵,则存在 n 阶正交矩阵 T,使 $T^{-1}AT=T'AT=D$ 为对角矩阵.T 是正交矩阵,$T^{-1}=T'$,所以用正交矩阵化

实对称矩阵为对角矩阵,既是相似变换,又是合同变换,合同变换又等价于化实二次型为标准形.所作的可逆变数替换 $X=TY$ 因 T 是正交矩阵而称为正交线性变数替换.

现把 T 和 D 的具体计算法归纳为以下几个步骤:

1) 计算特征多项式 $f(\lambda)=|\lambda E-A|$,并求出它的全部根(两两不同者)$\lambda_1,\lambda_2,\cdots,\lambda_k$;

2) 对每个 λ_i,求齐次线性方程组 $(\lambda_i E-A)X=0$ 的一个基础解系 $X_{i1},X_{i2},\cdots,X_{it_i}$.它们即为解空间 M_{λ_i} 的一组基;

3) 在欧氏空间 $\mathbb{R}^n$ 内将 $X_{i1},X_{i2},\cdots,X_{it_i}$ 正交化:

$$Y_{i1}=X_{i1},$$

$$Y_{i2}=X_{i2}-\frac{(X_{i2},Y_{i1})}{(Y_{i1},Y_{i1})}Y_{i1},$$

$$Y_{i3}=X_{i3}-\frac{(X_{i3},Y_{i1})}{(Y_{i1},Y_{i1})}Y_{i1}-\frac{(X_{i3},Y_{i2})}{(Y_{i2},Y_{i2})}Y_{i2},$$

$$\cdots\cdots$$

再把所得的 $Y_{i1},Y_{i2},\cdots,Y_{it_i}$ 在 $\mathbb{R}^n$ 内单位化,得 M_{λ_i} 的一组标准正交基 $Z_{i1},Z_{i2},\cdots,Z_{it_i}$.此时

$$\eta_{i1}=(\varepsilon_1,\varepsilon_2,\cdots,\varepsilon_n)Z_{i1},$$

$$\eta_{i2}=(\varepsilon_1,\varepsilon_2,\cdots,\varepsilon_n)Z_{i2},$$

$$\cdots\cdots$$

$$\eta_{it_i}=(\varepsilon_1,\varepsilon_2,\cdots,\varepsilon_n)Z_{it_i}$$

即为 V_{λ_i} 的一组标准正交基.而所寻求的正交矩阵 T 应为 $\varepsilon_1,\varepsilon_2,\cdots,\varepsilon_n$ 到 V 的如下标准正交基

$$\eta_{11},\eta_{12},\cdots,\eta_{1t_1},\eta_{21},\eta_{22},\cdots,\eta_{2t_2},\cdots,\eta_{k1},\eta_{k2},\cdots,\eta_{kt_k}$$

的过渡矩阵,其列向量组应为

$$Z_{11},Z_{12},\cdots,Z_{1t_1},Z_{21},Z_{22},\cdots,Z_{2t_2},\cdots,Z_{k1},Z_{k2},\cdots,Z_{kt_k}.$$

只要把上述向量(写成竖列形式)作为列向量依次排列,即得正交矩阵 T,而此时相应的对角矩阵 D 应为

$$D=\begin{bmatrix}\lambda_1&&&&&&&&\\&\ddots&&&&&&&\\&&\lambda_1&&&&&&\\&&&\lambda_2&&&&&\\&&&&\ddots&&&&\\&&&&&\lambda_2&&&\\&&&&&&\ddots&&\\&&&&&&&\lambda_k&\\&&&&&&&&\ddots\\&&&&&&&&&\lambda_k\end{bmatrix}\begin{matrix}\left.\right\}t_1\\ \left.\right\}t_2\\ \vdots\\ \left.\right\}t_k\end{matrix}.$$

例 2.15 给定实对称矩阵

$$A=\begin{bmatrix}0&1&1&-1\\1&0&-1&1\\1&-1&0&1\\-1&1&1&0\end{bmatrix},$$

求正交矩阵 T，使 $T'AT$ 成对角形.

解 (1) 求 A 的全部特征值.

$$|\lambda E-A|=\begin{vmatrix}\lambda&-1&-1&1\\-1&\lambda&1&-1\\-1&1&\lambda&-1\\1&-1&-1&\lambda\end{vmatrix}=(\lambda-1)^3(\lambda+3).$$

故 A 的互不相同的特征值为 $\lambda_1=1,\lambda_2=-3$.

(2) 求每个特征值对应的线性无关特征向量.

当 $\lambda_1=1$ 时，

$$\lambda_1E-A=\begin{bmatrix}1&-1&-1&1\\-1&1&1&-1\\-1&1&1&-1\\1&-1&-1&1\end{bmatrix}$$

$$\to\begin{bmatrix}1&-1&-1&1\\0&0&0&0\\0&0&0&0\\0&0&0&0\end{bmatrix}$$

$$\Longleftrightarrow x_1-x_2-x_3+x_4=0.$$

移项，得

$$x_1=x_2+x_3-x_4.$$

基础解系为(此时向量改写为行的形式，下面作正交化时较为方便)

$$X_{11}=(1,1,0,0),\quad X_{12}=(1,0,1,0),\quad X_{13}=(-1,0,0,1).$$

当 $\lambda_2=-3$ 时，

$$\lambda_2E-A=\begin{bmatrix}-3&-1&-1&1\\-1&-3&1&-1\\-1&1&-3&-1\\1&-1&-1&-3\end{bmatrix}$$

$$\rightarrow\begin{bmatrix}1&-1&-1&-3\\0&1&0&1\\0&0&1&1\\0&0&0&0\end{bmatrix}$$

$$\Longleftrightarrow\begin{cases}x_1-x_2-x_3-3x_4=0,\\ \quad x_2\quad+x_4=0,\\ \quad\quad x_3+x_4=0.\end{cases}$$

它的基础解系是

$$X_{21}=(1,-1,-1,1).$$

(3) 把 X_{11},X_{12},X_{13} 正交化.

$$\alpha_1=X_{11}=(1,1,0,0),$$

$$\alpha_1=X_{12}-\frac{(X_{12},\alpha_1)}{(\alpha_1,\alpha_1)}\alpha_1=\left(\frac{1}{2},-\frac{1}{2},1,0\right),$$

$$\alpha_3=X_{13}-\frac{(X_{13},\alpha_1)}{(\alpha_1,\alpha_1)}\alpha_1-\frac{(X_{13},\alpha_2)}{(\alpha_2,\alpha_2)}\alpha_2=\left(-\frac{1}{3},\frac{1}{3},\frac{1}{3},1\right).$$

再把 $\alpha_1,\alpha_2,\alpha_3$ 和 X_{21} 分别单位化：

$$\eta_1=\frac{1}{|\alpha_1|}\alpha_1=\left(\frac{1}{\sqrt{2}},\frac{1}{\sqrt{2}},0,0\right),$$

$$\eta_2=\frac{1}{|\alpha_2|}\alpha_2=\left(\frac{1}{\sqrt{6}},-\frac{1}{\sqrt{6}},\frac{2}{\sqrt{6}},0\right),$$

$$\eta_3=\frac{1}{|\alpha_3|}\alpha_3=\left(-\frac{1}{\sqrt{12}},\frac{1}{\sqrt{12}},\frac{1}{\sqrt{12}},\frac{3}{\sqrt{12}}\right),$$

$$\eta_4=\frac{1}{|X_{21}|}X_{21}=\left(\frac{1}{2},-\frac{1}{2},-\frac{1}{2},\frac{1}{2}\right).$$

(4) 以 $\eta_1,\eta_2,\eta_3,\eta_4$ 为列向量组排成矩阵

$$T=\begin{bmatrix} \frac{1}{\sqrt{2}} & \frac{1}{\sqrt{6}} & -\frac{1}{\sqrt{12}} & \frac{1}{2} \\ \frac{1}{\sqrt{2}} & -\frac{1}{\sqrt{6}} & \frac{1}{\sqrt{12}} & -\frac{1}{2} \\ 0 & \frac{2}{\sqrt{6}} & \frac{1}{\sqrt{12}} & -\frac{1}{2} \\ 0 & 0 & \frac{3}{\sqrt{12}} & \frac{1}{2} \end{bmatrix},$$

则有

$$T'AT=D=\begin{bmatrix} 1 & 0 & 0 & 0 \\ 0 & 1 & 0 & 0 \\ 0 & 0 & 1 & 0 \\ 0 & 0 & 0 & -3 \end{bmatrix}. \quad \blacksquare$$

例 2.16 用正交线性变数替换化实二次型

$$\sum_{i=1}^{n}(x_i-\overline{x})^2 \quad \left(\overline{x}=\frac{1}{n}(x_1+x_2+\cdots+x_n)\right)$$

成标准形.

解 令 $F=(1,1,\cdots,1)$. 在欧氏空间 $\mathbb{R}^n$ 中定义对称双线性函数如下：若

$$X=(x_1,x_2,\cdots,x_n), \quad Y=(y_1,y_2,\cdots,y_n),$$

则令

$$f(X,Y)=(X,Y)-\frac{1}{n}(X,F)(Y,F).$$

二次型函数

$$\begin{aligned} Q_f(X) &= (X,X)-\frac{1}{n}(X,F)^2 \\ &= \sum_{i=1}^{n}x_i^2-n\overline{x}^2 \\ &= \sum_{i=1}^{n}x_i^2-2n\overline{x}^2+n\overline{x}^2 \end{aligned}$$

$$= \sum_{i=1}^{n} x_i^2 - \sum_{i=1}^{n} 2x_i\overline{x} + \sum_{i=1}^{n} \overline{x}^2$$

$$= \sum_{i=1}^{n} (x_i - \overline{x})^2.$$

上式是二次型函数在 $\mathbb{R}^n$ 的坐标向量 $\varepsilon_1,\varepsilon_2,\cdots,\varepsilon_n$ 组成的标准正交基下的解析表达式. 只要在 $\mathbb{R}^n$ 中找出一组标准正交基 $\eta_1,\eta_2,\cdots,\eta_n$,使 $f(X,Y)$在此基下的矩阵成对角形,令

$$(\eta_1,\eta_2,\cdots,\eta_n) = (\varepsilon_1,\varepsilon_2,\cdots,\varepsilon_n)T,$$

则在正交线性变数替换 $X=TY$ 下,题中二次型即化为标准形.

首先注意,$f(F,F)=(F,F)-\frac{1}{n}(F,F)^2=0$. 令 $M=L(F)$. 现在只要在 $M^\perp$ 内找一组标准正交基 $\eta_1,\eta_2,\cdots,\eta_{n-1}$,再令 $\eta_n=\frac{1}{|F|}F$ 即可.

限制在 $M^\perp$ 内,$(X,F)=(Y,F)=0$,故 $f(X,Y)=(X,Y)$.

因为

$$M^\perp = \{X \in \mathbb{R}^n \mid (X,F) = 0\},$$

它是齐次线性方程 $x_1+x_2+\cdots+x_n=0$ 的解空间. 它显然有一个基础解系

$$\alpha_1 = (1,-1,0,0,\cdots,0),$$
$$\alpha_2 = (1,0,-1,0,\cdots,0),$$
$$\cdots\cdots$$
$$\alpha_{n-1} = (1,0,\cdots,0,-1).$$

把它们按施密特正交化方法正交化得

$$\beta_1 = (1,-1,0,0,\cdots,0),$$
$$\beta_2 = \left(\frac{1}{2},\frac{1}{2},-1,0,\cdots,0\right),$$
$$\beta_3 = \left(\frac{1}{3},\frac{1}{3},\frac{1}{3},-1,0,\cdots,0\right),$$
$$\cdots\cdots$$
$$\beta_{n-1} = \left(\frac{1}{n-1},\frac{1}{n-1},\cdots,\frac{1}{n-1},-1\right).$$

再单位化,得

$$\eta_i=\left(\frac{1}{\sqrt{i(i+1)}},\cdots,\frac{1}{\sqrt{i(i+1)}},-\frac{i}{\sqrt{i(i+1)}},0,\cdots,0\right)$$

$$(i=1,2,\cdots,n-1),$$

其中每个 η_i 前 $i+1$ 个坐标非零. 令

$$\eta_n=\frac{1}{|F|}F=\left(\frac{1}{\sqrt{n}},\frac{1}{\sqrt{n}},\cdots,\frac{1}{\sqrt{n}}\right),$$

则 $\eta_1,\eta_2,\cdots,\eta_n$ 为 $\mathbb{R}^n$ 的一组标准正交基,且

$$f(\eta_i,\eta_j)=\delta_{ij}\quad(i,j=1,2,\cdots,n-1),$$

$$f(\eta_i,\eta_n)=f(\eta_n,\eta_i)=0\quad(i=1,2,\cdots,n).$$

即 $f(X,Y)$ 在此基下矩阵为对角形 D,D 的主对角线上前 $n-1$ 个元素都是 1,最后一元素为 0. 从标准正交基 $\varepsilon_1,\varepsilon_2,\cdots,\varepsilon_n$ 到标准正交基 $\eta_1,\eta_2,\cdots,\eta_n$ 的过渡矩阵为

$$T=\begin{bmatrix}\frac{1}{\sqrt{2}} & \frac{1}{\sqrt{6}} & \cdots & \cdots & \frac{1}{\sqrt{(n-1)n}} & \frac{1}{\sqrt{n}}\\ -\frac{1}{\sqrt{2}} & \frac{1}{\sqrt{6}} & \cdots & \cdots & \frac{1}{\sqrt{(n-1)n}} & \frac{1}{\sqrt{n}}\\ 0 & \frac{-2}{\sqrt{6}} & \cdots & \cdots & \frac{1}{\sqrt{(n-1)n}} & \frac{1}{\sqrt{n}}\\ \vdots & \vdots & & & \vdots & \vdots\\ 0 & 0 & \cdots & \cdots & \frac{1}{\sqrt{(n-1)n}} & \frac{1}{\sqrt{n}}\\ 0 & 0 & \cdots & 0 & \frac{-(n-1)}{\sqrt{(n-1)n}} & \frac{1}{\sqrt{n}}\end{bmatrix}.$$

在 $X=TY$ 下,题中二次型化为如下标准形

$$y_1^2+y_2^2+\cdots+y_{n-1}^2.\quad ▌$$

评议 本题没有使用前面归结出来的规范性方法,而是从理论上讨论对称双线性函数 $f(X,Y)$,它对应的二次型函数 $Q_f(X)$ 在标准正交基 $\varepsilon_1,\varepsilon_2,\cdots,\varepsilon_n$ 下的解析表达式就是题中的二次型. 但实际解题过程刚好相反,是先确认 $Q_f(X)$,然后用公式

$$f(X,Y)=\frac{1}{2}\{Q_f(X+Y)-Q_f(X)-Q_f(Y)\}$$

把所需要的对称双线性函数 $f(X,Y)$ 找出来. 本题如此求解,比用前面提出的方法简单得多. 但是其中仍然用了施密特正交化方法.

练 习 题 5.2

1. 设 $\boldsymbol{A}$ 是 n 维欧氏空间 V 内一个镜面反射,令

$$f(\alpha,\beta)=(\boldsymbol{A}\alpha,\beta)\quad(\forall\ \alpha,\beta\in V),$$

证明 $f(\alpha,\beta)$ 为 V 内对称双线性函数.

2. 设 $\boldsymbol{A}$ 是 n 维欧氏空间 V 内一个线性变换. 在 V 内取定一组基 $\varepsilon_1,\varepsilon_2,\cdots,\varepsilon_n$,设 $\boldsymbol{A}$ 在此组基下的矩阵为 A. 令 $G=((\varepsilon_i,\varepsilon_j))$. 证明 $\boldsymbol{A}$ 为 V 内的正交变换的充分必要条件是 $A'GA=G$.

3. 设 $\boldsymbol{A}$ 是二维欧氏空间 V 内的正交变换,在 V 的标准正交基 $\varepsilon_1,\varepsilon_2$ 下的矩阵是

$$A=\begin{bmatrix}\cos\alpha & -\sin\alpha\\ \sin\alpha & \cos\alpha\end{bmatrix}.$$

将 $\boldsymbol{A}$ 表成 V 内镜面反射的乘积.

4. 证明:对 n 维欧氏空间 V 内任一线性变换 $\boldsymbol{A}$,$\boldsymbol{A}+\boldsymbol{A}^*$ 是一个对称变换.

5. 设 $\boldsymbol{A}$ 是 n 维欧氏空间 V 中的一个线性变换,如果 $\boldsymbol{A}^*=-\boldsymbol{A}$,即对任意 $\alpha,\beta\in V$,有

$$(\boldsymbol{A}\alpha,\beta)=-(\alpha,\boldsymbol{A}\beta),$$

则称 $\boldsymbol{A}$ 是一个**反对称变换**. 证明:

(1) $\boldsymbol{A}$ 为反对称变换的充分必要条件是:$\boldsymbol{A}$ 在某一组标准正交基下的矩阵是反对称矩阵;

(2) 如果 M 是反对称变换 $\boldsymbol{A}$ 的不变子空间,则 M 的正交补 $M^{\perp}$ 也是 $\boldsymbol{A}$ 的不变子空间.

6. 求正交矩阵 T,使 $T'AT$ 成对角形:

(1) $A=\begin{bmatrix}2 & -2 & 0\\ -2 & 1 & -2\\ 0 & -2 & 0\end{bmatrix}$;　　(2) $A=\begin{bmatrix}2 & 2 & -2\\ 2 & 5 & -4\\ -2 & -4 & 5\end{bmatrix}$;

(3) $A=\begin{bmatrix}0 & 0 & 4 & 1\\ 0 & 0 & 1 & 4\\ 4 & 1 & 0 & 0\\ 1 & 4 & 0 & 0\end{bmatrix}$;　　(4) $A=\begin{bmatrix}-1 & -3 & 3 & -3\\ -3 & -1 & -3 & 3\\ 3 & -3 & -1 & -3\\ -3 & 3 & -3 & -1\end{bmatrix}$;

(5) $A=\begin{bmatrix}1&1&1&1\\1&1&1&1\\1&1&1&1\\1&1&1&1\end{bmatrix}$.

7. 用正交线性变数替换化下列实二次型成标准形：

(1) $f=x_1^2+2x_2^2+3x_3^2-4x_1x_2-4x_2x_3$；

(2) $f=x_1^2-2x_2^2-2x_3^2-4x_1x_2+4x_1x_3+8x_2x_3$；

(3) $f=2x_1x_2+2x_3x_4$.

8. 设 A 是 n 阶实对称矩阵，证明：A 正定的充分必要条件是，A 的特征多项式的根全大于零.

9. 设 A,B 都是 n 阶实对称矩阵，证明：存在正交矩阵 T，使 $T^{-1}AT=B$ 的充分必要条件是 A 与 B 的特征多项式相同.

10. 设 A,B 是 n 阶实对称矩阵，A 正定，证明：存在一可逆矩阵 T，使 $T'AT$ 和 $T'BT$ 同时成对角形.

11. 设 $\boldsymbol{A}$ 是 n 维欧氏空间 V 内的一个线性变换，M 是 $\boldsymbol{A}$ 的不变子空间. 证明 $M^{\perp}$ 是 $\boldsymbol{A}$ 的共轭变换 $\boldsymbol{A}^*$ 的不变子空间.

12. 设 $\boldsymbol{A}$ 是 n 维欧氏空间 V 内的线性变换，在 V 的一组基 $\varepsilon_1,\varepsilon_2,\cdots,\varepsilon_n$ 下的矩阵为 A. 令 $G=((\varepsilon_i,\varepsilon_j))$. 证明：$\boldsymbol{A}$ 是 V 内对称变换的充分必要条件是 $A'G=GA$.

§3 酉 空 间

一、酉空间的基本概念

【内容提要】

定义 设 V 是复数域 $\mathbb{C}$ 上的线性空间. 如果给定一个法则，使 V 内任意两个向量 α,β 都按照这个法则对应于 $\mathbb{C}$ 内一个唯一确定的数，记做 (α,β)，且满足：

(i) 对任意 $k_1,k_2\in\mathbb{C}$，$\alpha_1,\alpha_2,\beta\in V$，有

$$(k_1\alpha_1+k_2\alpha_2,\beta)=k_1(\alpha_1,\beta)+k_2(\alpha_2,\beta);$$

(ii) $(\alpha,\beta)=\overline{(\beta,\alpha)}$（取复数共轭），因此，对任意 $\alpha\in V$，(α,α) 都是实数；

(iii) 对任意 $\alpha\in V$，$(\alpha,\alpha)\geqslant 0$，且 $(\alpha,\alpha)=0\Longleftrightarrow\alpha=0$，

则称二元函数 (α,β) 为 V 内向量 α,β 的**内积**. 定义了这种内积的 $\mathbb{C}$ 上线性空间称为**酉空间**.

在一个酉空间 V 内，对任意 $\alpha\in V$，(α,α) 总是一个非负实数，我们定义

$$|\alpha| = \sqrt{(\alpha,\alpha)},$$

称为向量 α 的**模**或**长度**. $|\alpha|=1$ 时，α 称为**单位向量**.

如果 $\alpha,\beta\in V$，且 $(\alpha,\beta)=0$，则称 α 与 β 正交. 显然，V 中零向量与任何向量均正交.

定义　在 n 维酉空间 V 内 n 个两两正交的单位向量组成的向量组称为 V 的一组**标准正交基**.

V 内 n 个向量 $\varepsilon_1,\varepsilon_2,\cdots,\varepsilon_n$ 是一组标准正交基，等价于

$$(\varepsilon_i,\varepsilon_j) = \delta_{ij} \quad (i,j=1,2,\cdots,n).$$

在酉空间内有与欧氏空间相同的施密特正交化方法. 给定酉空间内一个线性无关向量组

$$\alpha_1,\alpha_2,\cdots,\alpha_s.$$

令

$$\varepsilon_1 = \alpha_1,$$

$$\varepsilon_2 = \alpha_2 - \frac{(\alpha_2,\varepsilon_1)}{(\varepsilon_1,\varepsilon_1)}\varepsilon_1,$$

$$\cdots\cdots$$

$$\varepsilon_{i+1} = \alpha_{i+1} - \frac{(\alpha_{i+1},\varepsilon_1)}{(\varepsilon_1,\varepsilon_1)}\varepsilon_1 - \frac{(\alpha_{i+1},\varepsilon_2)}{(\varepsilon_2,\varepsilon_2)}\varepsilon_2 - \cdots - \frac{(\alpha_{i+1},\varepsilon_i)}{(\varepsilon_i,\varepsilon_i)}\varepsilon_i,$$

$$\cdots\cdots$$

$$\varepsilon_s = \alpha_s - \frac{(\alpha_s,\varepsilon_1)}{(\varepsilon_1,\varepsilon_1)}\varepsilon_1 - \frac{(\alpha_s,\varepsilon_2)}{(\varepsilon_2,\varepsilon_2)}\varepsilon_2 - \cdots - \frac{(\alpha_s,\varepsilon_{s-1})}{(\varepsilon_{s-1},\varepsilon_{s-1})}\varepsilon_{s-1}.$$

那么，同样有如下两条性质：

(i) $L(\varepsilon_1,\cdots,\varepsilon_i)=L(\alpha_1,\cdots,\alpha_i)$ $(i=1,2,\cdots,s)$；

(ii) $(\varepsilon_i,\varepsilon_j)=0$ $(i\neq j)$.

利用施密特正交化方法把一个有限维酉空间的一组基正交化后再单位化，就得到它的一组标准正交基.

定义 设 U 是一个 n 阶可逆复矩阵. 如果 $\overline{U'}=U^{-1}$, 则称 U 是一个**酉矩阵**.

命题 设 V 是一个 n 维酉空间, $\varepsilon_1,\varepsilon_2,\cdots,\varepsilon_n$ 是 V 的一组标准正交基, U 是一个 n 阶复方阵. 令

$$(\eta_1,\eta_2,\cdots,\eta_n)=(\varepsilon_1,\varepsilon_2,\cdots,\varepsilon_n)U,$$

则 $\eta_1,\eta_2,\cdots,\eta_n$ 是标准正交基的充分必要条件是 U 是一个酉矩阵.

定义 设 V 是一个 n 维酉空间, M 是 V 的子空间. 令

$$M^{\perp}=\{\alpha\in V\mid(\alpha,\beta)=0, \text{对一切 } \beta\in M\},$$

称 $M^{\perp}$ 为 M 的**正交补**.

容易验证: $M^{\perp}$ 是 V 的子空间. 我们有

命题 $V=M\oplus M^{\perp}$.

评议 学习了欧氏空间的理论之后, 自然会想在复数域上的线性空间内也利用满秩对称双线性函数定义向量的内积. 这是一个正确的想法, 而且它也确实已经成为一个有用的数学工具, 在一些数学领域(例如李群论)中就是用这办法在 $\mathbb{C}$ 上线性空间内定义内积的. 但是这方法有一个缺点, 即内积(包括每一个向量与自身的内积)现在都是复数, 复数是没有正、负, 没有大、小的, 因而欧氏空间的许多性质都丢失了. 为了弥补这一点, 人们对内积的定义作了修改, 把对称性质修改成 $(\alpha,\beta)=\overline{(\beta,\alpha)}$. 这样, 对每个 $\alpha\in V$, $(\alpha,\alpha)=\overline{(\alpha,\alpha)}$, 这表明 (α,α) 都是实数, 从而可以加上 $(\alpha,\alpha)\geqslant 0$, $(\alpha,\alpha)=0\Longleftrightarrow\alpha=0$ 这一正定条件, 其结果是使欧氏空间的基本理论都能大致平移到酉空间中来.

但是, 上述修正也带来新的问题, 内积 (α,β) 对第一个变元是线性的, 但对第二个变元却不是:

$$\begin{aligned}(\alpha,k_1\beta_1+k_2\beta_2)&=\overline{(k_1\beta_1+k_2\beta_2,\alpha)}\\&=\overline{k_1(\beta_1,\alpha)}+\overline{k_2(\beta_2,\alpha)}=\bar{k}_1\,\overline{(\beta_1,\alpha)}+\bar{k}_2\,\overline{(\beta_2,\alpha)}\\&=\bar{k}_1(\alpha,\beta_1)+\bar{k}_2(\alpha,\beta_2).\end{aligned}$$

即当从内积的第二个变元处提出数乘倍数 k_1,k_2 时要取复共轭. 所以内积 (α,β) 不是 V 内的双线性函数, 而是所谓"厄米特双线性函数". 它和我们在第四章中学习的双线性函数不同, 所以第四章的理论现在不能直接用到这里来, 要做适当的修正. 初学者最容易在这里

出错,这是需要小心谨慎的.

现在向量长度还保留着,但夹角概念没有了.还好,正交性还存在,所以标准正交基的概念,一个子空间的正交补空间的概念保留下来了.但两组标准正交基之间的过渡矩阵由正交矩阵转换成酉矩阵.正交矩阵的条件 $T'T=TT'=E$ 或 $T^{-1}=T'$ 换成酉矩阵的条件 $\overline{U}'U=U\overline{U}'=E$ 或 $U^{-1}=\overline{U}'$.如果 U 是实矩阵,则 $\overline{U}'=U'$,它就是正交矩阵.所以正交矩阵的概念实际上隐含于酉矩阵之中.

读者学习时要注意两点:(1) 欧氏空间的理论可以大致平行地推移到酉空间来,两边研究的课题和获得的结果都十分相似,可以类比;(2) 酉空间和欧氏空间又有相当大的差别,要特别小心区分这两者,不能混淆.如果用线性空间的语言来处理问题,酉空间和欧氏空间是两类不同的对象,难以相通.但如换用矩阵论的语言,它们的矩阵往往只差一个复共轭,却便于沟通,相互利用,这是一个有利的方面,我们处理问题时可想法加以应用.

例 3.1 证明酉空间的柯西-布尼雅可夫斯基不等式

$$|(\alpha,\beta)|\leqslant|\alpha|\cdot|\beta|,$$

等号成立的充分必要条件是 α,β 线性相关.

解 $\beta=0$ 时显然成立.$\beta\neq0$ 时,令 $\gamma=\alpha-\dfrac{(\alpha,\beta)}{(\beta,\beta)}\beta$,则

$$\begin{aligned}0\leqslant(\gamma,\gamma)&=\left(\alpha-\frac{(\alpha,\beta)}{(\beta,\beta)}\beta,\alpha-\frac{(\alpha,\beta)}{(\beta,\beta)}\beta\right)\\&=(\alpha,\alpha)-\frac{(\alpha,\beta)}{(\beta,\beta)}(\beta,\alpha)-\frac{\overline{(\alpha,\beta)}}{(\beta,\beta)}(\alpha,\beta)+\frac{(\alpha,\beta)\overline{(\alpha,\beta)}}{(\beta,\beta)^2}(\beta,\beta)\\&=(\alpha,\alpha)-\frac{(\alpha,\beta)\overline{(\alpha,\beta)}}{(\beta,\beta)}-\frac{(\alpha,\beta)\overline{(\alpha,\beta)}}{(\beta,\beta)}+\frac{(\alpha,\beta)\overline{(\alpha,\beta)}}{(\beta,\beta)}\\&=(\alpha,\alpha)-\frac{(\alpha,\beta)\overline{(\alpha,\beta)}}{(\beta,\beta)}.\end{aligned}$$

移项后即得

$$|(\alpha,\beta)|^2\leqslant|\alpha|^2|\beta|^2.$$

若 α,β 线性相关,因 $\beta\neq0$,故 $\alpha=k\beta$,则 $(\alpha,\beta)=k(\beta,\beta)$,$(\alpha,\alpha)=k\bar{k}(\beta,\beta)$,因而 $|(\alpha,\beta)|=|k||\beta|^2=|k||\beta|\cdot|\beta|=|\alpha|\cdot|\beta|$,即等号成立.反之,若等号成立,则

$$(\alpha,\beta)\overline{(\alpha,\beta)}=|(\alpha,\beta)|^2=|\alpha|^2|\beta|^2=(\alpha,\alpha)(\beta,\beta).$$

从上面的计算,有

$$0=(\alpha,\alpha)-\frac{(\alpha,\beta)\overline{(\alpha,\beta)}}{(\beta,\beta)}$$

$$=\left(\alpha-\frac{(\alpha,\beta)}{(\beta,\beta)}\beta,\alpha-\frac{(\alpha,\beta)}{(\beta,\beta)}\beta\right).$$

由此立即推出 $\alpha-\frac{(\alpha,\beta)}{(\beta,\beta)}\beta=0$,故 α,β 线性相关. ▌

评议 观察此例的解题过程,可能不理解向量 $\gamma=\alpha-\frac{(\alpha,\beta)}{(\beta,\beta)}\beta$ 是怎样想出来的. 这可从要证明的不等式

$$|(\alpha,\beta)|^2\leqslant(\alpha,\alpha)(\beta,\beta)$$

推出

$$(\alpha,\beta)\overline{(\alpha,\beta)}\leqslant(\alpha,\alpha)(\beta,\beta),$$

于是不等式变成

$$0\leqslant(\alpha,\alpha)-\frac{(\alpha,\beta)\overline{(\alpha,\beta)}}{(\beta,\beta)}=(\alpha,\alpha)-\frac{(\alpha,\beta)}{(\beta,\beta)}(\beta,\alpha)$$

$$=\left(\alpha-\frac{(\alpha,\beta)}{(\beta,\beta)}\beta,\alpha\right).$$

这就导出了要寻找的 $\gamma=\alpha-\frac{(\alpha,\beta)}{(\beta,\beta)}\beta$. 但上式右端并非 (γ,γ),所以不等式尚待证明. 但具体计算一下就会发现上式右端实际与 (γ,γ) 相等,于是问题得解.

例 3.2 令 $\varepsilon_k=\mathrm{e}^{\frac{2k\pi\mathrm{i}}{n}}$ $(k=1,2,\cdots,n)$. 证明

$$U=\frac{1}{\sqrt{n}}\begin{bmatrix}1 & 1 & \cdots & \cdots & 1\\ \varepsilon_1 & \varepsilon_2 & \cdots & \cdots & \varepsilon_n\\ \varepsilon_1^2 & \varepsilon_2^2 & \cdots & \cdots & \varepsilon_n^2\\ \vdots & \vdots & & & \vdots\\ \varepsilon_1^{n-1} & \varepsilon_2^{n-1} & \cdots & \cdots & \varepsilon_n^{n-1}\end{bmatrix}$$

是一个酉矩阵.

解 只要证明 $\overline{U}'=U^{-1}$. 我们在第一章 §3 的例 3.10 已经证明 $\sqrt{n}U$ 的逆矩阵是

$$C = \frac{1}{n}\begin{bmatrix} 1 & \varepsilon_{n-1} & \varepsilon_{n-1}^2 & \cdots & \varepsilon_{n-1}^{n-1} \\ 1 & \varepsilon_{n-2} & \varepsilon_{n-2}^2 & \cdots & \varepsilon_{n-2}^{n-1} \\ \vdots & \vdots & \vdots & & \vdots \\ 1 & \varepsilon_0 & \varepsilon_0^2 & \cdots & \varepsilon_0^{n-1} \end{bmatrix}.$$

现在 $\varepsilon_k = e^{\frac{2k\pi i}{n}}$, $\bar{\varepsilon}_k = e^{-\frac{2k\pi i}{n}} = e^{\frac{2(n-k)\pi i}{n}} = \varepsilon_{n-k}$，故 $(\sqrt{n}\,\overline{U}') = (nC)$，于是 $\overline{U}' = \sqrt{n}\,C$，而

$$C = (\sqrt{n}\,U)^{-1} = \frac{1}{\sqrt{n}}U^{-1},$$

即

$$\overline{U}' = \sqrt{n}\cdot\frac{1}{\sqrt{n}}U^{-1} = U^{-1}. \quad ▌$$

评议　和正交矩阵类似，我们可以证明一个 n 阶复方阵是一个酉矩阵的充分必要条件是它的行(或列)向量组是酉空间 $\mathbb{C}^n$ 的一组标准正交基. $\mathbb{C}^n$ 一组标准正交基任意重排次序后仍为一组标准正交基，所以一个酉矩阵的行(或列)向量组按任意次序重排后仍是一个酉矩阵.

例 3.3　设 V 是 n 维酉空间，M 是 V 的一个子空间. 在商空间 V/M 内定义内积如下：若 $\bar{\alpha} = \alpha + M$, $\bar{\beta} = \beta + M$，有

$$\alpha = \alpha_1 + \alpha_2 \quad (\alpha_1 \in M, \alpha_2 \in M^{\perp}),$$
$$\beta = \beta_1 + \beta_2 \quad (\beta_1 \in M, \beta_2 \in M^{\perp}),$$

则令 $(\bar{\alpha}, \bar{\beta}) = (\alpha_2, \beta_2)$，证明 V/M 关于此内积成为酉空间.

解　因为 V/M 内元素的表达式不是唯一的，所以要先证明上面的内积定义在逻辑上无矛盾.

首先，$M + M^{\perp}$ 是直和，上面 α, β 的分解式是唯一确定的，所以在这里不会出现问题.

现设 $\alpha' + M = \alpha + M$, $\beta' = \beta + M$，按照模 M 剩余类的性质，$\alpha' = \alpha + m_1 (m_1 \in M)$, $\beta' = \beta + m_2 (m_2 \in M)$，于是

$$\alpha' = \alpha + m_1 = (\alpha_1 + m_1) + \alpha_2 \quad (\alpha_1 + m_1 \in M, \alpha_2 \in M^{\perp}),$$
$$\beta' = \beta + m_2 = (\beta_1 + m_2) + \beta_2 \quad (\beta_1 + m_2 \in M, \beta_2 \in M^{\perp}),$$

故 $(\bar{\alpha}', \bar{\beta}') = (\alpha_2, \beta_2) = (\bar{\alpha}, \bar{\beta})$. 这就证明 V/M 内的内积定义在逻辑上无矛盾.

现设 $\alpha=k_1\eta_1+k_2\eta_2$，而

$$\eta_1=\eta_{11}+\eta_{12}\quad(\eta_{11}\in M,\eta_{12}\in M^{\perp}),$$
$$\eta_2=\eta_{21}+\eta_{22}\quad(\eta_{21}\in M,\eta_{22}\in M^{\perp}),$$

那么

$$\begin{aligned}\alpha&=k_1(\eta_{11}+\eta_{12})+k_2(\eta_{21}+\eta_{22})\\&=(k_1\eta_{11}+k_2\eta_{21})+(k_1\eta_{12}+k_2\eta_{22}),\end{aligned}$$

这里 $k_1\eta_{11}+k_2\eta_{21}\in M$，$k_1\eta_{12}+k_2\eta_{22}\in M^{\perp}$. 于是

$$\begin{aligned}(k_1\bar{\eta}_1+k_2\bar{\eta}_2,\bar{\beta})=(\bar{\alpha},\bar{\beta})&=(k_1\eta_{12}+k_2\eta_{22},\beta_2)\\&=k_1(\eta_{12},\beta_2)+k_2(\eta_{22},\beta_2)\\&=k_1(\bar{\eta}_1,\bar{\beta})+k_2(\bar{\eta}_2,\bar{\beta}).\end{aligned}$$

(因为 $\bar{\alpha}=k_1\bar{\eta}_1+k_2\bar{\eta}_2$).

利用 V 内的内积性质，我们有

$$(\bar{\alpha},\bar{\beta})=(\alpha_2,\beta_2)=\overline{(\beta_2,\alpha_2)}=\overline{(\bar{\beta},\bar{\alpha})},$$

对 $\bar{\alpha}\in V/M$，有

$$(\bar{\alpha},\bar{\alpha})=(\alpha_2,\alpha_2)\geqslant 0,$$

且 $(\bar{\alpha},\bar{\alpha})=0\Longleftrightarrow(\alpha_2,\alpha_2)=0\Longleftrightarrow\alpha_2=0\Longleftrightarrow\alpha\in M\Longleftrightarrow\bar{\alpha}=\alpha+M=0+M=\bar{0}$.

这样，V/M 关于所定义的内积成为酉空间. ▌

评议 此例把 V 的酉空间结构转移到商空间上，其中利用正交直和分解式 $V=M\oplus M^{\perp}$. 从解题中可知，换用 V 的另外直和分解式 $V=M\oplus N$，用同样办法定义 V/M 的内积也有同样的结论，但这时 V/M 内积定义已发生变化.

二、酉变换、正规变换和厄米特变换

【内容提要】

1. 酉变换

定义 设 $\boldsymbol{U}$ 是酉空间 V 内的一个线性变换，满足

$$(\boldsymbol{U}\alpha,\boldsymbol{U}\beta)=(\alpha,\beta)\quad(\text{对一切 }\alpha,\beta\in V),$$

则称 $\boldsymbol{U}$ 是一个**酉变换**.

命题 设 $\boldsymbol{U}$ 是 n 维酉空间 V 内的一个线性变换，则下列命题等

价：

(i) $\boldsymbol{U}$ 是一个酉变换；

(ii) 对任意 $\alpha\in V$，有 $|\boldsymbol{U}\alpha|=|\alpha|$；

(iii) $\boldsymbol{U}$ 把标准正交基变为标准正交基；

(iv) $\boldsymbol{U}$ 在标准正交基下的矩阵是酉矩阵.

2. 正规变换

命题 设 $\boldsymbol{A},\boldsymbol{B}$ 是 n 维酉空间 V 中的两个线性变换，在 V 的一组标准正交基 $\varepsilon_1,\varepsilon_2,\cdots,\varepsilon_n$ 下的矩阵分别是 A,B. 对任意 $\alpha,\beta\in V$ 都有 $(\boldsymbol{A}\alpha,\beta)=(\alpha,\boldsymbol{B}\beta)$ 的充分必要条件是 $B=\overline{A}'$.

因此，对 V 内任一线性变换 $\boldsymbol{A}$，满足 $(\boldsymbol{A}\alpha,\beta)=(\alpha,\boldsymbol{B}\beta)$ $(\forall\ \alpha,\beta\in V)$ 的线性变换是存在唯一的，它称为 $\boldsymbol{A}$ 的共轭变换，记做 $\boldsymbol{A}^*$.

我们有如下事实：

(i) $\boldsymbol{E}^*=\boldsymbol{E}$；

(ii) $(\boldsymbol{A}^*)^*=\boldsymbol{A}$；

(iii) $(\boldsymbol{AB})^*=\boldsymbol{B}^*\boldsymbol{A}^*$；

(iv) $(\boldsymbol{A}^{-1})^*=(\boldsymbol{A}^*)^{-1}$.

如果 $\boldsymbol{A}$ 是酉变换，则 A 为酉矩阵，$\overline{A}'=A^{-1}$ 为 $\boldsymbol{A}^*$ 在此标准正交基下的矩阵，故 $\boldsymbol{A}^*=\boldsymbol{A}^{-1}$.

定义 n 维酉空间 V 内一个线性变换 $\boldsymbol{A}$ 如与其共轭变换可交换：$\boldsymbol{AA}^*=\boldsymbol{A}^*\boldsymbol{A}$，则称 $\boldsymbol{A}$ 为一个**正规变换**.

根据前面的分析可知，酉变换是一种正规变换.

命题 设 $\boldsymbol{A}$ 是 n 维酉空间 V 内的线性变换. 如果 M 是 $\boldsymbol{A}$ 的不变子空间，则 $M^{\perp}$ 为 $\boldsymbol{A}$ 的共轭变换 $\boldsymbol{A}^*$ 的不变子空间.

命题 设 $\boldsymbol{A}$ 是 n 维酉空间 V 内的一个正规变换，而 λ 是 $\boldsymbol{A}$ 的一个特征值，其对应特征向量为 ξ. 那么，ξ 是 $\boldsymbol{A}^*$ 的属于特征值 $\overline{\lambda}$ 的特征向量.

定理 1 设 $\boldsymbol{A}$ 是 n 维酉空间 V 内的一个正规变换，则在 V 内存在一组标准正交基，使 $\boldsymbol{A}$ 在这组基下的矩阵成对角形.

3. 厄米特变换

定义 设 $\boldsymbol{A}$ 是酉空间 V 内一个线性变换，且 $\boldsymbol{A}^*=\boldsymbol{A}$. 则称 $\boldsymbol{A}$ 是一个**厄米特**(Hermite)**变换**.

定理 2　设 $\boldsymbol{A}$ 是 n 维酉空间 V 中的一个厄米特变换，则在 V 中存在一组标准正交基，使 $\boldsymbol{A}$ 在这组基下的矩阵是实对角矩阵.

定义　设 A 是一个 n 阶复方阵. 如果 $\overline{A}'=A$，则称 A 是一个**厄米特矩阵**.

显然，酉空间内一个线性变换 $\boldsymbol{A}$ 是厄米特变换的充分必要条件是：它在某一组标准正交基下的矩阵是厄米特矩阵. 反之，任一厄米特矩阵也可以看做一个酉空间中某个厄米特变换在一组标准正交基下的矩阵. 因为实对角矩阵为厄米特矩阵，故酉空间中一个线性变换如在一组标准正交基下的矩阵是实对角矩阵，它就是厄米特变换. 于是从定理 2 可得：

推论　设 A 是 n 阶厄米特矩阵，则存在一个 n 阶酉矩阵 U，使 $U^{-1}AU=\overline{U}'AU=D$ 是一个实对角矩阵.

评议　现在来比较一下欧氏空间和酉空间中与内积相联系的特殊线性变换：

(1) 正交变换与酉变换：定义都是 $(\boldsymbol{A}\alpha,\boldsymbol{A}\beta)=(\alpha,\beta)$. 在标准正交基下矩阵分别是正交矩阵 $(T'T=TT'=E)$ 与酉矩阵 $(\overline{U}'U=U\overline{U}'=E)$，都有相同的四种等价说法. 正交变换矩阵可准对角化，酉变换矩阵可对角化.

(2) 共轭变换：定义都是 $(\boldsymbol{A}\alpha,\beta)=(\alpha,\boldsymbol{A}^*\beta)$. 在标准正交基下的矩阵分别是 A,A' 和 $A,\overline{A}'$.

(3) 正规变换：定义都是 $\boldsymbol{A}\boldsymbol{A}^*=\boldsymbol{A}^*\boldsymbol{A}$. 在标准正交基下的矩阵分别满足 $AA'=A'A$ 与 $\overline{A}'A=A\overline{A}'$. 在欧氏空间内正规变换矩阵可准对角化，酉空间内则可对角化.

(4) 对称变换与厄米特变换：定义都是 $(\boldsymbol{A}\alpha,\beta)=(\alpha,\boldsymbol{A}\beta)$，或 $\boldsymbol{A}^*=\boldsymbol{A}$. 在标准正交基下矩阵分别是实对称矩阵 $(A'=A)$ 或厄米特矩阵 $(\overline{A}'=A)$，它们的矩阵都可实对角化.

从上面列举出的主要事实可以看出两者是大同小异，从在标准正交基下的矩阵来看，只是相差一个复共轭(对于实矩阵，则无不同). 另外，在欧氏空间内正交变换、正规变换矩阵只能准对角化，原因是它们特征多项式的根不全为实数. 在酉空间内这个问题不存在，于是酉变换及酉空间的正规变换矩阵均可对角化. 读者应熟练掌握以上所述的事实.

例 3.4　设 $\boldsymbol{A}$ 是 n 维酉空间 V 内的一个正规变换，M 是 $\boldsymbol{A}$ 的不变子空间. 证明 $M^{\perp}$ 也是 $\boldsymbol{A}$ 的不变子空间.

解　根据定理 1，$\boldsymbol{A}$ 的矩阵可对角化，根据第三章 §4 例 4.8，$\boldsymbol{A}|_M$ 在 M 内矩阵也可对角化，即 M 中存在一组基，基向量全是 $\boldsymbol{A}$ 的特征向量，按前面的命题，它们也是 $\boldsymbol{A}^*$ 的特征向量，于是 M 也是 $\boldsymbol{A}^*$ 的不变子空间. 又按上面命题知 $M^{\perp}$ 是 $(\boldsymbol{A}^*)^*=\boldsymbol{A}$ 的不变子空间. ▌

评议　在欧氏空间中，我们也对正规变换证明过同样的命题(见例 2.12)，但当时证明要复杂得多，其原因是欧氏空间内正规变换的矩阵一般不能对角化，而这又源于它的特征多项式的根不全为实数. 这个问题到复数域不存在，因而 $\boldsymbol{A}$ 的特征向量是 $\boldsymbol{A}^*$ 的特征向量(例 2.13 是与此相关联的命题，但以矩阵形式出现)，这使问题简单地解决. 这就是在代数学中复数域较其他数域简单的原因.

例 3.5　设 $\boldsymbol{A}$ 是 n 维酉空间 V 内的一个厄米特变换. 证明：对任意 $\alpha\in V$，$(\boldsymbol{A}\alpha,\alpha)$ 是实数.

解　因为 $\boldsymbol{A}^*=\boldsymbol{A}$，故 $(\boldsymbol{A}\alpha,\alpha)=(\alpha,\boldsymbol{A}^*\alpha)=(\alpha,\boldsymbol{A}\alpha)=\overline{(\boldsymbol{A}\alpha,\alpha)}$，这说明 $(\boldsymbol{A}\alpha,\alpha)$ 是一个实数. ▌

例 3.6　设 $\boldsymbol{A}$ 是 n 维酉空间 V 内的一个厄米特变换，如果对一切 $\alpha\in V$，$(\boldsymbol{A}\alpha,\alpha)\geqslant 0$，则 $\boldsymbol{A}$ 称为半正定厄米特变换. 如果对一切 $\alpha\in V$，$\alpha\neq 0$ 都有 $(\boldsymbol{A}\alpha,\alpha)>0$，则 $\boldsymbol{A}$ 称为正定厄米特变换.

(1) 证明厄米特变换半正定的充分必要条件是它的特征值均为非负实数.

(2) 证明厄米特变换正定的充分必要条件是它的特征值全为正实数.

解　根据定理 2，在 V 内存在一组标准正交基 $\varepsilon_1,\varepsilon_2,\cdots,\varepsilon_n$，使 $\boldsymbol{A}\varepsilon_i=\lambda_i\varepsilon_i$，对任意 $\alpha\in V$，设

$$\alpha=x_1\varepsilon_1+x_2\varepsilon_2+\cdots+x_n\varepsilon_n,$$

有

$$(\boldsymbol{A}\alpha,\alpha)=\left(\sum_{i=1}^{n}x_i\boldsymbol{A}\varepsilon_i,\ \sum_{j=1}^{n}x_j\varepsilon_j\right)$$

$$= \sum_{i=1}^{n}\sum_{j=1}^{n}\lambda_i x_i x_j(\varepsilon_i,\varepsilon_j) = \sum_{i=1}^{n}\lambda_i x_i^2.$$

显然，对任意 $\alpha\in V$，即对任意 $x_1,x_2,\cdots,x_n\in\mathbb{R}$ 都有 $(\boldsymbol{A}\alpha,\alpha)\geqslant 0 \Longleftrightarrow \lambda_i\geqslant 0(i=1,2,\cdots,n)$，而 $(\boldsymbol{A}\alpha,\alpha)>0(\alpha\neq 0)\Longleftrightarrow\lambda_i>0(i=1,2,\cdots,n)$. ▌

评议 半正定厄米特变换在标准正交基下的矩阵称为半正定厄米特矩阵，它相当于半正定的实对称矩阵. 正定厄米特变换在标准正交基下的矩阵称为正定厄米特矩阵，它则相当于正定实对称矩阵.

例 3.7 设 $\boldsymbol{A}$ 是 n 维酉空间 V 内的可逆厄米特变换，证明 $\boldsymbol{A}^2$ 是正定厄米特变换.

解 按照定理 2，在 V 内存在一组标准正交基 $\varepsilon_1,\varepsilon_2,\cdots,\varepsilon_n$，使 $\boldsymbol{A}\varepsilon_i=\lambda_i\varepsilon_i$. 因 $\boldsymbol{A}$ 可逆，故 $\lambda_i\neq 0$，于是 $\boldsymbol{A}^2\varepsilon_i=\lambda_i^2\varepsilon_i$，即 $\boldsymbol{A}^2$ 的特征值全是正实数. 另一方面，$(\boldsymbol{A}^2\alpha,\beta)=(\boldsymbol{A}\alpha,\boldsymbol{A}\beta)=(\alpha,\boldsymbol{A}^2\beta)$，这表示 $(\boldsymbol{A}^2)^*=\boldsymbol{A}^2$，故 $\boldsymbol{A}^2$ 也是厄米特变换. 按例 3.6，$\boldsymbol{A}^2$ 是正定厄米特变换. ▌

例 3.8 设 $\boldsymbol{A}$ 是 n 维酉空间 V 内一个正定厄米特变换. 证明 V 内存在唯一的正定厄米特变换 $\boldsymbol{B}$，使 $\boldsymbol{A}=\boldsymbol{B}^2$.

解 (1) 按定理 2，在 V 内存在一组标准正交基 $\varepsilon_1,\varepsilon_2,\cdots,\varepsilon_n$，使 $\boldsymbol{A}\varepsilon_i=\lambda_i\varepsilon_i$，又由例 3.6 知，$\lambda_i>0(i=1,2,\cdots,n)$. 从线性变换的基本理论，我们可以定义 V 内一个线性变换 $\boldsymbol{B}$，使 $\boldsymbol{B}\varepsilon_i=\sqrt{\lambda_i}\,\varepsilon_i$. 因为 $\boldsymbol{B}$ 在标准正交基 $\varepsilon_1,\varepsilon_2,\cdots,\varepsilon_n$ 下的矩阵是实对角矩阵，是一个厄米特矩阵，故 $\boldsymbol{B}$ 是一个厄米特变换. 它的特征值 $\sqrt{\lambda_i}>0$，按例 3.6 知 $\boldsymbol{B}$ 是正定厄米特变换. $\boldsymbol{B}^2\varepsilon_i=\lambda_i\varepsilon_i=\boldsymbol{A}\varepsilon_i(i=1,2,\cdots,n)$，故 $\boldsymbol{B}^2=\boldsymbol{A}$.

(2) 现在证明 $\boldsymbol{B}$ 的唯一性. 其证法与例 2.11 大致相同. 设又有正定厄米特变换 $\boldsymbol{B}_1$，使 $\boldsymbol{A}=\boldsymbol{B}_1^2$，按定理 2，$V$ 分解为 $\boldsymbol{A}$ 的特征子空间的直和

$$V = V_{\lambda_1}\oplus V_{\lambda_2}\oplus\cdots\oplus V_{\lambda_k}.$$

因 $\boldsymbol{AB}=\boldsymbol{BA}$，$\boldsymbol{AB}_1=\boldsymbol{B}_1\boldsymbol{A}$，故每个 V_{λ_i} 为 $\boldsymbol{B},\boldsymbol{B}_1$ 的不变子空间，$\boldsymbol{B},\boldsymbol{B}_1$ 均为厄米特变换，其矩阵均可对角化，根据第三章 §4 例 4.8，$\boldsymbol{B},\boldsymbol{B}_1$ 限制在 V_{λ_i} 内矩阵也可对角化，即 V_{λ_i} 内存在一组基，全由 $\boldsymbol{B}$ 的特征向量组成. 但在 V_{λ_i} 内有 $\boldsymbol{B}^2=\boldsymbol{A}=\lambda_i\boldsymbol{E}$，因此 $\boldsymbol{B}|_{V_{\lambda_i}}$ 的特征值全是 $\sqrt{\lambda_i}$（因 $\boldsymbol{B}$ 正

定,其特征值全为正实数),即在 V_{λ_i} 内,$\boldsymbol{B}|_{V_{\lambda_i}}=\sqrt{\lambda_i}\boldsymbol{E}$. 同理 $\boldsymbol{B}_1|_{V_{\lambda_i}}=\sqrt{\lambda_i}\boldsymbol{E}$,于是 $\boldsymbol{B}|_{V_{\lambda_i}}=\boldsymbol{B}_1|_{V_{\lambda_i}}(i=1,2,\cdots,n)$,由此立即推出 $\boldsymbol{B}=\boldsymbol{B}_1$. ▌

评议　这是正定厄米特变换 $\boldsymbol{A}$ 的开平方问题,其唯一的平方根(限定在正定厄米特变换的范围内)记做 $\sqrt{\boldsymbol{A}}$,其证明方法大致与欧氏空间中正定矩阵开平方的证法相同,只不过那里有时使用矩阵论的语言.

在上面讨论中,把正定改为半正定,$\lambda_i>0$ 改为 $\lambda_i\geqslant 0$,即可证明:对任意半正定厄米特变换 $\boldsymbol{A}$,存在唯一的半正定厄米特变换 $\boldsymbol{B}$,使 $\boldsymbol{A}=\boldsymbol{B}^2$.

例 3.9　设 $\boldsymbol{A}$ 是 n 维酉空间 V 内一个可逆线性变换. 证明 $\boldsymbol{A}\boldsymbol{A}^*$ 是正定厄米特变换. 当 $\boldsymbol{A}$ 不可逆时,$\boldsymbol{A}\boldsymbol{A}^*$ 是半正定厄米特变换.

解　对任意 $\alpha,\beta\in V$,我们有(注意 $(\boldsymbol{A}^*)^*=\boldsymbol{A}$)

$$(\boldsymbol{A}\boldsymbol{A}^*\alpha,\beta)=(\boldsymbol{A}^*\alpha,\boldsymbol{A}^*\beta)=(\alpha,\boldsymbol{A}\boldsymbol{A}^*\beta),$$

由此推知 $(\boldsymbol{A}\boldsymbol{A}^*)^*=\boldsymbol{A}\boldsymbol{A}^*$,故 $\boldsymbol{A}\boldsymbol{A}^*$ 是一个厄米特变换. 对任意 $\alpha\in V$,因 $\boldsymbol{A}$ 可逆,故 $\boldsymbol{A}^*$ 也可逆(它们在标准正交基下的矩阵互为共轭转置,均可逆). 当 $\alpha\neq 0$ 时 $\boldsymbol{A}^*\alpha\neq 0$,故

$$(\boldsymbol{A}\boldsymbol{A}^*\alpha,\alpha)=(\boldsymbol{A}^*\alpha,\boldsymbol{A}^*\alpha)>0,$$

这说明 $\boldsymbol{A}\boldsymbol{A}^*$ 是一个正定厄米特变换. 当 $\boldsymbol{A}$ 不可逆时,$(\boldsymbol{A}\boldsymbol{A}^*\alpha,\alpha)=(\boldsymbol{A}^*\alpha,\boldsymbol{A}^*\alpha)\geqslant 0$,故 $\boldsymbol{A}\boldsymbol{A}^*$ 半正定. ▌

例 3.10　设 $\boldsymbol{A},\boldsymbol{B}$ 是 n 维酉空间 V 内两个正定厄米特变换,$\boldsymbol{U}$ 是 V 内一个酉变换. 如果 $\boldsymbol{A}=\boldsymbol{B}\boldsymbol{U}$ 或 $\boldsymbol{U}\boldsymbol{B}$,证明 $\boldsymbol{A}=\boldsymbol{B},\boldsymbol{U}=\boldsymbol{E}$.

解　若 $\boldsymbol{A}=\boldsymbol{B}\boldsymbol{U}$,则 $\boldsymbol{A}=\boldsymbol{A}^*=(\boldsymbol{B}\boldsymbol{U})^*=\boldsymbol{U}^*\boldsymbol{B}^*=\boldsymbol{U}^*\boldsymbol{B}$. $\boldsymbol{U}$ 为酉变换,$\boldsymbol{U}^*=\boldsymbol{U}^{-1}$,故 $\boldsymbol{A}^2=\boldsymbol{A}\boldsymbol{A}=\boldsymbol{B}\boldsymbol{U}\boldsymbol{U}^*\boldsymbol{B}=\boldsymbol{B}^2$. 现在 $\boldsymbol{A},\boldsymbol{B}$ 均为正定厄米特变换,由例 3.8 知 $\boldsymbol{A}=\boldsymbol{B}$. 因 $\boldsymbol{A},\boldsymbol{B}$ 为可逆线性变换,由 $\boldsymbol{A}=\boldsymbol{B}\boldsymbol{U}$ 推出 $\boldsymbol{U}=\boldsymbol{E}$.

若 $\boldsymbol{A}=\boldsymbol{U}\boldsymbol{B}$,考查 $\boldsymbol{A}^2=\boldsymbol{A}^*\boldsymbol{A}$,可得同样结果. ▌

例 3.11　设 $\boldsymbol{A}$ 是 n 维酉空间 V 内一个正定厄米特变换,则 $\boldsymbol{A}^{-1}$ 也是 V 内正定厄米特变换.

解　按定理 2,V 内存在一组标准正交基 $\varepsilon_1,\varepsilon_2,\cdots,\varepsilon_n$,使 $\boldsymbol{A}\varepsilon_i=$

$\lambda_i\varepsilon_i$，这里 $\lambda_i>0$，于是 $A^{-1}\varepsilon_i=\dfrac{1}{\lambda_i}\varepsilon_i$，$A^{-1}$在此组标准正交基下的矩阵为实对角矩阵，即为厄米特矩阵，故 A^{-1}为厄米特变换，其特征值$\dfrac{1}{\lambda_i}>0$，这表示 A^{-1}是正定的. ▌

例 3.12 设 A 是 n 维酉空间 V 内一个可逆线性变换. 证明 $A=B_1U_1=U_2B_2$，其中 B_1,B_2 为正定厄米特变换，U_1,U_2 为酉变换，且上述分解式是唯一的.

解 根据例 3.9，AA^*是正定厄米特变换，再由例 3.8，存在正定厄米特变换 B，使 $AA^*=B^2$. 由此得$(B^{-1}A)(A^*B^{-1})=E$. 由例 3.11，B^{-1}也是正定厄米特变换，$(B^{-1})^*=B^{-1}$，故上式可改写为

$$(B^{-1}A)(B^{-1}A)^*=E.$$

令 $U=B^{-1}A$，则 $UU^*=E$，即 U 为酉变换，且 $A=BU$.

再证上述分解式是唯一的. 如果又有正定厄米特变换 C 和酉变换 T，使 $A=CT$. 由 $BU=CT$ 推出 $C=B(UT^{-1})$. T 是酉变换，则 T^{-1}及 UT^{-1}均为酉变换，从例 3.10 推出 $C=B$ 及 $UT^{-1}=E$，即 $U=T$.

现在 $A^*A=A^*(A^*)^*$是正定厄米特变换，故有正定厄米特变换 B，使 $A^*A=B^2$. 于是$(B^{-1}A^*)(AB^{-1})=E$. 令 $AB^{-1}=U$，则 $U^*U=E$，于是 U 为酉变换，且 $A=UB$. 同样，利用例 3.10 推出此分解式是唯一的. ▌

评议 此例中给出的唯一分解式 $A=BU$ 或 $A=UB$ 称为线性变换 A 的极分解式. 它把一般线性变换分解为酉空间内两类与内积相联系的特殊线性变换的乘积，这可使一般线性变换的研究大大前进了一步.

例 3.13 设 A 是 n 维酉空间 V 内一个线性变换，则存在 V 内半正定厄米特变换 B_1,B_2 和酉变换 U_1,U_2，使

$$A=B_1U_1=U_2B_2,$$

而且 B_1,B_2 由 A 唯一决定.

解 例 3.9 已指出 A^*A 是 V 内半正定厄米特变换. 按定理 2，V 内存在一组标准正交基 $\varepsilon_1,\varepsilon_2,\cdots,\varepsilon_n$，使 $A^*A(\varepsilon_i)=\lambda_i\varepsilon_i$. 不妨设 $\lambda_i>0$ $(i=1,2,\cdots,r)$，而

$$\lambda_{r+1}=\lambda_{r+2}=\cdots=\lambda_n=0.$$

现在

$$(\boldsymbol{A}\varepsilon_i,\boldsymbol{A}\varepsilon_j)=(\boldsymbol{A}^*\boldsymbol{A}\varepsilon_i,\varepsilon_j)=\lambda_i(\varepsilon_i,\varepsilon_j)=\lambda_i\delta_{ij}.$$

如令 $\eta_i=\frac{1}{\sqrt{\lambda_i}}\boldsymbol{A}\varepsilon_i(i=1,2,\cdots,r)$，则

$$(\eta_i,\eta_j)=\left(\frac{1}{\sqrt{\lambda_i}}\boldsymbol{A}\varepsilon_i,\frac{1}{\sqrt{\lambda_j}}\boldsymbol{A}\varepsilon_j\right)=\frac{1}{\sqrt{\lambda_i\lambda_j}}(\boldsymbol{A}\varepsilon_i,\boldsymbol{A}\varepsilon_j)$$

$$=\frac{\lambda_i}{\sqrt{\lambda_i\lambda_j}}\delta_{ij}=\delta_{ij}\quad(1\leqslant i,j\leqslant r).$$

故 $\eta_1,\eta_2,\cdots,\eta_r$ 为 V 内一个两两正交单位向量组. 把它扩充为 V 内一组标准正交基 $\eta_1,\cdots,\eta_r,\eta_{r+1},\cdots,\eta_n$，定义 V 内线性变换：

$$\boldsymbol{U}\varepsilon_i=\eta_i\quad(i=1,2,\cdots,n),$$

$$\boldsymbol{B}\eta_i=\sqrt{\lambda_i}\,\eta_i\quad(i=1,2,\cdots,r),$$

$$\boldsymbol{B}\eta_j=0\quad(j=r+1,\cdots,n),$$

则 $\boldsymbol{U}$ 使标准正交基 $\varepsilon_1,\varepsilon_2,\cdots,\varepsilon_n$ 变为标准正交基 $\eta_1,\eta_2,\cdots,\eta_n$，故为酉变换. 而 $\boldsymbol{B}$ 在标准正交基 $\eta_1,\eta_2,\cdots,\eta_n$ 下的矩阵为实对角矩阵，且特征值均为非负实数，故为半正定厄米特变换. 现在，当 $i=r+1,\cdots,n$ 时

$$(\boldsymbol{A}\varepsilon_i,\boldsymbol{A}\varepsilon_i)=(\boldsymbol{A}^*\boldsymbol{A}\varepsilon_i,\varepsilon_i)=\lambda_i(\varepsilon_i,\varepsilon_i)=\lambda_i=0,$$

故 $\boldsymbol{A}\varepsilon_i=0$. 于是

$$\boldsymbol{A}\varepsilon_i=\sqrt{\lambda_i}\,\eta_i=\boldsymbol{B}\eta_i=\boldsymbol{B}\boldsymbol{U}\varepsilon_i\quad(i=1,2,\cdots,r),$$

$$\boldsymbol{A}\varepsilon_j=0=\boldsymbol{B}\eta_j=\boldsymbol{B}\boldsymbol{U}\varepsilon_j\quad(j=r+1,\cdots,n).$$

由此推出 $\boldsymbol{A}=\boldsymbol{B}\boldsymbol{U}$，因为

$$\boldsymbol{A}\boldsymbol{A}^*=(\boldsymbol{B}\boldsymbol{U})(\boldsymbol{B}\boldsymbol{U})^*$$

$$=\boldsymbol{B}(\boldsymbol{U}\boldsymbol{U}^*)\boldsymbol{B}^*=\boldsymbol{B}^2.$$

由例 3.9，$\boldsymbol{A}\boldsymbol{A}^*$ 为半正定. 已知 $\boldsymbol{B}$ 为半正定，按例 3.8 后面的“评议”知 $\boldsymbol{B}$ 由 $\boldsymbol{A}\boldsymbol{A}^*$ 唯一决定，从而由 $\boldsymbol{A}$ 唯一决定.

对一线性变换 $\boldsymbol{A}$，按上面推理，存在半正定厄米特变换 $\boldsymbol{B}$ 及酉变换 $\boldsymbol{U}$，使 $\boldsymbol{A}^*=\boldsymbol{B}\boldsymbol{U}$，于是 $\boldsymbol{A}=(\boldsymbol{A}^*)^*=(\boldsymbol{B}\boldsymbol{U})^*=\boldsymbol{U}^*\boldsymbol{B}^*=\boldsymbol{U}^{-1}\boldsymbol{B}$. 现在

$\boldsymbol{U}^{-1}$仍为酉变换. 这就是命题所要的第二种分解式. 现在 $\boldsymbol{A}^*\boldsymbol{A}=(\boldsymbol{BU})(\boldsymbol{U}^*\boldsymbol{B})=\boldsymbol{B}^2$,故 $\boldsymbol{B}$ 也由 $\boldsymbol{A}$ 唯一决定. ▌

评议 上面推理对 $\boldsymbol{A}$ 为可逆线性变换当然还是对的(此时 $r=n$),故这是例 3.12 的第二种解法. 如果 $\boldsymbol{A}$ 不是可逆的,则 $r<n$,这时把 $\eta_1,\cdots,\eta_r$ 扩充为 V 的标准正交基的办法不唯一,从而上面分解式中的酉变换 $\boldsymbol{U}$ 是不唯一确定的.

例 3.14 设 $\boldsymbol{A},\boldsymbol{B}$ 是 n 维酉空间 V 内的厄米特变换,$\boldsymbol{A}$ 正定,$\boldsymbol{B}$ 半正定. 证明 V 内存在一组基,使 $\boldsymbol{AB}$ 在此组基下的矩阵成对角形,且主对角线上元素都是非负实数.

解 根据例 3.8,存在正定厄米特变换 $\boldsymbol{A}_1$,半正定厄米特变换 $\boldsymbol{B}_1$,使 $\boldsymbol{A}=\boldsymbol{A}_1^2,\boldsymbol{B}=\boldsymbol{B}_1^2$,令 $\boldsymbol{C}=\boldsymbol{A}_1\boldsymbol{B}_1$,则 $\boldsymbol{C}^*=\boldsymbol{B}_1\boldsymbol{A}_1$. 于是

$$\boldsymbol{CC}^* = (\boldsymbol{A}_1\boldsymbol{B}_1)(\boldsymbol{B}_1\boldsymbol{A}_1) = \boldsymbol{A}_1^{-1}(\boldsymbol{A}_1^2\boldsymbol{B}_1^2)\boldsymbol{A}_1 = \boldsymbol{A}_1^{-1}(\boldsymbol{AB})\boldsymbol{A}_1.$$

根据例 3.9,$\boldsymbol{CC}^*$是半正定厄米特变换. 在 V 中取定一组标准正交基 $\varepsilon_1,\varepsilon_2,\cdots,\varepsilon_n$,设 $\boldsymbol{A},\boldsymbol{B},\boldsymbol{A}_1,\boldsymbol{B}_1$ 在此组基下矩阵为 A,B,A_1,B_1,则 $\boldsymbol{C}$ 在此组基下矩阵为 $C=A_1B_1$,$\boldsymbol{C}^*$的矩阵则为 B_1A_1. 于是有 $A_1B_1B_1A_1=A_1BA_1=A_1^{-1}(AB)A_1$,即 AB 与$(A_1B_1)(B_1A_1)$相似. 但 $\boldsymbol{CC}^*$ 为半正定厄米特变换,V 中存在一组标准正交基 $\eta_1,\eta_2,\cdots,\eta_n$,使 $\boldsymbol{CC}^*$ 在此组基下为对角矩阵 D,且主对角线上元素为非负实数. 设$(\eta_1,\eta_2,\cdots,\eta_n)=(\varepsilon_1,\varepsilon_2,\cdots,\varepsilon_n)U$,这里 U 为酉矩阵,于是

$$U^{-1}(A_1B_1)(B_1A_1)U = D.$$

把上面结果代入,得

$$U^{-1}(A_1^{-1}(AB)A_1)U = D,$$

即

$$(A_1U)^{-1}(AB)(A_1U) = D.$$

若令

$$(\omega_1,\omega_2,\cdots,\omega_n) = (\varepsilon_1,\varepsilon_2,\cdots,\varepsilon_n)A_1U,$$

则在基 $\omega_1,\omega_2,\cdots,\omega_n$ 下 $\boldsymbol{AB}$ 的矩阵即成对角矩阵 D,其主对角线上元素均为非负实数. ▌

评议 此例中并未要求 $\boldsymbol{A},\boldsymbol{B}$ 可交换,因而是较强的结果,其中巧妙地使用了$\sqrt{\boldsymbol{A}}$,$\sqrt{\boldsymbol{B}}$,把 $\boldsymbol{AB}$ 转换成 $\boldsymbol{C}=\sqrt{\boldsymbol{A}}\sqrt{\boldsymbol{B}}$,利用 $\boldsymbol{CC}^*$ 半

正定得出所要的结果.

练习题 5.3

1. 证明：一个 n 阶复方阵 U 是酉矩阵的充分必要条件是：它的行(或列)向量组构成酉空间 $\mathbb{C}^n$ 的一组标准正交基.

2. 在一个 n 维酉空间 V 内取定一组基 $\varepsilon_1,\varepsilon_2,\cdots,\varepsilon_n$，定义 $G=((\varepsilon_i,\varepsilon_j))$. G 称为此组基的**度量矩阵**.

(1) 证明 G 可逆；

(2) 证明 $\overline{G}'=G$；

(3) 若 $\alpha=(\varepsilon_1,\cdots,\varepsilon_n)X$, $\beta=(\varepsilon_1,\cdots,\varepsilon_n)Y$，证明

$$(\alpha,\beta)=X'G\overline{Y}.$$

3. 证明：酉变换的特征值的模等于 1.

4. 在酉空间中证明不等式

$$|\alpha+\beta|\leqslant|\alpha|+|\beta|.$$

5. 在酉空间中定义两向量 α,β 的距离为

$$d(\alpha,\beta)=|\alpha-\beta|.$$

证明：

(1) $d(\alpha,\beta)\geqslant 0$，且 $d(\alpha,\beta)=0\Longleftrightarrow\alpha=\beta$；

(2) $d(\alpha,\beta)=d(\beta,\alpha)$；

(3) $d(\alpha,\gamma)\leqslant d(\alpha,\beta)+d(\beta,\gamma)$.

6. 设 $\boldsymbol{U}$ 为 n 维酉空间 V 内的一个酉变换，其全部特征值设为 $\lambda_1,\lambda_2,\cdots,\lambda_n$. 证明：$\overline{\lambda}_1,\overline{\lambda}_2,\cdots,\overline{\lambda}_n$ 是 $\boldsymbol{U}^{-1}$的全部特征值.

7. 将一个复方阵 U 分解为实部和虚部

$$U=P+\mathrm{i}Q$$

(其中 P,Q 为实 n 阶方阵). 证明 U 为酉矩阵的充分必要条件是：$P'Q$ 对称，且 $P'P+Q'Q=E$.

8. 证明任一个二阶酉矩阵 U 可分解为

$$U=\begin{bmatrix}\mathrm{e}^{\mathrm{i}\theta_1} & 0\\ 0 & \mathrm{e}^{\mathrm{i}\theta_2}\end{bmatrix}\begin{bmatrix}\cos\varphi & -\sin\varphi\\ \sin\varphi & \cos\varphi\end{bmatrix}\begin{bmatrix}\mathrm{e}^{\mathrm{i}\theta_3} & 0\\ 0 & \mathrm{e}^{\mathrm{i}\theta_4}\end{bmatrix},$$

其中 $\theta_1,\theta_2,\theta_3,\theta_4,\varphi$ 为实数.

9. 对酉空间的共轭变换证明如下关系式：

(1) $\boldsymbol{E}^*=\boldsymbol{E}$;

(2) $(\boldsymbol{A}^*)^*=\boldsymbol{A}$;

(3) $(\boldsymbol{A}+\boldsymbol{B})^*=\boldsymbol{A}^*+\boldsymbol{B}^*$.

10. 设 $\boldsymbol{A}$ 是 n 维酉空间 V 内的一个线性变换. 如果存在一个复系数多项式 $f(\lambda)$,使 $\boldsymbol{A}=f(\boldsymbol{A}^*)$,证明在 V 内存在一组标准正交基,使 $\boldsymbol{A}$ 在这组基下的矩阵成对角形.

11. 设 $\boldsymbol{A}$ 是 n 维酉空间 V 内的一个线性变换,$\boldsymbol{A}^*=-\boldsymbol{A}$. 证明:$\boldsymbol{A}$ 的非零特征值都是纯虚数.

12. 设 $\boldsymbol{A},\boldsymbol{B}$ 是 n 维酉空间 V 内的两个厄米特变换. 证明 $\boldsymbol{AB}$ 是厄米特变换的充分必要条件是 $\boldsymbol{AB}=\boldsymbol{BA}$.

13. 设 $\boldsymbol{A},\boldsymbol{B}$ 是 n 维酉空间 V 内的两个厄米特变换,证明 $\boldsymbol{AB}+\boldsymbol{BA}$ 和 $\mathrm{i}(\boldsymbol{AB}-\boldsymbol{BA})$ 也是厄米特变换.

14. 设 $\boldsymbol{A}$ 是 n 维酉空间 V 内的线性变换. 证明:如果 $\boldsymbol{A}$ 满足下列三个条件的任何两个,则它必满足全部三个条件:

(1) $\boldsymbol{A}$ 为厄米特变换;

(2) $\boldsymbol{A}$ 为酉变换;

(3) $\boldsymbol{A}^2=\boldsymbol{E}$.

第六章　线性变换的若尔当标准形

§1　若尔当标准形理论

一、若尔当形的定义

【内容提要】

形如

$$J=\begin{bmatrix}\lambda_0 & 1 & & 0\\ & \lambda_0 & \ddots & \\ & & \ddots & 1\\ 0 & & & \lambda_0\end{bmatrix}_{n\times n}$$

的矩阵称为**若尔当块**. 形如

$$J=\begin{bmatrix}J_1 & & & 0\\ & J_2 & & \\ & & \ddots & \\ 0 & & & J_s\end{bmatrix},\quad J_i=\begin{bmatrix}\lambda_i & 1 & & 0\\ & \lambda_i & \ddots & \\ & & \ddots & 1\\ 0 & & & \lambda_i\end{bmatrix}_{n_i\times n_i}$$

的准对角矩阵称为**若尔当形**矩阵.

若尔当形矩阵 J 的特征多项式为

$$\begin{aligned}f(\lambda)&=|\lambda E-J|=|\lambda E-J_1||\lambda E-J_2|\cdots|\lambda E-J_s|\\&=(\lambda-\lambda_1)^{n_1}(\lambda-\lambda_2)^{n_2}\cdots(\lambda-\lambda_s)^{n_s}.\end{aligned}$$

评议　线性代数最重要的成果就是证明：在复数域上 n 维线性空间 V 内，对任一线性变换 $\boldsymbol{A}$ 都存在一组基，使它在该组基下的矩阵成为若尔当形矩阵，而且除主对角线上若尔当块的排列次序外，这样的若尔当形矩阵是被 $\boldsymbol{A}$ 唯一决定的. 早在 1871 年，若尔当已经得到这一结果，因而就以他的名字来称呼线性变换矩阵的这个标准形式. 自那时以来一百多年时间内，这个结论已有许多种互相大不相同的证明方法.但最为简单明了的是利用商空间和子空间直和分解的技巧,它集中体现了代数学各领域共用的方法,即利用子系统和商系统处理问题.这个方法前面已使用多次,然而这里最集中、最典型地反映了这个代数学的基本方法.

二、幂零线性变换的若尔当标准形

【内容提要】

设 V 是数域 K 上的 n 维线性空间. $\boldsymbol{A}$ 是 V 内一个线性变换.如果存在正整数 m,使 $\boldsymbol{A}^m=\boldsymbol{0}$,则称 $\boldsymbol{A}$ 为一个**幂零线性变换**.对数域 K 上一个 n 阶方阵 A,若存在正整数 m,使 $A^m=0$,则称 A 为**幂零矩阵**.显然,幂零线性变换在任一组基下的矩阵都是幂零矩阵.

对幂零线性变换 $\boldsymbol{A}$ 及 $\alpha\in V$, $\alpha\neq 0$,存在最小正整数 k,使 $\boldsymbol{A}^{k-1}\alpha\neq 0$,但 $\boldsymbol{A}^k\alpha=0$.令

$$I(\alpha)=L(\alpha,\boldsymbol{A}\alpha,\cdots,\boldsymbol{A}^{k-1}\alpha),$$

则 $I(\alpha)$ 为 $\boldsymbol{A}$ 的一个不变子空间,且 $\dim I(\alpha)=k$. $I(\alpha)$ 称为由 α 生成的 $\boldsymbol{A}$ 的**循环不变子空间**.在 $I(\alpha)$ 的基(称为循环基) $\boldsymbol{A}^{k-1}\alpha,\boldsymbol{A}^{k-2}\alpha,\cdots,\boldsymbol{A}\alpha,\alpha$ 下, $\boldsymbol{A}$(限制在 $I(\alpha)$ 内)的矩阵为

$$J=\begin{bmatrix}0 & 1 & & & \\ & 0 & \ddots & 0 & \\ & & \ddots & \ddots & \\ & 0 & & \ddots & 1\\ & & & & 0\end{bmatrix}.$$

对 V 内一幂零线性变换 $\boldsymbol{A}$,令 $M=\{\alpha\in V\mid \boldsymbol{A}\alpha=0\}$.

命题 1　设 $\bar{\alpha}=\alpha+M$ 为 $\overline{V}=V/M$ 中一非零元素,又设 $I(\bar{\alpha})$ 为 $\boldsymbol{A}$ 在 $\overline{V}$ 内诱导变换的一个 k 维循环不变子空间,则 $I(\alpha)$ 为 $\boldsymbol{A}$ 在 V 内一个 $k+1$ 维循环不变子空间,即 $I(\alpha)=L(\alpha,\boldsymbol{A}\alpha,\cdots,\boldsymbol{A}^k\alpha)$ 且 $\boldsymbol{A}^k\alpha\in M$.

命题 2　设 $\boldsymbol{A}$ 是数域 K 上 n 维线性空间 V 内一幂零线性变换,则在 V 内存在一组基,使在该组基下 $\boldsymbol{A}$ 的矩阵成若尔当形矩阵.

评议　先对幂零线性变换证明若尔当的结论,这是关键的一步.从循环不变子空间 $I(\alpha)$ 内 $\boldsymbol{A}$ 的矩阵已成若尔当块来看,就可明白:

只要把 V 分解为 $\boldsymbol{A}$ 的循环不变子空间的直和，目的即已达到．为了实现这个目标，使用商空间的技巧，即用自然映射 φ 将问题转到商空间 V/M，利用数学归纳法，可假定 V/M 内命题已成立，再返回到 V 中寻求所要的直和分解式，而上面命题 1 给出由 V/M 返回到 V 的途径．整个解决问题的思路十分清晰．

命题 2 的证明过程实际给出在 V 中找一组基，使 $\boldsymbol{A}$ 在该组基下的矩阵成若尔当形的具体计算方法．这是若尔当形理论的其他证明方法所未能给出的．令

$$M=\{\alpha\in V\,|\,\boldsymbol{A}\alpha=0\},$$

只要在商空间 $\overline{V}=V/M$ 内找一组基，使 $\boldsymbol{A}$ 在 $\overline{V}$ 内的诱导变换在该组基下矩阵成若尔当形，再利用命题 1 就将 V 分解为 $\boldsymbol{A}$ 的循环不变子空间的直和，把各循环不变子空间的循环基合并即得 V 内一组基，$\boldsymbol{A}$ 在此基下矩阵成若尔当形，具体计算步骤归纳如下．

(1) 在 V 内找一组基 $\varepsilon_1,\varepsilon_2,\cdots,\varepsilon_n$，求 $\boldsymbol{A}$ 在此组基下的矩阵 A，求齐次线性方程组 $AX=0$ 的一个基础解系，由此得 M 的一组基 $\eta_1,\eta_2,\cdots,\eta_r$，再把它扩充为 V 的一组基 $\eta_1,\cdots,\eta_r,\eta_{r+1},\cdots,\eta_n$．

(2) 将商空间 $\overline{V}=L(\eta_{r+1}+M,\cdots,\eta_n+M)$ 分解为 $\boldsymbol{A}$ 的循环不变子空间的直和：

$$\overline{V}=I(\overline{\alpha}_1)\oplus I(\overline{\alpha}_2)\oplus\cdots\oplus I(\overline{\alpha}_s),$$

其中 $\overline{\alpha}_i=\alpha_i+M,\dim I(\overline{\alpha}_i)=k_i\,(i=1,2,\cdots,s)$．根据命题 1，$I(\alpha_i)$ 为 $\boldsymbol{A}$ 在 V 内的 k_i+1 维循环不变子空间：

$$I(\alpha_i)=L(\alpha_i,\boldsymbol{A}\alpha_i,\cdots,\boldsymbol{A}^{k_i}\alpha_i),$$

其中 $\boldsymbol{A}^{k_i}\alpha_i\in M$，且 $\boldsymbol{A}^{k_1}\alpha_1,\boldsymbol{A}^{k_2}\alpha_2,\cdots,\boldsymbol{A}^{k_s}\alpha_s$ 为 M 内线性无关向量组．

(3) 把上述 M 内线性无关向量组扩充为 M 的一组基：

$$\boldsymbol{A}^{k_1}\alpha_1,\boldsymbol{A}^{k_2}\alpha_2,\cdots,\boldsymbol{A}^{k_s}\alpha_s,\beta_1,\beta_2,\cdots,\beta_t,$$

那么，我们有

$$V=I(\alpha_1)\oplus I(\alpha_2)\oplus\cdots\oplus I(\alpha_s)\oplus I(\beta_1)\oplus\cdots\oplus I(\beta_t),$$

即 V 分解为 $\boldsymbol{A}$ 的循环不变子空间的直和．

上面所说的办法是把问题归结为维数较低的商空间 $\overline{V}$ 内的同一问题，因 $\overline{V}$ 维数较低，问题较易解决．当 $\dim\overline{V}=1,2,3$ 时很容易得

到解法. 若 $\dim\overline{V}$ 较大，则可对 $\overline{V}$ 重复上述办法，把问题归结到更低维的 $(\overline{\overline{V}})$ 去处理.

例 1.1 设 $A\in M_n(K)$ 且 A 是一个幂零矩阵. 在 $M_n(K)$ 内定义线性变换

$$\boldsymbol{T}(X)=AX-XA \quad (\forall\, X\in M_n(K).$$

证明 $\boldsymbol{T}$ 是一个幂零线性变换.

解 设 $A^m=0$，我们有

$$\begin{aligned}\boldsymbol{T}^2(X)&=A(\boldsymbol{T}(X))-\boldsymbol{T}(X)A\\&=A^2X-AXA-AXA+XA^2\\&=A^2X-2AXA+XA^2.\\&\cdots\cdots\cdots\end{aligned}$$

在 $\boldsymbol{T}^k(X)$ 的表达式中一般项为 aA^sXA^t，其中 a 为一整数，$s+t=k$，当 $k\geqslant 2m$ 时，s 与 t 中至少有一个 $\geqslant m$. 因为 $A^m=0$，故该项为 0，由此知 $\boldsymbol{T}^{2m}(X)=0(\forall\, X\in M_n(K))$，即 $\boldsymbol{T}$ 幂零. ▎

设 $\boldsymbol{A}$ 是数域 K 上 n 维线性空间 V 内一个线性变换. 如果 $\boldsymbol{A}^{n-1}\neq\boldsymbol{0}$，但 $\boldsymbol{A}^n=\boldsymbol{0}$，则 $\boldsymbol{A}$ 称为一个**循环幂零线性变换**.

例 1.2 设 $\boldsymbol{A}$ 是 n 维线性空间 V 内的一个幂零线性变换. 如果 $\boldsymbol{A}$ 有两个线性无关特征向量 α,β，证明 $\boldsymbol{A}$ 不是循环幂零线性变换.

解 若 $\boldsymbol{A}$ 是循环幂零线性变换，则 V 内存在向量 γ，使 $\boldsymbol{A}^{n-1}\gamma\neq 0$，$\boldsymbol{A}^n\gamma=0$，而

$$V=L(\gamma,\boldsymbol{A}\gamma,\cdots,\boldsymbol{A}^{n-1}\gamma).$$

因 $\gamma,\boldsymbol{A}\gamma,\cdots,\boldsymbol{A}^{n-1}\gamma$ 是 V 的一组基，设

$$\alpha=x_0\gamma+x_1\boldsymbol{A}\gamma+\cdots+x_{n-1}\boldsymbol{A}^{n-1}\gamma,$$
$$\beta=y_0\gamma+y_1\boldsymbol{A}\gamma+\cdots+y_{n-1}\boldsymbol{A}^{n-1}\gamma.$$

因为幂零线性变换仅有一个特征值 $\lambda_0=0$，故知 $\boldsymbol{A}\alpha=0$，$\boldsymbol{A}\beta=0$，由上面两式得

$$\boldsymbol{A}\alpha=x_0\boldsymbol{A}\gamma+x_1\boldsymbol{A}^2\gamma+\cdots+x_{n-2}\boldsymbol{A}^{n-1}\gamma=0,$$
$$\boldsymbol{A}\beta=y_0\boldsymbol{A}\gamma+y_1\boldsymbol{A}^2\gamma+\cdots+y_{n-2}\boldsymbol{A}^{n-1}\gamma=0.$$

因为 $\boldsymbol{A}\gamma,\boldsymbol{A}^2\gamma,\cdots,\boldsymbol{A}^{n-1}\gamma$ 线性无关，上式推出

$$x_0=x_1=\cdots=x_{n-2}=0,$$

$$y_0 = y_1 = \cdots = y_{n-2} = 0.$$

于是 $\alpha = x_{n-1}\boldsymbol{A}^{n-1}\gamma$, $\beta = y_{n-1}\boldsymbol{A}^{n-1}\gamma$,因特征向量非零,故 $x_{n-1} \neq 0$, $y_{n-1} \neq 0$,而

$$y_{n-1}\alpha - x_{n-1}\beta = 0,$$

与 α, β 线性无关矛盾.由此推知 $\boldsymbol{A}$ 非循环幂零线性变换. ▌

评议　此例表明,如果 $\boldsymbol{A}$ 是循环幂零的,则对 $\boldsymbol{A}$ 的唯一特征值 $\lambda_0 = 0$,特征子空间 V_{λ_0} 是一维的.

例 1.3　设 $A \in M_2(K)$.如果存在 $B \in M_2(K)$,使 $AB - BA = A$,证明 A 是一个幂零矩阵.

解　设 $A = (a_{ij})$.因为

$$\begin{aligned} a_{11} + a_{22} &= \mathrm{tr}(A) = \mathrm{tr}(AB - BA) \\ &= \mathrm{tr}(AB) - \mathrm{tr}(BA) = 0. \end{aligned}$$

又

$$\begin{aligned} A^2 &= A^2B - ABA = (A^2B - BA^2) + (BA^2 - ABA) \\ &= (A^2B - BA^2) + ((BA)A - A(BA)), \end{aligned}$$

故

$$\begin{aligned} a_{11}^2 + a_{22}^2 + 2a_{12}a_{21} &= \mathrm{tr}(A^2) \\ &= \mathrm{tr}(A^2B - BA^2) + \mathrm{tr}((BA)A - A(BA)) \\ &= 0. \end{aligned}$$

因为 $a_{11} + a_{22} = 0$,两边平方得 $a_{11}^2 + a_{22}^2 + 2a_{11}a_{22} = 0$,代入上式得 $2(a_{12}a_{21} - a_{11}a_{22}) = 0$,由此推出 $|A| = 0$.于是 A 的特征多项式为

$$f(\lambda) = |\lambda E - A| = \lambda^2 - \mathrm{tr}(A)\lambda + |A| = \lambda^2.$$

现在利用第三章§4 例 4.15 的结论,知 $f(A) = A^2 = 0$,即 A 为幂零矩阵. ▌

评议　根据第三章§4 例 4.15,只需证 A 的特征多项式 $f(\lambda) = \lambda^2$.一个二阶方阵 A 的特征多项式为

$$f(\lambda) = \lambda^2 - \mathrm{tr}(A)\lambda + |A|,$$

所以本例需要证明 $\mathrm{tr}(A) = |A| = 0$.这里利用了矩阵迹的对称性质,得到一个重要事实: $\mathrm{tr}(AB - BA) = 0$,从这里导出了本例的结论.

例 1.4　设 T 是数域 K 上的 n 阶方阵.在 $M_n(K)$ 内定义线性变

换如下：

$$\boldsymbol{T}(X)=T'XT \quad (\forall\ X\in M_n(K)).$$

(1) 若 T 是幂零矩阵，证明 $\boldsymbol{T}$ 是幂零线性变换；

(2) 令 $n=2, T=\begin{bmatrix}0&1\\0&0\end{bmatrix}$，在 $M_2(K)$ 内找一组基，使 $\boldsymbol{T}$ 在该组基下的矩阵成若尔当形；

(3) 若 $\boldsymbol{T}$ 为幂零线性变换，证明 T 为幂零矩阵.

解 显然有 $\boldsymbol{T}^k=(T^k)'X(T^k)$.

(1) 若 T 为幂零矩阵，设 $T^m=0$，由上式得 $\boldsymbol{T}^m=\boldsymbol{0}$.

(2) 我们有

$$\boldsymbol{T}\begin{bmatrix}x_{11}&x_{12}\\x_{21}&x_{22}\end{bmatrix}=\begin{bmatrix}0&0\\1&0\end{bmatrix}\begin{bmatrix}x_{11}&x_{12}\\x_{21}&x_{22}\end{bmatrix}\begin{bmatrix}0&1\\0&0\end{bmatrix}=\begin{bmatrix}0&0\\0&x_{11}\end{bmatrix},$$

这表示

$$\boldsymbol{T}E_{11}=E_{22},\quad \boldsymbol{T}E_{22}=0,\quad \boldsymbol{T}E_{12}=0,\quad \boldsymbol{T}E_{21}=0.$$

因此，在 $M_2(K)$ 的一组基 $E_{12},E_{21},E_{22},E_{11}$ 下 $\boldsymbol{T}$ 的矩阵成如下若尔当形

$$J=\begin{bmatrix}0&0&0&0\\0&0&0&0\\0&0&0&1\\0&0&0&0\end{bmatrix}.$$

(3) 设 $\boldsymbol{T}^m=\boldsymbol{0}$. 令 $T^m=A=(a_{ij})$，则有

$$\boldsymbol{T}^m(X)=A'XA=0 \quad (\forall\ X=(x_{ij})\in M_n(K)).$$

于是

$$\sum_{k=1}^{n}\sum_{l=1}^{n}a_{ki}x_{kl}a_{lj}=0 \quad (1\leqslant i,j\leqslant n).$$

取 $X=E_{ss}$，则当 $j=i$ 时，由上式推出 $a_{si}^2=0$，故 $a_{si}=0$，这里 $s=1,2,\cdots,n; i=1,2,\cdots,n$. 因此，有 $T^m=A=0$，即 T 为幂零矩阵. ▌

例 1.5 设 $\boldsymbol{A}$ 是数域 K 上四维线性空间 V 内的线性变换，在 V 的一组基 $\varepsilon_1,\varepsilon_2,\varepsilon_3,\varepsilon_4$ 下矩阵为

$$A=\begin{bmatrix}0 & 3 & 0 & -3\\ 2 & 7 & 0 & -13\\ 0 & 3 & 0 & -3\\ 1 & 4 & 0 & -7\end{bmatrix}.$$

证明：$\boldsymbol{A}$ 是一个幂零线性变换，并在 V 内找一组基，使 $\boldsymbol{A}$ 在该组基下的矩阵成若尔当形.

解 (1) 先求 $\boldsymbol{A}$ 的特征多项式：

$$f(\lambda)=|\lambda E-A|=\begin{vmatrix}\lambda & -3 & 0 & 3\\ -2 & \lambda-7 & 0 & 13\\ 0 & -3 & \lambda & 3\\ -1 & -4 & 0 & \lambda+7\end{vmatrix}$$

$$=\lambda\begin{vmatrix}\lambda & -3 & 3\\ -2 & \lambda-7 & 13\\ -1 & -4 & \lambda+7\end{vmatrix}=\lambda\begin{vmatrix}\lambda & 0 & 3\\ -2 & \lambda+6 & 13\\ -1 & \lambda+3 & \lambda+7\end{vmatrix}$$

$$=\lambda^4.$$

根据第三章§4的例 4.15 知 $\boldsymbol{A}^4=\boldsymbol{0}$，故 $\boldsymbol{A}$ 为幂零线性变换.

(2) 现在求 $\boldsymbol{A}$ 的特征值 $\lambda_0=0$ 的特征子空间 M 的一组基：

$$AX=\begin{bmatrix}0 & 3 & 0 & -3\\ 2 & 7 & 0 & -13\\ 0 & 3 & 0 & -3\\ 1 & 4 & 0 & -7\end{bmatrix}\begin{bmatrix}x_1\\ x_2\\ x_3\\ x_4\end{bmatrix}=0.$$

做矩阵消元

$$\begin{bmatrix}0 & 3 & 0 & -3\\ 2 & 7 & 0 & -13\\ 0 & 3 & 0 & -3\\ 1 & 4 & 0 & -7\end{bmatrix}\to\begin{bmatrix}1 & 4 & 0 & -7\\ 0 & -1 & 0 & 1\\ 0 & 3 & 0 & -3\\ 0 & 0 & 0 & 0\end{bmatrix}\to\begin{bmatrix}1 & 4 & 0 & -7\\ 0 & 1 & 0 & -1\\ 0 & 0 & 0 & 0\\ 0 & 0 & 0 & 0\end{bmatrix},$$

得一基础解系 $\eta_1=(0,0,1,0)$，$\eta_2=(3,1,0,1)$. 以它们为坐标的特征向量是 $\varepsilon_3,3\varepsilon_1+\varepsilon_2+\varepsilon_4$，故

$$M=L(\varepsilon_3,3\varepsilon_1+\varepsilon_2+\varepsilon_4).$$

将 M 的基 $\varepsilon_3,3\varepsilon_1+\varepsilon_2+\varepsilon_4$ 扩充为 V 的一组基：

$$\varepsilon_3,\quad 3\varepsilon_1+\varepsilon_2+\varepsilon_4,\quad \varepsilon_2,\quad \varepsilon_4,$$

于是商空间 V/M 的一组基为 $\bar{\varepsilon}_2=\varepsilon_2+M,\bar{\varepsilon}_4=\varepsilon_4+M$.

(3) 在 V/M 求一组基，使诱导变换矩阵成若尔当形. 现在 $\dim M=2$. 若诱导变换非零，只要找 $\bar{\alpha}=\alpha+M$，使 $\boldsymbol{A}\bar{\alpha}=\boldsymbol{A}(\alpha+M)=\boldsymbol{A}\alpha+M\neq\bar{0}$，那么，因 $\dim V/M=2$，故必有 $\boldsymbol{A}^2\bar{\alpha}=\bar{0}$，于是 $L(\bar{\alpha},\boldsymbol{A}\bar{\alpha})=V/M$. 即诱导变换 $\boldsymbol{A}$ 在 V/M 的基 $\boldsymbol{A}\bar{\alpha},\bar{\alpha}$ 下成若尔当形. 按命题 1，$I(\alpha)=L(\alpha,\boldsymbol{A}\alpha,\boldsymbol{A}^2\alpha)$ 即为 $\boldsymbol{A}$ 在 V 内一个三维循环不变子空间，且 $\boldsymbol{A}^2\alpha\in M$. 因 $\dim V=4$，故只要在 M 中找一向量 β，使 $\boldsymbol{A}^2\alpha,\beta$ 为 M 的一组基，则 $\boldsymbol{A}$ 在基 $\beta,\boldsymbol{A}^2\alpha,\boldsymbol{A}\alpha,\alpha$ 下的矩阵即为若尔当形. 因为

$$
\begin{aligned}
\boldsymbol{A}\varepsilon_2&=3\varepsilon_1+7\varepsilon_2+3\varepsilon_3+4\varepsilon_4\\
&=6\varepsilon_2+3\varepsilon_4+(3\varepsilon_1+\varepsilon_2+\varepsilon_4+3\varepsilon_3),
\end{aligned}
$$

而 $3\varepsilon_1+\varepsilon_2+\varepsilon_4+3\varepsilon_3\in M$，故

$$\boldsymbol{A}\bar{\varepsilon}_2=6\bar{\varepsilon}_2+3\bar{\varepsilon}_4\neq\bar{0}.$$

因 $\dim V/M=2$，此时诱导变换 $\boldsymbol{A}^2=\boldsymbol{0}$，故必 $\boldsymbol{A}^2\bar{\varepsilon}_2=\bar{0}$. 即可取 $\bar{\alpha}=\bar{\varepsilon}_2$.

现在 $I(\bar{\varepsilon}_2)=L(\bar{\varepsilon}_2,\boldsymbol{A}\bar{\varepsilon}_2)$ 为 V/M 内一循环不变子空间. 从命题 1 知 $I(\varepsilon_2)=L(\varepsilon_2,\boldsymbol{A}\varepsilon_2,\boldsymbol{A}^2\varepsilon_2)$ 为 $\boldsymbol{A}$ 在 V 内一个三维循环不变子空间：

$$
\begin{aligned}
\boldsymbol{A}\varepsilon_2&=3\varepsilon_1+7\varepsilon_2+3\varepsilon_3+4\varepsilon_4,\\
\boldsymbol{A}^2\varepsilon_2&=6\boldsymbol{A}\varepsilon_2+3\boldsymbol{A}\varepsilon_4\\
&=6(3\varepsilon_1+7\varepsilon_2+3\varepsilon_3+4\varepsilon_4)+3(-3\varepsilon_1-13\varepsilon_2-3\varepsilon_3-7\varepsilon_4)\\
&=3(3\varepsilon_1+\varepsilon_2+3\varepsilon_3+\varepsilon_4).
\end{aligned}
$$

现在 $\varepsilon_2,\boldsymbol{A}\varepsilon_2,\boldsymbol{A}^2\varepsilon_2$ 是 V 内一个线性无关向量组，又知 $\boldsymbol{A}^2\varepsilon_2\in M$. $3(3\varepsilon_1+\varepsilon_2+3\varepsilon_3+\varepsilon_4)$ 是 M 内一非零向量(注意 $\varepsilon_1,\varepsilon_2,\varepsilon_3,\varepsilon_4$ 为 V 的一组基)，$\dim M=2$，故再添加 $\varepsilon_3\in M$ 即为 M 的一组基. 根据命题 2 的证明知在 V 的一组基 $\varepsilon_3,\boldsymbol{A}^2\varepsilon_2,\boldsymbol{A}\varepsilon_2,\varepsilon_2$ 下 $\boldsymbol{A}$ 的矩阵成为如下若尔当形矩阵：

$$J=\begin{bmatrix}0&0&0&0\\0&0&1&0\\0&0&0&1\\0&0&0&0\end{bmatrix}.\quad \blacksquare$$

上面已经求出从基 $\varepsilon_1,\varepsilon_2,\varepsilon_3,\varepsilon_4$ 到基 $\varepsilon_3,\boldsymbol{A}^2\varepsilon_2,\boldsymbol{A}\varepsilon_2,\varepsilon_2$ 的过渡矩阵

$$T=\begin{bmatrix}0&9&3&0\\0&3&7&1\\1&9&3&0\\0&3&4&0\end{bmatrix},$$

故 $T^{-1}AT=J$.

此例介绍了找 V 内一组基,使幂零线性变换矩阵成若尔当形的一般方法. 如 V/M 维数仍较高,则可对 V/M 再使用商空间的技巧,仿照上述办法办理.

练习题6.1

1. 在 $K[x]_n$ 内定义线性变换:

$$\mathbf{D}x^k = kx^{k-1} \quad (k=1,2,\cdots,n-1), \qquad \mathbf{D}1=0.$$

证明 $\mathbf{D}$ 是一个循环幂零线性变换,并求它的一组循环基.

2. 设 $\boldsymbol{A}$ 是 n 维线性空间 V 内的一个循环幂零线性变换,$\varepsilon_1,\cdots,\varepsilon_n$ 是它的一组循环基,试求 $\boldsymbol{A}$ 的全部不变子空间.

3. 设 $\boldsymbol{A},\boldsymbol{B}$ 是 n 维线性空间 V 内的两个幂零线性变换,且 $\boldsymbol{AB}=\boldsymbol{BA}$,证明 $\boldsymbol{A}+\boldsymbol{B}$ 也是 V 内的幂零线性变换.

4. 设 $\boldsymbol{A}$ 是 n 维线性空间 V 内的幂零线性变换,证明 $k\boldsymbol{E}+\boldsymbol{A}(k\neq 0)$ 可逆,并求其逆.

5. 设 $\boldsymbol{A}$ 是 n 维线性空间 V 内的一个幂零线性变换,在某一组基下矩阵成若尔当标准形

$$J=\begin{bmatrix} J_1 & & & \\ & J_2 & & 0 \\ & 0 & \ddots & \\ & & & J_s \end{bmatrix},\quad J_i=\begin{bmatrix} 0 & 1 & & 0 \\ & 0 & \ddots & \\ & & \ddots & 1 \\ & 0 & & 0 \end{bmatrix}$$

证明:$\boldsymbol{A}$ 的特征值 $\lambda_0=0$ 对应的特征子空间 V_{λ_0} 的维数等于 s.

6. 设 $\boldsymbol{A}$ 是数域 K 上四维线性空间 V 内的线性变换,在基 $\varepsilon_1,\varepsilon_2,\varepsilon_3,\varepsilon_4$ 下的矩阵为

(1) $$A=\begin{bmatrix} 2 & 1 & 0 & 0 \\ -4 & -2 & 0 & 0 \\ 7 & 1 & 1 & 1 \\ -17 & -6 & -1 & -1 \end{bmatrix},$$

(2) $A=\begin{bmatrix}0&2&3&4\\0&0&2&3\\0&0&0&2\\0&0&0&0\end{bmatrix}$.

证明 $\boldsymbol{A}$ 是一个幂零线性变换，并在 V 内求一组基，使 $\boldsymbol{A}$ 在该组基下矩阵成若尔当形.

§2 一般线性变换的若尔当标准形

一、一般线性变换的若尔当标准形

【内容提要】

命题 设 $\boldsymbol{A}$ 是 n 维线性空间 V 内的一个线性变换，λ_0 是 $\boldsymbol{A}$ 的一个特征值. 令 $\boldsymbol{B}=\boldsymbol{A}-\lambda_0\boldsymbol{E}$，又设

$$M_i=\mathrm{Ker}(\boldsymbol{B}^i),\quad N_i=\mathrm{Im}(\boldsymbol{B}^i),$$

这里 $i=0,1,2,\cdots$. 则存在正整数 k，使 $V=M_k\oplus N_k$，且 M_k,N_k 为 $\boldsymbol{A}$，$\boldsymbol{B}$ 的不变子空间，$\boldsymbol{B}|_{M_k}$ 为幂零线性变换. 又有 $M_k=M_{k+1}=M_{k+2}=\cdots$，$N_k=N_{k+1}=N_{k+2}=\cdots$.

定理 1 设 $\boldsymbol{A}$ 是数域 K 上 n 维线性空间 V 内的一个线性变换. 如果 $\boldsymbol{A}$ 的特征多项式的根全属于 K，那么在 V 中存在一组基，使 $\boldsymbol{A}$ 在这组基下的矩阵成为如下若尔当形：

$$J=\begin{bmatrix}J_1&&&0\\&J_2&&\\&&\ddots&\\0&&&J_s\end{bmatrix},\quad J_i=\begin{bmatrix}\lambda_i&1&&0\\&\lambda_i&\ddots&\\&&\ddots&1\\0&&&\lambda_i\end{bmatrix}.$$

而且除了主对角线上若尔当块的排列次序可以变化之外，若尔当形是由 $\boldsymbol{A}$ 唯一决定的.

定理 2 设 A 是数域 K 上的 n 阶方阵，如果 A 的特征多项式的根全属于 K，则 A 在 K 上相似于如下若尔当形矩阵：

$$J=\begin{bmatrix} J_1 & & & 0 \\ & J_2 & & \\ & & \ddots & \\ 0 & & & J_s \end{bmatrix},\quad J_i=\begin{bmatrix} \lambda_i & 1 & & 0 \\ & \lambda_i & \ddots & \\ & & \ddots & 1 \\ 0 & & & \lambda_i \end{bmatrix}.$$

而且除了主对角线上若尔当块的排列次序可以不同外，J 由 A 唯一决定．J 称为 A 的**若尔当标准形**．

命题　设 $\boldsymbol{A}$ 是数域 K 上 n 维线性空间 V 内的一个线性变换，其特征多项式的根全属于 K，又设 J 是 $\boldsymbol{A}$ 的任一若尔当标准形．则对 $\boldsymbol{A}$ 的任一特征值 λ_0，$2\dim M_l-\dim M_{l+1}-\dim M_{l-1}$ 等于 J 中以 λ_0 为特征值且阶为 l 的若尔当块的个数．

推论　设线性变换 $\boldsymbol{A}$ 在某一组基下矩阵为 A，又设 λ_0 为 $\boldsymbol{A}$ 的任一特征值，令 $B=A-\lambda_0E$，则 $\boldsymbol{A}$ 的若尔当标准形 J（如果存在的话）中以 λ_0 为特征值的 l 阶若尔当块个数为

$$\mathrm{r}(B^{l+1})+\mathrm{r}(B^{l-1})-2\mathrm{r}(B^l).$$

评议　此段使用空间分解为子空间直和的方法，即对线性变换 $\boldsymbol{B}=\boldsymbol{A}-\lambda_0\boldsymbol{E}$ 的方幂的核与像集进行讨论得到分解式 $V=M_k\oplus N_k$，M_k,N_k 为 $\boldsymbol{A},\boldsymbol{B}$ 的不变子空间且 $\boldsymbol{B}|_{M_k}$ 为幂零线性变换．这样，利用§1 的结果和数学归纳法，立即得到本章的主要结果定理 1 和定理 2．

在一般数域上，$\boldsymbol{A}$ 的特征多项式的根可能不全在该数域内，因此未必有若尔当形存在．但在复数域上线性空间内，此结果都成立．另外，由于可以对基重新排列，所以若尔当形主对角线上若尔当块的次序可以任意排列．

二、若尔当标准形的计算方法

【内容提要】

设在 n 维线性空间 V 内给定线性变换 $\boldsymbol{A}$，为求出 $\boldsymbol{A}$ 的若尔当标准形（假设存在），可按如下步骤进行计算：

(1) 先求 $\boldsymbol{A}$ 在 V 的一组基 $\varepsilon_1,\varepsilon_2,\cdots,\varepsilon_n$ 下的矩阵 A；

(2) 求出 A 的全部不同特征值 $\lambda_1,\lambda_2,\cdots,\lambda_t$（假设都属于数域 K）；

(3) 对每个 λ_i，令 $B=A-\lambda_iE$，由公式

$$r(B^{l+1}) + r(B^{l-1}) - 2r(B^l)$$

计算出以 λ_i 为特征值，阶为 l 的若尔当块个数. 为此，令 $l=1,2,\cdots$，逐次计算. 从 $\boldsymbol{A}$ 的若尔当形 J 的特征多项式容易看出：以 λ_i 为特征值的若尔当块阶数之和等于特征值 λ_i 的重数，由此即可知道是否已经找出全部以 λ_i 为特征值的若尔当块；

(4) 将所获得的若尔当块按任意次序排列成准对角形 J，即为所求.

如果要求的是矩阵的若尔当标准形，则第一个步骤可以省去.

例 2.1 求矩阵

$$A = \begin{bmatrix} 2 & 6 & -15 \\ 1 & 1 & -5 \\ 1 & 2 & -6 \end{bmatrix}$$

的若尔当标准形.

解 分以下几步计算：

(1) 矩阵 $\boldsymbol{A}$ 的特征多项式为

$$|\lambda E - A| = \begin{vmatrix} \lambda-2 & -6 & 15 \\ -1 & \lambda-1 & 5 \\ -1 & -2 & \lambda+6 \end{vmatrix} = (\lambda+1)^3.$$

它只有一个特征值 $\lambda_1=-1$(三重根).

(2) 对 $\lambda_1=-1$. 令 $B=A-\lambda_1 E=A+E$.

$$B = \begin{bmatrix} 3 & 6 & -15 \\ 1 & 2 & -5 \\ 1 & 2 & -5 \end{bmatrix}, \quad B^2 = 0,$$

$r(B)=1$，以 $\lambda_1=-1$ 为特征值的一阶若尔当块个数为

$$r(B^2) + r(B^0) - 2r(B) = 0 + 3 - 2 = 1,$$

而以 $\lambda_1=-1$ 为特征值的二阶若尔当块个数为

$$r(B^3) + r(B) - 2r(B^2) = 0 + 1 - 2 \times 0 = 1.$$

上面两个若尔当块阶数之和为 3，等于 λ_1 的重数，因而不再存在以 λ_1 为特征值的其他若尔当块.

(3) 因 A 没有其他特征值，故 A 的若尔当标准形为

$$J = \begin{bmatrix} -1 & 0 & 0 \\ 0 & -1 & 1 \\ 0 & 0 & -1 \end{bmatrix}. \quad \blacksquare$$

例 2.2　设 a 是非零复数,试求 $\mathbb{C}$ 上 n 阶方阵

$$A=\begin{bmatrix} 0 & a & & & \\ 0 & 0 & a & & \\ \vdots & \vdots & \ddots & \ddots & \\ 0 & 0 & \cdots & 0 & a \\ a & 0 & \cdots & \cdots & 0 \end{bmatrix}$$

的若尔当标准形.

解　先求其特征多项式

$$f(\lambda)=|\lambda E-A|=\begin{vmatrix} \lambda & -a & & & \\ 0 & \lambda & -a & & \\ \vdots & \vdots & \ddots & \ddots & \\ 0 & 0 & \cdots & \lambda & -a \\ -a & 0 & \cdots & 0 & \lambda \end{vmatrix}=\lambda^n-a^n.$$

$f(\lambda)$有 n 个不同的复根 $ae^{\frac{2k\pi i}{n}}$ $(k=0,1,2,\cdots,n-1)$. 故 A 相似于对角矩阵

$$J=\begin{bmatrix} a & & & \\ & a\varepsilon_1 & & \\ & & \ddots & \\ & & & a\varepsilon_{n-1} \end{bmatrix}\quad (\varepsilon_k=e^{\frac{2k\pi i}{n}}).\quad ▌$$

例 2.3　设 $a_{12},a_{23},\cdots,a_{n-1\,n}$为非零复数,求 $\mathbb{C}$ 上方阵

$$A=\begin{bmatrix} a & a_{12} & a_{13} & \cdots & a_{1n} \\ & a & a_{23} & \cdots & a_{2n} \\ & & \ddots & \ddots & \vdots \\ & 0 & & a & a_{n-1\,n} \\ & & & & a \end{bmatrix}$$

的若尔当标准形.

解　设 $\mathbb{C}$ 上 n 维线性空间 V 内一线性变换 $\boldsymbol{A}$ 在基 $\varepsilon_1,\varepsilon_2,\cdots,\varepsilon_n$ 下的矩阵为 A. 令 $\boldsymbol{B}=\boldsymbol{A}-a\boldsymbol{E}$,则 $\boldsymbol{B}$ 的特征多项式为 λ^n,故 $\boldsymbol{B}$ 为幂零线性变换. 我们有

$$\boldsymbol{B}\varepsilon_k = \sum_{i=1}^{k-1} a_{ik}\varepsilon_i.$$

故

$$\boldsymbol{B}^{n-1}\varepsilon_n = a_{n-1\,n}a_{n-2\,n-1}\cdots a_{12}\varepsilon_1 \neq 0.$$

因 $\boldsymbol{B}\varepsilon_1=0$，故 $\boldsymbol{B}^n\varepsilon_n=0$，从§1知 $\boldsymbol{B}^{n-1}\varepsilon_n,\boldsymbol{B}^{n-2}\varepsilon_n,\cdots,\boldsymbol{B}\varepsilon_n,\varepsilon_n$ 是 $\boldsymbol{B}$ 的一组循环基，在此组基下 $\boldsymbol{B}$ 的矩阵是

$$J = \begin{bmatrix} 0 & 1 & & & \\ 0 & 0 & 1 & & \\ 0 & 0 & 0 & \ddots & \\ \vdots & \vdots & \vdots & \ddots & 1 \\ 0 & 0 & 0 & \cdots & 0 \end{bmatrix}.$$

从而 $\boldsymbol{A}=\boldsymbol{B}+a\boldsymbol{E}$ 的若尔当标准形为 $aE+J$. ▌

评议 本例若按规范法计算 $B=A-aE$ 各方幂的秩稍嫌烦琐，故改用线性空间的语言，利用§1找 $\boldsymbol{B}$ 的一组循环基，从而较简捷地得出答案.

例 2.4 给定复数域上 n 阶方阵

$$J = \begin{bmatrix} 0 & 1 & & & \\ & 0 & 1 & & \\ & & 0 & \ddots & \\ & & & \ddots & 1 \\ & & & & 0 \end{bmatrix}.$$

设 k 为正整数，求 J^k 的若尔当标准形.

解 J 的特征多项式 $f(\lambda)=|\lambda E-J|=\lambda^n$，故 J 为幂零线性变换，J^k 当然也是. 当 $k\geqslant n$ 时 $J^k=0$，故设 $1\leqslant k<n$. 现设 $\mathbb{C}$ 上 n 维线性空间 V 内线性变换 $\boldsymbol{A}$ 在 V 的一组基下的矩阵为 J. 那么 $\boldsymbol{A}\varepsilon_k=\varepsilon_{k-1}(k\geqslant 2)$，$\boldsymbol{A}\varepsilon_1=0$. 现设 $n=qk+r(0\leqslant r<k)$. 我们有

$$\boldsymbol{A}^k(\varepsilon_n) = \varepsilon_{n-k},\quad \boldsymbol{A}^k(\varepsilon_{n-k}) = \varepsilon_{n-2k},\quad \cdots,$$

$$\boldsymbol{A}^k(\varepsilon_{n-(q-1)k}) = \begin{cases} \varepsilon_r, & 若\ r>0, \\ 0, & 若\ r=0, \end{cases} \quad \boldsymbol{A}^k(\varepsilon_{n-qk}) = 0(当\ r>0\ 时).$$

又对 $1\leqslant i<k$，我们有

$$\boldsymbol{A}^k(\varepsilon_{n-i})=\varepsilon_{n-k-i},\quad \boldsymbol{A}^k(\varepsilon_{n-k-i})=\varepsilon_{n-2k-i},\quad \cdots,$$

$$\boldsymbol{A}^k(\varepsilon_{n-(q-1)k-i})=\begin{cases}\varepsilon_{r-i}, & \text{若 } r>i,\\ 0, & \text{其他}.\end{cases}$$

因此,J^k 的若尔当形是

$$D=\begin{bmatrix} D_0 & & & & \\ & D_1 & & 0 & \\ & & D_2 & & \\ & 0 & & \ddots & \\ & & & & D_{k-1}\end{bmatrix},$$

其中

$$D_i=\begin{bmatrix} 0 & 1 & & & 0\\ & 0 & 1 & & \\ & & 0 & \ddots & \\ & 0 & & \ddots & 1\\ & & & & 0\end{bmatrix}_{l_i\times l_i},$$

这里

$$l_0=\begin{cases}q+1, & \text{若 } r>0,\\ q, & \text{若 } r=0.\end{cases}$$

当 $1\leqslant i<k$ 时,

$$l_i=\begin{cases}q+1, & \text{若 } i<r,\\ q, & \text{若 } i\geqslant r.\end{cases}$$ ▌

评议　此例因为情况稍复杂,用矩阵乘法难说清,故改用线性空间的语言较为清晰.

例 2.5　证明:在复数域内任意 n 阶方阵 A 与 A' 相似.

解　设 $f(\lambda)=|\lambda E-A|$,而 $|\lambda E-A'|=|(\lambda E-A)'|=|\lambda E-A|$,故 A 与 A' 的特征多项式相同,因而特征值相同.对它们的一个特征值 λ_0,令 $B=A-\lambda_0 E$,$B'=A'-\lambda_0 E$.对任意正整数 k,$(B')^k=(B^k)'$.因此,$\mathrm{r}((B')^k)=\mathrm{r}((B^k)')=\mathrm{r}(B^k)$.在 A 的若尔当形中以 λ_0 为特征值的 l 阶若尔当块的个数为 $\mathrm{r}(B^{l+1})+\mathrm{r}(B^{l-1})-2\mathrm{r}(B^l)=$

$r((B')^{l+1})+r((B')^{l-1})-2r((B')^l)$，它恰为 A' 的若尔当形中以 λ_0 为特征值的 l 阶若尔当块的个数. 因此，A 与 A' 有相同的若尔当标准形，由此知 A 与 A' 相似. ▌

评议 在第三章§3 的例 3.11 曾证明若尔当块 J 与 J' 相似. 当时只使用了线性变换矩阵的基本概念. 如使用此结果，结合 A 相似于若尔当形矩阵，可以给这个命题以第二种证法.

例 2.6 设 V 是数域 K 上的 n 维线性空间，$\boldsymbol{A}$ 是 V 内的一个线性变换. 设 $\boldsymbol{A}$ 的特征多项式的根全属 K，对 $\boldsymbol{A}$ 的任一特征值 λ，定义

$$V^\lambda = \{\alpha \in V \mid \text{存在正整数 } k, \text{使} (\boldsymbol{A}-\lambda\boldsymbol{E})^k\alpha = 0\}.$$

显然，V^λ 是 V 的子空间，称为属于特征值 λ 的**根子空间**. 设 $\lambda_1,\lambda_2,\cdots,\lambda_r$ 是 $\boldsymbol{A}$ 的全部互不相同的特征值. 证明：

(1) V^{λ_i} 均为 $\boldsymbol{A}$ 的不变子空间且 $\boldsymbol{A}$ 在 V^{λ_i} 内只有唯一特征值 λ_i；

(2) $V=V^{\lambda_1}\oplus V^{\lambda_2}\oplus\cdots\oplus V^{\lambda_r}$；

(3) 在 V^{λ_i} 内存在一组基，使 $\boldsymbol{A}|_{V^{\lambda_i}}$ 在此组基下的矩阵成若尔当形，把这些基合并成 V 的一组基，则 $\boldsymbol{A}$ 在此组基下矩阵成若尔当形，$\dim V^{\lambda_i}$ 等于 $\boldsymbol{A}$ 的特征多项式 $f(\lambda)$ 中根 λ_i 的重数.

解 对 $\boldsymbol{A}$ 的任一特征值 λ，令 $\boldsymbol{B}=\boldsymbol{A}-\lambda\boldsymbol{E}$，

$$M_i = \mathrm{Ker}\boldsymbol{B}^i, \quad N_i = \mathrm{Im}\boldsymbol{B}^i.$$

前面的命题已指出，存在正整数 k，使 $V=M_k\oplus N_k$，这里 M_k, N_k 均为 $\boldsymbol{A}$ 的不变子空间，且

$$M_0 = \{0\} \subseteq M_1 = V_\lambda \subseteq M_2 \subseteq \cdots \subseteq M_k = M_{k+1} = \cdots.$$

(1) 对任意 $\alpha\in V^\lambda$，存在正整数 l，使 $\boldsymbol{B}^l\alpha=0$，故 $\alpha\in M_l\subseteq M_k$. 反之，若 $\alpha\in M_k$，则 $\boldsymbol{B}^k\alpha=0$，即 $\alpha\in V^\lambda$. 这说明 $M_k=V^\lambda$. 故 V^λ 为 $\boldsymbol{A}$ 的不变子空间. 现设 $\boldsymbol{A}\alpha=\lambda\alpha$，则 $\boldsymbol{B}\alpha=(\boldsymbol{A}-\lambda\boldsymbol{E})\alpha=0$，故 $\alpha\in M_k=V^\lambda$，于是 λ 是 $\boldsymbol{A}|_{V^\lambda}$ 的特征值. 如果 μ 是 $\boldsymbol{A}|_{V^\lambda}$ 的一个特征值，设 $\beta\in V^\lambda$ 是一个对应的特征向量，则 $\boldsymbol{A}\beta=\mu\beta$. 于是

$$(\boldsymbol{A}-\lambda\boldsymbol{E})\beta = \boldsymbol{A}\beta - \lambda\boldsymbol{E}\beta = (\mu-\lambda)\beta,$$

$$(\boldsymbol{A}-\lambda\boldsymbol{E})^2\beta = (\mu-\lambda)(\boldsymbol{A}-\lambda\boldsymbol{E})\beta = (\mu-\lambda)^2\beta,$$

$$\cdots\cdots\cdots\cdots\cdots\cdots$$

$$\boldsymbol{B}^k\beta = (\boldsymbol{A}-\lambda\boldsymbol{E})^k\beta = (\mu-\lambda)^k\beta.$$

因 $\beta\in V^{\lambda}=M_k$，故 $\boldsymbol{B}^k\beta=0$，但 $\beta\neq 0$，于是 $\mu=\lambda$.

在本节一的第一个命题中已指出

$$V=M_k\oplus N_k=V^{\lambda}\oplus N_k.$$

现 λ 不是 $\boldsymbol{A}|_{N_k}$ 的特征值. 因为若有 $\beta\in N_k$，使 $\boldsymbol{A}\beta=\lambda\beta$，则 $\boldsymbol{B}\beta=(\boldsymbol{A}-\lambda\boldsymbol{E})\beta=0$，于是 $\beta\in M_1\subseteq M_k$，而 $\beta\neq 0$，这与 M_k+N_k 为直和矛盾.

(2) 现对 $\boldsymbol{A}$ 的互不相同的特征值的个数 r 作数学归纳法. $r=1$，在分解式 $V=M_k\oplus N_k$ 中，若 $N_k\neq\{0\}$，因为 $\boldsymbol{A}$ 的特征多项式的根全属 K，故 $\boldsymbol{A}|_{N_k}$ 必有特征值 μ. 前面已指出 $\mu\neq\lambda_1$，但现在 $\boldsymbol{A}$ 只有一个特征值 λ_1，矛盾. 因而 $N_k=\{0\}$，即 $V=V^{\lambda_1}$. 命题(2)得证. 现设 $\boldsymbol{A}$ 有 $r-1$ 个互不相同特征值时命题(2)成立，则当 $\boldsymbol{A}$ 有 r 个互不相同特征值 $\lambda_1,\lambda_2,\cdots,\lambda_r$ 时. 令 $\boldsymbol{B}=\boldsymbol{A}-\lambda_1\boldsymbol{E}$，则 $V=M_k\oplus N_k=V^{\lambda_1}\oplus N_k$. 设 $\boldsymbol{A}|_{M_k}$ 和 $\boldsymbol{A}|_{N_k}$ 的特征多项式分别是 $g(\lambda)$ 和 $h(\lambda)$，则 $\boldsymbol{A}$ 特征多项式 $f(\lambda)=g(\lambda)h(\lambda)$. (1)中已指出 $\boldsymbol{A}|_{M_k}$ 只有唯一特征值 λ_1，故 $g(\lambda)=(\lambda-\lambda_1)^e$，这里 $e=\dim M_k$. 前面又已指出，$\boldsymbol{A}|_{N_k}$ 内特征值均不等于 λ_1，于是 $h(\lambda)$ 的全部互不相同的特征值($\boldsymbol{A}$ 的全部互不相同特征值去掉 λ_1)为 $\lambda_2,\lambda_3,\cdots,\lambda_r$. 按归纳假设，有

$$N_k=V^{\lambda_2}\oplus\cdots\oplus V^{\lambda_r}.$$

于是

$$V=M_k\oplus N_k=V^{\lambda_1}\oplus V^{\lambda_2}\oplus\cdots\oplus V^{\lambda_k}.$$

(3) 上面命题已指出 $\boldsymbol{B}_i=\boldsymbol{A}-\lambda_i\boldsymbol{E}$ 在 V^{λ_i} 内为幂零线性变换，按§1 的命题知 V^{λ_i} 内存在一组基，使 $\boldsymbol{B}_i$ 在此组基下矩阵成若尔当形 J_i，故 $\boldsymbol{A}=\boldsymbol{B}_i+\lambda_i\boldsymbol{E}$ 在此基下成若尔当形 $J_i+\lambda_iE$. 又因 $\sum V^{\lambda_i}$ 为直和，把这些基合并即为 V 的一组基，在此基下 $\boldsymbol{A}$ 的矩阵即成若尔当形. $\boldsymbol{A}|_{V^{\lambda_i}}$ 的特征多项式为 $g_i(\lambda)=(\lambda-\lambda_i)^{e_i}$，这里 $e_i=\dim V^{\lambda_i}$. 而 $\boldsymbol{A}$ 的特征多项式为

$$f(\lambda)=g_1(\lambda)g_2(\lambda)\cdots g_r(\lambda)=(\lambda-\lambda_1)^{e_1}(\lambda-\lambda_2)^{e_2}\cdots(\lambda-\lambda_r)^{e_r},$$

故 $\dim V^{\lambda_i}=e_i=f(\lambda)$ 的根 λ_i 的重数. ▌

评议　显然有 $V_\lambda=\{\alpha\in V\mid(\boldsymbol{A}-\lambda\boldsymbol{E})\alpha=0\}\subseteq V^{\lambda}$，即特征子空间包含在根子空间中. 如 $\boldsymbol{A}$ 的矩阵可对角化，在第三章§4 已指出，有

$$V=V_{\lambda_1}\oplus V_{\lambda_2}\oplus\cdots\oplus V_{\lambda_r}.$$

对任意 $\alpha\in V^{\lambda_1}$，有

$$\alpha=\alpha_1+\alpha_2+\cdots+\alpha_r=\alpha+0+\cdots+0 \quad (\alpha_i\in V_{\lambda_i}\subseteq V^{\lambda_i}).$$

因为 $\sum\limits_{i=1}^{r}V^{\lambda_i}$ 为直和，表法唯一，故 $\alpha_2=\cdots=\alpha_r=0$，$\alpha=\alpha_1\in V_{\lambda_1}$. 这表明 $V_{\lambda_1}=V^{\lambda_1}$. 同理有 $V_{\lambda_i}=V^{\lambda_i}$.

在上面我们已有了计算线性变换 $\boldsymbol{A}$ 的若尔当标准形的方法，现在来指出如何在 V 内找出一组基，使 $\boldsymbol{A}$ 在该组基下的矩阵成若尔当形. 本例中指出，只要在每个根子空间 V^{λ_i} 内找出一组基，使 $\boldsymbol{A}|_{V^{\lambda_i}}$ 在该组基下矩阵成若尔当形就可以了. 现令 $\boldsymbol{B}_i=\boldsymbol{A}-\lambda_i\boldsymbol{E}$. 设 $\boldsymbol{A}$ 的以 λ_i 为特征值的若尔当块的最高阶数为 k_i，那么 $\boldsymbol{B}_i$ 限制在 V^{λ_i} 内(为幂零线性变换)的若尔当块的最高阶数也是 k_i，故

$$V^{\lambda_i}=\{\alpha\in V\,|\,\boldsymbol{B}_i^{k_i}\alpha=0\},$$

即 V^{λ_i} 为线性变换 $\boldsymbol{B}_i^{k_i}$ 的特征值为 0 的特征子空间(因为我们已计算出 $\boldsymbol{A}$ 的若尔当形，故 k_i 为已知数)，易于计算出它的一组基. 因为 $\boldsymbol{B}_i$ 限制在 V^{λ_i} 内为幂零线性变换，在§1 的二中已指出如何找出 V^{λ_i} 的一组基，使 $\boldsymbol{B}_i$ 在此基下矩阵成若尔当形 J_i，此时 $\boldsymbol{A}|_{V^{\lambda_i}}$ 在此基下矩阵为若尔当形 λ_iE+J_i.

例 2.7 设 $\boldsymbol{A}$ 是数域 K 上 n 维线性空间 V 内的线性变换. M 为 $\boldsymbol{A}$ 的一个不变子空间. 如果 $\boldsymbol{A}|_M$ 及 $\boldsymbol{A}$ 在 V/M 内诱导变换的矩阵均相似于若尔当形矩阵，证明 V 内存在一组基，使在该组基下的矩阵成若尔当形矩阵. 如果在 M 的一组基下 $\boldsymbol{A}|_M$ 的矩阵成如下若尔当形：

$$J_1=\begin{bmatrix}I_1 & & & \\ & I_2 & & \\ & & \ddots & \\ & & & I_r\end{bmatrix},$$

在 V/M 的一组基下诱导变换 $\boldsymbol{A}$ 的矩阵成如下若尔当形：

$$J_2=\begin{bmatrix}L_1 & & & \\ & L_2 & & \\ & & \ddots & \\ & & & L_s\end{bmatrix},$$

且 J_1 与 J_2 无公共特征值. 试求 $\boldsymbol{A}$ 在 V 内的若尔当标准形.

解　设 $\boldsymbol{A}$ 的特征多项式为 $f(\lambda)$，$\boldsymbol{A}|_M$ 的特征多项式为 $g(\lambda)$，$\boldsymbol{A}$ 在 V/M 诱导变换的特征多项式为 $h(\lambda)$. 在第三章 §4 中已指出 $f(\lambda)=g(\lambda)h(\lambda)$，现在 $\boldsymbol{A}|_M$的矩阵在 M 的一组基下成若尔当形，故 $g(\lambda)$的全部互不相同的根 $\lambda_1,\lambda_2,\cdots,\lambda_r$ 全属 K. $\boldsymbol{A}$ 在 V/M 的诱导变换在 V/M 的一组基下矩阵成若尔当形，故 $h(\lambda)$全部互不相同的根 $\mu_1,\mu_2,\cdots,\mu_s$ 全属 K，故 $f(\lambda)$的根全属K. 按定理 1，$\boldsymbol{A}$ 在V 的某一组基下的矩阵成若尔当形.

如果 $\lambda_i\neq\mu_j$，则由例 2.6 的(2)知

$$V=V^{\lambda_1}\oplus\cdots\oplus V^{\lambda_r}\oplus V^{\mu_1}\oplus\cdots\oplus V^{\mu_s}.$$

在 M 内，对 $\boldsymbol{A}|_M$ 也有直和分解式

$$M=M^{\lambda_1}\oplus M^{\lambda_2}\oplus\cdots\oplus M^{\lambda_r}.$$

显然 $M^{\lambda_i}\subseteq V^{\lambda_i}$. 因为 λ_i 不是 $h(\lambda)$的根，所以由例 2.6 的(3)知 $\dim M^{\lambda_i}=\lambda_i$ 在 $g(\lambda)$中的重数$=\lambda_i$ 在 $f(\lambda)$中的重数$=\dim V^{\lambda_i}$，由此推知 $M^{\lambda_i}=V^{\lambda_i}$. 令 $N=V^{\mu_1}\oplus\cdots\oplus V^{\mu_s}$，则 $V=M\oplus N$. 由例 2.6 的(3)，在每个 V^{λ_i}，V^{μ_j}取定一组基，合并为 V 的一组基，使 $\boldsymbol{A}$ 在该组基下的矩阵为若尔当形，$\boldsymbol{A}|_M$的若尔当形已知为 J_1，设$\boldsymbol{A}|_N$的若尔当形为 D，则 $\boldsymbol{A}$ 在所取定基下的若尔当形为

$$J=\begin{bmatrix}J_1 & 0\\ 0 & D\end{bmatrix}.$$

从第三章 §2 的例 2.13 知，N 中上面取定的基(由每个 V^{μ_j}中取定的基合并而成)在自然映射下映射为 V/M 的一组基，诱导变换在此组基下的矩阵仍为若尔当形 D. 由于诱导变换 $\boldsymbol{A}$ 的若尔当形是唯一的，故可取 $D=J_2$. 于是 $\boldsymbol{A}$ 的若尔当形矩阵为

$$J=\begin{bmatrix}J_1 & 0\\ 0 & J_2\end{bmatrix}.\quad \blacksquare$$

评议　这是线性空间分解为根子空间直和的一个应用. 当使用线性空间的语言来处理问题时，它是一件利器. 只要 $\boldsymbol{A}$ 的特征多项式根全属数域 K，这样的分解式都是存在的，所以它具有相当的普遍性.

例 2.8　设 V 是 n 维酉空间($n\geqslant 3$). $\boldsymbol{A}$ 是 V 内一个线性变换. 证明 $\boldsymbol{A}$ 是厄米特变换的充分必要条件是：对 $\boldsymbol{A}$ 的任意二维不变子空间 M，在 M 内必存在一组标准正交基，使 $\boldsymbol{A}|_M$ 在该组基下的矩阵成实

对角矩阵.

解 *必要性* 如果 $\boldsymbol{A}$ 是厄米特变换,则 $\boldsymbol{A}$ 限制在它的任意二维不变子空间 M 内仍为厄米特变换. 因而 M 内存在一组标准正交基,使 $\boldsymbol{A}|_M$ 在该组基下矩阵成实对角矩阵.

充分性 (1) V 是 $\mathbb{C}$ 上线性空间,按定理 1,V 内存在一组基,使 $\boldsymbol{A}$ 在该组基下矩阵成若尔当形. 如果 $\boldsymbol{A}$ 的若尔当形中有一若尔当块阶数>1,这表示 $\boldsymbol{A}$ 有一不变子空间 N,在 N 内存在一组基 $\varepsilon_1,\varepsilon_2,\cdots,\varepsilon_r$,使 $\boldsymbol{A}|_N$ 在此组基下矩阵是这个若尔当块

$$\begin{bmatrix} \lambda_0 & 1 & & & \\ & \lambda_0 & 1 & 0 & \\ & & \lambda_0 & \ddots & \\ & 0 & & \ddots & 1 \\ & & & & \lambda_0 \end{bmatrix}.$$

令 $M=L(\varepsilon_1,\varepsilon_2)$,则 $\boldsymbol{A}\varepsilon_2=\lambda_0\varepsilon_2+\varepsilon_1$,$\boldsymbol{A}\varepsilon_1=\lambda_0\varepsilon_1$. 故 M 为 $\boldsymbol{A}$ 的二维不变子空间. 按题中条件,M 中存在标准正交基 η_1,η_2,使 $\boldsymbol{A}\eta_1=\lambda_1\eta_1$,$\boldsymbol{A}\eta_2=\lambda_2\eta_2$. 但 $\boldsymbol{A}|_M$ 在基 $\varepsilon_1,\varepsilon_2$ 下的矩阵为

$$\begin{bmatrix} \lambda_0 & 1 \\ 0 & \lambda_0 \end{bmatrix},$$

故 $\boldsymbol{A}$ 在 M 内只有一个特征值 λ_0,于是 $\lambda_1=\lambda_2=\lambda_0$. 对 $\forall\ \alpha\in M$,$\alpha=x_1\eta_1+x_2\eta_2$,$\boldsymbol{A}\alpha=x_1\boldsymbol{A}\eta_1+x_2\boldsymbol{A}\eta_2=\lambda_0x_1\eta_1+\lambda_0x_2\eta_2=\lambda_0(x_1\eta_1+x_2\eta_2)=\lambda_0\alpha$. 由此推知:$\boldsymbol{A}\varepsilon_2=\lambda_0\varepsilon_2=\lambda_0\varepsilon_2+\varepsilon_1$,这推出 $\varepsilon_1=0$,矛盾. 故 $\boldsymbol{A}$ 的若尔当形中若尔当块全是一阶的,是一个对角矩阵. 按第三章 §4,V 可分解为 $\boldsymbol{A}$ 的特征子空间的直和:

$$V=V_{\lambda_1}\oplus V_{\lambda_2}\oplus\cdots\oplus V_{\lambda_m}.$$

(2) 任取 $\alpha\in V_{\lambda_i}$,$\beta\in V_{\lambda_j}(i\neq j)$,$\alpha\neq 0$,$\beta\neq 0$. 令 $M=L(\alpha,\beta)$. $\boldsymbol{A}\alpha=\lambda_i\alpha$,$\boldsymbol{A}\beta=\lambda_j\beta$. 因 $\lambda_i\neq\lambda_j$,$\boldsymbol{A}$ 的属于不同特征值的特征向量线性无关,故 M 是 $\boldsymbol{A}$ 的二维不变子空间. $\boldsymbol{A}|_M$在 α,β 这组基下的矩阵为

$$J=\begin{bmatrix} \lambda_i & 0 \\ 0 & \lambda_j \end{bmatrix}.$$

按题中条件,M 内存在一组标准正交基 η_1,η_2,使 $\boldsymbol{A}|_M$ 在此基下矩阵

为实对角矩阵,对角矩阵是若尔当形矩阵,根据若尔当形的唯一性,$\boldsymbol{A}|_M$ 在基 η_1,η_2 下的矩阵还应当是 J,于是 λ_i,λ_j 为实数,且 $\boldsymbol{A}\eta_1=\lambda_i\eta_1,\boldsymbol{A}\eta_2=\lambda_j\eta_2$.

设 $\alpha=x_1\eta_1+x_2\eta_2$. $\boldsymbol{A}\alpha=x_1\boldsymbol{A}\eta_1+x_2\boldsymbol{A}\eta_2=x_1\lambda_i\eta_1+x_2\lambda_j\eta_2=\lambda_i\alpha=x_1\lambda_i\eta_1+x_2\lambda_i\eta_2$. 由此推出 $x_2\lambda_j\eta_2=x_2\lambda_i\eta_2$,即 $x_2(\lambda_j-\lambda_i)\eta_2=0$. 因 $\lambda_i\neq\lambda_j$,这推出 $x_2=0$,故 $\alpha=x_1\eta_1$. 同理知 $\beta=y_2\eta_2$,于是 $(\alpha,\beta)=(x_1\eta_1,y_2\eta_2)=x_1\bar{y}_2(\eta_1,\eta_2)=0$.

上面的推理说明 $\boldsymbol{A}$ 的特征子空间 $V_{\lambda_1},V_{\lambda_2},\cdots,V_{\lambda_m}$ 两两正交,且 $\lambda_1,\lambda_2,\cdots,\lambda_m$ 都是实数. 在每个 V_{λ_i} 中取定一组标准正交基,合并后成 V 的一组标准正交基,$\boldsymbol{A}$ 在这组基下的矩阵为实对角矩阵,从而是厄米特矩阵. 这说明 $\boldsymbol{A}$ 是厄米特变换. ▍

评议　这是把酉空间理论和若尔当形理论结合起来. 酉空间是 $\mathbb{C}$ 上线性空间,若尔当形理论在它里面都能使用. 第一步先利用若尔当块的结构证明其若尔当形必为对角矩阵,从而 V 分解为 $\boldsymbol{A}$ 的特征子空间的直和;第二步是利用所给的条件证明特征子空间两两正交,这就找到了需要的一组标准正交基.

例 2.9　给定数域 K 上的 m 阶方阵 A 和 n 阶方阵 B,满足 $A^2=0,B^2=0$. 又设 $C,D\in M_{m,n}(K)$. 令

$$F=\begin{bmatrix}A & C\\0 & B\end{bmatrix},\quad G=\begin{bmatrix}A & D\\0 & B\end{bmatrix}.$$

如果 $\mathrm{r}(F)=\mathrm{r}(G)=\mathrm{r}(A)+\mathrm{r}(B)$, $\mathrm{r}(AC+CB)=\mathrm{r}(AD+DB)$,证明 F,G 在 K 内相似. 举例证明: 有可能 $\mathrm{r}(AC+CB)\neq\mathrm{r}(AD+DB)$,此时 F 与 G 不相似.

解　因为 $A^2=0,B^2=0$,故 A,B 均为幂零矩阵,其若尔当形中若尔当块最高为二阶. 现设它们的若尔当形为 A_1,B_1,即

$$T_1^{-1}AT_1=A_1=\begin{bmatrix}J_1 & 0\\0 & 0\end{bmatrix},\quad J_1=\begin{bmatrix}D_1 & & & 0\\ & D_1 & & \\ & & \ddots & \\ 0 & & & D_1\end{bmatrix}_{2r\times 2r},$$

$$T_2^{-1}BT_2 = B_2 = \begin{bmatrix} J_2 & 0 \\ 0 & 0 \end{bmatrix}, \quad J_2 = \begin{bmatrix} D_1 & & & 0 \\ & D_1 & & \\ & & \ddots & \\ 0 & & & D_1 \end{bmatrix}_{2s\times 2s},$$

其中

$$D_1 = \begin{bmatrix} 0 & 1 \\ 0 & 0 \end{bmatrix}.$$

于是有

$$F_1 = \begin{bmatrix} T_1^{-1} & 0 \\ 0 & T_2^{-1} \end{bmatrix}\begin{bmatrix} A & C \\ 0 & B \end{bmatrix}\begin{bmatrix} T_1 & 0 \\ 0 & T_2 \end{bmatrix} = \begin{bmatrix} A_1 & T_1^{-1}CT_2 \\ 0 & B_1 \end{bmatrix},$$

$$G_1 = \begin{bmatrix} T_1^{-1} & 0 \\ 0 & T_2^{-1} \end{bmatrix}\begin{bmatrix} A & D \\ 0 & B \end{bmatrix}\begin{bmatrix} T_1 & 0 \\ 0 & T_2 \end{bmatrix} = \begin{bmatrix} A_1 & T_1^{-1}DT_2 \\ 0 & B_1 \end{bmatrix}.$$

F_1 与 F 相似，G_1 与 G 相似，只需证 F_1 与 G_1 相似.

根据第一章 §3 的五，矩阵左乘、右乘满秩方阵其秩不变，故有

$$\mathrm{r}(F_1) = \mathrm{r}(F) = \mathrm{r}(A) + \mathrm{r}(B) = \mathrm{r}(A_1) + \mathrm{r}(B_1) = r + s,$$
$$\mathrm{r}(G_1) = \mathrm{r}(G) = \mathrm{r}(A) + \mathrm{r}(B) = \mathrm{r}(A_1) + \mathrm{r}(B_1).$$

又设 $T_1^{-1}CT_2 = \overline{C}$，$T_1^{-1}DT_2 = \overline{D}$，那么

$$\begin{aligned} A_1\overline{C} + \overline{C}B_1 &= (T_1^{-1}AT_1)(T_1^{-1}CT_2) + (T_1^{-1}CT_2)(T_2^{-1}BT_2) \\ &= T_1^{-1}(AC + CB)T_2, \\ A_1\overline{D} + \overline{D}B_1 &= (T_1^{-1}AT_1)(T_1^{-1}DT_2) + (T_1^{-1}DT_2)(T_2^{-1}BT_2) \\ &= T_1^{-1}(AD + DB)T_2. \end{aligned}$$

故有

$$\begin{aligned} \mathrm{r}(A_1\overline{C} + \overline{C}B_1) &= \mathrm{r}(AC + CB) = \mathrm{r}(AD + DB) \\ &= \mathrm{r}(A_1\overline{D} + \overline{D}B_1). \end{aligned}$$

因此，我们不妨直接设

$$A = \begin{bmatrix} J_1 & 0 \\ 0 & 0 \end{bmatrix}, \quad B = \begin{bmatrix} J_2 & 0 \\ 0 & 0 \end{bmatrix}.$$

再将 C 分块如下：

$$C=\begin{bmatrix} C_1 & C_2 \\ C_3 & C_4 \end{bmatrix},\quad C_1=\begin{bmatrix} c_{11} & c_{12} & \cdots & c_{1\,2s} \\ c_{21} & c_{22} & \cdots & c_{2\,2s} \\ \vdots & \vdots & & \vdots \\ c_{2r\,1} & c_{2r\,2} & \cdots & c_{2r\,2s} \end{bmatrix}.$$

此时 F 表示成

$$F=\begin{bmatrix} J_1 & 0 & C_1 & C_2 \\ 0 & 0 & C_3 & C_4 \\ 0 & 0 & J_2 & 0 \\ 0 & 0 & 0 & 0 \end{bmatrix}.$$

当 $A=0$ 或 $B=0$ 时，我们有 $ACB=ADB=0$. 下面设 $A\neq 0, B\neq 0$.

在 J_1 的第 $1,3,\cdots,2r-1$ 行有一个 1，利用它们经初等列变换把其右边所有元素消为 0，J_2 的第 $2,4,\cdots,2s$ 列有一个 1，利用它们经初等行变换把其上边所有元素消为 0. 如此可把 C_1 化为

$$\begin{bmatrix} 0 & 0 & 0 & 0 & \cdots & 0 & 0 \\ c_{21} & 0 & c_{23} & 0 & \cdots & c_{2\,2s-1} & 0 \\ 0 & 0 & 0 & 0 & \cdots & 0 & 0 \\ c_{41} & 0 & c_{43} & 0 & \cdots & c_{4\,2s-1} & 0 \\ \vdots & \vdots & \vdots & \vdots & & \vdots & \vdots \\ 0 & 0 & 0 & 0 & \cdots & 0 & 0 \\ c_{2r\,1} & 0 & c_{2r\,3} & 0 & \cdots & c_{2r\,2s-1} & 0 \end{bmatrix}.$$

如果 $c_{21}\neq 0$，利用它经初等行、列变换可把 F 的第 2 行所有其他元素化为 0，第 $m+1$ 列所有其他元素化为 0. 如此则立得 $\mathrm{r}(F)>\mathrm{r}(J_1)+\mathrm{r}(J_2)=\mathrm{r}(A)+\mathrm{r}(B)$，与题设矛盾. 故必 $c_{21}=0$. 同理，必有 $c_{2i\,2j-1}=0\,(i=1,2,\cdots,r;j=1,2,\cdots,s)$. 于是 C_1 可进一步写成如下分块形式：

$$C_1=\begin{bmatrix} M_{11} & M_{12} & \cdots & M_{1s} \\ M_{21} & M_{22} & \cdots & M_{2s} \\ \vdots & \vdots & & \vdots \\ M_{r1} & M_{r2} & \cdots & M_{rs} \end{bmatrix},\quad M_{ij}=\begin{bmatrix} * & * \\ 0 & * \end{bmatrix}.$$

现在

$$D_1M_{ij}D_1=\begin{bmatrix}0&1\\0&0\end{bmatrix}\begin{bmatrix}m_1&m_2\\0&m_3\end{bmatrix}\begin{bmatrix}0&1\\0&0\end{bmatrix}$$

$$=\begin{bmatrix}0&m_3\\0&0\end{bmatrix}\begin{bmatrix}0&1\\0&0\end{bmatrix}=\begin{bmatrix}0&0\\0&0\end{bmatrix},$$

于是

$$J_1C_1J_2=\begin{bmatrix}D_1&&&0\\&D_1&&\\&&\ddots&\\0&&&D_1\end{bmatrix}\begin{bmatrix}M_{11}&M_{12}&\cdots&M_{1s}\\M_{21}&M_{22}&\cdots&M_{2s}\\\vdots&\vdots&&\vdots\\M_{r1}&M_{r2}&\cdots&M_{rs}\end{bmatrix}$$

$$\cdot\begin{bmatrix}D_1&&&0\\&D_1&&\\&&\ddots&\\0&&&D_1\end{bmatrix}$$

$$=\begin{bmatrix}D_1M_{11}D_1&D_1M_{12}D_1&\cdots&D_1M_{1s}D_1\\D_1M_{21}D_1&D_1M_{22}D_1&\cdots&D_1M_{2s}D_1\\\vdots&\vdots&&\vdots\\D_1M_{r1}D_1&D_1M_{r2}D_1&\cdots&D_1M_{rs}D_1\end{bmatrix}=0.$$

利用这结果,我们有

$$ACB=\begin{bmatrix}J_1&0\\0&0\end{bmatrix}\begin{bmatrix}C_1&C_2\\C_3&C_4\end{bmatrix}\begin{bmatrix}J_2&0\\0&0\end{bmatrix}=\begin{bmatrix}J_1C_1J_2&0\\0&0\end{bmatrix}=0.$$

同理,由 $r(G)=r(A)+r(B)$ 也推出 $ADB=0$.

现在

$$F^2=\begin{bmatrix}0&AC+CB\\0&0\end{bmatrix},\quad G^2=\begin{bmatrix}0&AD+DB\\0&0\end{bmatrix};$$

$$F^3=\begin{bmatrix}0&ACB\\0&0\end{bmatrix}=0,\quad G^3=\begin{bmatrix}0&ADB\\0&0\end{bmatrix}=0,$$

故 F,G 均为幂零矩阵,有唯一特征值 $\lambda_0=0$. 而 $r(F)=r(G)$, $r(F^2)=r(AC+CB)=r(AD+DB)=r(G^2)$, $r(F^3)=r(G^3)=0$.

F,G 的若尔当形中：

一阶若尔当块个数为

$$r(F^0)+r(F^2)-2r(F)=r(G^0)+r(G^2)-r(G);$$

二阶若尔当块个数为

$$r(F)+r(F^3)-2r(F^2)=r(G)+r(G^3)-2r(G^2);$$

三阶若尔当块个数为

$$r(F^2)+r(F^4)-2r(F^3)=r(G^2)+r(G^4)-2r(G^3);$$

四阶以上若尔当块个数均为 0.

因此，F,G 的若尔当形相同，即 F 与 G 相似.

现考查

$$F=\begin{bmatrix}J & 0\\ 0 & J\end{bmatrix},\quad G=\begin{bmatrix}J & E\\ 0 & J\end{bmatrix},$$

其中

$$J=\begin{bmatrix}0 & 1\\ 0 & 0\end{bmatrix},\quad E=\begin{bmatrix}1 & 0\\ 0 & 1\end{bmatrix}.$$

F 已为若尔当形. 而

$$G^2=\begin{bmatrix}0 & 2J\\ 0 & 0\end{bmatrix},\quad G^3=0,$$

G 的若尔当形中一阶若尔当块个数为

$$r(G^0)+r(G^2)-2r(G)=4+1-2\times 2=1;$$

而二阶若尔当块个数为

$$r(G)+r(G^3)-2r(G^2)=2+0-2\times 1=0;$$

三阶若尔当块个数为

$$r(G^2)+r(G^4)-2r(G^3)=1+0-0=1,$$

故 G 的若尔当形为

$$\begin{bmatrix}0 & 0 & 0 & 0\\ 0 & 0 & 1 & 0\\ 0 & 0 & 0 & 1\\ 0 & 0 & 0 & 0\end{bmatrix}.$$

与 F 的若尔当形不同，从而 F 与 G 不相似. 其原因是，现在 $r(F)=r(A)+r(B)=r(J)+r(J)=2=r(G)$，但 $AC+CB=0$，而 $AD+DB$

$=2J\neq 0$. ▌

评议 此例的关键在于由 $\mathrm{r}(F)=\mathrm{r}(A)+\mathrm{r}(B)$ 推出 $ACB=0$. 在第一章§3的例3.16中已讨论过分块矩阵

$$\begin{bmatrix} A & C \\ 0 & B \end{bmatrix}$$

的秩和 $\mathrm{r}(A)$, $\mathrm{r}(B)$ 的关系,这里实际上是把该处的讨论细化,利用 A, B 的若尔当形得出所需的结果.

例 2.10 在复数域内任意 n 阶方阵 A 可以表示为两个对称矩阵的乘积,且其中必有一个为可逆对称矩阵.

解 根据定理2,存在可逆矩阵 T,使

$$T^{-1}AT=J=\begin{bmatrix} J_1 & & & 0 \\ & J_2 & & \\ & & \ddots & \\ 0 & & & J_k \end{bmatrix}, \quad J_i=\begin{bmatrix} \lambda_i & 1 & & 0 \\ & \lambda_i & \ddots & \\ & & \ddots & 1 \\ 0 & & & \lambda_i \end{bmatrix}.$$

由上式得 $A'=(T^{-1})'J'T'$.

从第三章§3的例3.11,存在可逆矩阵 T_i 使 $J_i'=T_i^{-1}J_iT_i$ $(i=1,2,\cdots,k)$. 令

$$S=\begin{bmatrix} T_1 & & & 0 \\ & T_2 & & \\ & & \ddots & \\ 0 & & & T_k \end{bmatrix}, \quad T_i=\begin{bmatrix} 0 & & & 1 \\ & & 1 & \\ & \iddots & & \\ 1 & & & 0 \end{bmatrix},$$

则 $J'=S^{-1}JS$,代入上面式子,得

$$\begin{aligned} A' &= (T')^{-1}S^{-1}JST' = (T')^{-1}S^{-1}(T^{-1}AT)ST' \\ &= (TST')^{-1}A(TST') = B^{-1}AB, \end{aligned}$$

其中 $B=TST'$. 因每个 T_i 是对称可逆的,所以 S 是对称可逆的,而 $B'=TS'T'=TST'=B$,故 B 是对称的. 又因 T, S, T' 均可逆,因而 B 也可逆. 令 $C=B^{-1}A$,则

$$\begin{aligned} C' &= A'(B')^{-1} = A'B^{-1} = (B^{-1}AB)B^{-1} \\ &= B^{-1}A = C. \end{aligned}$$

这表明 C 是对称的，而且 $A=BC$. ▌

评议　我们已学习过矩阵的几种分解式. 首先是第五章 §1 实可逆矩阵分解为正交矩阵和上三角矩阵的乘积；其次是第五章 §3 将复方阵分解为半正定厄米特矩阵和酉矩阵的乘积；现在是复方阵分解为对称矩阵的乘积. 这在各个不同领域都有其特殊的应用. 本例是应用若尔当形去解决一个理论课题的好范例.

练习题 6.2

1. 设 λ_0 是线性变换 $\boldsymbol{A}$ 的一个特征值，$\boldsymbol{B}=\boldsymbol{A}-\lambda_0\boldsymbol{E}$. 令 $M_i=\mathrm{Ker}\boldsymbol{B}^i (i=0,1,2,\cdots)$. 证明：使 $M_k=M_{k+1}$ 的最小正整数 k 等于 $\boldsymbol{A}$ 的若尔当标准形 J（设 A 的若尔当形存在）中以 λ_0 为特征值的若尔当块的最高阶数.

2. 续上题. 令 $N_i=\mathrm{Im}(\boldsymbol{B}^i)$. 证明 λ_0 不是 $\boldsymbol{A}|_{N_k}$ 的特征值，从而 $\boldsymbol{B}|_{N_k}$ 可逆.

3. 续上题. 证明 $\dim M_k$ 等于特征值 λ_0 的重数.

4. 续上题. 设 λ_1 为 $\boldsymbol{A}$ 的特征值，且 $\lambda_1\neq\lambda_0$，如果存在整数 l，使

$$(\boldsymbol{A}-\lambda_1\boldsymbol{E})^l\alpha=0,$$

证明 $\alpha\in N_k$.

5. 设 A 是 n 阶复方阵，$A^k=E$. 证明 A 在复数域上相似于对角矩阵.

6. 求下列矩阵的若尔当标准形：

(1) $\begin{bmatrix} 0 & 1 & 0 \\ -4 & 4 & 0 \\ -2 & 1 & 2 \end{bmatrix}$；　(2) $\begin{bmatrix} 4 & 6 & -15 \\ 1 & 3 & -5 \\ 1 & 2 & -4 \end{bmatrix}$；

(3) $\begin{bmatrix} 1 & -3 & 3 \\ -2 & -6 & 13 \\ -1 & -4 & 8 \end{bmatrix}$；　(4) $\begin{bmatrix} 1 & -3 & 0 & 3 \\ -2 & -6 & 0 & 13 \\ 0 & -3 & 1 & 3 \\ -1 & -4 & 0 & 8 \end{bmatrix}$；

(5) $\begin{bmatrix} 3 & -1 & 0 & 0 \\ 1 & 1 & 0 & 0 \\ 3 & 0 & 5 & -3 \\ 4 & -1 & 3 & -1 \end{bmatrix}$；　(6) $\begin{bmatrix} 3 & -4 & 0 & 2 \\ 4 & -5 & -2 & 4 \\ 0 & 0 & 3 & -2 \\ 0 & 0 & 2 & -1 \end{bmatrix}$；

(7) $\begin{bmatrix} 1 & -1 & & & 0 \\ & 1 & -1 & & \\ & & \ddots & \ddots & \\ & 0 & & \ddots & -1 \\ & & & & 1 \end{bmatrix}_{n\times n}$.

7. 设 $\boldsymbol{A}$ 是数域 K 上 n 维线性空间 V 内一个线性变换,在 V 的一组基 $\varepsilon_1,\varepsilon_2,\cdots,\varepsilon_n$ 下的矩阵为

$$A=\begin{bmatrix} 0 & & & & \\ -1 & 0 & & & 0 \\ & -1 & 0 & & \\ & 0 & \ddots & \ddots & \\ & & & -1 & 0 \end{bmatrix}.$$

试在 V 内找一组基,使 $\boldsymbol{A}$ 在该组基下的矩阵成为若尔当形.

§3 最小多项式

一、线性变换和矩阵的化零多项式

【内容提要】

定义 设 $\boldsymbol{A}$ 是数域 K 上 n 维线性空间 V 内的线性变换,又设 $g(x)$是 K 上一个多项式,使 $g(\boldsymbol{A})=\boldsymbol{0}$,则称 $g(x)$是 $\boldsymbol{A}$ 的一个化零多项式. 对 K 上 n 阶方阵 A,若 $g(A)=0$,则称 $g(x)$是方阵 A 的一个化零多项式.

命题 给定数域 K 上的若尔当块矩阵

$$J=\begin{bmatrix} \lambda_0 & 1 & & 0 \\ & \lambda_0 & \ddots & \\ & 0 & \ddots & 1 \\ & & & \lambda_0 \end{bmatrix}_{n\times n}.$$

又设 $g(x)$是 K 上一个 m 次多项式. 则 $g(x)$是 J 的化零多项式的充分必要条件是 λ_0 是 $g(x)$的一个零点,且其重数$\geqslant J$ 的阶 n.

哈密顿—凯莱定理　设 A 是数域 K 上的 n 阶方阵，$f(\lambda)=|\lambda E-A|$ 为 A 的特征多项式，则 $f(A)=0$.

评议　在 1857 年，凯莱首先对二、三阶矩阵 A 指出了一个重要事实：设 $f(\lambda)$ 是 A 的特征多项式，则 $f(A)=0$. 20 年之后，弗罗贝尼乌斯对一般情况证明了这个定理. 若尔当形理论的另一种研讨方法，就是利用这个定理作为理论的出发点的.

矩阵 A 的特征多项式为 $f(\lambda)=|\lambda E-A|$，或许会由此得出 $f(A)=|AE-A|=0$. 这种证明方法是错误的. 因为 $|\lambda E-A|$ 是行列式记号，它表示此行列式的元素是 $\lambda E-A$ 的元素，在矩阵 $\lambda E-A$ 中，λ 代表数，不能以 A 代入，因为矩阵中的元素不能是矩阵.

二、线性变换和矩阵的最小多项式

设 A 是数域 K 上的 n 阶方阵. A 的首项系数为 1 的最低次化零多项式称为 A 的**最小多项式**. 因此，如果 $\varphi(x)$ 是 A 的最小多项式，那么：

1) $\varphi(x)$ 系数属于数域 K；

2) $\varphi(x)$ 的首项系数为 1；

3) $\varphi(A)=0$；

4) 若又有 K 上非零多项式 $g(x)$，使 $g(A)=0$，则 $g(x)$ 的次数 $\geqslant\varphi(x)$ 的次数.

命题　设 A 是数域 K 上的 n 阶方阵. A 的特征多项式 $f(\lambda)=|\lambda E-A|$ 在 $\mathbb{C}$ 内全部互不相同的特征值为 $\lambda_1,\lambda_2,\cdots,\lambda_k$，$A$ 在 $\mathbb{C}$ 内的若尔当标准形 J 中以 λ_i 为特征值的若尔当块的最高阶数为 l_i，则 A（在 K 内）的最小多项式是唯一的，它就是

$$\varphi(x)=(x-\lambda_1)^{l_1}(x-\lambda_2)^{l_2}\cdots(x-\lambda_k)^{l_k}.$$

数域 K 上 n 维线性空间 V 内一个线性变换 $\boldsymbol{A}$ 在 V 的一组基下的矩阵设为 A，则 A 的最小多项式称为线性变换 $\boldsymbol{A}$ 的最小多项式. 线性变换在不同基下的矩阵彼此相似，相似矩阵有相同的若尔当标准形，按上面命题也就有相同的最小多项式. 所以上述线性变换最小多项式的定义在逻辑上无矛盾.

一个矩阵 A 在 $\mathbb{C}$ 内相似于对角矩阵的充分必要条件是它的若

尔当标准形中若尔当块都是一阶的,按照上面的命题,这等价于 A 的最小多项式无重根.如果一个线性变换(或矩阵)的最小多项式无重根,则它称为半单纯线性变换(或矩阵).

命题 设 $\boldsymbol{A}$ 是数域 K 上 n 维线性空间 V 内一个线性变换,如果 $\boldsymbol{A}$ 的特征多项式的根全属数域 K,则 $\boldsymbol{A}$ 的矩阵可对角化的充分必要条件是 $\boldsymbol{A}$ 的最小多项式无重根.

评议 线性变换和矩阵的最小多项式是研究线性变换和矩阵的基本工具.上面的命题已指出:最小多项式有无重根反映了线性变换矩阵能否对角化.进一步讨论若尔当标准形时,最小多项式起重要作用(但本书未用这种办法来讨论若尔当标准形理论).

例 3.1 求下列矩阵的最小多项式:

$$A=\begin{bmatrix}4 & -5 & 7\\ 1 & -4 & 9\\ -4 & 0 & 5\end{bmatrix},\quad B=\begin{bmatrix}1 & -3 & 0 & 3\\ -2 & -6 & 0 & 13\\ 0 & -3 & 1 & 3\\ -1 & -4 & 0 & 8\end{bmatrix}.$$

解 A 在 $\mathbb{C}$ 内的若尔当标准形为

$$J=\begin{bmatrix}1 & 0 & 0\\ 0 & 2+3\mathrm{i} & 0\\ 0 & 0 & 2-3\mathrm{i}\end{bmatrix}.$$

$f(\lambda)=|\lambda E-A|$ 有三个不同根 $\lambda_1=1,\lambda_2=2+3\mathrm{i},\lambda_3=2-3\mathrm{i}$,它们对应的若尔当块都是一阶的,故 A 的最小多项式

$$\begin{aligned}\varphi(x)&=(x-1)(x-2-3\mathrm{i})(x-2+3\mathrm{i})\\&=(x-1)(x^2-4x+13).\end{aligned}$$

B 在 $\mathbb{C}$ 内的若尔当标准形为

$$J=\begin{bmatrix}1 & 0 & 0 & 0\\ 0 & 1 & 1 & 0\\ 0 & 0 & 1 & 1\\ 0 & 0 & 0 & 1\end{bmatrix},$$

$f(\lambda)=|\lambda E-B|$ 只有一个根 $\lambda_1=1$,它对应的若尔当块的最高阶数为 3,故 B 的最小多项式为 $\varphi(x)=(x-1)^3$. ▍

例 3.2 令

$$J = \begin{bmatrix} 0 & 1 & & 0 \\ & 0 & \ddots & \\ & & \ddots & 1 \\ 0 & & & 0 \end{bmatrix}_{n\times n}.$$

在数域 K 上线性空间 $M_n(K)$ 内定义线性变换

$$\boldsymbol{A}X = JX \quad (X \in M_n(K)),$$

试求 $\boldsymbol{A}$ 的最小多项式.

解 在 $M_n(K)$ 内取基 $\{E_{ij} \mid i,j=1,2,\cdots,n\}$. 根据第一章§3的例3.1, JX 是把 X 每行向上平移一行, 故有

$$\boldsymbol{A}(E_{ni}) = E_{n-1\,i}, \quad \boldsymbol{A}(E_{n-1\,i}) = E_{n-2\,i}, \quad \cdots, \quad \boldsymbol{A}(E_{2i}) = E_{1i},$$

$$\boldsymbol{A}(E_{1i}) = 0 \quad (i = 1,2,\cdots,n).$$

因此 $\boldsymbol{A}$ 是一幂零线性变换, 有 n 个循环不变子空间

$$I(E_{ni}) = L(E_{1i}, E_{2i}, \cdots, E_{ni}) \quad (i = 1,2,\cdots,n).$$

$\boldsymbol{A}$ 在基 $E_{11}, E_{21}, \cdots, E_{n1}, E_{12}, E_{22}, \cdots, E_{n2}, \cdots, E_{1n}, E_{2n}, \cdots, E_{nn}$ 下的矩阵成若尔当形

$$J = \begin{bmatrix} J_1 & & & 0 \\ & J_2 & & \\ & & \ddots & \\ 0 & & & J_n \end{bmatrix}, \quad J_i = \begin{bmatrix} 0 & 1 & & & \\ & 0 & 1 & 0 & \\ & & 0 & \ddots & \\ & 0 & & \ddots & 1 \\ & & & & 0 \end{bmatrix}_{n\times n}.$$

根据上面的命题, $\boldsymbol{A}$ 的最小多项式是 $\varphi(\lambda)=\lambda^n$. ▌

评议 此例充分使用了第一章§3的例3.1所指出的 J 在矩阵乘法中的特性, 这是矩阵技巧的一个简单例子.

例 3.3 给定数域 K 上的 m 阶方阵 A, n 阶方阵 B, 设它们的最小多项式分别是

$$\varphi(\lambda) = (\lambda - \lambda_1)^{k_1}(\lambda - \lambda_2)^{k_2}\cdots(\lambda - \lambda_s)^{k_s},$$

$$\psi(\lambda) = (\lambda - \mu_1)^{l_1}(\lambda - \mu_2)^{l_2}\cdots(\lambda - \mu_t)^{l_t}.$$

试求 $\begin{bmatrix} A & 0 \\ 0 & B \end{bmatrix}$ 的最小多项式.

解 在复数域内存在可逆矩阵 T_1, T_2, 使 $T_1^{-1}AT_1=J_1, T_2^{-1}BT_2$

$=J_2$ 为若尔当形，则

$$\begin{bmatrix} T_1^{-1} & 0 \\ 0 & T_2^{-1} \end{bmatrix}\begin{bmatrix} A & 0 \\ 0 & B \end{bmatrix}\begin{bmatrix} T_1 & 0 \\ 0 & T_2 \end{bmatrix}=\begin{bmatrix} J_1 & 0 \\ 0 & J_2 \end{bmatrix}$$

也是若尔当形. 设 $\lambda_1,\lambda_2,\cdots,\lambda_s,\mu_1,\mu_2,\cdots,\mu_t$ 中全部互不相同的复数是 $\varphi_1,\varphi_2,\cdots,\varphi_k$，设 $\lambda-\varphi_i$ 在 $\varphi(\lambda)$ 和 $\psi(\lambda)$ 中出现的最高方幂是 e_i，按上面的命题，它是在 J_1,J_2 中以 φ_i 为特征值的若尔当块的最高阶数，因此按同一命题，$\begin{bmatrix} A & 0 \\ 0 & B \end{bmatrix}$ 的最小多项式应为

$$(\lambda-\varphi_1)^{e_1}(\lambda-\varphi_2)^{e_2}\cdots(\lambda-\varphi_k)^{e_k}. \quad ▌$$

评议 此题的结果显示：准对角矩阵 $\begin{bmatrix} A & 0 \\ 0 & B \end{bmatrix}$ 的最小多项式是主对角线上小块方阵 A,B 的最小多项式 $\varphi(\lambda)$ 和 $\psi(\lambda)$ 的最小公倍数. 这个结果显然可以推广到一般准对角矩阵.

例 3.4 设数域 K 上 n 维线性空间 V 内的线性变换 $\boldsymbol{A}$ 在基 $\varepsilon_1,\varepsilon_2,\cdots,\varepsilon_n$ 下的矩阵为

$$A=\begin{bmatrix} B & 0 \\ 0 & C \end{bmatrix},\ B=\begin{bmatrix} \lambda_1 & -1 & & 0 \\ & \lambda_1 & \ddots & \\ & & \ddots & -1 \\ 0 & & & \lambda_1 \end{bmatrix}_{k\times k},$$

$$C=\begin{bmatrix} \lambda_2 & 0 & 1 & & 0 \\ & \lambda_2 & 0 & \ddots & \\ & & \ddots & \ddots & 1 \\ & & & \ddots & 0 \\ 0 & & & & \lambda_2 \end{bmatrix}.$$

求 $\boldsymbol{A}$ 的最小多项式.

解 根据例 3.3，只要分别求 B,C 的最小多项式 $\varphi(\lambda)$ 与 $\psi(\lambda)$.

B 只有一个特征值 λ_1，$B-\lambda_1E$ 为幂零矩阵，它的若尔当形中若尔当块的最高阶数显然等于使 $(B-\lambda_1E)^l=0$ 的最小正整数 l. 令

$$J=\begin{bmatrix}0 & 1 & & & 0\\ & 0 & \ddots & & \\ & & \ddots & & 1\\ 0 & & & & 0\end{bmatrix}_{k\times k},$$

$B-\lambda_1E=-J$. 从第一章§3的例3.1知$J^{k-1}\neq 0$，$J^k=0$，即B的若尔当形中若尔当块的最高阶数为k，从而$\varphi(\lambda)=(\lambda-\lambda_1)^k$.

C只有一个特征值λ_2. $C-\lambda_2E$为幂零矩阵，它的若尔当形中若尔当块的最高阶数也是使$(C-\lambda_2E)^l=0$的最小正整数l. 让J为上述若尔当块矩阵，但阶改为$n-k$，则$C-\lambda_2E=J^2$，则使$(J^2)^l=J^{2l}=0$的最小正整数

$$l=\begin{cases}m, & 若\ n-k=2m,\\ m+1, & 若\ n-k=2m+1.\end{cases}$$

那么，$\psi(\lambda)=(\lambda-\lambda_2)^l$.

根据例3.3知，若$\lambda_1\neq\lambda_2$，则$\boldsymbol{A}$的最小多项式是$\varphi(\lambda)\psi(\lambda)=(\lambda-\lambda_1)^k(\lambda-\lambda_2)^l$. 若$\lambda_1=\lambda_2$，令$p=\max\{k,l\}$，则线性变换$\boldsymbol{A}$的最小多项式为$(\lambda-\lambda_1)^p$. ▌

评议　不求$\boldsymbol{A}$的若尔当形也同样可以找出它的最小多项式，只要把空间V分解为$\boldsymbol{A}$的不变子空间的直和

$$V=M_1\oplus M_2\oplus\cdots\oplus M_s,$$

使$\boldsymbol{A}|_{M_i}$中只有唯一特征值λ_i. 令$\boldsymbol{B}_i=\boldsymbol{A}-\lambda_i\boldsymbol{E}$，然后求最小正整数$l_i$，使$\boldsymbol{B}_i^{l_i}=\boldsymbol{0}$，则$\boldsymbol{A}|_{M_i}$的最小多项式即为$\varphi_i(\lambda)=(\lambda-\lambda_i)^{l_i}$. 最后再找$\varphi_1(\lambda),\varphi_2(\lambda),\cdots,\varphi_s(\lambda)$的最小公倍数即为$\boldsymbol{A}$的最小多项式.

例3.5　设$\boldsymbol{A}$是四维欧氏空间$\boldsymbol{V}$内一正交变换. 如果$\boldsymbol{A}$无特征值，但$\boldsymbol{A}^2,\boldsymbol{A}^3$均有特征值，求$\boldsymbol{A}$的最小多项式.

解　根据第五章§2，$\boldsymbol{A}$无特征值时，在V内存在一组标准正交基，使$\boldsymbol{A}$在此基下的矩阵为

$$A=\begin{bmatrix}\cos\varphi_1 & -\sin\varphi_1 & & 0\\ \sin\varphi_1 & \cos\varphi_1 & & \\ & & \cos\varphi_2 & -\sin\varphi_2\\ 0 & & \sin\varphi_2 & \cos\varphi_2\end{bmatrix}\quad(\varphi_i\neq k\pi).$$

根据例 3.3,只要分别求

$$B=\begin{bmatrix}\cos\varphi_1 & -\sin\varphi_1\\ \sin\varphi_1 & \cos\varphi_1\end{bmatrix},\quad C=\begin{bmatrix}\cos\varphi_2 & -\sin\varphi_2\\ \sin\varphi_2 & \cos\varphi_2\end{bmatrix}$$

的最小多项式 $\varphi(\lambda),\psi(\lambda)$.

因为 $\boldsymbol{A}^2$ 有特征值,所以 B^2,C^2 中至少有一个有实特征值. 设 B^2 有实特征值,

$$B^2=\begin{bmatrix}\cos2\varphi_1 & -\sin2\varphi_1\\ \sin2\varphi_1 & \cos2\varphi_1\end{bmatrix},$$

它的特征多项式为

$$\lambda^2-2\cos2\varphi_1\lambda+1.$$

其判别式 $-4\sin^2 2\varphi_1\geqslant0$ 时才有实根,故必 $\varphi_1=\frac{\pi}{2}$ 或 $\frac{3}{2}\pi$(因已知 $\varphi_1\neq k\pi$). 这表示

$$B=\begin{bmatrix}0 & -1\\ 1 & 0\end{bmatrix}\quad\text{或}\quad\begin{bmatrix}0 & 1\\ -1 & 0\end{bmatrix}.$$

它们的特征多项式都是 λ^2+1,有两个复根 $\pm\mathrm{i}$,因而在复数域 $\mathbb{C}$ 内有二阶可逆方阵 T_1,使

$$T_1^{-1}BT_1=\begin{bmatrix}\mathrm{i} & 0\\ 0 & -\mathrm{i}\end{bmatrix}$$

为对角矩阵,主对角线上是两个特征值不同的一阶若尔当块,故其最小多项式为 $(\lambda-\mathrm{i})(\lambda+\mathrm{i})=\lambda^2+1$. 注意

$$B^3=\begin{bmatrix}0 & -1\\ 1 & 0\end{bmatrix}\quad\text{或}\quad\begin{bmatrix}0 & 1\\ -1 & 0\end{bmatrix},$$

它没有实特征值,而 $\boldsymbol{A}^3$ 有特征值,故必 C^3 有实特征值,

$$C^3=\begin{bmatrix}\cos3\varphi_2 & -\sin3\varphi_2\\ \sin3\varphi_2 & \cos3\varphi_2\end{bmatrix}.$$

同理,它的特征多项式有实根时,其判别式 $-4\sin^2 3\varphi_2\geqslant0$,此时 $\varphi_2=\pm\frac{\pi}{3}$ 或 $\pm\frac{2}{3}\pi$(已知 $\varphi_2\neq k\pi$). 现在 C 的特征多项式 $\lambda^2-2\cos\varphi_2\lambda+1$ 有两个复根 $\cos\varphi_2\pm\mathrm{i}\sin\varphi_2=\mathrm{e}^{\pm\mathrm{i}\varphi_2}$,即 $\varepsilon_i=\mathrm{e}^{\frac{2k\pi\mathrm{i}}{3}}\,(k=1,2)$ 或 $\varepsilon_1=\mathrm{e}^{\frac{\pi}{3}\mathrm{i}},\varepsilon_2=\mathrm{e}^{\frac{5}{3}\pi\mathrm{i}}$,故 C 在复数域内也相似于二阶对角矩阵,主对角线上元素分别

为 $\varepsilon_1,\varepsilon_2$，按上面命题知 C 的最小多项式为

$$(\lambda-\varepsilon_1)(\lambda-\varepsilon_2)=\lambda^2\pm\lambda+1.$$

综合以上结果知 $\boldsymbol{A}$ 的最小多项式为 $(\lambda^2-1)(\lambda^2\pm\lambda+1)$. ▌

练 习 题 6.3

1. 如果矩阵 A 的特征多项式和最小多项式相同，问 A 的若当标准形（在复数域内考虑问题）具有什么特点？

2. 求零矩阵和单位矩阵的最小多项式.

3. 求下列矩阵的最小多项式

(1) $\begin{bmatrix}3 & 1 & -1\\ 0 & 2 & 0\\ 1 & 1 & 1\end{bmatrix}$；　(2) $\begin{bmatrix}4 & -2 & 2\\ -5 & 7 & -5\\ -6 & 7 & -4\end{bmatrix}$；

(3) $\begin{bmatrix}1 & 1 & \cdots & 1\\ 1 & 1 & \cdots & 1\\ \vdots & \vdots & & \vdots\\ 1 & 1 & \cdots & 1\end{bmatrix}_{n\times n}$.

4. 如果矩阵 A 的最小多项式为 $\lambda-a$，求 A.

5. 求下面矩阵的最小多项式：

$$A=\begin{bmatrix}0 & \cdots & 0 & -a_n\\ 1 & \ddots & \vdots & \vdots\\ & \ddots & 0 & -a_2\\ 0 & & 1 & -a_1\end{bmatrix}.$$

第七章　一元多项式环

§1　一元多项式环的基本理论

一、一元多项式的概念

【内容提要】

定义　设 K 是一个数域，x 是一个不定元. 下面的形式表达式

$$f(x) = a_0 + a_1x + a_2x^2 + \cdots + a_nx^n + \cdots$$

(其中 $a_0, a_1, a_2, \cdots$ 属于 K，且仅有有限个不是 0) 称为数域 K 上**一个不定元 x 的一元多项式**.

数域 K 上一个不定元 x 的多项式的全体所成的集合记做 $K[x]$.

在 $K[x]$ 内定义加法、乘法如下：

加法　设

$$f(x) = a_0 + a_1x + a_2x^2 + \cdots,$$
$$g(x) = b_0 + b_1x + b_2x^2 + \cdots,$$

则定义

$$f(x) + g(x) = (a_0 + b_0) + (a_1 + b_1)x + (a_2 + b_2)x^2 + \cdots.$$

$f(x)+g(x)$ 称为 $f(x)$ 与 $g(x)$ 的**和**；

乘法　设

$$f(x) = a_0 + a_1x + a_2x^2 + \cdots,$$
$$g(x) = b_0 + b_1x + b_2x^2 + \cdots.$$

令

$$c_k = a_0b_k + a_1b_{k-1} + a_2b_{k-2} + \cdots + a_kb_0 \quad (k = 0, 1, 2, \cdots).$$

定义

$$f(x)g(x) = c_0 + c_1x + c_2x^2 + \cdots,$$

$f(x)g(x)$ 称为 $f(x)$ 与 $g(x)$ 的**乘积**.

容易验证，上面定义的加法、乘法满足如下运算法则：

1) 加法有结合律，即

$$f(x)+(g(x)+h(x))=(f(x)+g(x))+h(x);$$

2) 令 $0(x)=0+0x+0x^2+\cdots$，则对任给的 $f(x)\in K[x]$，有 $f(x)+0(x)=f(x)$，$0(x)$ 称为**零多项式**，简记为 0；

3) 任给 $f(x)=a_0+a_1x+a_2x^2+\cdots$，令 $-f(x)=-a_0+(-a_1)x+(-a_2)x^2+\cdots$，则 $f(x)+(-f(x))=0$；

4) 加法有交换律，即 $f(x)+g(x)=g(x)+f(x)$；

5) 乘法有结合律，即 $f(x)(g(x)h(x))=(f(x)g(x))h(x)$；

6) 有 $I(x)=1+0x+0x^2+\cdots$，使 $\forall\ f(x)\in K[x]$，有 $f(x)I(x)=f(x)$，$I(x)$ 简记为 1；

7) 乘法有交换律，即 $f(x)g(x)=g(x)f(x)$；

8) 加法与乘法有分配律，即

$$f(x)(g(x)+h(x))=f(x)g(x)+f(x)h(x).$$

$K[x]$ 连同上面定义的加法与乘法，称为数域 K 上的**一元多项式环**.

评议　从本章开始，我们进入一个新的研究领域：一元多项式环，它与前面讨论过的数域、线性空间、矩阵、线性变换完全不同，所讨论的课题也大不相同.

在历史上，因为研究一元代数方程，自然把方程左端当做一个变元 x 的函数，解代数方程变成找自变量 x 的值，使函数值为 0，这样，多项式自然进入代数学的研究领域. 从解代数方程的角度看，多项式自然应该当作函数看待，多项式的加法、乘法就是函数的加法、乘法. 在前面几章我们涉及多项式时，也是把它们当作函数看待的.

自从伽罗瓦的工作问世之后，人们发现，停留在数及其代数运算的范围内是无法解决代数方程的理论课题的. 于是代数学的研究范围摆脱了数的限制，进入一般代数系统的研究领域. 代数方程不再是代数学的核心研究课题. 因此，多项式也从函数的领域解脱出来，x 不再当作“自变量”，而只当作描述多项式的记号，并改称为“不定元”. 多项式的加法、乘法也从函数的加法、乘法解脱，重新按其系数来定义，这是现在研究多项式和以前的根本不同点. 当然，在某些情况下我们也重新把多项式当函数看,但大多数情况不是如此.

读者很容易发现,多项式环内的加法、乘法和数域内的加法、乘法所满足的运算法则只有一项不相同,即对一个非零多项式 $f(x)$,一般不存在多项式 $g(x)$,使 $g(x)f(x)=1$. 正是因为这"微小"的差别,使两者的理论课题和研讨的结果完全不同. 实际上,一元多项式环跟全体整数所成的集合 $\mathbb{Z}$ 内的加法、乘法才真正类似.

在矩阵理论中,矩阵的秩、方阵的迹和行列式这些数值有重要的作用. 在多项式理论中也有类似的情况. 给定一个非零多项式

$$f(x) = a_0x^n + a_1x^{n-1} + \cdots + a_n \quad (a_0 \neq 0),$$

n 称为 $f(x)$ 的次数,记做 $\deg f(x)$,a_0 称首项系数,a_n 称常数项. 对于两个非零多项式 $f(x)$,$g(x)$,下列事实是基本的:

(1) $\deg(f(x)g(x))=\deg f(x)+\deg g(x)$;

(2) $f(x)g(x)$ 的首项系数 $=f(x)$ 的首项系数 $\times g(x)$ 的首项系数;

(3) $f(x)g(x)$ 的常数项 $=f(x)$ 的常数项 $\times g(x)$ 的常数项.

线性空间的理论是以向量组线性相关与线性无关这个基本概念为基石建立起来的. 多项式环的理论则是以次数 $\geqslant 1$ 的多项式没有逆元素这一基本事实为出发点建立起来的.

二、整除理论

【内容提要】

定义 给定 $f(x),g(x)\in K[x]$,$f(x)\neq 0$. 若存在一 $q(x)\in K[x]$,使 $g(x)=q(x)f(x)$,则称 $f(x)$ 整除 $g(x)$,记做 $f(x)\mid g(x)$,$f(x)$ 称为 $g(x)$ 的**因式**,$g(x)$ 称为 $f(x)$ 的**倍式**. 若 $f(x)$ 不能整除 $g(x)$,则记做 $f(x)\nmid g(x)$.

命题 设 $f(x),g(x)\in K[x]$,$f(x)\neq 0$. 则存在唯一的 $q(x)$,$r(x)\in K[x]$,使

$$g(x) = q(x)f(x) + r(x),$$

其中 $r(x)=0$ 或 $\deg r(x)<\deg f(x)$. 此命题称为 $K[x]$ 内的带余除法.

1) 如果 $f(x)$,$g(x)$ 不全为 0,设 $d(x)\in K[x]$,$d(x)\neq 0$. 若

$d(x)|f(x),d(x)|g(x)$，则称 $d(x)$ 为 $f(x),g(x)$ 的一个**公因式**. 如果 $d(x)$ 还满足如下条件：

(i) $d(x)$ 是首一多项式；

(ii) 对 $f(x),g(x)$ 的任一公因式 $d_1(x)$，必有 $d_1(x)|d(x)$，

则称 $d(x)$ 为 $f(x),g(x)$ 的**最大公因式**，记做 $(f(x),g(x))$.

如果 $(f(x),g(x))=1$，则称 $f(x)$ 与 $g(x)$ **互素**.

2) 如果 $f(x),g(x)$ 均不为 0，设有 $m(x)\in K[x]$，使 $f(x)|m(x),g(x)|m(x)$，则 $m(x)$ 称为 $f(x),g(x)$ 的**公倍式**. 如果 $m(x)$ 还满足如下条件：

(i) $m(x)$ 是首一多项式（此时当然 $m(x)\neq 0$）；

(ii) 对 $f(x),g(x)$ 的任一公倍式 $m_1(x)$，有 $m(x)|m_1(x)$，

则 $m(x)$ 称为 $f(x)$ 与 $g(x)$ 的**最小公倍式**，记做 $[f(x),g(x)]$.

评议　每一门科学都有它独有的研究对象. 他们大多是在各种实际问题的推动下产生和发展起来的. 在历史上，代数学长时间研究的是代数方程特别是一元代数方程的解法. 在这过程中自然会提出将一个多项式 $f(x)$ 分解成两个低次多项式 $g(x)$ 和 $h(x)$ 之积：$f(x)=g(x)h(x)$ 的要求，因为这样一来，$f(x)=0$ 就变成两个低次代数方程 $g(x)=0$ 和 $h(x)=0$. 特别是，人们早就提出了“综合除法”，即用一次多项式 $x-a$ 去除多项式 $f(x)$：

$$f(x)=q(x)(x-a)+f(a).$$

那么，a 是 $f(x)=0$ 的根的充分必要条件是 $x-a$ 整除 $f(x)$，方程求根问题被纳入多项式整除理论之中.

在现代，代数方程求根问题已经不是研讨的中心课题，但由于 $K[x]$ 内不存在除法运算而产生的整除理论仍然成为多项式理论的核心问题. 其中特别重要的是上面指出的带余除法，许多问题用它得以顺利破解.

三、理想的基本概念

【内容提要】

定义　设 I 为 $K[x]$ 的一个非空子集. 如果下面条件满足：

(i) 若 $f(x),g(x)\in I$，则 $f(x)-g(x)\in I$；

(ii) 若 $f(x)\in I$,则对任意 $g(x)\in K[x]$,有 $g(x)f(x)\in I$,

则称 I 为 $K[x]$的一个**理想**.

$\{0\}$和 $K[x]$显然都是理想,称为**平凡理想**,其他理想称为**非平凡理想**. $\{0\}$又称为**零理想**.

对任意 $f(x)\in K[x]$,定义

$$(f(x)) = \{u(x)f(x) \mid u(x) \in K[x]\},$$

则$(f(x))$显然是 $K[x]$的一个理想,称为由 $f(x)$生成的**主理想**. 易知$(0)=\{0\}$为零理想,而对 K 内任意非零数 a(为任意零次多项式), $(a)=K[x]$. 当 $\deg f(x)\geqslant 1$ 时,$(f(x))$为非平凡理想.

命题 设 I 是 $K[x]$的一个非零理想,则存在 $K[x]$内的首一多项式 $f(x)$,使 $I=(f(x))$.

对 $K[x]$内两个理想,我们有如下事实:

1) $I_1\cap I_2$ 仍为 $K[x]$的理想,称为 I_1 与 I_2 的**交**;

2) 令

$$I_1 + I_2 = \{f(x) + g(x) \mid f(x) \in I_1, g(x) \in I_2\},$$

则 I_1+I_2 也是 $K[x]$的一个理想,称为 I_1 与 I_2 的**和**.

命题 设 $f(x),g(x)$是 $K[x]$内两个不全为 0 的多项式,令$(f(x))+(g(x))=(d(x))$,其中 $d(x)$为首一多项式,则

$$d(x) = (f(x),g(x)).$$

推论 1 设 $f(x),g(x)$是 $K[x]$内两个不全为 0 的多项式,$d(x)=(f(x),g(x))$,则存在 $u(x),v(x)\in K[x]$,使

$$u(x)f(x) + v(x)g(x) = d(x).$$

注意 由 $u(x)f(x)+v(x)g(x)=d(x)$不能反过来断言 $d(x)=(f(x),g(x))$.

推论 2 设 $f(x),g(x)$是 $K[x]$内两个不全为 0 的多项式,则下列命题等价:

(i) $f(x)$与 $g(x)$互素;

(ii) 存在 $u(x),v(x)\in K[x]$,使

$$u(x)f(x) + v(x)g(x) = 1;$$

(iii) $(f(x))+(g(x))=K[x]$.

推论 3 设 $f(x),g(x),h(x)\in K[x]$,并且 $f(x)\neq 0$. 如果 $f(x)$

$|g(x)h(x)$ 且 $(f(x),g(x))=1$，则 $f(x)|h(x)$.

评议　前面已经一再指出，研究代数系统的子系统和商系统是代数学的基本方法. 在一元多项式环 $K[x]$ 内也不例外，理想就是 $K[x]$ 的子系统，在 $K[x]$ 的研讨中起着基本的作用. 例如，可以利用它给出两个多项式最大公因式和最小公倍式的明显表达法，由此又得出了在整除理论中甚为重要的三个推论. 特别重要的是 $K[x]$ 内的理想都由一个多项式的倍数来组成，这使许多问题大大地简单化，而这又得益于 $K[x]$ 内有带余除法.

理想在 $K[x]$ 内的地位大致相当于子空间在线性空间中的地位. 在第三章 §2 研究了子空间的交与和，这里同样也研究理想的交与和的概念并同样发挥了重要作用.

$K[x]$ 的商系统留到抽象代数课程中去讨论.

四、因式分解理论

【内容提要】

定义　设 $p(x)$ 是 $K[x]$ 内一多项式，$\deg p(x)\geqslant 1$，如果 $p(x)$ 在 $K[x]$ 内的因式仅有零次多项式及 $ap(x)$，这里 $a\in K, a\neq 0$，则称 $p(x)$ 是 $K[x]$ 内的一个**不可约多项式**，否则称其为**可约多项式**.

定理(因式分解唯一定理)　设 K 是一个数域，给定多项式

$$f(x)=a_0x^n+a_1x^{n-1}+\cdots+a_n \quad (a_i\in K, a_0\neq 0),$$

则 $f(x)$ 可以分解为

$$f(x)=a_0p_1(x)^{k_1}p_2(x)^{k_2}\cdots p_r(x)^{k_r} \quad (k_i>0, i=1,2,\cdots,r),$$

其中 $p_1(x),\cdots,p_r(x)$ 是 $K[x]$ 内首项系数为 1 且两两不同的不可约多项式. 而且，除了不可约多项式的排列次序外，上面的分解式是由 $f(x)$ 唯一决定的. 上面分解式称为 $f(x)$ 的**素因式标准分解式**.

在 $f(x)$ 的素因式标准分解式中，不可约多项式 $p_i(x)$ 的方幂 l_i 称为 $p_i(x)$ 的**重数**.

定义　设 $f(x)=a_0x^n+a_1x^{n-1}+\cdots+a_{n-1}x+a_n\in K[x]$，定义

$$f'(x)=na_0x^{n-1}+(n-1)a_1x^{n-2}+\cdots+a_{n-1}\in K[x],$$

称 $f'(x)$ 为 $f(x)$ 的**一阶形式微商**.

命题　设 $f(x)\in K[x]$. 如果 $K[x]$ 内的不可约多项式 $p(x)$ 是

$f(x)$的 k 重因式，则 $p(x)$是 $f'(x)$的 $k-1$ 重因式.

如果 $x-a$ 是 $f(x)$的 k 重因式，则称 a 是 $f(x)$的 k **重零点**(或 k **重根**). 当 $k>1$ 时，a 称为 $f(x)$的**重根**.

命题 设 $f(x)\in K[x]$，$a\in\mathbb{C}$. a 是 $f(x)$的 k 重零点的充分必要条件是 $f^{(i)}(a)=0(i=0,1,\cdots,k-1)$，但 $f^{(k)}(a)\neq 0$.

评议 如果多项式 $f(x)=g(x)h(x)$，那么对 $g(x)$和 $h(x)$继续分解，每次分解后多项式因式的次数都降低了，经有限次分解必然到了终点，不能再分解. 不能再分解的多项式(注意要求其次数$\geqslant 1$)就是不可约多项式. 一个多项式总能分解为不可约多项式的连乘积，这在直观上应当是明显的. 所以读者要有一个清晰的直观认识，不要被逻辑推理模糊了这种认识. 多项式的因式分解唯一定理是 $K[x]$内整除理论的核心，而不可约多项式是其基石. 显然，一次多项式都是不可约多项式. $K[x]$内有无次数大于一的不可约多项式，这是数域 K 的一个重要性质. 读者要注意，说一个多项式可约或不可约，一定要说明是在那个数域内，否则无意义. 例如多项式 x^2+1，在实数域内是不可约的，但在复数域内，$x^2+1=(x+\mathrm{i})(x-\mathrm{i})$，就成了可约多项式了.

在讨论多项式因式分解时，我们并未将多项式当做函数看，因式分解完全是以前面定义的多项式乘法为基础的. 但若不可约多项式 $x-a$ 整除 $f(x)$时，则 a 是代数方程 $f(x)=0$ 的根. $x-a$ 在 $f(x)$的素因式标准分解式中的重数称为 a 作为该方程根的重数. 这是把一般理论返回来应用于方程理论.

多项式现在并不看做函数，自然没有数学分析中的微商(在一般数域 K 内也没有极限的概念). 多项式的形式微商只是在形式上借用数学分析中多项式的微商公式而已.

例 1.1 设 $f(x)$，$g(x)$，$h(x)$是 $K[x]$内三个多项式，且$(f(x),g(x))=1$，$(f(x),h(x))=1$，证明$(f(x),g(x)h(x))=1$.

解 因$(f(x),g(x))=1$，故存在 $u_1(x)$，$v_1(x)\in K[x]$，使

$$u_1f+v_1g=1.$$

又因$(f(x),h(x))=1$，故存在 $u_2(x)$，$v_2(x)\in K[x]$，使

$$u_2f+v_2h=1.$$

两式相乘得

$$(u_1u_2f + u_2v_1g + u_1v_2h)f + (v_1v_2)gh = 1.$$

上式推出$(f,gh)=1$. ▌

例 1.2　给定 $f(x)=x^3-3x^2+tx-1\in K[x]$,试确定 t 的值使 $f(x)$有重根.

解　设 $a\in\mathbb{C}$ 是$f(x)$的 e 重根,$e\geqslant 2$,则 $x-a$ 在 $\mathbb{C}[x]$内是 $f(x)$的 e 重因式,于是 $x-a$ 在 $\mathbb{C}[x]$内为 $f'(x)$的 $e-1\geqslant 1$ 重因式,即 $x-a$ 为 $f(x)$与 $f'(x)$的公因式,从而 a 是 $f(x)$,$f'(x)$的公共根.因

$$f(x) = \frac{1}{3}(x-1)f'(x) + \frac{1}{3}(t-3)(2x+1).$$

若 $t=3$.则 $f'(x)$的根都是 $f(x)$的根,此时 $f'(x)=3(x-1)^2$,1 是 $f'(x)$的二重根,从而是 $f(x)$的三重根,实际上此时

$$f(x) = (x-1)^3.$$

若 $t\neq 3$.设 a 是 $f(x)$与 $f'(x)$的公共根,代入上面式子推出 $a=-\frac{1}{2}$,又由 $f'\left(-\frac{1}{2}\right)=0$ 推出 $t=-\frac{15}{4}$.经验算$-\frac{1}{2}$确为 $f(x)$的根,实际上此时 $f(x)=(x-4)\left(x+\frac{1}{2}\right)^2$.

故 $t=3$ 或$-\frac{15}{4}$时,$f(x)$有重根. ▌

评议　若 a 是 $f(x)$在$\mathbb{C}$内的重根(未必在 K 内),则 a 为 $f(x)$与 $f'(x)$的公共根,如做带余除法

$$f(x) = q(x)f'(x) + r(x),$$

则 $r(a)=0$,由此推出 t 与 a 的可能值,然后代入验算是否 $f'(a)=0$,如是,则符合要求.这里要注意两点:(1) 由 $r(a)=0$ 还不能肯定 t,a 的值已符合要求.因为还不能断定 a 是 $f(x)$与 $f'(x)$的公共根,还需验算 $f'(a)$是否为 0;(2) 这里 a 并未限制在 K 内,但 t 必须在 K 内.

例 1.3　证明 $K[x]$内多项式

$$f(x) = 1 + x + \frac{x^2}{2!} + \cdots + \frac{x^n}{n!}$$

没有重根.

解 $f(x)$的重根为$f(x)$与$f'(x)$的公共根,从而是$f(x)-f'(x)=\frac{x^n}{n!}$的根,所以只能是 0. 但$x=0$并非$f(x)$的根,故$f(x)$无重根. ▍

评议 此例并未像例 1.2 那样做带余除法,而是充分利用了$f(x)$的特点. 所以解题要随机应变,不可墨守成规.

例 1.4 设$f(x)\in K[x]$. 若$a\in\mathbb{C}$是$f'''(x)$的k重根,证明a是

$$g(x)=\frac{x-a}{2}[f'(x)+f'(a)]-f(x)+f(a)$$

的$k+3$重根.

解 现在应认为$g(x)\in\mathbb{C}[x]$. 因$g(a)=0$,故a是$g(x)$的根. 设为$g(x)$的l重根. 我们有

$$g'(x)=\frac{1}{2}(f'(a)-f'(x))+\frac{x-a}{2}f''(x).$$

现在也有$g'(a)=0$,故a是$g'(x)$的$l-1$重根,$l\geqslant 2$. 又有

$$g''(x)=\frac{x-a}{2}f'''(x).$$

显然$g''(a)=0$,故a也是$g''(x)$的根,应为$l-2$重根. 但已知a是$f'''(x)$的k重根,即在$\mathbb{C}[x]$内,有$f'''(x)=(x-a)^k h(x)$,$h(x)\in\mathbb{C}[x]$. 代入上式得

$$g''(x)=\frac{1}{2}(x-a)^{k+1}h(x),$$

其中$h(a)\neq 0$. 即a是$g''(x)$的$k+1$重根,于是$l-2=k+1$,即$l=k+3$. ▍

评议 我们必须先验证$g(a)=0$,才可设a是$g(x)$的l重根. 这时只能认定$l\geqslant 1$,所以还必须验证$g'(a)=0$. 因若$g'(a)\neq 0$,则a只能是$g(x)$的一重根. 即使下面证明a是$g''(x)$的$k+1$重根,也不能断言它是$g(x)$的$k+3$重根. 因为存在这种可能性: a不是$g'(x)$的根,却是$g''(x)$的根. 例如,令$g(x)=(x-1)(x^2-2x-15)$, $g(1)=0$. 而$g'(x)=x^2-2x-15+2(x-1)^2$, $g'(1)=-16\neq 0$, $g''(x)=6(x-1)$, $g''(1)=0$. 所以不能由 1 是$g(x)$的根,又是$g''(x)$的根就

断言 1 是 $g(x)$的 3 重根，因为中间隔 $g'(x)$，而 $g'(1)\neq 0$，在使用前面的重因式命题时必须注意，命题的前提条件必须全部满足才能使用.

例 1.5　设 $f_1(x),f_2(x)\in K[x]$. 若

$$(x^2+x+1)\mid(f_1(x^3)+xf_2(x^3)),$$

证明 $(x-1)\mid f_1(x),(x-1)\mid f_2(x)$.

解　按假设，有 $h(x)\in K[x]$，使

$$f_1(x^3)+xf_2(x^3)=(x^2+x+1)h(x).$$

设 $\varepsilon_i=\mathrm{e}^{\frac{2k\pi\mathrm{i}}{3}}$，$k=1,2$. 则 $\varepsilon_i^3=1$，代入上式得

$$\begin{cases}f_1(1)+\varepsilon_1 f_2(1)=0,\\ f_1(1)+\varepsilon_2 f_2(1)=0,\end{cases}$$

上面齐次线性方程组系数矩阵的行列式为 $\varepsilon_2-\varepsilon_1\neq 0$，故 $f_1(1)=f_2(1)=0$，即$(x-1)\mid f_1(x),(x-1)\mid f_2(x)$. ▌

例 1.6　设 $p(x)\in K[x]$，$\deg p(x)\geqslant 1$. 如果对 $f(x),g(x)\in K[x]$，由 $p(x)\mid f(x)g(x)$必推出 $p(x)\mid f(x)$或 $p(x)\mid g(x)$. 证明 $p(x)$是不可约多项式.

解　若 $p(x)$可约，则有 $h(x),l(x)\in K[x]$，$1\leqslant\deg h(x)\leqslant\deg p(x)$，使 $p(x)=h(x)l(x)$. 此时当然有 $\deg l(x)<\deg p(x)$. 现在 $p(x)\mid h(x)l(x)$，但 $p(x)\nmid h(x)$，$p(x)\nmid l(x)$，矛盾. 故 $p(x)$为$K[x]$内不可约多项式. ▌

评议　这是$K[x]$内一个多项式 $p(x)$为不可约多项式的充分必要条件. 因若 $p(x)$是 $K[x]$内不可约多项式，对任意 $f(x)\in K[x]$，如果 $p(x)\nmid f(x)$，设$(p(x),f(x))=d(x)$，$d(x)\mid p(x)$，按不可约多项式的定义，$d(x)=1$ 或 $kp(x)(k\in K,k\neq 0)$. 但 $d(x)\mid f(x)$，即有 $g(x)\in K[x]$，使 $f(x)=d(x)g(x)$，若 $d(x)=kp(x)$，则 $p(x)\mid f(x)$，矛盾，故 $d(x)=1$. 即$(p(x),f(x))=1$，这说明，$K[x]$内不可约多项式 $p(x)$和任意多项式 $f(x)$的关系只能是 $p(x)\mid f(x)$或$(p(x),f(x))=1$. 现在，当 $p(x)\mid f(x)g(x)$时，若 $p(x)\nmid f(x)$，由前面命题的推论 3，必有 $p(x)\mid g(x)$.

因此，此命题也可作为 $K[x]$内不可约多项式的另一种定义方法.

例 1.7 设$f(x)$是$K[x]$内首一多项式，$\deg f(x)\geqslant 1$. 证明$f(x)$是$K[x]$内一个不可约多项式$p(x)$的方幂：$f(x)=p(x)^m$的充分必要条件是：对任意$g(x)\in K[x]$必有$(f(x),g(x))=1$或对某正整数k，$f(x)\mid g(x)^k$.

解 必要性 设$f(x)=p(x)^m$. $p(x)$不可约，对任意$g(x)\in K[x]$，必定$(p(x),g(x))=1$，或$p(x)\mid g(x)$. 若$(p(x),g(x))=1$，由例1.1知$(p(x)^2,g(x))=1$，$(p(x)^3,g(x))=1$，…，从而$(p(x)^m,g(x))=1$，即$(f(x),g(x))=1$. 若$p(x)\mid g(x)$，则$p(x)^m\mid g(x)^m$，即$f(x)\mid g(x)^m$.

充分性 根据因式分解唯一定理，有

$$f(x)=p_1(x)^{l_1}p_2(x)^{l_2}\cdots p_r(x)^{l_r}.$$

若$r>1$，令$g(x)=p_2(x)$，则$(f(x),g(x))=p_2(x)\neq 1$. 但对任意正整数k，$g(x)^k=p_2(x)^k$，$f(x)\nmid g(x)^k$，因若$f(x)\mid g(x)^k$，则

$$p_2(x)^k=f(x)h(x)=p_1(x)^{l_1}p_2(x)^{l_2}\cdots p_r(x)^{l_r}h(x).$$

这与因式分解唯一定理矛盾. 因此，应当$r=1$，即$f(x)=p_1(x)^{l_1}$. ▌

例 1.8 设$f(x)$是$K[x]$内首一多项式，$\deg f(x)\geqslant 1$. 证明$f(x)$是$K[x]$内一不可约多项式$p(x)$的方幂的充分必要条件是：对$K[x]$内多项式$g(x)$，$h(x)$，若$f(x)\mid g(x)h(x)$，则必有

$$f(x)\mid g(x)\quad 或\quad f(x)\mid h(x)^m.$$

解 必要性 设$g(x)$，$h(x)$的素因式标准分解式是

$$g(x)=a_0p_1(x)^{l_1}p_2(x)^{l_2}\cdots p_r(x)^{l_r},$$
$$h(x)=b_0q_1(x)^{k_1}q_2(x)^{k_2}\cdots q_s(x)^{k_s}.$$

令$f(x)=p(x)^m$，$p(x)$不可约，因为$f(x)$是首一多项式，故可设$p(x)$为首一多项式. 如果$f(x)\mid g(x)h(x)$，则$g(x)h(x)=f(x)l(x)$，于是

$$a_0b_0p_1(x)^{l_1}\cdots p_r(x)^{l_r}q_1(x)^{k_1}\cdots q_s(x)^{k_s}=p(x)^m l(x).$$

根据因式分解唯一定理，$p(x)$必为$p_1(x)$，…，$p_r(x)$，$q_1(x)$，…，$q_s(x)$中某一个. 若$f(x)\nmid g(x)$，则$q_1(x)$，…，$q_s(x)$中必有某一个等于$p(x)$(否则$p(x)^m$为$g(x)$的因子，与$f(x)\nmid g(x)$矛盾). 不妨设

$q_1(x)=p(x)$. 于是 $p(x)|h(x)$, $p(x)^m|h(x)^m$, 即 $f(x)|h(x)^m$.

充分性 根据因式分解唯一定理,有

$$f(x)=p_1(x)^{u_1}\cdots p_r(x)^{u_r}.$$

若 $r>1$. 取 $g(x)=p_1(x)^{u_1}$, $h(x)=p_2(x)^{u_2}\cdots p_r(x)^{u_r}$. 此时 $g(x)h(x)=f(x)$, 故 $f(x)|g(x)h(x)$, 根据因式分解唯一定理, $f(x)\nmid g(x)$ (因 $f(x)$ 含有不可约因式 $p_2(x)$, 而 $g(x)$ 不含), $f(x)\nmid h(x)^m$ (因 $h(x)$ 中不含不可约因式 $p_1(x)$, 从而 $h(x)^m$ 也不含 $p_1(x)$, 而 $f(x)$ 中含 $p_1(x)$), 与题设矛盾. 故 $r=1$, 即 $f(x)=p_1(x)^{u_1}$. ▌

评议 以上两例是因式分解唯一定理的简单应用. 根据这个定理, 一个多项式中包含那些首一不可约多项式作为其因式, 出现的方幂是多少, 都由该多项式唯一决定, 这使得整除关系变得简单明了, 便于使用.

例 1.9 设 $f(x)\in K[x]$, $\deg f(x)=n$. 如果 $f'(x)|f(x)$, 证明存在 $a\in K$, 使 $f(x)=a_0(x-a)^n$.

解 按题目假设, 有 $g(x)\in K[x]$, 使 $f(x)=f'(x)g(x)$. 因 $\deg f'(x)=n-1$, 故 $\deg g(x)=1$. 易知 $g(x)=\frac{1}{n}(x-b)$, $b\in K$. 现在

$$f'(x)=f''(x)g(x)+f'(x)g'(x)=f''(x)g(x)+\frac{1}{n}f'(x).$$

于是 $f'(x)=\frac{n}{n-1}f''(x)g(x)$, 即 $f''(x)|f'(x)$.

现对 n 作数学归纳法. $n=1$, $f(x)=a_0(x-a)$, 命题成立. 设对 $f(x)$ 为 $n-1$ 次多项式命题已成立. 当 $\deg f(x)=n$ 时, 上面已经指出 $f'(x)$ 也满足题中的条件, 按归纳假设, 有 $a_1\in K$, 使 $f'(x)=a_1(x-a)^{n-1}$. 于是 $f(x)=a_1(x-a)^{n-1}\cdot\frac{1}{n}(x-b)$. 此时

$$a_1(x-a)^{n-1}=f'(x)=a_1\frac{n-1}{n}(x-a)^{n-2}(x-b)+\frac{a_1}{n}(x-a)^{n-1},$$

即

$$a_1\frac{n-1}{n}(x-a)^{n-1}=a_1\frac{n-1}{n}(x-a)^{n-2}(x-b).$$

因 $K[x]$ 内有消去律, 故由上式推出 $x-b=x-a$. 代回 $f(x)$ 的表达

式得 $f(x)=a_1(x-a)^{n-1}\cdot\frac{1}{n}(x-a)=a_0(x-a)^n$. ▌

例 1.10　设 $f(x)\in K[x]$,$a\in K$,$a\neq 0$. 则 $(x-a)^{k+1}\mid f(x)$ 的充分必要条件是：$f(a)=0$ 且 $(x-a)^k$ 整除 $f_1(x)=nf(x)-xf'(x)$,这里 $k\leqslant n-1$.

解　必要性　若 $f(x)=(x-a)^{k+1}g(x)$,显见 $f(a)=0$ 并且 $(x-a)^k\mid f'(x)$,即 $f'(x)=(x-a)^k h(x)$. 因而

$$\begin{aligned} f_1(x)&=n(x-a)^{k+1}g(x)-x(x-a)^k h(x)\\ &=(x-a)^k(n(x-a)g(x)-xh(x)). \end{aligned}$$

充分性　若 $f(a)=0$ 且 $(x-a)^k\mid f_1(x)$,则

$$f_1(x)=(x-a)^k g(x)=nf(x)-xf'(x).$$

若 $k=0$,因已知 $f(a)=0$,故 $(x-a)\mid f(x)$,命题成立. 若 $k>0$,则

$$0=f_1(a)=nf(a)-af'(a)=-af'(a).$$

因 $a\neq 0$,故 $f'(a)=0$. 即 $(x-a)\mid f'(x)$. 现在

$$f_1'(x)=nf'(x)-f'(x)-xf''(x)=(n-1)f'(x)-xf''(x).$$

因 $(x-a)^k\mid f_1(x)$,故 $(x-a)^{k-1}\mid f_1'(x)$,即 $f_1'(a)=0$,已知 $f'(a)=0$,代入上式得 $f''(a)=0$,于是 $(x-a)\mid f''(x)$.

依上述办法类推,从 $f_1^{(i)}(x)=(n-i)f^{(i)}(x)-xf^{(i+1)}(x)$ 以及 $(x-a)^{k-i}\mid f_1^{(i)}(x)$,即 $f_1^{(i)}(a)=0\ (i<k)$ 推出

$$0=f_1^{(i)}(a)=(n-i)f^{(i)}(a)-af^{(i+1)}(a),$$

因为由 $f_1^{(i-1)}(a)=0$ 和 $f^{(i-1)}(a)=0$ 已经推知 $f^{(i)}(a)=0$. 因而从上式又推出 $f^{(i+1)}(a)=0$,即 $(x-a)\mid f^{(i+1)}(x)$. 现在让 $i=0,1,2,\cdots,k-1$,我们分别得到

$$(x-a)\mid f(x),(x-a)\mid f'(x),(x-a)\mid f''(x),\cdots,(x-a)\mid f^{(k)}(x).$$

由上面结果即推出 $(x-a)^{k+1}\mid f(x)$. ▌

例 1.11　设 $f(x)=a_0x^n+a_1x^{n-1}+\cdots+a_n\in K[x]$,$a\in K$,$a\neq 0$. 则 $(x-a)^{k+1}\mid f(x)$ 的充分必要条件是

$$\begin{aligned} a_0a^n+a_1a^{n-1}+a_2a^{n-2}+\cdots+a_n&=0,\\ a_1a^{n-1}+2a_2a^{n-2}+\cdots+na_n&=0,\\ a_1a^{n-1}+2^2a_2a^{n-2}+\cdots+n^2a_n&=0,\\ \cdots\cdots\cdots\cdots\cdots\cdots\cdots\cdots&\\ a_1a^{n-1}+2^ka_2a^{n-2}+\cdots+n^ka_n&=0. \end{aligned}$$

解　根据例 1.10,$(x-a)^{k+1}\mid f(x)$ 的充分必要条件是

$$f(a)=a_0a^n+a_1a^{n-1}+a_2a^{n-2}+\cdots+a_n=0,$$

且$(x-a)^k$整除 $f_1(x)=nf(x)-xf'(x)=\sum_{i=1}^{n}ia_ix^{n-i}$.

同样,由例 1.10,$(x-a)^k|f_1(x)$的充分必要条件是

$$f_1(a)=\sum_{i=1}^{n}ia_ia^{n-i}=0$$

且$(x-a)^{k-1}$整除

$$f_2(x)=nf_1(x)-xf_1'(x)=\sum_{i=1}^{n}i^2a_ix^{n-i}.$$

令 $f_0(x)=f(x)$,按归纳法依次定义

$$\begin{aligned}f_j(x)&=nf_{j-1}(x)-xf_{j-1}'(x)\\&=\sum_{i=1}^{n}i^ja_ix^{n-i}\quad(j=1,2,\cdots,k).\end{aligned}$$

那么,按例 1.10,$(x-a)^{k-j+1}|f_j(x)$的充分必要条件是

$$f_j(a)=\sum_{i=1}^{n}i^ja_ia^{n-i}=0,$$

且$(x-a)^{k-j}|f_{j+1}(x)$. 让 $j=1,2,\cdots,k-1$,我们得到

$$\sum_{i=1}^{n}i^ja_ia^{n-i}=0\quad(j=1,2,\cdots,k-1)$$

以及$(x-a)|f_k(x)$,即

$$f_k(a)=\sum_{i=1}^{n}i^ka_ia^{n-i}.\quad\blacksquare$$

评议 本例的关键是找到多项式 $f_1(x)=nf(x)-xf'(x)$,这个多项式不难想到,因为它正好把右边两个多项式 $nf(x),xf'(x)$的首项系数相抵消,使 $f_1(x)$的次数降低.本来$(x-a)^{k+1}|f(x)$的充分必要条件是$f(a)=0$且$(x-a)^k|f'(x)$,现在改成 $f(a)=0$ 且$(x-a)^k|f_1(x)$.这样做使原来的条件

$$(x-a)|f(x),(x-a)|f'(x),\cdots,(x-a)|f^{(k)}(x)$$

改成

$$(x-a)|f(x),(x-a)|f_1(x),\cdots,(x-a)|f_k(x),$$

从而有前面给出的关系式.

给定 $K[x]$内不全为零的多项式 $f_1(x),f_2(x),\cdots,f_n(x)$,如果

非零多项式 $c(x)\mid f_i(x)(i=1,2,\cdots,n)$，则称 $c(x)$ 是此 n 个多项式的一个公因式. 设 $d(x)$ 是此 n 个多项式的一个首一公因式，而且对它们的任意公因式 $c(x)$ 都有 $c(x)\mid d(x)$，则 $d(x)$ 称为 $f_1(x)$，$f_2(x),\cdots,f_n(x)$ 的最大公因式，记做 $d(x)=(f_1(x),f_2(x),\cdots,f_n(x))$.

例 1.12 给定 $K[x]$ 内不全为零的多项式 $f_1(x),f_2(x),\cdots,f_n(x)$. 则首一多项式 $d(x)$ 为它们的最大公因式的充分必要条件是

$$(f_1(x))+(f_2(x))+\cdots+(f_n(x))=(d(x)).$$

解 因为 $(f_i(x))\subseteq(d(x))$，故 $d(x)\mid f_i(x)(i=1,2,\cdots,n)$. 而且 $d(x)\in(f_1(x))+(f_2(x))+\cdots+(f_n(x))$，故有 $u_1(x),u_2(x),\cdots,u_n(x)\in K[x]$，使

$$u_1(x)f_1(x)+u_2(x)f_2(x)+\cdots+u_n(x)f_n(x)=d(x).$$

若 $c(x)\mid f_i(x)(i=1,2,\cdots,n)$，则由上式立即推出 $c(x)\mid d(x)$. 故

$$d(x)=(f_1(x),f_2(x),\cdots,f_n(x)).$$

反之，若 $d(x)=(f_1(x),f_2(x),\cdots,f_n(x))$，则 $d(x)\mid f_i(x)$，即 $f_i(x)=q_i(x)d(x)$，于是 $(f_i(x))\subseteq(d(x))$. 这表明

$$(f_1(x))+(f_2(x))+\cdots+(f_n(x))\subseteq(d(x)).$$

因为 $K[x]$ 是一个主理想环，n 个理想 $(f_i(x))$ 之和仍为 $K[x]$ 的一个理想，故仍为 $K[x]$ 的主理想，设

$$(f_1(x))+(f_2(x))+\cdots+(f_n(x))=(c(x)).$$

因为 $f_1(x),f_2(x),\cdots,f_n(x)$ 不全为零，故 $(c(x))\neq$ 零理想，即 $c(x)\neq 0$，现在 $(f_i(x))\subseteq(c(x))$，故 $c(x)\mid f_i(x)$，于是 $c(x)$ 是 $f_1(x)$，$f_2(x),\cdots,f_n(x)$ 的一个公因式. 因此，有 $c(x)\mid d(x)$，即 $d(x)=g(x)c(x)$，这推出

$$(d(x))\subseteq(c(x))=(f_1(x))+(f_2(x))+\cdots+(f_n(x)).$$

综上所得，有 $(f_1(x))+(f_2(x))+\cdots+(f_n(x))=(d(x))$. ▌

例 1.13 设 $f_1(x),f_2(x),\cdots,f_n(x)(n\geqslant 2)$ 是 $K[x]$ 内的 n 个非零多项式，$d(x)=(f_1(x),f_2(x),\cdots,f_n(x))$. 则存在 n 阶方阵 A，其元素属于 $K[x]$，且 A 的第一行元素是 $f_1(x),f_2(x),\cdots,f_n(x)$，而其行列式 $|A|=d(x)$.

解　对 n 作数学归纳法. $n=2$ 时,由前面三中命题的推论 1,存在 $u_1(x),u_2(x)\in K[x]$,使 $u_1(x)f_1(x)+u_2(x)f_2(x)=d(x)$. 这时只要让

$$A=\begin{bmatrix} f_1(x) & f_2(x) \\ -u_2(x) & u_1(x) \end{bmatrix}$$

就满足题中的要求. 现假定题中结论对 $n-1$ 个多项式正确,我们据此证明对 n 个多项式也正确.

命

$$d_1(x)=(f_1(x),f_2(x),\cdots,f_{n-1}(x)).$$

按归纳假设,存在元素属于 $K[x]$ 的 $n-1$ 阶方阵 B,其第一行为 $f_1(x),f_2(x),\cdots,f_{n-1}(x)$,且 $|B|=d_1(x)$. 现在 $d(x)=(d_1(x),f_n(x))$,于是存在 $u(x),v(x)\in K[x]$,使 $u(x)d_1(x)+v(x)f_n(x)=d(x)$. 令

$$A=\left[\begin{array}{ccc|c} & & & f_n \\ & B & & 0 \\ & & & \vdots \\ & & & 0 \\ \hline -\dfrac{vf_1}{d_1} & \cdots & \cdots\ -\dfrac{vf_n}{d_1} & u \end{array}\right].$$

现在 A 的第一行元素就是 $f_1(x),f_2(x),\cdots,f_n(x)$. 把行列式 $|A|$ 按第 n 列展开,有

$$\begin{aligned}|A| &= (-1)^{n+1}f_n(x)\det(A(^1_n))+u(x)|B| \\ &= u(x)d_1(x)+f_n(x)\cdot(-1)^{n+1}\det(A(^1_n)).\end{aligned}$$

让 $A_1=A(^1_n)$. 下面计算 $|A_1|$. 对矩阵 B 作如下变换:把 B 的第一行乘以 $-v(x)$,再逐次对换相邻两行的位置,使第一行换到第 $n-1$ 行,而其他行相对位置保持不变. 这样得出的矩阵记为 A_2. 显然,A_2 恰为用 $d_1(x)$ 乘 A_1 的第 $n-1$ 行所得出的矩阵. 因而

$$\begin{aligned}d_1(x)|A_1| = |A_2| &= (-1)^{n-1}v(x)|B| \\ &= (-1)^{n-1}v(x)d_1(x).\end{aligned}$$

现在将上面 $|A|$ 的表达式两边同乘 $d_1(x)$,再将上式代入,得

$$\begin{aligned} d_1(x)|A| &= u(x)d_1(x)^2 + f_n(x)(-1)^{n+1}d_1(x)|A_1| \\ &= u(x)d_1(x)^2 + f_n(x)(-1)^{n+1}\cdot(-1)^{n-1}v(x)d_1(x) \\ &= d_1(x)(u(x)d_1(x) + v(x)f_n(x)). \end{aligned}$$

因为 $d_1(x)\neq 0$，上式两边消去 $d_1(x)$，得

$$|A| = u(x)d_1(x) + v(x)f_n(x) = d(x). \quad \blacksquare$$

评议 此例的结果称为厄米特定理. 法国数学家塞尔把此例的思想扩展，提出了著名的塞尔猜想. 这个猜想已于 1976 年被苏联的数学家完满解决.

前面曾指出，在 $K[x]$内是没有除法运算的，可是在前面定义的矩阵 A 中，却出现$\frac{f_1}{d_1},\cdots,\frac{f_{n-1}}{d_1}$，这是什么意思呢？实际上，$d_1(x)$是 $f_1(x),f_2(x),\cdots,f_{n-1}(x)$的最大公因式，因此有 $q_1(x),q_2(x),\cdots,q_{n-1}(x)\in K[x]$，使 $f_i(x)=q_i(x)d_1(x)(i=1,2,\cdots,n-1)$，所以

$$\frac{f_i(x)}{d_1(x)} = q_i(x) \quad (i = 1,2,\cdots,n-1).$$

A 的最后一行前 $n-1$ 个元素实际上是$-v(x)$乘 $q_1(x),q_2(x),\cdots,q_{n-1}(x)$，仍然是 $K[x]$中的元素.

例 1.14 讨论 $f(x)=x^n+px+q\in\mathbb{C}[x](n\geqslant 2)$何时有重根.

解 $n=2$ 时有重根的充分必要条件是 $p^2-4q=0$. 下面设 $n\geqslant 3$. 因为 $f'(x)=nx^{n-1}+p$，$f''(x)=n(n-1)x^{n-2}$，故 $f(x)$当 $p=q=0$ 时有重根 $x=0$. 当 $p=0$ 而 $q\neq 0$ 时，$f(x)$与$f'(x)$无公共根，故 $f(x)$ 无重根.

下面设 $n\geqslant 3, p\neq 0$. 此时有

$$f(x) = x^n + px + q = \frac{1}{n}xf'(x) + \frac{n-1}{n}px + q.$$

现在 $f(x)$最多有二重根 α，它应是 $f(x)$与 $f'(x)$的公共根. 代入上式得$\frac{n-1}{n}p\alpha+q=0$，即 $\alpha=-\frac{n}{n-1}\cdot\frac{q}{p}$. 而

$$f'(\alpha) = n\alpha^{n-1} + p = (-1)^{n-1}\frac{n^n}{(n-1)^{n-1}}\cdot\frac{q^{n-1}}{p^{n-1}} + p = 0,$$

于是

$$n^n q^{n-1} = (-1)^n(n-1)^{n-1}p^n.$$

综合上述各种情况(包括 $n=2$ 和 $p=q=0$ 的情况)可知上式为 $f(x)$ 有重根的充分必要条件. ▌

练 习 题 7.1

1. 用 $g(x)$ 除 $f(x)$,求商 $q(x)$ 与余式 $r(x)$:

(1) $f(x)=x^3-3x^2-x-1$, $g(x)=3x^2-2x+1$;

(2) $f(x)=x^4-2x+5$, $g(x)=x^2-x+2$.

2. m,p,q 适合什么条件时,有

(1) $x^2+mx-1 \mid x^3+px+q$;

(2) $x^2+mx+1 \mid x^4+px^2+q$.

3. 用 $g(x)$ 除 $f(x)$,求商 $q(x)$ 与余式 $r(x)$:

(1) $f(x)=2x^5-5x^3-8x$, $g(x)=x+3$;

(2) $f(x)=x^3-x^2-x$, $g(x)=x-1+2\mathrm{i}$.

4. 把 $f(x)$ 表成 $x-x_0$ 的方幂和,即表成

$$c_0+c_1(x-x_0)+c_2(x-x_0)^2+\cdots$$

的形式:

(1) $f(x)=x^5$, $x_0=1$;

(2) $f(x)=x^4-2x^2+3$, $x_0=-2$;

(3) $f(x)=x^4+2\mathrm{i}x^3-(1+\mathrm{i})x^2-3x+7+\mathrm{i}$, $x_0=-\mathrm{i}$.

5. 求 $f(x)$ 与 $g(x)$ 的最大公因式:

(1) $f(x)=x^4+x^3-3x^2-4x-1$, $g(x)=x^3+x^2-x-1$;

(2) $f(x)=x^4-4x^3+1$, $g(x)=x^3-3x^2+1$;

(3) $f(x)=x^4-10x^2+1$,

$g(x)=x^4-4\sqrt{2}x^3+6x^2+4\sqrt{2}x+1$.

6. 求 $u(x),v(x)$ 使 $u(x)f(x)+v(x)g(x)=(f(x),g(x))$:

(1) $f(x)=x^4+2x^3-x^2-4x-2$,

$g(x)=x^4+x^3-x^2-2x-2$;

(2) $f(x)=4x^4-2x^3-16x^2+5x+9$,

$g(x)=2x^3-x^2-5x-4$;

(3) $f(x)=x^4-x^3-4x^2+4x+1$, $g(x)=x^2-x-1$.

7. 设 $f(x)=x^3+(1+t)x^2+2x+2u$, $g(x)=x^3+tx+u$ 的最大

公因式是一个二次多项式,求 t,u 的实数值.

8. 设 $f_1(x),\cdots,f_m(x),g_1(x),\cdots,g_n(x)$ 都是 $K[x]$ 内多项式,而且

$$(f_i(x),g_j(x))=1 \quad (i=1,2,\cdots,m;j=1,2,\cdots,n).$$

求证:$(f_1(x)f_2(x)\cdots f_m(x),g_1(x)g_2(x)\cdots g_n(x))=1$.

9. 证明:如果 $(f(x),g(x))=1$,那么

$$(f(x)g(x),f(x)+g(x))=1.$$

10. 判别多项式 $f(x)=x^5-5x^4+7x^3-2x^2+4x-8$ 有无重数大于 1 的非常数因式.

11. 求多项式 x^3+px+q 有重根的条件.

12. 如果 $(x-1)^2\mid(Ax^4+Bx^2+1)$,求 A,B.

13. 设 $f(x)\in\mathbb{C}[x]$,$\deg f(x)\geqslant 1$. 令

$$d(x)=(f(x),f'(x)),\quad f(x)=d(x)f_1(x).$$

证明 $f(x)$ 的根都是 $f_1(x)$ 的根,且 $f_1(x)$ 无重根.

14. 设 $p(x)$ 是数域 K 上一元多项式环 $K[x]$ 内一个不可约多项式. 设 $f_1(x),f_2(x),\cdots,f_m(x)\in K[x]$. 若 $p(x)\mid\prod_{i=1}^{m}f_i(x)$,证明存在正整数 $k\leqslant m$,使 $p(x)\mid f_k(x)$.

§2 $\mathbb{C}$,$\mathbb{R}$,$\mathbb{Q}$上多项式的因式分解

一、$\mathbb{C}$,$\mathbb{R}$上多项式的素因式标准分解式

【内容提要】

定理(高等代数基本定理) 复数域 $\mathbb{C}$ 上任意一个次数 $\geqslant 1$ 的多项式在 $\mathbb{C}$ 内必有一个根.

推论 1 $\mathbb{C}[x]$ 内一个次数 $\geqslant 1$ 的多项式 $p(x)$ 是不可约多项式的充分必要条件为它是一次多项式.

推论 2 $\mathbb{C}[x]$ 内任一非零多项式 $f(x)$ 可以唯一地分解成

$$f(x)=a_0(x-a_1)^{k_1}(x-a_2)^{k_2}\cdots(x-a_r)^{k_r}.$$

命题 $\mathbb{R}[x]$ 内的首一不可约多项式仅有下列两类:

(i) 一次多项式 $x-a$ $(a\in\mathbb{R})$;

(ii) 二次多项式 $x^2+px+q(p,q\in\mathbb{R},p^2-4q<0)$.

命题　$\mathbb{R}[x]$内一个非零多项式 $f(x)$可唯一地分解成

$$f(x)=a_0(x-a_1)^{k_1}(x-a_2)^{k_2}\cdots(x-a_r)^{k_r}$$
$$\cdot(x^2+p_1x+q_1)^{l_1}\cdots(x^2+p_sx+q_s)^{l_s}.$$

其中 $a_1,\cdots,a_r\in\mathbb{R}$,为 $f(x)$的互不相同的全部实根,重数分别为 $k_1,\cdots,k_r$;而 $p_i,q_i\in\mathbb{R},p_i^2-4q_i<0(i=1,\cdots,s)$.

评议　在§1中我们学习了 $K[x]$内的因式分解唯一定理. 根据这个定理,$K[x]$内任一非零多项式都能唯一地分解为 $K[x]$内首一不可约多项式的乘积. 于是,对 $K[x]$内的整除理论来说,最理想的莫过于找出 $K[x]$内所有首一不可约多项式. 但对一般数域 K,这是一个极为艰难的工作,远未实现.

但是,对复数域和实数域,这项任务却早已圆满实现. 这主要得益于“高等代数基本定理”. 依据这个定理,$\mathbb{C}[x]$内次数$\geqslant 1$的多项式 $f(x)$必有一复根 a,从而被 $x-a$ 整除,这就使次数$\geqslant 2$的多项式均为可约. 于是$\mathbb{C}[x]$内的首一不可约多项式都是一次多项式 $x-a$,对实数域只要对此略加修正即可. 在代数学中复数域是最简单的数域,其原因即在于此.

例 2.1　给定 $\mathbb{R}[x]$内多项式 $f(x)=\cos(n\arccos x)$,将它在 $\mathbb{R}[x]$内分解为不可约多项式的乘积.

解　对正整数 n,以$\left[\frac{n}{2}\right]$表示不超过$\frac{n}{2}$的最大整数,当 n 为偶数时它就是$\frac{n}{2}$,若 n 是奇数,它是$\frac{n-1}{2}$. 因为$\sum\limits_{k=0}^{n}\binom{k}{n}=(1+1)^n=2^n$,又有

$$\begin{aligned}0=(1-1)^n&=\sum_{k=0}^{n}(-1)^k\binom{k}{n}\\&=\sum_{j=0}^{\left[\frac{n}{2}\right]}\binom{2j}{n}-\sum_{j=1}^{\left[\frac{n+1}{2}\right]}\binom{2j-1}{n},\end{aligned}$$

从而

$$\sum_{j=0}^{\left[\frac{n}{2}\right]}\binom{2j}{n}=\sum_{j=1}^{\left[\frac{n+1}{2}\right]}\binom{2j-1}{n}=2^{n-1}.$$

上式表示在二项展开系数$\begin{pmatrix} k \\ n \end{pmatrix}$中,$k$取偶数时连加与$k$取奇数时连加都等于$2^{n-1}$.

现设$\arccos x=\alpha$,则$\cos\alpha=x$,$\sin^2\alpha=1-x^2$.因为

$$\begin{aligned}\cos n\alpha + \mathrm{i}\sin n\alpha &= (\cos\alpha + \mathrm{i}\sin\alpha)^n \\ &= \sum_{k=0}^{n}\begin{pmatrix} k \\ n \end{pmatrix}(\mathrm{i}\sin\alpha)^k\cos^{n-k}\alpha.\end{aligned}$$

则

$$\begin{aligned}f(x) = \cos n\alpha &= \sum_{j=0}^{\left[\frac{n}{2}\right]}\begin{pmatrix} 2j \\ n \end{pmatrix}(\mathrm{i}\sin\alpha)^{2j}(\cos\alpha)^{n-2j} \\ &= \sum_{j=0}^{\left[\frac{n}{2}\right]}\begin{pmatrix} 2j \\ n \end{pmatrix}(-\sin^2\alpha)^{j}(\cos\alpha)^{n-2j} \\ &= \sum_{j=0}^{\left[\frac{n}{2}\right]}\begin{pmatrix} 2j \\ n \end{pmatrix}(x^2-1)^{j}x^{n-2j} \\ &= 2^{n-1}x^n + a_1x^{n-1} + \cdots + a_n \in \mathbb{R}[x].\end{aligned}$$

现在求$f(x)$在ℂ内的n个根.因为

$$f(x) = \cos(n\arccos x) = 0$$

推出

$$n\arccos x = \frac{\pi}{2} + k\pi,$$

于是

$$0 \leqslant \arccos x = \frac{(2k+1)\pi}{2n} \leqslant \pi.$$

这表明$k=0,1,2,\cdots,n-1$.从而$f(x)$在ℂ内的n个根是

$$x_k = \cos\frac{(2k+1)\pi}{2n}, \quad k = 0,1,2,\cdots,n-1.$$

它们都是实数,故在$\mathbb{R}[x]$内

$$f(x) = 2^{n-1}\prod_{k=0}^{n-1}\left(x - \cos\frac{(2k+1)\pi}{2n}\right). \quad ▌$$

评议 此例利用复数乘法公式$\cos n\alpha+\mathrm{i}\sin n\alpha=(\cos\alpha+\mathrm{i}\sin\alpha)^n$来求倍角$\cos n\alpha$的展开公式.

例 2.2　设 m,n,k 为正整数，令 $f(x)=x^{3m}+x^{3n+1}+x^{3k+2}$. 证明 x^2+x+1 作为任意数域 K 上的多项式都整除 $f(x)$.

解　把它们都看做 $\mathbb{C}[x]$ 内的多项式，这时它们都能分解为首一的一次多项式的乘积，再看分解式中有无公共一次因式. 因 $(x-1)(x^2+x+1)=x^3-1$，故 x^2+x+1 在 $\mathbb{C}$ 内的两个共轭复根 ε_1，ε_2 都满足 $\varepsilon_1^3=\varepsilon_2^3=1$. 故 $f(\varepsilon_1)=\varepsilon_1^{3m}+\varepsilon_1^{3n+1}+\varepsilon_1^{3k+2}=1+\varepsilon_1+\varepsilon_1^2=0$，$f(\varepsilon_2)=\varepsilon_2^{3m}+\varepsilon_2^{3n+1}+\varepsilon_2^{3k+2}=1+\varepsilon_2+\varepsilon_2^2=0$，于是在 $\mathbb{C}[x]$ 内

$$f(x)=(x-\varepsilon_1)(x-\varepsilon_2)g(x)=(x^2+x+1)g(x).$$

现在 $f(x)$ 和 x^2+x+1 都是有理数域内的多项式，用 x^2+x+1 去除 $f(x)$ 时，只作加、减、乘、除运算，不会越出有理数域范围内，故 $g(x)\in\mathbb{Q}[x]$，有理数域包含于任何数域 K 内，故在 $K[x]$ 内 x^2+x+1 都整除 $f(x)$. ▌

评议　此例利用了 $f(x)$ 和 x^2+x+1 在 $\mathbb{C}[x]$ 内的素因式标准分解式，但其结果可以返回到任意数域 K 内. 这是代数学中常用的办法，因为复数域最简单，要处理数域 K 内的问题，可先把它放到 $\mathbb{C}$ 内来处理，得出结果后再想法返回到 K 内来.

例 2.3　在 $\mathbb{Q}[x]$ 内求 $f(x)=x^m-1$ 和 $g(x)=x^n-1$ 的最大公因子.

解　先把它们看做 $\mathbb{C}[x]$ 内多项式，则有分解式

$$f(x)=x^m-1=\prod_{k=0}^{m-1}(x-\mathrm{e}^{\frac{2k\pi\mathrm{i}}{m}}),$$

$$g(x)=x^n-1=\prod_{l=0}^{n-1}(x-\mathrm{e}^{\frac{2l\pi\mathrm{i}}{n}}).$$

然后找它们公共的一次因式. 让 $d=(m,n)$，即 d 为 m 与 n 的最大公因子(与多项式最大公因式的定义类似). 设 $m=dm_1$，$n=dn_1$，则 $\mathrm{e}^{\frac{2s\pi\mathrm{i}}{d}}=\mathrm{e}^{\frac{2sm_1\pi\mathrm{i}}{m}}$，故 $x-\mathrm{e}^{\frac{2s\pi\mathrm{i}}{d}}$ 为 $f(x)$ 的一个一次不可约因式. 同样 $\mathrm{e}^{\frac{2s\pi\mathrm{i}}{d}}=\mathrm{e}^{\frac{2sn_1\pi\mathrm{i}}{n}}$，故 $x-\mathrm{e}^{\frac{2s\pi\mathrm{i}}{d}}$ 为 $g(x)$ 的一个一次不可约因式. 于是 $x-\mathrm{e}^{\frac{2s\pi\mathrm{i}}{d}}$ $(s=0,1,\cdots,d-1)$ 为 $f(x)$ 与 $g(x)$ 的公因式. 因为它们互不相同，在 $f(x)$，$g(x)$ 的标准分解式中都出现，于是

$$x^d-1=\prod_{s=0}^{d-1}(x-\mathrm{e}^{\frac{2s\pi\mathrm{i}}{d}})$$

是 $f(x)$与 $g(x)$的公因式.

现设 $f(x)$与 $g(x)$有一公共不可约因式

$$(x-\mathrm{e}^{\frac{2k\pi i}{m}})=(x-\mathrm{e}^{\frac{2l\pi i}{n}}).$$

则 $\mathrm{e}^{\frac{2k\pi i}{m}}=\mathrm{e}^{\frac{2l\pi i}{n}}$,这推出

$$\mathrm{e}^{\frac{2(kn-lm)\pi i}{mn}}=1.$$

由它又推出

$$\frac{kn-lm}{mn}=t\in\mathbb{Z}.$$

现在 $kn=(l+tn)m$,约去 m,n 的公因子 d,得 $kn_1=(l+tn)m_1$,现在 m_1 整除 kn_1. 但$(m_1,n_1)=1$,故 m_1 整除 k,令 $k=um_1$,则

$$(x-\mathrm{e}^{\frac{2l\pi i}{n}})=(x-\mathrm{e}^{\frac{2k\pi i}{m}})=(x-\mathrm{e}^{\frac{2u\pi i}{d}}),$$

这样,$f(x)$与 $g(x)$的所有公共一次不可约因式均包含于 x^d-1 的一次不可约因式之中. 由此推知 $f(x)$与 $g(x)$的任何公因式(是互不相同的一次公因式的乘积)都整除 x^d-1. 故在$\mathbb{C}[x]$内,$(f(x),g(x))=x^d-1$.

但 $f(x),g(x),x^d-1$ 均为$\mathbb{Q}[x]$内的多项式. 求 $f(x)$与 $g(x)$的最大公因式可用辗转相除法,其中只涉及其系数的加、减、乘、除运算,不会超出$\mathbb{Q}$的范围,不管把它们看做$\mathbb{C}[x]$内的多项式还是看做$\mathbb{Q}[x]$内的多项式,计算结果都是一样的. 所以在$\mathbb{Q}[x]$内,$f(x)$与 $g(x)$的最大公因式仍然是 x^d-1. ▌

例 2.4 设 $f(x)\in\mathbb{R}[x]$且对任意 $a\in\mathbb{R}$,$f(a)\geqslant 0$. 证明存在 $g(x),h(x)\in\mathbb{R}[x]$,使 $f(x)=g(x)^2+h(x)^2$.

解 不妨设 $f(x)\neq 0$. 根据上面的命题,在$\mathbb{R}[x]$内

$$f(x)=a_0(x-a_1)^{k_1}\cdots(x-a_r)^{k_r}(x^2+p_1x+q_1)^{l_1}\cdots\cdot(x^2+p_sx+q_s)^{l_s},$$

其中 $a_1,\cdots,a_r$ 为 $f(x)$的实根,而 $p_i^2-4q_i<0(i=1,2,\cdots,s)$.

若有某 k_i 为奇数,则存在 $\varepsilon>0$,使在区间$(a_i-\varepsilon,a_i+\varepsilon)$内 $f(x)$改变符号,这与题设矛盾,故 k_i 均为偶数. 又因 $x\to+\infty$时 $f(x)\to+\infty$,故知 $a_0>0$. 于是 $a_0(x-a_1)^{k_1}\cdots(x-a_r)^{k_r}=(c(x))^2$,$c(x)\in\mathbb{R}[x]$.

现在

$$x^2+p_ix+q_i=\left(x+\frac{1}{2}p_i\right)^2-\frac{1}{4}p_i^2+q_i$$
$$=\left(x+\frac{1}{2}p_i\right)^2+\left(\frac{1}{2}\sqrt{4q_i-p_i^2}\right)^2.$$

对任意 $g_1(x),g_2(x),h_1(x),h_2(x)\in\mathbb{R}[x]$,我们有

$$\begin{aligned}(g_1^2+h_1^2)(g_2^2+h_2^2)&=(g_1+\mathrm{i}h_1)(g_1-\mathrm{i}h_1)(g_2+\mathrm{i}h_2)(g_2-\mathrm{i}h_2)\\&=[(g_1g_2-h_1h_2)+(g_1h_2+g_2h_1)\mathrm{i}]\\&\quad\cdot[(g_1g_2-h_1h_2)-(g_1h_2+g_2h_1)\mathrm{i}]\\&=(g_1g_2-h_1h_2)^2+(g_1h_2+g_2h_1)^2.\end{aligned}$$

综合上面的结果即知有 $f(x)=g(x)^2+h(x)^2$. ▍

例 2.5 设 $n=2m$ 为偶数,将 x^n-1 在 $\mathbb{R}[x]$内分解为不可约多项式的乘积.

解 我们有

$$\begin{aligned}x^n-1&=\prod_{k=0}^{n-1}(x-\mathrm{e}^{\frac{2k\pi\mathrm{i}}{n}})\\&=(x-1)(x+1)\prod_{k=1}^{m-1}(x-\mathrm{e}^{\frac{2k\pi\mathrm{i}}{n}})(x-\mathrm{e}^{\frac{2(n-k)\pi\mathrm{i}}{n}})\\&=(x-1)(x+1)\prod_{k=1}^{m-1}\left(x^2-2\cos\frac{2k\pi}{n}x+1\right).\end{aligned}$$

因为 $0<k<\frac{n}{2}$ 时,$0<\frac{2k\pi}{n}<\pi$,故 $\cos^2\frac{2k\pi}{n}<1$. 于是 $x^2-2\cos\frac{2k\pi}{n}x+1$ 为 $\mathbb{R}[x]$内不可约多项式. ▍

例 2.6 证明下面的等式:

(1) $\cos\frac{\pi}{2n+1}\cos\frac{2\pi}{2n+1}\cdots\cos\frac{n\pi}{2n+1}=\frac{1}{2^n}$;

(2) $\sin\frac{\pi}{2n}\sin\frac{2\pi}{2n}\cdots\sin\frac{(n-1)\pi}{2n}=\frac{\sqrt{n}}{2^{n-1}}$.

解 (1) 从例 2.5,我们有

$$\begin{aligned}x^{2(2n+1)}-1&=(x-1)(x+1)\prod_{k=1}^{2n}\left(x^2-2\cos\frac{k\pi}{2n+1}x+1\right)\\&=(x-1)(x+1)\left\{\prod_{k=1}^{n}\left(x^2-2\cos\frac{k\pi}{2n+1}x+1\right)\right\}\end{aligned}$$

$$\cdot \prod_{l=1}^{n}\left(x^2 - 2\cos\frac{(n+l)\pi}{2n+1}x + 1\right).$$

令 $n+l=2n+1-k$，则 $\cos\frac{(n+l)\pi}{2n+1}=-\cos\frac{k\pi}{2n+1}(k=1,2,\cdots,n)$. 故

$$x^{2(2n+1)} - 1 = (x-1)(x+1)\prod_{k=1}^{n}\left[(x^2+1)^2 - 4\cos^2\frac{k\pi}{2n+1}x^2\right].$$

在上式令 $x=\mathrm{i}$ 代入，得

$$-2 = -2\cdot 4^n\prod_{k=1}^{n}\cos^2\frac{k\pi}{2n+1}.$$

当 $0<k\leqslant n$ 时，$0<\frac{k\pi}{2n+1}\leqslant\frac{n}{2n+1}\pi<\frac{\pi}{2}$，$\cos\frac{k\pi}{2n+1}>0$，故

$$\prod_{k=1}^{n}\cos\frac{k\pi}{2n+1} = \frac{1}{2^n}.$$

(2) 从例 2.5，我们有

$$x^{4n} - 1 = (x^2)^{2n} - 1 = (x^4-1)\prod_{k=1}^{n-1}\left(x^4 - 2\cos\frac{2k\pi}{2n}x^2 + 1\right).$$

但

$$x^{4n} - 1 = (x^4)^n - 1 = (x^4-1)(x^{4(n-1)} + x^{4(n-2)} + \cdots + 1),$$

故得

$$\sum_{k=0}^{n-1}x^{4k} = \prod_{k=1}^{n-1}\left(x^4 + 1 - 2\cos\frac{2k\pi}{2n}\cdot x^2\right).$$

在上式取 $x=1$，得

$$\begin{aligned} n &= \prod_{k=1}^{n-1}\left(2 - 2\cos\frac{2k\pi}{2n}\right) = 2^{n-1}\prod_{k=1}^{n-1}\left(1-\cos\frac{2k\pi}{2n}\right) \\ &= 2^{n-1}\prod_{k=1}^{n-1}\left(1-\cos^2\frac{k\pi}{2n}+\sin^2\frac{k\pi}{2n}\right) \\ &= 4^{n-1}\prod_{k=1}^{n-1}\sin^2\frac{k\pi}{2n}. \end{aligned}$$

现在 $0<k<n$，故 $0<\frac{k\pi}{2n}<\frac{\pi}{2}$，即 $\sin\frac{k\pi}{2n}>0$. 故

$$\prod_{k=1}^{n-1}\sin\frac{k\pi}{2n} = \frac{\sqrt{n}}{2^{n-1}}. \quad \blacksquare$$

二、$\mathbb{Q}$上多项式的素因式标准分解式

【内容提要】

给定整数系数多项式

$$f(x)=a_0x^n+a_1x^{n-1}+\cdots+a_n \quad (a_i\in\mathbb{Z},a_0\neq 0),$$

这里$n\geqslant 1$. 如果$(a_0,a_1,\cdots,a_n)=1$(即$f(x)$的系数的最大公因子是1),则称$f(x)$是一个**本原多项式**.

命题 $\mathbb{Q}[x]$内一个次数$\geqslant 1$的多项式$f(x)$可以表成一个有理数k和一个本原多项式$\bar{f}(x)$的乘积:$f(x)=k\bar{f}(x)$,而且k除了可能差一个± 1因子外,是被$f(x)$唯一决定的.

定理(高斯引理) 两个本原多项式的乘积还是一个本原多项式.

设$f(x)\in\mathbb{Z}[x]$,$f(x)\neq 0$及± 1. 如果存在$g(x),h(x)\in\mathbb{Z}[x]$,使得$f(x)=g(x)h(x)$,且$g(x)\neq\pm 1,h(x)\neq\pm 1$,则称$f(x)$在$\mathbb{Z}[x]$内**可约**,否则称$f(x)$在$\mathbb{Z}[x]$内**不可约**.

命题 设$f(x)\in\mathbb{Q}[x]$,$\deg f(x)>0$. 命$f(x)=k\bar{f}(x)$,其中$k\in\mathbb{Q}$,$\bar{f}(x)$是一个本原多项式. 则$f(x)$在$\mathbb{Q}[x]$内可约的充分必要条件是$\bar{f}(x)$在$\mathbb{Z}[x]$内可约.

爱森斯坦判别法 设给定n次本原多项式

$$f(x)=a_0+a_1x+\cdots+a_nx^n\in\mathbb{Z}[x] \quad (n\geqslant 1).$$

如果存在一个素数p,使$p\mid a_i(i=0,1,\cdots,n-1)$,但$p\nmid a_n$,$p^2\nmid a_0$,则$f(x)$在$\mathbb{Z}[x]$内不可约.

命题 设$f(x)$是$\mathbb{Z}[x]$内一个首项系数为正的多项式且$f(x)\neq 1$,则$f(x)$在$\mathbb{Z}[x]$内可以分解为

$$f(x)=p_1^{e_1}\cdots p_k^{e_k}p_1(x)^{f_1}\cdots p_l(x)^{f_l},$$

其中$p_1,\cdots,p_k$为两两不同的素数,$p_1(x),\cdots,p_l(x)$为$\mathbb{Z}[x]$内两两不同,次数$\geqslant 1$且首项系数为正的不可约多项式. 上述分解式除了因子的排列次序外,是唯一的.

评议 有理数域上多项式的因式分解比$\mathbb{R}[x]$和$\mathbb{C}[x]$复杂得

多，$\mathbb{Q}[x]$内有哪些不可约多项式，至今没有弄清楚，甚至连一个普遍有效的判别法则都没有. 现在唯一较有效的是借助本原多项式把问题转化到$\mathbb{Z}[x]$内，然后利用整数的因式分解理论，来探索其不可约性. 爱森斯坦判别法就是这种方法的一个代表. 因为素数p有无穷多，所以对任意正整数n，在$\mathbb{Q}[x]$内按爱森斯坦判别法立即构造出无穷多个n次不可约多项式，例如$x^n \pm p$都是.

但$\mathbb{Z}$不是数域，所以必须注意前面数域上多项式的因式分解理论对$\mathbb{Z}[x]$不适用，甚至连不可约多项式的定义都是不一样的. $\mathbb{Z}[x]$内也有因式分解唯一定理，但与$K[x]$内因式分解唯一定理也不相同，读者应予注意.

例 2.7 判断下列多项式在有理数域上是否可约：

(1) $x^p + px + 1$（p为奇素数）；

(2) $x^4 + 4kx + 1$（k为整数）；

(3) $x^4 - x^3 + 2x + 1$.

解 (1) 令$x = y - 1$，则

$$\begin{aligned} f(x) &= x^p + px + 1 = (y-1)^p + p(y-1) + 1 \\ &= y^p + \sum_{k=1}^{p} (-1)^k \binom{k}{p} y^{p-k} + py - p + 1 \\ &= y^p + \sum_{k=1}^{p-1} (-1)^k \binom{k}{p} y^{p-k} + py - p = g(y). \end{aligned}$$

因为$1 \leqslant k < p$时

$$k! \binom{k}{p} = p(p-1)\cdots(p-k+1),$$

p为素数，$k!$中出现的整数因子均小于p，故$(p, k!) = 1$. 于是由$p \mid k! \binom{k}{p}$推出$p \mid \binom{k}{p}$，故$g(y)$为本原多项式，且其系数除首项系数外，均被p整除，又p^2不整除常数项. 按爱森斯坦判别法，它在$\mathbb{Z}[y]$内不可约. 再按上面第二个命题知$g(y)$在$\mathbb{Q}[y]$内不可约. 由此可推断$f(x)$在$\mathbb{Q}[x]$内不可约. 因若在$\mathbb{Q}[x]$内存在$q(x)$，$h(x)$使$f(x) = q(x)h(x)$（$\deg q(x) \geqslant 1$，$\deg h(x) \geqslant 1$）. 则

$$g(y) = f(y-1) = q(y-1)h(y-1).$$

现在 $q(y-1)$，$h(y-1)$ 均为 $\mathbb{Q}[y]$ 内多项式，且次数不变，均 $\geqslant 1$，这与 $g(y)$ 在 $\mathbb{Q}[y]$ 不可约矛盾.

(2) 令 $x=y+1$，则

$$x^4+4kx+1=(y+1)^4+4k(y+1)+1$$
$$=y^4+4y^3+6y^2+4(k+1)y+4k+2=g(y).$$

现在 $g(y)$ 是本原多项式且除首项系数外，其余系数均被 2 整除，常数项 $2(2k+1)$ 不能被 2^2 整除，按爱森斯坦判别法知 $g(y)$ 在 $\mathbb{Q}[y]$ 不可约，从而 $x^4+4kx+1$ 在 $\mathbb{Q}[x]$ 不可约.

(3) 令 $x=y+1$，代入得

$$x^4-x^3+2x+1=y^4+3y^3+3y^2+3y+3.$$

显然，取素数 $p=3$. 按爱森斯坦判别法即知原多项式在 $\mathbb{Q}[x]$ 内不可约. ▌

评议　此例题使用爱森斯坦判别法，但均需作变换将 $f(x)$ 转换成 $g(y)$，这时有两点必须注意：

(1) 使用爱森斯坦判别法之前先要判断 $g(y)$ 是否本原多项式；

(2) 要弄清由 $g(y)$ 在 $\mathbb{Q}[y]$ 不可约为什么可以断言 $f(x)$ 在 $\mathbb{Q}[x]$ 内不可约.

例 2.8　给定 $f(x)=a_0x^n+a_1x^{n-1}+\cdots+a_n\in\mathbb{Z}[x]$，$a_0>0$，$n\geqslant 1$. 设存在素数 p 及非负整数 k，使 $p\nmid a_0$，$p\mid a_{k+1}$，$p\mid a_{k+2}$，$\cdots$，$p\mid a_n$，但 $p^2\nmid a_n$. 证明 $f(x)$ 在 $\mathbb{Z}[x]$ 内有次数 $\geqslant n-k$ 的不可约因子 $\varphi(x)$.

解　按 $\mathbb{Z}[x]$ 内的因子分解唯一定理，有

$$f(x)=p_1^{e_1}\cdots p_k^{e_k}p_1(x)^{f_1}\cdots p_l(x)^{f_l}.$$

因为 $p\nmid a_0$，故 $p\neq p_i(i=1,2,\cdots,k)$. 但 $p\mid a_n$，而 a_n 是由分解式中各因式的常数项连乘得出，故必有 $f(x)$ 的一个次数 $\geqslant 1$ 的不可约因子 $\varphi(x)$，其常数项被 p 整除. 设 $f(x)=\varphi(x)g(x)$，

$$\varphi(x)=b_0x^m+b_1x^{m-1}+\cdots+b_m,\quad p\mid b_m;$$
$$g(x)=c_0x^h+c_1x^{h-1}+\cdots+c_h.$$

现设 $p\mid b_{m-i}(i=0,1,\cdots,l-1)$，但 $p\nmid b_{m-l}$. 因 $a_0=b_0c_0$，$p\nmid a_0$，故 $p\nmid b_0$，$p\nmid c_0$，于是 $l\leqslant m$. 现因 $p^2\nmid a_n$，而 $a_n=b_mc_h$，已知 $p\mid b_m$，故 $p\nmid c_h$. 现

约定 $c_{-k}=0(k=1,2,3,\cdots)$. 我们有

$$a_{n-l}=c_hb_{m-l}+c_{h-1}b_{m-(l-1)}+c_{h-2}b_{m-(l-2)}+\cdots+c_{h-l}b_m.$$

因为 $p\mid b_{m-i}(i=l-1,l-2,\cdots,1,0)$,但 $p\nmid b_{m-l},p\nmid c_h$. 于是 $p\nmid a_{n-l}$. 这推出 $n-l\leqslant k$,即 $n-k\leqslant l\leqslant m=\deg\varphi(x)$. 即 $f(x)$有一不可约因子 $\varphi(x)$,其次数 $\geqslant n-k$. ▌

评议 这例题是爱森斯坦判别法的推广. 实际上,提出 $f(x)$系数的最大公因子 d 之后(按条件 $p\nmid a_0$,故有 $p\nmid d$)它变成本原多项式,当 $k=0$ 时它就是爱森斯坦判别法.

例 2.9 给定 $f(x)=a_0x^n+a_1x^{n-1}+\cdots+a_n\in\mathbb{Z}[x],a_0>0$, $n\geqslant1$. 若 $f(x)$无有理根且存在素数 $p,p\nmid a_0$,但 $p\mid a_2,p\mid a_3,\cdots,p\mid a_n,p^2\nmid a_n$. 证明 $f(x)$在$\mathbb{Q}[x]$内不可约.

解 设 $f(x)$系数的最大公因子是 d,令 $f(x)=d\bar{f}(x)$,则$\bar{f}(x)$为本原多项式且与 $f(x)$满足相同的条件(因 $p\nmid a_0$,故 $p\nmid d$). 只要证$\bar{f}(x)$在$\mathbb{Z}[x]$内不可约即可. 因此不妨假设 $f(x)$即为本原多项式.

若 $f(x)$在$\mathbb{Z}[x]$内可约,设 $f(x)=g(x)h(x),g(x),h(x)\in\mathbb{Z}[x]$,因 $f(x)$无有理根,故 $\deg g(x)\geqslant2,\deg h(x)\geqslant2$. 设

$$g(x)=b_0x^k+b_1x^{k-1}+\cdots+b_k,$$

$$h(x)=c_0x^m+c_1x^{m-1}+\cdots+c_m.$$

因为 $b_kc_m=a_n,p\mid a_n$,可设 $p\mid b_k$. 因 $p^2\nmid a_n$,故 $p\nmid c_m$. 假设 $p\mid b_{k-i}(i=0,1,\cdots,l-1)$,但 $p\nmid b_{k-l}$. 因为 $a_0=b_0c_0$,而 $p\nmid a_0$,故 $p\nmid b_0$,因而 $l\leqslant k$. 设 $c_{-j}=0(j=1,2,\cdots)$. 因

$$a_{n-l}=b_{k-l}c_m+b_{k-l+1}c_{m-1}+b_{k-l+2}c_{m-2}+\cdots+b_kc_{m-l}.$$

已知 $p\mid b_{k-i}(i=l-1,l-2,\cdots,1,0)$,而 $p\nmid b_{k-l},p\nmid c_m$,故 $p\nmid a_{n-l}$,于是 $n-l\leqslant1$,即 $n-1\leqslant l\leqslant k$. 因为 $m+k=n$. 这推出 $m+k-1\leqslant k$,于是 $m\leqslant1$,这与 $f(x)$无有理根,$m\geqslant2$ 相矛盾. 故 $f(x)$在$\mathbb{Z}[x]$不可约,从而在$\mathbb{Q}[x]$不可约. ▌

评议 这是爱森斯坦判别法的变种,把 $p\mid a_1$ 的条件改换成 $f(x)$无有理根,也得到相同的结果,而且也有实用价值,因为判断 $f(x)$有无有理根并不困难.

例 2.10 设 $f(x)=a_0+a_1x+\cdots+a_nx^n\in\mathbb{Z}[x]$,$\deg f\geqslant 1$. 其中 a_0 为素数且 $a_0>|a_1|+\cdots+|a_n|$. 证明 $f(x)$ 为 $\mathbb{Z}[x]$ 内不可约多项式.

解 设 α 为 $f(x)$ 在 $\mathbb{C}$ 内的一个根. 若 $|\alpha|\leqslant 1$,则

$$\begin{aligned}a_0&=|-a_1\alpha-a_2\alpha^2-\cdots-a_n\alpha^n|\\&\leqslant|a_1||\alpha|+|a_2||\alpha|^2+\cdots+|a_n||\alpha|^n\\&\leqslant|a_1|+|a_2|+\cdots+|a_n|,\end{aligned}$$

与题设矛盾. 故必 $|\alpha|>1$.

若 $f(x)$ 在 $\mathbb{Z}[x]$ 内可约,则有 $g(x),h(x)\in\mathbb{Z}[x]$,使 $f(x)=g(x)h(x)$. 因 $a_0=p$ 为素数,若 $p\,|\,a_i\,(i=1,2,\cdots,n)$. 因为 $\deg f\geqslant 1$ 必有某个 $a_i\neq 0$,设 $a_i=pa$,则 $|a_i|=p|a|$,$|a|\geqslant 1$. 于是

$$|a_1|+|a_2|+\cdots+|a_n|\geqslant p|a|\geqslant p=a_0,$$

与题设矛盾. 故 p 非 $f(x)$ 系数的公因子. 但 a_0 除 p 外无其他大于 1 的公因子. 因此 $f(x)$ 为本原多项式. 从而 $\deg g(x)\geqslant 1$. $\deg h(x)\geqslant 1$.

设

$$g(x)=b_0+b_1x+\cdots+b_mx^m,$$
$$h(x)=c_0+c_1x+\cdots+c_kx^k.$$

因为 $a_0=b_0c_0\neq 0$,故 $b_0\neq 0$. $g(x)$ 在 $\mathbb{C}$ 内的根 $\beta_1,\beta_2,\cdots,\beta_m$ 均为 $f(x)$ 的根,故 $|\beta_i|>1$. 根据方程根与系数的关系,有

$$\frac{b_0}{b_m}=(-1)^m\beta_1\beta_2\cdots\beta_m.$$

因而

$$|b_0|=|b_m||\beta_1||\beta_2|\cdots|\beta_m|>|b_m|\geqslant 1.$$

同理,有 $|c_0|>1$. 这与 a_0 为素数矛盾. 因此,$f(x)$ 在 $\mathbb{Z}[x]$ 内不可约,从而在 $\mathbb{Q}[x]$ 内也不可约. ▌

评议 此题中给的条件是 $f(x)$ 系数的不等式,并非系数的整除关系,因而显然不能用前面两例的办法来处理. 系数直接和根相联系,因此要设法用根与系数的关系来处理问题. 此例中的条件容易验证,因而有一定实用价值.

例 2.11 给定正整数 n,试构造一个数域 K,使它作为 $\mathbb{Q}$ 上线性空间是 n 维的.

解　取定素数 p，按爱森斯坦判别法，多项式 $f(x)=x^n-p$ 在 $\mathbb{Q}[x]$内不可约. 设 $\alpha=\sqrt[n]{p}$，定义

$$\mathbb{Q}[\alpha]=\{a_0+a_1\alpha+\cdots+a_{n-1}\alpha^{n-1}\,|\,a_i\in\mathbb{Q}\}.$$

(1) 证明$\mathbb{Q}[\alpha]$是一个数域. 首先，$\mathbb{Q}[\alpha]$显然对复数加、减运算是封闭的. 对任意整数 m，设 $m=qn+r(0\leqslant r<n)$. 则 $\alpha^m=(\alpha^n)^q\alpha^r=p^q\alpha^r\in\mathbb{Q}[\alpha]$. 由此立知$\mathbb{Q}[\alpha]$对复数乘法也封闭. 设 $a_0+a_1\alpha+\cdots+a_{n-1}\cdot\alpha^{n-1}\in\mathbb{Q}[\alpha]$为非零复数，定义 $g(x)=a_0+a_1x+\cdots+a_{n-1}x^{n-1}\in\mathbb{Q}[x]$. 因$f(x)$为$\mathbb{Q}[x]$内不可约多项式，而 $\deg g(x)\leqslant n-1<\deg f(x)$，故$f(x)\nmid g(x)$，在§1 例 1.6 的评议中已指出，此时应有$(g(x),f(x))=1$. 于是存在 $u(x),v(x)\in\mathbb{Q}[x]$，使 $u(x)g(x)+v(x)f(x)=1$. 令 $x=\alpha$ 代入，则 $u(\alpha)g(\alpha)+v(\alpha)f(\alpha)=u(\alpha)g(\alpha)=1$. 这表明

$$\frac{1}{g(\alpha)}=u(\alpha)\in\mathbb{Q}[\alpha].$$

由此推出$\mathbb{Q}[\alpha]$对复数除法也封闭. 故$\mathbb{Q}[\alpha]$是一数域.

(2) 下面证明$\mathbb{Q}[\alpha]$作为$\mathbb{Q}$上线性空间是 n 维的. 设

$$a_0+a_1\alpha+\cdots+a_{n-1}\alpha^{n-1}=0\quad(a_i\in\mathbb{Q}).$$

令 $g(x)=a_0+a_1x+\cdots+a_{n-1}x^{n-1}$. 若 $g(x)\neq0$，则因 $f(x)\nmid g(x)$，应有$(f(x),g(x))=1$. 于是存在 $u(x),v(x)\in\mathbb{Q}[x]$，使 $u(x)g(x)+v(x)f(x)=1$，以 $x=\alpha$ 代入得 $0=1$，矛盾. 故 $g(x)=0$，即 $a_0=a_1=\cdots=a_{n-1}=0$. 由此推知 $1,\alpha,\cdots,\alpha^{n-1}$在$\mathbb{Q}$上线性无关，因$\mathbb{Q}[\alpha]$内任意向量均可被它线性表示，故它是$\mathbb{Q}[\alpha]$作为$\mathbb{Q}$上线性空间的一组基，因此，$\dim\mathbb{Q}[\alpha]=n$. ▌

评议　此例表明存在无穷多个不同的数域，任给$\mathbb{Q}$上一个 n 次不可约多项式，都可仿照此例构造出一个数域，这些数域的结构及相互关系成了一元高次代数方程理论最核心的内容. 把实数域$\mathbb{R}$看做$\mathbb{Q}$上的线性空间，上面向量组 $1,\alpha,\cdots,\alpha^{n-1}$是$\mathbb{R}$内一个线性无关向量组，这里 n 是任意正整数. 由此知$\mathbb{R}$作为$\mathbb{Q}$上线性空间是无限维的.

例 2.12　设 $a_1,a_2,\cdots,a_n$ 是两两不同的整数. 证明多项式

$$f(x)=(x-a_1)(x-a_2)\cdots(x-a_n)-1$$

在$\mathbb{Q}[x]$内不可约.

解 $f(x)$是首一多项式,故为本原多项式. 只要证 $f(x)$是 $\mathbb{Z}[x]$内不可约多项式就可以了. 设 $f(x)=g(x)h(x)$,这里 $g(x)$, $h(x)\in\mathbb{Z}[x]$,且 $\deg g(x)\geqslant 1$, $\deg h(x)\geqslant 1$. 我们有

$$g(a_i)h(a_i)=f(a_i)=-1\quad(i=1,2,\cdots,n).$$

这表明 $g(a_i)=1,h(a_i)=-1$ 或 $g(a_i)=-1,h(a_i)=1$. 因而总有 $g(a_i)+h(a_i)=0$. 因 $\deg g(x)<n,\deg h(x)<n$,故 $\deg(g(x)+h(x))<n$,它有 n 个不同的根,因而 $g(x)+h(x)=0$(这里我们认为零多项式次数为$-\infty$). 即 $h(x)=-g(x)$. 于是 $f(x)=-g(x)^2$. 但 $f(x)$首项系数为 1,矛盾. 故多项式 $f(x)$在 $\mathbb{Z}[x]$不可约,从而在$\mathbb{Q}[x]$不可约. ▌

例 2.13 设 $a_1,a_2,\cdots,a_n$ 是两两不同的整数. 令

$$f(x)=(x-a_1)(x-a_2)\cdots(x-a_n)+1.$$

判断 $f(x)$何时在 $\mathbb{Z}[x]$内不可约.

解 与上例一样,只要判断 $f(x)$何时在 $\mathbb{Z}[x]$不可约. 设 $f(x)=g(x)h(x)$,这里 $g(x),h(x)\in\mathbb{Z}[x]$且 $\deg g(x)\geqslant 1,\deg h(x)\geqslant 1$. 我们有 $g(a_i)h(a_i)=1(i=1,2,\cdots,n)$. 于是 $g(a_i)=h(a_i)=\pm 1$. 这表明 $g(a_i)-h(a_i)=0(i=1,2,\cdots,n)$. 但 $\deg(g(x)-h(x))<n$,故必 $g(x)-h(x)=0$. 于是 $f(x)=g(x)^2$. 这只有当 n 为偶数时才可能. 设 $n=2m$. 那么 $\deg g(x)=m$. 于是

$$\begin{aligned}(x-a_1)(x-a_2)\cdots(x-a_{2m})&=g(x)^2-1\\&=(g(x)+1)(g(x)-1).\end{aligned}$$

现在 $\deg(g(x)\pm 1)=m$,根据因子分解唯一定理,我们不妨设(适当排列 $a_1,a_2,\cdots,a_n$ 的次序),

$$g(x)+1=(x-a_1)(x-a_3)\cdots(x-a_{2m-1});$$
$$g(x)-1=(x-a_2)(x-a_4)\cdots(x-a_{2m}).$$

这里我们可令 $a_1<a_3<\cdots<a_{2m-1}$. 现在 $a_2,a_4,\cdots,a_{2m}$均为 $g(x)-1$ 的根,即 $g(a_{2k})=1$. 代入第一分解式得

$$2=(a_{2k}-a_1)(a_{2k}-a_3)\cdots(a_{2k}-a_{2m-1}).$$

这里 $a_{2k}-a_1>a_{2k}-a_3>\cdots>a_{2k}-a_{2m-1}$,而 $k=1,2,\cdots,m$. 即 2 以 m 种方式分解为 m 个互不相同整数的乘积. 这种分解只有下面几种可

能(注意当$k\neq l$时,$a_{2k}-a_1\neq a_{2l}-a_1$):

(i) $m=1$, $2=2$;

(ii) $m=2$, $2=2\cdot 1$, $2=(-1)\cdot(-2)$.

于是我们有

(i) 此时$n=2m=2$, $a_2-a_1=2$,于是

$$f(x)=(x-a_1)(x-a_1-2)+1=(x-a_1-1)^2,$$

这里a_1取任意整数.

(ii) 此时$n=2m=4$,

$$a_2-a_1=2,\quad a_2-a_3=1,$$
$$a_4-a_1=-1,\quad a_4-a_3=-2.$$

那么,$a_2=a_1+2$,$a_3=a_1+1$,$a_4=a_1-1$. 于是

$$\begin{aligned}f(x)&=(x-a_1)(x-a_1-2)(x-a_1-1)(x-a_1+1)+1\\&=[(x-a_1)(x-a_1-1)-1]^2.\end{aligned}$$

这里a_1取任意整数.

除了以上两种情况外,$f(x)$均在$\mathbb{Q}[x]$内不可约. ▌

评议 以上两例没有涉及$f(x)$系数的整除关系,但$f(x)$的表达式使它在n个整数$a_1,a_2,\cdots,a_n$都取值±1. 如果$f(x)=g(x)h(x)$,则$g(a_i)h(a_i)=\pm1$. 这里仍利用整数的乘法来推断$g(a_i)$,$h(a_i)$的性状,所以实际上仍利用$\mathbb{Z}$内的整除理论来处理问题.

练习题 7.2

1. 判断下列多项式在有理数域上是否可约?

(1) x^2+1;

(2) $x^4-8x^3+12x^2-6x+2$;

(3) x^6+x^3+1.

2. 将$\mathbb{C}$看做有理数域$\mathbb{Q}$上的线性空间. 设$f(x)$是$\mathbb{Q}[x]$内的一个n次不可约多项式,$\alpha\in\mathbb{C}$是$f(x)$的一个根. 令

$$\mathbb{Q}[\alpha]=\{a_0+a_1\alpha+\cdots+a_{n-1}\alpha^{n-1}\,|\,a_i\in\mathbb{Q}\}.$$

证明$\mathbb{Q}[\alpha]$是$\mathbb{C}$的一个有限维子空间,并求$\mathbb{Q}[\alpha]$的一组基.

3. 续上题. 设 $\beta=a_0+a_1\alpha+\cdots+a_{n-1}\alpha^{n-1}$ 是 $\mathbb{Q}[\alpha]$ 内的一个非零元素. 证明在 $\mathbb{Q}[\alpha]$ 内存在一个元素 γ，使 $\beta\gamma=1$.（$\beta\gamma$ 是 $\mathbb{C}$ 内两个数作乘法.）

4. 设 $f(x)=a_0x^n+a_1x^{n-1}+\cdots+a_n\in\mathbb{Z}[x]$（$a_0\neq0$）. 又设 $g(x)$ 是 $\mathbb{Z}[x]$ 内任一多项式，证明存在非负整数 l 以及 $q(x),r(x)\in\mathbb{Z}[x]$，使

$$a_0^lg(x)=q(x)f(x)+r(x),$$

其中 $r(x)=0$ 或 $\deg r(x)<\deg f(x)$.

5. 在 $\mathbb{R}[x]$ 内求下列多项式的素因式标准分解式：

(1) $x^{2n+1}-1$；　　(2) $x^{2n+1}+1$.

6. 设 $f(x)$ 是整系数多项式. 如果 $f(0)$ 和 $f(1)$ 都是奇数，证明 $f(x)$ 无整数根.

7. 试给出 $\mathbb{Q}[x]$ 内多项式 $f(x)=x^4+px^2+q$ 在 $\mathbb{Q}[x]$ 内可约的充分必要条件.

8. 设 m,n,k 是正整数，问何时 x_2-x+1 整除 $x^{3m}-x^{3n+1}+x^{3k+2}$.

§3　实系数多项式实根的分布

【内容提要】

给定实数序列

$$a_1,a_2,\cdots,a_n, \tag{1}$$

将其中等于零的项划掉，对剩下的序列从左至右依次观察. 如果相邻两数异号，则称为一个**变号**. 变号的总数称为序列(1)的**变号数**.

给定实系数多项式的序列

$$f_1(x),f_2(x),\cdots,f_n(x). \tag{2}$$

对 $a\in\mathbb{R}$，实数序列 $f_1(a),f_2(a),\cdots,f_n(a)$ 的变号数称为多项式序列(2)在 $x=a$ **处的变号数**，记做 $W(a)$. 这样，对于一个实系数多项式序列(2)，我们定义了一个取整数值的函数 $W(x)$，称为多项式序列(2)的**变号数函数**.

现在设 $f(x)$ 是一个次数 $n\geqslant1$ 的无重根的实系数多项式. 实系

数多项式序列

$$f_0(x)=f(x),f_1(x),f_2(x),\cdots,f_s(x) \tag{3}$$

如果满足如下条件：

(i) 相邻两多项式 $f_i(x),f_{i+1}(x)(i=0,1,\cdots,s-1)$没有公共实根；

(ii) 最后一个多项式 $f_s(x)$没有实根；

(iii) 如果某个中间多项式 $f_i(x)(1\leqslant i<s)$有一个实根 α，则

$$f_{i-1}(\alpha)f_{i+1}(\alpha)<0;$$

(iv) 如果 α 是 $f(x)$的实根，则乘积 $f(x)f_1(x)$在 $x=\alpha$ 的一个充分小的邻域内为增函数，

则称序列(3)为 $f(x)$的一个**斯图姆序列**.

定理(斯图姆定理) 设 $f(x)$是一个无重根的实系数多项式，它有一个斯图姆序列(3). 以 $W(x)$表(3)的变号数函数，设 a,b 是两个实数，它们不是 $f(x)$的根，且 $a<b$，则 $f(x)$在区间(a,b)内实根的个数等于 $W(a)-W(b)$.

评议 在本节我们重新回到经典代数学的领域，集中讨论实系数多项式实根的分布问题，介绍这方面一个漂亮的结果：斯图姆定理. 它相当完美地解决了实系数多项式实根分布的理论课题，并且具有实际应用价值.

在本节中重新把多项式当作函数看待，它们完全是数学分析中的实函数，数学分析中的所有理论对它们都适用.

应用斯图姆定理的关键是找出 $f(x)$的一个斯图姆序列. 这种序列并不是唯一的，可以根据多项式 $f(x)$的特点灵活地处理. 但它也有一个普遍适用的规范方法. 下面对此作一介绍.

设 $f(x)$是一个无重根的实系数多项式，取 $f_0(x)=f(x)$，$f_1(x)=f'(x)$(设 $\deg f(x)\geqslant 1$). 以 $f_1(x)$除 $f_0(x)$，得

$$f_0(x)=q_1(x)f_1(x)+r_1(x),$$

$$r_1(x)=0 \quad 或 \quad \deg r_1(x)<\deg f_1(x).$$

如 $r_1(x)=0$，过程到此结束. 否则，取 $f_2(x)=-r_1(x)$，再用 $f_2(x)$去除 $f_1(x)$，得

$$f_1(x)=q_2(x)f_2(x)+r_2(x),$$

$$r_2(x) = 0 \quad 或 \quad \deg r_2(x) < \deg f_2(x).$$

如 $r_2(x)=0$,过程到此结束.否则,取 $f_3(x)=-r_2(x)$,再用 $f_3(x)$去除 $f_2(x)$,….经过若干步后,我们有

$$f_{s-1}(x) = q_s(x)f_s(x).$$

于是,我们得到一个实系数多项式系列:

$$f_0(x) = f(x), \quad f_1(x) = f'(x), f_2(x), \cdots, f_{s-1}(x), f_s(x).$$

上面的序列就是 $f(x)$的一个斯图姆序列.

我们来给出复系数多项式的根的一个粗略的界限.

命题 设 $f(x)=a_0x^n+a_1x^{n-1}+\cdots+a_n\in \mathbb{C}[x]$,其中 $a_0\neq 0$ 而 $n\geqslant 1$.令

$$A = \max\{|a_1|, |a_2|, \cdots, |a_n|\}.$$

则对 $f(x)$的任一复根 α,有 $|\alpha|<1+A/|a_0|$.

有了上面这些知识,我们确定一个实系数多项式实根的分布情况就没有什么大的困难了.

例 3.1 考查多项式 $f(x)=x^3+3x^2-1$,求其实根个数和有根区间.

解 它的斯图姆序列可取为

$$f_0(x) = x^3 + 3x^2 - 1,$$
$$f_1(x) = 3x^2 + 6x,$$
$$f_2(x) = 2x + 1,$$
$$f_3(x) = 1.$$

它们在$-\infty$和$+\infty$处变号数可用下面的表来表示:

	$f_0(x)$	$f_1(x)$	$f_2(x)$	$f_3(x)$	变号数
$-\infty$	$-$	$+$	$-$	$+$	3
$+\infty$	$+$	$+$	$+$	$+$	0

由此表可知,对充分大正数 N,$W(-N)$与 $W(N)$的值是多少,故多项式 $f(x)$有 3 个实根.根据上面的命题可以断定 $f(x)$的实根都位于区间$(-4,4)$之内.对于这个区间内任一小区间(a,b),应用斯图姆定理可以求出(a,b)内 $f(x)$的实根个数.利用这个办法可以证明:$f(x)$的三个实根分别位于区间$(-3,-2)$,$(-1,0)$,$(0,1)$内.这就

把 $f(x)$的实根分布情况完全搞清楚了. ▌

例 3.2 讨论多项式 $f(x)=nx^n-x^{n-1}-x^{n-2}-\cdots-1$ 实根的分布状况.

解 显然有 $f(1)=0$. 故 $f(x)$有一实根 $x_0=1$. 令

$$F(x)=(x-1)f(x)=nx^{n+1}-(n+1)x^n+1,$$

则 $F(x)$与 $f(x)$有相同的实根(不计重数). 因

$$F'(x)=n(n+1)(x-1)x^{n-1}.$$

(1) 设 n 为奇数,此时 $x^{n-1}\geqslant 0$. 故当 $x<1$ 时 $F'(x)<0$,$F(x)$为递减函数;当 $x>1$ 时 $F'(x)>0$,$F(x)$为递增函数,而 $F(1)=0$,故 $F(x)$只有唯一实根 $x_0=1$,它也是 $f(x)$的唯一实根.

(2) 设 n 为偶数,此时当 $x<0$ 时,$x^{n-1}<0$;而当 $x>0$ 时 $x^{n-1}>0$. 故

$$F'(x)\begin{cases}>0, & \text{若 } x<0,\\ >0, & \text{若 } x>1,\\ <0, & \text{若 } 0<x<1.\end{cases}$$

即当 $x<0$ 或 $x>1$ 时 $F(x)$为增函数;当 $0<x<1$ 时 $F(x)$为减函数. 因 $F(0)=1$,$F(-1)=-2n$,因而在区间$(-1,0)$,$F(x)$有唯一实根,它也是 $f(x)$在此区间的唯一实根. $F(1)=f(1)=0$. 故 $x_0=1$ 为 $f(x)$的又一实根. 除此外,$f(x)$无其他实根. ▌

评议 此例未用斯图姆定理,而是借助数学分析的知识讨论 $F(x)$的函数图像得到解法.

例 3.3 给定实系数多项式 $f(x)=x^n+px+q$,这里 $n\geqslant 3$,$p\neq 0$,且设 $f(x)$无重根. 试讨论 $f(x)$实根的数目.

解 按上面的规范办法找其斯图姆序列. 取 $f_0(x)=f(x)$,$f_1(x)=f'(x)$,因为

$$f_0(x)=\frac{1}{n}xf_1(x)+\frac{n-1}{n}px+q,$$

我们令 $f_2(x)=-(n-1)px-nq$(乘 n 不改变所需结果).

下面对办法略作修改,令

$$f_3(x)=-\left(p+n\left(\frac{-nq}{(n-1)p}\right)^{n-1}\right).$$

我们已假定 $f(x)$ 无重根，根据 §1 的例 1.14，$f_3(x)$ 是一非零常数. 现在需证明作此修改仍符合斯图姆系列的四个条件. 因 $f_3(x)$ 无根，故条件(i)，(ii)满足. 现在 $f_2(x)$ 有一实根 $a=-\dfrac{n}{n-1}\dfrac{q}{p}$，此时

$$f_1(a)f_3(a)=\left(n\left(\frac{-nq}{(n-1)p}\right)^{n-1}+p\right)\left(-\left(p+n\left(\frac{-nq}{(n-1)p}\right)^{n-1}\right)\right)$$

$$=-\left(p+n\left(\frac{-nq}{(n-1)p}\right)^{n-1}\right)^2<0.$$

由此推知条件(iii)符合，条件(iv)只涉及 $f_0(x)$，$f_1(x)$，已知符合. 故得 $f(x)$ 的一个斯图姆序列：

$$f_0(x),f_1(x),f_2(x),f_3(x).$$

现令 $\Delta=-((n-1)^{n-1}p^n+(-1)^{n-1}n^nq^{n-1})$. 则

$$\Delta=(n-1)^{n-1}p^{n-1}f_3(x).$$

(1) 若 n 为奇数，则 $p^{n-1}>0$，此时 Δ 与 $f_3(x)$ 同号.

(i) $\Delta>0$，则

$$(n-1)^{n-1}p^n+n^nq^{n-1}<0,$$

因 $q^{n-1}>0$，故必 $p<0$. 由此得下表：

	f_0	f_1	f_2	f_3	变号数
$+\infty$	+	+	+	+	0
$-\infty$	−	+	−	+	3

由此知此时 $f(x)$ 有三个实根.

(ii) $\Delta<0$，此时 p 可正可负.

若 $p>0$，则有下表：

	f_0	f_1	f_2	f_3	变号数
$+\infty$	+	+	−	−	1
$-\infty$	−	+	+	−	2

若 $p<0$，则为下表：

	f_0	f_1	f_2	f_3	变号数
$+\infty$	+	+	+	−	1
$-\infty$	−	+	−	−	2

在以上两种情况下，$f(x)$都只有一个实根.

(2) 若 n 为偶数. 当 $p>0$ 时 Δ 与 $f_3(x)$同号，当 $p<0$ 时，Δ 与 $f_3(x)$异号.

(i) $\Delta>0,p>0$，有下表：

	f_0	f_1	f_2	f_3	变号数
$+\infty$	+	+	−	+	2
$-\infty$	+	−	+	+	2

此时 $f(x)$无实根.

(ii) $\Delta>0,p<0$，有下表：

	f_0	f_1	f_2	f_3	变号数
$+\infty$	+	+	+	−	1
$-\infty$	+	−	−	−	1

此时 $f(x)$无实根.

(iii) $\Delta<0,p>0$，有下表：

	f_0	f_1	f_2	f_3	变号数
$+\infty$	+	+	−	−	1
$-\infty$	+	−	+	−	3

此时 $f(x)$有两个实根.

(iv) $\Delta<0,p<0$，有下表：

	f_0	f_1	f_2	f_3	变号数
$+\infty$	+	+	+	+	0
$-\infty$	+	−	−	+	2

此时 $f(x)$有两个实根. ▌

例 3.4 设 $f(x)=x^5-5ax^3+5a^2x+2b$ 是无重根的实系数多项式，$a\neq0$. 求 $f(x)$实根的个数.

解 令 $\Delta=a^5-b^2$. 易知 $f(x)$无重根的充分必要条件是 $\Delta\neq0$（利用求$(f(x),f'(x))$的辗转相除法容易得出这个结果）. 用前面介

绍的规范方法求 $f(x)$ 的斯图姆序列(每个多项式 $f_i(x)$ 乘正实数不影响结果):

$$f_0(x)=x^5-5ax^3+5a^2x+2b;$$
$$f_1(x)=x^4-3ax^2+a^2;$$
$$f_2(x)=ax^3-2a^2x-b;$$
$$f_3(x)=ax^2-\frac{b}{a}x-a^2;$$
$$f_4(x)=\frac{\Delta}{a^3}x;$$
$$f_5(x)=1.$$

(1) 若 $\Delta>0$,则 $a>0$. 此时有下表:

	f_0	f_1	f_2	f_3	f_4	f_5	变号数
$+\infty$	+	+	+	+	+	+	0
$-\infty$	−	+	−	+	−	+	5

此时 $f(x)$ 有 5 个实根.

(2) 若 $\Delta<0$ 且 $a>0$. 此时有下表:

	f_0	f_1	f_2	f_3	f_4	f_5	变号数
$+\infty$	+	+	+	+	−	+	2
$-\infty$	−	+	−	+	+	+	3

此时 $f(x)$ 有一个实根.

(3) 若 $\Delta<0$ 且 $a<0$. 此时有下表:

	f_0	f_1	f_2	f_3	f_4	f_5	变号数
$+\infty$	+	+	−	−	+	+	2
$-\infty$	−	+	+	−	−	+	3

此时 $f(x)$ 有一个实根. ▌

例 3.5 证明实系数多项式 $f(x)=x^5+ax^4+bx^3+c\,(c\neq 0)$ 不能有 5 个不同实根.

解 如果 $f(x)$ 有 5 个不同实根(由小至大排列) a_1,a_2,a_3,a_4,a_5,

则按微分学中的罗尔定理,在区间$(a_i,a_{i+1})(i=1,2,3,4)$之间应有$f'(x)$的一个根,故$f'(x)$应有4个不同实根.但$f'(x)=x^2(5x^2+4ax+3b)$,有一个二重根$x=0$,所以它至多有3个不同实根,矛盾.故$f(x)$不能有5个不同实根. ▌

评议 本例完全使用数学分析的知识.如用斯图姆定理就把问题复杂化了.所以处理问题要把多方面的知识融合起来,灵活机动.

例 3.6 设$f(x)$是n次实系数多项式,a,b是两个实数,$a<b$.如果$f(x)-a$和$f(x)-b$都有n个不同的实根.证明对任意实数λ,$a<\lambda<b$,$f(x)-\lambda$也有n个不同的实根.

解 设$f(x)$的n个实根按大小排列是$a_1,a_2,\cdots,a_n$.按罗尔定理,在$(a_i,a_{i+1})(i=1,2,\cdots,n-1)$内必有$f'(x)$的一个根$b_i$,因$f'(x)$为$n-1$次多项式,故$f'(x)$没有其他实根,即在区间$(-\infty,b_1)$,$(b_i,b_{i+1})(i=1,2,\cdots,n-2)$,$(b_{n-1},+\infty)$内$f'(x)$不变号.于是在这些区间内$f(x)$为单调(上升或下降)函数.因而$f(x)-a$,$f(x)-b$在每个区间内最多只有一个实根,但已知它们都有$n$个实根,所以它们在每个区间内必然恰有一个实根.这就是说,在每个这样的区间内必有实数c,d,使$f(c)=a$,$f(d)=b$.根据连续函数中间值定理,在c,d之间必有一实数e,使$f(e)=\lambda$.这样,$f(x)-\lambda$在上述n个区间的每一个里面都恰有一根,故知$f(x)-\lambda$恰有n个不同实根. ▌

例 3.7 求厄米特多项式

$$P_n(x)=(-1)^n\mathrm{e}^{\frac{x^2}{2}}\frac{\mathrm{d}^n}{\mathrm{d}x^n}(\mathrm{e}^{-\frac{x^2}{2}})$$

的实根的个数.

解 利用高阶导数的莱布尼茨公式,我们有

$$\begin{aligned}\frac{\mathrm{d}^n}{\mathrm{d}x^n}(\mathrm{e}^{-\frac{x^2}{2}})&=-\frac{\mathrm{d}^{n-1}}{\mathrm{d}x^{n-1}}(x\mathrm{e}^{-\frac{x^2}{2}})\\&=-x\frac{\mathrm{d}^{n-1}}{\mathrm{d}x^{n-1}}(\mathrm{e}^{-\frac{x^2}{2}})-(n-1)\frac{\mathrm{d}^{n-2}}{\mathrm{d}x^{n-2}}(\mathrm{e}^{-\frac{x^2}{2}}).\end{aligned}$$

两边乘$(-1)^n(\mathrm{e}^{\frac{x^2}{2}})$得

$$P_n(x)=xP_{n-1}(x)-(n-1)P_{n-2}(x).$$

另一方面,

$$P_n'(x)=(-1)^n x\mathrm{e}^{\frac{x^2}{2}}\frac{\mathrm{d}^n}{\mathrm{d}x^n}(\mathrm{e}^{-\frac{x^2}{2}})+(-1)^n\mathrm{e}^{\frac{x^2}{2}}\frac{\mathrm{d}^{n+1}}{\mathrm{d}x^{n+1}}(\mathrm{e}^{-\frac{x^2}{2}})$$

$$=xP_n(x)-P_{n+1}(x).$$

(i) 因为 $P_0(x)=1,P_1(x)=x$,两者无公根. 设 $P_{i-1}(x)$与 $P_{i-2}(x)$无公共根,则因

$$P_i(x)=xP_{i-1}(x)-(i-1)P_{i-2}(x),$$

立即推知 $P_i(x)$与 $P_{i-1}(x)$无公共根,这里 $i=2,3,\cdots,n$.

(ii) $P_0=1$ 无根.

(iii) 若 a 是 $P_i(x)$的一个实根,则由(i)知 a 不是 $P_{i-1}(x)$的根

$$P_{i+1}(a)P_{i-1}(a)=(aP_i(a)-iP_{i-1}(a))P_{i-1}(a)$$

$$=-i(P_{i-1}(a))^2<0.$$

(iv) 设 a 是 $P_n(x)$的一个实根,由(iii)有 $P_{n+1}(a)P_{n-1}(a)<0$. 现在

$$\begin{aligned}(P_n(x)P_{n-1}(x))' &= P_n'(x)P_{n-1}(x)+P_n(x)P_{n-1}'(x)\\ &=(xP_n(x)-P_{n+1}(x))P_{n-1}(x)\\ &\quad +P_n(x)(xP_{n-1}(x)-P_n(x))\\ &=2xP_n(x)P_{n-1}(x)-P_{n+1}(x)P_{n-1}(x)-P_n(x)^2,\end{aligned}$$

故

$$(P_n(x)P_{n-1}(x))'|_{x=a}=-P_{n+1}(a)P_{n-1}(a)>0.$$

由上式推知在 $x=a$ 的一个邻域内 $P_n(x)P_{n-1}(x)$为增函数.

(v) 因为 $P_n'(x)=xP_n(x)-P_{n+1}(x)$,若 a 是 $P_n(x)$的一个复根,则由(i)知 $P_{n+1}(a)\neq 0$,而

$$P_n'(a)=-P_{n+1}(a)\neq 0.$$

这表明 $P_n(x)$无重根.

由以上几条知

$$P_n(x),P_{n-1}(x),\cdots,P_1(x),P_0(x)=1$$

为多项式 $P_n(x)$的一个斯图姆序列.

已知 $P_0(x)=1,P_1(x)=x$. 设对 $i\leqslant k$,$P_i(x)$为 i 次首一多项式,则因

$$P_{k+1}(x)=xP_k(x)-kP_{k-1}(x).$$

由上式立即推出 $P_{k+1}(x)$ 为 $k+1$ 次首一多项式.

(1) 设 n 为偶数，我们有下表：

	$P_n(x)$	$P_{n-1}(x)$	$P_{n-2}(x)$	…	$P_2(x)$	$P_1(x)$	$P_0(x)$	变号数
$+\infty$	+	+	+	…	+	+	+	0
$-\infty$	+	−	+	…	+	−	+	n

(2) 设 n 为奇数，我们有下表：

	$P_n(x)$	$P_{n-1}(x)$	$P_{n-2}(x)$	…	$P_2(x)$	$P_1(x)$	$P_0(x)$	变号数
$+\infty$	+	+	+	…	+	+	+	0
$-\infty$	−	+	−	…	+	−	+	n

根据以上表格知 $P_n(x)$ 有 n 个实根. ▌

例 3.8　设 $f(x)$ 是无重根的三次实系数多项式. 令
$$F(x)=2f(x)f''(x)-[f'(x)]^2,$$
证明 $F(x)$ 恰有两个实根.

解　因 $f(x)$ 无重根，故当 a 为 $f(x)$ 的根时，$f'(a)\neq 0$，而
$$F(a)=2f(a)f''(a)-[f'(a)]^2=-[f'(a)]^2\neq 0,$$
即 $F(x)$ 与 $f(x)$ 无公根. 而
$$\begin{aligned}F'(x)&=2f'(x)f''(x)+2f(x)f'''(x)-2f'(x)f''(x)\\&=12a_0f(x),\end{aligned}$$
其中 a_0 为 $f(x)$ 的首项系数，不为 0. 这表明 $F(x)$ 与 $F'(x)$ 无公根，因而 $F(x)$ 无重根，考查多项式序列 $F(x),F'(x),1$.

(i) 相邻两多项式无公根；

(ii) 最后一个多项式无根；

(iii) 若 a 是 $F'(x)=12a_0f(x)$ 的一实根，则 $f(a)=0$，故
$$F(a)\cdot 1=2f(a)f''(a)-[f'(a)]^2=-[f'(a)]^2<0.$$

(iv) 若 a 是 $F(x)$ 的实根，则由(i)知 $F'(a)\neq 0$，故
$$(F(x)F'(x))'|_{x=a}=F'(a)^2+F(a)F''(a)=(F'(a))^2>0.$$
因而上面多项式序列为 $F(x)$ 的斯图姆序列.

如设 $f(x)=a_0x^3+a_1x^2+a_2x+a_3$，易知 $F(x)$ 是首项系数为 $3a_0^2$ 的四次多项式，$F'(x)$ 则是首项系数为 $12a_0^2$ 的三次多项式. 故有下

表：

	$F(x)$	$F'(x)$	1	变号数
$+\infty$	+	+	+	0
$-\infty$	+	−	+	2

由上表知 $F(x)$ 有 2 个实根. ▌

练 习 题 7.3

1. 讨论多项式

(1) x^3+x^2-2x-1；　(2) x^4+x^2-1；　(3) x^3-x+5

实根的分布状况.

2. 求多项式

$$E_n(x)=1+\frac{1}{1!}x+\cdots+\frac{1}{n!}x^n$$

的实根的个数.

3. 设实系数多项式 $f(x)$ 有一个斯图姆序列

$$f_0(x)=f(x),f_1(x),f_2(x),\cdots,f_{s-1}(x),f_s(x).$$

设 $a_1,a_2,\cdots,a_s$ 是正实数. 证明

$$f_0(x)=f(x),a_1f_1(x),a_2f_2(x),\cdots,a_{s-1}f_{s-1}(x),a_sf_s(x)$$

也是 $f(x)$ 的一个斯图姆序列.

4. 证明：对任意实数 a,b，下列多项式

$$F(x)=ax(x+2)(x-2)(x-4)+b(x+1)(x-1)(x-3)$$

的所有根都是实数.

5. 给定实系数多项式 $f(x)=a_0x^n+a_1x^{n-1}+\cdots+a_{m-1}x^{n-m+1}+a_mx^{n-m}+\cdots+a_n$，这里 $a_0>0,a_1\geqslant0,\cdots,a_{m-1}\geqslant0,a_m<0$. 删去 $f(x)$ 中 a_mx^{n-m} 之后所有正系数项，得到 n 次多项式 $g(x)$，已知 $g(x)$ 恰有唯一的正实根 c，证明 $f(x)$ 的所有实根 $\leqslant c$.

6. 求多项式 $P_n(x)=\dfrac{(-1)^n}{n!}(x^2+1)^{n+1}\dfrac{\mathrm{d}^n}{\mathrm{d}x^n}\left(\dfrac{1}{x^2+1}\right)$ 实根的个数.

第八章　多元多项式环

§1　多元多项式的基本概念

一、多元多项式的定义

【内容提要】

定义　设 K 是一个数域，$x_1,x_2,\cdots,x_n$ 是 n 个不定元，下面的形式表达式

$$f(x_1,x_2,\cdots,x_n)=\sum_{i_1=0}^{N}\sum_{i_2=0}^{N}\cdots\sum_{i_n=0}^{N}a_{i_1i_2\cdots i_n}x_1^{i_1}x_2^{i_2}\cdots x_n^{i_n},$$

其中 $a_{i_1i_2\cdots i_n}\in K$ 而 N 为任意非负整数，称为数域 K 上的一个 n **元多项式**. 数域 K 上全体 n 元多项式所成的集合记做 $K[x_1,x_2,\cdots,x_n]$.

现在对 $K[x_1,x_2,\cdots,x_n]$ 定义加法、乘法运算.

加法　定义

$$\sum_{i_1=0}^{N}\cdots\sum_{i_n=0}^{N}a_{i_1\cdots i_n}x_1^{i_1}\cdots x_n^{i_n}+\sum_{i_1=0}^{N}\cdots\sum_{i_n=0}^{N}b_{i_1\cdots i_n}x_1^{i_1}\cdots x_n^{i_n}$$
$$=\sum_{i_1=0}^{N}\cdots\sum_{i_n=0}^{N}(a_{i_1\cdots i_n}+b_{i_1\cdots i_n})x_1^{i_1}\cdots x_n^{i_n}.$$

乘法　设

$$f(x_1,x_2,\cdots,x_n)=\sum_{i_1=0}^{N}\cdots\sum_{i_n=0}^{N}a_{i_1\cdots i_n}x_1^{i_1}\cdots x_n^{i_n},$$

$$g(x_1,x_2,\cdots,x_n)=\sum_{j_1=0}^{M}\cdots\sum_{j_n=0}^{M}b_{j_1\cdots j_n}x_1^{j_1}\cdots x_n^{j_n}.$$

令

$$c_{k_1k_2\cdots k_n}=\sum_{i_1+j_1=k_1}\cdots\sum_{i_n+j_n=k_n}a_{i_1\cdots i_n}b_{j_1\cdots j_n},$$

则定义

$$f(x_1,\cdots,x_n)g(x_1,\cdots,x_n)=\sum_{k_1=0}^{M+N}\cdots\sum_{k_n=0}^{M+N}c_{k_1\cdots k_n}x_1^{k_1}\cdots x_n^{k_n}.$$

多元多项式的加法、乘法满足一元多项式加法、乘法的所有运算法则.

设在 n 元多项式 $f(x_1,\cdots,x_n)$ 内任取两个单项式

$$ax_1^{i_1}x_2^{i_2}\cdots x_n^{i_n},\quad bx_1^{j_1}x_2^{j_2}\cdots x_n^{j_n}.$$

如果序列 $i_1-j_1,i_2-j_2,\cdots,i_n-j_n$ 自左至右第一个非零的数为正,则我们规定在 $f(x_1,\cdots,x_n)$ 的字典排列法中,$ax_1^{i_1}\cdots x_n^{i_n}$ 排在 $bx_1^{j_1}\cdots x_n^{j_n}$ 之前.这样,$f(x_1,\cdots,x_n)$ 中的单项式就被排定了先后顺序.排在最前面的单项式称为 $f(x_1,\cdots,x_n)$ 的**首项**.

命题　设 $f(x_1,\cdots,x_n),g(x_1,\cdots,x_n)\in K[x_1,\cdots,x_n],f\neq 0,g\neq 0$,则 $f\cdot g$ 的首项等于 f 的首项和 g 的首项的乘积.

命题　设 $f(x_1,\cdots,x_n)\in K[x_1,\cdots,x_n],f\neq 0$,则存在 $a_1,\cdots,a_n\in K$,使 $f(a_1,\cdots,a_n)\neq 0$.

评议　一元多项式的自然推广就是多元多项式.但这不单是不定元数量的增加,而是整个理论的根本性的变化.多元多项式远比一元多项式复杂,而且两者的性质大不相同,一元多项式环中的许多理论在多元多项式环中不成立.最简单的是,一元多项式可以按不定元方幂的大小来排定次序,而多元多项式却不行,因而要重新提出一个字典排列法来排定其单项式的先后顺序.因此,读者必须小心谨慎地处理多元多项式,不能不假思索地搬用一元多项式的一些命题、定理.

例 1.1　设 A,B 是数域 K 上的两个 n 阶方阵.如果已知 A,B 在复数域 $\mathbb{C}$ 内相似,证明它们在数域 K 内也相似.

解　设 $T=(t_{ij})$,考察 n^2 个未知量 $t_{ij}(i,j=1,\cdots,n)$ 的齐次线性方程组:$AT=TB$.这个方程组系数矩阵属于数域 K.因为已知 A,B 在 $\mathbb{C}$ 上相似,故知此方程组在 $\mathbb{C}$ 内有非零解.即在 $\mathbb{C}$ 内,方程组系数矩阵的秩小于未知量个数.但系数矩阵属数域 K,求其秩只作加、减、乘、除四种运算(经初等变换)化为标准形,在 K 内它的秩就是把它看做 $\mathbb{C}$ 内矩阵的秩,仍小于未知量的个数.由此可知,它们在 K 内也有非零解.设 $T_1,T_2,\cdots,T_s(s\geqslant 1)$ 是它在 K 内的一个基础解系(显然也是它在 $\mathbb{C}$ 内的一个基础解系).令

$$T = t_1T_1 + t_2T_2 + \cdots + t_sT_s.$$

对于任意的 $t_1, t_2, \cdots, t_s \in K$，上式的 $T \in M_n(K)$，且满足 $AT=TB$. 我们考查行列式 $|T| = f(t_1, \cdots, t_s) \in K[t_1, \cdots, t_s]$. 因为在 $\mathbb{C}$ 内存在 $a_1, \cdots, a_s$，使 $f(a_1, \cdots, a_s) \neq 0$，故知 $f \neq 0$. 由上面命题知，存在 $b_1, \cdots, b_s \in K$，使 $f(b_1, \cdots, b_s) \neq 0$. 此时 $T = b_1T_1 + \cdots + b_sT_s$ 是 $M_n(K)$ 内一个可逆矩阵，使得 $AT=BT$，即 $T^{-1}AT=B$，于是 A 与 B 在 K 内相似. ▌

评议 上面两个命题仅是多元多项式的初步的命题，但却有大用处. 这个例题的结论限在线性代数内难以证明，但利用上面命题，证明变得简易明晰. 在这里多项式发挥了独特的作用.

例 1.2 设 $f, g \in K[x_1, \cdots, x_n]$，$g \neq 0$. 如果对使 $g(a_1, \cdots, a_n) \neq 0$ 的 K 内任意一组元素 $a_1, a_2, \cdots, a_n$，都有 $f(a_1, \cdots, a_n) = 0$，证明 f 为零多项式.

解 如果 f 为非零多项式，从上面第一命题知 fg 为 $K[x_1, \cdots, x_n]$内非零多项式. 再按第二命题，有 $a_1, a_2, \cdots, a_n \in K$，使

$$f(a_1, a_2, \cdots, a_n)g(a_1, a_2, \cdots, a_n) \neq 0.$$

但 $g(a_1, a_2, \cdots, a_n) \neq 0$ 时按题设应有 $f(a_1, a_2, \cdots, a_n) = 0$. 矛盾. 故 f 必为零多项式. ▌

例 1.3 在 $K[x, y]$内给定两个多项式

$$f(x,y) = a_0(x)y^n + a_1(x)y^{n-1} + \cdots + a_n(x) \neq 0,$$
$$g(x,y) = b_0(x)y^m + b_1(x)y^{m-1} + \cdots + b_m(x) \neq 0,$$

其中 $a_i(x), b_j(x) \in K[x]$. 设

$$fg = c_0(x)y^{m+n} + c_1(x)y^{m+n-1} + \cdots + c_{m+n}(x).$$

证明

$$\max \deg a_i(x) + \max \deg b_j(x) = \max \deg c_k(x)$$

(零多项式次数定义为 $-\infty$).

解 设 $a_0(x), a_1(x), \cdots, a_n(x)$ 中次数最高者自左至右首次出现的是 $a_i(x)$，则 $f(x,y)$ 的首项应为 $a_i(x)$ 的首项 $\bar{a}_i x^{n_i}$ 乘以 y^{n-i}. 这里 $n_i = \max \deg a_j(x)$. 同样，设 $b_0(x), b_1(x), \cdots, b_m(x)$ 中次数最高者自左至右首次出现的是 $b_l(x)$，则 $g(x,y)$ 的首项应为 $b_l(x)$ 的首项 $\bar{b}_l x^{m_l}$

乘以 y^{m-l}. 这里 $m_l=\max \deg b_j(x)$. 又设 $c_0(x), c_1(x), \cdots, c_{m+n}(x)$ 中次数最高者自左至右首次出现的是 $c_s(x)$，则 $f(x,y)g(x,y)$ 的首项应为 $c_s(x)$ 的首项 $\bar{c}_s x^{t_s}$ 乘以 y^{m+n-s}，这里 $t_s=\max \deg c_j(x)$. 按上面第一命题，应有

$$\bar{c}_s x^{t_s} y^{m+n-s} = \bar{a}_i x^{n_i} \bar{b}_l x^{m_l} y^{m+n-(i+l)}.$$

由此得 $t_s=n_i+m_l$. ▌

评议 这是字典排列法的一个应用. 字典排列法原理简单，人们在日常工作中也习以为常，但却能简要地解出此例.

例 1.4 设 n 是正整数. 给定数域 K 上 n^2 个不定元 $\{x_{ij} | i,j=1,2,\cdots,n\}$ 的多项式 $f(x_{11}, x_{12}, \cdots, x_{nn})$. 若对 K 上任意可逆方阵 $A=(a_{ij})$ 都有 $f(a_{11}, a_{12}, \cdots, a_{nn})=0$，证明 f 为零多项式.

解 设 $X=(x_{ij})$. 令 $g(x_{11}, x_{12}, \cdots, x_{nn})=\det(X)$. 根据题设，对任意 $a_{ij} \in K$，如果 $g(a_{11}, a_{12}, \cdots, a_{nn}) \neq 0$，即 $A=(a_{ij})$ 可逆时都有 $f(a_{11}, a_{12}, \cdots, a_{nn})=0$. 按例 1.2，$f$ 为零多项式. ▌

例 1.5 设 A, B 是数域 K 上两个 n 阶方阵，证明 $(AB)^*=B^*A^*$，这里 A^* 表示 A 的伴随矩阵(参看第二章§2).

解 (1) 若 A 与 B 均可逆，则 $A^*=|A|A^{-1}$，$B^*=|B|B^{-1}$，此时 AB 也可逆，且

$$\begin{aligned}(AB)^* &= |AB|(AB)^{-1} = |A||B|B^{-1}A^{-1} \\ &= (|B|B^{-1})(|A|A^{-1}) = B^*A^*.\end{aligned}$$

(2) 若 B 可逆，A 不可逆. 令 $X=(x_{ij})$. 而

$$f(x_{11}, x_{12}, \cdots, x_{nn}) = (XB)^* - B^*X^*,$$

它是 $x_{11}, x_{12}, \cdots, x_{nn}$ 的一个多项式. 当 $X=A=(a_{ij})$ 为可逆矩阵时，由(1)知 $f(a_{11}, a_{12}, \cdots, a_{nn})=0$. 按例 1.4，$f$ 为零多项式，即对 $X=A$ 为任意 n 阶方阵，$(AB)^*-B^*A^*=0$.

(3) 若 A, B 均不可逆. 令 $X=(x_{ij})$，而

$$f(x_{11}, x_{12}, \cdots, x_{nn}) = (AX)^* - X^*A.$$

由(1)及(2)知对任意可逆方阵 $B=(b_{ij})$ 有

$$f(b_{11}, b_{12}, \cdots, b_{nn}) = (AB)^* - B^*A = 0.$$

按例 1.4，f 为零多项式，即对一切 n 阶方阵 B，都有 $(AB)^*=B^*A^*$. ▌.

评议 上面关于多元多项式的两个简单命题现在已发挥了重要的作用，从例 1.1 到本例都是它们的应用，而所解决的几个问题却是用前几章的知识难以解决的.

在经典数学中有两个大的技巧，一是矩阵技巧，特别是分块矩阵的技巧；二是多项式，特别是多元多项式的技巧. 使用这两方面的工具，使许多很难的问题顺利解决.

二、整除性与因式分解

【内容提要】

设有 $f(x_1,\cdots,x_n), g(x_1,\cdots,x_n)\in K[x_1,\cdots,x_n]$ 且 $f\neq 0$. 若存在 $q(x_1,\cdots,x_n)\in K[x_1,\cdots,x_n]$，使 $g=qf$，则称 f **整除** g，记做 $f|g$. 否则称 f **不整除** g，记做 $f\nmid g$.

当 $f|g$ 时，f 称为 g 的一个**因式**，g 称为 f 的一个**倍式**.

设 $f,g\in K[x_1,\cdots,x_n]$，f,g 不全为零. 若 $d\in K[x_1,\cdots,x_n]$，$d\neq 0$，且 $d|f$，$d|g$，则 d 称为 f,g 的一个**公因式**. 若 d 为 f,g 的一个公因式，且对 f,g 的任意公因式 d_1，都有 $d_1|d$，则 d 称为 f,g 的一个**最大公因式**. 如果 d 是 f,g 的一个最大公因式，则对任意 $a\in K$，$a\neq 0$，ad 仍为 f,g 的最大公因式. 反之，若 d' 为 f,g 的一个最大公因式，按定义，应有 $d'|d$ 及 $d|d'$，从而 $d'=ad$，$a\in K$. 于是 f,g 的全部最大公因式为集合 $\{ad\,|\,a\in K, a\neq 0\}$. 如果 f,g 的全部最大公因式为 $\{a\,|\,a\in K, a\neq 0\}$，则称 f 与 g **互素**，记做 $(f,g)=1$.

定义 设 $f(x_1,\cdots,x_n)\in K[x_1,\cdots,x_n]$，$\deg f\geqslant 1$. 若存在 $g,h\in K[x_1,\cdots,x_n]$，$\deg g\geqslant 1$，$\deg h\geqslant 1$，使 $f=gh$，则称 f 为 $K[x_1,\cdots,x_n]$ 内的**可约多项式**，否则称 f 为 $K[x_1,\cdots,x_n]$ 内的**不可约多项式**.

定理(因式分解唯一定理) 设 K 是一个数域，则任意 n 元多项式 $f(x_1,\cdots,x_n)\in K[x_1,\cdots,x_n]$，$\deg f\geqslant 1$，都可分解为

$$f=ap_1^{e_1}p_2^{e_2}\cdots p_k^{e_k}\quad (a\in K),$$

其中 $p_1,p_2,\cdots,p_k$ 为 $K[x_1,\cdots,x_n]$ 内的不可约多项式，$p_i\nmid p_j(i\neq j)$，$e_1,e_2,\cdots,e_k$ 为正整数；且若又有分解式

$$f=bq_1^{f_1}q_2^{f_2}\cdots q_l^{f_l}\quad (b\in K),$$

其中 $q_1,q_2,\cdots,q_l$ 为 $K[x_1,\cdots,x_n]$ 内的不可约多项式,$q_i\nmid q_j(i\neq j)$,$f_1,f_2,\cdots,f_l$ 为正整数,则必有 $k=l$,且适当排列次序后,有 $q_i=a_ip_i$ $(a_i\in K,a_i\neq 0,i=1,2,\cdots,k)$ 及 $f_i=e_i$.

评议 多元多项式环内的整除与因式分解理论比一元多项式环复杂得多,而且结果也大相径庭.其主要原因是在多元多项式环内没有带余除法,所以须借助带余除法证明的事实大多不再成立.例如在多环多项式环内也可以同样定义理想的概念,而且它也是研究多元多项式环的基本工具.但多元多项式环却不是主理想环,即并非所有理想均由一个多项式的全体倍式组成.一元多项式环内很多有用的事实现在也丢失了.例如在一元多项式环内,多项式 $f(x)$ 与 $g(x)$ 互素时,必有多项式 $u(x),v(x)$,使 $u(x)f(x)+v(x)g(x)=1$.在多元多项式环内这事实已不成立.因此,读者必须注意,不可把一元多项式环内已用惯了的概念、命题随便套用于多元多项式环.

例 1.6 考查数域 K 上的二元多项式环 $K[x,y]$.试在 $K[x,y]$ 内找出两个互素多项式 $f(x,y)$ 与 $g(x,y)$,使 $K[x,y]$ 内不存在多项式 $u(x,y),v(x,y)$,满足 $u(x,y)f(x,y)+v(x,y)g(x,y)=1$.

解 取 $f(x,y)=x,g(x,y)=y$,它们是 $K[x,y]$ 内两个不同的一次多项式,自然是不可约多项式,因而它们的公因子集合为 $\{a\mid a\in K,a\neq 0\}$.即它们互素.对任意 $u(x,y),v(x,y)\in K[x,y]$,$u(x,y)x$ 每个单项式都含因子 x,而 $v(x,y)y$ 每个单项式都含因子 y,因而 $u(x,y)x+v(x,y)y$ 绝不会变成零次多项式 1. ▌

评议 此例已显出多元多项式与一元多项式的根本性差异.

例 1.7 在数域 K 上二元多项式环 $K[x,y]$ 内给定 $p(x,y)=x^2+2xy-y$.证明 $p(x,y)$ 是 $K[x,y]$ 内不可约多项式.

解 如果 $p(x,y)$ 可约,因 $\deg p(x,y)=2$,故必有

$$x^2+2xy-y=(a_1x+b_1y+c_1)(a_2x+b_2y+c_2).$$

令 $x=y=0$ 代入,则 $c_1c_2=0$,不妨设 $c_2=0$,于是

$$p(x,y)=a_1a_2x^2+(a_1b_2+a_2b_1)xy+b_1b_2y^2+a_2c_1x+b_2c_1y.$$

于是有

$$a_1a_2=1,\quad a_1b_2+a_2b_1=2,\quad b_1b_2=0,\quad a_2c_1=0,\quad b_2c_1=-1.$$

由上式推出 $a_2\neq 0$,从而 $c_1=0$,但 $b_2c_1=-1$.矛盾.这表明 $p(x,y)$ 为

$K[x,y]$内不可约多项式. ▌

例 1.8 在数域 K 上二元多项式环 $K[x,y]$内给定

$$f(x,y)=a_0(x)y^n+a_1(x)y^{n-1}+\cdots+a_n(x)\quad(a_0(x)\neq 0).$$

若$(a_0(x),a_1(x),\cdots,a_n(x))=1$. 又存在 $K[x]$内不可约多项式 $p(x)$,使 $p(x)\nmid a_0(x)$但 $p(x)|a_1(x),p(x)|a_2(x),\cdots,p(x)|a_n(x)$ 且 $p(x)^2\nmid a_n(x)$. 证明 $f(x,y)$为 $K[x,y]$内不可约多项式.

解 若 $f(x,y)$为 $K[x,y]$内可约多项式,设 $f(x,y)=g(x,y)h(x,y)$,其中 $\deg g(x,y)\geqslant 1,\deg h(x,y)\geqslant 1$. 设

$$g(x,y)=b_0(x)y^m+b_1(x)y^{m-1}+\cdots+b_m(x)\quad(b_0(x)\neq 0),$$
$$h(x,y)=c_0(x)y^k+c_1(x)y^{k-1}+\cdots+c_k(x)\quad(c_0(x)\neq 0).$$

因$(a_0(x),a_1(x),\cdots,a_n(x))=1$,故 $m\geqslant 1$(因若 $m=0$,则 $g(x,y)=b_0(x)$,$\deg b_0(x)=\deg g(x,y)\geqslant 1$,而 $b_0(x)$整除 $a_0(x),a_1(x),\cdots,a_n(x)$,矛盾),$k\geqslant 1,m+k=n$. 因为$a_n(x)=b_m(x)c_k(x)$,$p(x)|a_n(x)$,不妨设 $p(x)|b_m(x)$,又因$p(x)^2\nmid a_n(x)$,故 $p(x)\nmid c_k(x)$. 又有 $a_0(x)=b_0(x)c_0(x)$,而 $p(x)\nmid a_0(x)$,故 $p(x)\nmid b_0(x)$. 现设 $p(x)|b_{m-i}(x),i=0,1,\cdots,l-1$,但$p(x)\nmid b_{m-l}(x)$,则 $l\leqslant m$. 此时设 $c_{-j}(x)=0$,则

$$a_{n-l}(x)=b_{m-l}(x)c_k(x)+b_{m-l+1}(x)c_{k-1}(x)+\cdots$$
$$+b_m(x)c_{m+k-l}(x).$$

因为 $p(x)|b_{m-l+1}(x),\cdots,p(x)|b_m(x)$,但 $p(x)\nmid b_{m-l}(x)c_k(x)$,故 $p(x)\nmid a_{n-l}(x)$,则 $n-l=0$,于是 $n=l\leqslant m<m+k=n$,矛盾. 故 $f(x,y)$为 $K[x,y]$内不可约多项式. ▌

评议 这实际上是 $\mathbb{Z}[x]$内爱森斯坦判别法的一个推广. 在这里 $K[x]$相当于 $\mathbb{Z}$. 题中条件$(a_0(x),a_1(x),\cdots,a_n(x))=1$ 相当于说 $f(x,y)$是一本原多项式,不可约多项式 $p(x)$相当于 $\mathbb{Z}$ 内的素数. 这事实说明第七章§2 的理论,特别是$\mathbb{Q}[x]$内的因式分解理论可以大大扩展到更广泛的领域. 这是在抽象代数课程中讨论的课题了.

例 1.9 给定$\mathbb{C}[x,y]$内二次多项式

$$f(x,y)=ax^2+2bxy+cy^2+2dx+2ey+f.$$

证明 $f(x,y)$在$\mathbb{C}[x,y]$内可约的充分必要条件是

$$\begin{vmatrix} a & b & d \\ b & c & e \\ d & e & f \end{vmatrix} = 0.$$

解　令

$$A = \begin{bmatrix} a & b & d \\ b & c & e \\ d & e & f \end{bmatrix}.$$

则

$$f(x,y) = (x\ y\ 1)A\begin{bmatrix} x \\ y \\ 1 \end{bmatrix}.$$

(1) 必要性　若 $f(x,y)$ 可约,则

$$f(x,y) = (u_1x + u_2y + u_3)(v_1x + v_2y + v_3).$$

令

$$U = \begin{bmatrix} u_1 \\ u_2 \\ u_3 \end{bmatrix},\quad V = \begin{bmatrix} v_1 \\ v_2 \\ v_3 \end{bmatrix},$$

则

$$f(x,y) = (x\ y\ 1)U \cdot V'\begin{bmatrix} x \\ y \\ 1 \end{bmatrix}$$

$$= (x\ y\ 1)V \cdot U'\begin{bmatrix} x \\ y \\ 1 \end{bmatrix}.$$

令 $A_1 = \frac{1}{2}(UV' + VU')$. 则

$$f(x,y) = (x\ y\ 1)A_1\begin{bmatrix} x \\ y \\ 1 \end{bmatrix} = (x\ y\ 1)A\begin{bmatrix} x \\ y \\ 1 \end{bmatrix}.$$

因 $A_1' = \frac{1}{2}(UV' + VU')' = \frac{1}{2}(VU' + UV') = A_1$. 即 A_1 对称. 设

$$A_1=\begin{bmatrix}a_1 & b_1 & d_1\\ b_1 & c_1 & e_1\\ d_1 & e_1 & f_1\end{bmatrix}.$$

则

$$f(x,y)=a_1x^2+2b_1xy+c_1y^2+2d_1x+2e_1y+f_1,$$

由此立即推出 $A_1=A$. 而

$$\mathrm{r}(A)=\mathrm{r}(A_1)\leqslant\mathrm{r}(UV')+\mathrm{r}(VU')\leqslant 1+1=2.$$

故 $|A|=0$.

(2) **充分性** 若 $|A|=0$, 即 $\mathrm{r}(A)\leqslant 2$. 按第四章§3,有三阶可逆复方阵 T,使

$$T'AT=\begin{bmatrix}1&0&0\\0&1&0\\0&0&0\end{bmatrix}\text{或}\begin{bmatrix}1&0&0\\0&0&0\\0&0&0\end{bmatrix}.$$

令

$$Z=\begin{bmatrix}z_1\\z_2\\z_3\end{bmatrix}=T^{-1}\begin{bmatrix}x\\y\\1\end{bmatrix}.$$

则

$$\begin{aligned}f(x,y)&=(x\ y\ 1)A\begin{bmatrix}x\\y\\1\end{bmatrix}=Z'(T'AT)Z\\&=z_1^2+z_2^2=(z_1+\mathrm{i}z_2)(z_1-\mathrm{i}z_2)\ \text{或}\ z_1^2.\end{aligned}$$

而 $z_1=u_1x+u_2y+u_3, z_2=v_1x+v_2y+v_3$,故 $f(x,y)$ 在 $\mathbb{C}[x,y]$ 内可约. ▌

练习题 8.1

1. 将下列多项式按字典排列法排列各单项式的顺序:

$$f(x_1,x_2,x_3,x_4)=-x_2^5+3x_1x_2x_3x_4+2x_1^3x_3^2-7x_1^2x_2^2x_4;$$

$$f(x_1,x_2,x_3,x_4)=x_1^3+x_2^3+x_3^3+x_4^3-6x_1x_2-7x_1x_3+x_1^2x_2^2x_3^2x_4^2.$$

2. 在数域 K 上的线性空间 $K[x_1,\cdots,x_n]$ 内求由零多项式和全体 i 次齐次多项式所组成的子空间 M_i 的维数.

3. 设整数 $n\geqslant 3$. 证明数域 K 上多项式

$$f(x_1,\cdots,x_n)=x_1^3+x_2^3+\cdots+x_n^3-3\sigma_3(x_1,x_2,\cdots,x_n)$$

是可约的，其中 $\sigma_3(x_1,x_2,\cdots,x_n)$ 为 $x_1,x_2,\cdots,x_n$ 每次取 3 个不同元素连乘(不计次序)，最后再把它们连加所得的 K 上 n 元多项式.

4. 证明 $K[x_1,\cdots,x_n]$ 内齐次多项式 $f(x_1,\cdots,x_n)$ 的因子仍为齐次多项式.

5. 设 $p(x_1,\cdots,x_r)$ 为 $K[x_1,\cdots,x_r]$ 内的不可约多项式，$n\geqslant r$. 证明 $p(x_1,\cdots,x_r)$ 也是 $K[x_1,\cdots,x_n]$ 内的不可约多项式.

6. 设 $f=a_1x_1+\cdots+a_nx_n+b\in K[x_1,\cdots,x_n]$，$a_i$ 不全为 0，证明 f 为 $K[x_1,\cdots,x_n]$ 内不可约多项式.

7. 设 $f(x_1,\cdots,x_r)\in K[x_1,\cdots,x_r]$，$g(x_{r+1},\cdots,x_n)\in K[x_{r+1},\cdots,x_n]$，证明 f 与 g 看做 $K[x_1,\cdots,x_n]$ 内的多项式是互素的.

8. 给定域 K 上的多项式

$$f(x_1,x_2,x_3)=-3x_1^3+2x_1x_3+3x_2^2+7x_1^6,$$

令 $g(x_1,x_2,x_3)=f(x_3,x_2,x_1)$，$h(x_1,x_2,x_3)=f(x_2,x_3,x_1)$，试写出 g,h 的具体表达式.

9. 举例说明 $f,g\in K[x_1,\cdots,x_n]$ $(n>2)$ 且 $(f,g)=1$ 时，未必有 $u,v\in K[x_1,\cdots,x_n]$，使 $uf+vg=1$.

10. 给定数域 K 上 n 阶方阵 U,W，令

$$A=\begin{bmatrix} U & -W \\ W & U \end{bmatrix}.$$

证明 $\det(A)=|U+\mathrm{i}W|\,|U-\mathrm{i}W|$，这里 $\mathrm{i}=\sqrt{-1}$.

§2　对称多项式

一、对称多项式的基本定理

【内容提要】

考查前 n 个自然数所组成的集合 $\Omega=\{1,2,\cdots,n\}$. Ω 到自身的

一个一一对应 σ 称为一个 n **阶置换**. σ 可由下面的表来描述：

$$\sigma=\begin{pmatrix}1 & 2 & 3 & \cdots & n\\ i_1 & i_2 & i_3 & \cdots & i_n\end{pmatrix}.$$

上面的表的含意是：σ 把 k 变为 $i_k(k=1,2,\cdots,n)$. 全体 n 阶置换组成的集合记做 S_n.

现设 $f(x_1,\cdots,x_n)\in K[x_1,\cdots,x_n]$, $\sigma\in S_n$, 定义

$$\sigma f(x_1,\cdots,x_n)=f(x_{\sigma(1)},\cdots,x_{\sigma(n)}).$$

显然有 $\sigma f(x_1,\cdots,x_n)\in K[x_1,\cdots,x_n]$, 故 σ 定义了 $K[x_1,\cdots,x_n]$ 内的一个变换.

定义 设 $f(x_1,\cdots,x_n)\in K[x_1,\cdots,x_n]$. 如果对一切 $\sigma\in S_n$, $\sigma f(x_1,\cdots,x_n)=f(x_1,\cdots,x_n)$, 则称 $f(x_1,\cdots,x_n)$ 是 $K[x_1,\cdots,x_n]$ 内的一个**对称多项式**.

令

$$\begin{aligned}\sigma_1&=x_1+x_2+\cdots+x_n,\\ \sigma_2&=x_1x_2+x_1x_3+\cdots+x_{n-1}x_n,\\ &\cdots\cdots\cdots\cdots\cdots\cdots\\ \sigma_n&=x_1x_2\cdots x_n.\end{aligned}$$

上面 n 个对称多项式称为初等对称多项式.

定理(对称多项式的基本定理) 设多项式 $f(x_1,\cdots,x_n)$ 是 $K[x_1,\cdots,x_n]$ 内的一个对称多项式，则存在唯一的 $\varphi(y_1,\cdots,y_n)\in K[y_1,\cdots,y_n]$, 使 $f(x_1,\cdots,x_n)=\varphi(\sigma_1,\cdots,\sigma_n)$.

评议 对称多项式是在研究一元代数方程中自然产生的. 给定数域 K 上 n 次代数方程

$$a_0x^n+a_1x^{n-1}+\cdots+a_n=0\quad(a_0\neq 0).$$

设它在 $\mathbb{C}$ 内的 n 个根是 $\alpha_1,\alpha_2,\cdots,\alpha_n$. 它们一般是未知的，但我们知道

$$\sigma_i(\alpha_1,\alpha_2,\cdots,\alpha_n)=(-1)^i\frac{a_i}{a_0}\quad(i=1,2,\cdots,n).$$

对 K 上任意对称多项式 $f(x_1,x_2,\cdots,x_n)$, 按上面的基本定理，应有

$$f(\alpha_1,\alpha_2,\cdots,\alpha_n)=\varphi\left(-\frac{a_1}{a_0},\frac{a_2}{a_0},\cdots,(-1)^i\frac{a_i}{a_0},\cdots,(-1)^n\frac{a_n}{a_0}\right).$$

右边函数值由方程的系数给出，是已知的．这样，我们通过构造各种对称函数，利用上面的公式，可以给出一元代数方程根的各方面的知识，这无疑是一元代数方程理论探索中的一条重要的途径．

例 2.1　证明三次方程 $x^3+a_1x^2+a_2x+a_3=0$ 的三个根成等差级数的充分必要条件是 $2a_1^3-9a_1a_2+27a_3=0$.

解　三根成等差级数 $a-d,a,a+d$ 时，其中一个根为其他两根的算术平均值．若设三根为 x_1,x_2,x_3，则它们成等差级数的充分必要条件应为

$$\begin{aligned}0&=(x_2+x_3-2x_1)(x_1+x_3-2x_2)(x_1+x_2-2x_3)\\&=(\sigma_1-3x_1)(\sigma_1-3x_2)(\sigma_1-3x_3)\\&=\sigma_1^3-3\sigma_1\sigma_1^2+9\sigma_2\sigma_1-27\sigma_3\\&=-2\sigma_1^3+9\sigma_2\sigma_1-27\sigma_3\\&=2a_1^3-9a_1a_2+27a_3.\qquad\blacksquare\end{aligned}$$

评议　本例是利用对称多项式讨论一元代数方程根的性质的一个有趣例子，主要是构造出一个对称多项式，它等于零恰是方程根成等差级数的充分必要条件．此例具有典型性．

二、对称多项式的应用

【内容提要】

1．多项式的判别式

现在考查 n 元多项式

$$\Delta(x_1,\cdots,x_n)=\prod_{1\leqslant j<i\leqslant n}(x_i-x_j)^2=\begin{vmatrix}1&1&\cdots&1\\x_1&x_2&\cdots&x_n\\\vdots&\vdots&&\vdots\\x_1^{n-1}&x_2^{n-1}&\cdots&x_n^{n-1}\end{vmatrix}^2\in\mathbb{Q}[x_1,\cdots,x_n].$$

对于任意 $\sigma\in S_n$，有

$$\sigma(\Delta)=\begin{vmatrix}1&1&\cdots&1\\x_{\sigma(1)}&x_{\sigma(2)}&\cdots&x_{\sigma(n)}\\\vdots&\vdots&&\vdots\\x_{\sigma(1)}^{n-1}&x_{\sigma(2)}^{n-1}&\cdots&x_{\sigma(n)}^{n-1}\end{vmatrix}^2=\begin{vmatrix}1&1&\cdots&1\\x_1&x_2&\cdots&x_n\\\vdots&\vdots&&\vdots\\x_1^{n-1}&x_2^{n-1}&\cdots&x_n^{n-1}\end{vmatrix}^2=\Delta.$$

故 Δ 是一个对称多项式.按照上面所述基本定理,存在 $\varphi(y_1,\cdots,y_n)\in\mathbb{Q}[y_1,\cdots,y_n]$,使 $\Delta(x_1,\cdots,x_n)=\varphi(\sigma_1,\cdots,\sigma_n)$.

给定 $K[x]$内一个 n 次多项式

$$F(x)=a_0x^n+a_1x^{n-1}+\cdots+a_n \quad (a_0\neq 0).$$

设 $a_1,a_2,\cdots,a_n$ 是它的 n 个根,令

$$D(F)=a_0^{2n-2}\Delta(\alpha_1,\cdots,\alpha_n),$$

称其为 $F(x)$的**判别式**.显然,$F(x)$有重根(即 $\alpha_1,\cdots,\alpha_n$ 中有相同的),其充分必要条件是 $D(F)=0$.已知

$$\sigma_i(\alpha_1,\cdots,\alpha_n)=(-1)^i a_i/a_0 \quad (i=1,2,\cdots,n).$$

于是

$$D(F)=a_0^{2n-2}\varphi(-a_1/a_0,\cdots,(-1)^n a_n/a_0).$$

2. 方幂和

下面讨论一类特殊的对称多项式

$$s_k(x_1,\cdots,x_n)=x_1^k+x_2^k+\cdots+x_n^k \quad (k=0,1,2,\cdots).$$

s_k 称为 k 次**方幂和**.我们有如下递推公式:

牛顿公式

$$s_k-\sigma_1 s_{k-1}+\sigma_2 s_{k-2}+\cdots+(-1)^{k-1}\sigma_{k-1}s_1 + (-1)^k k\sigma_k=0 \quad (1\leqslant k\leqslant n);$$

$$s_k-\sigma_1 s_{k-1}+\cdots+(-1)^n\sigma_n s_{k-n}=0 \quad (k>n).$$

评议 前面已指出可以用对称多项式来描述一个 n 次一元代数方程的根,上面的对称多项式 $\Delta(x_1,x_2,\cdots,x_n)$是其中最重要的一个;第二个描述方程根的重要对称多项式就是方幂和 s_k.利用它们可以解决许多难题.

例 2.2 设 C 是数域 K 上的一个 n 阶方阵,又设存在 K 上 n 阶方阵 $A_1,\cdots,A_k,B_1,\cdots,B_k$,使 $C=\sum\limits_{i=1}^{k}(A_iB_i-B_iA_i)$,而且 C 与每个 $A_i(i=1,2,\cdots,k)$可交换,则 $C^n=0$.

解 设 C 的特征多项式为 $f(\lambda)=|\lambda E-C|$,则由 Hamilton-Cayley 定理,有 $f(C)=0$.如果我们能证明 C 的特征值(即 $f(\lambda)$的所有复根)全为零,则 $f(\lambda)=\lambda^n$,于是 $C^n=0$.

我们已知:对任意两个 n 阶方阵 A,B,迹 $\mathrm{tr}(AB-BA)=0$.由

于 C 与 A_i 可交换，故对任意正整数 m，有

$$C^m=\sum_{i=1}^{k}C^{m-1}(A_iB_i-B_iA_i)$$
$$=\sum_{i=1}^{k}[A_i(C^{m-1}B_i)-(C^{m-1}B_i)A_i].$$

于是从上式可知

$$\mathrm{tr}C^m=0\quad(m=1,2,\cdots).$$

如果 C 的 n 个特征值为 $\lambda_1,\lambda_2,\cdots,\lambda_n$，则 C^m 的 n 个特征值为 $\lambda_1^m,\lambda_2^m,\cdots,\lambda_n^m$. 此时

$$\mathrm{tr}C^m=\lambda_1^m+\lambda_2^m+\cdots+\lambda_n^m.$$

现令 $s_m=\mathrm{tr}C^m=\lambda_1^m+\lambda_2^m+\cdots+\lambda_n^m(m=1,2,\cdots)$，而

$$\sigma_i(\lambda_1,\cdots,\lambda_n)=\lambda_1\lambda_2\cdots\lambda_i+\cdots$$

为初等对称多项式 $\sigma_i(x_1,\cdots,x_n)$ 在 $(\lambda_1,\cdots,\lambda_n)$ 处的值，代入牛顿公式

$$s_m-\sigma_1s_{m-1}+\sigma_2s_{m-2}+\cdots+(-1)^{m-1}\sigma_{m-1}s_1$$
$$+(-1)^m m\sigma_m=0,$$

令 $m=1,2,\cdots,n$，由于 $s_1=s_2=\cdots=s_n=0$，逐次递推得 $\sigma_1=\sigma_2=\cdots=\sigma_n=0$，但 $(-1)^i\sigma_i$ 为 $f(\lambda)$ 的 λ^{n-i} 的系数，由此即知 $f(\lambda)=\lambda^n$，于是 $C^n=0$. ▌

例 2.3　在数域 K 上 n 元多项式环 $K[x_1,x_2,\cdots,x_n]$ 内证明初等对称多项式 $\sigma_1,\sigma_2,\cdots,\sigma_n$ 与方幂和 $s_1,s_2,\cdots,s_n$ 满足

$$s_m=\begin{vmatrix}\sigma_1 & 1 & & & & \\ 2\sigma_2 & \sigma_1 & \ddots & & 0 & \\ 3\sigma_3 & \sigma_2 & \ddots & \ddots & & \\ 4\sigma_4 & \sigma_3 & \ddots & \ddots & \ddots & \\ \vdots & \vdots & \ddots & \ddots & \ddots & 1 \\ m\sigma_m & \sigma_{m-1} & \cdots & \sigma_3 & \sigma_2 & \sigma_1\end{vmatrix}_{m\times n},$$

其中 $m=1,2,\cdots,n$.

解　对 m 作数学归纳法. $m=1$ 时有 $s_1=\sigma_1$. 现设命题对 $m<k$ 均成立，则当 $m=k\leqslant n$ 时，把行列式按最后一行展开，利用归纳假设，有

$$原行列式=(-1)^{k+1}k\sigma_k\begin{vmatrix}1 & & & & \\ \sigma_1 & 1 & & 0 & \\ \sigma_2 & \sigma_1 & 1 & & \\ \vdots & & \ddots & \ddots & \\ \sigma_{k-2} & \sigma_{k-3} & \cdots & \sigma_1 & 1\end{vmatrix}$$

$$+\sum_{i=2}^{k}(-1)^{k+i}\sigma_{k-i+1}$$

$$\cdot\left|\begin{array}{ccccc:ccc}\sigma_1 & 1 & & & & & & \\ 2\sigma_2 & \sigma_1 & \ddots & & & & 0 & \\ \vdots & & \ddots & 1 & & & & \\ (i-1)\sigma_{i-1} & \cdots & \cdots & \sigma_1 & & & & \\ \hdashline i\sigma_i & & & & 1 & & & \\ \vdots & & & & \sigma_1 & 1 & & \\ \vdots & & & & & \ddots & \ddots & \\ (k-1)\sigma_{k-1} & \cdots & \cdots & \cdots & \cdots & \cdots & \sigma_1 & 1\end{array}\right|$$

$$=(-1)^{k+1}k\sigma_k+\sum_{i=2}^{k}(-1)^{k+i}\sigma_{k-i+1}s_{i-1}$$

$$=\sigma_1 s_{k-1}-\sigma_2 s_{k-2}+\cdots+(-1)^k\sigma_{k-1}s_1+(-1)^{k+1}k\sigma_k$$

$$=s_k.$$

最后一步使用了牛顿公式. ▌

评议 牛顿公式是一个递推公式,要真正把 s_k 表为初等对称多项式的多项式时,要一步一步逐次计算 $s_1,s_2,s_3,\cdots$. 此例则是利用行列式,直接用初等对称多项式表出 s_m,对理论上讨论问题有利.

例 2.4 证明:若 s_m 是多项式 $f(x)=x^n-a$ 的 n 个根的 m 次方之和(此处设 $a\in\mathbb{C}$),则

$$s_m=\begin{cases}0, & 若\ n\nmid m,\\ na^{\frac{m}{n}}, & 若\ n\mid m.\end{cases}$$

解 现在 $\sigma_1=\sigma_2=\cdots=\sigma_{n-1}=0$,而 $\sigma_n=(-1)^{n+1}a$. 当 $m<n$ 时,由牛顿公式有

$$s_m=\sigma_1 s_{m-1}-\sigma_2 s_{m-2}+\cdots+(-1)^{m+1}m\sigma_m=0.$$

当 $m\geqslant n$ 时,

$$\begin{aligned} s_m &= \sigma_1 s_{m-1} - \sigma_2 s_{m-2} + \cdots + (-1)^{i+1}\sigma_i s_{m-i} + \cdots \\ &\quad + (-1)^{n+1}\sigma_n s_{m-n} \\ &= a s_{m-n}. \end{aligned}$$

(1) $n\mid m$. 设 $m=kn$. $k=1$ 时 $s_{m-n}=s_0=n$. 即 $s_n=na$ 命题成立. 设当 $m=(k-1)n$ 时命题成立. 则当 $m=kn$ 时,有

$$s_m = as_{m-n} = as_{(k-1)n} = a(na^{k-1}) = na^k.$$

命题也成立.

(2) $n\nmid m$. 设 $m=kn+r$ $(0<r<n)$. 当 $k=0$ 时已知命题成立. 设 $m=(k-1)n+r$ 时命题成立,则当 $m=kn+r$ 时

$$s_m = as_{m-n} = as_{(k-1)n+r} = 0,$$

命题也成立. ▌

评议　因为 $f(x)$ 在 $\mathbb{C}$ 内的 n 个根是 $\sqrt[n]{a}\,\mathrm{e}^{\frac{2k\pi \mathrm{i}}{n}}$ $(k=0,1,\cdots,n-1)$. 本例也可利用单位根的性质来求解. 但用牛顿公式则显得较为简洁.

例 2.5　设 A 是数域 K 上的 n 阶方阵. 若存在 K 上 n 阶方阵 B,使 $AB-BA=aE+A(a\in K)$,试求 A 的特征多项式.

解　因 $C=aE+A=AB-BA$,由例 2.2 知 C 的特征多项式为 λ^n. 在 $\mathbb{C}$ 内 A 相似于若尔当形 J:

$$T^{-1}AT = J = \begin{bmatrix} J_1 & & & 0 \\ & J_2 & & \\ & & \ddots & \\ 0 & & & J_s \end{bmatrix},\quad J_i = \begin{bmatrix} \lambda_i & 1 & & & 0 \\ & \lambda_i & 1 & & \\ & & \lambda_i & \ddots & \\ & 0 & & \ddots & 1 \\ & & & & \lambda_i \end{bmatrix}_{n_i\times n_i},$$

从而

$$T^{-1}(aE+A)T = aE+J = \begin{bmatrix} aE+J_1 & & & 0 \\ & aE+J_2 & & \\ & & \ddots & \\ 0 & & & aE+J_s \end{bmatrix}.$$

已知 C 为幂零矩阵,故 $a+\lambda_i=0(i=1,2,\cdots,s)$,即 $\lambda_i=-a$. 而 A 的

特征多项式为

$$|\lambda E - A| = |\lambda E - J| = |\lambda_1 E - J_1||\lambda_2 E - J_2|\cdots|\lambda_s E - J_s|$$
$$= (\lambda-\lambda_1)^{n_1}(\lambda-\lambda_2)^{n_2}\cdots(\lambda-\lambda_s)^{n_s} = (\lambda+a)^n. \quad \blacksquare$$

例 2.6 设 $f(x)$是无重根的 n 次实系数多项式,它的 n 个根的 k 次方之和记为 s_k. 证明 $f(x)$的实根个数等于下面实二次型的符号差:

$$f(x_1,\cdots,x_n) = \sum_{i=1}^{n}\sum_{j=1}^{n} s_{i+j-2}x_ix_j.$$

解 设 $f(x)$在 $\mathbb{C}$ 内的根为 $\alpha_1,\cdots,\alpha_n$,我们有

$$S=\begin{bmatrix} s_0 & s_1 & \cdots & s_{n-1} \\ s_1 & s_2 & \cdots & s_n \\ \vdots & \vdots & & \vdots \\ s_{n-1} & s_n & \cdots & s_{2n-2} \end{bmatrix}$$
$$=\begin{bmatrix} 1 & 1 & \cdots & 1 \\ \alpha_1 & \alpha_2 & \cdots & \alpha_n \\ \vdots & \vdots & & \vdots \\ \alpha_1^{n-1} & \alpha_2^{n-1} & \cdots & \alpha_n^{n-1} \end{bmatrix}\begin{bmatrix} 1 & \alpha_1 & \cdots & \alpha_1^{n-1} \\ 1 & \alpha_2 & \cdots & \alpha_2^{n-1} \\ \vdots & \vdots & & \vdots \\ 1 & \alpha_n & \cdots & \alpha_n^{n-1} \end{bmatrix}.$$

令

$$A=\begin{bmatrix} 1 & \alpha_1 & \cdots & \alpha_1^{n-1} \\ 1 & \alpha_2 & \cdots & \alpha_2^{n-1} \\ \vdots & \vdots & & \vdots \\ 1 & \alpha_n & \cdots & \alpha_n^{n-1} \end{bmatrix}.$$

则 $f(x_1,x_2,\cdots,x_n)=X'SX=X'(A'A)X=(AX)'(AX)$. 设

$$y_i = x_1 + \alpha_i x_2 + \alpha_i^2 x_3 + \cdots + \alpha_i^{n-1}x_n.$$

则有

$$f(x_1,x_2,\cdots,x_n) = (AX)'(AX) = y_1^2 + y_2^2 + \cdots + y_n^2.$$

现设 $\alpha_1,\alpha_2,\cdots,\alpha_k$ 为 $f(x)$的不同实根,而 $\beta_i=\alpha_{k+i},\overline{\beta}_i(i=1,2,\cdots,s)$为 $f(x)$的 s 对共轭复根. 此时 y_j 为实线性型($j=1,2,\cdots,k$),而

$$y_{k+j} = m_j(x_1,x_2,\cdots,x_n) + \mathrm{i}l_j(x_1,x_2,\cdots,x_n),$$

$$\bar{y}_{k+j}=m_j(x_1,x_2,\cdots,x_n)-\mathrm{i}l_j(x_1,x_2,\cdots,x_n),$$

其中 $m_j(x_1,x_2,\cdots,x_n)$ 与 $l_j(x_1,x_2,\cdots,x_n)$ 均为实线性型. 现在

$$\begin{aligned}y_{k+j}^2+\bar{y}_{k+j}^2&=(m_j+\mathrm{i}l_j)^2+(m_j-\mathrm{i}l_j)^2\\&=m_j^2-l_j^2+2\mathrm{i}m_jl_j+m_j^2-l_j^2-2\mathrm{i}m_jl_j\\&=(\sqrt{2}\,m_j)^2-(\sqrt{2}\,l_j)^2,\end{aligned}$$

因此

$$f(x_1,x_2,\cdots,x_n)=\sum_{t=1}^{k}y_t^2+\sum_{j=1}^{s}(\sqrt{2}\,m_j)^2-\sum_{j=1}^{s}(\sqrt{2}\,l_j)^2.$$

上面 $y_1,\cdots,y_k,\sqrt{2}\,m_1,\cdots,\sqrt{2}\,m_s,\sqrt{2}\,l_1,\cdots,\sqrt{2}\,l_s$ 均为实线性型. 现在 $k+2s=n$. 因为 $\alpha_1,\alpha_2,\cdots,\alpha_n$ 两两不同,故 S 满秩,即实二次型 $f(x_1,x_2,\cdots,x_n)$ 满秩. 根据第四章 §3 的例 3.2, $f(x_1,x_2,\cdots,x_n)$ 的正惯性指数 $p\leqslant k+s$,负惯性指数 $q\leqslant s$. 而 $f(x_1,x_2,\cdots,x_n)$ 满秩,应有 $p+q=n$. 现在有 $(k+s)+s=n$. 故必 $p=k+s$, $q=s$. 于是 $f(x_1,x_2,\cdots,x_n)$ 的符号差 $=p-q=(k+s)-s=k=f(x)$ 实根的个数. ▌

评议 前面已指出, $s_k=\alpha_1^k+\alpha_2^k+\cdots+\alpha_n^k$ 可借助牛顿公式算出,然后按第四章 §3 的办法找出 $f(x_1,x_2,\cdots,x_n)$ 的标准形,其中正平方项个数 p 即为正惯性指数,负平方项个数 q 即为负惯性指数. 按此例的结论, $p-q$ 即为 $f(x)$ 实根的个数. 这是除斯图姆定理之外寻求实系数多项式实根个数的又一有效办法. 当然,斯图姆定理可以进一步确定在区间 (a,b) 内 $f(x)$ 的实根的个数,得出更强的结果,但有时寻找斯图姆序列的计算较为烦琐.

例 2.7 求实系数多项式 $f(x)=x^3+3x^2-1$ 实根的个数.

解 现在 $\sigma_1=-3$, $\sigma_2=0$, $\sigma_3=1$. $s_0=3$, $s_1=\sigma_1=-3$,

$$s_2=\sigma_1s_1-2\sigma_2=9;$$

$$s_3=\sigma_1s_2-\sigma_2s_1+3\sigma_3=(-3)9+3=-24;$$

$$s_4=\sigma_1s_3-\sigma_2s_2+\sigma_3s_1=(-3)(-24)+(-3)=69.$$

因此,

$$f(x_1,x_2,x_3)=X'\begin{bmatrix}3&-3&9\\-3&9&-24\\9&-24&69\end{bmatrix}X$$

$$
\begin{aligned}
&=3x_1^2-6x_1x_2+18x_1x_3+9x_2^2-48x_2x_3+69x_3^2\\
&=3(x_1^2-2x_1x_2+6x_1x_3+3x_2^2-16x_2x_3+23x_3^2)\\
&=3((x_1-x_2+3x_3)^2+2x_2^2-10x_2x_3+14x_3^2)\\
&=3((x_1-x_2+3x_3)^2+2(x_2^2-5x_2x_3+7x_3^2))\\
&=3\left((x_1-x_2+3x_3)^2+2\left(\left(x_2-\frac{5}{2}x_3\right)^2+\frac{3}{4}x_3^2\right)\right)\\
&=3(x_1-x_2+3x_3)^2+6\left(x_2-\frac{5}{2}x_3\right)^2+\frac{9}{2}x_3^2.
\end{aligned}
$$

令

$$
\begin{bmatrix} y_1\\ y_2\\ y_3\end{bmatrix}=\begin{bmatrix}1 & -1 & 3\\ 0 & 1 & -\frac{5}{2}\\ 0 & 0 & 1\end{bmatrix}\begin{bmatrix} x_1\\ x_2\\ x_3\end{bmatrix}.
$$

这是$\mathbb{R}$内一个可逆线性变数替换，经此变换$f(x_1,x_2,x_3)$化为标准形$3y_1^2+6y_2^2+\frac{9}{2}y_3^2$，其正惯性指数为3，负惯性指数为0. 符号差为3，故$f(x)$有3个实根. ▌

评议 此结果和第七章§3的例3.1所得结果相同，但计算过程较为简单.

例2.8 给定数域K上多项式

$$
\begin{aligned}
f(x)=x^n+(a+b)x^{n-1}+(a^2+ab+b^2)x^{n-2}+\cdots\\
+(a^n+a^{n-1}b+\cdots+b^n).
\end{aligned}
$$

求$f(x)=0$的根的方幂和$s_1,s_2,\cdots,s_n$.

解 令

$$
\begin{aligned}
F(x)&=(x-a)(x-b)f(x)\\
&=(x-a)[x^{n+1}+ax^n+a^2x^{n-1}+\cdots+a^nx\\
&\quad -b(a^n+a^{n-1}b+\cdots+b^n)]\\
&=x^{n+2}-(a^{n+1}+a^nb+\cdots+b^{n+1})x\\
&\quad +ab(a^n+a^{n-1}b+\cdots+b^n).
\end{aligned}
$$

对多项式$F(x)$的初等对称多项式$\bar{\sigma}_i$，有$\bar{\sigma}_1=\bar{\sigma}_2=\cdots=\bar{\sigma}_n=0$，而

$$
\begin{aligned}
\bar{\sigma}_{n+1}&=(-1)^{n+1}(-1)(a^{n+1}+a^nb+\cdots+b^{n+1})\\
&=(-1)^n(a^{n+1}+a^nb+\cdots+b^{n+1}),
\end{aligned}
$$

$$\bar{\sigma}_{n+2} = (-1)^n ab(a^n + a^{n-1}b + \cdots + b^n).$$

于是 $\bar{s}_0 = n+2$，$\bar{s}_1 = \bar{\sigma}_1 = 0$，$\bar{s}_2 = \bar{\sigma}_1 - 2\bar{\sigma}_2 = 0, \cdots$，而

$$\bar{s}_n = \bar{\sigma}_1 \bar{s}_{n-1} - \bar{\sigma}_2 \bar{s}_{n-2} + \cdots + (-1)^{n+1} n \bar{\sigma}_n = 0.$$

$F(x)$的根是把 $f(x)$的根添加 a,b,故

$$s_k = \bar{s}_k - a^k - b^k = -(a^k + b^k),$$

这里 $k=1,2,\cdots,n$. ▌

练 习 题 8.2

1. 用初等对称多项式表出下列对称多项式：

(1) $x_1^2x_2 + x_1x_2^2 + x_1^2x_3 + x_1x_3^2 + x_2^2x_3 + x_2x_3^2$；

(2) $(x_1-x_2)^2(x_1-x_3)^2(x_2-x_3)^2$；

(3) $(x_1x_2+x_3)(x_2x_3+x_1)(x_3x_1+x_2)$；

(4) $x_1^2x_2^2 + x_1^2x_3^2 + x_1^2x_4^2 + x_2^2x_3^2 + x_3^2x_4^2 + x_2^2x_4^2$.

2. 设 $\alpha_1,\alpha_2,\alpha_3$ 是方程 $5x^3-6x^2+7x-8=0$ 的三个根,计算

$$(\alpha_1^2 + \alpha_1\alpha_2 + \alpha_2^2)(\alpha_2^2 + \alpha_2\alpha_3 + \alpha_3^2)(\alpha_1^2 + \alpha_1\alpha_3 + \alpha_3^2).$$

3. 设 $x_1,x_2,\cdots,x_n$ 是方程 $x^n + a_1x^{n-1} + \cdots + a_n = 0$ 的根,证明：$x_2,\cdots,x_n$ 的对称多项式可以表成 x_1 与 $a_1,a_2,\cdots,a_n$ 的多项式.

4. 当不定元数目 $n \geqslant 6$ 时,用初等对称多项式表示 s_2,s_3,s_4,s_5,s_6.

5. 证明：如果对某个 6 次方程有 $s_1=s_3=0$(其中 s_k 表示该方程 6 个根的 k 次方之和),则

$$s_7/7 = (s_5/5)(s_2/2).$$

6. 求一个 n 次方程,使其根的 k 次方之和 s_k 满足

$$s_1 = s_2 = \cdots = s_{n-1} = 0.$$

7. 证明

$$\sigma_k = \frac{1}{k!}\begin{vmatrix} s_1 & 1 & & & & \\ s_2 & s_1 & 2 & & 0 & \\ s_3 & s_2 & s_1 & 3 & & \\ \vdots & \vdots & \vdots & \ddots & \ddots & \\ s_{k-1} & s_{k-2} & s_{k-3} & \cdots & s_1 & k-1 \\ s_k & s_{k-1} & s_{k-2} & \cdots & \cdots & s_1 \end{vmatrix}.$$

8. 试求方程

$$x^n+\frac{1}{1!}x^{n-1}+\frac{1}{2!}x^{n-2}+\cdots+\frac{1}{n!}=0$$

的根的方幂和 $s_1,s_2,\cdots,s_n$.

9. 设 A 是数域 K 上的 n 阶方阵. 如果

$$\mathrm{tr}(A^k)=0 \quad (k=1,2,\cdots,n),$$

证明 A 是幂零矩阵.

§3 结　　式

一、结式的概念

【内容提要】

考查数域 K 上的多项式

$$f(x)=a_0x^n+a_1x^{n-1}+\cdots+a_n,$$
$$g(x)=b_0x^m+b_1x^{m-1}+\cdots+b_m.$$

令

$$R(f,g)=\begin{vmatrix} a_0 & a_1 & a_2 & \cdots & a_n & & & \\ & a_0 & a_1 & a_2 & \cdots & a_n & & \\ & & \ddots & \ddots & \ddots & & \ddots & \\ & & & a_0 & a_1 & a_2 & \cdots & a_n \\ b_0 & b_1 & b_2 & \cdots & b_m & & & \\ & b_0 & b_1 & b_2 & \cdots & b_m & & \\ & & \ddots & \ddots & \ddots & & \ddots & \\ & & & b_0 & b_1 & b_2 & \cdots & b_m \end{vmatrix}\begin{matrix} \left.\vphantom{\begin{matrix}a\\a\\a\\a\end{matrix}}\right\} m\text{ 行} \\ \left.\vphantom{\begin{matrix}a\\a\\a\\a\end{matrix}}\right\} n\text{ 行}\end{matrix}$$

(空白处为零). 称 $R(f,g)$ 为多项式 f,g 的**结式**.

命题 给定 $K[x]$ 内两个一元多项式

$$f(x)=a_0x^n+a_1x^{n-1}+\cdots+a_n \quad (n\geqslant 1),$$
$$g(x)=b_0x^m+b_1x^{m-1}+\cdots+b_m \quad (m\geqslant 1)$$

(此处允许 a_0,b_0 为零), 则 $R(f,g)=0$ 的充分必要条件是 $a_0=b_0=0$ 或 f 与 g 不互素.

评议 数域 K 上两个多项式是否互素，这可通过辗转相除法求其最大公因式来解决. 但计算过程中两个多项式的系数都淹没在一大堆数据之中，没法看出它们与多项式是否互素有什么关系. 结式则是利用两多项式的系数直接给出两多项式是否互素的判别法则. 这样的结果通常用于理论上分析、探索问题.

读者应注意，上面多项式中并未要求首项系数非 0. 但是当 $R(f,g)\neq 0$ 时不会出现这种情况，所以可以断言 $f(x)$ 与 $g(x)$ 互素.

二、结式的计算法

【内容提要】

现在设

$$f(x)=a_0x^n+a_1x^{n-1}+\cdots+a_n \quad (a_0\neq 0),$$
$$g(x)=b_0x^m+b_1x^{m-1}+\cdots+b_m \quad (b_0\neq 0)$$

是数域 K 上的两个一元多项式. 设 f 在 $\mathbb{C}$ 内的 n 个根是 $\alpha_1,\cdots,\alpha_n$，g 在 $\mathbb{C}$ 内的 m 个根是 $\beta_1,\cdots,\beta_m$. 那么我们有

$$R(f,g)=a_0^m\prod_{i=1}^{n}g(\alpha_i)=(-1)^{mn}b_0^n\prod_{j=1}^{m}f(\beta_j).$$

这就是结式 $R(f,g)$ 的计算公式.

我们有

$$\begin{aligned}R(f,f')&=a_0^{n-1}\prod_{i=1}^{n}f'(\alpha_i)\\&=(-1)^{\frac{n(n-1)}{2}}a_0^{2n-1}\prod_{1\leqslant i<j\leqslant n}(\alpha_j-\alpha_i)^2\\&=(-1)^{\frac{n(n-1)}{2}}a_0D(f).\end{aligned}\qquad(1)$$

这是 f 的判别式与 f,f' 的结式之间的关系式.

例 3.1 计算下列多项式的结式：

$$f(x)=x^3-3x^2+2x+1;\quad g(x)=2x^2-x-1.$$

解 按上面计算公式，先求 $g(x)$ 的根：$1,-\frac{1}{2}$. 故

$$R(f,g)=(-1)^6 2^3 f(1)f\left(-\frac{1}{2}\right)=8\cdot 1\cdot\left(-\frac{7}{8}\right)=-7.$$ ▌

例 3.2 当 λ 取何值时下面多项式有公共根：

$$f(x)=x^3-\lambda x+2;\quad g(x)=x^2+\lambda x+2.$$

解 只要判断 λ 取何值时 $R(f,g)=0$. 现在 $g(x)$ 的根较复杂，故改算行列式：

$$R(f,g)=\begin{vmatrix}1 & 0 & -\lambda & 2 & 0\\ 0 & 1 & 0 & -\lambda & 2\\ 1 & \lambda & 2 & 0 & 0\\ 0 & 1 & \lambda & 2 & 0\\ 0 & 0 & 1 & \lambda & 2\end{vmatrix}=-4(\lambda+1)^2(\lambda-3).$$

因此，$\lambda=-1$ 或 3 时 $f(x)$ 与 $g(x)$ 有公共根. ▌

例 3.3 解二元联立方程组

$$\begin{cases}y^2+x^2-y-3x=0,\\ y^2-6xy-x^2+11y+7x-12=0.\end{cases}$$

解 将各方程左端按 y 的降幂排列成二元多项式

$$f(x,y)=y^2-y+(x^2-3x),$$

$$g(x,y)=y^2-(6x-11)y-(x^2-7x+12).$$

如果方程组有一组解 (x_0,y_0)，则 $f(x_0,y),g(x_0,y)$ 是 $\mathbb{C}[y]$ 内两个多项式，它们有公共根 $y=y_0$，故不互素，其结式 $R(f,g)$ 应为 0. 反之，若在 $x=x_0$ 处 $R(f,g)=0$，则按前面命题，$f(x_0,y)$ 与 $g(x_0,y)$ 不互素，从而有公共根 $y=y_0$，于是 (x_0,y_0) 是原方程组的一组解.

$$R(f,g)=\begin{vmatrix}1 & -1 & x^2-3x & 0\\ 0 & 1 & -1 & x^2-3x\\ 1 & -(6x-11) & -(x^2-7x+12) & 0\\ 0 & 1 & -(6x-11) & -(x^2-7x+12)\end{vmatrix}$$

$$=40x(x-2)^2(x-3).$$

它有三个根 $x_1=0$，$x_2=2$，$x_3=3$.

(1) $x_1=0$. 方程组变成

$$\begin{cases}y^2-y=0,\\ y^2+11y-12=0.\end{cases}$$

两方程有一公共根 $y_1=1$. 故 $x_1=0$，$y_1=1$ 是原二元联立方程组的一组解.

(2) $x_2=2$. 方程组变成

$$\begin{cases} y^2 - y - 2 = 0, \\ y^2 - y - 2 = 0. \end{cases}$$

它们有两个公共根 $y_{21}=-1$，$y_{22}=2$. 故原二元联立方程组有两组解$(2,-1)$，$(2,2)$.

(3) $x_3=3$. 方程组变成

$$\begin{cases} y^2 - y = 0, \\ y^2 - 7y = 0. \end{cases}$$

它们有一个公共根 $y_3=0$. 故原二元联立方程组有一组解$(3,0)$. ▌

例 3.4　计算多项式 $f(x)=x^n+ax+b$ 的判别式.

解　前面已指出 $D(f)=(-1)^{\frac{n(n-1)}{2}}R(f,f')$. 令

$$A=\begin{bmatrix} a & b & & & \\ & a & b & 0 & \\ & 0 & \ddots & \ddots & \\ & & & a & b \end{bmatrix}_{(n-1)\times n},$$

$$B=\begin{bmatrix} n & & & & \\ 0 & n & & 0 & \\ 0 & 0 & n & & \\ \vdots & & \ddots & \ddots & \\ 0 & 0 & \cdots & 0 & n \\ 0 & 0 & \cdots & \cdots & 0 \end{bmatrix}_{n\times(n-1)},$$

$$C=\begin{bmatrix} a & & & & \\ 0 & a & & 0 & \\ \vdots & \ddots & \ddots & & \\ 0 & \cdots & 0 & a & \\ n & 0 & \cdots & 0 & a \end{bmatrix}_{n\times n}.$$

那么

$$R(f,f')=\begin{vmatrix} E_{n-1} & A \\ B & C \end{vmatrix}.$$

因为

$$\begin{bmatrix} E_{n-1} & 0 \\ -B & E_n \end{bmatrix}\begin{bmatrix} E_{n-1} & A \\ B & C \end{bmatrix}=\begin{bmatrix} E_{n-1} & A \\ 0 & C-BA \end{bmatrix},$$

而

$$\begin{vmatrix} E_{n-1} & 0 \\ -B & E_n \end{vmatrix}=1.$$

故 $R(f,f')=|C-BA|$. 因

$$C-BA=\begin{bmatrix} -(n-1)a & -nb & & & \\ 0 & -(n-1)a & -nb & & \\ \vdots & \ddots & \ddots & \ddots & \\ a & & 0 & -(n-1)a & -nb \\ n & 0 & \cdots & 0 & a \end{bmatrix}_{n\times n}.$$

由此得 $R(f,f')=n^nb^{n-1}+(-1)^{n-1}(n-1)^{n-1}a^n$. 于是

$$D(f)=(-1)^{\frac{n(n-1)}{2}}n^nb^{n-1}+(-1)^{\frac{(n-1)(n+2)}{2}}(n-1)^{n-1}a^n. \quad ▌$$

例 3.5 设 f,g,h 是数域 K 上三个一元多项式,证明

$$R(fg,h)=R(f,h)\cdot R(g,h).$$

解 设 $\deg f=m$, $\deg g=n$, $\deg h=k$. 又设 f 首项系数为 a_0, g 首项系数为 b_0. 让 f 在 $\mathbb{C}$ 内 m 个根是 $\alpha_1,\alpha_2,\cdots,\alpha_m$, g 在 $\mathbb{C}$ 内 n 个根是 $\beta_1,\beta_2,\cdots,\beta_n$,那么,我们有

$$\begin{aligned} R(fg,h) &= (a_0b_0)^k\prod_{i=1}^m h(\alpha_i)\prod_{j=1}^n h(\beta_j) \\ &= a_0^k\prod_{i=1}^m h(\alpha_i)\cdot b_0^k\prod_{j=1}^n h(\beta_j) \\ &= R(f,h)R(g,h). \quad ▌ \end{aligned}$$

例 3.6 设 f,g 是数域 K 上两个一元多项式,证明

$$D(fg)=D(f)D(g)(R(f,g))^2.$$

解 设 $\deg f=m$, $\deg g=n$, f 首项系数为 a_0, g 首项系数为 b_0, f 在 $\mathbb{C}$ 的 m 个根为 $\alpha_1,\alpha_2,\cdots,\alpha_m$, g 在 $\mathbb{C}$ 的 n 个根为 $\beta_1,\beta_2,\cdots,\beta_n$,则

$$\begin{aligned} R(fg,(fg)') = {} & (a_0b_0)^{m+n-1}\prod_{i=1}^m (f'g+fg')(\alpha_i) \\ & \cdot\prod_{j=1}^n (f'g+fg')(\beta_j) \end{aligned}$$

$$= (a_0b_0)^{m+n-1}\prod_{i=1}^{m} f'(\alpha_i)g(\alpha_i)$$

$$\cdot \prod_{j=1}^{n} f(\beta_j)g'(\beta_j)$$

$$= \left(a_0^{m-1}\prod_{i=1}^{m} f'(\alpha_i)\right)\left(b_0^{n-1}\prod_{j=1}^{n} g'(\beta_j)\right)$$

$$\cdot a_0^n b_0^m \prod_{i=1}^{m} g(\alpha_i)\prod_{j=1}^{n} f(\beta_j)$$

$$= R(f,f')R(g,g')R(f,g)(-1)^{mn}R(f,g)$$

$$= (-1)^{\frac{m(m-1)}{2}} a_0 D(f)(-1)^{\frac{n(n-1)}{2}} b_0 D(g)$$

$$\cdot (-1)^{mn} R(f,g)^2. \tag{2}$$

利用(1)式,我们又有

$$R(fg,(fg)') = (-1)^{\frac{(m+n)(m+n-1)}{2}} a_0b_0D(fg).$$

因为

$$\frac{m(m-1)}{2}+\frac{n(n-1)}{2}+mn = \frac{m^2-m+n^2-n+2mn}{2}$$

$$= \frac{(m+n)(m+n-1)}{2},$$

而 $a_0b_0 \neq 0$. 故由(2)式得 $D(fg)=D(f)D(g)(R(f,g))^2$. ▌

例 3.7　给定数域 K 上多项式

$$f(x) = x^n + ax^{n-1} + ax^{n-2} + \cdots + a,$$

这里 $a \neq -\frac{1}{n}$,求 $f(x)$的判别式.

解　令

$$F(x) = (x-1)f(x) = x^{n+1} + (a-1)x^n - a.$$

我们有 $F'(x)=(n+1)x^n+n(a-1)x^{n-1}$,故

$$R(F,F') = (n+1)^{n+1}(-a)^{n-1}\left[\left(\frac{n}{n+1}(1-a)\right)^{n+1}\right.$$

$$\left. + (a-1)\left(\frac{n}{n+1}(1-a)\right)^n - a\right]$$

$$= (-a)^{n-1}[n^{n+1}(1-a)^{n+1}$$

$$- n^n(n+1)(1-a)^{n+1} - a(n+1)^{n+1}]$$

$$= (-1)^n a^{n-1}(n^n(1-a)^{n+1} + a(n+1)^{n+1})$$
$$= (-1)^{\frac{n(n+1)}{2}} D(F) = (-1)^{\frac{n(n+1)}{2}} D((x-1)f(x))$$
$$= (-1)^{\frac{n(n+1)}{2}} D(f) D(x-1)(R(f,x-1))^2.$$

注意 $D(x-1)=1$，而

$$R(f,x-1) = (-1)^n f(1) = (-1)^n (na+1).$$

于是

$$D(f) = (-1)^{\frac{n(n+3)}{2}} \cdot \frac{a^{n-1}}{(na+1)^2}(n^n(1-a)^{n+1} + a(n+1)^{n+1}). \quad \blacksquare$$

练习题 8.3

1. 设 $f(x), g(x)$ 是数域 K 上两多项式，$\deg f = n$，$\deg g = m$. 证明

$$R(f,g) = (-1)^{mn} R(g,f).$$

2. 试计算以下多项式的结式 $R(f,g)$：

(1) $f(x)=2x^3-3x^2+2x+1$，

$g(x)=x^2+x+3$；

(2) $f(x)=2x^3-3x^2-x+2$，

$g(x)=x^4-2x^2-3x+4$.

3. 当 λ 为何值时下面两多项式有公共根？

$$f(x) = x^3 + \lambda x^2 - 9, \quad g(x) = x^3 + \lambda x - 3.$$

4. 解二元联立方程组

$$\begin{cases} y^2 - 7xy + 4x^2 + 13x - 2y - 3 = 0, \\ y^2 - 14xy + 9x^2 + 28x - 4y - 5 = 0. \end{cases}$$

5. 试求下列多项式的结式：

$$f(x) = a_0 x^n + a_1 x^{n-1} + \cdots + a_n,$$
$$g(x) = a_0 x^{n-1} + a_1 x^{n-2} + \cdots + a_{n-1}.$$

6. 计算下列多项式的判别式.

(1) $f(x)=x^3-x^2-2x+1$；

(2) $g(x)=x^3+2x^2+4x+1$.

7. 设已知多项式

$$f(x)=a_0x^n+a_1x^{n-1}+\cdots+a_n$$

的判别式 $D(f)$，求多项式

$$g(x)=a_nx^n+a_{n-1}x^{n-1}+\cdots+a_0$$

的判别式.

8. 试计算下面多项式的判别式：

$$f_n(x)=n!\left(1+\frac{1}{1!}x+\frac{1}{2!}x^2+\cdots+\frac{1}{n!}x^n\right).$$

代数学的历史演变

早在公元前 3000 年，人类就开始形成数和它们的加、减、乘、除运算的初步概念. 数学史表明，数学是人类活动非常重要的一个方面，它是人类出于解决各种问题的需要而产生和发展起来的. 现在留传下来的古老的美索不达米亚文明时代写下的泥板，古埃及时代留传下来的纸草书，以及古印度时代口头留传下来的诗歌都提供了大量数学资料. 在我国汉朝初期(大约是公元前 200 年)出现了一本数学专著《九章算术》，其中提供了许多数学问题及其解法，说明在当时我们的祖先已在数学领域取得令人惊叹的成就. 例如，此书第八章问题一写道："今有上禾三秉，中禾二秉，下禾一秉，实三十九斗；上禾二秉，中禾三秉，下禾一秉，实三十四斗；上禾一秉，中禾二秉，下禾三秉，实二十六斗，问上、中、下禾实一秉各几何？"译成现代的话就是"现有上等禾谷三捆，中等禾谷二捆，下等禾谷一捆，得粮食 39 斗；又有上等禾谷二捆，中等禾谷三捆，下等禾谷一捆，得粮食 34 斗；再有上等禾谷一捆，中等禾谷二捆，下等禾谷三捆，得粮食 26 斗. 问上、中、下等禾谷每捆各得粮食多少？"用现代方法，就是求解三元一次联立方程组

$$\begin{cases}3x+2y+z=39,\\2x+3y+z=34,\\x+2y+3z=26.\end{cases}$$

在当时并未有这样优美的数学表达式，但书上却把它表达成矩阵的形式(当然是翻译成现代的术语和符号)

$$\begin{bmatrix}3&2&1&39\\2&3&1&34\\1&2&3&26\end{bmatrix},$$

而且提供的解法也类似于我们现在解线性方程组时使用的初等变换，把方程组化为阶梯形

$$\begin{cases} 3x + 2y + z = 39, \\ \quad\quad 5y + z = 24, \\ \quad\quad\quad 36z = 99, \end{cases}$$

然后再自下而上求各未知量的值. 更令人惊异的是，此章问题十三是一个有 6 个未知数 5 个方程的齐次线性方程组的求解方法. 这些事实说明，现在高等代数课程中学习的线性方程组的矩阵消元法，早在二千多年前就已经有其雏形了.

下面，我们依据数学史的资料，从两个方面对 20 世纪之前代数学的发展作一些粗略的评述.

一、代数学研究对象的演变

代数学最初的研究对象无疑就是有理数域. 在科学技术还处于初级阶段时，有理数域似乎也已够用了. 尽管当时在处理开平方、开立方以至许多一元二次方程时，肯定出现诸如$\sqrt{2}$这类无理数，但人们都用它的有理数近似值来代替它. 虽然在公元前 300 年柏拉图学派已有了无理数的初步概念，但一直到 9 世纪埃及数学家卡米勒(850—930)的著作中才较系统地运用了无理数. 11 世纪的数学家巴格达蒂对无理数作了较深入的分析，甚至证明了无理数的"稠密性". 这样，代数学终于进入到整个实数域的领地内. 从我们今天的观点看，人们在研究二次方程(这在公元前几百年就已经开始)时，理应由方程 $x^2+1=0$ 而发现复数. 但是奇怪的是，复数及其运算的理论直到 16 世纪才在意大利数学家邦贝利(1526—1572)的著作中被较系统地引进. 代数学到此总算进入到复数域的范畴. 其所以如此，是因为古代人们对数的认识只停留在原始、感性的阶段，根深蒂固地认为"数"理应是某种具体存在事物的量度，因而认为 $x^2+1=0$ 这样的方程不言而喻是"无解"的. 对复数这种"虚无"的数实在难于接受. 甚至邦贝利自己也认为引入复数及其运算"整个事情出乎常理，犹如诡辩". 经历很长时间后，数学家们才慢慢理解和接受了这个新数系. 这

些事实说明：人们的思想是有极大的时代局限性的.

在古代的数学著作中，所讨论的问题都用文字表述，很少有数学记号和数学式的运算，所涉及的也都是具体的数字. 又是经过漫长的发展过程之后，各种数学记号和数学式运算才被普遍采用. 特别是从讨论具体数字转为讨论用文字表达的数学式的运算. 这应当认为是代数学的另一种重要进展. 人们进行文字组成的代数式的运算时，是不管那些文字具体代表什么数字的. 那么，做这样的运算的依据是什么呢？就是数的运算所满足的九条运算法则. 在这里人们已经确认，代数运算的理论与运算对象的具体内涵无关，而是由它所满足的运算法则决定的. 这已经蕴含近世代数学的基本思想了.

代数学的研究对象到 19 世纪发生了根本性的变化，它摆脱了数系的局限性，进入不是数的对象的运算领域. 下面三方面是最早出现的典型事例.

1. 矩阵进入代数学的研究领域

德国数学大师高斯(1777—1855)在 1801 年出版的专著《算术研究》中，由于研究二元二次型而讨论了两个二阶方阵的乘法. 柯西(1789—1857)在 1815 年发表的一篇论文中讨论了两个 n 阶方阵的乘积. 到 1850 年英国数学家西尔维斯特(1814—1897)给出了一般 $m\times n$ 矩阵的概念，并首次使用了“矩阵”这个术语.

2. 群的概念产生并成为代数学的重要新研究对象

18 世纪法国数学家拉格朗日(1736—1813)在研究一元高次方程的求解问题时，首次引入方程根的置换的概念，这为以后深入研究打下了基础. 到 19 世纪 20 年代中期，挪威数学家阿贝尔(1802—1829)证明五次一般方程不可能有求根公式就是在进一步发展拉格朗日的思想之后取得的. 对于一般高次代数方程，这个工作是由法国天才数学家伽罗瓦(1811—1832)完成的. 用现代的语言说，伽罗瓦考查数域 K 上一个 n 次代数方程 $f(x)=0$，它的根当然不会全在 K 内，因而必须把 K 扩充为更大的数域 L，使 L 是包含 $f(x)=0$ 的全部根的“最小”数域. 然后他研究 L 到 L 的全体非零同态，这些同态同时保持 K 内每个数不变. 这些同态是集合 L 内的变换，它自然引起此方程的根集合的一个置换. 一个集合内的任意两个变换都可相乘.伽罗瓦考查 L 到自身的所有这些同态所成的集合,其中元素有乘法运算.他把这样一个系统称为此代数方程的"群",他证明一个基本的事实:该方程有无根式解取决于此方程的群的构造.伽罗瓦的工作表明,为了解决数域上一元代数方程的理论课题,我们必须跳出数的运算的领域,进入一个全新的领域——群论的领域.

但是,伽罗瓦的成果在当时没有被人理解,他投给研究院的论文没有被接受.就在这时他被迫去参加决斗,结果被击中致死.他的论文直到 1846 年,即他逝世 14 年之后才被正式发表,并成了代数学发展史上的一座里程碑.

3. 四元数的发现

在复数被数学家们充分理解并发挥了重要作用之后,一个自然的问题就是能不能对复数系再作进一步的扩充,爱尔兰数学家哈密顿(1805—1865)在这个课题上花费极大的心血进行了长时间的探索.首先他把复数看做实数的二元有序组 (a,b),其中有加法和乘法:

$$(a,b)+(c,d)=(a+c,b+d),$$
$$(a,b)(c,d)=(ac-bd,ad+bc).$$

于是他想能不能对实数的三元有序组 (a,b,c) 作同样的工作呢?经过长时间的努力,他终于发现,要实现这一愿望,不应该考查三元有序组,而是应该考查实数的四元有序组 (a,b,c,d),他把它写成 $a+bi+cj+dk$,创立了四元数的理论.他对获得这一成果极为振奋.多年以后,他在写给他儿子的信中回忆到那个使他豁然贯通的时刻时写道:在(1843 年 10 月)16 号那天,他去参加爱尔兰皇家学院召开的会议,走在路上,"一种潜意识出现在我脑海里,并最终有了结果.不用说,关于这个结果,我马上意识到了它的重要性:电路接通了,闪出火花,……,我无法抑制住激动的心情——也许是不理智的:用刀子把它刻在了布朗汉姆桥上.这个用符号 i,j,k 表示的基本公式就是:

$$i^2=j^2=k^2=ijk=-1,$$

它包含了上述问题的解".这个有趣的例子说明,科学上的成就都是长时间坚韧不拔努力的结果.

哈密顿的四元数乘法不满足交换律,所以已经是一种不同于数系的新的代数系统,但它把复数域包含在内,而且满足数的其他八条运算法则,所以是数系的再扩充.

二、代数学研究课题的演变

人类的生产活动和日常生活提出许多数学问题.在早期,这些问题几乎都归结为求解各种代数方程,它们自然也就成为代数学研究的核心课题.在代数学的初级阶段,并没有形成一般性的理论和方法,而是针对各项具体问题,数学家们发挥自己的才智,想出各种巧妙方法加以破解.直到中世纪(公元 500 年至 1400 年)才逐渐形成较为严密的理论,找到了一元一、二次代数方程的一般解法和求根公式,并写出了代数学的专著.其中有代表性的是伊斯兰数学家花拉子米(780—850)在 825 年写成的教程,他给这本著作起名为《al-Jabr 与 al-Muqabala 计算概要》,其中 al-Jabr 和 al-muqabala 都是指解代数方程时采用的运算步骤.现在英文词"algebra"就是从阿拉伯文 al-Jabr 演化过来的.而中文"代数"一词,则是清朝数学家李善兰(1811—1882)首创的译名(大概是受到当时已普遍采用的以文字代表数这一现象的启发),一直沿用至今.在这一时期,数学家们的研究并不局限于解方程,其他许多课题也引起他们的兴趣,例如各种代数式的运算和因式分解,二项式的展开公式,构造各种有用的恒等式,各种级数的求和,特别是前 n 个自然数的方幂和等等,都进入代数学的研究领域.

但是,在 19 世纪之前,代数学研究的中心课题始终是各类代数方程的解法和根的分布.在欧洲的文艺复兴时期(公元 1400 年至 1700 年),数学家们致力于寻找三、四次方程的求根公式并获得成功.最初,数学家们利用圆锥曲线的交点寻求某些三次方程的解法,但都是一些特例.到 16 世纪初,意大利数学家费罗(1465—1526)首先找到了解三次方程 $x^3+cx=d$ 的方法,到 1545 年,意大利数学家卡尔达诺(1501—1576)出版了代数学专著《大术》,系统地阐述了三、四次方程的解法.在随后的年代里,人们试图遵循三、四次方程求解方法的思路去寻求五次以上代数方程的解法,但都遭到失败.以致在 17、18 世纪期间,代数学处于沉寂的状况,未有重大新成果出现.这期间较为重要的成果是代数学与几何学结合而产生的解析几何,以及吉拉德(1595—1632)在1629年的著作中首次阐述了我们今天称之为"高等代数基本定理"的一个重要命题,但他没有给出证明,它的证明是在近200年之后由高斯给出的.

一元高次代数方程是一个较难的课题.在这个课题中累遭挫折的同时,数学家们在较容易的多元线性方程组的研究中取得进展,苏格兰数学家麦克劳林(1698—1746)和日本数学家关孝和(1642—1708)分别提出了行列式的概念.而瑞士数学家克莱姆(1704—1752)在1750年研究如何由一条代数曲线上已知点的坐标来确定该曲线方程的系数时,提出了解 n 个 n 元线性方程组的公式,即我们今天所说的克莱姆法则.行列式概念中已经蕴含了方阵的思想,但当时没有引起人们的注意.

代数学的辉煌成就是在19世纪出现的.首先是伽罗瓦的杰出贡献.伽罗瓦圆满地解决了一元代数方程的理论问题.但更重要的,是他的工作表明:一元代数方程的理论不过是群和域的一般结构理论的一个应用而已.因此,代数学的核心研究对象不应当是代数方程,而应当是各类代数系统,这就使代数学的研究发生了根本性的变化,代数学从此进入一个全新的时代.伽罗瓦的工作被正式发表,其重要意义被数学界广泛认同之后,群的理论的研究就蓬蓬勃勃地展开.首先是若尔当(1838—1922)较深入地研究了由置换组成的群,随后克罗内克(1823—1891)研究了交换群(又称阿贝尔群),而凯莱(1821—1895)在他的研究中给出了群的乘法表并给出了抽象群的定义.在1875年克莱因(1849—1925)发表了关于分式线性变换群的论文,这种群以后在代数和数论的研究中发挥了重要的作用.到19世纪下半叶,挪威数学家李(1842—1899)建立了连续变换群,即李群的基础理论,它不但在代数学,而且在几何学、数论、微分方程等许多领域都是基本的工具.

在群论发展的同时,域论和环论也在迅速发展.1871年,戴德金(1831—1916)给出了数域的定义,它就是我们在引言中所介绍的概念.以后,人们认识到,域的概念可以抽象化,也就是说它的元素不一定是数,只要其中有加法、乘法运算,并满足与数的运算相同的九条运算法则就可以了.1830年伽罗瓦提出了只包含有限多个元素的有限域的基础理论. 最后,韦伯(1842—1913)在 1893 年给出了域的抽象定义. 而高斯、库默尔(1810—1893)、戴德金则对环论进行了相当深刻的研究.

和伽罗瓦的工作类似,关于线性方程组的研究导致了行列式和 n 维向量空间、矩阵理论的诞生和发展,而最后人们同样发现,线性方程组的理论不过是向量空间和矩阵的一般理论的一种应用而已. 因而更重要的是研究向量空间和矩阵. 1858 年,凯莱定义了矩阵的加法和乘法运算并应用于线性方程组的研究. 1879 年弗罗贝尼乌斯(1849—1917)提出了矩阵秩的概念. 由于研究常系数线性微分方程组的解而产生的矩阵特征值和特征向量的课题在这时得到进一步的发展,并最终形成了矩阵若尔当标准形的理论. 这些工作是从 1743 年达兰贝尔(1717—1783)对常微分方程组的研讨开始,经过柯西、若尔当等人的努力而实现的.

但是向量空间和矩阵理论的重要发展是它们抽象化为线性空间和线性变换的一般理论,从而大大拓宽了应用的领域之后. 这方面的研究为李群提供了重要的工具,李群论中重要的四类典型单纯李群就是在线性空间和线性变换理论的基础上建立起来的. 线性代数的理论又是群和其他抽象代数系统的线性表示论的基石. 另一方面,由线性空间理论进一步发展形成的张量积和张量的理论,线性结合代数理论(哈密顿的四元数就是其中重要的例子)及线性非结合代数理论(例如李群的李代数)也成为现代代数学的重要研究对象.

参考文献

1. V. J. Katz. 数学史通论(第 2 版). 李文林等译. 北京:高等教育出版社,2004 年.

2. van der Waerden B L. A history of algebra, from al-Khwārizmi to Emmy Noether, Berlin: Springer-Verlag, 1985.

部分练习题答案与提示

第 一 章

练 习 题 1.1

1. 线性相关.　　**2.** 线性相关.

3. 因 $\alpha_1+\alpha_2-\alpha_3=0$,故它线性相关.　　**4.** 线性无关.

5. $\alpha_1,\alpha_2,\alpha_4$ 为一极大线性无关部分组,秩为 3.

6. $\mathrm{r}(B)\leqslant\mathrm{r}(A)+2$.　　**7.** $\mathrm{r}(A)=3,\mathrm{r}(B)=4$.

8. 第 2,4,5,7 个列向量组成一极大线性无关部分组.

14. 设 $\alpha_{i_1},\alpha_{i_2},\cdots,\alpha_{i_r}$ 是一线性无关部分组,对任意 α_i,向量组 $\alpha_{i_1},\alpha_{i_2},\cdots,\alpha_{i_r},\alpha_i$ 能被它的一极大线性无关部分组线性表示,按基本命题,它线性相关,再利用第 10 题.

15. 利用等价的向量组秩相同的事实.

18. 设 $\alpha_1,\alpha_2,\cdots,\alpha_s$ 为一线性无关部分组,取任一极大线性无关部分组 $\alpha_{i_1},\alpha_{i_2},\cdots,\alpha_{i_r}$,对 $\alpha_1,\alpha_2,\cdots,\alpha_s,\alpha_{i_1},\alpha_{i_2},\cdots,\alpha_{i_r}$ 使用例 1.10 的筛选法,$\alpha_1,\alpha_2,\cdots,\alpha_s$ 线性无关,保持不动.

19. 设 $a_i=0$. 若 $a_1,\cdots,a_{i-1},a_{i+1},\cdots,a_n$ 中有 r 个为 0,则向量组秩为 $n-r$.

练 习 题 1.2

1. 基础解系可取为 $\eta_1=(8,-6,1,0)$,$\eta_2=(-7,5,0,1)$.

2. $\gamma_0=\left(\dfrac{2}{3},\dfrac{1}{6},0,0,0\right)$;$\eta_1=(0,1,2,0,0)$,$\eta_2=(0,-1,0,2,0)$,$\eta_3=(2,5,0,0,6)$.

3. 把第 n 个方程乘(-1)加到其他方程,易知它只有零解.

4. 设 $\alpha_1,\alpha_2,\cdots,\alpha_s$ 是一线性无关解向量组,任取一基础解系 $\eta_1,\eta_2,\cdots,\eta_r$,对向量组 $\alpha_1,\alpha_2,\cdots,\alpha_s,\eta_1,\eta_2,\cdots,\eta_r$ 行筛选法求其极大线性无关部分组.

5. 利用 $\mathrm{r}(A)\leqslant\mathrm{r}(\overline{A})\leqslant\mathrm{r}(B)$.

6. 把$(b_1,b_2,\cdots,b_n)$添加到该齐次线性方程组的系数矩阵 $A=(a_{ij})$作为最后一行,此时新矩阵的秩$=\mathrm{r}(A)$.

7. 把两方程组合并成$(m+s)$个方程n个未知量的齐次线性方程组,证明新方程组系数矩阵的秩$<n$.

练习题 1.3

1. $\begin{bmatrix}2&0\\0&3\end{bmatrix}$. **2.** $n=2k$ 时为$\begin{bmatrix}1&0\\0&1\end{bmatrix}$,$n=2k+1$ 时为$\begin{bmatrix}2&-1\\3&-2\end{bmatrix}$.

3. $\begin{bmatrix}a&b&c&d\\0&a&b&c\\0&0&a&b\\0&0&0&a\end{bmatrix}$, a,b,c,d 是 K 内任意数.

4. $A^{-1}=\dfrac{1}{4}\begin{bmatrix}1&1&1&1\\1&1&-1&-1\\1&-1&1&-1\\1&-1&-1&1\end{bmatrix}$; $B^{-1}=\begin{bmatrix}1&-a&0&\cdots&0\\0&1&-a&\ddots&\vdots\\0&0&1&\ddots&0\\\vdots&\vdots&\ddots&\ddots&-a\\0&0&\cdots&0&1\end{bmatrix}$.

9. 利用 $\mathrm{tr}(AB)=\mathrm{tr}(BA)$,且注意对 K 上任意 n 阶方阵 $A_1,A_2,\cdots,A_m$ 及 $k_1,k_2,\cdots,k_m\in K$,都有

$$\begin{aligned}&\mathrm{tr}(k_1A_1+k_2A_2+\cdots+k_mA_m)\\&=k_1\mathrm{tr}(A_1)+k_2\mathrm{tr}(A_2)+\cdots+k_m\mathrm{tr}(A_m).\end{aligned}$$

10. 猜想 C 的列向量组 $\gamma_1,\gamma_2,\cdots,\gamma_s$ 的一个极大线性无关部分组是 $\gamma_{i_1},\gamma_{i_2},\cdots,\gamma_{i_r}$. 利用 C 的列向量是 A 的列向量组的线性组合这一事实来证明这个猜想.

11. 因 $m=\mathrm{r}(E_m)=\mathrm{r}(AB)\leqslant\mathrm{r}(A)\leqslant m$ 推出 $\mathrm{r}(A)=m$;
$m=\mathrm{r}(E_m)=\mathrm{r}(AB)\leqslant\mathrm{r}(B)\leqslant m$ 推出 $\mathrm{r}(B)=m$.

第 二 章

练习题 2.1

1. $\det A\binom{3}{3}=77$, $|A|=385$.

2. $|A+B|=-2$, $|A|+|B|=-5$, $|2A|=-72$, $2|A|=-36$.

3. $abcd+ab+ad+cd+1$. **4.** -3. **5.** $n>2$ 时 $D_n=0$.

6. $x(a_1-x)(a_2-x)\cdots(a_n-x)\left(\dfrac{1}{x}+\dfrac{1}{a_1-x}+\dfrac{1}{a_2-x}+\cdots+\dfrac{1}{a_n-x}\right)$.

7. $1+a+\cdots+a^{n-1}+a^n$. **8.** $x_1x_2\cdots x_n\left(1+\sum\limits_{i=1}^{n}\dfrac{a_ib_i}{x_i}\right)$.

9. $a_1a_2\cdots a_n-a_1a_2\cdots a_{n-1}+a_1a_2\cdots a_{n-2}-\cdots+(-1)^{n-1}a_1+(-1)^n$.

11. 1. **12.** $(-1)^{n-1}n$. **13.** 在第10题中令 $x=-1$. **15.** $|M|=(-1)^{mn}$.

练习题 2.2

1. 把行列式乘其转置矩阵的行列式. 其值为$(a^2+b^2+c^2+d^2)^2$.

2. 0. **3.** $\prod_{1\leqslant j<i\leqslant n}(x_i-x_j)^2$. **4.** 将两个行列式每一个自乘.

6. $k_1(1,-2,0)+k_2(0,-2,1)$, k_1,k_2 任意.

7. (1) $A^*=\begin{bmatrix}0&1&1\\0&1&-2\\-3&2&-1\end{bmatrix}$, $A^{-1}=\frac{1}{3}\begin{bmatrix}0&1&1\\0&1&-2\\-3&2&-1\end{bmatrix}$.

(2) $A^*=\begin{bmatrix}-1&4&3\\-1&5&3\\1&-6&-4\end{bmatrix}$, $A^{-1}=\begin{bmatrix}1&-4&-3\\1&-5&-3\\-1&6&4\end{bmatrix}$.

(3) $A^*=\begin{bmatrix}1&0&-1&0\\0&1&0&0\\0&0&-1&1\\0&0&0&-1\end{bmatrix}$, $A^{-1}=A^*$.

11. 利用第一章例 3.15 的办法将 A 处化为小块零矩阵,再利用本章例 1.9.

13. 利用分块矩阵初等列变换将第1,2两列互换,再利用例 1.9.

第 三 章

练习题 3.1

3. (1) 线性无关,秩为 2; (2) 线性相关,秩为 2;

(3) 线性无关,秩为 2; (4) 线性无关,秩为 2;

(5) 线性无关,秩为 $n+1$; (6) 线性无关,秩为 $n+1$.

4. 以 1,i 为一组基,维数为 2.

5. 以 $1,\sqrt{2},\sqrt{3},\sqrt{6}$ 为一组基,维数为 4.

6. 以 $E_{ij}(i=1,2,\cdots,m;j=1,2,\cdots,k)$为一组基,维数为 mk.

8. (1) $\beta=\frac{5}{4}\varepsilon_1+\frac{1}{4}\varepsilon_2-\frac{1}{4}\varepsilon_3-\frac{1}{4}\varepsilon_4$; (2) $\beta=2\varepsilon_1+\varepsilon_2-3\varepsilon_3+2\varepsilon_4$.

9. (1) 过渡矩阵

$$T=\begin{bmatrix}2&0&5&6\\1&3&3&6\\-1&1&2&1\\1&0&1&3\end{bmatrix},$$

$$\beta=x_1\eta_1+x_2\eta_2+x_3\eta_3+x_4\eta_4,$$

其中

$$\begin{cases}x_1=\frac{4}{9}b_1+\frac{1}{3}b_2-b_3-\frac{11}{9}b_4,\\x_2=\frac{1}{27}b_1+\frac{4}{9}b_2-\frac{1}{3}b_3-\frac{23}{27}b_4,\\x_3=\frac{1}{3}b_1-\frac{2}{3}b_4,\\x_4=-\frac{7}{27}b_1-\frac{1}{9}b_2+\frac{1}{3}b_3+\frac{26}{27}b_4.\end{cases}$$

(2) 过渡矩阵

$$T=\begin{bmatrix}1&0&0&1\\1&1&0&1\\0&1&1&1\\0&0&1&0\end{bmatrix}.$$

$$\beta=\frac{3}{13}\varepsilon_1+\frac{5}{13}\varepsilon_2-\frac{2}{13}\varepsilon_3-\frac{3}{13}\varepsilon_4.$$

(3) 过渡矩阵

$$T=\frac{1}{4}\begin{bmatrix}3&7&2&-1\\1&-1&2&3\\-1&3&0&-1\\1&-1&0&-1\end{bmatrix}.$$

$$\beta=-2\eta_1-\frac{1}{2}\eta_2+4\eta_3-\frac{3}{2}\eta_4.$$

10. $\xi=(-a,-a,-a,a)\ (a\neq0)$.

练 习 题 3.2

1. 基为 $1,\cos x,\cos 2x,\cos 3x$,维数 4.

4. (1) 三维,$\alpha_2,\alpha_3,\alpha_4$ 为一组基；　(2) 二维,α_1,α_2 为一组基.

5. 二维,它的一组基为：$\eta_1=(-1,24,9,0)$,　$\eta_2=(2,-21,0,9)$.

6. (1) 和的维数$=3$;$\alpha_1,\alpha_2,\beta_1$ 为一组基；交的维数$=1$;$4\alpha_2-\alpha_1$ 为一组基；

(2) 和的维数$=4$;$\alpha_1,\alpha_2,\beta_1,\beta_2$ 为一组基；交的维数$=0$;

(3) 和的维数$=4$;$\alpha_1,\alpha_2,\alpha_3,\beta_2$ 为一组基；交的维数$=1$;β_1 为一组基.

9. 不是,因 $M\cap N$ 是全体对角矩阵,非零.

14. M_1+M_2 非直和,M_1+M_3,M_2+M_3 为直和,$M_1+M_2+M_3$ 非直和.

15. 把 α_1,α_2 扩充为 K^4 的一组基：$\alpha_1,\alpha_2,\varepsilon_3,\varepsilon_4$($\varepsilon_3,\varepsilon_4$ 为 K^4 的后两个坐标向量),$\varepsilon_3+M,\varepsilon_4+M$ 为 K^4/M 的一组基.

16. $E_{ii}+M(i=1,2,\cdots,n)$; $E_{ij}+E_{ji}+M(i\neq j)$为 $M_n(K)/M$ 的一维基,维数为 $\frac{n(n+1)}{2}$.

练习题 3.3

1. $(f(\varepsilon_1),f(\varepsilon_2),f(\varepsilon_3),f(\varepsilon_4))=(\eta_1,\eta_2,\eta_3)\begin{bmatrix}5/2 & 1 & 7/2 & 6\\ -1/2 & 1 & -1/2 & -1\\ -3/2 & -3 & -3/2 & -4\end{bmatrix}$.

2. $(f(\eta_1),f(\eta_2),f(\eta_3))=(\varepsilon_1,\varepsilon_2,\varepsilon_3,\varepsilon_4)\begin{bmatrix}2 & 0 & 0\\ 1 & -2 & 1\\ 1 & 1 & 0\\ 0 & 0 & 0\end{bmatrix}$.

3. $(f(1),f(x),\cdots,f(x^{n-1}))=(1,x,\cdots,x^n)\begin{bmatrix}0 & & & & \\ 1 & 0 & & 0 & \\ & \frac{1}{2} & 0 & & \\ & & \ddots & \ddots & \\ & 0 & & \frac{1}{n} & 0\end{bmatrix}$.

5. 对 k 作数学归纳法.

6. 考查 $\mathrm{Ker}\boldsymbol{A}=M$,$\mathrm{Ker}(\boldsymbol{A}-\boldsymbol{E})=N$. 对任意 $\alpha\in V$,有 $\boldsymbol{A}\alpha\in N$. 而 $\alpha-\boldsymbol{A}\alpha\in M$. 故 $V=M\oplus N$.

9. 考查 $\mathrm{Ker}(\boldsymbol{A}_i-\boldsymbol{A}_j)$,利用例 2.6.

10. 设 $A=\begin{bmatrix}a & b\\ c & d\end{bmatrix}$,则(2)中矩阵为

$$\begin{bmatrix}0 & -c & b & 0\\ -b & a-d & 0 & b\\ c & 0 & d-a & -c\\ 0 & c & -b & 0\end{bmatrix}.$$

12. (1) $\begin{bmatrix} a_{33} & a_{32} & a_{31} \\ a_{23} & a_{22} & a_{21} \\ a_{13} & a_{12} & a_{11} \end{bmatrix}$; (2) $\begin{bmatrix} a_{11} & ka_{12} & a_{13} \\ \frac{a_{21}}{k} & a_{22} & \frac{a_{23}}{k} \\ a_{31} & ka_{32} & a_{33} \end{bmatrix}$;

(3) $\begin{bmatrix} a_{11}+a_{12} & a_{12} & a_{13} \\ a_{21}+a_{22}-a_{11}-a_{12} & a_{22}-a_{12} & a_{23}-a_{13} \\ a_{31}+a_{32} & a_{32} & a_{33} \end{bmatrix}$.

13. (1) $\begin{bmatrix} -1 & 2 & 4 & 0 \\ 0 & 2 & 1 & 1 \\ 0 & 1 & 1 & 0 \\ 1 & -3 & -3 & 0 \end{bmatrix}$; (2) $\frac{1}{4}\begin{bmatrix} 4 & 4 & -2 & -8 \\ 2 & 12 & -1 & -6 \\ 2 & -6 & 10 & 14 \\ 0 & 14 & -5 & -12 \end{bmatrix}$.

练 习 题 3.4

5. (1) $\lambda_1=7$, $V_{\lambda_1}=L(\varepsilon_1+\varepsilon_2)$; $\lambda_2=-2$, $V_{\lambda_2}=L(-4\varepsilon_1+5\varepsilon_2)$.

(2) 当 $a\neq0$ 时：$\lambda_1=a\mathrm{i}$, $V_{\lambda_1}=L(\varepsilon_1+\mathrm{i}\varepsilon_2)$; $\lambda_2=-a\mathrm{i}$, $V_{\lambda_2}=L(\varepsilon_1+\mathrm{i}\varepsilon_2)$.

(3) $\lambda_1=2$, $V_{\lambda_1}=L(-2\varepsilon_1+\varepsilon_2)$;

$\lambda_2=1+\sqrt{3}$, $V_{\lambda_2}=L(-3\varepsilon_1+\varepsilon_2+(\sqrt{3}-2)\varepsilon_3)$;

$\lambda_3=1-\sqrt{3}$, $V_{\lambda_3}=L(-3\varepsilon_1+\varepsilon_2-(\sqrt{3}+2)\varepsilon_3)$.

(4) $\lambda_1=1$, $V_{\lambda_1}=L(\varepsilon_2,\varepsilon_1+\varepsilon_3)$; $\lambda_2=-1$, $V_{\lambda_2}=L(\varepsilon_1-\varepsilon_3)$.

(5) $\lambda_1=0$, $V_{\lambda_1}=L(-3\varepsilon_1+\varepsilon_2-2\varepsilon_3)$;

$\lambda_2=-\sqrt{14}\mathrm{i}$,

$V_{\lambda_2}=L((3+2\sqrt{14}\mathrm{i})\varepsilon_1+13\varepsilon_2+(2-3\sqrt{14}\mathrm{i})\varepsilon_3)$;

$\lambda_3=\sqrt{14}\mathrm{i}$,

$V_{\lambda_3}=L((3-2\sqrt{14}\mathrm{i})\varepsilon_1+13\varepsilon_2+(2+3\sqrt{14}\mathrm{i})\varepsilon_3)$.

(6) $\lambda_1=1$, $V_{\lambda_1}=L(3\varepsilon_1-6\varepsilon_2+20\varepsilon_3)$; $\lambda_2=-2$, $V_{\lambda_2}=L(\varepsilon_3)$.

(7) $\lambda_1=2$, $V_{\lambda_1}=L(\varepsilon_1+\varepsilon_2,\varepsilon_1+\varepsilon_3,\varepsilon_1+\varepsilon_4)$;

$\lambda_2=-2$, $V_{\lambda_2}=L(-\varepsilon_1+\varepsilon_2+\varepsilon_3+\varepsilon_4)$.

6. (1) $T=\begin{bmatrix} -2 & 2 & -\frac{1}{2} \\ 1 & 0 & -1 \\ 0 & 1 & 1 \end{bmatrix}$; (2) $x=-2, y=-4$, B 与 C 不相似.

第　四　章

练习题 4.1

2. (2) $A=\begin{bmatrix}-4 & -14 & 15 & 6\\ 15 & -1 & -2 & -7\\ -12 & -10 & 1 & 14\\ 3 & 4 & -15 & 2\end{bmatrix}$；(3) $A=\begin{bmatrix}-9 & -29 & 11 & 35\\ 25 & -3 & 69 & -11\\ 1 & -123 & -3 & -11\\ -5 & -1 & -1 & -9\end{bmatrix}$.

3. (1) $f(A,B)$在基$\{\varepsilon_{ij}\}$下的矩阵为$\begin{bmatrix}1 & 0 & 0 & 0\\ 0 & 0 & 1 & 0\\ 0 & 1 & 0 & 0\\ 0 & 0 & 0 & 1\end{bmatrix}$；

(2) 过渡矩阵

$$T=\begin{bmatrix}1 & 1 & 0 & 0\\ 0 & 0 & 1 & 1\\ 0 & 0 & 1 & -1\\ 1 & -1 & 0 & 0\end{bmatrix},$$

$f(A,B)$在 $\eta_1,\eta_2,\eta_3,\eta_4$ 下的矩阵为

$$\begin{bmatrix}2 & 0 & 0 & 0\\ 0 & 2 & 0 & 0\\ 0 & 0 & 2 & 0\\ 0 & 0 & 0 & -2\end{bmatrix}.$$

5. (2) $A=\begin{bmatrix}1 & 0 & 0 & 0\\ 0 & 1 & 0 & 0\\ 0 & 0 & 1 & 0\\ 0 & 0 & 0 & -1\end{bmatrix}$；　(3) $\begin{bmatrix}5 & 2 & 10 & 14\\ 2 & 10 & 11 & 19\\ 10 & 11 & 37 & 47\\ 14 & 19 & 47 & 64\end{bmatrix}$；

(5) $\alpha=(0,0,1,1)$.

10. (2) $f(\alpha,\beta)$在基 $\alpha_1,\alpha_2,\cdots,\alpha_n$ 下的矩阵为

$$A=\begin{bmatrix} & \vdots & \vdots & \\ \cdots & \cdots & a & \cdots \\ & \vdots & \vdots & \\ \cdots & -a & \cdots & \cdots \\ & \vdots & \vdots & \end{bmatrix}\begin{matrix} \\ i \\ \\ j \\ \\ \end{matrix}\qquad(\text{列 } i,\ j),\quad \text{其中 } a=\det(\alpha_1,\alpha_2,\cdots,\alpha_n);$$

(3) 若 $\alpha_1,\cdots,\alpha_{i-1},\alpha_{i+1},\cdots,\alpha_{j-1},\alpha_{j+1},\cdots,\alpha_n$ 线性相关,则 $f(\alpha,\beta)\equiv 0$,否则秩为 2.

练 习 题 4.2

2. (1) $\begin{bmatrix}-1 & 2 & 0 & -2\\ 2 & -3 & 0 & 1\\ 0 & 0 & 0 & 0\\ -2 & 1 & 0 & 2\end{bmatrix}$.

$f(\alpha,\alpha)=-x_1^2+4x_1x_2-4x_1x_4-3x_2^2+2x_2x_4+2x_4^2$.

(2) $\begin{bmatrix}1 & 0 & 0 & 0\\ 0 & -1 & 0 & 0\\ 0 & 0 & -1 & 0\\ 0 & 0 & 0 & 0\end{bmatrix}$. $f(\alpha,\alpha)=x_1^2-x_2^2-x_3^2$.

3. (1) $f(\alpha,\beta)=x_1y_1+x_1y_2+x_2y_1+x_2y_2+x_2y_3+x_3y_2$
$+x_3y_3+x_3y_4+x_4y_3+x_4y_4$.

(2) $f(\alpha,\beta)=\frac{1}{2}[x_1y_2+x_1y_3+x_1y_4+x_2y_1+x_2y_3+x_2y_4$
$+x_3y_1+x_3y_2+x_3y_4+x_4y_1+x_4y_2+x_4y_3]$.

4. (1) $-4y_1^2+4y_2^2+y_3^2$; (2) $y_1^2+y_2^2$;

(3) $y_1^2-y_2^2$; (4) $8y_1^2+2y_2^2-2y_3^2-8y_4^2$;

(5) $6y_1^2-y_2^2-2y_3^2-y_4^2$.

6. 设 $\alpha=(a_1,a_2,\cdots,a_n)$,$\beta=(b_1,b_2,\cdots,b_n)$.

若 $\alpha=0$ 或 $\beta=0$,则 $f\equiv 0$. 否则设 $\alpha\neq 0$,若 $\beta=k\alpha$. 将 α 扩充为 K^n 的一组基. 令 $y_1=a_1x_1+a_2x_2+\cdots+a_nx_n$. y_i 按其他基向量作 x_i 的线性型. 则 f 变为 $g=ky_1^2$. 若 α,β 线性无关,把它们扩充为 K^n 的一组基. 按上述办法,可令 $y_1=a_1x_1+a_2x_2+\cdots+a_nx_n$,$y_2=b_1x_1+b_2x_2+\cdots+b_nx_n$,$f$ 变为 $g=y_1y_2$,再化 g 为标准形.

练 习 题 4.3

1. (1) $z_1^2+z_2^2+z_3^2$; (2) $z_1^2+z_2^2+z_3^2$; (3) $z_1^2+z_2^2+z_3^2$; (4) $z_1^2+z_2^2$;

2. (1) $z_1^2+z_2^2-z_3^2$; (2) $z_1^2-z_2^2-z_3^2$; (3) $z_1^2-z_2^2$; (4) $z_1^2+z_2^2$.

4. 不合同. **5.** 首先求此二次型的秩,然后利用例 3.1.

6. 正、负惯性指数都是 1,符号差为 0.

练 习 题 4.4

1. (1) 是; (2) 不是.

2. (1) $-\frac{4}{5}<t<0$； (2) t 取任何值二次型均非正定.

3. 设 $f(\alpha,\beta)$ 在基 $\varepsilon_1,\varepsilon_2,\cdots,\varepsilon_n$ 下的矩阵为 A. 令 $M=L(\varepsilon_{i_1},\varepsilon_{i_2},\cdots,\varepsilon_{i_r})$. f 限在 M 内在基 $\varepsilon_{i_1},\varepsilon_{i_2},\cdots,\varepsilon_{i_r}$ 下矩阵为 $A\begin{Bmatrix} i_1 & i_2 & \cdots & i_r \\ i_1 & i_2 & \cdots & i_r \end{Bmatrix}$.

4. 利用 $A=T'T$.

6. 因 $X'AX>0, X'BX>0$, 故 $X'(A+B)X>0$. **7.** 是. **8.** $c=2$.

第 五 章

练习题 5.1

3. (1) $\frac{\pi}{2}$； (2) $\frac{\pi}{4}$； (3) $\arccos\frac{3}{\sqrt{77}}$.

5. $\eta_1=\frac{1}{\sqrt{2}}(\varepsilon_1+\varepsilon_5)$, $\eta_2=\frac{1}{\sqrt{10}}(\varepsilon_1-2\varepsilon_2+2\varepsilon_4-\varepsilon_5)$,

$\eta_3=\frac{1}{2}(\varepsilon_1+\varepsilon_2+\varepsilon_3-\varepsilon_5)$.

6. $\eta_1=\frac{1}{\sqrt{2}}(0,1,1,0,0)$, $\eta_2=\frac{1}{\sqrt{10}}(-2,1,-1,2,0)$,

$\eta_3=\frac{1}{\sqrt{315}}(7,-6,6,13,5)$.

9. (1) $\eta_1=\left(\frac{1}{\sqrt{6}},\frac{2}{\sqrt{6}},\frac{-1}{\sqrt{6}},0\right)$, $\eta_2=\left(\frac{4}{\sqrt{30}},\frac{-1}{\sqrt{30}},\frac{2}{\sqrt{30}},\frac{3}{\sqrt{30}}\right)$,

$\eta_3=\left(\frac{-36}{\sqrt{5670}},\frac{39}{\sqrt{5670}},\frac{42}{\sqrt{5670}},\frac{33}{\sqrt{5670}}\right)$;

(2) $\eta_1=\left(\frac{2}{\sqrt{6}},\frac{1}{\sqrt{6}},0,\frac{1}{\sqrt{6}}\right)$, $\eta_2=\left(\frac{-2}{\sqrt{30}},\frac{1}{\sqrt{30}},\frac{4}{\sqrt{30}},\frac{3}{\sqrt{30}}\right)$,

$\eta_3=\left(\frac{-2}{\sqrt{21}},\frac{2}{\sqrt{21}},\frac{-3}{\sqrt{21}},\frac{2}{\sqrt{21}}\right)$.

14. $\{E_{ij}\,|\,i,j=1,2,\cdots,n\}$.

练习题 5.2

6. (1) $T=\begin{bmatrix} \frac{2}{3} & \frac{1}{3} & -\frac{2}{3} \\ \frac{1}{3} & \frac{2}{3} & \frac{2}{3} \\ -\frac{2}{3} & \frac{2}{3} & -\frac{1}{3} \end{bmatrix}$； (2) $T=\begin{bmatrix} -\frac{2}{\sqrt{5}} & \frac{2}{3\sqrt{5}} & -\frac{1}{3} \\ \frac{1}{\sqrt{5}} & \frac{4}{3\sqrt{5}} & -\frac{2}{3} \\ 0 & \frac{5}{3\sqrt{5}} & \frac{2}{3} \end{bmatrix}$；

(3) $T=\begin{bmatrix} \frac{1}{2} & -\frac{1}{2} & -\frac{1}{2} & \frac{1}{2} \\ \frac{1}{2} & -\frac{1}{2} & \frac{1}{2} & -\frac{1}{2} \\ \frac{1}{2} & \frac{1}{2} & -\frac{1}{2} & -\frac{1}{2} \\ \frac{1}{2} & \frac{1}{2} & \frac{1}{2} & \frac{1}{2} \end{bmatrix}$;

(4) $T=\begin{bmatrix} \frac{1}{\sqrt{2}} & -\frac{1}{\sqrt{6}} & \frac{\sqrt{3}}{6} & \frac{1}{2} \\ \frac{1}{\sqrt{2}} & \frac{1}{\sqrt{6}} & -\frac{\sqrt{3}}{6} & -\frac{1}{2} \\ 0 & \frac{2}{\sqrt{6}} & \frac{\sqrt{3}}{6} & \frac{1}{2} \\ 0 & 0 & \frac{\sqrt{3}}{2} & -\frac{1}{2} \end{bmatrix}$;

(5) $T=\begin{bmatrix} \frac{1}{\sqrt{2}} & \frac{1}{\sqrt{6}} & \frac{\sqrt{3}}{6} & \frac{1}{2} \\ -\frac{1}{\sqrt{2}} & \frac{1}{\sqrt{6}} & \frac{\sqrt{3}}{6} & \frac{1}{2} \\ 0 & -\frac{2}{\sqrt{6}} & \frac{\sqrt{3}}{6} & \frac{1}{2} \\ 0 & 0 & -\frac{\sqrt{3}}{2} & \frac{1}{2} \end{bmatrix}$.

7. (1) $\begin{cases} x_1=\frac{2}{3}y_1-\frac{2}{3}y_2-\frac{1}{3}y_3, \\ x_2=\frac{2}{3}y_1+\frac{1}{3}y_2+\frac{2}{3}y_3, \\ x_3=\frac{1}{3}y_1+\frac{2}{3}y_2-\frac{2}{3}y_3. \end{cases}$ 标准形：$-y_1^2+2y_2^2+5y_3^2$；

(2) $\begin{cases} x_1=-\frac{2}{5}\sqrt{5}\,y_1+\frac{2\sqrt{5}}{15}y_2-\frac{1}{3}y_3, \\ x_2=\frac{1}{5}\sqrt{5}\,y_1+\frac{4\sqrt{5}}{15}y_2-\frac{2}{3}y_3, \\ x_3=\frac{\sqrt{5}}{3}y_2+\frac{2}{3}y_3. \end{cases}$ 标准形：$2y_1^2+2y_2^2-7y_3^2$；

(3) $\begin{cases} x_1=\dfrac{1}{\sqrt{2}}y_2+\dfrac{1}{\sqrt{2}}y_4, \\ x_2=\dfrac{1}{\sqrt{2}}y_2-\dfrac{1}{\sqrt{2}}y_4, \\ x_3=\dfrac{1}{\sqrt{2}}y_1+\dfrac{1}{\sqrt{2}}y_3, \\ x_4=\dfrac{1}{\sqrt{2}}y_1-\dfrac{1}{\sqrt{2}}y_3. \end{cases}$　标准形：$y_1^2+y_2^2-y_3^2-y_4^2$.

练习题 5.3

2. 若$|G|=0$，则 G 有一行向量可被其余行向量线性表示. 由此推出有 $\alpha\in V$，使 $(\alpha,\varepsilon_i)=0\ (i=1,2,\cdots,n)$. 由此又推出$(\alpha,\alpha)=0$.

3. 若 $\boldsymbol{U}\alpha=\lambda_0\alpha(\alpha\neq 0)$，利用$(\boldsymbol{U}\alpha,\boldsymbol{U}\alpha)=(\alpha,\alpha)\neq 0$.

4. 利用柯西-布尼雅可夫斯基不等式：$|(\alpha,\beta)|=|(\beta,\alpha)|\leqslant|\alpha||\beta|$.

6. 因为酉变换矩阵可对角化.

10. 证明 $\boldsymbol{A}$ 为正规变换.

第　六　章

练习题 6.1

2. 参看第三章 § 4 的例 4.9.

4. 设在 V 的基 $\varepsilon_1,\varepsilon_2,\cdots,\varepsilon_n$ 下 $\boldsymbol{A}$ 的矩阵成若尔当形

$$J=\begin{bmatrix} J_1 & & & \\ & J_2 & & 0 \\ & 0 & \ddots & \\ & & & J_s \end{bmatrix},\quad J_i=\begin{bmatrix} 0 & 1 & & 0 \\ & 0 & \ddots & \\ & & \ddots & 1 \\ 0 & & & 0 \end{bmatrix}.$$

则 $k\boldsymbol{E}+\boldsymbol{A}$ 在此组基下矩阵为 $kE+J$. 求$(kE+J_i)^{-1}$.

6. (1) $\boldsymbol{A}$ 在基 $\boldsymbol{A}\varepsilon_1,\varepsilon_1,\boldsymbol{A}\varepsilon_2,\varepsilon_2$ 下矩阵成若尔当形

$$J=\begin{bmatrix} 0 & 1 & 0 & 0 \\ 0 & 0 & 0 & 0 \\ 0 & 0 & 0 & 1 \\ 0 & 0 & 0 & 0 \end{bmatrix};$$

(2) $\boldsymbol{A}$ 在基 $\boldsymbol{A}^3\varepsilon_4,\boldsymbol{A}^2\varepsilon_4,\boldsymbol{A}\varepsilon_4,\varepsilon_4$ 下的矩阵成若尔当形

$$J=\begin{bmatrix}0&1&0&0\\0&0&1&0\\0&0&0&1\\0&0&0&0\end{bmatrix}.$$

练习题 6.2

6. (1) $\begin{bmatrix}-1&1&0\\0&-1&0\\0&0&-1\end{bmatrix}$； (2) $\begin{bmatrix}1&1&0\\0&1&0\\0&0&1\end{bmatrix}$； (3) $\begin{bmatrix}1&1&0\\0&1&1\\0&0&1\end{bmatrix}$；

(4) $\begin{bmatrix}1&1&0&0\\0&1&1&0\\0&0&1&0\\0&0&0&1\end{bmatrix}$； (5) $\begin{bmatrix}2&1&0&0\\0&2&0&0\\0&0&2&1\\0&0&0&2\end{bmatrix}$； (6) $\begin{bmatrix}1&1&0&0\\0&1&0&0\\0&0&-1&1\\0&0&0&-1\end{bmatrix}$；

(7) $\begin{bmatrix}1&1&&&\\&1&1&&0\\&0&\ddots&\ddots&\\&&&1&1\end{bmatrix}$.

7. 在基 $\varepsilon_n,-\varepsilon_{n-1},\varepsilon_{n-2},\cdots,(-1)^{n-3}\varepsilon_3,(-1)^{n-2}\varepsilon_2,(-1)^{n-1}\varepsilon_1$ 下成若尔当形.

练习题 6.3

1. 每一个特征值对应于唯一的若尔当块.

2. 零矩阵为 λ,单位矩阵为 $\lambda-1$.

3. (1) $\lambda^2-4\lambda+4$； (2) $\lambda^2-5\lambda+6$； (3) $\lambda^2-n\lambda$.

4. $A=aE$.

5. 设 A 是线性变换 $\boldsymbol{A}$ 在基 $\varepsilon_1,\varepsilon_2,\cdots,\varepsilon_n$ 下的矩阵. 由第二章§1例1.8知 $\boldsymbol{A}$ 的特征多项式为

$$f(\lambda)=|\lambda E-A|=\lambda^n+a_1\lambda^{n-1}+\cdots+a_n.$$

按哈密顿—凯莱定理,有 $f(\boldsymbol{A})=\boldsymbol{0}$. 若 $\boldsymbol{A}$ 的最小多项式为 $g(\lambda)=\lambda^k+b_1\lambda^{k-1}+\cdots+a_k$,则有

$$g(\boldsymbol{A})=\boldsymbol{A}^k+b_1\boldsymbol{A}^{k-1}+\cdots+a_k\boldsymbol{E}=\boldsymbol{0},$$

即

$$\boldsymbol{A}^k=-b_1\boldsymbol{A}^{k-1}-\cdots-a_k\boldsymbol{E}.$$

若 $k<n$,则

$$\varepsilon_{k+1}=\boldsymbol{A}^k\varepsilon_1=-b_1\varepsilon_k-\cdots-a_k\varepsilon_1,$$

导出矛盾.再注意由上面命题知 $f(\lambda)=g(\lambda)h(\lambda)$.

第七章

练习题 7.1

1. (1) $q(x)=\frac{1}{3}x-\frac{7}{9}$, $r(x)=-\frac{26}{9}x-\frac{2}{9}$;

(2) $q(x)=x^2+x-1$, $r(x)=-5x+7$.

2. (1) $p=-m^2-1$, $q=m$;

(2) $p=2-m^2$, $q=1$ 或 $m=0$, $p=q+1$.

3. (1) $q(x)=2x^4-6x^3+13x^2-39x+109$, $r(x)=-327$;

(2) $q(x)=x^2-2\mathrm{i}x-(5+2\mathrm{i})$, $r(x)=-9+8\mathrm{i}$.

4. (1) $f(x)=(x-1)^5+5(x-1)^4+10(x-1)^3+10(x-1)^2+5(x-1)+1$;

(2) $f(x)=(x+2)^4-8(x+2)^3+22(x+2)^2-24(x+2)+11$;

(3) $f(x)=(x+\mathrm{i})^4-2\mathrm{i}(x+\mathrm{i})^3-(1+\mathrm{i})(x+\mathrm{i})^2-5(x+\mathrm{i})+7+5\mathrm{i}$.

5. (1) $(f(x),g(x))=x+1$; (2) $(f(x),g(x))=1$;

(3) $(f(x),g(x))=x^2-2\sqrt{2}x-1$.

6. (1) $u(x)=-x-1$; $v(x)=x+2$;

(2) $u(x)=-\frac{1}{3}x+\frac{1}{3}$, $v(x)=\frac{2}{3}x^2-\frac{2}{3}x-1$;

(3) $u(x)=-x-1$, $v(x)=x^3+x^2-3x-2$.

7. $t=-4, u=0$. **11.** $4p^3+27q^2=0$. **12.** $A=1, B=-2$.

练习题 7.2

1. 均不可约.

5. (1) $x^{2n+1}-1=(x-1)\prod_{k=1}^{n}\left(x^2-2x\cos\frac{2k\pi}{2n+1}+1\right)$;

(2) $x^{2n+1}+1=(x+1)\prod_{k=1}^{n}\left(x^2-2x\cos\frac{(2k-1)\pi}{2n+1}+1\right)$.

6. 证明对任意整数 a, $f(a)$均为奇数.

7. 只要下列两条件之一成立:

(1) p^2-4q 是有理数的平方;

(2) q 是一有理数 a 的平方, $2a-p$ 是有理数 b 的平方.

8. 设 $\varepsilon_1,\varepsilon_2$ 是 $x^2-x+1=0$ 的两共轭复根,则 $\varepsilon_i^3=-1$. 于是

$$\varepsilon_i^{3m}-\varepsilon_i^{3n+1}+\varepsilon_i^{3k+2}=(-1)^m-(-1)^k+\varepsilon_i[(-1)^k-(-1)^n].$$

故必须 m,n,k 同时为偶数或同时为奇数时才能整除.

练习题 7.3

1. (1) 三个实根在区间$(-2,-1)$,$(-1,0)$,$(1,2)$中;

(2) 两个实根在区间$(-1,0)$和$(0,1)$中;

(3) 一个实根在$(-2,-1)$中.

2. $E_n(x)$的斯图姆序列可取为

$$E_n(x),\ E_{n-1}(x),\ -\frac{x^n}{n!},\ -1.$$

4. 考查实函数

$$\varphi(x)=\frac{x(x+2)(x-2)(x-4)}{(x+1)(x-1)(x-3)}.$$

在区间$(-\infty,-1)$,$(-1,1)$,$(1,3)$内的变化,看它们何时等于$-\frac{b}{a}$(显然只需讨论 $a\neq 0$ 的情况).

5. 当 $x>c$ 时有 $f(x)\geqslant g(x)>0$.

6. 利用高阶微商的莱布尼茨公式计算

$$\frac{\mathrm{d}^n}{\mathrm{d}x^n}\left(\frac{x^2}{x^2+1}\right),$$

再利用

$$\frac{\mathrm{d}^n}{\mathrm{d}x^n}\left(\frac{x^2}{x^2+1}\right)=\frac{\mathrm{d}^n}{\mathrm{d}x^n}\left(1-\frac{1}{x^2+1}\right)=-\frac{\mathrm{d}^n}{\mathrm{d}x^n}\left(\frac{1}{x^2+1}\right),$$

导出公式

$$P_n(x)=2xP_{n-1}(x)-(x^2+1)P_{n-2}(x).$$

又 $P_n'(x)=(n+1)P_{n-1}(x)$,故

$$P_n(x),P_{n-1}(x),\cdots,P_1(x),P_0(x)$$

是 $P_n(x)$的一个斯图姆序列. 用数学归纳法证明 $P_n(x)$是首项系数为 $n+1$ 的 n 次多项式.

第 八 章

练习题 8.1

3. $(x_1^3+x_2^3+\cdots+x_n^3)-3\sigma_3(x_1,x_2,\cdots,x_n)=(x_1+x_2+\cdots+x_n)f(x_1,x_2,\cdots,x_n)$.

8. $g(x_1,x_2,x_3)=-3x_3^3+2x_3x_1+3x_2^2+7x_3^6$;

$h(x_1,x_2,x_3)=-3x_2^3+2x_2x_1+3x_3^2+7x_2^6$.

10. 利用例 1.4.

练习题 8.2

1. (1) $\sigma_1\sigma_2-3\sigma_3$.

(2) $\sigma_1^2\sigma_2^2-4\sigma_1^3\sigma_3-4\sigma_2^3+18\sigma_1\sigma_2\sigma_3-27\sigma_3^2$.

(3) $\sigma_3^2+\sigma_3+\sigma_1^2\sigma_3-2\sigma_2\sigma_3+\sigma_2^2-2\sigma_1\sigma_3$.

(4) $\sigma_2^2-2\sigma_1\sigma_3+2\sigma_4$.

2. $-\dfrac{1679}{625}$.

3. 设 $x_1,x_2,\cdots,x_n$ 是 $x^n+a_1x^{n-1}+\cdots+a_n=0$ 的 n 个根,则

$$x^n+a_1x^{n-1}+\cdots+a_n=(x-x_1)q(x).$$

而
$$q(x)=(x-x_2)\cdots(x-x_n)=b_1x^{n-1}+\cdots+b_n,$$

显见 $b_1=1,b_i=x_1b_{i-1}+a_{i-1},b_i=(-1)^i\sigma_{i-1}(x_2,\cdots,x_n)$.

6. $x^n+a=0,a$ 为任意复数.　　**8.** $s_1=-1,s_2=\cdots=s_n=0$.

9. 按例 2.2 的办法.

练习题 8.3

2. (1) 243;　(2) 0.　　**3.** $\lambda=\pm\sqrt{-2},\pm\sqrt{-12}$.

4. $(x,y)=(1,2),(2,3),(0,-1),(-2,1)$.

5. $f(x)=xg(x)+a_n$. 设 $g(x)$ 根为 $\beta_1,\beta_2,\cdots,\beta_{n-1}$,则 $f(\beta_i)=a_n$. 故 $R(f,g)=a_0^na_n^{n-1}$.

6. (1) 49;　(2) -107.　　**7.** $D(g)=D(f)$.

8. 利用关系式 $f_n'(x)=f_n(x)-x^n$. $D(f_n)=(-1)^{\frac{n(n-1)}{2}}(n!)^n$.